官能基の種類

炭化水素

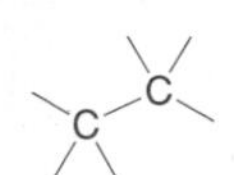

アルカン

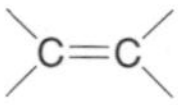

アルケン

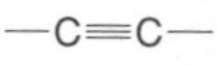

アルキン

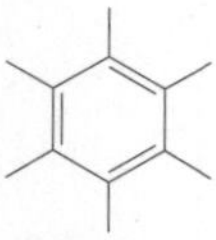

芳香族炭化水素（アレーン）

ハロゲン化物

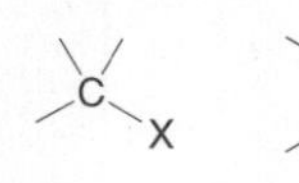

ハロゲン化アルキル

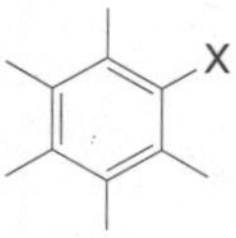

ハロゲン化アリール

アルコール・フェノール・チオールなど

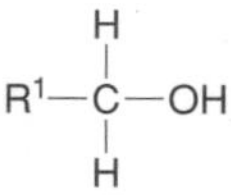

第一級アルコール

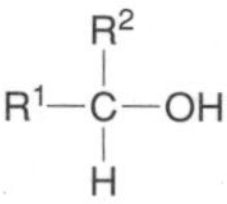

第二級アルコール

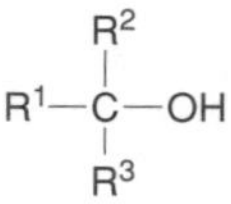

第三級アルコール

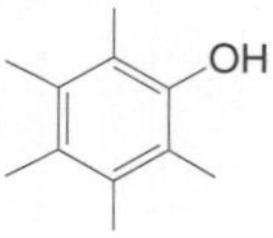

フェノール

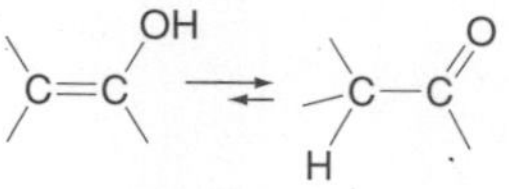

エノール

ケトン

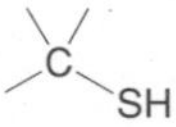

チオール

エーテル・スルフィドなど

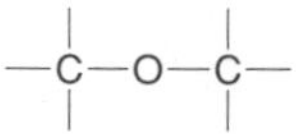

エーテル

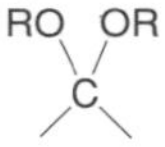

アセタール

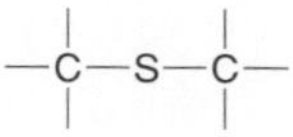

スルフィド

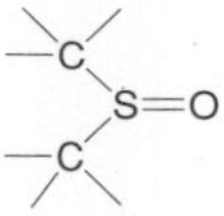

スルホキシド

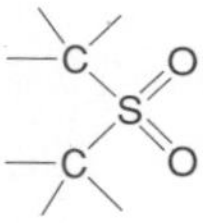

スルホン

アミン

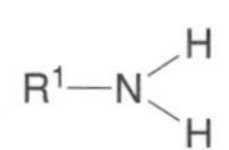

第一級アミン

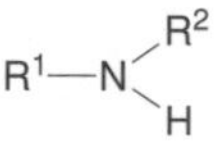

第二級アミン

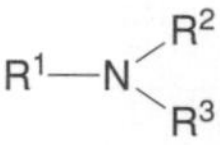

第三級アミン

R—N$_3$

アジド

R—NO

ニトロソ

R—NO$_2$

ニトロ

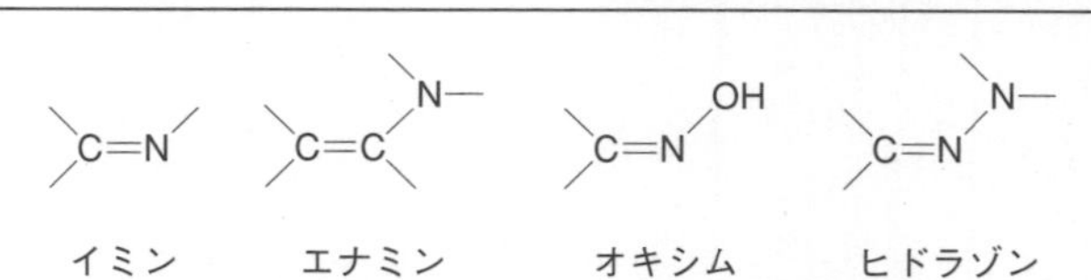

イミン

エナミン

オキシム

ヒドラゾン

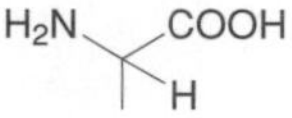

アミノ酸

カルボニル化合物

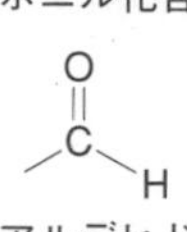

アルデヒド

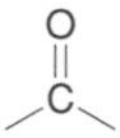

ケトン

カルボン酸誘導体

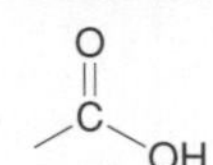

カルボン酸

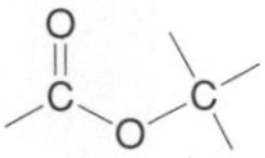

エステル

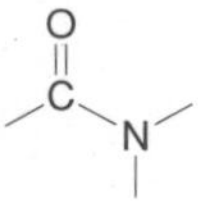

アミド

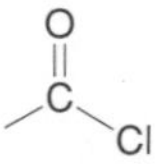

カルボン酸塩化物

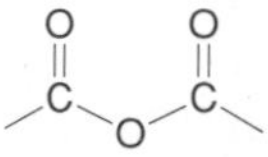

カルボン酸無水物

R—C≡N

ニトリル

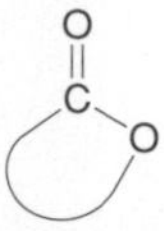

ラクトン

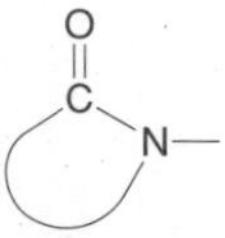

ラクタム

ベーシック薬学教科書シリーズ

薬学教育モデル・
コアカリキュラム準拠

5
有機化学（第2版）

夏苅英昭
高橋秀依［編］

化学同人

ベーシック薬学教科書シリーズ 刊行にあたって

平成18年4月から，薬剤師養成を目的とする薬学教育課程を6年制とする新制度がスタートしました．6年制の薬学教育の誕生とともに，大学においては薬学教育モデル・コアカリキュラムに準拠した独自のカリキュラムに基づいた講義が始められています．この薬学コアカリキュラムに沿った教科書もすでに刊行されていますが，ベーシック薬学教科書シリーズは，それとは若干趣を異にした，今後の薬学教育に一石を投じる新しいかたちの教科書であります．薬学教育モデル・コアカリキュラムの内容を十分視野に入れながらも，各科目についてのこれまでの学問としての体系を踏まえたうえで，各大学で共通して学ぶ「基礎科目」や「専門科目」に対応しています．また，ほとんどの大学で採用されているセメスター制に対応するべく，春学期・秋学期各13〜15回の講義で教えられるように配慮されています．

本ベーシック薬学教科書シリーズは，薬学としての基礎をとくに重要視しています．したがって，薬学部学生向けの「基本的な教科書」であることを念頭に入れ，すべての薬学生が身につけておかなければならない基本的な知識や主要な問題を理解できるように，内容を十分に吟味・厳選しています．

高度化・多様化した医療の世界で活躍するために，薬学生は非常に多くのことを学ばねばなりません．一つ一つのテーマが互いに関連し合っていることが理解できるよう，また薬学生が論理的な思考力を身につけられるように，科学的な論理に基づいた記述に徹して執筆されています．薬学生および薬剤師として相応しい基礎知識が習得できるよう，また薬学生の勉学意欲を高め，自学自習にも努められるように工夫された教科書です．さらに，実務実習に必要な薬学生の基本的な能力を評価する薬学共用試験(CBT・OSCE)への対応にも有用です．

このベーシック薬学教科書シリーズが，医療の担い手として活躍が期待される薬剤師や問題解決能力をもった科学的に質の高い薬剤師の養成，さらに薬剤師の新しい職能の開花・発展に少しでも寄与できることを願っています．

2007年9月

ベーシック薬学教科書シリーズ
編集委員一同

 シリーズ編集委員 

杉浦　幸雄　（京都大学名誉教授）

野村　靖幸　（久留米大学医学部 客員教授）

夏苅　英昭　（帝京大学医療共通教育研究センター 特任教授）

井出　利憲　（愛媛県立医療技術大学 学長）

平井　みどり　（神戸大学医学部 教授）

第2版の刊行にあたって

薬学部6年制が始まってから10年が経った．私たち教員は，学生とともに激動の10年を過ごし，多くの変化にもしぶとく適応してきた．薬学教育は常に変わり続けている．たとえば，2013年度には薬学教育モデル・コアカリキュラムが改訂され，2015年4月からはこれに準拠した新コアカリキュラムが施行されるようになった．新コアカリキュラムでは，有機化学の分野がややスリム化されたと感じているかたも多いかもしれない．しかし，新コアカリキュラムの特徴は，コアの部分を少なくし，各大学の独自性を組み込める，自由度の高いカリキュラム編成を可能にした，ととらえるべきである．

第2版では，この新しいコアカリキュラムで提示された到達目標(SBO)をマージンに記載し，巻末の「SBO対応頁」をすべて見直した．ただし上述のように，コアカリキュラムは最低限のカリキュラムであるとの認識に基づき，旧版と同様に，薬剤師にとってこれだけは必要と考えられる，医薬品を理解する能力を養うための教科書としての立ち位置は変わらない．

本書は，これまでに多くの先生がたから支持され，教科書として採用をしていただいている．ここに改めて感謝申し上げる．薬剤師に求められている，基本的な有機化学が学べる教科書として，今後もご愛読いただければ幸いである．

2016年3月

編者

執筆者

氏名	所属	担当
赤井　周司	（大阪大学大学院薬学研究科 教授）	1，3，4章
東屋　　功	（東邦大学薬学部 教授）	2，5章
岩渕　好治	（東北大学薬学部 教授）	12，13，14章
忍足　鉄太	（帝京大学薬学部 教授）	17章
白井　隆一	（同志社女子大学薬学部 教授）	7，8章
杉原多公通	（新潟薬科大学薬学部 教授）	9，10，11章
◎高橋　秀依	（帝京大学薬学部 教授）	6，18章，付録
田村　　修	（昭和薬科大学薬学部 教授）	15，16章
◎夏苅　英昭	（帝京大学医療共通教育研究センター 特任教授）	6，18章，付録

（五十音順，◎印は編者）

序にかえて

薬学部の６年制がはじまり，病院での実務実習など，医療の現場を意識した医療薬学教育の充実が求められている．しかし，薬学の礎は化学，とくに有機化学であることを忘れてはならない．薬剤師には，医師や看護師と異なり，医療現場で医薬品の構造を理解できる唯一の存在として活躍することが期待されている．最近，〝学士力〟（大学卒業までに学生が身につけなければならない最低限の能力）という言葉が登場したが，有機化学を基礎として医薬品を理解する能力はまさに〝薬学士力〟である．

本書は，薬学部学生向けの「わかりやすい有機化学の教科書」を目指して編集された．現在，多くの薬系大学において有機化学の教科書には，欧米の教科書の翻訳本が用いられている．それらは非常に優れた内容ではあるが，純粋に「有機化学を学ぶこと」を目的とした理学部的な観点から書かれており，とくにこれからの薬学教育にふさわしいか疑問である．その点を考慮し，本書は「医薬品を理解するための有機化学」という観点から編集した．編集作業では，大学に入学したばかりの学生の目線に立ち，有機化学に親しみを感じてもらえるよう，できるかぎりわかりやすい表現を心がけた．

本書は三部の構成からなり，有機化学に関する薬学教育モデル・コアカリキュラムの内容を網羅している．第Ⅰ部の導入編では，薬学でなぜ有機化学を学ぶか？　からはじまり，有機化学の基本についてひと通りを学ぶ．第Ⅱ部の基礎編では医薬品を形づくるさまざまな官能基の化学を学ぶ．第Ⅲ部は応用編として，第Ⅰ部，第Ⅱ部で学んだ知識を活用した実践的な有機化学（医薬品への展開）を学ぶ．また，命名法については，最後に付録として学生が自習できるよう体系的にまとめた．

本書にはコラムと Advanced が設けられている．コラムは肩の力を抜いて読める興味深い内容ばかりである．一方の Advanced は少し難度の高い内容であるが，有機化学をより深く学びたい学生にはぜひ読んでいただきたい．また，現役の学生たちが考えたイラストを随所に組み込んだのも特長の一つである．これらは覚えておいてほしい事柄の直観的な理解を助けてくれると思う．本書を通して多くの学生が有機化学に親しみ理解を深めること，そして，将来さまざまな場面で有機化学を活用できることを願っている．

最後に，表現の大幅な変更など，編者の厳しい注文に快く応じていただいた執筆者の先生がた，中心になってイラストを考えていただいた西山和沙氏（東京理科大学大学院薬学研究科博士課程），丁寧な編集を行っていただいた化学同人の栫井文子氏に深く感謝する．

2008 年 10 月

編者　夏苅　英昭

高橋　秀依

CONTENTS

8章 芳香族化合物の性質と反応 149

9章 ハロゲン化合物 175

10章 アルコール，フェノール，チオール

11章 エーテル

12章 アルデヒドおよびケトンの性質と反応 231

13章 カルボン酸およびカルボン酸誘導体の性質と反応 259

14章　アミンの性質と反応

Part Ⅲ 応用編——医薬品への展開 311

15章 生体内分子——タンパク質・糖質・脂質 313

16章 ヘテロ環化合物 345

17章 炭素骨格を構築する合成反応と官能基変換 369

18章 医薬品の合成 397

付録 化合物の命名法 421

★本書の章末問題の解答については，化学同人 HP からダウンロードできます．
→ http://www.kagakudojin.co.jp/book/b219944.html

Part I　導入編

有機化合物の構造と性質

1 有機化合物の構造

❖ 本章の目標 ❖

- 有機化合物および有機化学を学ぶ.
- 薬学領域で用いられる代表的化合物の慣用名を学ぶ.

1.1 有機化合物とは

1.1.1 有機化合物とは何か

19 世紀初頭まで，化学者は生命活動に関係するかしないかで有機物質と無機物質を区別していた．たとえば，英語では**有機化合物**に **organic compound** という言葉が使われ，これは有機化合物は生物由来の物質のみであると信じられてきた名残りである．また，炭素を含む化合物には生命力があるとも考えられ，反対に生命力をもたない鉱物に由来する化合物は**無機化合物**(inorganic compound)と名づけられた．

organic
relating to or derived from living matter ＝ 生命体に関連した，あるいは由来した，の意味.

ところが，1828 年にドイツの化学者 F. Wöhler（ウェーラー）は，哺乳類が排泄する尿に含まれる尿素を，シアン酸アンモニウムという無機化合物を加熱するだけで合成できることを見いだした(図 1.1)．このときから，有機化合物の定義は大きく変わった．すなわち，有機化合物の合成に生命力は必要ないことが明らかになったわけである．現在では，有機化合物は炭素を含む化合物と定義され，**有機化学**(organic chemistry)は炭素を中心とした化学である．

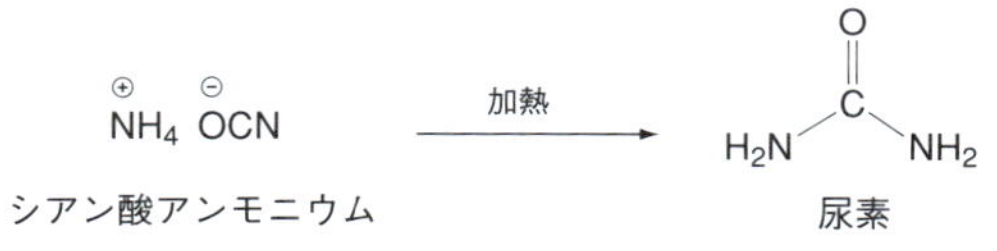

$$\overset{\oplus}{NH_4}\ \overset{\ominus}{OCN} \xrightarrow{\text{加熱}} H_2N{-}C({=}O){-}NH_2$$

シアン酸アンモニウム　　尿素

図 1.1　Wöhler が合成した尿素の反応式

生命力とは無関係であっても，炭素を含む分子(有機化合物)は，生物の活動にきわめて密接に関係している．たとえば，われわれの身体の組織を構成する物質は有機化合物であり，また，われわれの生命活動を支えるタンパク質，核酸，脂質，糖なども有機化合物である．これらの機能は，炭素を含む有機分子の構造と特性に依存している．また，われわれの体内で起こっている化学反応のほとんども，有機反応にほかならない．

さらに，われわれの生活の衣食住に関係する多くのものも有機化合物である．昔から人びとは天然の物質を加工して利用していたが，近代の有機化学の発達によって，優れた性質をもつ自然界にはない数多くの化合物，たとえば，合成繊維，プラスチック，洗剤，医薬品などをつくりだした．その結果，われわれは豊かで安定した生活を手に入れることができるようになった．これらのほとんどは，自然界に大量に存在する石油を原料にしている．

1.1.2 なぜ薬学で有機化学が必須か

われわれの身体は有機化合物でつくられている．その体内で起こる生命活動はたいへん複雑であるが，起こっている反応自体は有機化学反応である．たとえば，酵素は高分子のタンパク質であり，さまざまな生体内における化学反応の触媒として働き，生体の恒常性を維持している．一方，われわれの身体に作用する医薬品，あるいは細菌やウイルスに作用する医薬品のほとんども有機化合物である．これら医薬品の作用も，生体分子と医薬品との相互作用の結果，発現されるものであり，そこで起こっている現象も有機化学反応である．したがって，薬学部の学生が有機化学を学習することは，医薬品

COLUMN　年々増え続ける新規有機化合物の数

アメリカのChemical Abstracts Serviceは，世界各国で発行される科学情報雑誌や特許などに基づいて，化合物に関する情報を網羅的に集大成したデータベースをつくっている．

近年の化学の著しい進歩に伴い，毎年200万個を超える新しい有機化合物がつくりだされている(図①)．2007年末の時点で登録されている有機化合物の総数は1700万個を超える．

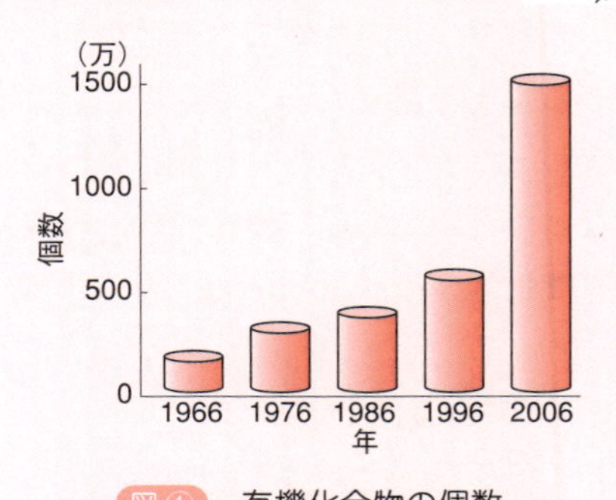

図①　有機化合物の個数
各年末の時点で *Chemical Abstract* に収録された数を示した．

についての正しい知識を身につける基礎となるだけでなく，生化学，薬理学，衛生化学といった薬学に関係するさまざまな分野の学問を効果的に理解するうえで，欠かすことができないのは容易に想像できるであろう．

有機化学の基礎的知識を修得し，構造式からさまざまな情報を推察するための知識を身につけることは，将来，新薬の開発や製造を志す学生はもとより，医療現場で働く薬剤師を目指す学生にとっても必須である．

薬剤師国家試験では有機化学が基礎薬学教科に出題され，主要な位置を占めていることが，この教科の重要性を物語っている．少なくとも本書の読者は医薬品を単に名前や記号として扱うのではなく，つねに構造式を把握したうえで薬剤師として活躍していただきたい．薬学部6年制がはじまり，専門的知識の豊かな質の高い薬剤師を社会は求めている．

1.2 医薬品の化学構造

1.2.1 代表的な医薬品の化学構造

医薬品の薬理作用をはじめ，溶解性や安全性などの化学的特性はその化学構造に由来する．化合物の構造を示す化学構造式には，きわめて多くの情報が含まれている．医薬品の効果は，医薬品の構造を生体分子(**酵素**や**受容体**)が認識して両者が相互作用し，生体分子と医薬品の複合体が形成されることによって起こる．われわれの身体は立体的なかたちをもった構造であり，受容体や酵素も複雑な立体構造をとっている．医薬品が生体分子(酵素や受容体)に鍵と鍵穴のようにぴったりとはまるには，医薬品が特定の分子のかたち，すなわち分子の骨格構造とそれに結合した**官能基**の構造，ならびにそれらの空間的配置(距離や角度などの三次元的な構造，つまり立体化学)をもつことが必要になる．化合物の立体化学が異なれば，生体はそれらを別のものとして認識し，一般的には異なる生理作用(作用の強弱や別種の作用など)が発現される．生理作用の違いは，薬理作用だけではなく，医薬品の生体内でのADME(吸収，分布，代謝，排泄)や毒性などにもおよんでいる．

官能基
有機化合物の部分構造で，特有の物性や化学反応性のもととなる原子あるいは原子団．1.2.2項参照．

ADME
薬物の生体内における移行と変化の過程(体内動態)のこと．吸収(absorption)，分布(distribution)，代謝(metabolism)，排泄(excretion)の頭文字をとって「アドメ」と読む．

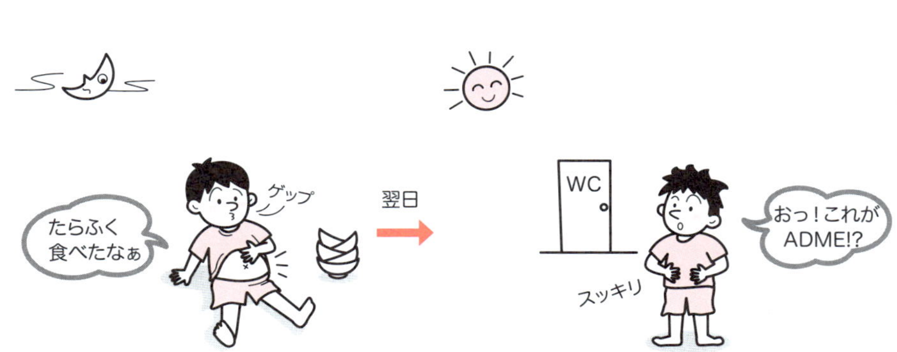

現在，さまざまな構造をもつ多数の化合物が医薬品として市販されている．医薬品の構造には複雑な骨格や複数の官能基が共存し，生体分子と有機化学反応を起こすことにより作用を発現している．はじめに，代表的な4種類の医薬品をとおしてこれらを実感し，これから学ぶ有機化学の必要性および重要性を理解しよう．

（1）アスピリン（消炎・鎮痛薬）

アスピリンはヤナギの木の樹皮から発見されたサリチル酸のフェノール性ヒドロキシ基を化学的に変換（アセチル化）することによってつくられた古くからある合成医薬品である（図1.2）．アスピリンの化学構造はベンゼン環を基本骨格とし，カルボキシ基とエステル構造をもつ．アスピリンが体内に吸収されると，解熱・鎮痛・消炎・血小板凝集抑制などさまざまな作用を示す．その作用が現れる機構の一つとして，生体内の酵素である**シクロオキシゲナーゼ**に対するエステル化が考えられている．すなわち，アスピリンのエステル部分（*O*-アセチル基）が酵素のもつアミノ酸残基（L-セリン残基のヒドロキシ基）と反応し，これを*O*-アセチル化して酵素の働きを抑えることで作用を示すといわれている．

シクロオキシゲナーゼ
炎症，発熱作用をもつプロスタグランジンの産生にかかわる酵素．

SBO ベンゾジアゼピン骨格およびバルビタール骨格を有する代表的医薬品を列挙し，化学構造に基づく性質について説明できる．

＊1 偶然と幸運に恵まれて，思いがけないことに遭遇する，の意味．4章p.77のコラムを参照．

（2）ベンゾジアゼピン（中枢神経系抑制薬）

現在，鎮静，抗不安，催眠薬として広く用いられているベンゾジアゼピン系薬物は基本骨格として**ベンゾジアゼピン**（ベンゼン環と縮合した七員環で，1位と4位に窒素原子をもつ）をもつ．この医薬品開発のきっかけとなった医薬品は，アメリカのRoche社のグループによってセレンディピティー＊1的に見いだされたクロルジアゼポキシドであった．その後，世界中の製薬企業の研究開発競争によって，置換基の異なる多数の化合物が開発された．これらは，脳内にある**ベンゾジアゼピン受容体**に結合して作用を発現する．図1.3に示したジアゼパム，ニトラゼパム，エスタゾラムはすべて基本骨格にベンゾジアゼピンをもつが，官能基が少しずつ異なっていることがわかる

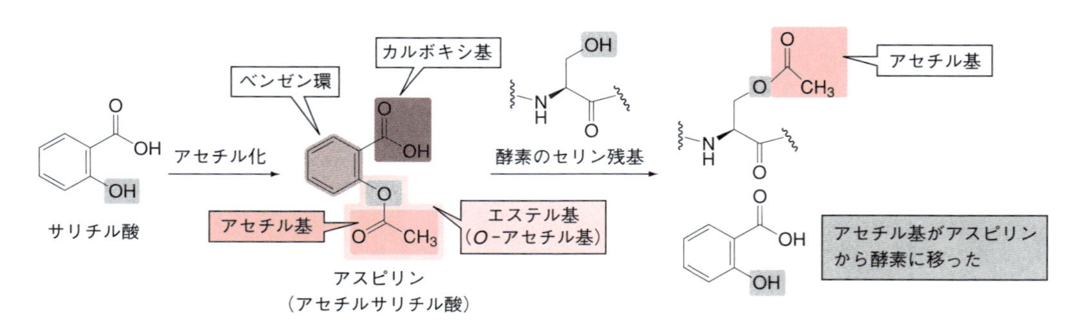

図1.2 アスピリンが作用するしくみ

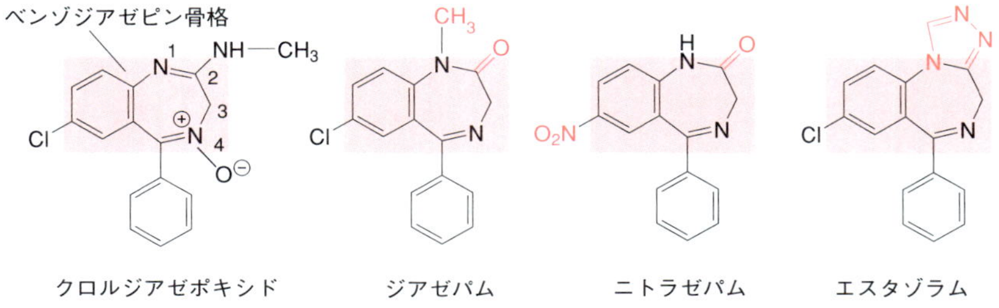

ベンゾジアゼピン骨格

クロルジアゼポキシド　ジアゼパム　ニトラゼパム　エスタゾラム

図 1.3　代表的なベンゾジアゼピン系医薬品

(18.1.2 項参照). 医薬品の名称を覚えることも大切だが，化学構造式を見ればこれらの医薬品が類似の薬理作用を示すことが簡単にわかるのである.

(3) ペニシリン(β-ラクタム系抗生物質)

1928 年に A. Fleming(フレミング)は，あるカビが強力な抗菌作用を示す物質を産生することをセレンディピティー的に見いだした. この物質の正体は不明であったが，Fleming はこの物質に**ペニシリン**(penicillin)という名前をつけた. 約 10 年後，この研究に着目した H. Florey(フローリー) と E. B. Chain(チェイン) は，実際にカビの培養液からペニシリンを粉末として取りだすことに成功した. ペニシリンは感染症に対して著しい効果を示し，ここに最初の**抗生物質**(antibiotics)が誕生した(1940 年). ペニシリンは**β-ラクタム**(β-lactam)**環**をもつという特徴がある(図 1.4，13 章 p. 271 のコラムも参照). β-ラクタム環は細菌の細胞壁の生合成にかかわる酵素(ペプチド転移酵素)が標的としているペプチドの部分構造(D-alanine-D-alanine)とよく似ているので，ペニシリンはこの酵素の標的となる. さらに，β-ラクタム環は非常に反応性が高いので，酵素と反応してしまう. その結果，酵素は本来の働きが抑えられるため，細胞壁が合成されなくなり，細菌は死に至る. これが，ペニシリンによる抗菌作用のしくみである(図 1.5).

ペニシリンの発見および開発に続き，セファロスポリンやカルバペネムのように同じβ-ラクタム環をもつ多くの抗菌薬が開発され，感染症治療の大きな武器として人類に貢献している.

抗生物質
最初，「微生物が産生し，ほかの微生物の増殖を抑制する物質」と定義され，この抑制効果を利用して抗菌剤が誕生した. その後，微生物が産生する物質の構造を化学的に修飾することによって作用の増強や改良が可能になり，天然物の類似構造をもった医薬品が多数開発された. また，微生物ではないウイルスや，がんなどの悪性新生物に対する医薬品も抗生物質に含まれるようになった. 今日では，「微生物の産生物に由来する医薬品」を広義に抗生物質とよんでいる.

β-ラクタム
環状のアミドをラクタムとよび，四員環の環状アミドをβ-ラクタムという.

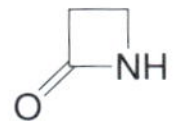

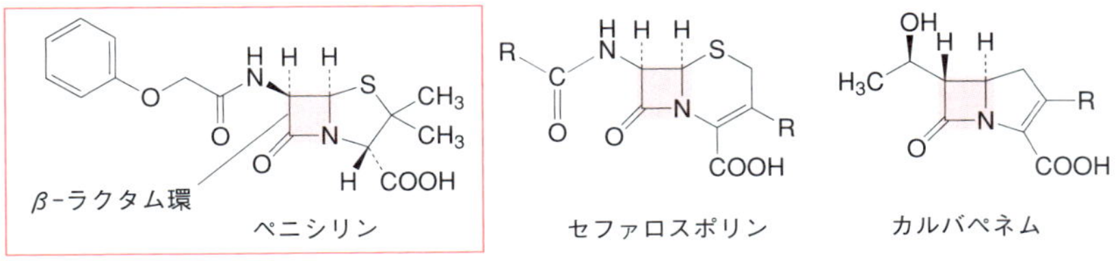

β-ラクタム環　ペニシリン　セファロスポリン　カルバペネム

図 1.4　β-ラクタム系抗生物質

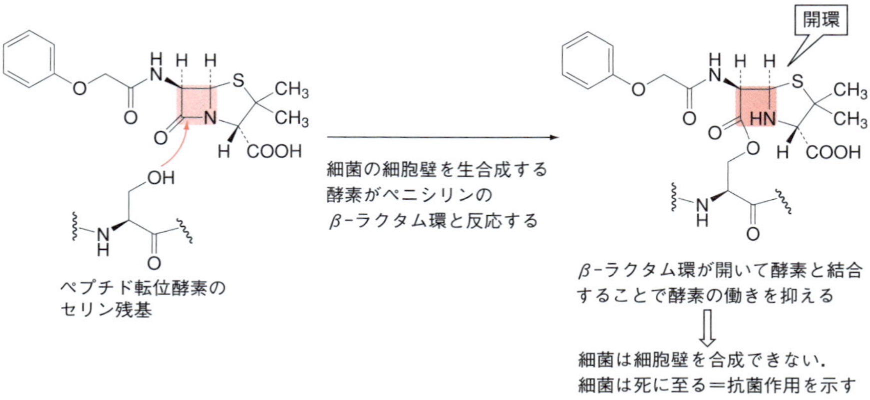

開環
CH3
CH3
COOH
OH
細菌の細胞壁を生合成する
酵素がペニシリンの
β-ラクタム環と反応する
ペプチド転位酵素の
セリン残基
β-ラクタム環が開いて酵素と結合
することで酵素の働きを抑える
細菌は細胞壁を合成できない.
細菌は死に至る＝抗菌作用を示す

図 1.5 ペニシリンが作用するしくみ

（4）キノロン（合成抗菌薬）

β-ラクタム系抗生物質は天然物をもとにして開発された抗菌薬である. 一方, 化学合成から生まれた非天然のキノロン系抗菌薬も広く用いられるようになった. その代表的な医薬品を図 1.6 に示した. これらは基本骨格として 4-キノロン-3-カルボン酸構造をもち, フッ素とピペラジン環を置換基としてもっている. これらの抗菌薬は, 細菌の DNA 複製にかかわる DNA ジャイレースという酵素に作用して, その働きを抑え細菌を死滅させる.

オフロキサシンとレボフロキサシンの開発は, 医薬品が作用を発揮するには, その三次元構造（立体化学）が大切であることを示したよい例である（図 1.7）. オフロキサシンは 1985 年に抗菌作用をもつ医薬品として発売された. オフロキサシンには 1 個の**不斉炭素原子**〔**キラル炭素原子**（asymmetric carbon atom, 4.1 節参照）〕が存在するので, 右手と左手の関係のように互いに鏡像の関係にある 2 種類の**鏡像異性体**（鏡像関係にある化合物, enantiomer, 4.1 節参照）が 1 : 1 で混じって存在している〔**ラセミ体**（racemate）という, 4.1 節参照〕. なお, これら不斉に関することがらは 4 章で詳しく学ぶ.

4-キノロン-3-カルボン酸
COOH
ピペラジン環
ノルフロキサシン
シプロフロキサシン
オフロキサシン

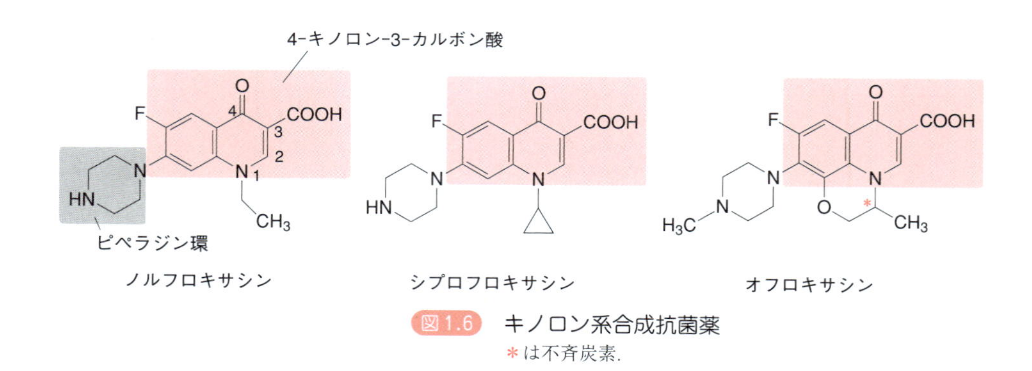

図 1.6 キノロン系合成抗菌薬
＊は不斉炭素.

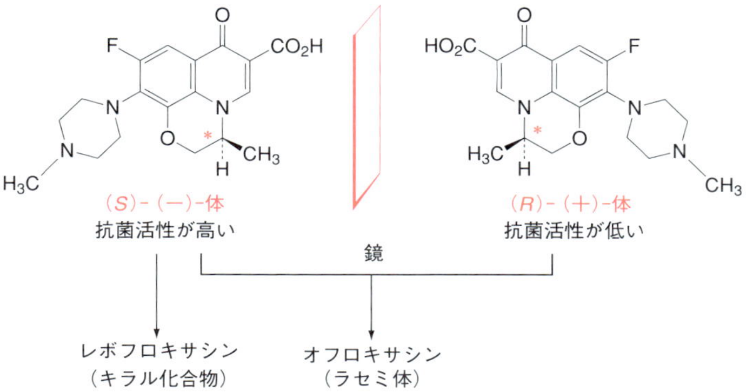

図 1.7 オフロキサシンとレボフロキサシン
＊は不斉炭素.

オフロキサシンの2種類の鏡像異性体の作用をそれぞれ調べると，興味深いことに，(*S*)-(−)-体は(*R*)-(+)-体の約10倍以上も強い抗菌作用を示すことがわかった．そこで，ラセミ体のオフロキサシンよりも(*S*)-(−)-体のみを使うほうが望ましいと考え，(*S*)-(−)-体のみを大量に化学合成する方法を開発した(この合成法については18章で学ぶ)．こうして1993年に**キラル化合物**である(*S*)-(−)-体のみがレボフロキサシンという名称で発売された．レボフロキサシンはオフロキサシンの半分の量で同程度の治療効果を示し，副作用(たとえば不眠)の発現率も軽減されることから，世界中で使われる代表的な医薬品になった．

1.2.2 医薬品に含まれる化学構造(官能基)

SBO 薬学領域で用いられる代表的な化合物を慣用名で記述できる.
SBO 代表的な官能基を列挙し，性質を説明できる.

前項では医薬品の全体の構造をについて学んだ．本項では部分構造である**官能基**(functional group)ごとにいくつかの医薬品および重要な有機化合物を取り上げる．これら官能基の性質や反応性，合成法などの詳しい内容は後のPart II，Part IIIで学ぶが，ここでは代表的な官能基や部分構造[*2]の種類を学び，簡単な構造の化合物が多彩な薬理作用をもつことを理解しよう．

＊2 この章では官能基と部分構造の区別を厳密には行っていない．どのような構造があるのかを理解できれば十分である．

(1) ハロゲン化合物

ハロゲンにはフッ素(F)，塩素(Cl)，臭素(Br)，ヨウ素(I)などがあり，ハロゲンを含む化合物を**ハロゲン化合物**(halogen compound)という．

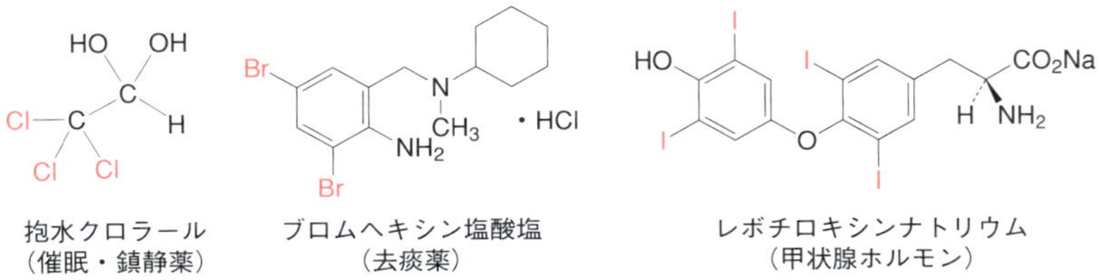

(2) アルコール，フェノール

単結合している炭素に**ヒドロキシ基**（－OH, hydroxy group）がついている化合物を総称して**アルコール**（R－OH，alcohol）類という．R は CH_3 や C_2H_5 などのアルキル基を示す．

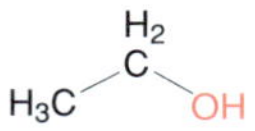

エタノール（殺菌・消毒薬）　グリセロール グリセリン（浣腸薬）　D-マンニトール（利尿薬）

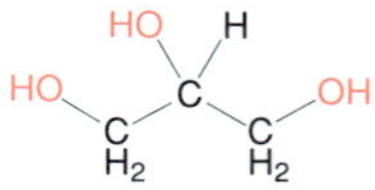

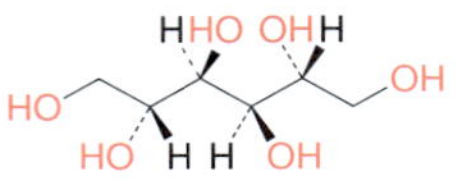

また，芳香環にヒドロキシ基が直接ついている化合物を総称して**フェノール**（phenol）類という．

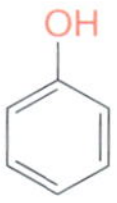

フェノール（殺菌・消毒薬）　*o*-クレゾール（殺菌・消毒薬）　エピネフリン（交感神経興奮薬）

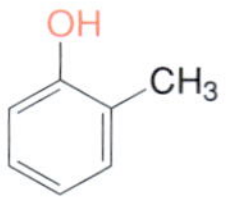

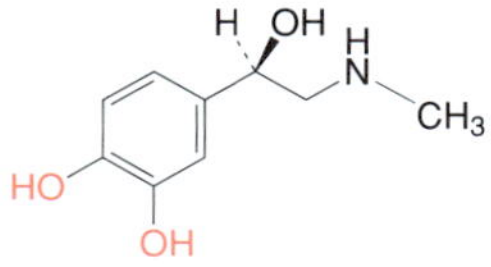

(3) エーテル

アルコールまたはフェノールのヒドロキシ基の水素を炭素で置き換えた構造を総称して**エーテル**（R－O－R，ether）という．

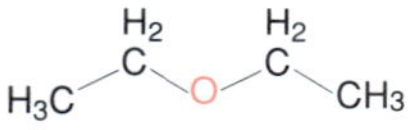

ジエチルエーテル（吸入麻酔薬）　テトラヒドロフラン 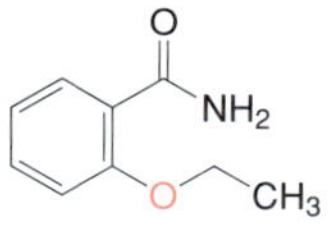　エテンザミド（消炎・鎮痛薬）

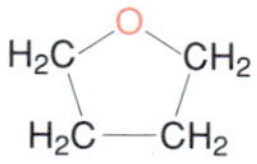

(4) アミン

アンモニア（NH_3）の水素を炭素に置き換えた化合物を**アミン**（amine）といい，その部分構造を**アミノ基**（amino group）という．アミンは単結合の炭素置換基をもつ脂肪族アミンと，芳香族置換基をもつ芳香族アミンとに分けられる．

脂肪族アミン

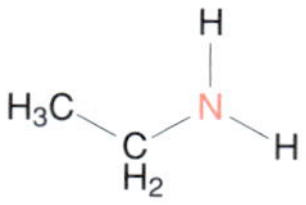

エチルアミン 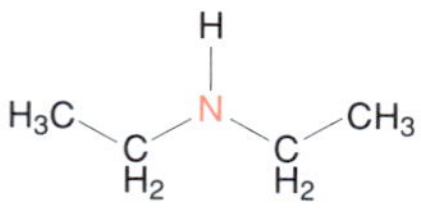　ジエチルアミン 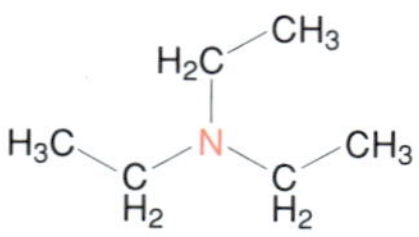　トリエチルアミン

脂肪族アミン（続き）

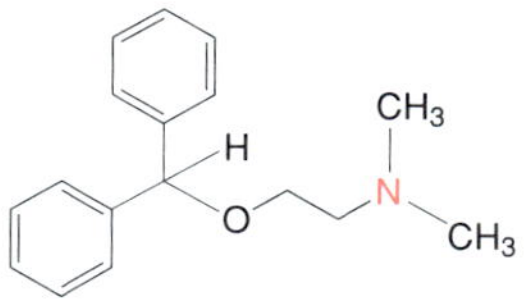

ジフェンヒドラミン
（抗ヒスタミン薬）

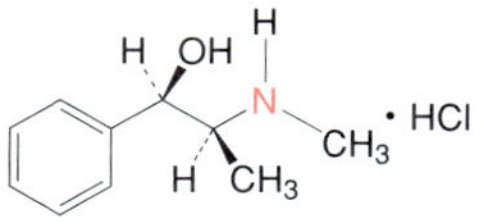

エフェドリン塩酸塩
（昇圧薬・気管支拡張薬）

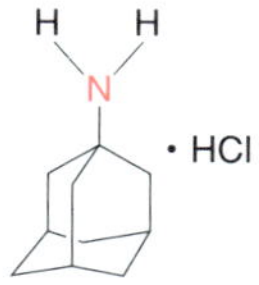

アマンタジン塩酸塩
（抗パーキンソン病薬
抗インフルエンザ薬）

芳香族アミン

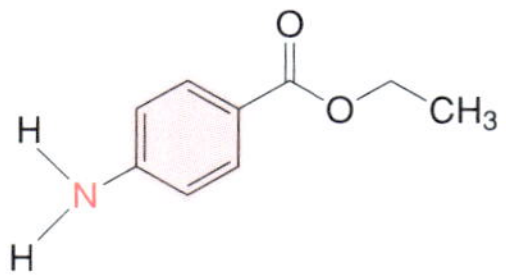

アミノ安息香酸エチル
（局所麻酔薬）

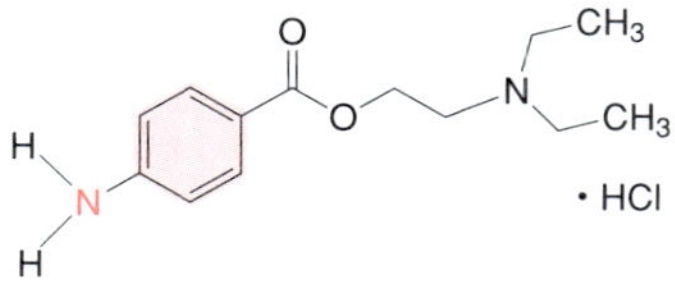

プロカイン塩酸塩
（局所麻酔薬）

（5） カルボニル化合物

カルボニル基（C＝O, carbonyl group）をもつ化合物を総称して**カルボニル化合物**（carbonyl compound）という．カルボニル化合物には次のように多くの種類がある．

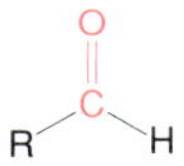

アルデヒド 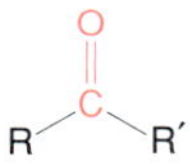　ケトン 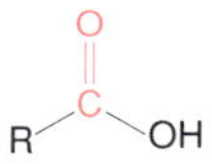　カルボン酸 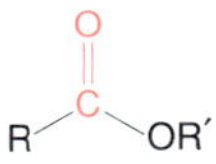　エステル 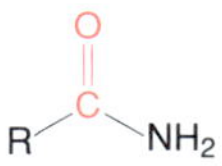　アミド

① アルデヒド

ホルミル基（−CHO, formyl group）をもつものを総称して**アルデヒド**（aldehyde）という．脂肪族アルデヒドおよび芳香族アルデヒドがある．

脂肪族アルデヒド

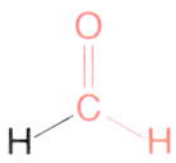

ホルムアルデヒド（ホルマリン）
（殺菌・消毒薬）

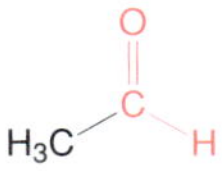

アセトアルデヒド

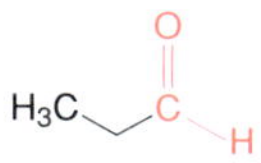

プロピオンアルデヒド

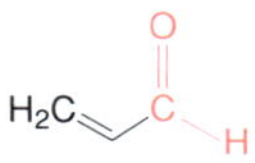

アクロレイン

芳香族アルデヒド

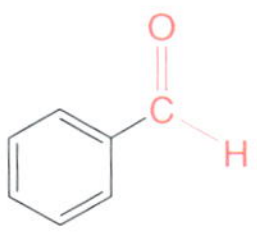

ベンズアルデヒド

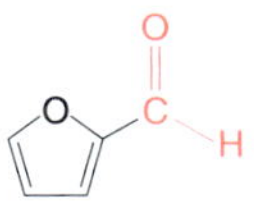

フルフラール

② ケトン

カルボニル基の両側に炭素が結合しているものを総称して**ケトン**(ketone)という．脂肪族ケトンおよび芳香族ケトンがある．

脂肪族ケトン

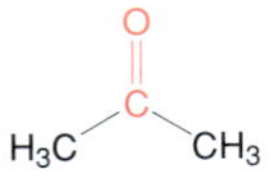

アセトン 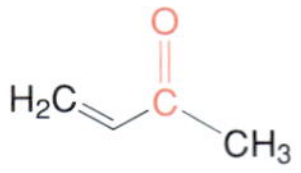　メチルビニルケトン 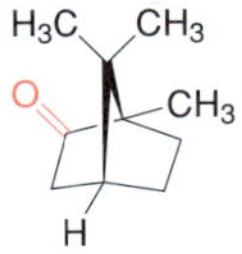　*d*-カンファー(ショウノウ)(防虫剤・消炎薬)

芳香族ケトン

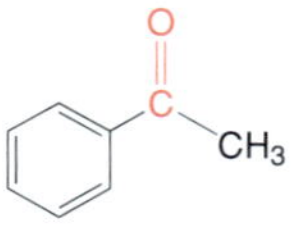

アセトフェノン 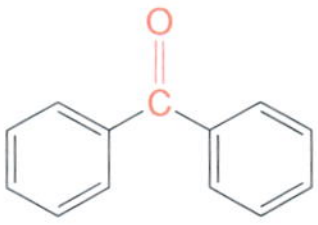　ベンゾフェノン 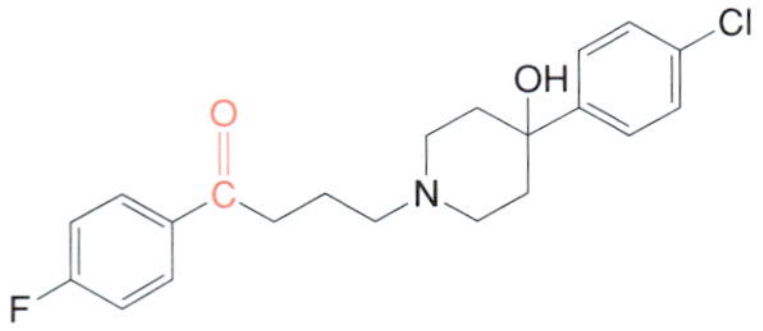　ハロペリドール(抗精神薬)

③ カルボン酸

カルボキシ基(－COOH, carboxy group)をもつものを総称して**カルボン酸**(carboxylic acid)という．

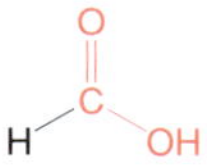

ギ酸 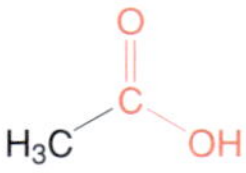　酢酸 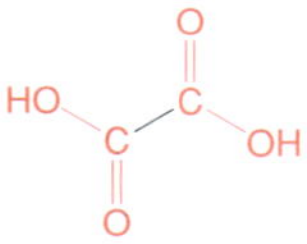　シュウ酸 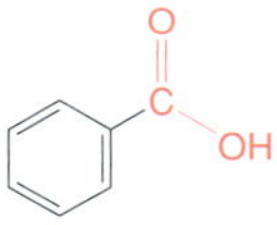　安息香酸(保存剤)　サリチル酸 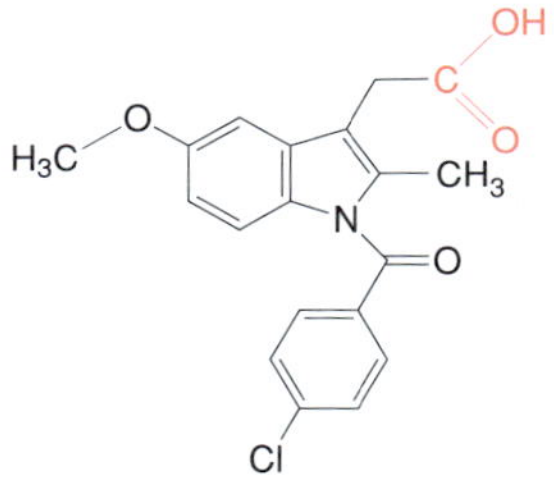　インドメタシン(消炎・鎮痛薬)

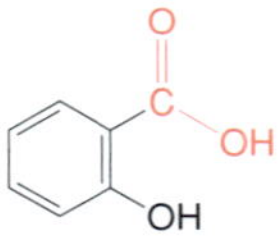

④ エステル

カルボキシ基(－COOH)の水素が炭素置換基に置き換わったものを総称して**エステル**(ester)という．

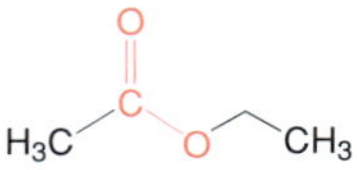

酢酸エチル 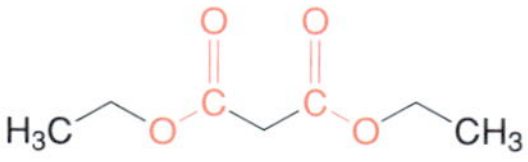　マロン酸ジエチル 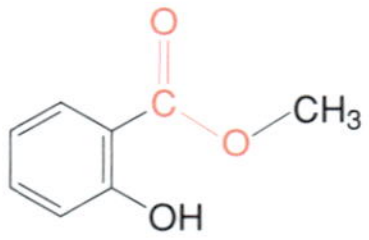　サリチル酸メチル(消炎・鎮痛薬)　アセチルサリチル酸(アスピリン)(消炎・鎮痛薬)

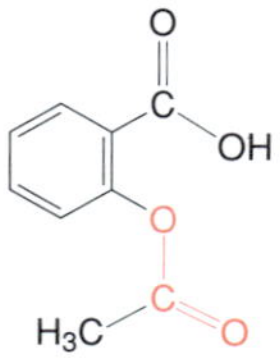

⑤ アミド

カルボキシ基(−COOH)のヒドロキシ基が窒素置換基に置き換わったものを総称して**アミド**(amide)という．アミドとは一般にはカルボン酸(RCOOH)のアミド(酸アミド)を指すが，ほかにも多くの種類がある．

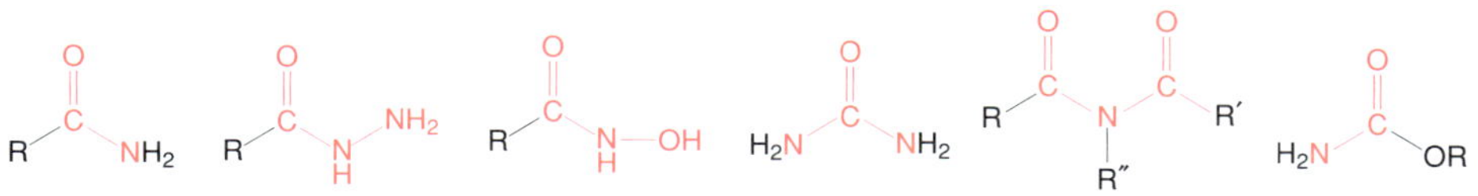

酸アミド　酸ヒドラジド　ヒドロキサム酸　尿素　イミド　ウレタン

アミドは非常に多くの医薬品の構造のなかに見受けられる．

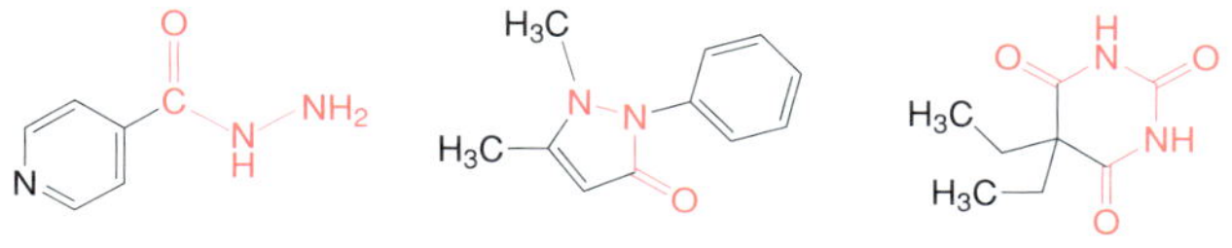

イソニアジド（抗結核薬）　アンチピリン（消炎・鎮痛薬）　バルビタール（催眠鎮静薬）

(6) 硫黄官能基

アルコール(−OH)のOがSに置き換わったものを総称して**チオール**(R−SH, thiol)という．また，エーテル(R−O−R)のOがSに置き換わったものを総称して**スルフィド**(R−S−R, sulfide)という．さらに，アミド(R^1−CO−NR^2R^3)のOがSに置き換わったものを総称して**チオアミド**(R^1−CS−NR^2R^3, thioamide)という．このほか，硫黄を含む官能基として**スルホンアミド**(R^1−SO_2−NR^2R^3, sulfonamide)も重要である．

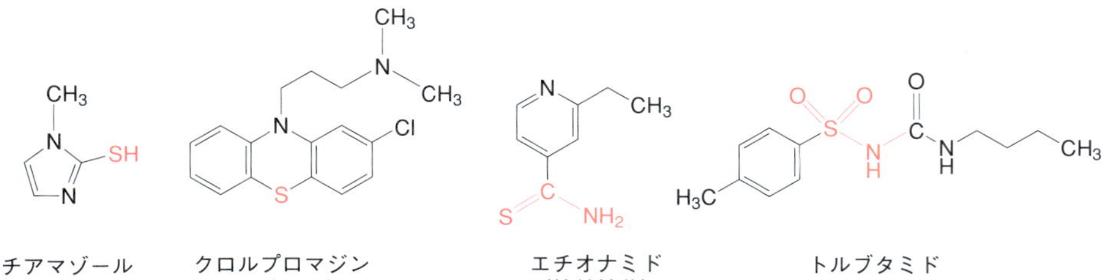

チアマゾール（抗甲状腺薬）　クロルプロマジン（抗精神薬）　エチオナミド（抗結核薬）　トルブタミド（抗糖尿病薬）

この他にも医薬品にはさまざまな部分構造が見受けられる．とくに，ヘテロ原子(炭素以外の原子)を含む環状化合物であるヘテロ環(複素環)は重要であり，16章で詳しく取りあげる．

章末問題

1．次の医薬品の構造に含まれる官能基や部分構造をあげよ．

a.

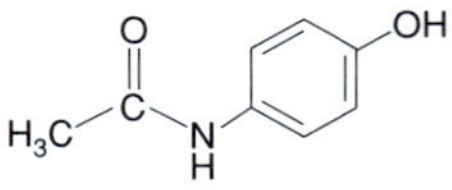

アセトアミノフェン

b.

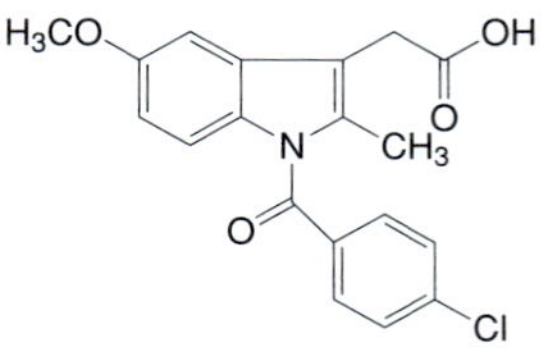

インドメタシン

c.

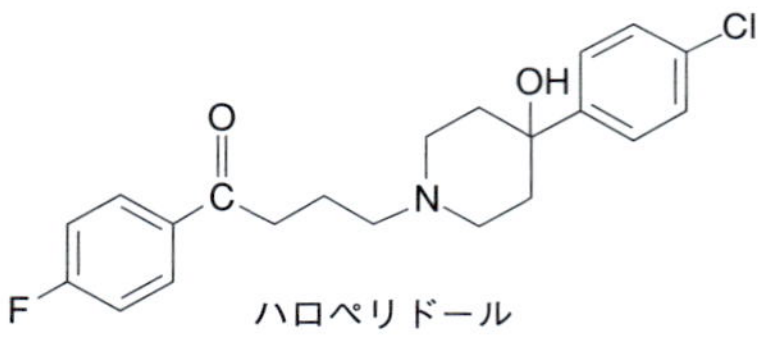

ハロペリドール

2．アミノ基を構造中に含む医薬品の名称をあげよ．

3．ヒドロキシ基を構造中に含む医薬品の名称をあげよ．

4．カルボキシ基を構造中に含む医薬品の名称をあげよ．

5．芳香族ケトン構造を含む医薬品の名称をあげよ．

6．スルホンアミド構造を含む医薬品の名称をあげよ．

7．次の化合物を構造式で表せ．

a.　フェノール　　b.　アセトアルデヒド

c.　酢酸　　d.　酢酸エチル

e.　ベンゾフェノン　　f.　安息香酸

g.　サリチル酸　　h.　アセチルサリチル酸

2 原子・分子のなりたち

❖ 本章の目標 ❖

- 原子，分子，イオンの基本的構造について学ぶ．
- 原子の電子配置について学ぶ．
- 周期表に基づいて原子の諸性質を学ぶ．
- 化学結合の成り立ちについて学ぶ．
- 基本的な化合物のルイス構造式を書くことを学ぶ．
- 軌道の混成について学ぶ．
- 分子軌道の基本概念について学ぶ．
- 分子の極性および双極子モーメントについて学ぶ．
- 共役や共鳴の概念を学ぶ．

1章では，医薬品の化学構造には複雑な骨格や複数の官能基が共存することを概略的に学んだ．はじめから難しい化学構造式が登場して驚いたかもしれない．だが，これから有機化学を学ぶことにより，それらを理解できるようになるはずである．

ここからの章では，これら化合物としての医薬品の構造，物性，反応性を理解するための基本的な知識を修得する．まず本章では，化合物を構成する原子および分子のなりたち，あるいは化学結合などの基礎的な知識を学ぶ．

2.1 原子の構造

2.1.1 原子とは

原子(atom)は**原子核**(nucleus)と**電子**(electron)から構成されている．原子核は原子の中心に位置し，正の電荷をもつ**陽子**(proton)と電荷をもたない**中性子**(neutron)からなる(図 2.1)．原子核のまわりに存在する電子の質量は，陽子や中性子の 2000 分の 1 にすぎない．したがって，原子の質量の

SBO 原子，分子，イオンの基本的構造について説明できる．
SBO 同素体，同位体について，例を挙げて説明できる．

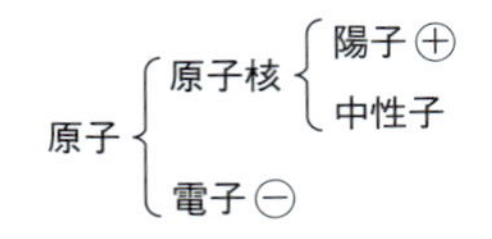

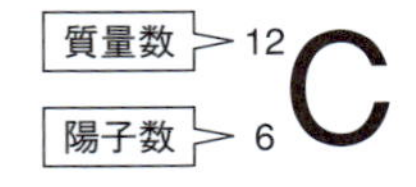

図2.1 原子の構造と元素記号

元素と原子

"元素(element)"は物質を構成する基本的要素の種類を，"原子(atom)"は元素の具体的な実体(陽子，電子，中性子からなる)を指す．たとえば，「水を構成する元素は水素と酸素であり，水分子は水素原子と酸素原子が結合してできる」と表現できる．

ほとんどは原子核に由来する．元素の種類はその原子の原子核に含まれる陽子の数によって決まる．たとえば，陽子数が6の元素は必ず炭素(C)である．陽子数が同じであれば，中性子数が異なっていても同じ元素であり，これらは**同位体**(isotope)とよばれる．原子核に含まれる陽子と中性子の数の和を**質量数**といい，^{12}C のように元素記号の左上に数字で示す．

炭素には ^{12}C，^{13}C，および ^{14}C の同位体が存在し，いずれも陽子の数は6個であるが，中性子はそれぞれ6個，7個，および8個である．天然に存在するのは ^{12}C がほとんど(98.91%)である．また，陽子を1個もつ水素には ^{1}H，^{2}H，および ^{3}H の同位体が存在し，原子核に含まれる中性子数はそれぞれ0個，1個，および2個である．^{2}H(重水素，ジュウテリウム)をD，^{3}H(三重水素，トリチウム)をTと表記することがある．

原子核の周囲には**殻**(かく)とよばれる電子の存在確率が高い層が複数存在する(図2.2)．図2.2のように，殻は原子核に近い順に1番目，2番目，3番目…として模式的に球で表される．それぞれの殻はポテンシャルエネルギー(潜在的にもっているエネルギー)をもっている．原子核に近い殻ほどポテンシャルエネルギーは低く，これを「エネルギー準位が低い」と表現する．

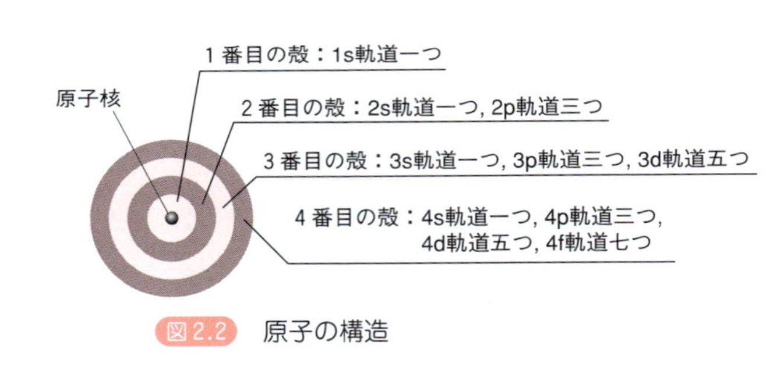

図2.2 原子の構造

殻をイメージするのは難しいが，それぞれの殻をちょうど階段のないマンションの1階，2階，3階…と考えてみてはどうだろう．このマンションには階段がなく，殻(各階)に入った電子は普段は互いに行き来することも接触することもできない．1階にいる電子は地面(原子核)に近くて安定であるが，3階にいる電子は地面(原子核)から遠くて不安定な感じがする．これがポテンシャルエネルギーにあたり，地面(原子核)に近いほどポテンシャルエネルギーが低くて安定で，地面(原子核)から遠いほどポテンシャルエネルギーが高くて不安定になる．

それぞれの殻はさらに**副殻**に分けられ，この副殻もエネルギー準位が低いほうからs，p，d，fの記号で区別される．副殻は電子2個を収容できる入れもの(**軌道**，orbital)からなり，それぞれ**s軌道**(s orbital)，**p軌道**(p orbital)，**d軌道**(d orbital)，**f軌道**(f orbital)とよぶ．殻を構成する副殻および軌道の種類とその個数は決まっており(図2.2)，たとえば2番目の殻は，

一つのs軌道(殻の番号を併記して2s軌道と記す)と三つのp軌道(同様に2p軌道と記す)の合計四つの軌道からなる．これらの殻に電子が存在するときは，原子核の陽子のように一点に集中しているのではなく，軌道のなかを広くぼんやりと分布しているというイメージのほうがより正確である．

原子をまわりから見ると，最も外側にある殻〔**最外殻**(valence shell)〕の軌道が見えることになる．したがって，この最外殻を構成する軌道およびその軌道に収容されている電子はとくに重要である．有機化合物に含まれる水素以外の多くの原子では，最外殻の軌道に8個の電子があると希ガスの原子と同じ電子配置になり安定化する．これを**オクテット則**(octet rule)という．

オクテット則
結合している原子のまわりの最外殻にある電子数が8個で充足されることを示す．

オクテット(octet)という言葉はもともと数字の8を意味する．一方，水素やヘリウムの場合は最外殻の軌道に2個の電子があれば安定化するので，厳密にはオクテットではない．しかし，「オクテット則を満たす」と表現したときは，水素やヘリウムも含め，最外殻の軌道が電子で満たされ安定化したことを意味する．一方，最外殻軌道の電子の数がオクテット則を満たしていない原子は不安定なので，ほかの原子と電子のやりとりをして，最外殻軌道を満たそうとする．

このように，原子がほかの原子と結びついて安定に存在できるようになったものを**分子**という(分子のなりたちについては2.2節で学ぶ)．なお，アルゴン(Ar)のように，もともと最外殻軌道が電子で満たされている希ガス元素(第18族元素)は1個の原子でも安定に存在することができ，単独で存在するので**単原子分子**(single atom molecule)とよばれる．

2.1.2 イオンとは

正または負の電荷をもつ原子やそれらの集まりを**イオン**(ion)という．イオンを構成する原子がもつ陽子の総数から電子の総数を引いたものをイオンの**電荷数**(charge number)とよび，正負の符号をつけてイオンの右上(または左上)に記す．たとえば，原子のリチウム(Li)は陽子の数が3個で電子の

イオン
原子または分子が電子の授受によって電荷をもったもの．

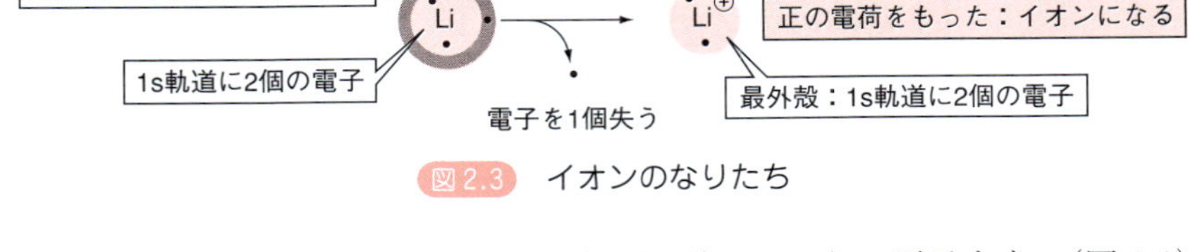
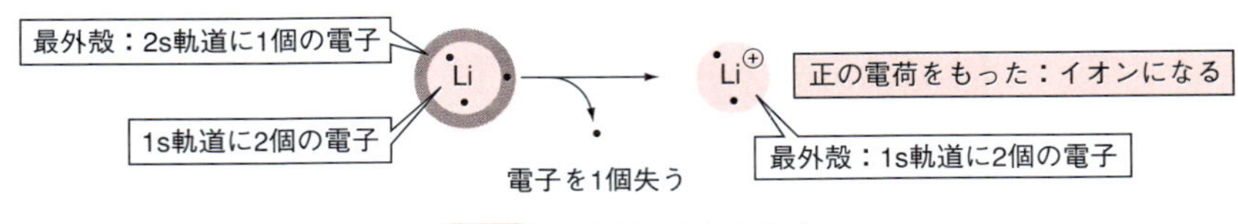

図2.3 イオンのなりたち

数も3個であるが，そのうち最外殻(2s軌道)には1個の電子をもつ(図2.3)．もし，この2s軌道の1個の電子を失えば，電荷数は(3 − 2 ＝ +1)となり，正の電荷をもつイオンになる．これをLi^+と表す(+1もしくは −1の場合は符号のみで数字を省略してよい)．このようにリチウムは正のイオンになることで2s軌道の電子は0個になり，一つ下の1s軌道が2個の電子で軌道を満たした最外殻として現れる．

この方法でも最外殻の軌道が電子で満たされた状態になるが，この場合は先に述べた分子の(原子と電子を共有する)方法とは異なり，電荷をもつことを忘れてはいけない．イオンのうち，正に帯電したものを**カチオン**(**陽イオン**，cation)，負に帯電したものを**アニオン**(**陰イオン**，anion)という．とくに水素(H)が電子を失ってできるH^+を**プロトン**(proton)という．プロトンはカチオンに含まれる．

カチオン
イオンのもっている電子の総数が，そのイオンを構成する原子がそれぞれ中性のときにもっている電子数の総和より少ないとき，カチオン(陽イオン)とよぶ．

アニオン
イオンのもっている電子の総数が，そのイオンを構成する原子がそれぞれ中性のときにもっている電子数の総和より多いとき，アニオン(陰イオン)とよぶ．

一般に，「電荷をもつこと」はエネルギー的に不利である(電荷が大きくなるとより不安定になる)．ところが，これを上回る安定化要因があれば，電荷をもつ分子(原子)種として存在できる．最外殻電子数がオクテット則を満たすことは，そのような安定化要因の一つである．2.1.4項で説明する周期表における第1族元素(アルカリ金属：Li，Na，Kなど)の原子は，最外殻電子を1個放出することにより一つ内側の殻が最外殻となり，この殻がオクテット則を満たした状態となる．したがって，1価のカチオンになりやすい．また第2族元素(アルカリ土類金属：Be，Mg，Caなど)の原子は，最外殻電子を2個放出することによって安定化する．したがって，2価のカチオンになりやすい．一方，第17族元素(ハロゲン：F，Cl，Br，I)の原子は，最外殻に7個の電子をもち，これは電子を1個受け入れることによりオクテット則を満たすようになるので，1価のアニオンになりやすい．同様に，第16

族元素(O，S など)の原子は 2 価のアニオンになりやすい．

2.1.3 原子の電子配置

SBO 原子の電子配置について説明できる．

先に述べたように，原子は(最外殻の)軌道に存在する電子を用いてほかの原子と結合を形成する．したがって，原子がどのように振る舞ってどのような結合を形成するかを考えるためには，その電子が収容されている軌道について知る必要がある．原子がもつ軌道にはどのような種類があるか，図 2.2 の原子の構造をもっと詳しく見てみよう．

軌道の一つひとつは特有のエネルギーの高さ(エネルギー準位)をもっており，どの軌道がどのくらいのエネルギー準位で，電子をいくつ収容できるかを理解しておく必要がある．

最もエネルギー準位の低い 1 番目の殻は s 軌道一つのみで構成され，これを殻の番号を併記して(1s 軌道)と記す．2 番目の殻は s 軌道(2s 軌道)一つと p 軌道(2p 軌道)三つ，合計四つの軌道で構成される．3 番目の殻は s 軌道(3s 軌道)一つ，p 軌道(3p 軌道)三つ，d 軌道(3d 軌道)五つ，合計九つの軌道で構成される．このようにして殻を構成する軌道の総数は 1 番目の殻から順に，一つ，四つ，九つ，十六…となる．つまり，n 番目の殻は総数で n^2 の軌道で構成されることになる．

さて，この電子の入れもの(軌道)は，1 個当たり電子を 2 個までしか収容することができない．したがって，それぞれの殻に収容しうる電子の数は，1 番目の殻から順に，2 個，8 個，18 個，32 個…となり，n 番目の殻に収容しうる電子の数は $2n^2$ 個になる．

副殻まで含めた軌道の相対的なエネルギー準位および軌道の数を図 2.4 で確認しよう．ここで軌道の欄の横棒 1 本は軌道一つに対応する．軌道一つは電子を 2 個収容しうる．軌道は原子核に近い(図の下方向)ほどエネルギー準位が低く，安定である．3 番目の殻の d 軌道と 4 番目の殻の s 軌道の関係のように，殻のエネルギー順位の高低に対して副殻のエネルギー順位の高低が逆転しているものもある．

次に，これらの軌道に電子がどのように収容されるか〔**電子配置**(electron configuration)〕を考えよう．この場合，原子は陽子と同数の電子をもち(電荷をもたない)，最もエネルギー的に安定な状態にあるとする．これを**基底状態**という．基底状態の電子配置において，電子は，殻を構成する軌道に次のような規則にしたがって存在している．

(a) パウリの排他原理

電子は自転しており，その自転(**スピン**，spin)には 2 通りの向きがある．スピンの向きは便宜上矢印の向き(上向き↑・下向き↓)で表される．電子は 2 個ずつスピンを対(上向きと下向きを一つずつ)にして〔これを**パウリの排

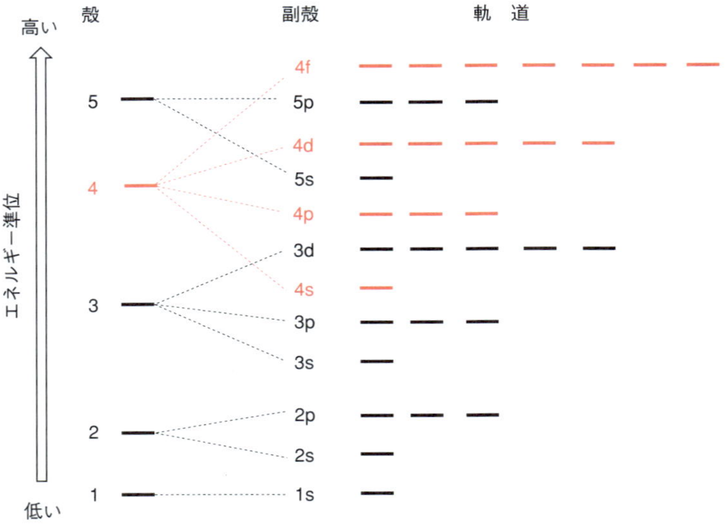

図 2.4　軌道の相対的なエネルギー準位(5p 軌道まで)
各軌道に 2 個ずつ電子を収容できる．

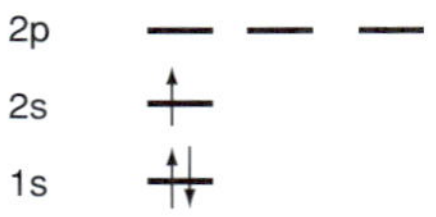

図 2.5　基底状態の Li の電子配置

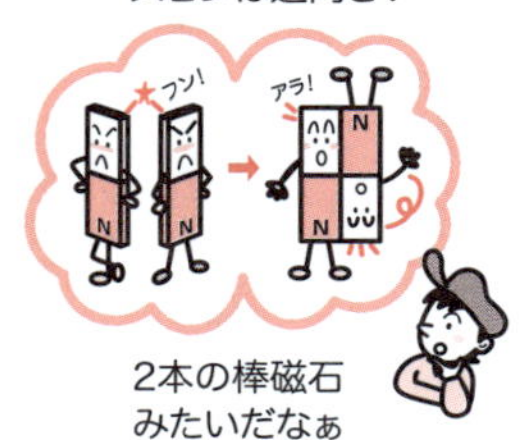

他原理(Pauli exclusion principle)とよぶ]，エネルギー準位の低いほうから，つまり 1s，2s，2p，3s，3p，4s，3d，4p …の順に軌道へ収容される(図 2.4)．

これを模式的に次のように表す．電子 1 個を矢印(矢印の向きでスピンの向きを表す)で表し，軌道一つ(電子が最大 2 個入る)を横棒に対応させて，軌道(副殻)のエネルギー準位の相対位置とともに表す．たとえば，リチウム原子($_3$Li)の基底状態の電子は 3 個あり，それらは図 2.5 のように表現される．3 個の電子のうち，2 個は最もエネルギー準位の低い 1s 軌道に収容され，残る 1 個はエネルギー準位が一つ上の 2s 軌道に収容されている．1s 軌道の 2 個の電子を表す矢印の向きは互いに逆であることに注目してほしい．

電子配置を表すのにつねに模式図を書くのはたいへんなので，軌道に存在する電子の数を副殻(または軌道)の記号の右上に表記して，電子がどの副殻(または軌道)に入っているかを表すこともある．この方法ではリチウムの電子配置は次のように表される．

$_3$Li：$1s^2 2s^1$（1s 軌道に電子が 2 個，2s 軌道に電子が 1 個ある）

（b）フントの規則

エネルギー準位の等しい複数の軌道に複数の電子が収容される場合は，まずそれらの軌道すべてにスピンを同じ向きにして 1 個ずつ電子が入る．これを**フントの規則**(Hund's rule)という．すべての軌道に 1 個ずつ電子が入ってしまったら，それぞれの軌道に 2 個目の電子がスピンを逆にして(対になるように)入っていく．

窒素($_7$N)原子と酸素($_8$O)原子の電子配置を見てみよう(図 2.6)．窒素原子は7個の電子をもち，1s軌道と2s軌道に2個ずつ電子が収容されている．残りの3個の電子は，同じエネルギー準位をもつ3個の2p軌道(それぞれ$2p_x$，$2p_y$，$2p_z$とよばれる)に1個ずつスピンを同じ向きにして収容される．一方，酸素原子は窒素原子に比べて電子が1個多く，3個の2p軌道に4個の電子をもつことになる．3個の電子はそれぞれ$2p_x$，$2p_y$，$2p_z$軌道に1個ずつ収容される．これですべての2p軌道に1個ずつ電子が入ったことになるので，4個目の電子はスピンを逆にして$2p_x$軌道に入り，対をつくる．

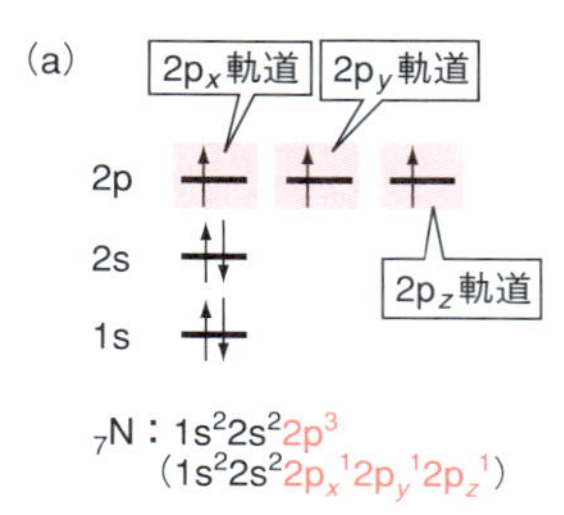

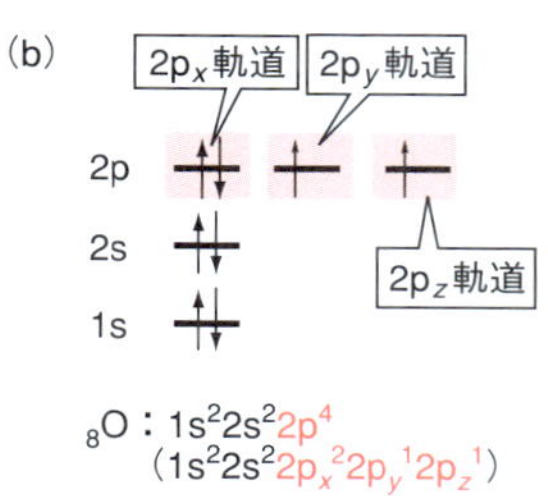

図2.6 基底状態の窒素原子(a)と酸素原子(b)の電子配置

SBO 周期表に基づいて原子の諸性質(イオン化エネルギー，電気陰性度など)を説明できる．

2.1.4 周期表

元素を原子番号(陽子数)順に並べて表にしたものが元素の周期表(図2.7)である．周期表では基底状態の原子について，最もエネルギー準位の高い副殻(軌道)に収容されている電子の数が同じものが縦に並ぶように配置されている．

周期表の横の列を「**周期**」といい，電子が収容されている最も外側の殻(最外殻)の番号で表す．たとえば，基底状態の炭素原子(C)は最外殻電子を2番目の殻にもつので，第2周期の元素である．一方，縦の列を「**族**」という．第1族，第2族と第12族～第18族の元素を合わせて**典型素元**(typical element)，第3族～第11族の元素を**遷移元素**(transition element)という．典型元素は，電子がs軌道およびp軌道を順次満たしていく系列であり，遷移元素はd軌道およびf軌道を満たしていく系列である．

化学結合については2.2節で詳しく学ぶが，原子と原子が化学結合するとき，原子の振る舞い(結合の様式)は最もエネルギー準位の高い軌道(最外殻の軌道)に収容されている電子によって決まることが多い．したがって，同じ族の元素は結合の様式や反応性などにおいてよく似た振る舞いをする．そ

周期＼族	1	2	3	4	5	6	7	8	9	10	11	12	13	14	15	16	17	18
1	1 H $1s^1$ 2.1																	2 He $1s^2$ —
2	3 Li $2s^1$ 1.0	4 Be $2s^2$ 1.5											5 B $2p^1$ 2.0	6 C $2p^2$ 2.5	7 N $2p^3$ 3.0	8 O $2p^4$ 3.5	9 F $2p^5$ 4.0	10 Ne $2p^6$ —
3	11 Na $3s^1$ 0.9	12 Mg $3s^2$ 1.2											13 Al $3p^1$ 1.5	14 Si $3p^2$ 1.8	15 P $3p^3$ 2.1	16 S $3p^4$ 2.5	17 Cl $3p^5$ 3.0	18 Ar $3p^6$ —
4	19 K $4s^1$ 0.8	20 Ca $4s^2$ 1.0	21 Sc $3d^1$ 1.3	22 Ti $3d^2$ 1.5	23 V $3d^3$ 1.6	24 Cr $3d^5$ 1.6	25 Mn $3d^5$ 1.5	26 Fe $3d^6$ 1.8	27 Co $3d^7$ 1.8	28 Ni $3d^8$ 1.8	29 Cu $3d^{10}$ 1.9	30 Zn $3d^{10}$ 1.6	31 Ga $4p^1$ 1.6	32 Ge $4p^2$ 1.8	33 As $4p^3$ 2.0	34 Se $4p^4$ 2.4	35 Br $4p^5$ 2.8	36 Kr $4p^6$ —
5	37 Rb $5s^1$ 0.8	38 Sr $5s^2$ 1.0	39 Y $4d^1$ 1.2	40 Zr $4d^2$ 1.4	41 Nb $4d^4$ 1.6	42 Mo $4d^5$ 1.8	43 Tc $4d^5$ 1.9	44 Ru $4d^7$ 2.2	45 Rh $4d^8$ 2.2	46 Pd $4d^{10}$ 2.2	47 Ag $4d^{10}$ 1.9	48 Cd $4d^{10}$ 1.7	49 In $5p^1$ 1.7	50 Sn $5p^2$ 1.8	51 Sb $5p^3$ 1.9	52 Te $5p^4$ 2.1	53 I $5p^5$ 2.5	54 Xe $5p^6$ —
	アルカリ金属	アルカリ土類金属															ハロゲン	希ガス

(例)
1 — 原子番号
H — 元素記号
$1s^1$ — 最もエネルギー順位の高い副殻(軌道)と収容されている電子数
2.1 — 電気陰性度(ポーリングの値)

(色)
着色 — 典型元素
白 — 遷移元素

図2.7 元素の周期表と電気陰性度の値(第5周期まで)

のため，族をそれぞれ独特の名称でよぶことがある．たとえば，第1族はアルカリ金属，第2族はアルカリ土類金属という．また，第17族はハロゲン，第18族は希ガスという．

周期表には多くの情報が含まれている．周期表と，軌道のエネルギー準位の図2.4を見比べてみよう．第1周期の元素は，電子の存在する軌道が1s軌道一つのみなので，その軌道に電子が1個入った水素と2個入ったヘリウムだけである．第2周期の元素はすべて1番目の殻(つまり1s軌道)が2個の電子で満たされている．それに加えて原子番号3のリチウムでは2s軌道に電子が1個，原子番号4のベリリウム(Be)では2s軌道に電子が2個収容されている．原子番号5であるホウ素(B)以降は，三つの2p軌道にフントの規則にしたがって電子が収容され，ネオン(Ne)ではすべての2p軌道が電子対で満たされている．

（a）イオン化エネルギー

これまでは陽子の数と電子の数が等しい場合(基底状態)について考えてきた．ここからは，陽子の数と電子の数が異なるイオンの状態について考えよう．基底状態にある気体状の原子から，電子1個を奪ってカチオンにするために必要なエネルギーを**イオン化エネルギー**(ionization energy)という(図2.8)．つまり，イオン化エネルギー(の値)が小さいほどカチオンになりやすいといえる．

図2.9に各原子のイオン化エネルギーを原子番号順に並べたものを示す．第1族のアルカリ金属であるリチウムやナトリウム，カリウムのイオン化エネルギーは低く，これらの原子はカチオンになりやすいことがわかる．

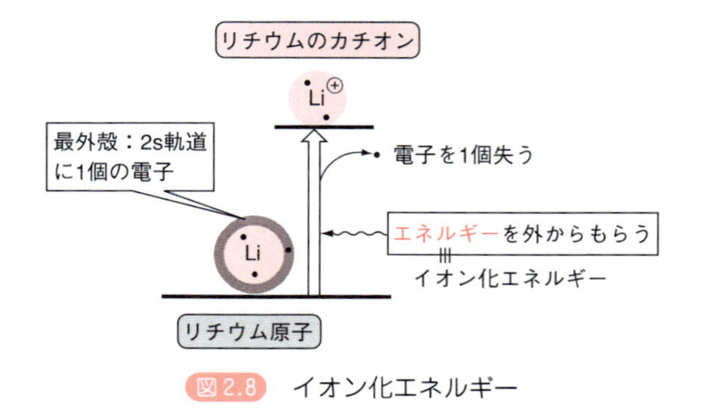

図2.8 イオン化エネルギー

Advanced イオン化エネルギーの比較

これまでに見てきたように，次の三つの理由によって，典型元素の原子のイオン化エネルギーの大小がある程度判断できる．

① 原子核に近い軌道ほどエネルギー的に安定である．

② 原子核の陽子の数が多いほど電子が原子核に引きつけられ，より安定

である．

③ 最外殻の軌道のすべてが電子で満たされると，きわめて安定である（オクテット則）．

同じ族のイオン化エネルギーの比較では，①の理由により，奪われる電子の収容されている軌道が原子核に近づくほど，つまり原子番号が小さいほど，その電子と核の距離が近く核に強く引きつけられているといえる．したがって，電子を引き離すためには大きなエネルギーが必要となり，イオン化エネルギーは大きくなる（図 2.9）．同様に，同じ周期では，②の理由により原子番号が大きくなるほどイオン化エネルギーは大きくなる傾向がある．また，イオン化エネルギーが希ガス元素の原子で極大，アルカリ金属で極小となるのは，③の理由による．

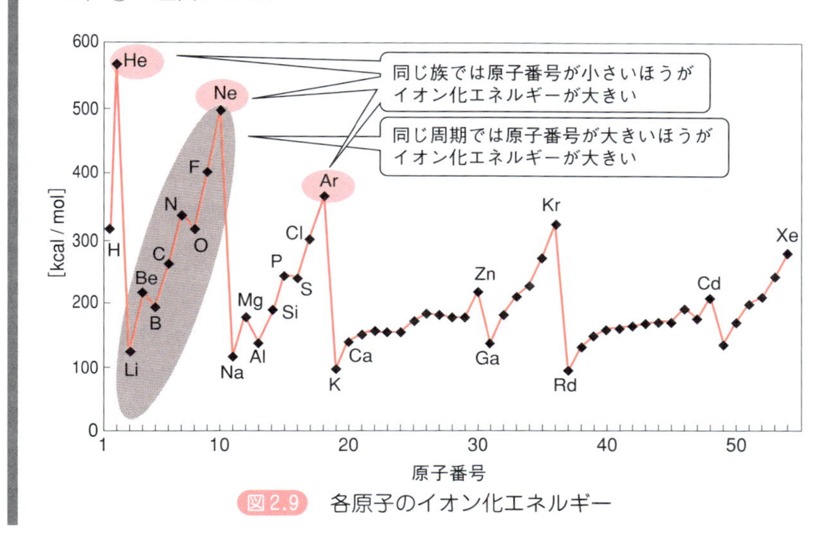

図 2.9 各原子のイオン化エネルギー

(b) 電子親和力

原子から電子を奪ってカチオンになるときに必要なエネルギーをイオン化エネルギーと定義したのに対し，原子に 1 個の電子を与えてアニオンにする際に放出されるエネルギーを**電子親和力**（electron affinity）という（図 2.10）．

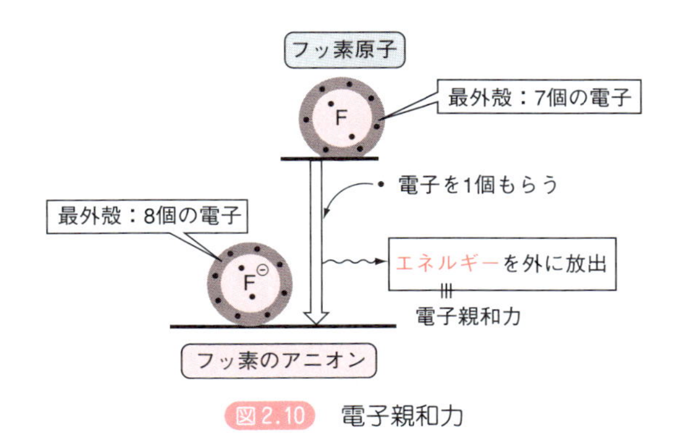

図 2.10 電子親和力

電子親和力が大きいものほどアニオンとして安定である．

図 2.10 に示したように，ハロゲンは電子 1 個を受け取ることにより最外殻の軌道がすべて満たされて安定化する(オクテット則を満たす)．したがって，ハロゲンの電子親和力はほかの元素にくらべて大きい．また，希ガスの原子はすでに最外殻の軌道がすべて電子で満たされているので，電子を受け取ることで不安定になり，電子親和力は負の値をとる．

(c) 電気陰性度

電気陰性度
イオン化エネルギーと電子親和力に基づいて決められた相対的な値．電気陰性度の大きい元素ほど電子を自身のまわりに引きつけようとする．

周期表には，それぞれの元素の電気陰性度の値が添えられていることが多い．**電気陰性度**(electronegativity)は原子が電子をどの程度引きつけているかという尺度であり，分子の反応性や性質を，ある程度の定量性をもって考えるときにきわめて有効なパラメータである．最も広く用いられている値(図 2.7 参照)は，L. Pauling(ポーリング)が原子どうしの結合エネルギーに基づいて定義したものであり，F の値を 4.0，C の値を 2.5 としている．電気陰性度の値が大きいほど電子を引きつける力は強い．

同一周期の典型元素では，原子番号が大きくなるほど(周期表で右へ行くほど)電気陰性度の値は大きくなる．これは同じ軌道の電子で比較した場合，原子核の正電荷が大きくなるとその軌道にある電子はより強く原子核に引き寄せられ，核の正電荷と電子の負電荷の距離が短くなって安定化するからである．また，同一族で比較した場合は，周期表で上へいくほど電気陰性度の値が大きくなる．これは，最外殻(周期)の番号が小さいほど最外殻電子が原子核に近く，その電子が核に強く引き寄せられるためである．

また，希ガスは一般的には結合を形成しないので電気陰性度は定義されない．したがって，希ガスを除いた元素のなかで，周期表の右上，すなわちフッ素が最も電気陰性度の大きい元素となる．電気陰性度の値は，第 3 周期の元素まで覚えておくとよい．電気陰性度は化学結合の性質に大きくかかわる．これについては，2.4.1 項で再び取りあげる．

2.2 化学結合および分子のなりたち

SBO イオン結合，共有結合，配位結合，金属結合の成り立ちと違いについて説明できる．

2.1 節までに原子の構造について基礎的なことがらを学んだ．しかし，実際にわれわれの身のまわりにある有機化合物は原子のままではなく，原子が互いに結合してできた分子である．なぜ，原子のままではいられないのだろうか．それは原子が単独で存在するよりも結合して存在するほうが安定だからである．どのように原子と原子が結びついて化学結合を形成し，分子になるのだろうか．ここからは，化学結合および分子のなりたちについて学ぼう．

2.2.1 共有結合

共有結合(covalent bond)は，原子と原子が互いに電子を共有してできる化学結合である．2.1 節で述べたように，最外殻軌道が電子で満たされていない(オクテット則を満たしていない)原子は単独では存在することができない．そこで，2 個の原子が互いの電子をもちあって最外殻軌道を電子で満たし，安定化する．

共有結合
二つの原子のあいだで電子を共有することによって形成される結合．

たとえば，最も小さな分子である水素分子(H_2)も共有結合によりできている(図 2.11)．水素原子の最外殻(1s 軌道)には 1 個の電子があり，軌道を満たすにはもう 1 個電子が必要である．もし，2 個の水素原子が互いに 1 個ずつ最外殻の電子を共有しあえば最外殻にある電子の数は全体で 2 個になり，軌道を満たすことができるはずである．そこで，互いに電子を共有しあって結びつく(図 2.11)．これが共有結合のなりたちである．共有結合はほかの化学結合に比べて強く，ほとんどの有機化合物は共有結合によって成り立っている．

図 2.11　共有結合のなりたち

2.2.2 イオン結合

イオン結合(ionic bond)はカチオンとアニオン(2.1.2 項参照)が互いに引きあってできる結合である．ちょうど磁石の S 極と N 極が引きあってくっつくイメージである．たとえば，2.1 節で取りあげたリチウムの陽イオン(Li^+)とフッ素の陰イオン(F^-)は互いに引きあってイオン結合を形成し，フッ化リチウム(LiF)になる(図 2.12)．このようなイオン間の静電的な相互作用(**クーロン力**，Coulomb force)による結合をイオン結合という．イオン結合は電気的な力，すなわち ＋ と － が引きあう力によって成り立つもので，共有結合とは性質が異なることを理解してほしい．

2 種類の原子間においてイオン結合を生じるかどうかは，2 個の原子の電気陰性度から判断することができ，目安としてその差が 1.9 以上である場合はイオン結合と見てよい(2.4.1 項を参照).

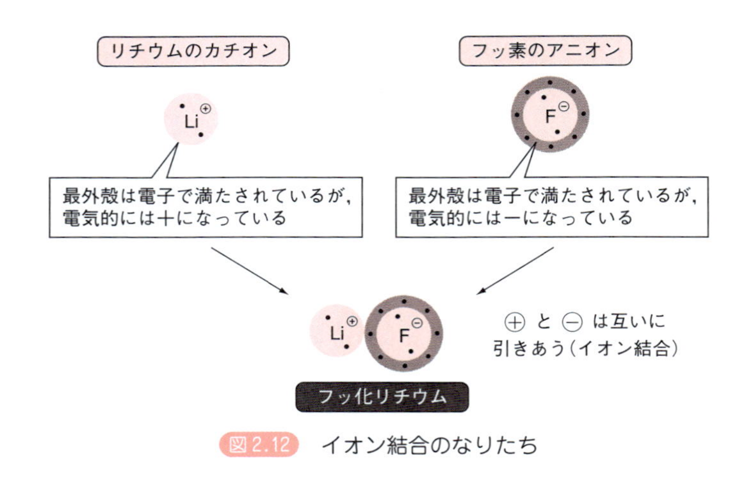

図 2.12 イオン結合のなりたち

2.2.3 ルイス構造式

SBO 基本的な化合物を,ルイス構造式で書くことができる.

すでに学んだように,有機化合物の分子のなりたちを考えるには,おもに原子の最外殻に収容された電子のあり方に注目すればよい.この最外殻に収容された電子を**価電子**(valence electron)とよび,「•」で直接的に表すことによってよりわかりやすく表現できる.この表し方を**ルイス構造式**(Lewis structure)という.ルイス構造式では価電子(最外殻電子)について副核を区別せずに表すので,価電子の表記法としてはかなり簡略化したものである.たとえば,周期表における第 3 周期までの原子の基底状態のルイス構造式は図 2.13 のようになる.

図 2.13 原子のルイス構造式

この表記法で,オクテット則がきわめてわかりやすくなる.つまり,元素記号の上下左右の 4 辺はそれぞれ電子を最大 2 個収容できる軌道を表している.この 4 辺がすべて電子で満たされた(各辺 2 個ずつの点が書かれて合計 8 個になった)ときがオクテット則を満たした安定な状態である.ただし,水素原子とヘリウム原子は第 1 周期の原子なので,最外殻には 2 個までしか電子を収容できない.したがって,これらの原子では一辺だけに 2 個の電子が書かれたものでも「オクテット則を満たしている」という(2.1.1 項).

原子どうしを結合させて安定な分子を書くときには,構成するそれぞれの原子についてオクテット則を満たすように原子の数を決める．たとえば，塩化水素分子のルイス構造式は，水素原子と塩素原子のルイス構造式から，それぞれ1原子ずつを用いて図2.14のように書くことができる．

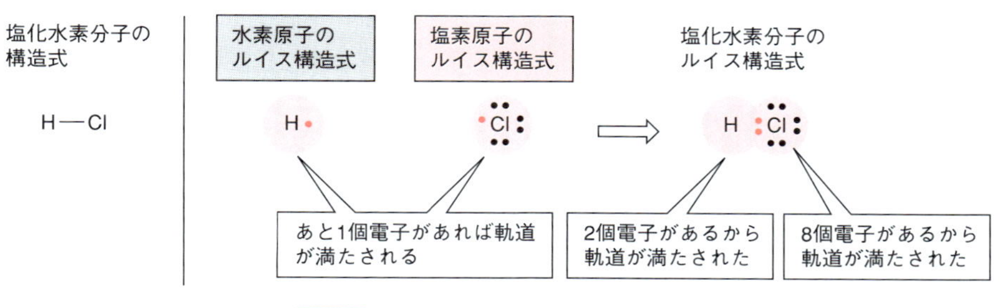

図2.14　塩化水素分子のルイス構造式

高校で学んだ原子と原子の結合を原子のあいだに引いた線で表す方法は，正式には**ケクレ構造**(Kekulé structure，**線結合構造**)**式**とよぶ．このように1本の線で表される共有結合は，ルイス構造式では2個の原子のあいだに2個の電子(共有電子対)を配置することで表される．各原子について最外殻電子数を数えるときは，この共有電子対はそれぞれの原子に重複して属するものと考える．したがって，塩化水素はその最外殻電子が塩素について8個，水素について2個となり，それぞれオクテット則を満たすので安定である(図2.15)．また，このとき結合に用いられていない電子対を非共有電子対(ローンペア)という．

次に，水(H_2O)のルイス構造式を書いてみよう(図2.16)．酸素原子の価電子(最外殻電子)は6個なので，水素との結合によって最外殻電子数を満たす(つまり，オクテット則を満たす)には，酸素原子は水素原子2個と共有結合する必要がある．こうして酸素を中心にして両側に水素が1個ずつ結合した分子，H−O−H すなわち H_2O になる．

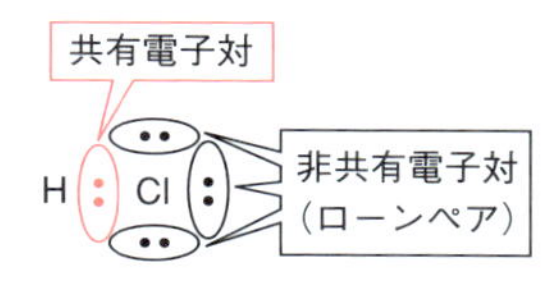

図2.15　共有電子対と非共有電子対

非共有電子対
結合の形成に使われていない電子対．非結合電子対，あるいは孤立電子対(lone-pair electrons：lone は"孤独な"の意味)ともいう．

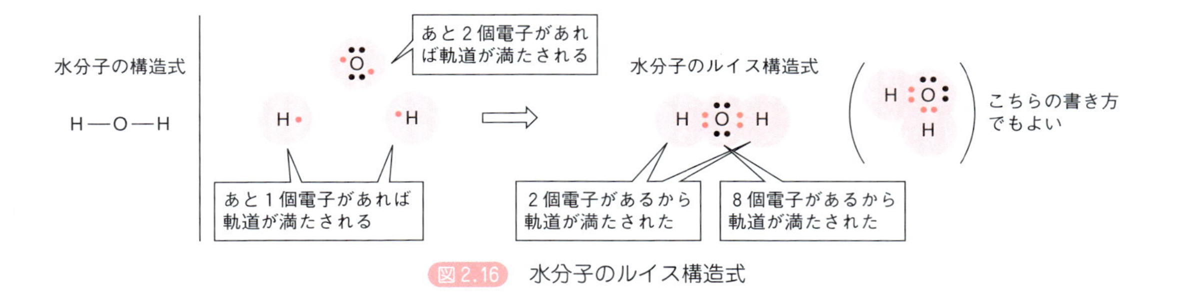

図2.16　水分子のルイス構造式

ルイス構造式で二重結合はどのように表されるだろうか．たとえば，エチレン(エテン)は図2.17のように表される．

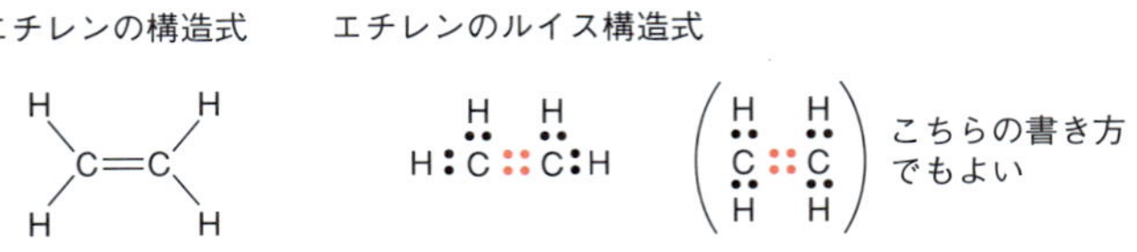

エチレンの構造式　エチレンのルイス構造式

こちらの書き方でもよい

図 2.17 エチレン分子のルイス構造式

二重結合は炭素原子間に2組の電子対(価電子4個)を書くことによって表せる．炭素原子間にあるこの4個の電子は，両方の炭素により共有されているので，両方の炭素に共通した最外殻電子(価電子)として数える．したがって，両方の炭素原子の最外殻電子数は8個となり，オクテット則を満たしている．

なお，ルイス構造式では共有結合を通常の構造式と同様に直線で表記し，非共有電子対のように結合に用いられていない電子のみを点で表す場合もある．この場合，塩化水素，水はそれぞれ図2.18のように表される．

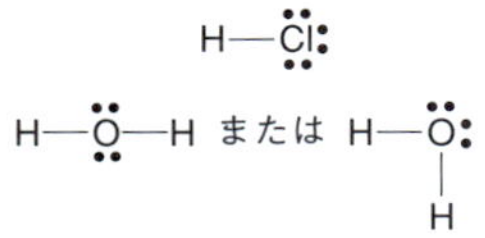

または

図 2.18 ルイス構造式の表し方

2.2.4 形式電荷

有機化学で扱う化合物には多原子からなるカチオンやアニオンも存在する．たとえば，水(H_2O)にプロトン(H^+)が結合したオキソニウムイオン(H_3O^+)やアンモニア(NH_3)にプロトンが結合したアンモニウムイオン(NH_4^+)および炭酸水素イオン(HCO_3^-)のように複数の原子からなるイオンの構造のなかで，どの原子が正あるいは負の電荷をもっているのかを知ることは重要である．

イオンを構成するそれぞれの原子に割り当てられた正あるいは負の電荷を**形式電荷**(formal charge)という．すなわち，その原子が実質的にもつ電子数と基底状態の価電子数との差が形式電荷である．形式電荷を求めるにはルイス構造式で電子を表し，それぞれの原子が実質的にもっている電子の数を明らかにする必要がある．このとき，非共有電子対はその原子が単独でもっている電子として数え，共有結合に用いられている電子については均等に2個の原子のあいだで分けあっていると考える．つまり，一つの共有結合に用いられている2個の電子のうち半分の1個を一方の原子のもち分，もう1個を結合している相手の原子のもち分として数える．

二重結合の場合は，結合に用いられている4個の電子を2個ずつに分ける．同様に，三重結合の場合は，結合に用いられている6個の電子を3個ずつに分ける．こうして得られたそれぞれの原子がもつ電子数を，本来その原子が基底状態でもつはずの価電子数から引いた数が形式電荷になる．

（形式電荷）＝（基底状態の原子がもつ価電子数）－（原子が実質的にもっている電子の数）

たとえば，塩化水素分子を構成する水素原子と塩素原子について形式電荷を求めてみよう(図 2.19).

塩素の基底状態における価電子数は 7 個，水素は 1 個である(図 2.13 参照). 塩化水素分子では，塩素と水素の共有結合に使われている電子対の 2 個の電子のうち 1 個は塩素のもち分，もう 1 個は水素のもち分である．塩素は結合電子対以外に非共有電子対を 3 組，つまり 6 個の電子をもっており，塩素には合わせて 7 個の電子がある．これは塩素の基底状態における価電子の数である 7 個に等しいので，形式電荷は 7 − 7 ＝ 0 となる．一方，水素は非共有電子対をもたず，共有結合電子対の電子のうち 1 個が自分のもち分である．水素の基底状態における価電子数も 1 個なので，形式電荷は 1 − 1 ＝ 0 である．

2 原子間の結合が**イオン結合**(2.2.2 項参照)である場合は，原子間の電子対はすべて電気陰性度の大きい原子のもち分として数える．

イオン結合をもつ硫酸ナトリウム(Na_2SO_4)の各原子の形式電荷を求めよう(図 2.20)．まず，硫黄原子について考える．硫黄原子は単結合二つと二重結合二つをもつ．単結合では一つ当たり 1 個，二重結合では一つ当たり 2 個の電子を硫黄原子のもち分として数えるので，合わせて 6 個の電子をもつことになる．硫黄原子の基底状態の最外殻価電子数は 6 なので，この硫黄原子の形式電荷は 6 − 6 ＝ 0 である．また，二重結合で硫黄原子と結合した酸素は，非共有電子対を 2 組(電子 4 個)と，硫黄との二重結合に用いられている電子 4 個のうち半分の 2 個，合計 6 個の電子を自分のもち分としている．酸素の基底状態の価電子数は 6 なので，この酸素の形式電荷も 6 − 6 ＝ 0 である．

塩化水素分子のルイス構造式

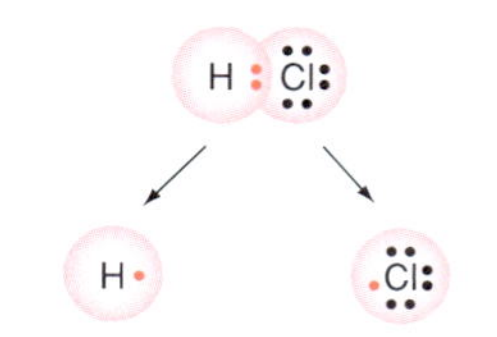

基底状態のそれぞれの原子の最外殻電子数と等しい

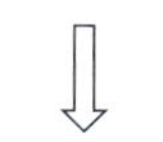

形式電荷は水素も塩素も 0

図 2.19　塩化水素分子の形式電荷

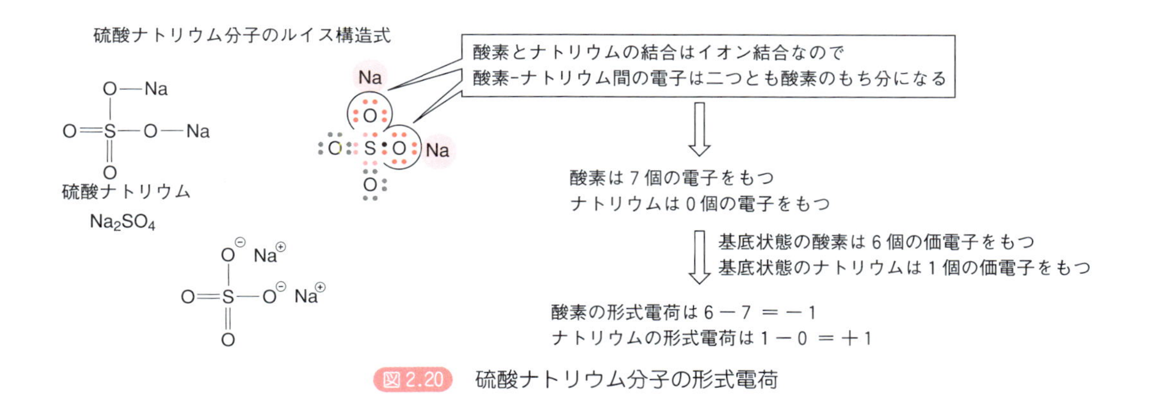

図 2.20　硫酸ナトリウム分子の形式電荷

一方，単結合で硫黄原子と結合した酸素は，ナトリウム原子との結合がイオン結合であるため，ナトリウム原子と酸素原子のあいだに書かれた電子対は電子 2 個とも酸素のもち分として，つまり，酸素の非共有電子対として考える．したがって，この酸素は非共有電子対を3組(電子6個)もつことになり，硫黄との共有結合に用いられている電子2個のうち半分の1個と合わせて計7個の電子を自分のもち分としてもつことになる．酸素の基底状態の価電子数は6なので，この酸素の形式電荷は $6-7=-1$ になる．

ナトリウム原子は，酸素-ナトリウムの結合の電子2個を酸素のもち分としてとられてしまい，自らのもち分は0になっている．ナトリウムの基底状態の価電子数は1なので，このナトリウムの形式電荷は $1-0=+1$ になる．以上をまとめると，酸素-ナトリウムのあいだで酸素に -1 の形式電荷があり，ナトリウムに $+1$ の形式電荷があることになるので，これらを構造式上に $-$ と $+$ の表記を含めて表す．

共有結合(2.2.1項参照)のみからなる分子においても，正または負の形式電荷をもつ場合がある．ニトロメタン分子を見てみよう(図2.21)．この分子の水素原子と炭素原子は，それぞれ自分のもち分の電子数と基底状態の電子数とが等しく，形式電荷は0である．また，二重結合で窒素原子と結合した酸素は，6個の電子を自分のもち分としてもつことになり，形式電荷は0である．一方，単結合で窒素原子と結合した酸素は，非共有電子対を3組(電子6個)もち，窒素との共有結合に用いられている電子2個のうち半分の1個と合わせて計7個の電子を自分のもち分としてもつことになる．酸素の基底状態の価電子数は6なので，この酸素の形式電荷は $6-7=-1$ となる．また，この分子中の窒素原子は単結合二つと二重結合一つをもち，合わせて4個の電子が自分のもち分である．窒素原子の基底状態の最外殻電子数は5なので，この窒素原子の形式電荷は $5-4=+1$ である．形式電荷を含めた構造式を図2.21の下の図のように表す．

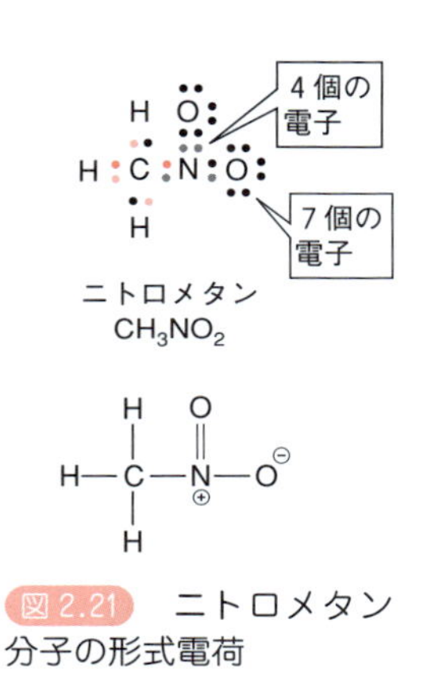

図2.21 ニトロメタン分子の形式電荷

2.2.5 分子の三次元的なかたち

ルイス構造式(2.2.3項)では，原子間の結合様式を最外殻電子，すなわち価電子を用いて表現することができた．たとえば，炭素原子は4個の水素原子と4組の結合電子対でそれぞれ結合してメタン(CH_4)分子を形成する，ということを説明できる．では，メタン分子は実際にどのようなかたち(**立体構造**)をしているのだろうか．メタン分子は正四面体構造をもつことが実験的に示されているが，三次元的な構造についてはルイス構造式ではわからない．分子の立体構造を理解するには，電子がどのように存在するかを知る必要がある．

分子を形成しているそれぞれの原子の価電子は，単結合，二重結合，三重結合などの結合電子対に用いられるか，非共有電子対として存在している．これらの電子対は「電子密度の高い領域」を形成しており，1個の原子がもつ複数の「電子密度が高い領域」は，その電子的反発によって互いに最も遠い位置に配置される．電子対は互いに負の電荷をもっているので，ちょうどマイナスとマイナスが反発するようなイメージである．

メタン分子では，炭素原子が水素原子との共有に用いている結合電子対を四つもっており，この四つの電子対が空間的に最も離れた位置，つまり炭素原子を中心とした正四面体の頂点方向に配置される(図 2.22)．このときの H－C－H の結合角はすべて 109.5° である．

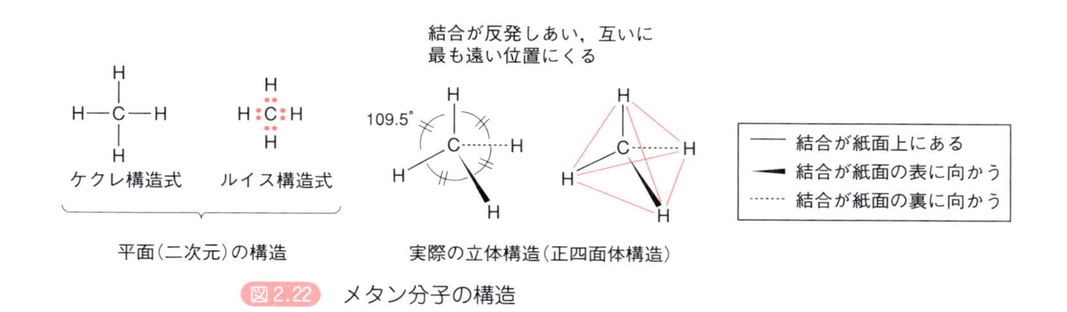

図 2.22　メタン分子の構造

アンモニア(NH_3)分子の構造もメタンと同様に考えることができる(図 2.23)．このとき重要なのは，アンモニア分子は窒素原子が水素原子との共有に用いている三つの結合電子対とともに，非共有電子対を一つもっていることである．これら四つの電子対が，メタン分子の場合と同様に，空間的に最も離れた位置，つまり窒素原子を中心とした四面体の頂点方向に配置される．このとき，非共有電子対は共有電子対に比べて窒素原子核に近く，隣接する電子対に対してより強い反発を生むため，H－N－[非共有電子対]の角度は 109.5° よりも大きくなる．それに押されて H－N－H の結合角の実測値(107.3°)はメタン分子における四面体構造の場合の 109.5° よりも小さくなる．

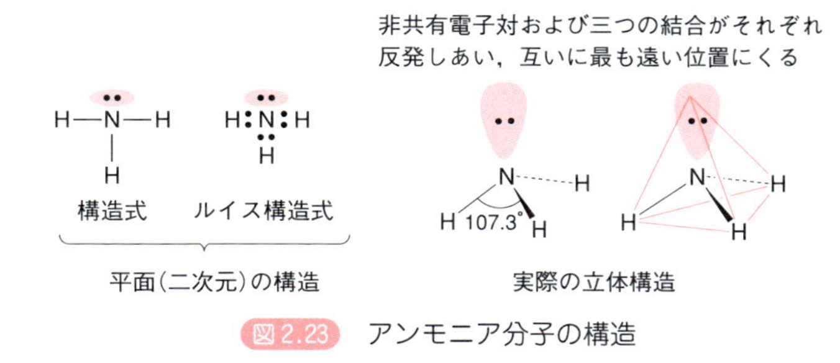

図 2.23　アンモニア分子の構造

また，水(H_2O)分子は二つの等価な酸素-水素の結合電子対と二つの非共有電子対をもっており，それぞれの結合電子対が四面体の頂点方向に向くように配置している(図 2.24)．この場合，二つの非共有電子対がより強い反発を生むため，それに押されて H－O－H の結合角の実測値はさらに小さくなり，104.5° になる．

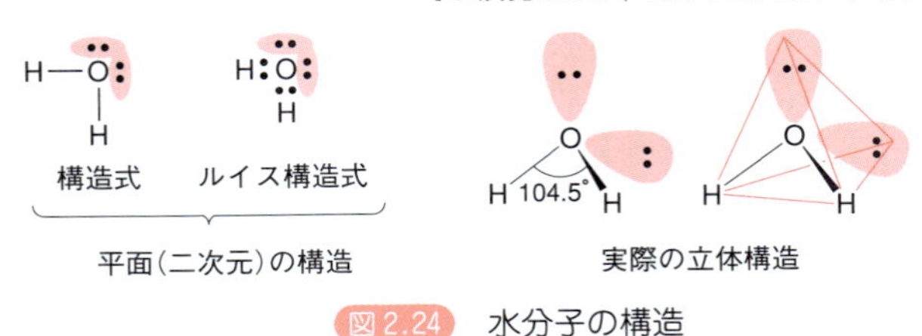

図 2.24　水分子の構造

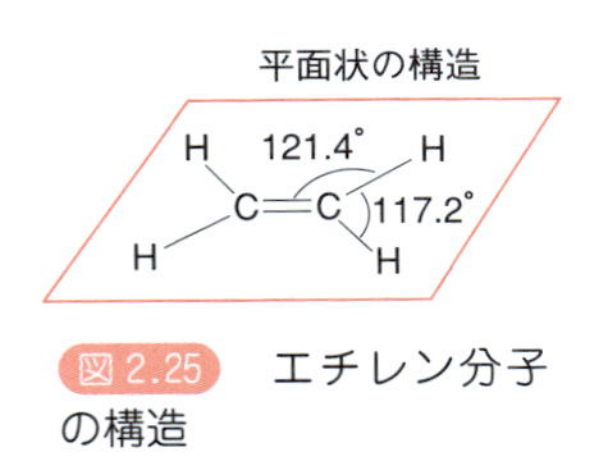

図 2.25　エチレン分子の構造

次に多重結合をもつ化合物について考えよう．たとえば，二重結合をもつエチレン（エテン，$CH_2=CH_2$）分子の炭素は，二つの C−H 結合電子対をもち，一つの C=C 二重結合にかかわっている（図 2.25）．これら三つの電子密度が高い領域が，互いに最も遠く離れるのは，同一平面上で互いに 120° の角度で存在する場合である．実際は H−C−C の結合角の実測値（121.4°）のほうが H−C−H の結合角の実測値（117.2°）よりも若干大きい．これは二重結合の領域が単結合の結合電子対よりも電子密度が高いからと説明できる．

二酸化炭素（CO_2）分子やアセチレン（C_2H_2）分子の場合も，構成する炭素原子は，ともに電子密度が高い領域を二つもつ．この二つの電子密度が高い領域が互いに最も遠く離れるのは，それらが互いに 180° の位置関係，つまり着目した炭素原子を含む一直線上に存在する場合である（図 2.26）．したがって，これらの分子のかたちは直線状になる．

直線状の構造

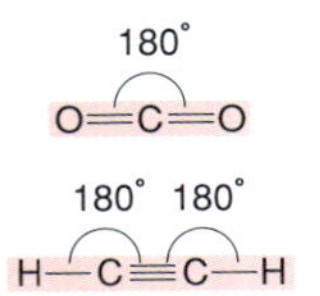

図 2.26　二酸化炭素分子およびアセチレン分子の構造

2.3　結合のできかた —— 軌道の混成

これまでに化学結合および分子のなりたちを学んだ．ここからは，分子をかたちづくる化学結合がどのようにしてできているのかをより詳しく学ぶ．たとえば，単結合と二重結合，三重結合はどのようにできているのだろう．結合の仕方の違いは，立体構造だけでなく，ほかの分子との反応性にも大きくかかわっている．2.3 節では，結合をそれぞれの原子がもつ軌道の重なりによって説明する．最初に 2.1.3 項で学んだ原子の電子配置が，実際にはどのような「かたち」で存在しているのか，またそれらがどのように重なって結合するかを詳しく見てみよう．

2.3.1　原子軌道のかたち

まず，原子がもつ軌道のかたちを見てみよう．第 2 周期の原子の最外殻を構成する一つの s 軌道（2s 軌道）と三つの p 軌道（2p 軌道）は，それぞれ原点を中心として図 2.27 のようなかたちをしている．s 軌道は原子核を中心とする球状のかたちである．これに対し，p 軌道は原子核をはさんで二つのしずく型を直線上に配置したかたちをもつ．収容される電子は原点をはさんで両側にあるしずく型にそれぞれ一つずつ存在するのではなく，この軌道全体で 2 個の電子を収容しうる．三つの p 軌道は互いに直交しており，それぞれ p_x，p_y，p_z 軌道とよばれる．

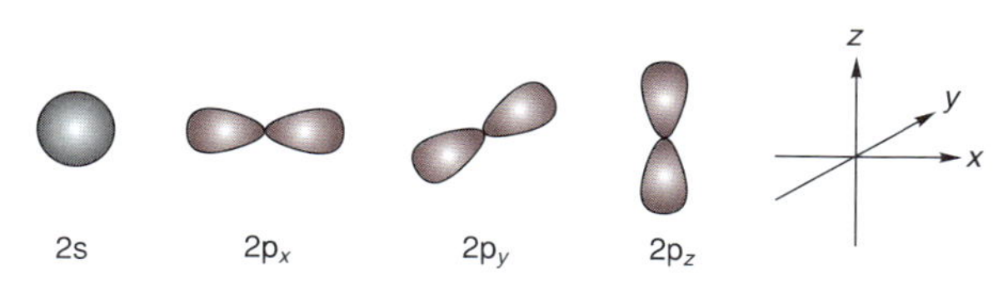

図 2.27 第 2 周期の原子の最外殻を構成する軌道のかたち

2.3.2 軌道の混成

結合が原子と原子のあいだに形成されるとき，それぞれの原子のもつ軌道がどのようにして結合になるのかを考えよう．

まず，炭素が水素と単結合してできているメタン(CH_4)について考える．2.1.3 項で学んだように，基底状態の炭素原子では 2s 軌道に 2 個，2p 軌道に 2 個の計 4 個の電子が収容されている(図 2.28)．この場合，2s 軌道は電子 2 個で満たされているため，結合に用いることができない．残る 2p 軌道の 2 個の電子では 2.2.5 項で学んだメタンをつくることができない．つまり，炭素の軌道の状態がこのままでは，4 本の等価な結合を水素とのあいだにつくることができない．

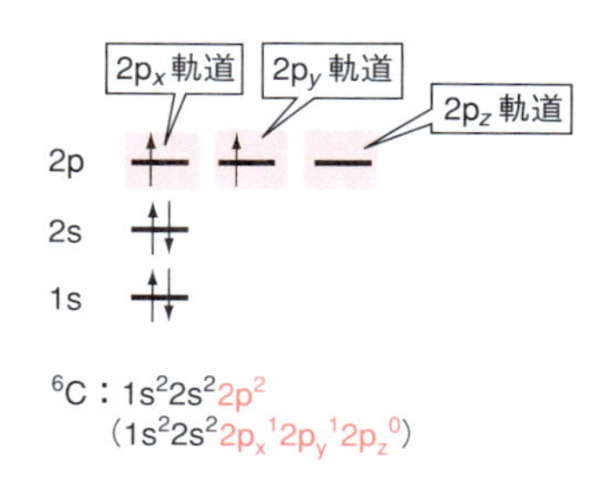

図 2.28 基底状態の炭素の電子配置

そこで，メタン分子中の炭素原子は，一つの 2s 軌道および三つの 2p 軌道をいったん混合し，新たに等価な四つの軌道に再編成する．これを軌道の**混成**(hybrid)といい，新しく生成した軌道を**混成軌道**(hybrid orbital)という．そして，s 軌道一つと p 軌道三つの混成により生じた軌道を sp^3 混成軌道とよぶ．新しく生じた四つの sp^3 混成軌道には，混成前の 2s 軌道と 2p 軌道に収容されていた計 4 個の電子が 1 個ずつ収容される(図 2.29)．

この軌道のかたちは図 2.30 のようになる．一つの sp^3 混成軌道は，大きなしずく型と小さなしずく型を合わせたようなかたちをしており，合わせて

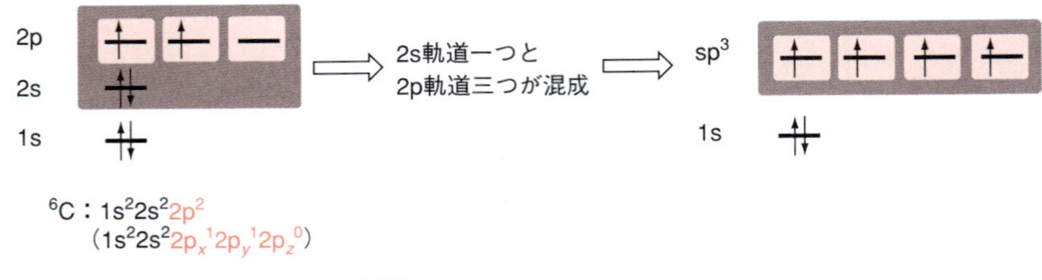

図 2.29 sp^3 混成軌道のなりたち

一つの軌道である．少し難しいいい方かもしれないが，混成前の四つの軌道の数学的な和と，生じる四つの sp^3 混成軌道の数学的な和は等しく保たれる．そのため，四つの sp^3 混成軌道は互いに等しく離れる方向に配置される．つまり，四つの混成軌道がかかわる結合は正四面体の頂点方向に向かうように形成される．メタン分子では，この四つの sp^3 混成軌道がそれぞれ水素の 1s 軌道と重なり，その軌道の重なりに電子対を収容して四つの共有結合（σ 結合）を形成する（図 2.31）．**σ 結合**（σ bond）は軌道と軌道が正面から重なり，互いに電子を 1 個ずつだしあい，合わせて 2 個の電子を共有してできる結合である．

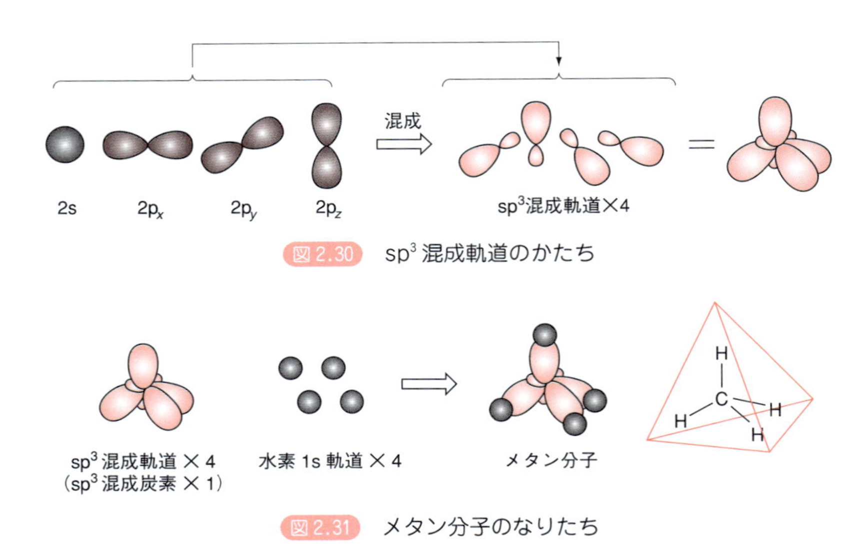

図 2.30 sp^3 混成軌道のかたち

図 2.31 メタン分子のなりたち

次に，二重結合を含むエチレン（エテン，C_2H_4，$CH_2=CH_2$）を見てみよう．すでに学んだように，エチレン分子では炭素-炭素間が二重結合になり，炭素-水素間が単結合になっている（図 2.17 および図 2.25）．また，エチレン分子は平面状である．このような結合を炭素原子が形成するためには sp^3 混成軌道とは別の新しい軌道の混成が必要である．すなわち，s 軌道一つと p 軌道二つ（p_x および p_y）が混成し，新たに三つの軌道（sp^2 混成軌道）を生じる（図 2.32）．混成により生じた三つの sp^2 混成軌道には，混成前の 2s 軌道一つと

2p 軌道二つに収容されていた 4 個の電子のうちの 3 個の電子が 1 個ずつ収容される．残る 1 個の電子は混成に用いられずに残った p 軌道(p_z)に収容される(図 2.32)．

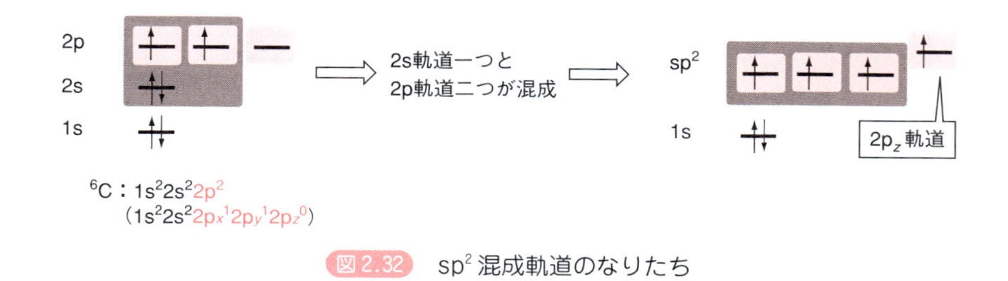

図 2.32　sp^2 混成軌道のなりたち

混成によって生じる三つの sp^2 混成軌道は，図 2.33 に示すように同一平面上にあり，それぞれ炭素原子を中心とする正三角形の頂点方向に向かうように形成される．

エチレン分子の 1 個の炭素では，この三つの sp^2 混成軌道のうち二つがそれぞれ水素の 1s 軌道と重なり，その軌道の重なりに電子対を収容して共有結合(σ 結合)を形成し，もう一つの sp^2 混成軌道は，隣の炭素の sp^2 混成軌道と炭素どうしを結ぶ直線状で重なって σ 結合を形成する(図 2.33，図 2.34)．このとき混成に用いられなかった p_z 軌道が隣の sp^2 混成炭素の混成に用いられなかった p_z 軌道と軌道の側面で重なりあい，互いに電子を 1 個ずつだしあい，合わせて 2 個の電子を共有して結合をつくる．この結合を**π結合**(π bond)という．このように，二重結合は混成軌道どうしの重なりに電子を共有することで形成される σ 結合と，混成に用いられない p 軌道どうしの重なりに電子を共有することで形成される π 結合の 2 種類の共有結合からなる(図 2.34)．σ 結合は互いに正面からがっちりと握手をするようなイメージである．一方，π 結合は互いに横向きで肩と肩が触れあうようなイメージである．結合の強さは σ 結合が強く，逆に π 結合は切れやすい(反応しやすい)ことがわかるだろう．

π 結合
二つの p 軌道が平行に重なってできる結合．側面での重なりなので，σ 結合に比べると弱い．

次に，三重結合の分子を見てみよう．すでに，アセチレン(C_2H_2，HC≡CH)分子では，炭素–炭素間が三重結合になり，炭素–水素間が単結合になっ

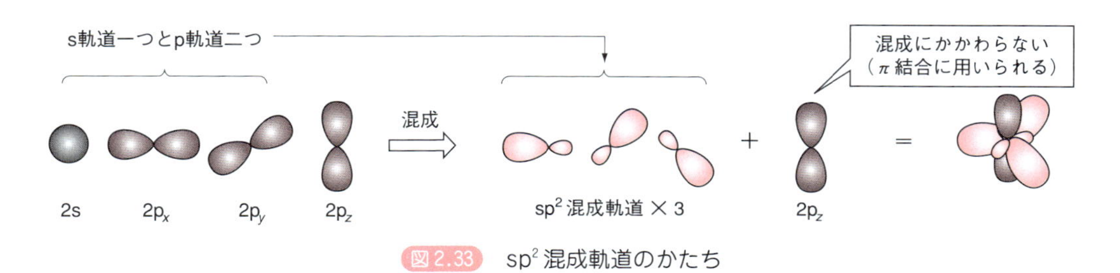

図 2.33　sp^2 混成軌道のかたち

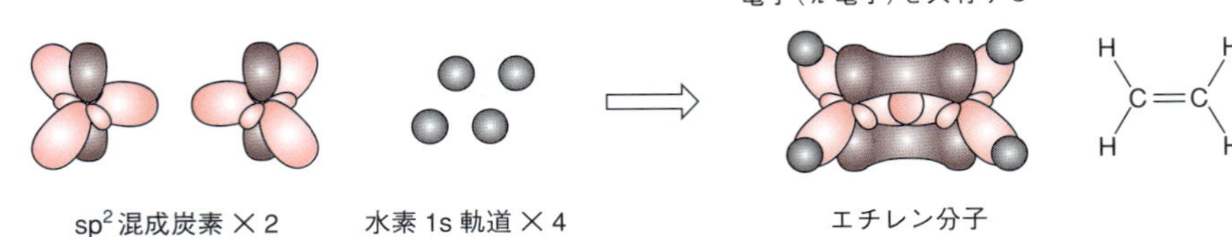

図 2.34　エチレン分子のなりたち

ており，直線状の構造であることを学んだ（図 2.26）．このような結合を炭素原子が形成するためには，もう一つの新しい軌道の混成が必要となる．すなわち，s 軌道一つと p 軌道一つ（p_x）が混成し，新たに二つの軌道（sp 混成軌道）を生じる．混成により生じた二つの sp 混成軌道には，混成前の 2s 軌道一つと 2p 軌道二つに収容されていた 4 個の電子のうちの 2 個の電子が 1 個ずつ収容される（図 2.35）．残る 2 個の電子は混成に用いられずに残った p 軌道（p_y および p_z）に収容される．混成によって生じる二つの sp 混成軌道は直線上にあり，それぞれ炭素原子を中心として互いに反対方向に形成される（図 2.36）．

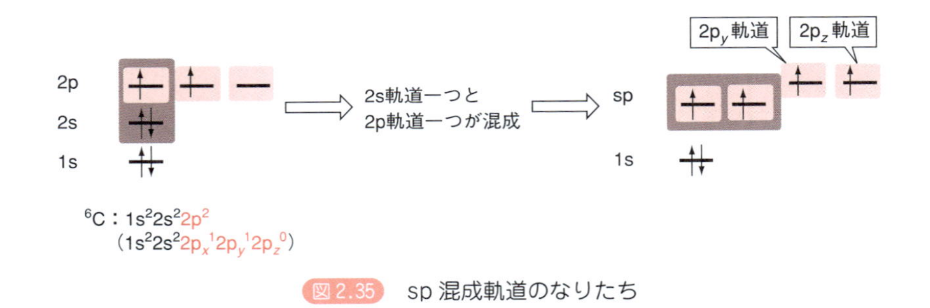

図 2.35　sp 混成軌道のなりたち

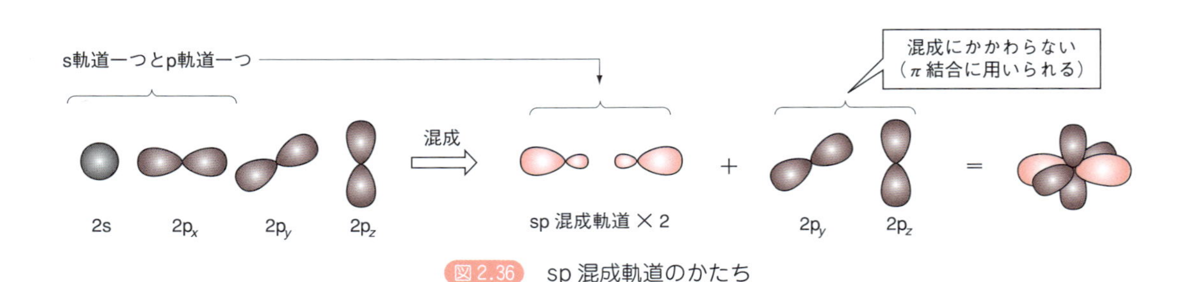

図 2.36　sp 混成軌道のかたち

アセチレン分子の 1 個の炭素では，この二つの sp 混成軌道のうち一つがそれぞれ水素の 1s 軌道と重なり，その軌道の重なりに電子を 1 個ずつ互いにだしあって共有結合（σ 結合）を形成する（図 2.37）．もう一つの sp 混成軌道は隣の炭素のsp混成軌道と炭素どうしを結ぶ直線状で重なって電子を1個ずつだしあい，合わせて2個の電子を共有してσ結合を形成する．このとき，混成に用いられなかったp_y軌道が隣のsp混成炭素の混成に用いられなかったp_y軌道と軌道の側面で重なりあって，電子を1個ずつだしあい，合わせて2個の電子を共有してπ結合をつくる．p_z軌道も同様に隣の炭素のp_z軌道ともう一つのπ結合をつくる．このように，三重結合は混成軌道どうしの重なりに電子を共有することで形成されるσ結合と，混成に用いられないp軌道どうしの重なりに電子を共有することで形成される2組のπ結合からなる(図2.37)．

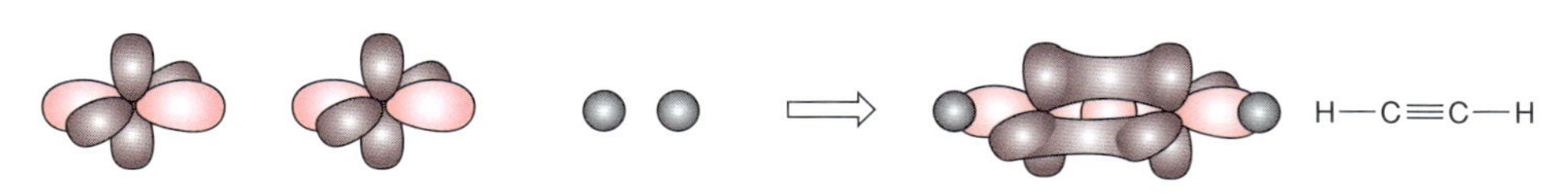

図2.37 アセチレン分子のなりたち

三重結合以外にも炭素がsp混成をとる場合がある．アレン($CH_2=C=CH_2$)分子は次のような構造をもつ(図2.38)．アレンの中心炭素はsp混成をとっており，混成にかかわらない二つのp軌道をもつ．このうち，左側のπ結合に使われるp軌道と右側のπ結合に使われるp軌道が異なり，その二つのp軌道が互いに直交しているため，生じる二つのπ結合平面は互いに直交する．

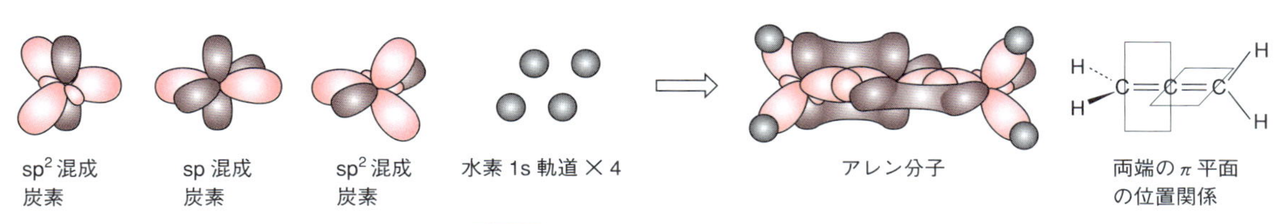

図2.38 アレン分子のなりたち

さらにほかの第2周期の元素について考える．たとえば窒素の場合は，炭素における結合一つ(結合電子対1組)を非共有電子対として考えればよい．これは窒素が炭素よりも基底状態の電子数が1個多いことによる．同じように酸素の場合は結合二つ(結合電子対2組)を非共有電子対とする．表2.1に窒素および酸素の混成とそれを含む代表的な化合物群を示す．

最後に，ホウ素について考えよう．ホウ素は炭素に比べて基底状態の電子数が1個少なく，価電子数は3である．これらの電子を用いて，3個の原子と三つの結合をつくることができる．すなわち，ホウ素は sp^2 混成軌道をとることになるが，このとき空の p 軌道が一つ残る．たとえば，三フッ化ホウ素（BF_3）は図 2.39 のような構造をとっている．BF_3 のもつ空の軌道は 5.4 節で説明する BF_3 の示すルイス酸性にとって非常に重要である．

表 2.1　窒素および酸素の混成状態と代表的な化合物群

中心原子の混成状態（立体構造）	窒素化合物 基底状態の価電子数 5	酸素化合物 基底状態の価電子数 6
sp^3 混成（四面体）	N アミン （NH_3：N, H, H, H）	O アルコール エーテル （H_3C–O–H　H_3C–O–CH_3）
sp^2 混成（平面）	C=N イミン （H_2C=N–CH_3）	C=O カルボニル 　アルデヒド 　ケトン 　カルボン酸 　エステル （H_3C(H)C=O　H_3C(H_3C)C=O　H_3C(HO)C=O　H_3C(H_3CO)C=O）
sp 混成（直線）	C≡N ニトリル （HC≡N）	

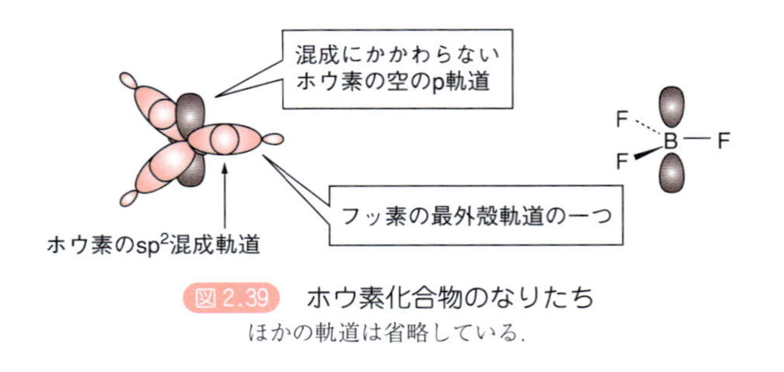

図 2.39　ホウ素化合物のなりたち
ほかの軌道は省略している．

Advanced　原子軌道と分子軌道

結合の状態を表すもう一つの方法として，分子軌道法がある．結合を形成する二つの原子の軌道（原子軌道）のうち，エネルギー準位の近い軌道どうしがそれぞれ混ざりあって新たな軌道（分子軌道）を生じ，その軌道に電子が収容されることで結合を形成する．軌道が混ざる前の軌道の数と，混ざった後に生じる軌道の数は同じである．

水素分子を例に見てみよう（図 2.40）．水素原子は 1s 軌道をもち，この軌道に1個の電子をもつ．2個の水素原子を互いに結合可能な距離に近づけると，二つの1s軌道は混合し，もとの1s軌道より低いエネルギー準位をもつ軌道一つと，もとの1s軌道より高いエネルギー準位をもつ軌道一つの，計二つの軌道を新たに生じる．それぞれの水素原子がもっていた電子1個ずつ計2個が，生じた軌道のエネルギーの低いほうに入り，結合電子対となる．この軌道は結合性軌道とよばれる．一方，エネルギーの高いほうの軌道には電子は入っていない．この軌道は反結合性軌道とよばれる．結果として，水素原子はそれぞれ単独でいるよりも互いに結合をつくるほうが電子の存在する軌道のエネルギー準位が低く安定化する．よって，水素原子は水素分子として安定に存在している．

水素以外からなる分子は，最外殻だけでなく内核にも電子が存在する．この内核の軌道も同様に原子間でエネルギー準位の近い軌道が混合し，エネルギー準位の低い軌道と高い軌道を生じる．しかし，この内核の原子軌道から生じた分子軌道には，どちらにも電子が収容されるので，エネルギー的な損得は打ち消される．したがって，最外殻の軌道とその軌道に入る電子が，結合の形成による安定化，つまり結合の様式を決めていることになる．

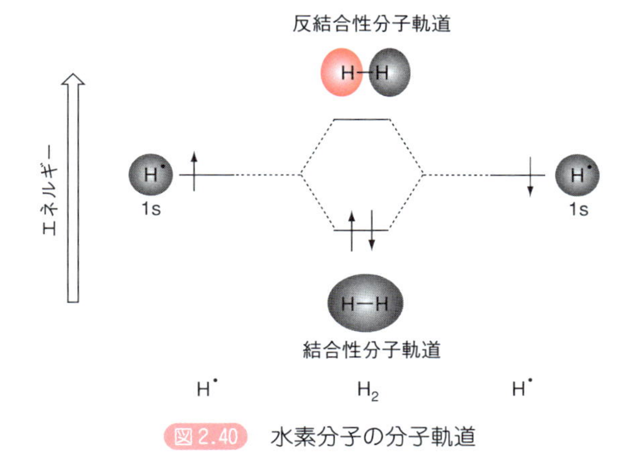

図2.40 水素分子の分子軌道

2.4 分子の性質

分子はそれぞれがいろいろな性質をもっている．沸点が高い，水に溶けにくい，安定である，といった物性だけでなく，反応性も異なる．物性や反応性も含めた分子の性質がどのような要因で決まってくるのかを学ぼう．

SBO 分子の極性について概説できる．

2.4.1 電気陰性度と結合

原子どうしの共有結合は，2個の電子を共有することによって形成される．すでに2.1.4項の(c)で学んだように，電子をどれだけ原子核に近づけるかという力の尺度が**電気陰性度**である．

電気陰性度が異なる二つの原子の結合では，その結合電子対は電気陰性度がより大きい原子側に寄る．その結果，電気陰性度が大きい原子は負電荷を帯び，電気陰性度が小さい原子は正電荷を帯びる．この電荷の偏りを**分極**(polarization)といい，有機反応において反応の開始点となることが多い．結合している二つの原子の電気陰性度の差を知っておけば，結合の性質(切れやすさや生成しやすさ)が理解しやすくなる．

結合する二つの原子の電気陰性度の差が大きくなると，その結合は**イオン結合**(2.2.2 項参照)となる．目安として電気陰性度の差が 1.9 以上であると，その結合はイオン結合とみなしてよい(電気陰性度の値は図 2.7 に記載)．たとえば，塩化ナトリウムは電気陰性度が 0.9 のナトリウムと 3.0 の塩素の結合であるが，その差は 3.0 − 0.9 = 2.1 であり，1.9 より大きいのでイオン結合である．この場合，結合電子対は電気陰性度が大きい塩素側に完全に偏っていると表記する．つまり，ナトリウムはもともと最外殻にもっていた電子を塩素に奪われたかたちになるので，1 価の陽電荷(+)をもつナトリウムカチオン(Na^+)となり，塩素は最外殻にナトリウムから奪った電子を配置することになり 1 価の負電荷をもつ塩素アニオン(Cl^-)となる．

一方，結合する二つの原子の電気陰性度の差が 1.9 未満の場合はイオン結合ではなく，共有結合(2.2.1 項参照)になる．この場合，結合電子対が両方の原子によって共有されていると考える．つまり，結合電子対は双方の原子に共通の最外殻電子として数える．共有結合のなかでもイオン結合に近い場合(電気陰性度の差が 0.5 以上 1.9 未満)，この結合は**極性共有結合**(polar covalent bond)とよばれる(図 2.41)．このときの分極のようすは，部分的な電荷の偏りであって，完全に +，− のイオンの状態になっているわけではない．これを示すために電気陰性度が大きく部分的に負電荷を帯びている原子には**δ−**(デルタマイナス)を，電気陰性度が小さく部分的に正電荷を帯びている原子には**δ+**(デルタプラス)をつけて表す．たとえば，水分子の O−H の結合は酸素の電気陰性度が 3.5，水素の電気陰性度が 2.1 でその差は 1.4 となり，結合電子対が酸素側に寄った極性共有結合であり，酸素は δ−，水素は δ+ を帯びている．水のように部分的に電荷をもつ分子どうしは互いに引きあって，分子間での弱い結合をつくる(図 2.41)．これを**水素結合**(hydrogen bond)とよぶ．

δ−
「デルタマイナス」と読む．分子の構造中で電子に富む部分．

δ+
「デルタプラス」と読む．分子の構造中で電子が乏しい部分．

また，電気陰性度の差が 0.5 未満の極性が小さい結合を**非極性共有結合**(non-polar covalent bond)という．結合の極性(電気陰性度の差)による結合の分類を図 2.42 に示す．ある結合がイオン結合であるか，極性共有結合であるか，非極性共有結合であるかは連続的なものであって，その分類はおおよその基準によるもの(電気陰性度の差の数値は目安)である．

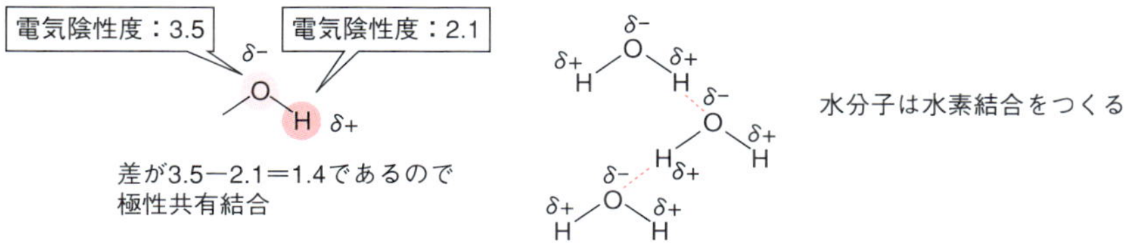

電気陰性度：3.5　電気陰性度：2.1

δ−　O　H δ+

差が3.5−2.1＝1.4であるので
極性共有結合

水分子は水素結合をつくる

図 2.41　極性共有結合

	非極性共有結合		極性共有結合		イオン結合	
電気陰性度の差	小 ←→	0.5	←→	1.9	←→	大
結合の例*	C—H (2.5−2.1＝0.4)		H—Cl (3.0−2.1＝0.9)		Na—Cl (3.0−0.9＝2.1)	
	S—H (2.5−2.1＝0.4)		C—F (4.0−2.5＝1.5)		O—Na (3.5−0.9＝2.6)	

図 2.42　極性による結合の分類

＊ 数値は電気陰性度の大きいものから小さいものを引いた値.

2.4.2 分子の極性と双極子モーメント

SBO 分子の極性について概説できる.

2.4.1 項で学んだ結合の分極は，正電荷と負電荷の分離すなわち**双極子**(dipole)を生む．一つ一つの結合に生じた双極子と非共有電子対に基づく双極子を，その方向と大きさ(モーメント)を含めてすべて足しあわせたもの(ベクトル和をとったもの)を分子の**双極子モーメント**(dipole moment)という．双極子モーメントは分子全体の極性を反映し，分子の極性は，その物質の物性(沸点，融点やほかの物質に対する溶解性など)を決める大きな要因の一つである．

分子の極性を判断するときは，まず，各結合を構成する原子についてそれぞれの電気陰性度〔2.1.4 項の(c)〕を比べ，電気陰性度が小さい原子から大きい原子へと結合の分極を表す矢印(⟶)を書く．また非共有電子対をもつ原子について，その原子から非共有電子対の方向に分極を表す矢印を書く．一般的には，非極性共有結合の分極は小さいので考えなくてよい．最後に，これらのベクトル和をとると，それが分子の極性(⟶)を表す．このように，分子の極性を考えるには，それぞれの原子の電気陰性度に加えて，結合および非共有電子対に基づく双極子が分子のなかでどのような方向にあるか，つまり分子の立体構造に対する理解が重要である．

ホルムアルデヒド(HCHO)分子の極性について考えてみよう(図 2.43)．ホルムアルデヒド分子中に含まれる極性共有結合は，C＝O の結合(二重結合)である．C と O の電気陰性度を比べると，それぞれ 2.1 と 3.5 であり(値は図 2.7 を参照)，O のほうが電気陰性度は大きいので，矢印を C から O へ向かって書く．また，酸素は非共有電子対を 2 組もち，それらは酸素の sp^2 混成軌道に収容されているので，平面上で C＝O の二重結合に対してそれぞれ 120° の方向にある．この 2 組の非共有電子対について，酸素原子から非共有

双極子モーメントの符号
有機化学の教科書を見ると，結合の分極や分子の極性を図2.43～図2.45のように根元に短い横線を入れた矢印で表したものが多く見受けられる．有機化学では電子の動きが主役なので，この矢印の向きはわかりやすい．しかし，同じ結合の分極，分子の極性を双極子モーメントという物理量で表した場合，分極した電荷が負から正に向かう向きが「正」となり，これを矢印で表すと，矢印の向きが逆になる．したがって，結合の極性やそのベクトル和としての分子の極性を問われた場合，その符号（矢印の向き）に注意する必要がある．

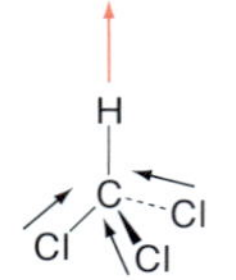

クロロホルムの結合の双極子モーメント（→）と分子の双極子モーメント（→）

電子対に向かって矢印を書く．最後にこれらのベクトル和を考えると，分子の極性（⟶）を見積もることができる．

また，二酸化炭素（CO_2）分子では次のようになる（図2.44）．二酸化炭素分子の場合，両端の酸素原子がもつ非共有電子対の分極は，ベクトル和により打ち消しあう．また，C＝O の二重結合の分極も打ち消しあうので，分子は極性をもたない．

sp^3 混成した原子を含む分子の場合は，結合や非共有電子対の分極のベクトル和をとるときに，その構造が正四面体型であることに注意する必要がある．水，アンモニア，クロロホルム，四塩化炭素の結合の分極と分子の極性はそれぞれ次のようになる（図2.45）．四塩化炭素では，結合の分極はベクトル和をとることにより打ち消しあうため，分子は極性をもたない．

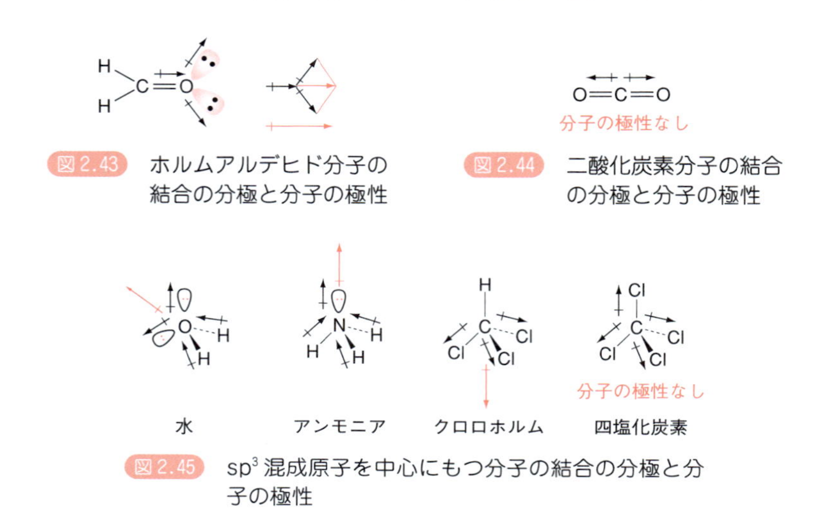

図2.43　ホルムアルデヒド分子の結合の分極と分子の極性

図2.44　二酸化炭素分子の結合の分極と分子の極性

図2.45　sp^3 混成原子を中心にもつ分子の結合の分極と分子の極性

2.4.3　共　役

SBO 共役化合物の物性と反応性を説明できる．

二つの多重結合が一つの単結合を介してつながっていることを**共役**（きょうやく）（conjugation）という．共役は炭素-炭素二重結合のみならず，炭素-炭素三重結合，炭素-酸素二重結合，炭素-窒素三重結合など，いろいろなかたちの多重結合をもつ分子中に見られる．たとえば，図2.46に示す構造はそれぞれ分子内に共役した構造がある．分子が共役した構造をもっているかどうかは，括弧内に示したように**線角構造式**（炭素-水素の結合を省略し，基本となる炭素骨格および官能基のみを表す方法）で表現したほうがわかりやすい．「多重結合-単結合-多重結合」となって共役していることがわかる．

$H_2C{=}CH{-}CH{=}CH_2$　　$H_2C{=}CH{-}CN$　　$HC{\equiv}C{-}COOH$

N　　O　OH

図2.46　構造式と線角構造式

一方，図 2.47 の構造のように二つの多重結合のあいだに二つ以上の単結合がある構造は共役しているとはいわない．また，アレン($CH_2=C=CH_2$)のように1個の炭素が二つの二重結合にかかわっている場合も共役ではない．共役という用語は，このように構造上の特徴を示すものであって，次の 2.4.4 項に示す共鳴とは表現の対象が異なるので注意しなければならない．しかし，これら二つの用語が示すものは密接に関連している．

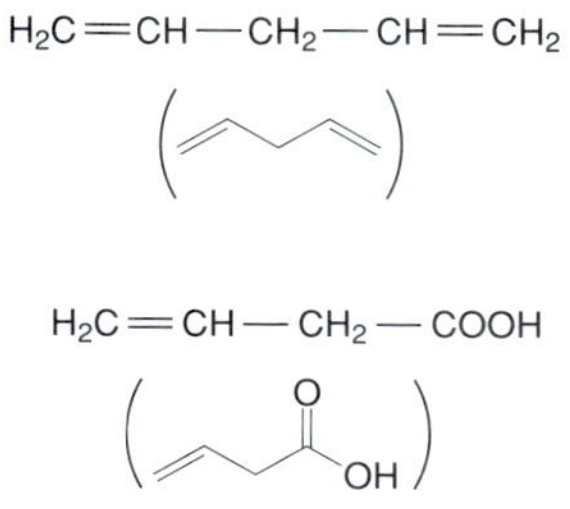

$H_2C=CH-CH_2-CH=CH_2$

$H_2C=CH-CH_2-COOH$

図 2.47　共役していない二重結合

共役を軌道という点から見てみよう．図 2.48(a)は 1,3-ブタジエンの結合を表したものである．4 個の炭素はそれぞれ sp^2 混成軌道どうしの重なりによって形成される σ 結合により結合している．これに加え，C1 と C2，C3 と C4 のあいだで混成にかかわっていない p 軌道どうしが重なりあい，ここに π 電子が入って π 結合となり，二重結合を形成している．ここで，C2 と C3 のあいだは単結合で表現されているが，軌道をみるとそれぞれの炭素がもつ p 軌道が隣りあっていて，軌道の重なりをもてる位置にある．この構造上の特徴が，2.4.4 項に示す共鳴という概念にきわめて重要である．単結合が二つ連続した 1,4-ペンタジエンでは，このような p 軌道の重なりは起こらない(図 2.48b)．

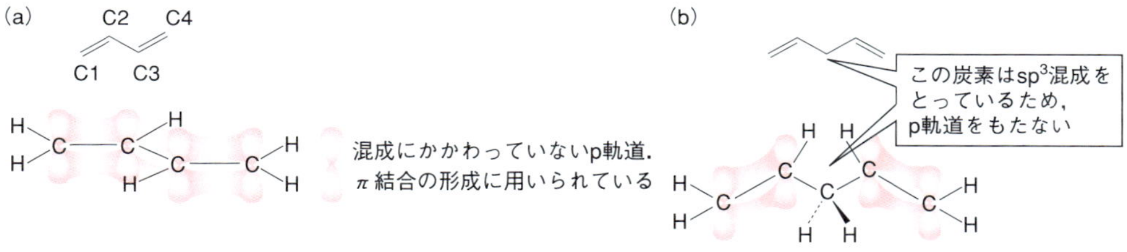

(a) C2 C4 C1 C3

混成にかかわっていないp軌道．π結合の形成に用いられている

(b) この炭素はsp^3混成をとっているため，p軌道をもたない

図 2.48　1,3-ブタジエンの π 結合(a)と 1,4-ペンタジエンの π 結合(b)

また，2.3.2 項で学んだように，アレン($CH_2=C=CH_2$)の中央にある炭素は sp 混成(両端の炭素は sp^2 混成)をとっている．したがって，π 結合に用いられる二つの p 軌道はそれぞれ直交しており，重なりをもたない(図 2.49，p. 44 に掲載)．

このように，共役とは，2 組以上の π 軌道が互いに軌道の重なりをもつ構造を表す．分子の構造中に共役があると，2.4.4 項で述べる共鳴が生じ，分子全体の性質に大きく影響する．

2.4.4　共　鳴

本項で述べる**共鳴**(resonance)という概念は，これからの章で学ぶ化合物の反応性や酸性，塩基性の強さなどを説明するのにきわめて重要な考え方である．共鳴とは，重なりをもった p 軌道どうし，または重なりをもった p 軌道と非共有電子対の軌道を電子が行き来するというイメージでとらえると

SBO 有機化合物の性質と共鳴の関係について説明できる．

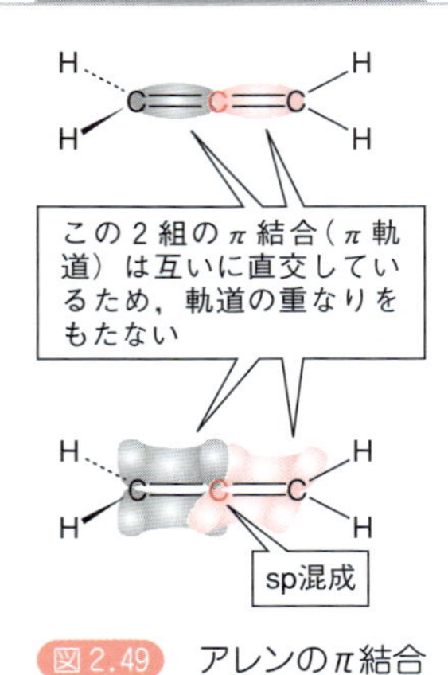

図 2.49 アレンのπ結合

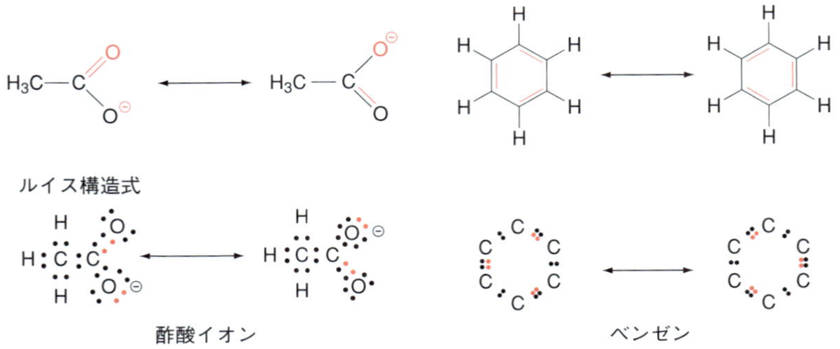

ルイス構造式

酢酸イオン　ベンゼン

図 2.50 酢酸イオンとベンゼンの共鳴構造

理解しやすい．たとえば，酢酸イオンの共鳴およびベンゼンの共鳴は図 2.50 のように表される．

両矢印の左辺と右辺で，非共有電子対の電子対および多重結合を形成している π 結合の電子対が移動していることがわかるだろう．なお，σ 結合を形成している電子対（共有電子対）の軌道は共鳴に関与しないので，σ 結合の電子対は動いていないことも確認してほしい．

共鳴を表すこれらの構造式を**共鳴形**（resonance form）あるいは**極限構造式**という．また，共鳴形どうしを関連づける矢印には，両矢印（$\longleftrightarrow$）を用いる．この両矢印は平衡反応を表す矢印 $\rightleftharpoons$ とは異なることに注意しよう．このような電子対の動きによって示される構造はすべてその分子にありうる構造であり，どちらの共鳴形も酢酸イオンの正しい構造を表していない．もし，一方の構造だけが酢酸イオンを表現しているとすれば，二つの酸素–炭素結合のうち一方は二重結合で酸素上に電荷はなく，もう一方は単結合で酸素上に負の電荷をもっていることになる．しかし，実際は二つの炭素–酸素結合を区別できない．二つの炭素–酸素結合は等価であり，結合の長さはちょうど二重結合と単結合の中間である．このように，共鳴形を「平均」したものが実際の構造である．ベンゼンの共鳴については，8.1 節で詳しく説明する．

共鳴式を書くためには，次のようなルールがある．いい方を変えると，次のルールを満たしていないものは共鳴式ではない．

① 共鳴により σ 結合は変化しない（共鳴により σ 結合が切れたり，新たに生成したりしない）．移動する電子は π 電子または非共有電子対の電子である．

② 共鳴により原子の位置は変化しない（実際の位置を複数の共鳴式の平均で示している）．

③ π 軌道（p 軌道）どうし，または π 軌道（p 軌道）と非共有電子対の軌道の重なりを電子が移動する．

④ それぞれの原子について，まわりにある最外殻電子が8個を超えない（オクテット則）．

共鳴式において，各共鳴形がそれぞれどれくらいの割合で実際の構造に影響を与えているかを「**寄与**」という．各共鳴形を比較したとき，エネルギー的に安定な要因をもつものは寄与が大きく，その構造が実際の構造に大きく反映する．反対に，エネルギー的に安定となる要因をもっていないものは，寄与が小さい．つまり，実際の構造は，共鳴式に含まれる共鳴形の，それぞれその寄与の割合を加味した平均である．共鳴形の寄与の大きさを決める「エネルギー的に安定となる要因」として，i）芳香族性による安定化をもつこと（8章），また，ii）負電荷をもつ場合には，その負電荷がより電気陰性度の大きい原子上にあること，などがある．

共鳴式で表される分子（またはイオン）の安定性については，次のことがいえる．共鳴式に含まれる共鳴形の安定性が同程度であれば，より多くの共鳴形を書けるほうが安定である．これは，「電荷（電子）は，広く分散している（非局在化している）ほうが，1か所にとどまっている（局在化している）よりも安定である」という化学における大原則に基づいている．つまり，多くの共鳴形が書けるということは，その共鳴形で示されたように電子が「非局在化」していることを意味しており，より安定である．ただし，寄与の少ない不安定な共鳴形が数多く書けたとしても，少数のより安定な共鳴形が書けたほうが安定な場合があるので，各共鳴形の安定化要因について，十分に考える必要がある．

なお，「共鳴」と混同しがちな現象（用語）に「**互変異性**（tautomerization）」があるので注意しよう．互変異性は，化合物が，同じ分子式で表されるが明瞭に化学的に区別できる別の化合物と，比較的容易に相互変換する現象である．よく見られる例は，図2.51に示すような単結合と二重結合の変換を伴う水素原子の移動である．これら二つの化合物（**A**，**B**）（互変異性体とよぶ）は溶液中で化学平衡にあり，その比率は温度，溶媒，pHなどの要因によって変わる．互変異性については，後の7.6.1項および12.3.2項で詳しく学ぶ．

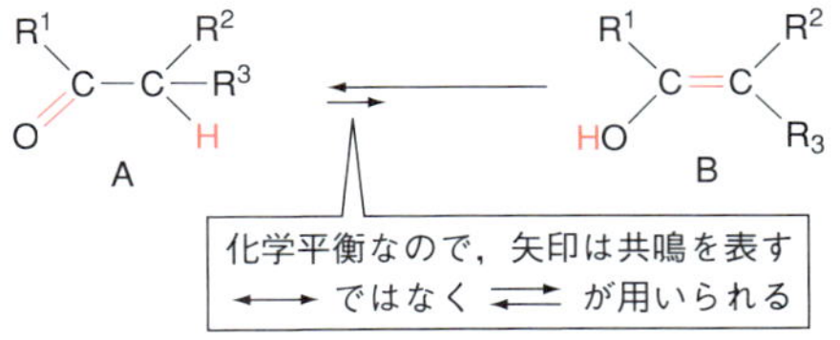

化学平衡なので，矢印は共鳴を表す ⟷ ではなく ⇄ が用いられる

図2.51 互変異性

章末問題

1． 周期表の右上に位置する原子ほど電気陰性度が大きい理由を述べよ(希ガス元素を除く).

2． 次の分子に含まれる結合をそれぞれすべて書きだし，各結合が非極性共有結合か，極性共有結合か，イオン結合かを記せ(例：C－N，極性共有結合).

a. CH_3ONa　b. $CHCl_2F$　c. $HONH_2$

3． 次のイオンをルイス構造式で記せ．形式電荷を持つ原子に電荷を記すこと.

a. 硝酸イオン($^-NO_3$)　b. 亜硝酸イオン($^-NO_2$)

c. ニトロニウムイオン($^+NO_2$)

d. ニトロシルカチオン(^+NO)

4． 次のそれぞれの構造式において，sp^2 混成をとっている原子を○，sp 混成をとっている原子を□で囲め.

a. $CH_2=CH-CH=CH_2$　b. $O=C=O$

c.　d.

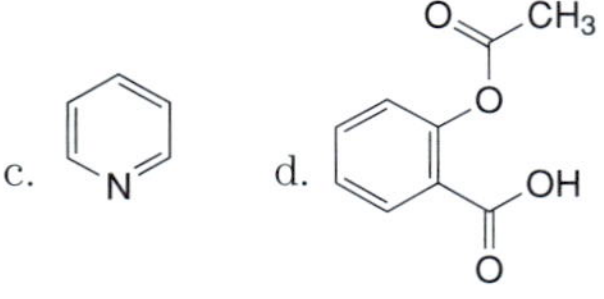

e. CH_3CN　f. $CH_2CHCOOCH_3$

g. NH_3　h. BH_3

5． 次の化合物の組合せのうち，沸点が高いほうを記し，その理由を書け.

a. 水(H_2O)と硫化水素(H_2S)

b. ブタノールとジエチルエーテル

c. 酢酸(CH_3COOH)とプロパノール($CH_3CH_2CH_2OH$)

d. ペンタンと 2,2-ジメチルプロパン

e. *cis*-1,2-ジクロロエチレンと *trans*-1,2-ジクロロエチレン

6． 次の構造式に省略されている非共有電子対をすべて書き加えよ.

a. $H_3C-O-CH_3$　b. $H_3C-CH(=O)$ (H)

c. $CH_3O^{\ominus}$　d. $HO-NH_2$

e. $H_3C-C\equiv N$　f. (ピリジン, N)

g. F－B(F)(F)　h. $H_2\overset{\ominus}{C}-CH(=O)$ (H)

7． 次のイオンの共鳴形を書け．電子の動きは曲がった矢印で記すこと.

a. $H_2C=CH-CH_2^{\oplus}$　b. $H_3C-C(=O)O^{\ominus}$

c. $H_2\overset{\ominus}{C}-CH(=O)$ (H)　d. $H_3C-C(=O)-\overset{\ominus}{C}H-C(=O)-CH_3$

e. $H_3C-\overset{\oplus}{C}(OCH_3)-CH_3$　f. $H_2N-C(NH_2)=\overset{\oplus}{N}H_2$

8． 次の分子のうち，共役構造をもつものを選び，線角構造式で記せ.

a. $CH_2=CHCHO$　b. $CH_2=C=CH_2$

c. $CH_2=CHCH_2CH=CH_2$　d. $CH\equiv CCH=CH_2$

e. CH_3COCN

3 有機化合物の基本骨格——アルカンの化学

❖ 本章の目標 ❖

- 構造異性体について学ぶ.
- アルカンの構造異性体とその数について学ぶ.
- アルカンの基本的な物性について学ぶ.
- エタンおよびブタンの立体配座と安定性について学ぶ.
- シクロアルカンの環の歪みを決定する要因について学ぶ.
- シクロヘキサンのいす形配座と舟形配座について学ぶ.
- シクロヘキサンのいす形配座における水素の結合方向について学ぶ.
- 置換シクロヘキサンの安定な立体配座を決定する要因について学ぶ.

有機化合物の実際の姿(三次元的なかたち)は，平面の構造式で描かれる姿からはずいぶん異なることが多い．医薬品として用いられる有機化合物は，生体内の酵素や受容体と三次元的に相互作用してその効果を現すので，われわれはその構造式を眺めただけで立体的なイメージをつかめるようにならなくてはいけない．この章では有機化合物の基本構造について三次元的なかたちやその表し方を，炭素-炭素単結合からなるアルカンをとおして学ぶ．

3.1 アルカンの構造

3.1.1 アルカンとは

アルカンは炭素と水素のみで構成され，炭素骨格の上に，結合できる最大数の水素をもっている化合物の総称で，水素で飽和されていることから**飽和炭化水素**ともよばれる．また別名，**パラフィン**(paraffin)ともいう．身近なアルカンの例として，ガソリンや灯油などの石油製品があげられる．石油は現代社会を支える最も重要なエネルギー資源の一つであり，また，多種多様な化学製品の原料でもある．

SBO アルカンの構造異性体を図示することができる．

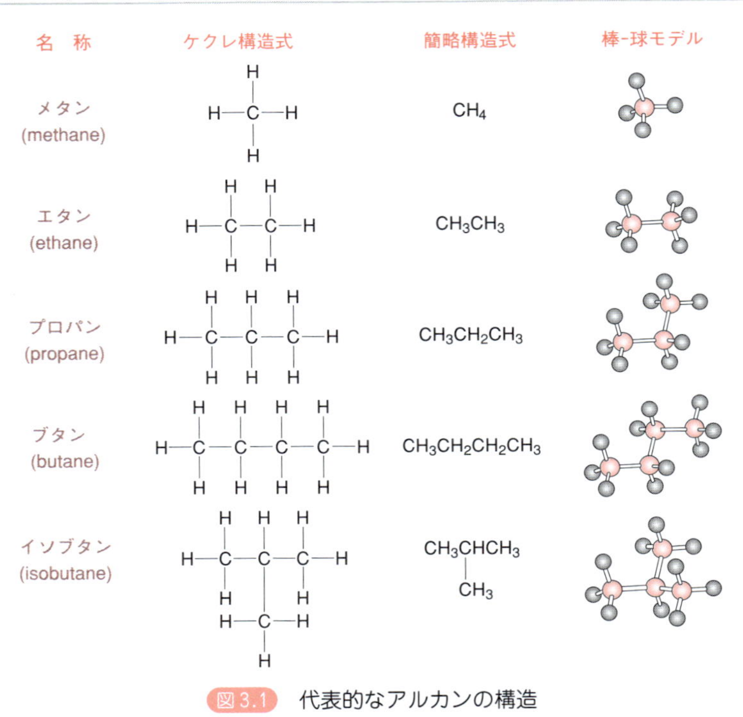

図 3.1 代表的なアルカンの構造

アルカンは一般式 C_nH_{2n+2}(n は自然数)で表現できる(図 3.1). 最も簡単なメタンから, エタン, プロパンへと炭素は 1 個ずつ増えていくが, これらの構造は 1 種類しかない. ところが, 炭素 4 個からなるブタンには, 同じ C_4H_{10} で表されるのに構造の異なる分子が存在する. このように, 分子を構成する原子の種類と数が同じ, すなわち分子式が同一であっても, 構造が異なる化合物を互いに**異性体**(isomer)であるという.

ブタンの異性体はイソブタン(2-メチルプロパン)とよばれる. このイソは, 〝iso〟mer に由来している. イソブタンの構造に見られるように, 1 個の炭素に二つのメチル(CH_3)基と 1 個の水素が結合した構造単位〔$(CH_3)_2CH-$〕を〝イソ〟とよぶ. すなわちイソブタンとは, イソ部分構造を含む炭素 4 個からなるアルカンを意味する.

これらのアルカンは多くの有機化合物の基本構造に結合した置換基, つまりアルキル置換基としてもよく見られるものである. アルキル置換基としての構造と名称を図 3.2 に記す.

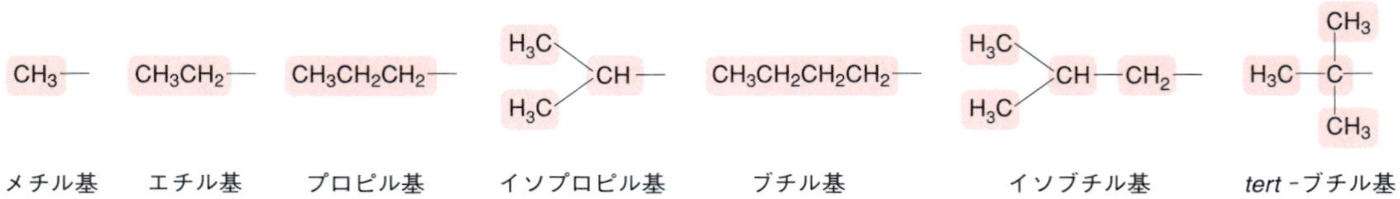

CH_3-	CH_3CH_2-	$CH_3CH_2CH_2-$	$(H_3C)_2CH-$	$CH_3CH_2CH_2CH_2-$	$(H_3C)_2CH-CH_2-$	$H_3C-C(CH_3)_2-$
メチル基	エチル基	プロピル基	イソプロピル基	ブチル基	イソブチル基	*tert*-ブチル基

図 3.2 アルキル置換基の構造と名称

3.1.2 構造異性体

SBO 構造異性体と立体異性体の違いについて説明できる.
SBO アルカンの構造異性体を図示することができる.

異性体には，原子の並ぶ順序，すなわち平面構造が異なる**構造異性体**(constitutional isomer, structural isomer)と，原子の並ぶ順序が同じでも空間的配列が異なる**立体異性体**(stereoisomer)とがある．本項では構造異性体についてアルカンを例にして学ぶ．立体異性体については4章で詳しく学ぶ(p. 50のコラム参照)．

構造異性体には，炭素骨格が異なる**骨格異性体**(skeletal isomer)と，置換基や官能基の位置が異なる**位置異性体**(positional isomer)がある．また，炭素と水素以外の原子を含む場合には，官能基の種類が異なる**官能基異性体**(functional isomer)も存在する．

(a) 骨格異性体

3.1.1項で学んだように，炭素数が4個以上のアルカンでは，同じ分子式でも炭素の結合様式が異なる構造異性体が存在する．たとえば，ブタン(C_4H_{10})では二つの骨格異性体があり，ペンタン(C_5H_{12})では三つの骨格異性体が存在する(図3.3)．

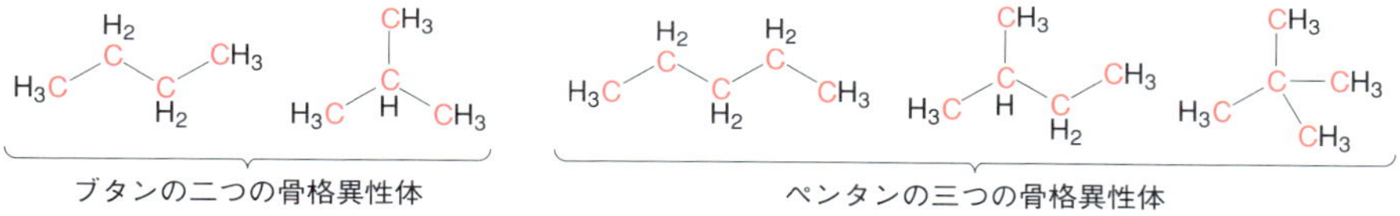

図3.3 ブタン(C_4H_{10})とペンタン(C_5H_{12})の骨格異性体

(b) 位置異性体

炭素数が6個以上のアルカンでは，骨格異性体に加え，置換基の位置のみが異なる位置異性体が存在する．たとえば，ヘキサン(C_6H_{14})では**A**～**E**の五つの異性体が存在する(図3.4)．これらのうち，**B**と**C**，および**D**と**E**はそれぞれ異なる位置にメチル基が結合した位置異性体の関係にあたる．

このように，アルカンでは炭素数が増えると異性体数は急激に増加する(表3.1)．デカン($C_{10}H_{22}$)では異性体数は75個に，イコサン($C_{20}H_{42}$)では可能な異性体数は36万個を超える．

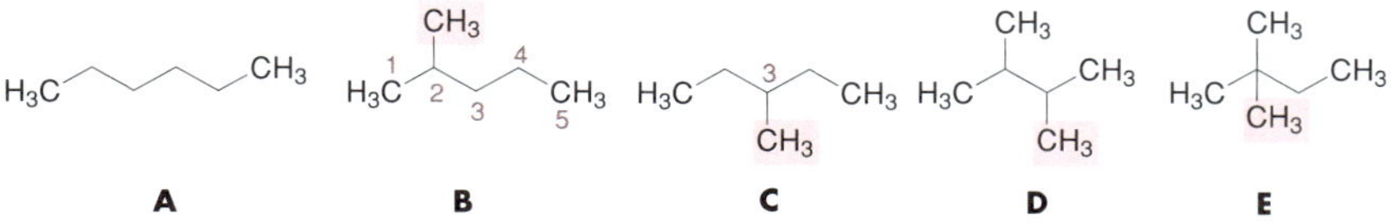

図3.4 ヘキサン(C_6H_{14})の五つの構造異性体
Bと**C**および**D**と**E**それぞれは位置異性体の関係．構造式は骨格内部の炭素－水素を省略して簡略化して記載してある．

表3.1 アルカンの炭素数と可能な構造異性体の数

炭素数	分子式	構造異性体の数
1	CH_4	1
2	C_2H_6	1
3	C_3H_8	1
4	C_4H_{10}	2
5	C_5H_{12}	3
6	C_6H_{14}	5
7	C_7H_{16}	9
10	$C_{10}H_{22}$	75
20	$C_{20}H_{42}$	366 319

（c）官能基異性体

$H_3C—O—CH_3$
ジメチルエーテル

$H_3C—C(H_2)—OH$
エタノール

分子式は同じ：C_2H_6O

図 3.5　C_2H_6O の官能基異性体

分子式が同じでも官能基が異なると，それらの分子の物理的性質は大きく異なってくる．たとえば，ジメチルエーテル（CH_3OCH_3）とエタノール（CH_3CH_2OH）はいずれも同じ分子式 C_2H_6O で示されるが（図 3.5），ジメチルエーテルの沸点が −25 ℃であるのに対し，エタノールの沸点は 78.5 ℃であり，100 ℃以上の差がある．これは，エタノールの場合，ヒドロキシ基（−OH）が分子間で水素結合を形成するためである（水素結合については，2.4.1 項，図 2.39 を参照）．

以上，本項では，アルカンを用いて構造異性体の分類の考え方を説明したが，これはアルカンにとどまらず，後章で学ぶさまざまな化合物にも適用される．

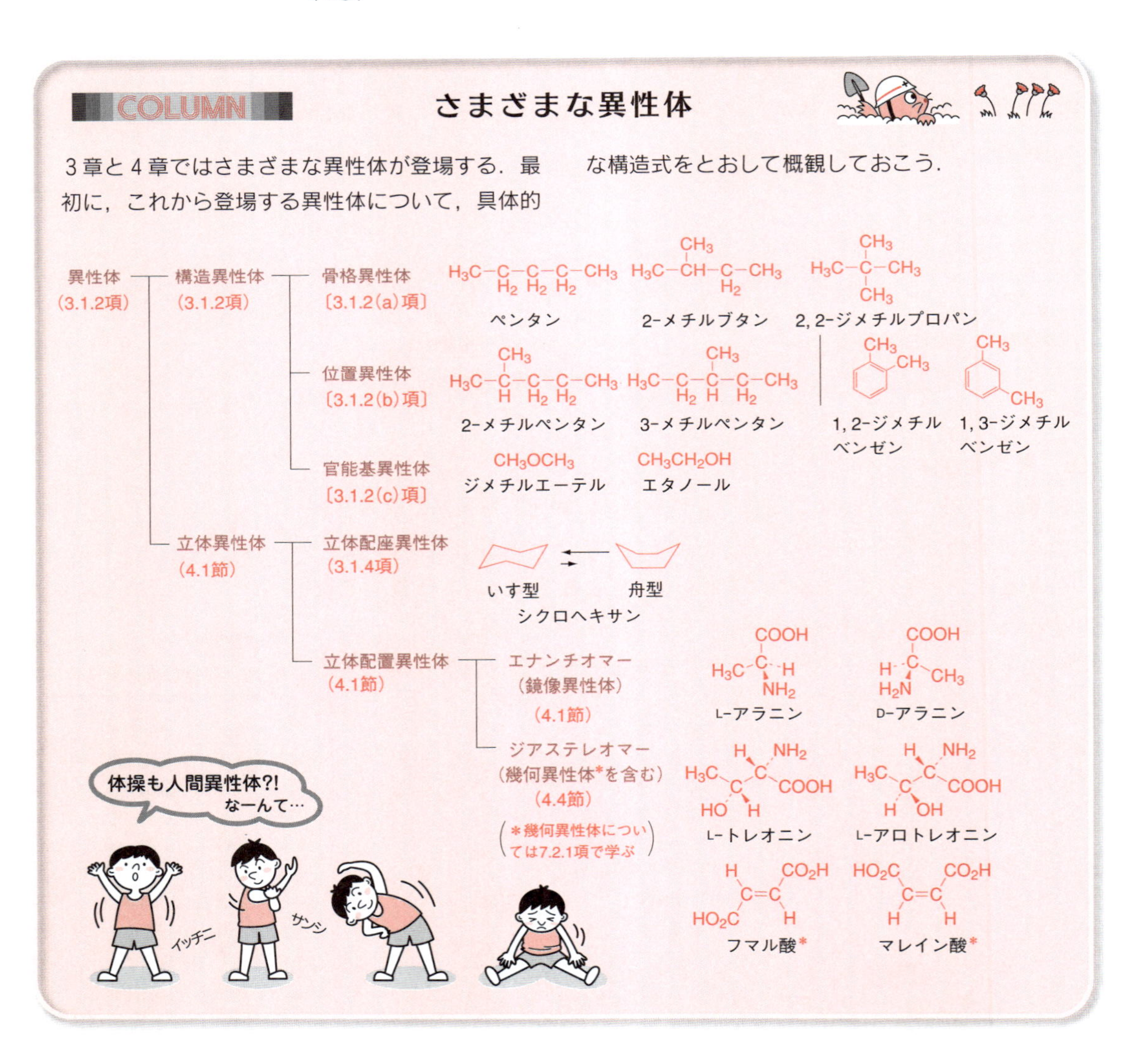

3.1.3 アルカンの基本的な物性

SBO アルカンの基本的な性質について説明できる.

代表的なアルカンの沸点と融点を表3.2にまとめた. メタンからブタンまでは室温では気体である. 直鎖アルカンのうち炭素数5から17のものは25℃で液体であるが, 炭素数がそれ以上になると固体になる. すなわち, 一般に分子量が大きくなるにつれて, 沸点, 融点ともに高くなる. ところが, 同じ炭素数でも, 枝分れが多く分子の形状が球体に近づくほど, 一般に沸点および融点は低下する. この違いは何によるのだろうか.

化合物の沸点は, 分子間に働く引力(**分子間力**)あるいは**ファンデルワールス力**(van der Waals force)の大きさに依存する. すなわち, 化合物が気化するためには, 液体状態でそれぞれの分子を近づかせている引力以上のエネルギーを加えて, それぞれの分子を引き離さなければならない. 分子間力が大きい化合物ほど, 気化させるために大きなエネルギーを必要とし, 沸点は高くなる. 逆に, 分子間力が小さい化合物では少しのエネルギーでも気化させることができるため, 沸点は低くなる.

アルカン分子のあいだに働く分子間力は相対的に弱く, 沸点は低い. なぜなら, アルカンを構成する炭素と水素の電気陰性度が近いためにアルカンのそれぞれの結合は非極性で, アルカン分子内には大きな部分電荷が発生しないためである. アルカンどうしに働く分子間力は, 電子の相互作用による. そのしくみは, 次のとおりである(図3.6).

アルカン分子中で電子はつねに動いているが, ある瞬間で止めると分子のなかにも電子のある場所, ない場所が生じることになる. 電子のある場所は

表3.2 代表的なアルカンの沸点と融点

炭素数	化合物名	示性式[a]	沸点(℃)	融点(℃)
1	メタン	CH_4	−162	−183
2	エタン	CH_3CH_3	−89	−183
3	プロパン	$CH_3CH_2CH_3$	−42	−188
4	ブタン	$CH_3CH_2CH_2CH_3$	−0.5	−138
4	2-メチルプロパン(イソブタン)	$(CH_3)_2CHCH_3$	−12	−159
5	ペンタン	$CH_3CH_2CH_2CH_2CH_3$	36	−130
5	2-メチルブタン	$(CH_3)_2CHCH_2CH_3$	28	−160
5	2,2-ジメチルプロパン	$(CH_3)_4C$	10	−16
6	ヘキサン	$CH_3(CH_2)_4CH_3$	69	−95
7	ヘプタン	$CH_3(CH_2)_5CH_3$	98	−91
⋮	⋮	⋮	⋮	⋮
16	ヘキサデカン	$CH_3(CH_2)_{14}CH_3$	287	18
17	ヘプタデカン	$CH_3(CH_2)_{15}CH_3$	302	22
18	オクタデカン	$CH_3(CH_2)_{16}CH_3$	317	28

a) 通常, 構造式は原子と原子のあいだを線で結んだケクレ構造式で表される. 一方, **示性式**は結合を表す線を使わずに, 分岐部分を基として( )でくくってひとつながりの文字列で表す.

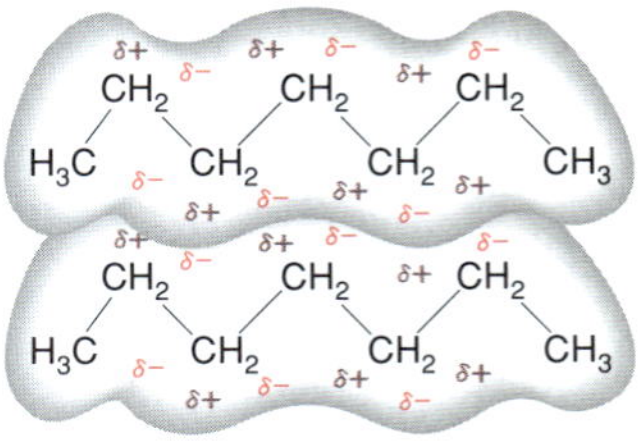

図 3.6 ファンデルワールス力のイメージ

δ−(電子密度が高い)，ない場所は δ+(電子密度が低い)になる．このように，アルカン分子に生じる δ− と δ+ がそれぞれ分子間で引き合うことで分子と分子の相互作用が生じる．ファンデルワールス力の大きさは，分子相互の接触面積に比例するため，直鎖分子では分子が大きくなるほど接触面積も大きくなり，沸点が高くなるわけである．同様に，炭素数が増えるにつれて融点も高くなる．一方，同じ分子式の場合は枝分れが多いアルカンほど表面積が小さくなるために，一般に沸点および融点が低くなる．

COLUMN 有機化学者は省略がお好き？

分子の化学構造を表すのにケクレ構造式(線結合構造式)が用いられる．ところが，原子と原子の結合を一つひとつすべてを線を用いて表すと，かえって全体の構造を把握しづらいことがある．そこで，特徴のある構造を部分的に強調する意味で省略形を用いる．有機化学者にとっては当たり前の略号ではあるが，はじめて目にすると戸惑うことが多いので，表①に記しておく．

また，ケクレ構造式についても，骨格となる炭素原子やそれに結合する水素原子を省略してしまうことが多い．たとえば，1-ブテンは図①のようにいろいろな書き方で表される．炭素の元素記号すら省略され，線の結合でしか表されないので模様のように見えてしまうが，結合の頂点が炭素原子を表すこと，末端に何も書いていなくても水素原子が結合していることなどを，頭にしっかりと入れて構造式をよく見直してほしい．

表① 部分構造の省略形

部分構造	略　号
CH_3	Me
CH_2CH_3	Et
$CH_2CH_2CH_3$	Pr
$CH(CH_3)_2$	^{i}Pr, *i*Pr, *i*-Pr
$CH_2CH_2CH_2CH_3$	Bu
$C(CH_3)_3$	^{t}Bu, *t*Bu, *t*-Bu
C(O)H, C(=O)H	CHO
C(O)OH, C(=O)OH	COOH, CO_2H
$C(O)OCH_3$, $C(=O)OCH_3$	COOMe, CO_2Me
$C(O)OCH_2CH_3$, $C(=O)OCH_2CH_3$	COOEt, CO_2Et
$C(O)NH_2$, $C(=O)NH_2$	$CONH_2$
—⌬ (C_6H_5)	Ph

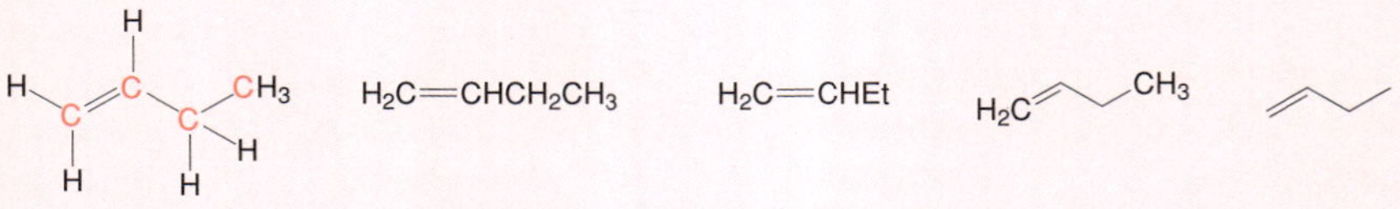

$H_2C{=}CHCH_2CH_3$　$H_2C{=}CHEt$

図① 1-ブテンのいろいろな表示法

3.1.4 アルカンの立体配座

2章の2.3.2項で学んだように，メタンは正四面体構造をとっている．同様にして，多くの有機化合物は三次元的(立体的)な構造をしている．したがって，平面的に描かれた一つの構造式であっても，実際には二つ以上の分子のかたちが存在することがよくある．分子を構成する原子の種類と数，さらにそれらの結合する順序が同じでありながら，その三次元的構造が異なる異性体を**立体異性体**(stereoisomer)とよぶ．立体異性体は次で説明する立体配座異性体と4章で説明する立体配置異性体とに分類される．

分子模型を使って，エタン(CH_3-CH_3)分子をつくってみよう．立体的にどのようなかたちをしているのかが，よく理解できるだろう．エタンは一つの炭素-炭素結合と六つの炭素-水素結合からなる．これら原子と原子を結合し，分子の骨格を形成する結合が**σ結合**である(2.3.2項参照)．σ結合からなる単結合はその結合のまわりを自由に回転することができるので，分子もさまざまな立体的なかたちをとることができる．そのかたちを**立体配座**(conformation)とよび，立体配座が異なる異性体は**立体配座異性体**(conformational isomer)とよばれる．

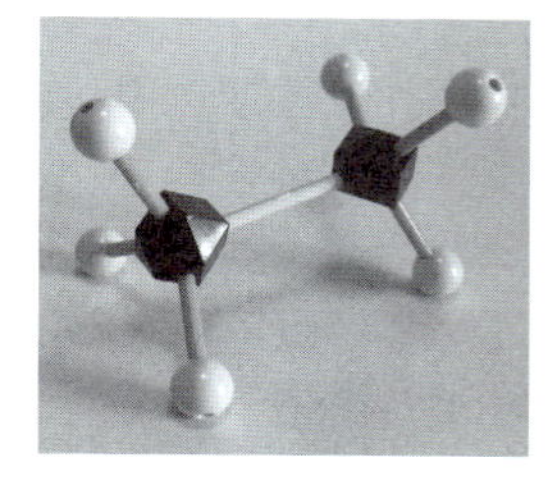

エタンの分子模型

この三次元的な立体配座を二次元の紙のうえで明確に表現するためにいくつかの表記法が考案された．ただし，それぞれにはルールがあるので，それに則って表記しなければならない．最もよく使われる表記法は，**くさび-破線表記法**(2.2.5項参照)である．紙面から手前に伸びた結合をくさび形結合線で示し，また，紙面から奥に伸びた結合は破線で表す．立体構造が直感的にわかりやすい．

別の表記法としては，分子内の一つの炭素-炭素結合に注目して，その結合軸に沿って結合両端の各原子を投影する**Newman**(ニューマン)**投影式**(Newman projection)がある．図3.7には，エタンの棒-球モデルにおいてC1とC2を結ぶ延長線上でC1側から見たようすを示したものがNewman投影式で記されている．

Newman投影式では，結合の向こうの端の原子を円で，手前の原子を円の中心位置で表示する．この表示法の利点は，隣接した置換基の位置関係が明らかなことであり，面H1−C1−C2と面C1−C2−H2がつくる角度，す

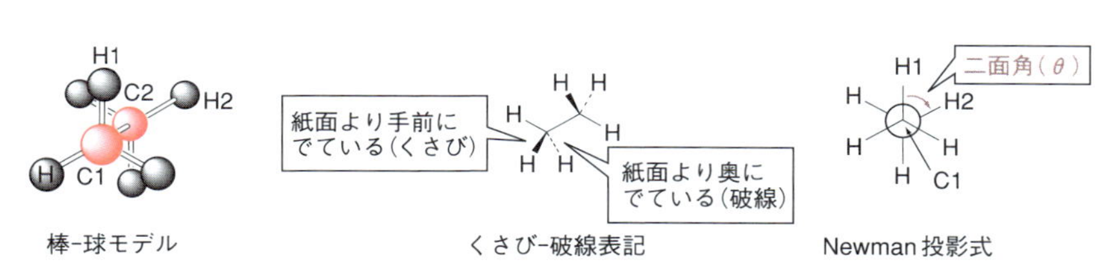

図3.7 エタン(CH_3-CH_3)の表し方
棒-球モデル，くさび-破線表記およびNewman投影式.

なわち**二面角**(dihedral angle，記号 θ，ねじれ角ともいう)として数値で示すことができる．

もう一度，エタンの分子模型を眺めてみよう．エタン分子の中央のC−C結合を軸として回転すると，さまざまなかたち，すなわち立体配座が生じ，その数は無限にある．それぞれの配座異性体は，C−H結合の結合電子対どうしの反発によって異なる**ポテンシャルエネルギー**をもつ．ポテンシャルエネルギーは高いほど不安定になる．このときの二面角とポテンシャルエネルギーの関係を図3.8に示した．

Newman投影式では，両端の水素原子が重なりあった**重なり形**(eclipsed form)**A**と，奥の水素原子が手前の水素原子のあいだの中央に位置する**ねじれ形**(staggered form)**B**とがある．重なり形では二面角が0°，120°，240°であり，結合電子対どうしの反発が最大となる．一方，ねじれ形では二面角が60°，180°，300°のとき反発が最も小さく，最も安定である．このことは，ポテンシャルエネルギーの値を見ても明らかである．

ねじれ形と重なり形のあいだには12 kJ/molのエネルギー差があり，通常ねじれ形で存在する割合が高いが，この程度のエネルギー差は室温の状態にある分子では楽に越えられる[*1]．したがって，室温でエタンはC−C結合を軸にしてほぼ自由に回転するので，それぞれの立体配座を別べつの立体配座異性体として単離することはできない．

*1 室温で異性体を分離するためには，両異性体の間に80〜100 kJ/molのエネルギー差が必要である．

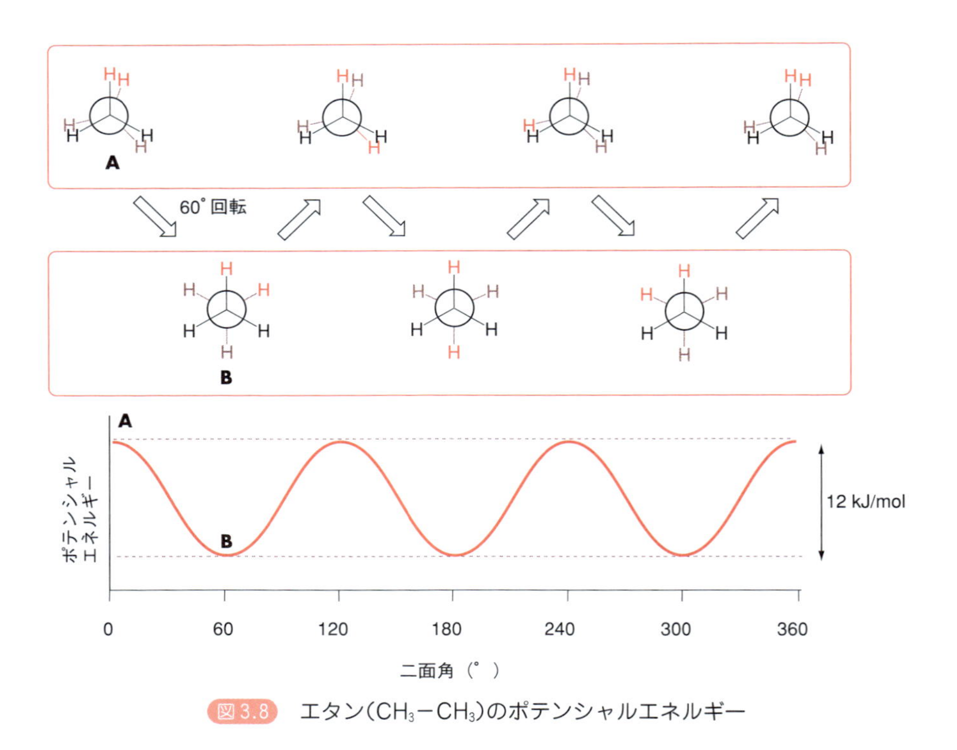

図3.8　エタン(CH_3-CH_3)のポテンシャルエネルギー

一方，ブタン($CH_3CH_2CH_2CH_3$)では，エタンにはなかったメチル基どうしの反発があるために，事情が少し複雑になる(図 3.9)．重なり形については，メチル基どうしが重なる配座 **A**〔**シン形**(syn form)とよばれる〕と，メチル基と水素原子が重なる配座 **C**，**E** がある．またねじれ形についても，メチル基どうしが隣りにくる**ゴーシュ形**(gauche form)配座 **B**，**F** と，逆方向にくる**アンチ形**(anti form)配座 **D** がある．二つのメチル基が最も接近したシン形配座 **A** が最も不安定であり，二つのメチル基が最も離れたアンチ形配座 **D** が最も安定である．すなわち，ブタンの代表的な配座の安定性は **A**<**C**(=**E**)<**B**(=**F**)<**D** の順となる．実際には，アンチ形配座異性体 **D** の存在割合が最も高く(約 72%)，残りはゴーシュ形 **B**，**F**(約 28%)が占めている．

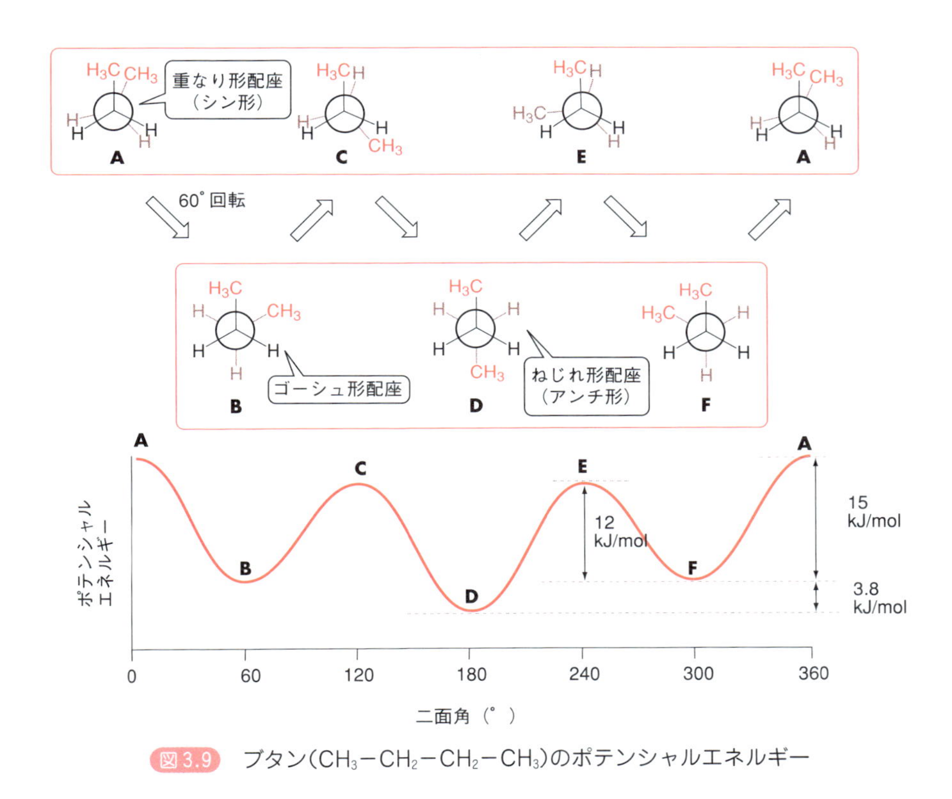

図 3.9　ブタン($CH_3-CH_2-CH_2-CH_3$)のポテンシャルエネルギー

3.2 シクロアルカン

3.2.1 シクロアルカンとは

環状構造をもつアルカンは**シクロアルカン**(cycloalkane)と総称され，環が 1 個の場合，一般式 C_nH_{2n} で表される．シクロアルカンは環の炭素数によって小員環(炭素数 3，4)，通常環(炭素数 5 ～ 7)，中員環(8 ～11)，大員環(12 以上)の 4 グループに分類される(図 3.10)．

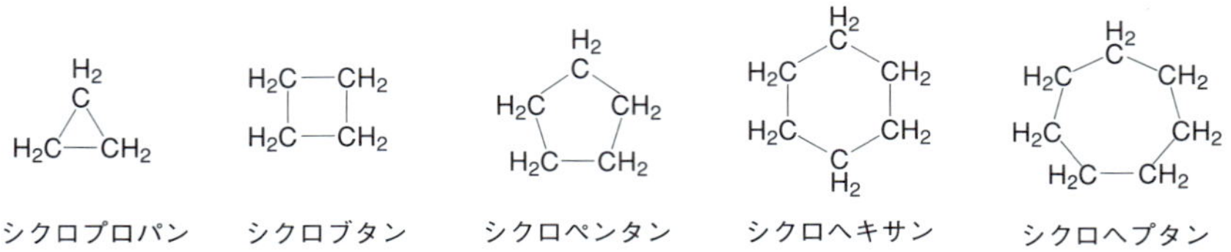

シクロプロパン　シクロブタン　シクロペンタン　シクロヘキサン　シクロヘプタン

図 3.10　シクロアルカン

3.2.2 シクロアルカンとひずみ

SBO シクロアルカンの環のひずみを決定する要因について説明できる.

これらのシクロアルカン化合物は，鎖状のアルカンとは異なるいくつかの制約を受け，それによって 3 種類の「ひずみ」が発生する.

① **結合角ひずみ**：シクロアルカンを構成する炭素は sp^3 混成軌道をとるため，結合角は 109.5° が最も安定している．環を形成するためにこの安定な結合角をとることができない場合に**結合角ひずみ**(bond angle strain)が生じる.

② **ねじれひずみ**：鎖状アルカンで最も安定なねじれ形配座を，シクロアルカンではとることができないことが多い．これによって二面角が理想値 60° よりも小さくなるため，**ねじれひずみ**〔torsional strain もしくは**二面角ひずみ**(dihederal angle strain)〕が生じる.

③ **立体ひずみ**：接近した原子や原子団のあいだの立体的反発により，**立体ひずみ**(steric strain)が発生する.

これら 3 種類のひずみによって，それぞれのシクロアルカンは独特の安定配座をとり，また特徴的な性質や反応性をもつ．次に代表的なシクロアルカンについて，具体的に考えてみよう.

3.2.3 シクロヘキサンのいす形配座と舟形配座

シクロアルカンのなかで最も安定なのがシクロヘキサンである．シクロヘキサンは折れ曲がったいす形の三次元構造をとることですべての結合角が 109.5° となり，結合角ひずみがない．この**いす形**(chair form)**配座**を図示する際には，下側の C2－C3 結合は手前にあり，上側の C5－C6 結合は後ろ側にあることを意味する．この配座はねじれひずみもないため，シクロヘキサンの最も安定な配座である．このことは Newman 投影式で表すとよくわかる．すなわち，隣接するすべての C－H 結合が完全にねじれ形になっている(図 3.11).

もう一つ，いす形の一つの端をもち上げたかたちの**舟形**(boat form)**配座**がある(図 3.11)．この配座も結合角ひずみはないが，環内の二つの C－C 結合について重なり形配座となっているため，ねじれひずみがある．さらに，環上部の 2 個の水素原子が接近するために立体ひずみも生じる．これらのひずみのために，舟形はいす形よりも約 28 kJ/mol 不安定である.

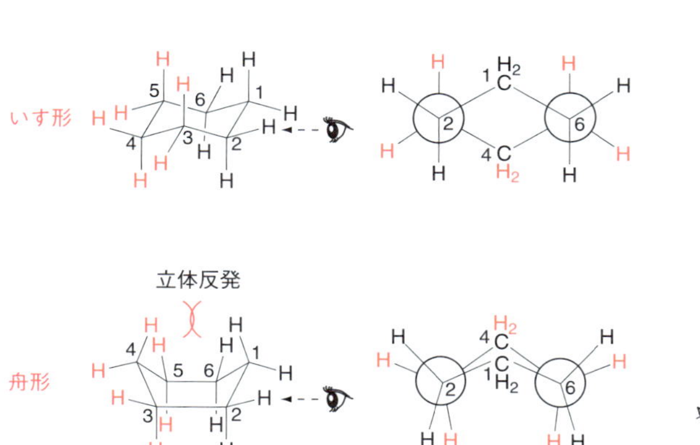

図 3.11 シクロヘキサンのいす形配座と舟形配座

3.2.4 アキシアルとエクアトリアル

シクロヘキサンには合計 12 個の C－H 結合があるが，これらは 2 種類に分類される(図 3.12)．すなわち，シクロヘキサン環から垂直にのびた**アキシアル結合**[*2](axial bond)と，より水平に近い方向にのびた**エクアトリアル結合**[*2](equatorial bond)である．図 3.12 からわかるように，アキシアル結合は環の上下にそれぞれ 3 個ずつある．また，エクアトリアル結合はいずれも環を構成する隣の C－C 結合と平行になっており，たとえば C1 あるいは C4 原子上のエクアトリアル結合は，C2－C3 あるいは，C5－C6 結合と平行である．また，エクアトリアル結合は交互に上下にでている．

室温でシクロヘキサンの六員環はすばやく反転して，一つのいす形配座からもう一つのいす形配座に変化している(図 3.13)．それに伴って，すべてのアキシアル結合はエクアトリアル結合に，また，エクアトリアル結合はアキシアル結合に変化する．したがって，2 種類の結合あるいはそれに結合している水素原子は見分けられなくなる．しかし，環の上下のどちら側に存在するかという関係は変化しない．

この反転の過程をさらに詳しく考えてみよう．シクロヘキサンは一気に環反転せずに，実際にはエネルギー的にできるだけ無理のない経路をとおって反転する(図 3.14)．まず，シクロヘキサン分子の安定ないす形配座 **A** から出発して，分子の左の部分がせり上がり，中央部と同一平面になる．この過

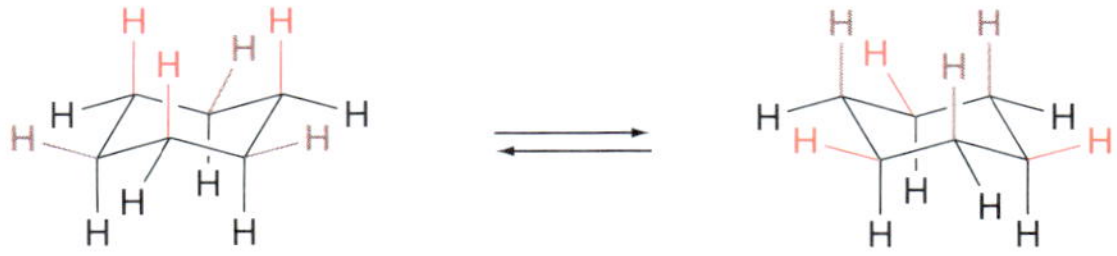

図 3.13 シクロヘキサン環の反転

SBO シクロヘキサンのいす形配座における水素の結合方向(アキシアル，エクアトリアル)を図示できる．

*2 それぞれ，axis(軸)，equator(赤道)に由来する語である．

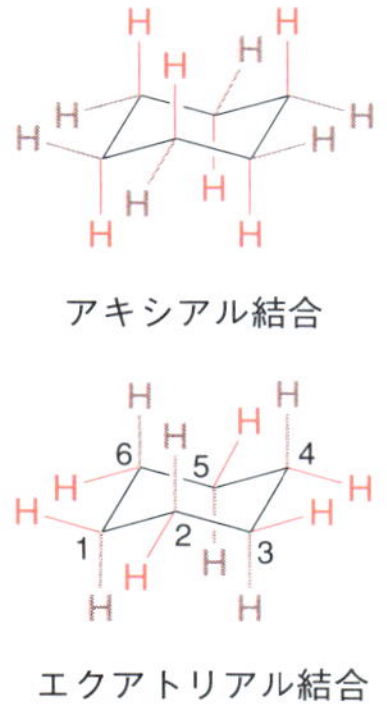

アキシアル結合

エクアトリアル結合

図 3.12 シクロヘキサンのアキシアル結合とエクアトリアル結合
アキシアル結合：垂直方向の結合，エクアトリアル結合：水平に近い方向の結合．

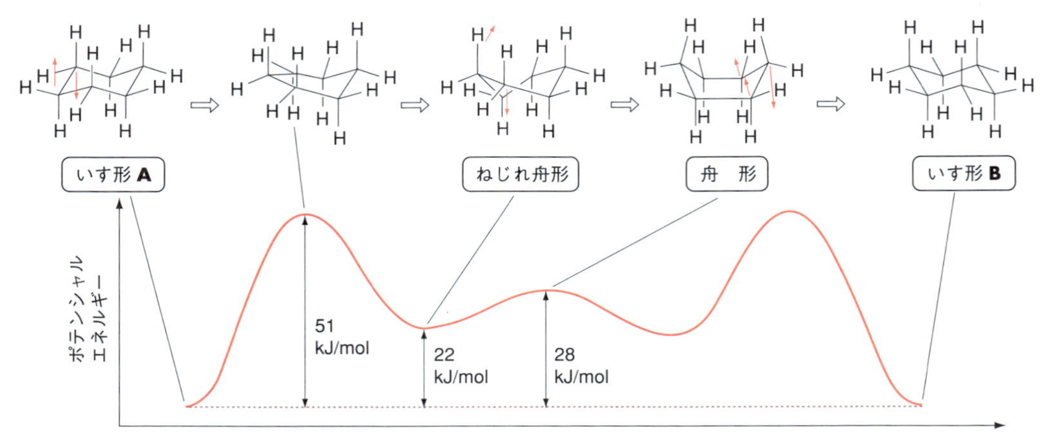

図 3.14 シクロヘキサンの反転過程とポテンシャルエネルギー

程で炭素原子の結合角が 109.5° より大きくなり，ひずみがかかった，不安定な状態となる．さらにせり上がると，**ねじれ舟形配座**(twist-boat form)を経て舟形配座に至る．次に，右の部分が下がって，先と同様の経路を経て，いす形配座 **B** に到達する．ねじれ舟形配座は舟形を少しねじったかたちをしており，ねじれひずみが緩和されるために，舟形より安定である．

3.2.5 置換基をもつシクロヘキサンの安定な立体配座

SBO 置換シクロヘキサンの安定な立体配座を決定する要因について説明できる．

シクロヘキサンの 1 個の水素原子がメチル基($-CH_3$)に置き換わったメチルシクロヘキサンについて考えよう．この場合のメチル基のように，シクロヘキサンの水素に別のものが置き換わってできる構造を総称して置換シクロヘキサンという．置換シクロヘキサンの立体配座ではアキシアル結合とエクアトリアル結合の区別が重要になる．

メチルシクロヘキサンには，メチル基が「エクアトリアル結合したいす形配座」**A** と「アキシアル結合したいす形配座」**B** の 2 通りの配座が考えられる(図 3.15)．このうち，メチル基がアキシアル結合した配座 **B** では，C1 のアキシアルメチル基と C3 および C5 原子上のアキシアル水素原子とのあいだに立体反発〔**1,3- ジアキシアル反発**(1,3-diaxial repulsion)〕が生じる．しかし，メチル基がエクアトリアル結合した **A** では，そのような反発はない．さらに，配座 **B** の C1－C2 結合の立体配座を見てみると，メチル基と C5 メチレン基とのあいだにゴーシュ立体反発が生じる．一方，配座 **A** の場合には，そのような反発はない．

このような違いを総合すると，メチル基がアキシアル結合となる配座 **B** は，エクアトリアル結合となる配座 **A** よりも 7.1 kJ/mol 不安定であることがわかる．

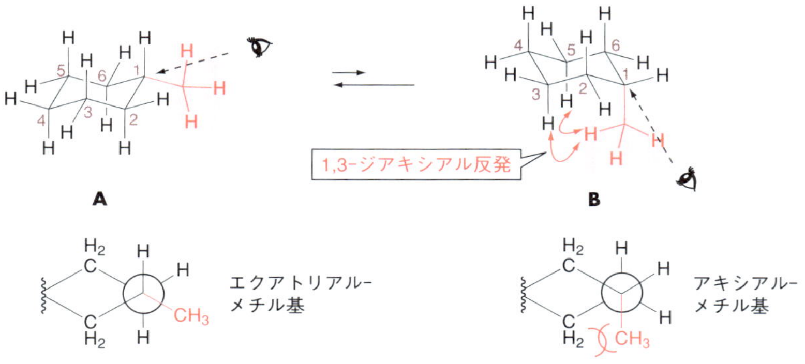

図 3.15 メチルシクロヘキサンの立体配座

次に，シクロヘキサンの 2 個の水素が別のものに置き換わった二置換シクロヘキサンについて考えよう．二つの置換基が存在する場合，どのような立体配座が可能か，また，そのうちどの立体配座が最も安定だろうか．

まず，シクロヘキサンの隣どうしの炭素の水素原子がメチル基に置き換わった 1,2-ジメチルシクロヘキサンについて考えてみよう．このとき，二

SBO シクロヘキサンのいす形配座における水素の結合方向(アキシアル，エクアトリアル)を図示できる．

COLUMN 美しいシクロヘキサンを書こう

シクロヘキサンは最も代表的なシクロアルカンである．その最も安定している配座であるいす形シクロヘキサンは，多種多様な化合物や反応の遷移状態にしばしば見られる非常に重要な構造である．美しいいす形シクロヘキサンの書き方をぜひマスターしてほしい．

① 同じ長さの 2 本の斜めの平行線を書く．ただし，2 本の線は同じ高さから書き始める．

② 2 本の直線の上端を V 字型の線でつなぐ．このとき，V 字の左側は右側よりも少し長くする．同様にして 2 本の直線の下端を，先の V 字型の線を 180° 回転したかたちでつなぐ．これでいす形シクロヘキサン骨格が完成するが，このとき，3 組の平行線ができているはずである．

③ シクロヘキサン骨格の上向きの三つの頂点に，上向きに垂直な同じ長さの直線を書く．同様に，下向きの頂点に，下向きに先と同じ長さの垂直な直線を書く．これらが**アキシアル結合**である．

④ シクロヘキサン骨格のそれぞれの炭素から，その隣の炭素と二つ隣の炭素をつなぐ線と平行な線を環の外向きに書く．これが**エクアトリアル結合**である．したがって，上向きのアキシアル結合をもつ炭素には，斜め下向きのエクアトリアル結合が，下向きのアキシアル結合をもつ炭素には，斜め上向きのエクアトリアル結合がでている．

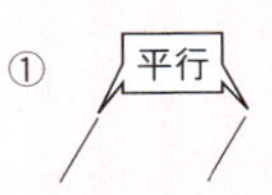

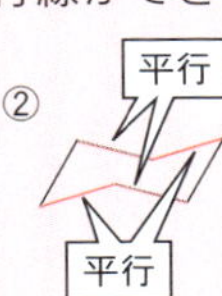

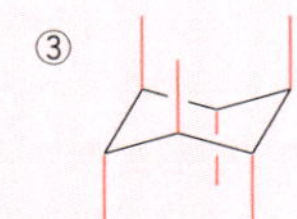

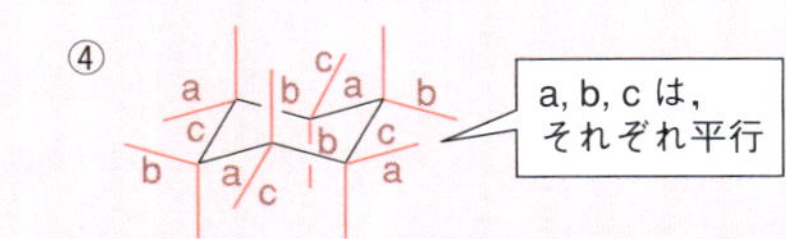

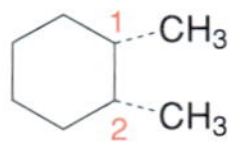

二つのメチル基が同じ向き
cis-1,2-dimethylcyclohexane

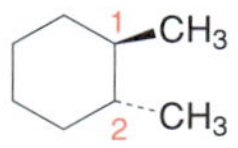

二つのメチル基が反対の向き
trans-1,2-dimethylcyclohexane

図 3.16 1,2-ジメキル シクロヘキサンのシスおよびトランス異性体

＊3 これらは一種の立体配置異性体である（4.1 節で学ぶ.）

つのメチル基が環の上下の同じ側にあるものと反対側にあるものがありうる[*3]. 前者を**シス置換体**, 後者を**トランス置換体**とよび, **シス**（*cis*：ラテン語で〝同じ側〟の意味）, **トランス**（*trans*：ラテン語で〝反対側〟の意味）はイタリック体で表記する（図 3.16, 7.2.1 項参照）.

このうち, シス置換体について, 安定ないす形配座だけでも, 2 種類の配座（**C**, **D**）が考えられる（図 3.17）. この 2 種類の配座は, 環の反転によって互いに熱力学的な平衡関係にある. いずれも一つのアキシアル結合したメチル基と, 一つのエクアトリアル結合したメチル基をもっているために, 両者はエネルギー的にまったく等価であり, 配座間の平衡には偏りがない.

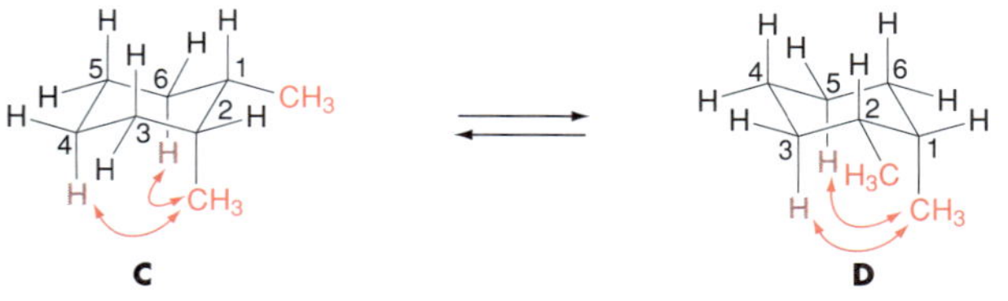

C
1,3-ジアキシアル反発

D
1,3-ジアキシアル反発

図 3.17 *cis*-1,2-ジメチルシクロヘキサンの立体配座

一方, トランス置換体でも, シス置換体と同様に 2 種類の配座（**E**, **F**）が可能である（図 3.18）. このうち, **E** では二つのメチル基はともにアキシアル結合となり, **F** では二つのメチル基はともにエクアトリアル結合となる. 配座 **E** では 1,3-ジアキシアル反発があるため, 配座 **F** に比べて明らかに不安定である. したがって, 二つの配座間の平衡は配座 **F** に大きく偏っている.

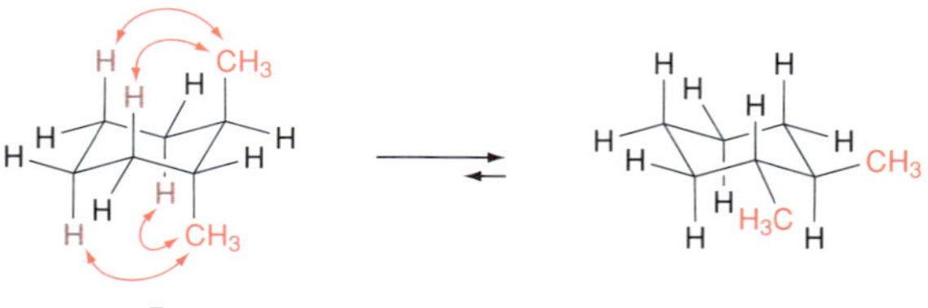

E

F

図 3.18 *trans*-1,2-ジメチルシクロヘキサンの立体配座

異なる二つの置換基をもつシクロヘキサンではどうなるであろうか. 一例として, *cis*-1-(*tert*-ブチル)-2-メチルシクロヘキサンについて考えてみよう（図 3.19）. この化合物も同様に 2 種類の配座（**G**, **H**）が可能である. すなわち, それぞれの配座において, 一方の置換基がアキシアル結合となる配座では, もう一方の置換基は必ずエクアトリアル結合になる. 置換基の大きさ（かさ高さ）が異なると, アキシアル結合になったときの立体反発の大きさが異なってくる. すなわち, *tert*-ブチル基がアキシアル結合になる配座 **G** と

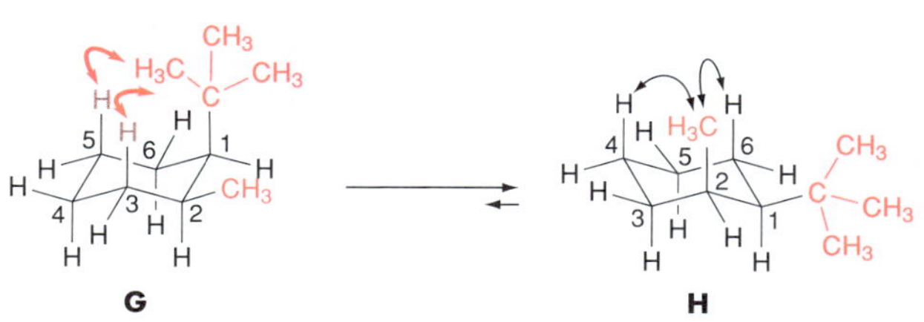

1,3-ジアキシアル反発

G ⇄ H

図 3.19　*cis*-1-(*tert*-ブチル)-2-メチルシクロヘキサンの立体配座
G のほうが 1,3-ジアキシアル反発は大きい.

メチル基がアキシアル結合になる配座 **H** を比べると，よりかさ高い *tert*-ブチル基のほうが 1,3-ジアキシアル反発が大きくなるので，**G** のほうが不利になる．**G** と **H** のエネルギーの差は大きく，両者の平衡はほぼ完全に **H** に偏っている．

これまで述べてきたように，置換シクロヘキサンではかさ高い置換基がアキシアル結合ではなくエクアトリアル結合になる立体配座が安定である．

3.2.6　その他のシクロアルカン

（a）シクロプロパン

SBO シクロアルカンの環のひずみを決定する要因について説明できる．

小員環であるシクロアルカンは，シクロヘキサンに比べてひずみが大きい．たとえば，シクロプロパンの結合角 C－C－C は 60°（正三角形の内角）であり，二つの sp^3 混成軌道のあいだの角度 109.5° よりかなり小さい．さらに，シクロプロパンを構成する 3 個の炭素原子は同一平面上に配置されるため，単結合のまわりで回転できず，シクロヘキサンのように回転によってひずみを解消することもできない．そのため，シクロプロパンの結合には大きなひずみがかかっている．実際の結合では，sp^3 混成軌道は完全に重なりあうことができず，結合軸から若干ずれた 104° という角度で重なりあっている．また，すべての結合が重なりひずみをもっている（図 3.20）．これらの大きなひずみを解消するために，シクロプロパンはいろいろな条件下で開環反応を起こしやすい．

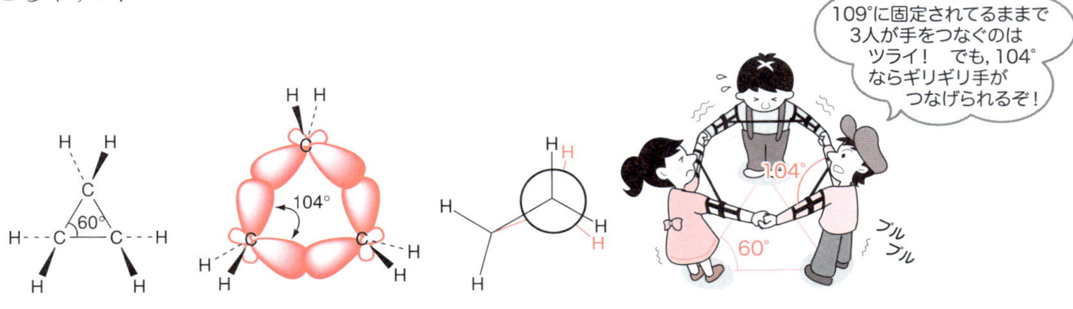

図 3.20　シクロプロパンの立体配座と混成軌道

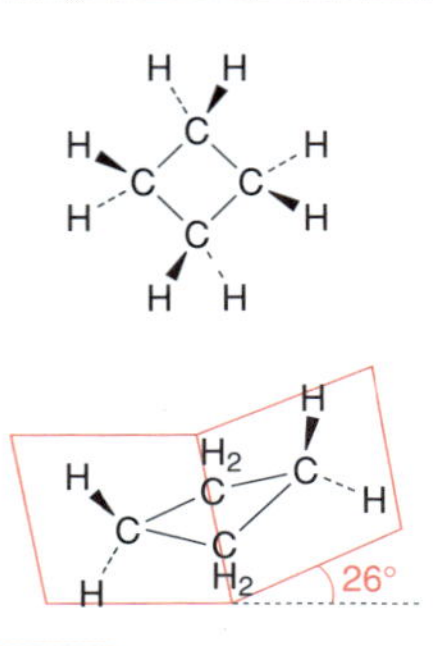

図 3.21 シクロブタンの立体配座

(b) シクロブタン

シクロブタンでも正方形(内角 90°)の立体配座では C−C−C 結合角の大きなひずみが予想される．また，平面構造では環のすべての C−C 結合について重なり形になるため，それを避けるように最も安定な配座では 4 個の炭素のうちの 1 個は平面から 26° ずれている．これによって，四つの炭素-炭素結合のうち三つは，ねじれひずみが若干解消される(図 3.21).

(c) シクロペンタン

シクロペンタンが正五角形の平面状の立体配座をとれば，C−C−C 結合

COLUMN 多環状分子の立体的なかたち

二つ以上のシクロアルカンが縮環(環と環がくっついて共通の結合をもつ)してできる多環状分子のかたちを見てみよう．平面で書かれた構造式から受けるイメージと実際の立体的なかたちが大きく異なることがわかるだろう．分子模型を自分で組んでみるとさらにはっきりとわかるので，ぜひ試していただきたい．

例① デカリン

デカリンは二つのシクロヘキサンが縮環してできる．水素の向きの違いによって *cis*-デカリンと *trans*-デカリンの二つの立体異性体が存在し，それらは相互変換できない．デカリンを含む構造をもつ化合物はとても多く，たとえば代表的な男性ホルモンであるテストステロンは *trans*-デカリン(16 章参照)にさらに五員環および六員環が縮環した構造をしている．

例② ノルボルナン

ノルボルナンはシクロヘキサンの 1 位と 4 位の炭素のあいだが CH_2 で結ばれた構造をしている．実際の三次元的な構造は平面構造式とずいぶん違って見え，ちょうど舟形のシクロヘキサンの船主と船尾をロープでつないだような形をしている．ノルボルナンを含む化合物はとても多く，古くから防虫剤として用いられているカンファー(ショウノウ)が有名である．

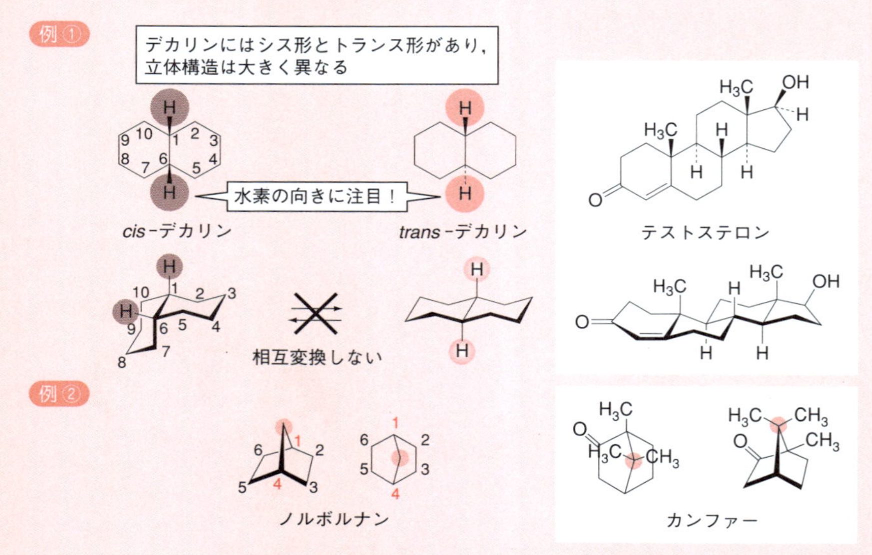

角は108°となるため，sp^3 炭素原子の結合角109.5°とほぼ等しくなる．したがって，平面状の配座でも結合角のひずみはないと考えられる．しかし，すべてが重なり形配座となるため，ねじれひずみは存在する．それを緩和するために，シクロペンタンの5個の炭素のうち1個が平面上からずれた配座のほうが安定である(図3.22)．この状態は，ちょうどふたが開いた状態の封筒のかたちに似ているため，**エンベロープ形(封筒形)配座**とよばれている．

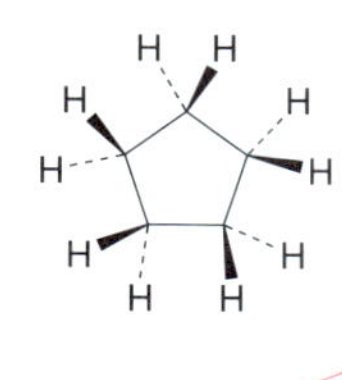

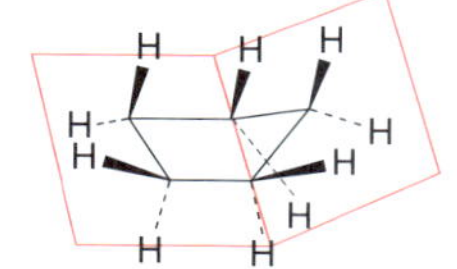

図3.22 シクロペンタンの立体配座

本章では，炭素–炭素単結合をもつ炭化水素であるアルカンについて，化学構造と物性を学び，それをとおして有機化合物の基本骨格の三次元的なかたちを学んだ．もちろん，アルカン以外にも炭素–炭素二重結合をもつアルケン(alkene)，炭素–炭素三重結合をもつアルキン(alkyne)，ベンゼンで代表される芳香族化合物(aromatic compound)，あるいは炭素以外の原子を結合中に含む構造など，さまざまな成分が組みあわさって有機分子がかたちづくられている．これらの官能基の構造，性質あるいは合成法などについては7章および8章で詳しく学ぶ．

章末問題

1. ヘキサンとヘプタンのすべての構造異性体を図示せよ．
2. 2,3-ジメチルブタンのC2−C3結合を軸とする回転におけるねじれ配座をすべてNewman投影式で書き，ポテンシャルエネルギーの最も低いものはどれかを答えよ．また，その他のねじれ配座のポテンシャルエネルギーの相対的な関係についても考察せよ．
3. 次のアルカンのうち，最も沸点の高いものはどれか．また，その理由を簡潔に答えよ．
   a. ヘキサン　b. 2-メチルペンタン
   c. 3-メチルヘキサン　d. ヘプタン
   e. 2,3-ジメチルブタン
4. アルカンの分子間に働くファンデルワールス力はどのようにして生じるのかを述べよ．
5. シクロプロパン，シクロブタン，シクロペンタン，シクロヘキサンを比較したとき，最も安定なものはどれか．また，ほかの三つにはどのようなひずみがあるのかを説明せよ．
6. シクロヘキサンの舟形配座はいす形配座よりも不安定である．その理由を説明せよ．
7. *cis*-1-*tert*-ブチル-3-メチルシクロヘキサンの二つの立体配座を図示し，どちらがより安定かを答えよ．また，その理由を簡潔に説明せよ．
8. *cis*-1,4-ジメチルシクロヘキサンと *trans*-1,4-ジメチルシクロヘキサンについて，それぞれ最も安定な立体配座を図示せよ．また，その二つはどちらがより安定か，理由とともに答えよ．
9. *cis*-デカリンと *trans*-デカリンはどちらがより安定か，理由とともに答えよ．

4 立体化学

❖ 本章の目標 ❖

- 立体異性体について学ぶ.
- キラリティーと光学活性について学ぶ.
- エナンチオマーとジアステレオマーについて学ぶ.
- ラセミ体とメソ形化合物について学ぶ.
- 絶対配置の表示法について学ぶ.
- Fischer 投影式と Newman 投影式を用いた有機化合物の構造表示法を学ぶ.

あなたが鏡に向かって右手をあげると，鏡のなかのあなたは左手をあげている．つまり，鏡のなかのあなたは元のあなたとは別の存在になっている．分子の場合も，元の分子と鏡に映った分子とは別のものになりうる．そして，あなたの身体はこのような元の分子と鏡に映った分子を区別できる．

味覚を例に考えよう．あなたが「甘い」と感じるとき，舌の上にある甘味を感知する受容体は食べ物の分子の構造を厳密に区別して認識している．たとえば，人工甘味料の(−)-アスパルテームは，砂糖の 200 倍の甘味があり，かつ低カロリーなので砂糖の代用品として利用されている．しかし，この

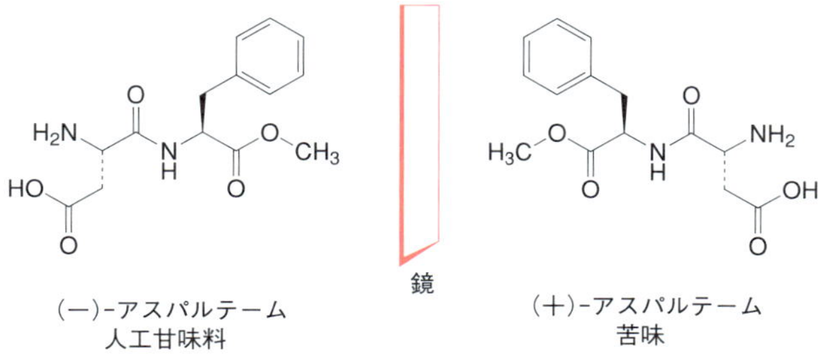

図 4.1 アスパルテーム

(−)-アスパルテームを鏡に映した構造である(+)-アスパルテームは，まったく甘味がなく，むしろ苦味が強い．鏡に映った構造と元の構造の違いは何であろうか．

医薬品も，1章で取りあげた合成抗菌薬であるオフロキサシンとレボフロキサシンの例(1.2.1項)のように，鏡の分子と元の分子で作用が異なる場合がほとんどである．本章で，医薬品の構造における立体化学の重要性を理解しよう．

4.1 立体配座異性体と立体配置異性体

SBO 構造異性体と立体異性体の違いについて説明できる．
SBO キラリティーと光学活性の関係を概説できる．
SBO ラセミ体とメソ体について説明できる．

分子式が同じであっても異なる構造の化合物を異性体という．すでに，3章で**構造異性体**(原子の並ぶ順序が異なる異性体)と，それに含まれる**骨格異性体**，**位置異性体**，**官能基異性体**を学んだ(3.1.2項)．また，一つの分子でも，分子内の単結合を軸として回転すると立体的に異なったかたちになり，**立体配座異性体**[*1]が存在することも学んだ．

ここで異性体についてまとめておく．図4.2に示すように，異性体は大きく二つのグループに分けられる．すなわち，構造異性体(原子の並ぶ順序が異なる異性体)と**立体異性体**である．立体異性体は原子の並ぶ順序は同じであるが，立体的(空間的)なかたちが異なる異性体である．立体配座異性体はこの立体異性体に含まれる．立体異性体には，これ以外に**立体配置異性体**(configuration isomer)がある．これは置換基の三次元的な配置(配列)，すなわち**立体配置**(configuration)が異なる異性体である．立体配置異性体は立体配座異性体と違って，単結合を軸として回転させても同じ分子にはならないので，異性体を分離できる．立体配置異性体は，さらに**エナンチオマー**と**ジアステレオマー**に分けて分類される．これらについて，以下の具体例を見ながら学んでいこう(3章p. 50のコラム参照)．

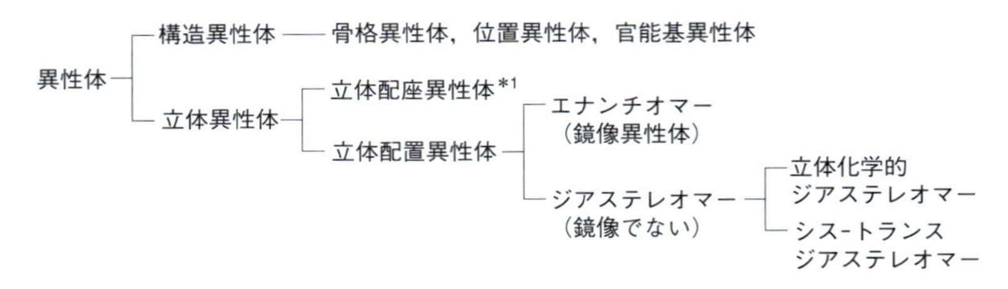

図4.2 立体異性体の分類

最初に，2-ブタノール[*2]について考えてみよう(図4.3)．構造**A**において中央のC2−C3単結合を軸として回転すると，構造**B**に変換される．**B**のC2−C3単結合をさらに回転させると**A**に戻る．すなわち**A**と**B**は立体

*1 一般に，立体配座異性体は異性体間の相互変換が速く起こっているので，相互に分離はできない(3.1.4項)．しかし，立体配座異性体の場合にも，立体障害が大きくなり回転が障害されると，異性体の分離が可能になる(p. 70のコラム参照)．

*2 化合物の置換基の位置番号のつけ方は，たとえば2-butanol(2-ブタノール)とbutan-2-ol(ブタン-2-オール)のように，化合物名(母体名)の前に置く方法と，対象となる置換基の直前につける方法とがある．1993年に後者の方式を使用するようにという勧告がIUPACからだされた．しかし，これは日本語のカタカナ表記にそぐわないので，多くの教科書では従来の前者の方式が用いられている．本書の本編では従来式(2-ブタノール方式)の命名を用いたが，付録の「化合物の命名法」ではより正確を期すために，1993年のIUPAC勧告に従ったブタン-2-オール方式の命名を用いた．

図 4.3　2-ブタノールの立体配座異性体(**A** と **B**)とエナンチオマー(**A** と **C**)

配座異性体の関係にある．

ところが，**A** のどの結合のまわりで回転しても **C** には変換できない．つまり，**A** を **C** に変化させるには，C2−OH 結合と C2−H 結合をいったん切断し，それらを置き換えて再結合させなければならない．このような **A** と **C** の関係を**エナンチオマー**(enantiomer)という．エナンチオマー(**A** と **C**)は置換基の結合配列(配置)を変えているので，立体配置異性体の範ちゅうに入る．また，**A** の分子全体を水平方向に 180° 回転させたかたちの **A′** と **C** は互いに鏡像の関係にあるので，エナンチオマーは**鏡像異性体**ともいう．このように，実像と鏡像が一致しない分子は**キラル**(chiral，あるいは不斉)であるといい，このような性質を**キラリティー**という．

キラルの語源はギリシャ語の手を意味する *cheir* からきているが，まさに右手と左手はキラルな関係を直感的に理解するためのよい例である．これらは同じ立体的なかたちをしているが，重ねあわせることはできない．ちょうど，両手の真ん中に鏡を置けば，右手の鏡像は左手に重なりあう．自然界には，このような鏡像異性体が存在する分子は多数あり，生物学的には重要

な意味をもつ．すなわち，生体は鏡像異性体を厳格に区別しているのである．鏡像異性体どうしは，キラリティーに関係しない他の性質(沸点，融点，比重，溶媒への溶解度，キラルではない反応剤との反応性など)は同じであるが，キラリティーに関係した性質(旋光性，キラルな反応剤との反応性など)は異なってくる．これはちょうど，右利き用と左利き用の野球のグローブ(鏡像の関係にある)によくたとえられる．ボールはキラルではないので，どちらにも同じように収まる．一方，キラルな構造である右手は右手用グローブにはうまく収まるが，左手用には収まらない．

図 4.3 の 2-ブタノールとは異なり，2-プロパノールでは，**D** と **E** は鏡像関係にあるが互いに重なりあい，同一化合物である(図 4.4)．このような分子は**アキラル**(achiral)とよばれる．否定を意味する接頭辞である「ア」を前につけることによって，「アキラル ＝ キラルではない」となる．

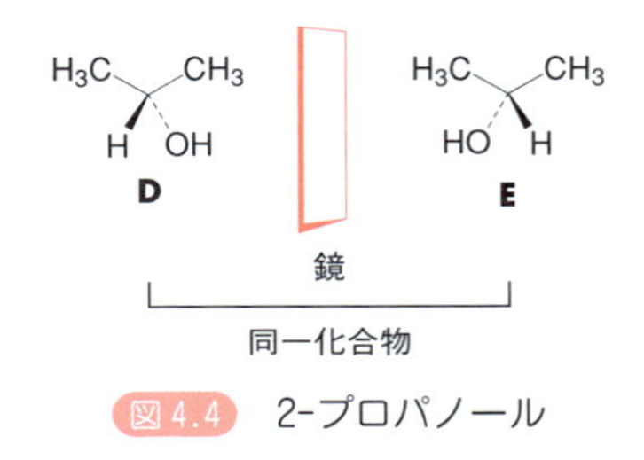

図 4.4　2-プロパノール

では，ある分子がキラルかどうかは，何によって決まるのだろうか．分子内に対称面があるかどうか，が決め手になる．その分子が分子内に**対称面**(または**鏡面**)をもてばキラルではない．対称面とは，その面の片方の構造が他方の構造の鏡像になるように分子を二分する面のことである．たとえば，2-プロパノールには O−C−H(橙色部分)を含む平面が対称面になっている．しかし，2-ブタノールにはそのような対称面がない(図 4.5)．酸素が置換した炭素には，異なる 4 種類の置換基が結合しているために，この炭素を含む

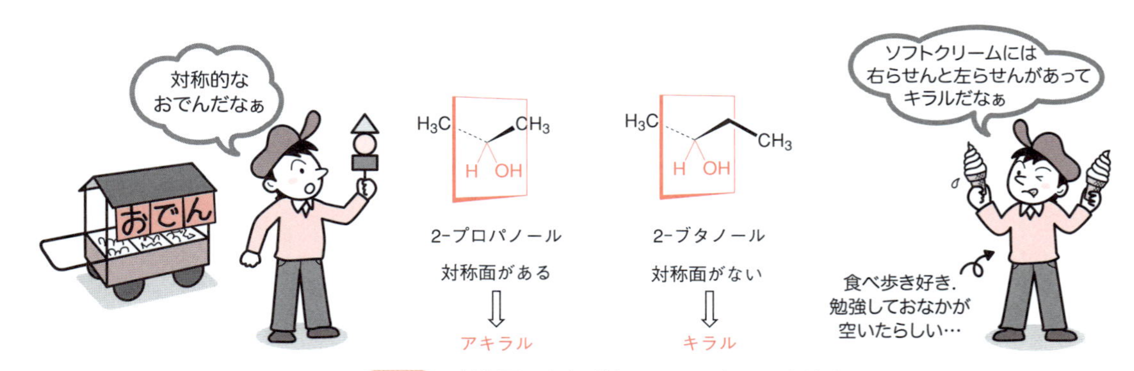

図 4.5　対称面の有無がキラル，アキラルを決定

面は対称面にならないことがわかるだろう．

対称面のない分子については，別の見方もできる．すなわち，異なる4種類の置換基が結合した炭素を含む分子はキラルである，といえる（図4.6）．このように異なる4種の置換基が結合した炭素を**不斉炭素**という．炭素原子にかぎらず，窒素，硫黄，リンなどでもキラルな分子は知られている．そのような中心原子は，**不斉原子**〔または**不斉中心**，**立体中心**，**キラル中心**（chiral center）〕と総称され，＊印をつけて明示することが多い．不斉原子が一つしかない分子は必ずキラルである[＊3]．

＊3 不斉中心が2か所以上のとき，メソ体が存在する場合があり，これはキラルではない（4.4節参照）．

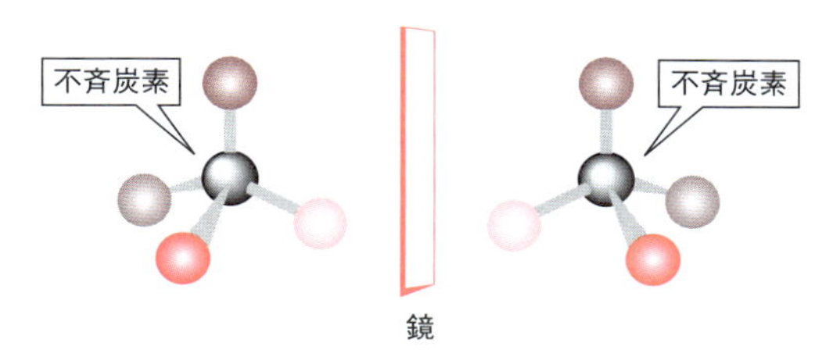

図4.6 不斉原子のイメージ

天然に存在する物質には，一方の鏡像体しか含まれないことが多い．たとえば，天然に存在する多くのアミノ酸はL-体のみが存在し，また，グルコースに代表される天然に存在する糖類はD-体がほとんどである（図4.7，LとDの表示についてはp.75のコラムを参照）．しかし，実験室で行う反応では，両方の鏡像異性体が1：1の混合物として得られる場合が多い．したがって，一方のキラル化合物を得るための研究が広く行われている（18.3.2項参照）．鏡像体の等量混合物は**ラセミ体**（racemate）とよばれる（図4.8）．なお，もともとアキラルな物質には，ラセミ体という言葉は使わない．

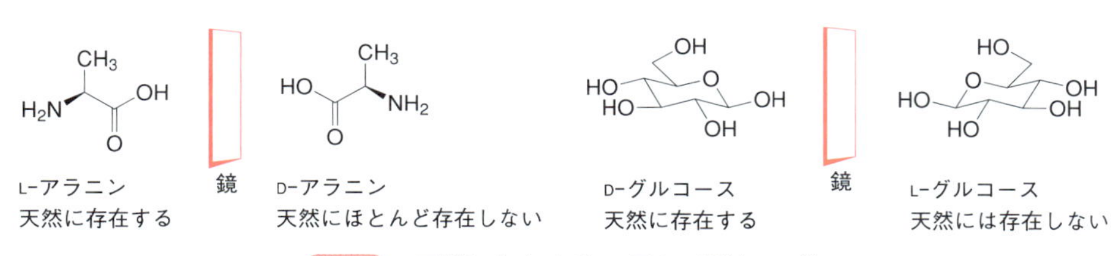

図4.7 天然に存在するL-アミノ酸とD-糖

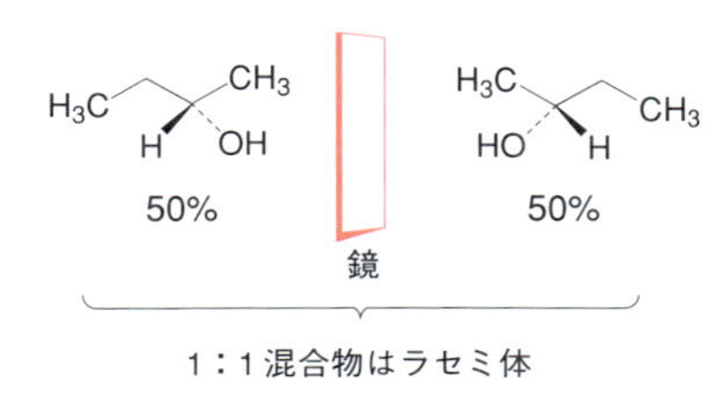

図4.8 ラセミ体

COLUMN　不斉原子をもたない鏡像異性体

不斉原子をもつことから生じるキラリティーは，**中心性キラリティー**とよばれ，有機化合物がキラルになる最も一般的な場合である．他方，不斉原子をもたないのにキラルな構造となる場合もある．どのような分子か想像できるであろうか．

たとえば，C−C 二重結合が 2 組つながったアレン分子(p.37，図 2.37)がそうである．アレンの末端炭素とそれに置換した原子は中央炭素を含めて一つの平面上にある．アレンでは，このような平面が 2 組あり，それら平面のなす角は 90° である(図①)．そのため，両端に置換基が結合した構造はその鏡像と互いに重なりあわなくなり，鏡像異性体が存在する†．また，らせん階段のようなかたちをしたキラルな分子もある．左回りと右回りがあって，鏡像異性体の関係になっている†．

2001 年度のノーベル化学賞を受賞した野依良治博士が合成した BINAP も不斉炭素をもたないキラル化合物である．図②のように，BINAP は二つのナフタレン環をもつ．それらが同一平面になく上下を結ぶ結合軸のまわりで交差した構造をとるため，鏡像異性体〔(*S*)-体と(*R*)-体〕が存在する†．それぞれの BINAP は医薬品や食品など，有用なキラル化合物を効率よく化学合成するための触媒として役立っている(18 章 p. 410 のコラム参照)．

† これらは一種の立体配座異性体であるが，立体障害が大きいために生じるキラルな構造である．

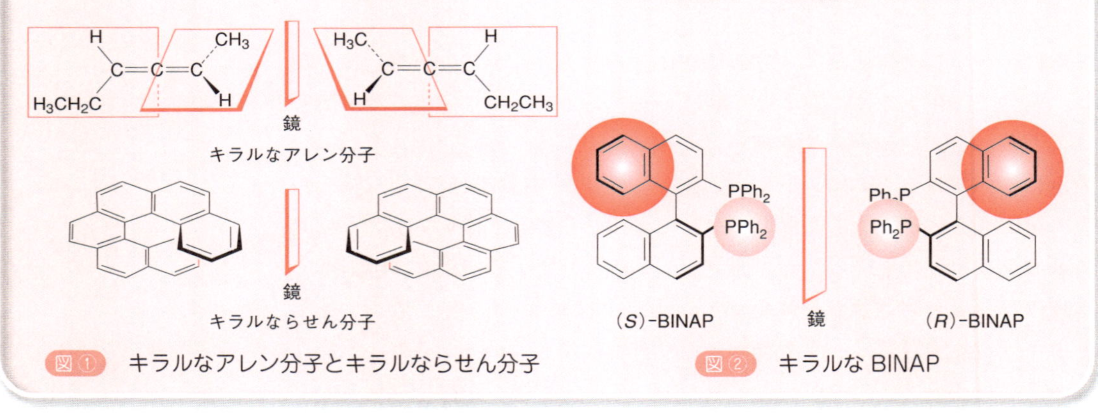

図①　キラルなアレン分子とキラルならせん分子

図②　キラルな BINAP

4.2 旋光度と光学純度

SBO エナンチオマーとジアステレオマーについて説明できる．

光は電磁波の一種で，その振動面は進行方向に対して直角である．自然光にはあらゆる方向に振動面をもつ電磁波が含まれているが，**ニコルのプリズム**(光のフィルター)に通すと，振動面が一方向だけのものが通過する．この光は**平面偏光**とよばれ，偏光における振動面を**偏光面**という．

1815 年に，フランスの科学者 J. B. Biot(ビオ)は，カンファー(ショウノウ)のアルコール溶液や，ショ糖の水溶液にこの平面偏光を通じると，その偏光面が回転することを発見した．このような偏光面を回転させる性質を**旋光性**といい，この物質は**光学活性**(optically active)であるという．また，そのような物質は**光学活性物質**とよばれる*4．

*4　4.1 節で学んだキラルな分子は光学活性である．一般に，キラルと光学活性はほぼ同義として使われる．

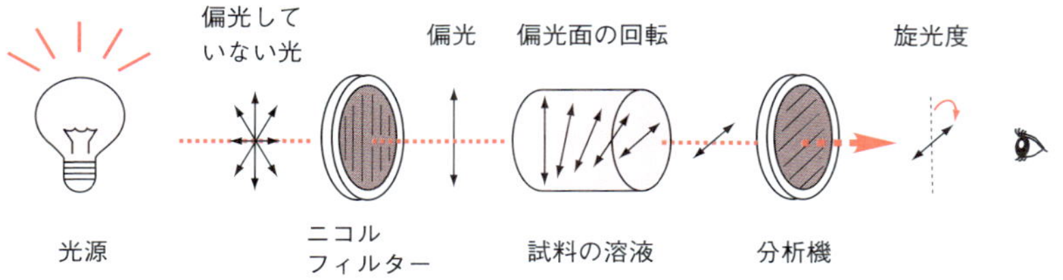

偏光して
いない光
偏光 偏光面の回転 旋光度
光源 ニコル
フィルター 試料の溶液 分析機

図4.9 旋光計による旋光度の測定

偏光が回転する角度は**旋光度**[*5](angle of optical rotation)といい，この大きさは，**旋光計**(polarimeter)で測定される(図4.9)．旋光度は光の波長，測定温度，溶媒の種類によって変化する．また，偏光が出会うキラル分子の数によって変わるので，試料の濃度と試料管(セル)の長さによっても変化する．したがって，濃度とセル長の因子を加味して，規格化された旋光度とした**比旋光度**(specific rotation [α])が用いられ，式(4.1)で定義される[*6]．

$$[\alpha]_{\lambda}^{T} = \frac{\alpha}{l \times c} \qquad (4.1)$$

[α]：比旋光度(単位はつけない)[*7]
T：測定温度(℃)
λ：測定波長(nm)．一般にはナトリウムのD線(589 nm)を用いることが多い．その場合はDと記す．
α：実測の旋光度(°)
l：試料セルの長さ(dm：デシメートル)(1 dm＝10 cm)
c：試料溶液の濃度(g/100 mL；溶液100 mL中の溶質のグラム数)

偏光の進行方向に向きあって見たとき，偏光面を右(時計回り)に回転する物質は**右旋性**(dextrorotatory)，左(反時計回り)に回転する物質は**左旋性**(levorotatory)であるという．偏光面の右回りの回転はプラス，左回りの回転はマイナスで示され，通常，(＋)，(－)を用いて表示されるが，それぞれd(右旋性)，l(左旋性)で記されることもある．図4.10には，自然界に存在するキラル化合物の(＋)-乳酸[*8]，(＋)-アラニン，(＋)-カンファー(ショウノウ)の比旋光度を示した．

光の波長，測定温度，溶媒の種類が同じ条件下で，光学的に純粋な化合物

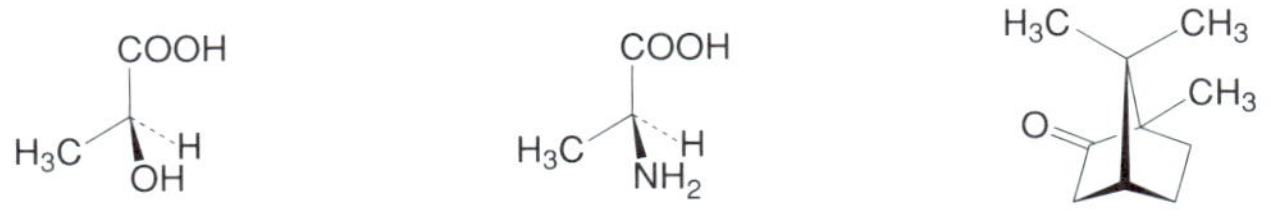

(＋)-乳酸
＋3.8(c＝10，H_2O)

(＋)-アラニン
＋2.4(c＝10，H_2O)

(＋)-カンファー
＋41(c＝10, EtOH)

図4.10 自然界に存在する代表的なキラル化合物の比旋光度[α]$_D$

*5 旋光度は度(°)単位で表す．

*6 式4.1のように，測定波長(λ)と温度(T)を記載して表示されることが多い(例：[α]$_D^{23}$)．

*7 比旋光度[α]の次元は deg・cm^2・g^{-1}となるが，長く不便なので，通常単位をつけずに用いる．

*8 自然界に存在する乳酸は(S)-(＋)-乳酸である．興味深いことに，乳酸を水酸化ナトリウム水溶液に溶解してナトリウム塩とすると，旋光度は逆転して(－)になる．このように，カルボン酸とその塩では旋光性[(＋)/(－)]が逆になることがあるので注意を要する．

の比旋光度は，その分子に固有の値となる．したがって，化合物の比旋光度から，その光学純度を決定することができる．その原理は次のとおりである．

まず，鏡像異性体どうしは偏光面を同じ大きさだけ互いに逆方向に回転させる．たとえば(＋)-乳酸は，比旋光度が右回り方向の＋3.8であり，(－)-乳酸は，左回り方向の－3.8である．したがって，(－)体と(＋)体が1：1の比で混合したラセミ体の乳酸は，旋光度が0°である．一方，(－)体と(＋)体の混合比が1：1でなければ(＋)か(－)のどちらかの比旋光度が得られる．

たとえば，合成された乳酸の比旋光度が＋1.9であったとしよう．この値は，純粋な(＋)-乳酸の比旋光度(＋3.8)の半分の値である．したがって，合成品の50%がラセミ体で，残り50%は純粋な(＋)-乳酸であると考えることができる．この50%を**エナンチオマー過剰率**(enantiomeric excess)といい，50% eeと表現する．残りの50%のラセミ体には(＋)体と(－)体が等量(25%ずつ)混合しているので，合成された乳酸には(＋)-乳酸が50%＋25%＝75%，(－)-乳酸が25%含まれていると結論できる．

エナンチオマー過剰率のことを**光学純度**ともいう．光学純度は，式(4.2)のように示される．

$$\text{光学純度}(\%\ \text{ee}) = \frac{[\alpha]_{\text{実測値}}}{[\alpha]_{\text{純粋}}} \times 100$$
$$= \text{エナンチオマー過剰率}$$
$$= \begin{pmatrix}\text{主成分の}\\ \text{エナンチオマーの}\\ \text{含有率}(\%)\end{pmatrix} - \begin{pmatrix}\text{他方の}\\ \text{エナンチオマーの}\\ \text{含有率}(\%)\end{pmatrix} \qquad (4.2)$$

$[\alpha]_{\text{純粋}}$：光学的に純粋な化合物の比旋光度

4.3　絶対配置の表示法――*R*/*S*表示法

SBO 絶対配置の表示法を説明し，キラル化合物の構造を書くことができる．

2種類の鏡像異性体では，不斉中心に結合した置換基の空間的な配列(立体配置，configuration)が互いに逆になる．すなわち，(＋)-乳酸と(－)-乳酸は立体配置異性体である．とくに，鏡像異性体を区別してそれぞれの立体配置を示す場合，これを**絶対配置**(absolute configuration)あるいは**絶対立体配置**という．(＋)-乳酸，*l*-メントールなど，旋光度の符号を付記するだけの表現法では，その立体配置は明らかでない．一方，D-グルコース，L-アラニンといった糖やアミノ酸の立体配置を規定するD/L表示法は現在でも用いられている(p. 75のコラムを参照)．ところが，一般の有機化合物に適用しようとすると，さまざまな困難が生じる．そこで，多様な有機化合物の一つひとつの不斉中心の絶対配置を明確に表現するための普遍的な方法が必要になった．そこで，R. S. Cahn（カーン），C. Ingold（インゴールド），V. Prelog（プレローグ）の3名の化学者によって考案されたのが，***R/S* 表示法**である．この方法では，以下の①～③の手順により絶対配置（*R*/*S*）を決める．

① 不斉中心に結合した四つの置換基について，Cahn-Ingold-Prelog の順位規則（C. I. P. 規則）に基づいて1～4の順位を決定する．
② 最も優先順位の低い4番目の置換基が自分から最も遠くになるように分子を配置する．
③ 1～3の順位の置換基を順番にたどって，右回りであれば *R*，左回りであれば *S* と決定する．

ここで基本になるのは，①で記した C. I. P. 規則である．これは，次に記す三つの規則からなる．

順位規則 1　不斉中心に直接結合した四つの原子を比較する

不斉中心に直接結合している原子のうち，原子番号の大きい原子ほど優先順位は高くなる（図 4.11）．したがって，最も優先順位の低い原子は水素である．同位体については，質量数の大きいほうが優先順位は高い．

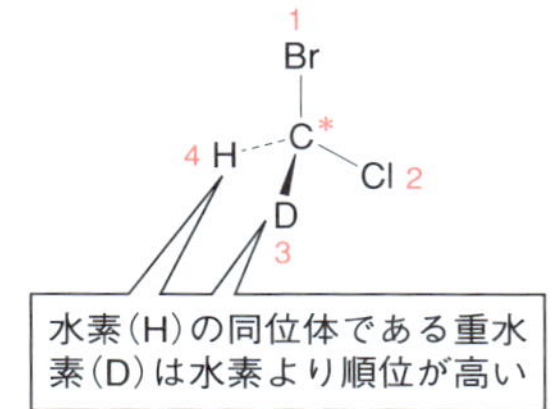

図 4.11　優先順位の決め方：原子番号の大きい順

順位規則 2　違いが生じるところまで，置換基の鎖を先にたどっていく

不斉中心に直接結合している原子のうち，同じものが複数個ある場合は，その先に結合した原子を比較する．このようにして違いが生じるところまで，結合を先にたどっていく．たとえば，図 4.12 の化合物について考えよう．不斉中心の置換基は $-\underline{\mathrm{O}}\mathrm{H}$，$-\underline{\mathrm{H}}$，$-\underline{\mathrm{C}}\mathrm{H_3}$，$-\underline{\mathrm{C}}\mathrm{H_2CH_3}$ であるので，不斉中心に直接結合した原子は酸素，水素，そして炭素，炭素になる．このことから，順位づけは酸素が1番目，水素が4番目であることは明らかである．ところが，炭素については同じであるのでこのままでは順位がつけられない．そこで，それぞれの炭素に結合しているその先の原子を比較する．メチル基では三つとも水素のみであるのに対し，エチル基では水素二つと炭素一つになる．このように，より優先順位の高い炭素が置換しているため，メチル基よりもエチル基のほうが順位は高くなる．

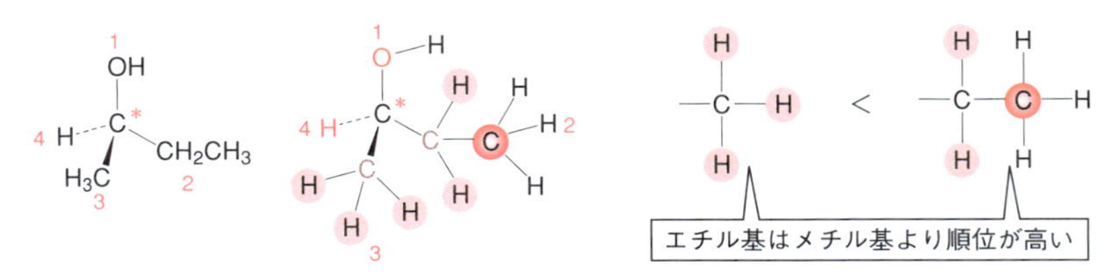

図 4.12　エチル基はメチル基よりも優先

同様に，イソプロピル基は，エチル基よりも順位が高い．なぜなら，エチル基の最初の炭素に結合した原子は C，H，H であるのに対し，イソプロピル基にはC，C，Hが結合しているからである(図4.13)．

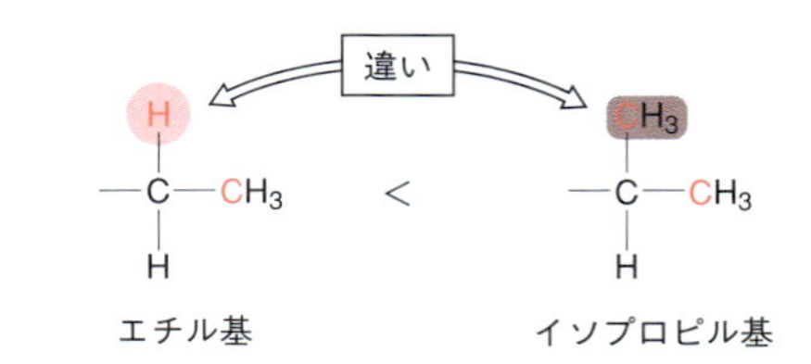

図4.13 イソプロピル基はエチル基よりも優先

ただし，注意しなければならないのは，置換基の鎖をたどっていく途中で，はじめて相違が現れた時点で優先順位が決定され，それ以外の置換原子は問題としないことである．すなわち，二つ目の炭素に優先順位の高い臭素が置換した2-ブロモエチル基よりも，最初の炭素に二つの炭素が置換したイソプロピル基のほうが順位は高いと考える(図4.14)．

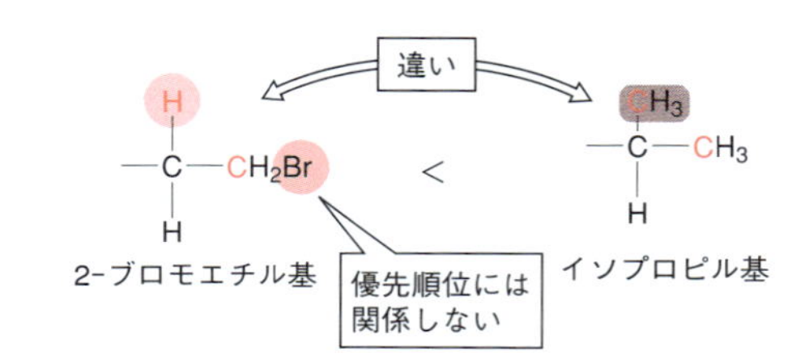

図4.14 イソプロピル基は2-ブロモエチル基よりも優先

順位規則3　二重結合や三重結合は，同じ原子が結合の数だけ置換していると考える

二重結合や三重結合の場合は，多重結合している両方の原子がともに，もう一方の原子で二重または三重に置換されているものとして単結合で表し直す．そして，上記の順位規則1および2を適用する(図4.15)．

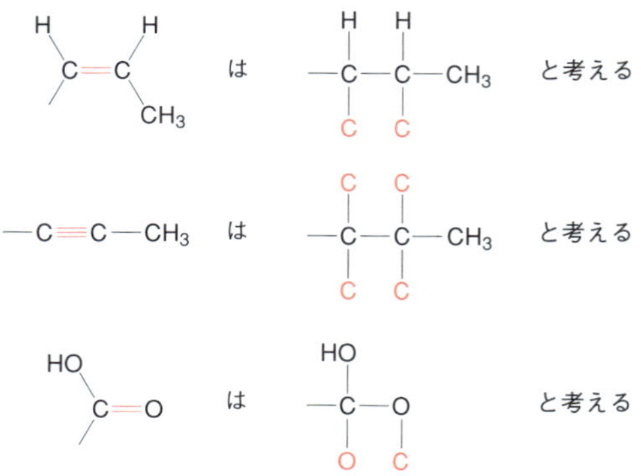

図4.15 多重結合は単結合に表し直して考える

以上の順位規則を使って，たとえば，炭素に四つの置換基 a，b，c，d が結合している化合物を *R/S* 表記で示してみよう(図 4.16)．四つの置換基の優先順位が a ＞ b ＞ c ＞ d であるとすると，このなかで最も優先順位の低い d を自分から最も遠くに置く．その結果，残った三つの置換基 a，b，c

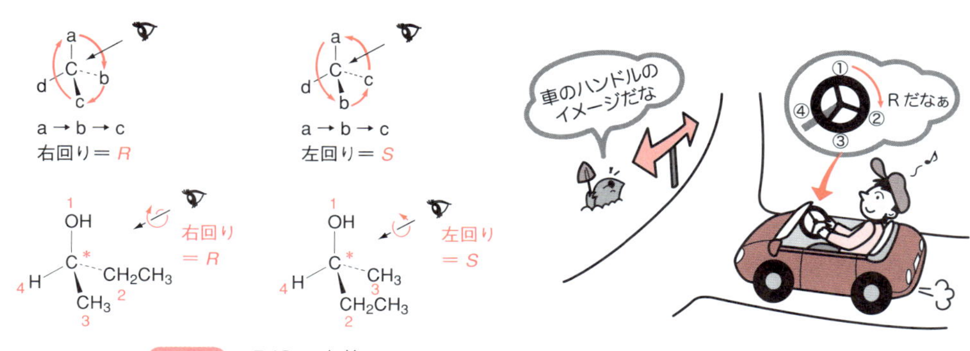

図 4.16　*R/S* の定義

COLUMN　D/L 表示法と *dl* 表示法

D/L 表示法は糖やアミノ酸の配置を指定するときに用いられる．D/L 配置は Fischer 投影式(4.5 節参照)に基づいて指定される．すなわち，慣例に従い，糖やアミノ酸の最も酸化数の大きい－CHO 基あるいは－CO_2H 基が上にくるようにして炭素鎖を縦方向に置き，炭素原子に結合している水素原子と置換基を横方向に置く．糖では，－CHO 基から最も離れた不斉炭素(下から２番目の炭素)が D-(＋)-グリセルアルデヒドと同じ絶対配置をもつものを D と表示する．

アミノ酸の場合もグリセルアルデヒドに準じて，－COOH 基の隣の炭素の絶対配置から，天然のアミノ酸は L と決められている．糖やアミノ酸のように類型構造をもつ化合物群に対しては便利な表記法であるが，そのほか一般の有機化合物に対しては，Fischer 投影式では何通りにも書けることが多く，まぎらわしくなるため使用されることはない．

一方，*dl* 表示法は旋光度の符号を表すだけで，絶対配置とはまったく関係がない．すなわち，右旋性は *d*(dextrorotatory)，左旋性は *l*(levorotatory)であり，(＋)-や(－)-と同じ意味をもつ．なお，天然の糖は D，アミノ酸は L であるが，D，L は必ずしも *d*，*l* とはならない．たとえば，D-糖には左旋性を示すものも多い．また，L-アミノ酸の多くは左旋性を示すが，L-バリンは右旋性を示す．

D-(＋)-グリセルアルデヒド　L-(－)-グリセルアルデヒド　D-(＋)-グルコース　D-(－)-リボース　L-(－)-セリン　L-(＋)-バリン

がどのように配置しているかを考える．このとき，図 4.16 に記したように **a → b → c** が右回りか，左回りかのどちらかになるはずである．右回りなら，この不斉中心の立体配置は *R*（ラテン語で右を意味する *rectus* に由来する），左回りなら *S*（ラテン語で左を意味する *sinister*）と表記する．ラテン語を知らなくても，右回りは英語の right で *R* と覚えておけばよい．なお，*R*，*S* はイタリック体とし，(*R*)-2-ブタノールのように，化合物の名称の前に（　）に入れてつける．

また，比旋光度がわかっている場合には，(*R*)-(−)-乳酸のように表す．さらに，複数の不斉中心がある場合は，(1*R*, 2*S*)-のように，それぞれの炭素の位置番号をつけて絶対配置を示す．ただし，*R*，*S* の記号と比旋光度の符号には何ら関係がないことを忘れてはならない（図 4.17）．

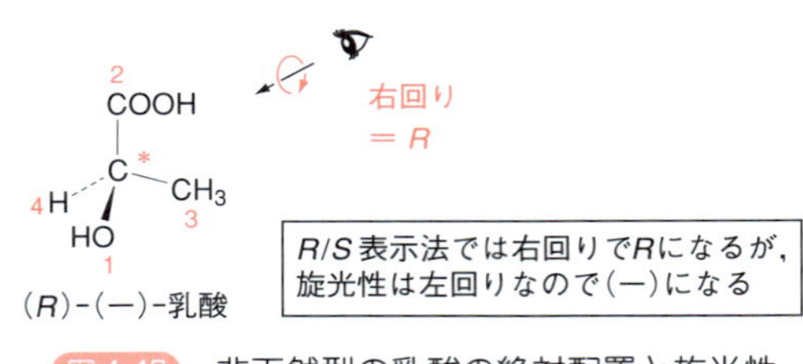

図 4.17　非天然型の乳酸の絶対配置と旋光性

R/S 表示法はそれぞれの化合物に対して立体配置を普遍的に規定するために考案された方法であり，どのような構造の化合物にも適用できる．しかし，場合によっては混乱を招くときもある．糖やアミノ酸は，複数の置換基が同じ空間配置をもつ共通した部分構造をもっている．この特徴に基づいて，古くから D/L 表示法が用いられてきた（p. 75 のコラム参照）．糖やアミノ酸に *R/S* 表示法を用いると，同系列の立体配置をもつものが，命名上では逆転することもある．

たとえば，アミノ酸は通常 L 配置であるが，すべてのアミノ酸が(*S*)の立体配置であるとはかぎらない．すなわち，L-システインの場合，硫黄原子の優先順位が高いため，(*R*)-配置となってしまうからである（図 4.18）．

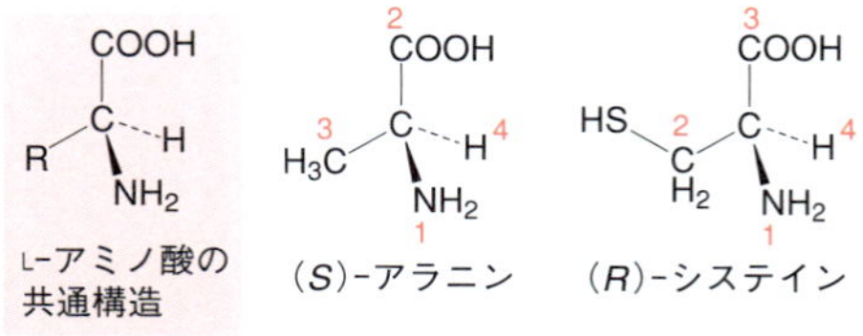

図 4.18　L-アミノ酸と絶対配置

COLUMN **セレンディピティとパスツール**

最初に，鏡像異性という概念を発見したのは，フランスの科学者 L. Pasteur（パスツール）であった．彼は，ぶどう酒から得られるラセミ体の酒石酸をアンモニウムナトリウム塩として再結晶させる実験を行っていた．27 ℃以下の部屋で得られた結晶には 2 種類のかたちがあった．それを虫眼鏡とピンセットで注意深く分け，それぞれの結晶を水に溶かして旋光度を測定した．すると，比旋光度の符号が逆で，絶対値は等しいという結果が得られた．すなわち，一方は純粋な(＋)-酒石酸塩，もう一方は純粋な(－)-酒石酸塩であった．

これは 1848 年のことである．当時，パスツールは 25～6 歳であった．ここで注目すべきは，ラセミ体から再結晶だけで光学的に純粋な両方の鏡像異性体の結晶が生じたことである．現在でもこのような現象はまれにしか観察されていない．また，パスツールの実験から 40 年後，ファントホフ(van't Hoff)らは，酒石酸アンモニウムナトリウム塩でも 27 ℃以上ではこのような現象は起こらないと報告している．

パスツール

パスツールのこの発見は，セレンディピティ(偶然と幸運に恵まれて思わぬ成果にめぐりあうこと)の代表的な例の一つとされている．しかし，ただ運に任せて待っていればセレンディピティが訪れるわけでは決してない．パスツール自身も「観察の場では，幸運は待ち構える心にだけ味方する」という名言を残している．つねに目的意識をもち，努力を怠らないことが肝要である．

4.4 ジアステレオマーとメソ形

有機分子が不斉中心を一つもつと，鏡像異性体(エナンチオマー)が生じることはすでに学んだ．では，不斉中心を二つもつとどうなるだろうか．

交感神経興奮作用をもつエフェドリン(ephedrine)は光学活性化合物であり，二つの不斉中心をもつ．生薬のマオウ(麻黄)に含まれる天然のエフェドリンは，(1*R*, 2*S*)-(－)-体である．一つの不斉中心について二つの立体異性体が現れるから，エフェドリンには，それ自体を含めて合計で四つの立体異性体が考えられる(図 4.19)．ここで，可能な四つの異性体を図示すると，そのなかで **A** と **B**，**C** と **D** は互いに鏡像関係にあり，それ以外の組合せは鏡像関係にはないことがわかる．

このような鏡像の関係にない立体配置異性体は，すべて**ジアステレオマー**(diastereomer)あるいは**ジアステレオ異性体**とよばれる．すなわち，ある化合物の不斉中心をすべて反転させたものが鏡像異性体であり，それ以外の

SBO エナンチオマーとジアステレオマーについて説明できる．
SBO ラセミ体とメソ体について説明できる．

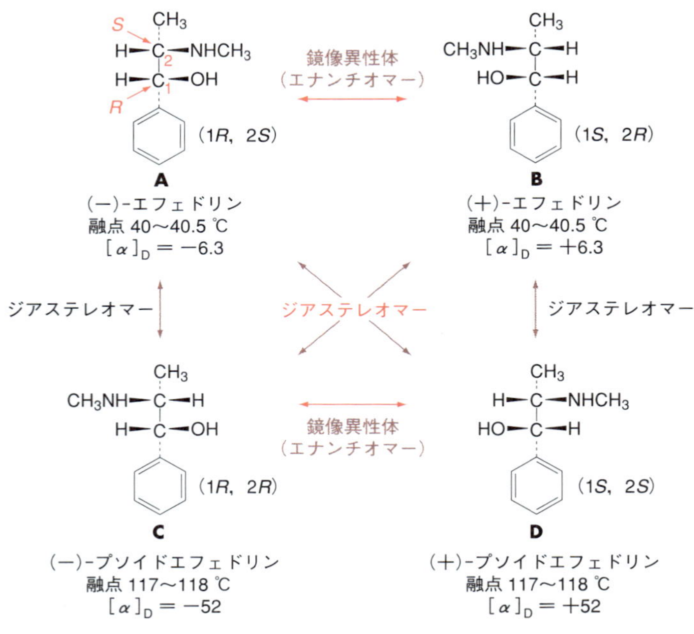

図 4.19 エフェドリンの 4 種類の立体異性体

組合せのものはすべてジアステレオマーである．なお，**A** の二つのジアステレオマー(**C**，**D**)は，いずれもプソイドエフェドリン(偽エフェドリン，pseudoephedrin)とよばれている．この **C** および **D** は，**B** のジアステレオマーでもあることを確認しておこう[*9]．

ジアステレオマーどうしは，まったく別の化合物であり，物理的および化学的性質が異なっている．これらのことはエフェドリンで次のように確認できる．(−)-エフェドリンと(+)-エフェドリンは，融点が同じで，比旋光度の符号のみが異なっている．しかし，(−)-エフェドリンと二つのプソイドエフェドリンとは，融点，比旋光度ともに大きく異なる．図 4.19 に示したとおり，当然，二つのプソイドエフェドリンどうしは同じ融点をもち，比旋光度の符号のみが異なる．

次にパスツールが実験に用いた酒石酸について考えてみよう(図 4.20)．**E** と **F** は鏡像体の関係にあるが，**G** と **H** の構造は同じである．それは，この化合物には分子の中心に対称面(対称面の両側は互いに鏡に映した構造)が存在するからである．このような構造を**メソ形**(meso form)という[*10]．すなわち，メソ形化合物(メソ体)とは，分子のなかに不斉中心が二つ以上存在するが，対称面が存在することによって，分子としては光学不活性(アキラル)である化合物である．一般に不斉中心が n 個の分子には最大で 2^n 個の立体異性体が存在する．しかし，メソ体が存在すると，立体異性体の数は 2^n より少なくなる．実際，酒石酸には立体異性体は三つしか存在しない．

*9 ジアステレオマーとは，異性体の分類の一つで，一般には本項で述べる不斉中心を 2 個以上もつ立体異性体に対して使われるが，そのほかに，二重結合に基づくシス-トランス異性体(7.2.1 項参照)もジアステレオマーに分類されることが多い．

*10 メソ形化合物は不斉中心をもつ場合に用いられるので，もともと不斉中心がない対称面がある分子には用いられない．

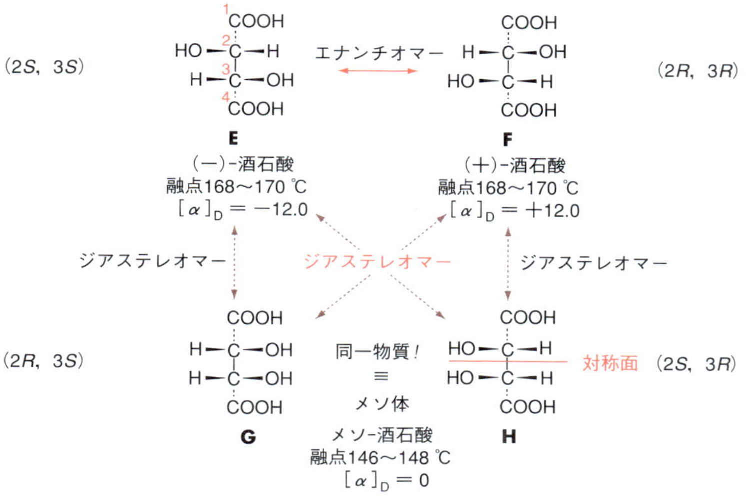
(2S, 3S)
COOH
HO—C—H
H—C—OH
COOH
E
(−)-酒石酸
融点168〜170 ℃
[α]D = −12.0
エナンチオマー
COOH
H—C—OH
HO—C—H
COOH
F
(+)-酒石酸
融点168〜170 ℃
[α]D = +12.0
(2R, 3R)
ジアステレオマー
ジアステレオマー
ジアステレオマー
(2R, 3S)
COOH
H—C—OH
H—C—OH
COOH
G
同一物質！
≡
メソ体
メソ-酒石酸
融点146〜148 ℃
[α]D = 0
COOH
HO—C—H
HO—C—H
COOH
H
対称面
(2S, 3R)

図 4.20 酒石酸の立体異性体

4.5 Fischer 投影式

三次元的な化合物の構造を二次元の紙面で表現するための便利な方法として，くさび-破線表示法を学んだ．しかし，多数の不斉中心がある場合には書き方が何通りもあって，混乱を招くことがある．E. Fischer（フィッシャー）は，これを簡潔に書き表す方法を考案した．すなわち，すべての結合を実線で表記するが，主鎖を縦に書き，各炭素に結合した原子および置換基を左右に置く．また，縦線はつねに紙面より奥に折れ曲がり，横線は紙面より手前にでるという表記法である．この方法を **Fischer 投影式**（Fischer projection）とよぶ．メソ形の酒石酸をくさび-破線表示法，Fischer 投影式，Newman 投影式で表記すると図 4.21 のようになる．

SBO Fischer 投影式と Newman 投影式を用いて有機化合物の構造を書くことができる．

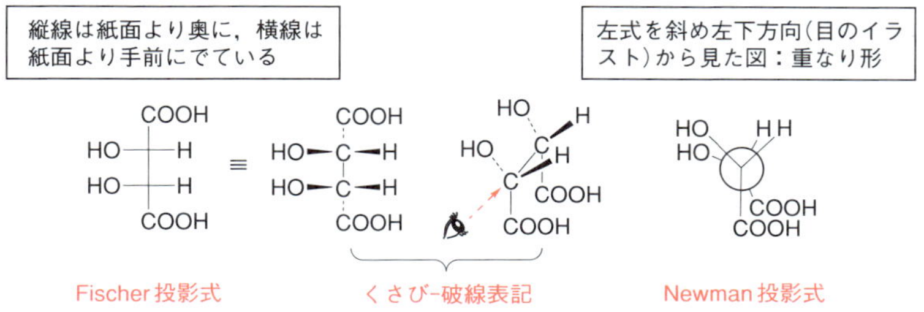
縦線は紙面より奥に，横線は紙面より手前にでている
左式を斜め左下方向（目のイラスト）から見た図：重なり形
COOH
HO—H
HO—H
COOH
≡
COOH
HO—C—H
HO—C—H
COOH
HO
H
HO
C
H
C
COOH
COOH
HO
H H
HO
COOH
COOH
Fischer 投影式
くさび-破線表記
Newman 投影式

図 4.21 3 通りの表記法で書かれたメソ形の酒石酸

糖類のように多数の不斉炭素を含む直鎖状の化合物の場合，それぞれの立体配置をくさびや破線を使い分けながら表示するよりは，上記のようなルー

COLUMN 長井長義とエフェドリン

長井長義

長井長義(1845〜1929)は阿波国(現徳島県)の出身である．第1回の国費留学生としてドイツへ渡り，ベルリン大学でHofmann教授(Hofmann則，Hofmann転位など，その業績は多数)に師事し，化学および薬学を学んだ．帰国後，漢方薬マオウ(麻黄)の活性成分の研究を行い，エフェドリンの分離，構造決定および化学合成に成功した．とくに図4.19に示したように，エフェドリンが2個の不斉炭素をもち4種類の立体異性体があることを明らかにし，分子のキラリティーと生物活性を結びつけた点が高く評価されている．

長井の見いだしたエフェドリンは，大日本製薬合資会社(半官半民)〔後の大日本製薬(株)，現大日本住友製薬(株)〕においてエフェドリン塩酸塩として製品化され，現在でも〝エフェドリン「ナガ井」〟の商品名で市販されている．長井の研究手法は日本の薬学研究の模範であり，日本の薬学の基本は有機化学であるという認識を後進の多くに根づかせた．

このような長井の活躍は研究だけにとどまらず，社会的な活動にも大きな足跡を残している．東京帝国大学(現東京大学)医学部薬学科教授，日本薬学会初代会頭も務め，日本における薬学の発展の礎を築いた．また，テレーザ夫人とともに日本の女子教育の推進に努め，化学教育の向上にも貢献した．

ルに則って直交する実線のみで表示できるFischer投影式のほうがたいへん便利である．なお，糖類では慣例として酸化数の大きい炭素を上に書く(図4.22，p. 75のコラムも参照)．

糖類やアミノ酸以外の分子をFischer投影式で表現する場合には，必ずしもどの原子(置換基)を上に置かなければならないというルールはない．したがって，書き方は何通りでも可能である．ただし，Fischer投影式を回転させたり，置換基を交換する際には次の①，②に注意しなければならない．

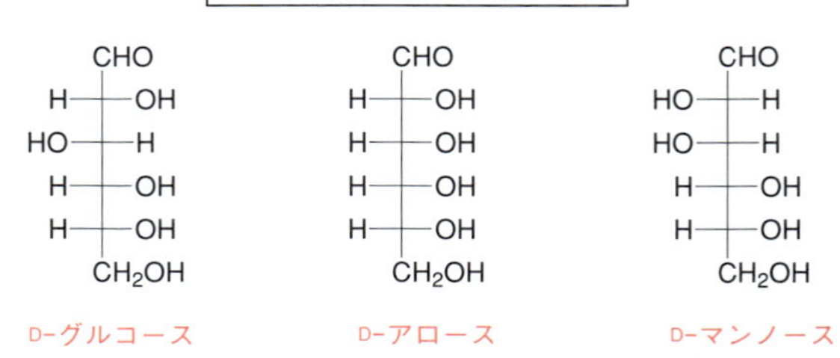

図4.22 Fischer投影式で書かれた糖類

① Fischer 投影式全体を回転する

90 度回転すると元の構造の鏡像体の Fischer 投影式になってしまう．

180 度回転すると元の構造の Fischer 投影式になる．

② 置換基を交換する

置換基を上下，左右，もしくは隣どうしでもかまわないので 1 回交換すると，元の構造の鏡像異性体の Fischer 投影式になる．2 回交換すると，元の構造の Fischer 投影式になる．図 4.23 に(*S*)-2-フルオロブタンの例をあげる．

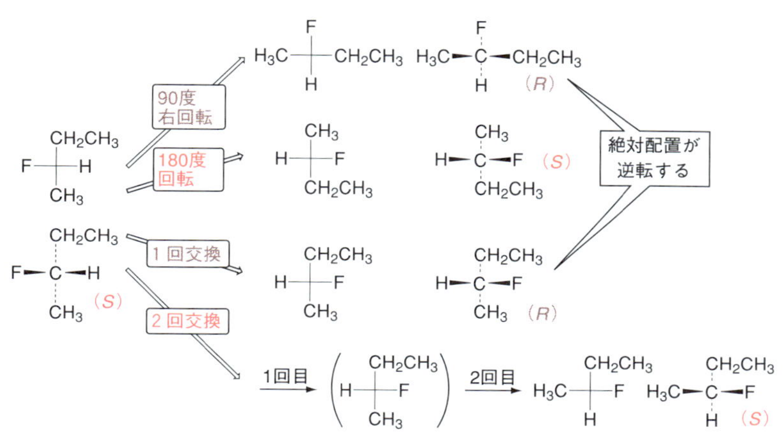

図 4.23　2-フルオロブタンを Fischer 投影式で書くときの注意点

章末問題

1． 次のものはキラルかアキラルか．

スプーン，はさみ，鉛筆，釘，ネジ，軍手，靴，靴下

2． 上記以外で，日常生活のなかにあるものについて，キラルかアキラルかを考えよ．

3． 次の化合物の不斉炭素の絶対配置は *R*，*S* のいずれであるか．

a.　b.　c.　d.　e.　f.

Fischer 投影式

4． 次の二つの組合せの化合物は互いにエナンチオマーか，ジアステレオマーか，あるいは同一分子かを考えよ．

a.　と

b.　と

c. 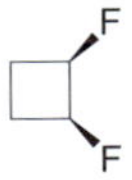 と

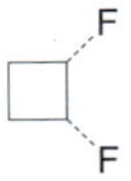

d. 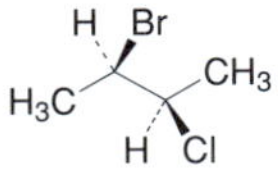 と

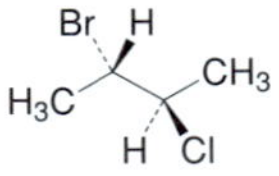

e. 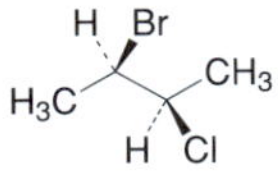 と

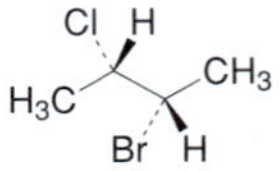

f. 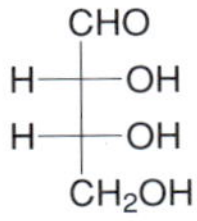 と

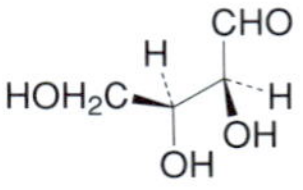

Fischer投影式

5. 次の分子を Fischer 投影式に書き直せ．また，それぞれの不斉炭素は R か S かを考えよ．

a. 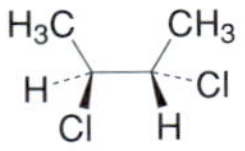 b.

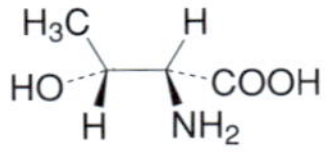

c. 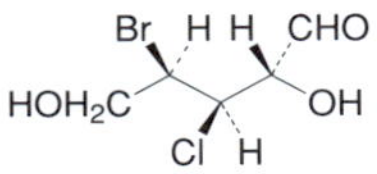 d.

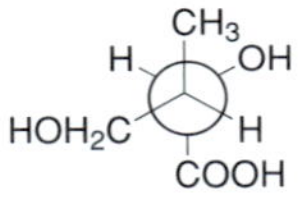

Newman 投影式

6. 次の Fischer 投影式で書かれた分子を，Newman 投影式とくさび-破線表記法に書き直すために，[　　]に相当する置換基を入れよ．

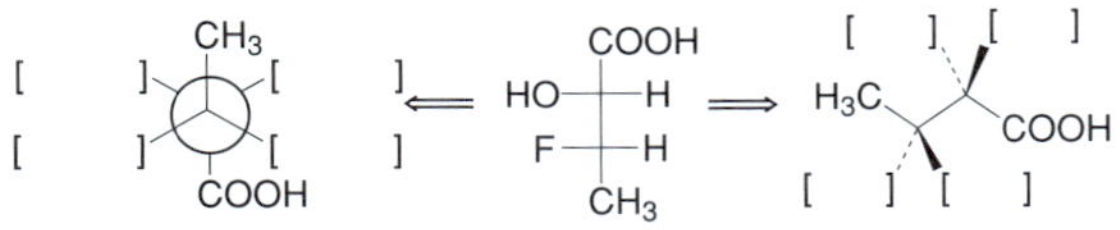

Newman 投影式　Fischer 投影式

7. 次の化合物でアキラルなものはどれか．

a. 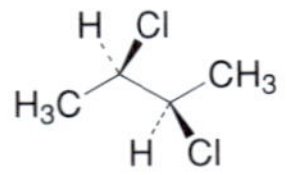 b.  c. 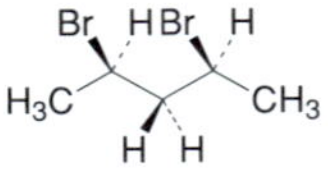 d. 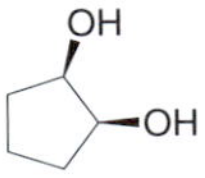 e. 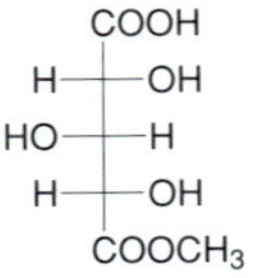 f.

Fischer 投影式

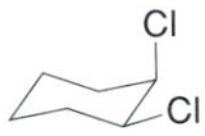

8. 光学純度 90% ee の(＋)-カンファーの比旋光度はいくらか．また，この試料には何％の(－)-カンファーが含まれているか．ただし，純粋な(＋)-カンファーの比旋光度を ＋41 とする．

9. トレオニンの四つの立体異性体の不斉炭素の絶体配置(R, S)を考えよ．また，どの組合せがエナンチオマーで，どれがジアステレオマーか．

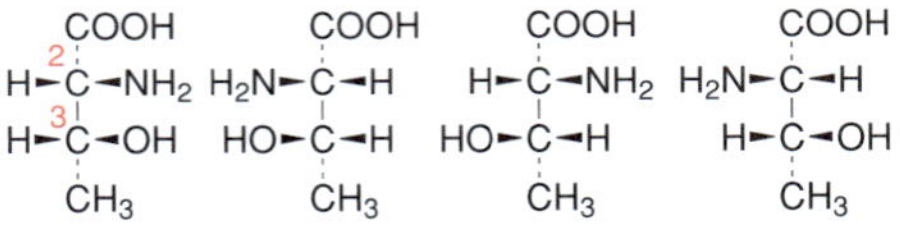

A B C D

5 酸性度および塩基性度

❖ 本章の目標 ❖

- ブレンステッド-ローリーの酸および塩基の定義を学ぶ.
- ルイス酸およびルイス塩基の定義を学ぶ.
- 共役酸および共役塩基について学ぶ.
- 酸および塩基の強さと pK_a について学ぶ.
- 分子の酸性度を決める要因について学ぶ.
- 有機化合物の構造における誘起効果および共鳴効果と酸性度の関係について学ぶ.
- カルボン酸とアルコールの酸性度の違いについて学ぶ.
- 含窒素化合物の塩基性度について学ぶ.

分子が酸性を示すか，塩基性を示すかは有機化合物の重要な物性の一つである．医薬品として用いられる有機化合物の分子においては，その効き目が現れる機構だけでなく，溶解性や体内動態にも酸性および塩基性がかかわってくる．また，生体内において最も頻繁に起こっている反応の一つがプロトン(H^+)の受け渡しをする酸塩基反応である．本章では，化合物の酸性および塩基性とはどういう性質なのか，また，どのような要因がその化合物の酸性や塩基性の強さを決めているのかを，比較的簡単な構造の化合物をとおして学ぶ．なお，芳香族や官能基を複数もつ化合物の酸性および塩基性については，後のそれぞれの章で学ぶ．

5.1 酸および塩基の定義

有機化学における酸および塩基についての考え方は，**アレニウス(Arrhenius)の定義**，**ブレンステッド-ローリー(Brφnsted-Lowry)の定義**，そして**ルイス(Lewis)の定義**と移り変わってきた．アレニウスの定義では，酸はプロトン(H^+)を放出する物質であり，塩基は水酸化物イオン(OH^-)を放出する物質とされた．しかし，この定義は水溶液中の反応にかぎられるため十分ではなく，次にブレンステッド-ローリーの定義が考えられた．これは，プロトンの受け渡しに着目した定義である．プロトンをもつすべての化合物について定義することができ，水溶液中の反応だけでなく，気相での反応にも適用される．続いて，さらに広い意味で用いられるルイスの定義が考えられた．これは電子対の受け渡しに着目した定義であり，プロトンをもたない化合物にも適用できる．化学反応の多くが電子対の移動による結合の生成あるいは切断を伴うことから，どのように結合が生成し，切断するかを表すのに適している．

医薬品の物性を理解するためには，プロトンの受け渡しが起こる酸塩基反応が重要である．本章では，そのような観点からブレンステッド-ローリーの定義をおもに説明し，補足的にルイスの定義を取りあげる．

5.1.1 ブレンステッド-ローリーの酸および塩基

SBO ルイス酸・塩基，ブレンステッド酸・塩基を定義することができる．

ブレンステッド-ローリーの定義では，**酸**(acid)はプロトン(H^+)を与えるもの(供与体)であり，**塩基**(base)はプロトンを受け取るもの(受容体)である．塩化水素を水に溶かした場合の反応をみてみよう．左辺から右辺への反応では，塩化水素は水とただちに反応して塩化物イオン(Cl^-)と**オキソニウムイオン**(H_3O^+)を与える(図 5.1)．

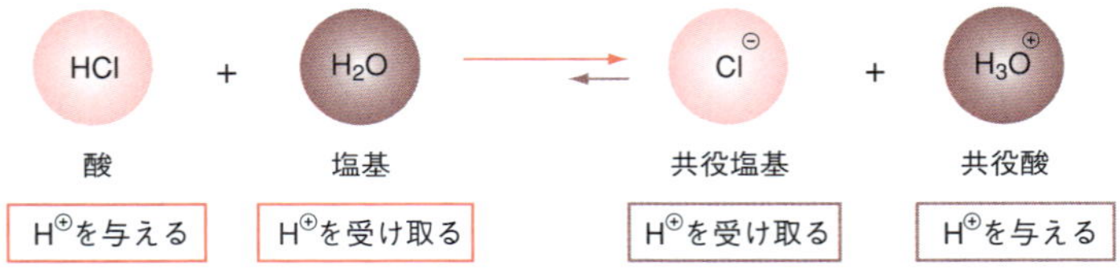

$$HCl + H_2O \rightleftharpoons Cl^{\ominus} + H_3O^{\oplus}$$

HCl	H_2O	$Cl^{\ominus}$	$H_3O^{\oplus}$
酸	塩基	共役塩基	共役酸
$H^{\oplus}$を与える	$H^{\oplus}$を受け取る	$H^{\oplus}$を受け取る	$H^{\oplus}$を与える

図 5.1 酸と塩基

この反応式では，塩化水素は水に対してプロトンを供与しているので，酸である．これに対して，水はプロトンを受け取っているので塩基として働いている．この反応は平衡反応であり，右辺から左辺への反応もあるという点は重要である．右辺から左辺への反応をみると，オキソニウムイオンは塩化物イオンに対して**プロトン供与体**(proton donor)として作用しているので酸である．また，塩化物イオンはオキソニウムイオンに対して**プロトン受容体**(proton acceptor)，すなわち塩基として作用している．このとき，オキソニウムイオンを塩基である水の**共役酸**(conjugate acid)とよび，塩化物イオンを酸である塩化水素の**共役塩基**(conjugate base)とよぶ．酸および塩基の強さとはこの反応の平衡をどれだけ右へ偏らせられるかということに対応している．

酸(HA)の強さは，塩基を水(H_2O)としたときの酸塩基の平衡反応の式(図5.2)において，**酸解離定数 K_a**，式(5.1)で表される．

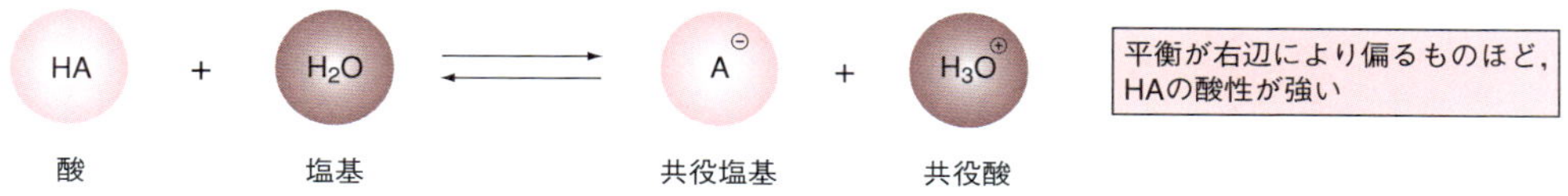

HA + H_2O ⇄ $A^{\ominus}$ + $H_3O^{\oplus}$

酸　塩基　共役塩基　共役酸

平衡が右辺により偏るものほど，HAの酸性が強い

図5.2　酸と塩基の平衡反応

$$K_a = \frac{[H_3O^+][A^-]}{[HA]} \tag{5.1}$$

酸性が強いと平衡が右辺に偏るので，酸解離定数 K_a は大きくなる．一方，酸性が弱いと平衡が左辺に偏るので，酸解離定数 K_a は小さくなる．ここで，この平衡反応の式を右辺を中心に考えて見直してみよう．強酸の平衡反応の式を図5.3に示す．

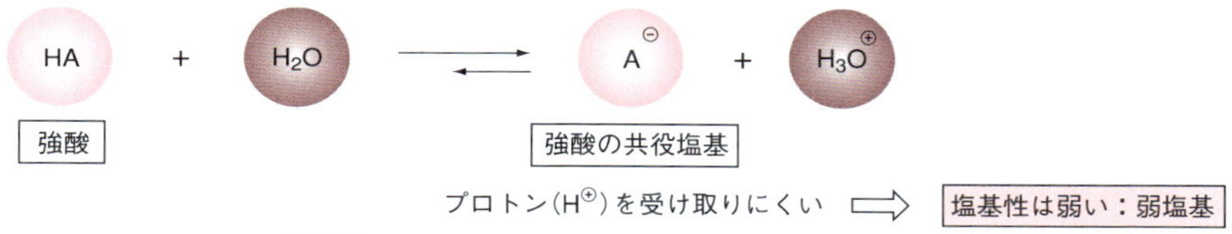

HA + H_2O ⇄ $A^{\ominus}$ + $H_3O^{\oplus}$

強酸　強酸の共役塩基

プロトン($H^{\oplus}$)を受け取りにくい ⟹ 塩基性は弱い：弱塩基

図5.3　強酸の平衡反応
強酸の共役塩基は弱塩基になる

強酸の場合，左辺から右辺に平衡が偏っている．これを共役塩基の側に立って考えると，共役塩基がプロトンを受け取りにくいことになり，共役塩基の塩基性は低い，といえる．以上をまとめると，強酸の共役塩基は弱塩基であり，同様にして強塩基の共役酸は弱酸になる．

有機化合物のもつ酸解離定数 K_a は非常に幅広く，約 10^{15} から約 10^{-60} にまで至るため，酸解離定数 K_a のみを用いて酸性度を比べるのはたいへんである．そこで，酸解離定数 K_a の常用対数に負の符号をつけた $-\log K_a$ を pK_a として用いるのが一般的である〔式(5.2)〕．

常用対数
非常に大きな(あるいは小さな)数のイメージをつかむには，「10の何乗に相当するか」を考えるとわかりやすい．そこである数 x が10のa乗に相当するとき($x = 10^a$)，$a = \log_{10}x$ で表し，aを x の常用対数という．たとえば，$\log_{10}1000 = 3$，$\log_{10}0.0001 = -4$ ということになる．

$$pK_a = -\log K_a = -\log\frac{[H_3O^+][A^-]}{[HA]} \tag{5.2}$$

酸解離定数 K_a と pK_a の関係は非常に重要なので，しっかりと理解してほしい．酸性度が高い(酸性が強い)ほど K_a の値が大きく，pK_a の値は小さい．反対に，酸性度が低い(酸性が弱い)ほど K_a の値が小さく，pK_a の値は大きい．おもな酸の pK_a 値を表5.1に示す．表5.1から，酸の強さ(表5.1左側カラム)とその共役塩基の塩基性の強さ(表5.1右側カラム)とのあいだには逆の関係があること，すなわち強い酸の共役塩基は弱く，弱い酸の共役塩基は強いことを理解しよう．

表 5.1 おもな酸あるいは共役酸の pK_a 値

	酸（あるいは共役酸）	pK_a	対応する共役塩基（あるいは対応する塩基）	
強い酸	HI	−10	I^-	弱い塩基
↑	HBr	−9	Br^-	↓
	HCl	−7	Cl^-	
	H_2SO_4	−5.2	HSO_4^-	
	H_3O^+	−1.7	H_2O	
	HF	3.2	F^-	
	C_6H_5COOH	4.2	$C_6H_5COO^-$	
	CH_3COOH	4.7	CH_3COO^-	
	H_2CO_3	6.4	HCO_3^-	
	NH_4^+	9.2	NH_3	
	C_6H_5OH	10.0	$C_6H_5O^-$	
	CH_3SH	10.0	CH_3S^-	
	HCO_3^-	10.3	CO_3^{2-}	
	$CH_3NH_3^+$	10.6	CH_3NH_2	
	CH_3OH	15.2	CH_3O^-	
	H_2O	15.7	HO^-	
	NH_3	38	NH_2^-	
弱い酸	CH_4	48	CH_3^-	強い塩基

5.1.2 酸性度を決める要因

酸性度を決める最も重要な要因は，その分子(HA)がプロトン(H^+)を放出したあとに生成する共役塩基(A^-)の安定性である．共役塩基が安定なものほど，プロトンを放出しやすい(酸性度が高い)．したがって，分子の酸性度の高さを比較するには，分子の共役塩基の相対的な安定性を考えればよい．

ここで分子の気持ちになって考えてみよう．2.2 節で学んだように，共役塩基(A^-)の状態は負電荷を帯びているので，電荷のない分子(HA)の状態よりは一般的には不安定である．したがって，分子も進んでそんな不安定な状態になりたいとは思わないが，プロトンを放出したあとの共役塩基が何らかの要因によって安定化を受けられるのだったら，プロトンをだしてもいいかな？　と思うだろう．この共役塩基の安定化の要因を考えることが，もとの分子(HA)の酸性度を考えるときのポイントとなる．つまり分子(HA)の酸性度を比較するには，その共役塩基(A^-)に働く安定化要因の大きさを比較すればよい．比較しているのは共役塩基(A^-)になりやすさ，すなわち共役塩基の相対的な安定性である．

この安定性を決める大きな要因は，i）電気陰性度，ii）負電荷の非局在化である．電気陰性度の大きい原子は，たとえ共役塩基(A^-)になって負電荷をもったとしても電子を引きつける能力が高いので，電気陰性度の小さい原子と比べると相対的に安定である．また負電荷は，1 か所に集中(局在化)するよりも，広い範囲に分散(非局在化)したほうが安定である(2.4.4 項参照)．

COLUMN

pH と pK_a

身の回りにあるさまざまな物質について，酸性および塩基性を気にすることは意外と多い．テレビをつければ，化粧品の広告で「お肌は弱酸性です」などといっているし，塩素系の漂白剤には「酸と混ぜないでください」と注意書きもある．酸性および塩基性は私たちの生活に密着した物性であり，このような生活の科学では，酸性度を示す指標に pH が用いられることが多い．一方，有機化学では，すでに学んだように pK_a を用いて酸性度を示す．pH と pK_a の違いは何だろうか．われわれは両者をどのように使い分けているのだろうか．

pH は水溶液中の水素イオンの濃度を示す値である．身の回りにある溶液の pH を図①に示す．たとえば，雨水の pH は約 5.5 といわれているが，これは，雨水のなかに存在する水素イオンの濃度をもとにして得られた値である．よくいわれているように，pH が 7 より小さければ酸性溶液であり，7 より大きければ塩基性溶液である．ここで気をつけなければいけないのは，pH は水素イオンの濃度から得られる値なので，その水溶液の濃度によって値が変わってしまうことである．たとえば，濃いコーヒーと薄いコーヒーでは pH が若干異なる．同じ物質が溶けている水溶液でも，つねに一定の pH の値を示すとはかぎらないのである．

これに対し，pK_a はその化合物がプロトン(H^+)をどの程度切り離しやすいか，を示す値であり，酸解離定数から得られる．つまり，pK_a は沸点や融点と同じようにその化合物に固有の値になる．

このように，pH と pK_a は定義や用いられ方が異なっているので，混同しないように気をつけてほしい．一般に，水溶液の酸性度を示すときには pH を用いて表現し，有機化合物の物性として酸性度を比較するときには pK_a を用いることが多い．

$pH = -\log[H^+]$ 水溶液の酸性度を示す

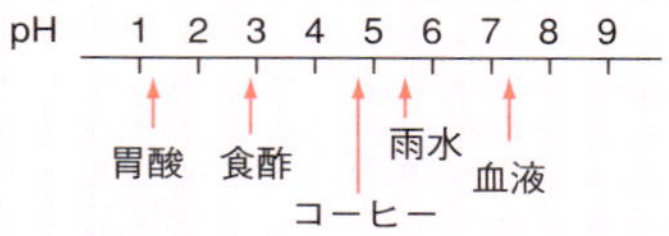

図① いろいろな溶液の pH

これも電子の気持ちになって考えればわかりやすい(6 章 p. 115 のコラム参照)．電子も，狭い空間に閉じ込められるより，広い空間を飛び回れるほうが好ましいわけである．この**電子の非局在化**(electron delocalization)という現象を電子密度という観点から見ると，電子密度が高い状態よりも，電子密度が低い状態のほうが安定ともいえる．

では，上記の要因である i) 電気陰性度および ii) 負電荷の非局在化に基づいて同じ周期(周期表で横方向)の原子が負電荷をもった場合の安定性を比較してみよう(2.1.4 項参照)．同じ周期の原子では，電子の広がり(軌道)の大きさの差は小さく，ii)の負電荷の非局在化の影響は少ない．その結果，i)の電気陰性度が大きく影響する．すなわち，同じ周期の原子を比較すると，電気陰性度の大きい原子のほうが相対的に負電荷の安定性が高くなる．

たとえば，第 2 周期の原子について，電気陰性度と酸性度の高さを比較すると，表 5.2 のようになる．この場合，中心原子の電気陰性度が大きいほど共役塩基のアニオンが安定になるため，酸の酸性度が高くなっていることがわかる．

表 5.2 電気陰性度と酸性度について第2周期の原子での比較

酸	HF	H_2O	NH_3	CH_4
共役塩基	F^-	HO^-	H_2N^-	H_3C^-
中心原子の電気陰性度	4.0	3.5	3.0	2.5
アニオンの安定性	安定	←	→	不安定
酸の pK_a(小さいほど酸性度が高い)	3.2	15.7	38	48
酸性度	高い	←	→	低い

次に同じ族(周期表で縦方向)の原子が負電荷をもった場合の安定性を比較してみよう．この場合は，ii)の負電荷の非局在化による効果が大きく，イオン半径の大きい原子ほど安定である．つまり，イオン半径が大きいほど同じ電荷数(−1)が広い領域に非局在化するため，より安定になる．たとえば，第17族(ハロゲン)の原子について，アニオンの安定性と酸性度の高さを比較すると表5.3のようになる．すなわち，イオン半径が大きいほうが酸の酸性度は高くなる．

表 5.3 イオン半径と酸性度について第17族の原子での比較

酸	HI	HBr	HCl	HF
共役塩基	I^-	Br^-	Cl^-	F^-
共役塩基のイオン半径(Å)	2.06	1.82	1.67	1.19
アニオンの安定性	安定	←	→	不安定
酸の pK_a(小さいほど酸性度が高い)	−10	−9	−7	3.2
酸性度	高い	←	→	低い

5.2 有機化合物の構造と酸性度

SBO アルコール，フェノール，カルボン酸，炭素酸などの酸性度を比較して説明できる．
SBO 官能基が及ぼす電子効果について概説できる．

前節で分子の酸性度は，i) 電気陰性度，ii) 負電荷の非局在化によって決まることを学んだ．今度は，この二つの要因が有機化合物にどのようにかかわり，酸性度に影響するのかを見てみよう．本節では，簡単な構造の有機化合物だけを取りあげて説明する．芳香族や官能基を複数有する化合物の酸性および塩基性については後の章で学ぶが，本節の内容がその基本である．

一般に，i)の電気陰性度はおもに誘起効果として，ii)の負電荷の非局在化はおもに共鳴効果として有機分子全体にかかわり，その酸性度に影響する．

5.2.1 誘起効果の影響

単結合では，電気陰性度が大きい原子のほうに結合電子対(σ結合の電子)が引き寄せられる．その結果，電気陰性度の大きな原子は部分的な負電荷($\delta-$)を帯び，電気陰性度の小さな原子は部分的な正電荷($\delta+$)を帯びる(2.4.1項参照)．この効果を**誘起効果**(inductive effect)という．また，このように電子を引きつける性質を**電子求引性**(electron withdrawing property)という．たとえば，図 5.4 のような分子の構造中の炭素とフッ素の結合では，フッ素のほうが炭素より電気陰性度が高いため，結合を形成している σ 結合の電子はフッ素に引き寄せられる．その結果，フッ素はやや電子が多め，すなわち部分的に負電荷(δ−)を帯び，炭素はやや電子が少なめ，すなわち部分的に正電荷(δ+)を帯びる．

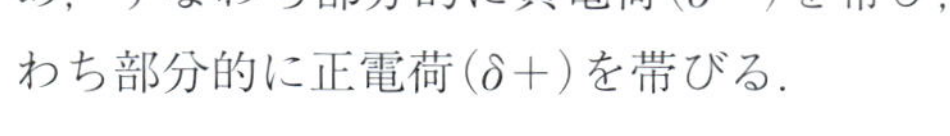

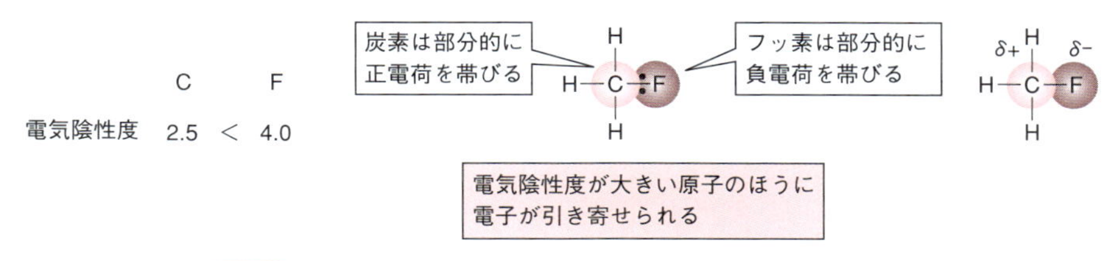

図 5.4 誘起効果によって生じる部分的な電荷(δ+とδ−)

この誘起効果は σ 結合を経て伝播する．なぜなら，電気陰性度の大きい原子が結合することにより部分的な正電荷を帯びた原子は，今度は同様に結合している別の原子から電子を奪おうとするからである(図 5.5)．この効果は，原子を介するごとに減衰して(弱められて)いく性質をもっており，遠くに結合した原子ほど誘起効果を受けにくくなる．

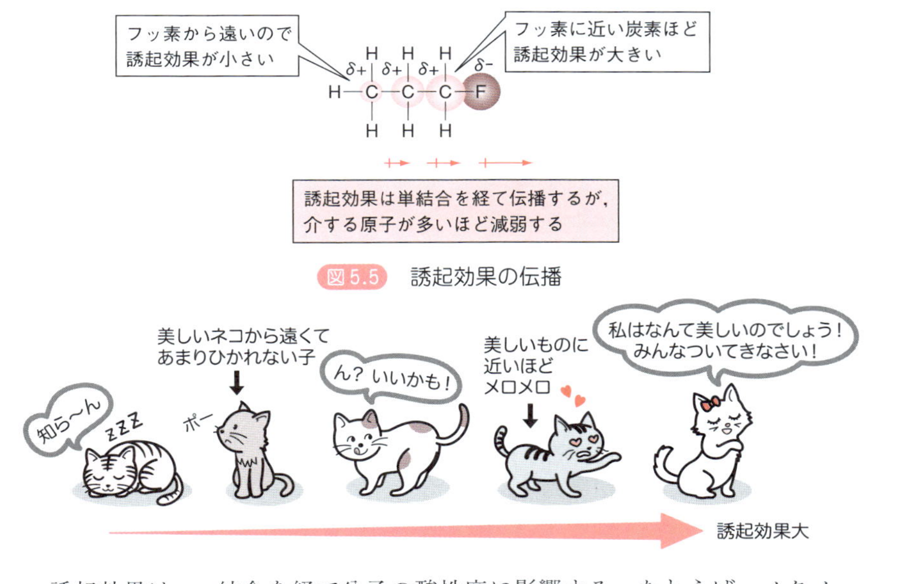

図 5.5 誘起効果の伝播

誘起効果は，σ 結合を経て分子の酸性度に影響する．たとえば，メタノールの水素が一つフッ素と置き換わったフルオロメタノールは，メタノールより酸性度が高い．なぜなら，フルオロメタノールの共役塩基では酸素上の負電荷がフッ素による誘起効果によって生じた部分的な正電荷によって弱められ，共役塩基としてはより安定化するからである(図 5.6)．一方，メタノールではこのような誘起効果がないので，共役塩基の酸素上の負電荷が弱まる

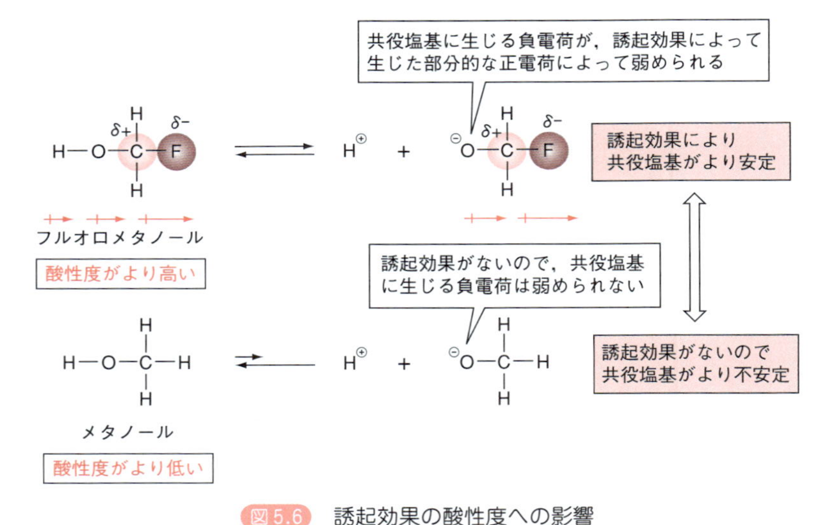

図 5.6 誘起効果の酸性度への影響

ことはなく，安定化しない．

5.2.2 共鳴効果の影響

SBO 官能基が及ぼす電子効果について概説できる．

前項の誘起効果が σ 結合を介して伝わるものであるのに対し，**共鳴効果** (resonance effect)は多重結合，すなわち π 結合がかかわる効果である．共鳴効果は共鳴(2.4.4 項参照)による電子の移動によってもたらされる．

多重結合をもつ化合物の酸性度は，その共役塩基が共鳴構造をとることができるか，すなわち，共鳴効果が存在するか，がポイントになる．共役塩基が共鳴構造をとることができると，負電荷が分散(非局在化)されて安定化する(2.4.4 項参照)．そのような酸は共役塩基になりやすく，酸性度が高くなる．たとえば，カルボン酸(RCOOH)はその共役塩基であるカルボキシラートイオン($RCOO^-$)に共鳴構造式が書ける(図 5.7)．一方，アルコール(ROH)はその共役塩基であるアルコキシドイオン(RO^-)に共鳴構造式が書けない．

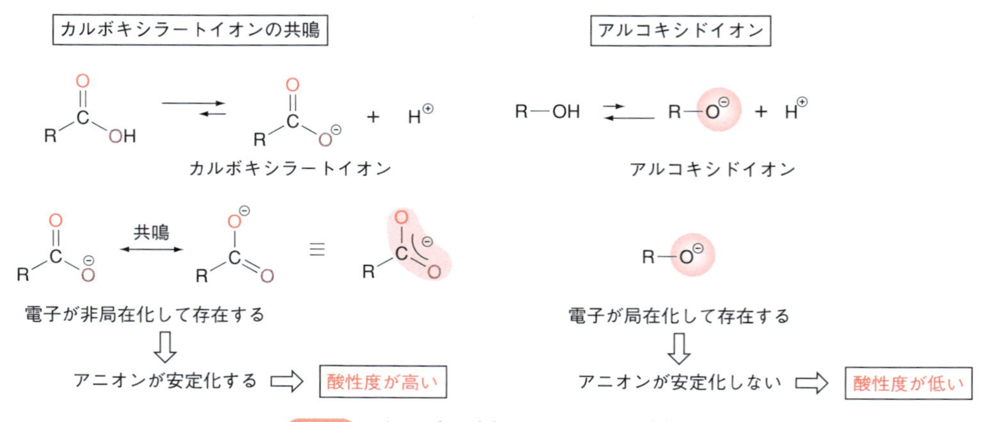

図 5.7 カルボン酸とアルコールの酸性度

したがって，一般にカルボン酸はアルコールよりも，共役塩基が安定なので酸性度が高い．

5.3 アミンの塩基性

SBO 含窒素化合物の塩基性度を比較して説明できる．

塩基性とは非共有電子対がプロトン(H^+)をどの程度引きつけるか，つまり，プロトンとの結合のしやすさの尺度のことである．非共有電子対の電子密度が高いほどプロトンを引きつけやすく(プロトンを結合した状態がより安定で)，塩基性度は高くなる．医薬品を含む生体内で働く分子に関して塩基性の強弱の判断が問われるのは，ほとんどの場合アミン(R_3N)の窒素原子がどの程度プロトンと結合しやすいかについてである．アミンについては14章で詳しく学ぶが，本節ではとくに簡単な構造のアミンに着目して塩基性を考える．

5.3.1 塩基性度

塩基性とはプロトンを引きつける性質であるので，塩基性度に対して，酸性度の指標である pK_a とは異なる指標を考えなければならないと思うかもしれない．しかし平衡反応式(図5.2)をもう一度見てみよう．この式において，右辺から左辺への反応は，塩基の共役酸がプロトンを与える反応であり，これに pK_a の定義をあてはめることができる．すなわち，アミンの塩基性度の強弱を考えるには，そのアミンにプロトンを付加した共役酸の pK_a を比較すればよい．

5.1.2項で学んだことを思いだしてみよう．強い酸の共役塩基の塩基性度は低く，弱い酸の共役塩基の塩基性度は高い．したがって，アミンをプロトン化した共役酸の酸性度を比較し，酸性度のより高い(pK_a の値がより小さい)共役酸を与えるアミンはより塩基性が低いと考えればよい．たとえば，アンモニアの塩基性度とメチルアミンの塩基性度を比較してみよう(図5.8)．

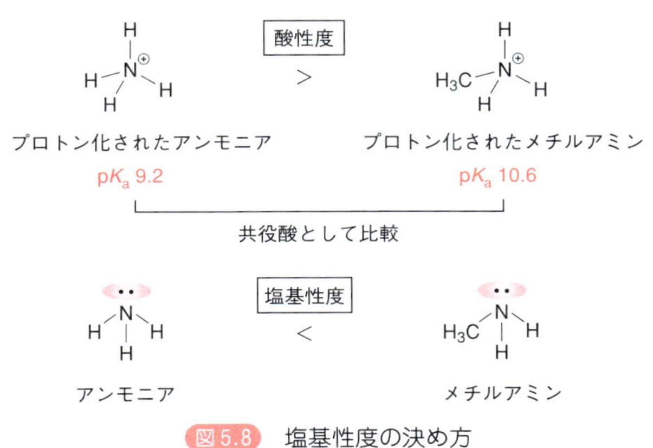

図5.8 塩基性度の決め方
塩基性度は共役酸の酸性度で比較する．

アンモニアの共役酸は pK_a が 9.2 であり，メチルアミンの共役酸は pK_a が 10.6 である(表 5.1)．したがって，共役酸としてはアンモニアのほうが強い酸である．これは，アンモニアのほうがメチルアミンより塩基として弱いことを示している．

5.3.2 アミンの塩基性を決める要因——窒素原子の非共有電子対の電子密度

SBO 官能基が及ぼす電子効果について概説できる．

5.3.1 項で説明したように，メチルアミンはアンモニアより塩基性が高い．このように塩基性度に差が生じる要因はなんだろうか．アミンの塩基性には，窒素の非共有電子対の電子密度がかかわっている．この非共有電子対の電子密度もまた，5.2.1 項と 5.2.2 項で述べた誘起効果と共鳴効果の影響を受ける．

σ 結合を介する誘起効果は，酸性度の場合と同様に，塩基性度にも影響を及ぼす．つまり，窒素の置換基から電子が窒素原子に流れ込んで窒素原子の非共有電子対の電子密度が上がれば塩基性は高くなり，反対に置換基のほうに電子が引き寄せられ窒素原子の非共有電子対の電子密度が下がれば塩基性は低くなる．メチル基のアミンの塩基性への影響を見てみよう．アンモニア(NH_3)，メチルアミン(CH_3NH_2)，ジメチルアミン〔$(CH_3)_2NH$〕の塩基性度は表 5.4 のようになる．

表 5.4 メチル基によるアミンの塩基性への影響

塩基	$(CH_3)_2NH$	CH_3NH_2	NH_3
共役酸	$(CH_3)_2NH_2^+$	$CH_3NH_2^+$	NH_4^+
塩基性度	高い	⟷	低い
共役酸の pK_a	10.7	10.6	9.2

アンモニア，メチルアミン，ジメチルアミンの順に，窒素原子に結合するメチル基の数が多いほど塩基性が強くなっている．これは，窒素の置換基であるメチル基から電子が σ 結合を経て窒素原子に流れ込み，窒素上の非共有電子対の電子密度が上がるためである．このような電子を押しだす性質を**電子供与性**(electron donative property)という(メチル基の電子供与性については p. 93 の Advanced を参照)．

電子供与性
結合を通して原子から原子に電子を供給することができる性質．

次に多重結合を介する共鳴効果の影響についてアミドを例にあげて考えよう．アミドの窒素原子にはカルボニル基が隣接しているため，図 5.9 のような共鳴構造式が書ける(アミドの構造については 13.9 節で学ぶ)．つまり，アミドの窒素原子上の非共有電子対は共鳴効果によって非局在化していることがわかる．このような共鳴効果による電子の非局在化があると，窒素上の非共有電子対の電子密度が下がり，その塩基性は低くなる．実際に，一般のアミド化合物は水溶液中で中性を示し，アミドの窒素は塩基として働かない．

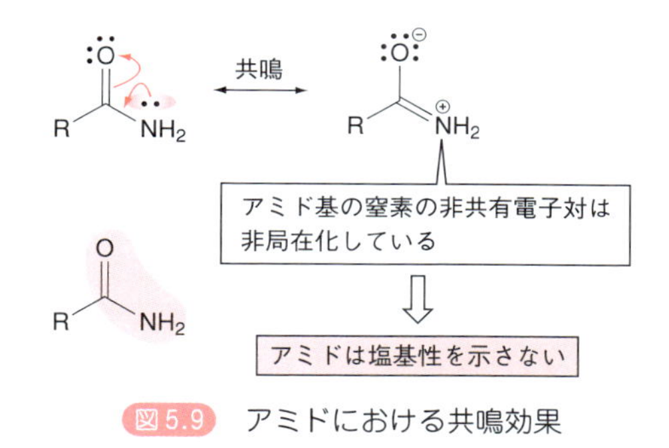

図 5.9 アミドにおける共鳴効果

Advanced メチル基の電子供与性

メチル基($-CH_3$)は電子供与性(電子を押しだす性質)を示す．この理由を誘起効果と共鳴効果に分けて考えよう．

まず，誘起効果について見てみよう．メチル基の C－H 結合において，C の電気陰性度は 2.5 で H の電気陰性度は 2.1 である(2 章図 2.6 参照)ので，C－H の結合電子対はわずかながら炭素側に偏る(図 5.10a)．その結果，メチル基の炭素原子は弱い負電荷を帯び，このメチル基と結合している相手に向かって電子が押しだされるので，電子供与性を示す．

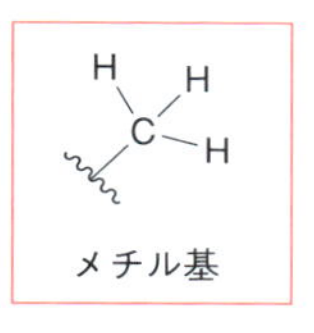

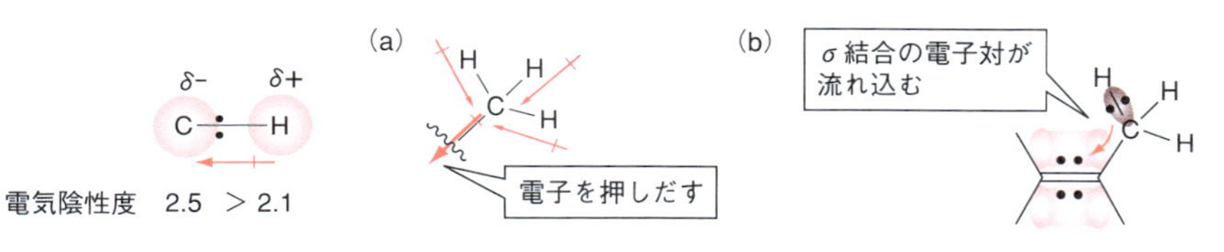

図 5.10 σ 結合を介した誘起効果(a)と超共役(b)

一方，共鳴効果については，メチル基が結合する相手が多重結合(π 結合)をもっている場合，特別な電子の動きが認められる．すなわち，C－H の σ 結合の結合電子対が，あたかも非共有電子対のように振る舞い，メチル基が結合している相手の π 電子の入った軌道に流れ込むのである(図 5.10b)．もちろん，これは σ 結合の電子に起こっているので，非共有電子対や π 結合の場合よりも弱く，一般的な共鳴という概念にはあてはまらない．すなわち，実際にプロトンが外れた構造を生じない程度の効果である．C－H 結合をもつアルキル基が示すこのような効果を**超共役**(hyperconjugation)という．このように，メチル基は超共役によっても電子を供与する性質をもつ．

5.4 ルイスの酸および塩基

5.1.2 項で述べたブレンステッド-ローリーの定義による酸および塩基では，プロトン(H^+)を与えるものが酸であり，受け取るものが塩基であった．ル

SBO ルイス酸・塩基，ブレンステッド酸・塩基を定義することができる．

イス構造式の提案者である G. Lewis（ルイス）は，原子の結合が電子対であることに着目し，この電子対の受け渡しによって酸および塩基を定義することとし，酸および塩基の考え方を，プロトンをもたない化合物にまで拡張した．すなわち，電子対を与えるものを塩基，電子対を受け取るものを酸とした．この定義による酸および塩基をそれぞれ**ルイス酸**(Lewis acid)および**ルイス塩基**(Lewis base)とよぶ．プロトンは電子対を受け取るものとみなされ，ルイス酸に含まれる．たとえば，図 5.11 の反応では，ブレンステッド-ローリーの定義によると，水はプロトンを受け取るので塩基であり，プロトンは酸になる．これをルイスの定義によると，水は電子を与えるのでルイス塩基であり，プロトンは電子を受け取るのでルイス酸になる．この場合は，いずれの定義によってもそれぞれを塩基および酸とみなすことができる．

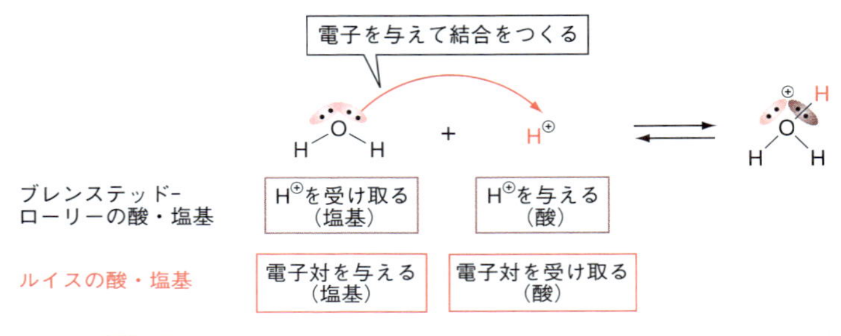

図 5.11 ブレンステッド-ローリーの定義とルイスの定義

一方，図 5.12 の反応では，塩化アルミニウム($AlCl_3$)のアルミニウムには電子で満たされていない p 軌道があり，塩化物イオン(Cl^-)から電子対を受け取っている．したがって，塩化アルミニウムはルイス酸，塩化物イオンはルイス塩基になる．この場合，プロトンの授受がかかわらないので，ブレンステッド-ローリーの定義では酸および塩基を決めることができない．このように，ルイスの酸および塩基の定義はブレンステッド-ローリーの定義よりも広い意味で用いることができる．

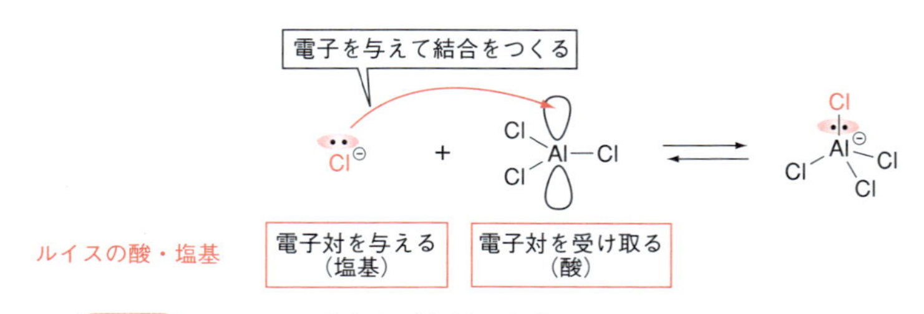

図 5.12 ルイスの酸および塩基：塩化アルミニウムはルイス酸

2章の図 2.38 に示した三フッ化ホウ素(BF_3)もルイス酸になる．三フッ化ホウ素のホウ素には電子が満たされていない空の p 軌道があるので，図

5.13 に示すようにジエチルエーテル〔$(CH_3CH_2)_2O$〕から電子対を受け取って三フッ化ホウ素-ジエチルエーテル錯体ができる．このとき，ジエチルエーテルはルイス塩基，三フッ化ホウ素はルイス酸として働いている．

電子を与えて結合をつくる

H_3CH_2C–Ö–CH_2CH_3 ＋ BF_3 ⇄ H_3CH_2C–$O^{\oplus}$(–CH_2CH_3)–$B^{\ominus}F_3$

ジエチルエーテル　三フッ化ホウ素　三フッ化ホウ素-ジエチルエーテル錯体

ルイスの酸・塩基　電子対を与える（塩基）　電子対を受け取る（酸）

図 5.13　ルイスの酸および塩基：三フッ化ホウ素はルイス酸

ルイスの酸および塩基の定義によると，多くのものが酸および塩基になる．すでに述べたアルミニウムやホウ素のように，空の軌道をもっているもの，およびプロトンや金属カチオンもルイス酸として働く．一方，ルイス塩基としては，プロトンを受け取るものだけでなく，非共有電子対をもっているものすべてがこれに含まれる（表 5.5）．同じ物質が酸になったり塩基になったりすることは，ブレンステッド-ローリーの定義においても起こりうる．そのような例として，アルコールをルイスの定義から見てみよう．アルコールは塩化水素（HCl）のような強い酸に対しては，アルコール性ヒドロキシ基の非共有電子対が塩化水素のプロトンに電子対を与えることにより塩基として働く（図 5.14）．またナトリウムアミド（$NaNH_2$）のような強い塩基に対しては，

表 5.5　ルイス酸およびルイス塩基

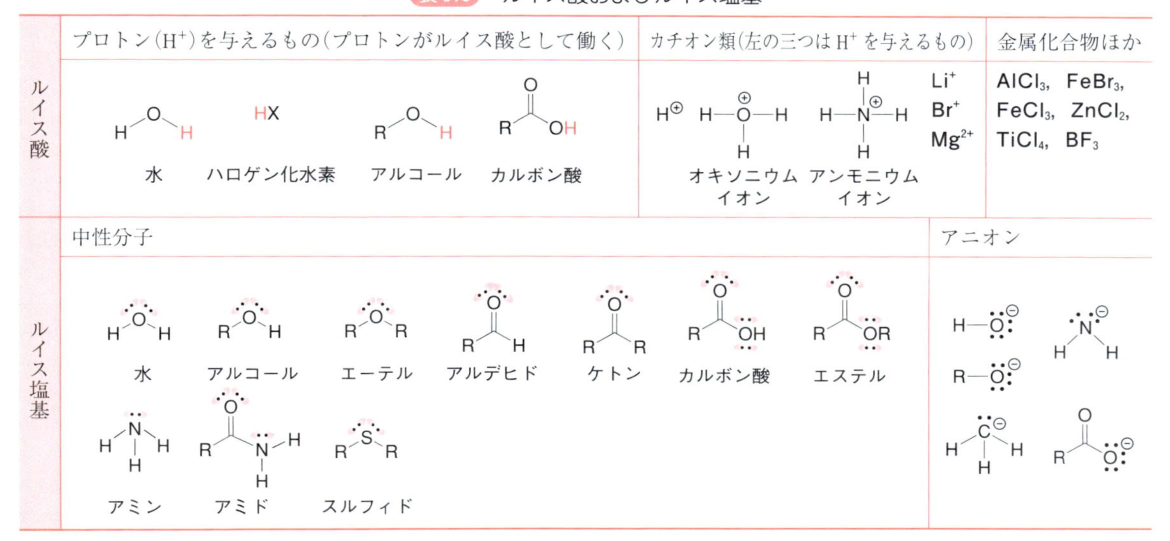

	プロトン(H^+)を与えるもの(プロトンがルイス酸として働く)	カチオン類(左の三つは H^+ を与えるもの)	金属化合物ほか
ルイス酸	水（H–O–H），ハロゲン化水素（HX），アルコール（R–O–H），カルボン酸（RCOOH）	$H^{\oplus}$，オキソニウムイオン（$H_3O^{\oplus}$），アンモニウムイオン（$NH_4^{\oplus}$），Li^+，Br^+，Mg^{2+}	$AlCl_3$，$FeBr_3$，$FeCl_3$，$ZnCl_2$，$TiCl_4$，BF_3

	中性分子	アニオン
ルイス塩基	水，アルコール，エーテル，アルデヒド，ケトン，カルボン酸，エステル，アミン，アミド，スルフィド	$HO^{\ominus}$，$H_2N^{\ominus}$，$RO^{\ominus}$，$H_3C^{\ominus}$，$RCOO^{\ominus}$

アルコール

$R-\ddot{O}-H$ + $H-Cl$ ⇄ $R-\overset{H}{O^{\oplus}}-H$ + $Cl^{\ominus}$

ルイス塩基　　アルキルオキソニウムイオン

アルコール

$R-\ddot{O}-H$ + $Na^{\oplus}NH_2^{\ominus}$ ⇄ $R-\ddot{O}:^{\ominus}Na^{\oplus}$ + NH_3

ルイス酸　　アルコキシドイオン

図 5.14　ルイスの酸および塩基の定義とアルコール

電子対の授受という見方をすると，アルコールはルイス酸にもルイス塩基にもなりうる．一方，プロトンの授受として見ることもできる．アルコールはブレンステッド-ローリーの定義でも酸および塩基になりうる．

アルコール性ヒドロキシ基の H がプロトンとして NH_2 の非共有電子対を受け入れることにより酸として働く．つまり，相手次第で酸にも塩基にもなりうるのである．

ルイス酸およびルイス塩基の例を表 5.5 に示す．同じ化合物が酸にも塩基にもなっていることを確認してほしい．

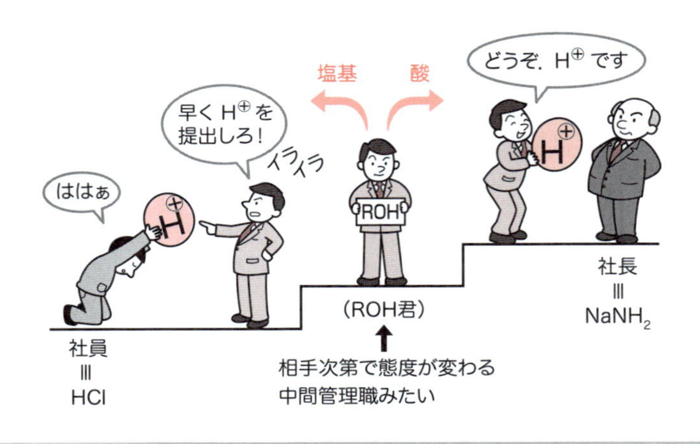

Advanced　混成軌道のかたちと s 性

2 章の 2.3.2 項で見たように，sp 混成軌道，sp^2 混成軌道，sp^3 混成軌道はどれも大きいしずく型と小さいしずく型を反対にしてつなげたようなかたちで表現される．これらはよく似たかたちをしているが，混成に用いられた s 軌道と p 軌道の割合によってかたちが若干異なっている．このかたちの違いがこれらの混成軌道に収容される電子対の反応性（塩基性や求核性）に大きな影響を与える．s 軌道は球形をしており，原子核に比較的近い．一方，p 軌道は細長く原子核から比較的遠い位置にある．それぞれの混成軌道の s 軌道と p 軌道の割合は次のようになる．

	s 軌道	p 軌道
sp^3 混成(s 軌道一つと p 軌道三つから成り立つ)	25%	75%
sp^2 混成(s 軌道一つと p 軌道二つから成り立つ)	33%	67%
sp 混成(s 軌道一つと p 軌道一つから成り立つ)	50%	50%

混成軌道における s 軌道の割合をその混成軌道の s 性といい，この s 性が高いほど原子核に比較的近い s 軌道の割合が大きいので，その混成軌道が原子核に近くなる．つまり，s 性の最も低い sp^3 混成軌道が原子核から最も遠くに位置することになる．これを模式的に表すと欄外の図 5.15 のようになる．

sp^3 混成軌道に収容された電子は，ほかの混成軌道の場合にくらべて最も原子核からの距離が遠くなる．原子核から遠い位置にある電子は原子核の正電荷と電子の負電荷が引きあう力が弱く，他の分子と反応しやすい．一方，sp 混成軌道に収容された電子は，原子核からの距離が最も近くなる．原子核から近い位置にある電子は，原子核の正電荷と電子の負電荷が近い位置にあるため安定化される．

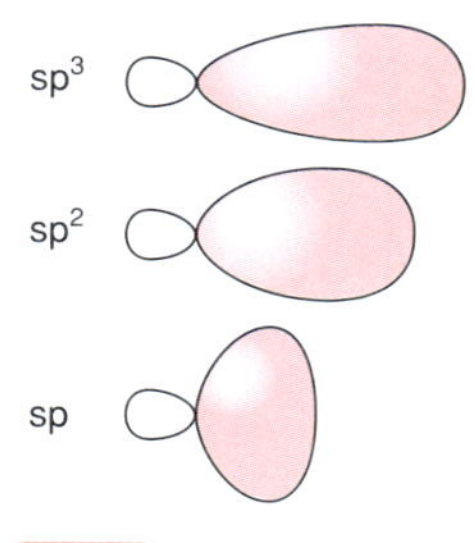

図 5.15 sp^3，sp^2，sp の混成軌道の模式図

混成軌道の違うアセチレン，エチレン，エタンの炭素原子がアニオンとなった場合の安定性を比較してみよう．表 5.6 に示すように，アニオンの安定性は s 性の高さの順と相関して，エタン，エチレン，アセチレンの順に高くなるので，酸性度もその順に高くなる．

表 5.6 混成軌道とアニオンの安定性

酸	$CH{\equiv}CH$	$CH_2{=}CH_2$	CH_3CH_3
共役塩基	$CH{\equiv}C^-$	$CH_2{=}CH^-$	$CH_3CH_2^-$
炭素の混成状態	sp	sp^2	sp^3
炭素の混成軌道の s 性(%)	50	33	25
アニオンの安定性	安定	⟷	不安定
酸の pK_a(小さいほど酸性度が高い)	25	44	50
酸性度	高い	⟷	低い

Advanced 窒素原子の軌道の混成状態(s 性)と塩基性度

SBO 含窒素化合物の塩基性度を比較して説明できる．

前頁の Advanced で s 性について述べ，炭化水素の酸性度とその炭素の混成状態との関連を説明した．窒素原子が示す塩基性も，窒素原子の非共有電子対が入っている軌道の混成状態に大きな影響を受ける．つまり，窒素原子の非共有電子対は，原子核から近いほうがより安定であり，プロトンを結合しにくい(また，別の見方をすれば，非共有電子対が原子核に近いほど正電荷どうしが反発するのでプロトンを引きつけにくいとも考えられる)．したがって，非共有電子対が入る混成軌道の s 性の高い三重結合窒素の非共有電子対の塩基性が最も低く，s 性の低い sp^3 窒素をもつアミンの塩基性が最も高い(表 5.7)．

SBO 官能基の性質を利用した分離精製を実施できる.
SBO ニトリル類の基本的な性質と反応を列挙し，説明できる.

表5.7　混成軌道による窒素の塩基性の違い

塩基	$CH_3CH_2NH_2$	$CH_3CH=NH$[a]	CH_3CN
共役酸	$CH_3CH_2NH_3^+$	$CH_3CH=NH_2^+$	CH_3CNH^+
窒素の混成状態	sp^3	sp^2	sp
炭素の混成軌道のs性(%)	25	33	50
共役酸の pK_a[b]	11	6～7	−10
塩基性度	高い	⟷	低い

a) 安定には存在できない．共役酸の pK_a はおおよその値．
b) 大きいほど酸性度が低い，つまりもとの塩基の塩基性が強いことを示すことに注意．

章末問題

1. 次の実験操作に含まれる酸塩基反応の式を書き，それぞれ反応の平衡がどちらに偏るかを説明せよ．ただし，塩酸，安息香酸，炭酸，フェノール，水の pK_a をそれぞれ −7，4.2，6.4，10.0，15.7 とする．

安息香酸とフェノールの混合物をクロロホルムに溶かして分液ロートに入れ，炭酸水素ナトリウムの飽和水溶液を加えてよく振り，静置した．これを水層とクロロホルム層に分け，得られた水層に塩酸を加えると，白色の結晶が析出した．

2. 次の分子(またはイオン)の塩基性度の高さを比較し，その理由を述べよ．

a. CH_3O^-，CH_3NH^-，$CH_3CH_2^-$

b. HO^-，HS^-，HSe^-

c. $CH_3CH_2NH_2$，$CH_3CH=NH$，$CH_3C\equiv N$

3. 次の各組の下線で記した水素の酸性度の高さを比較し，その理由を述べよ(問題2の結果を用いてよい)．

a. $CH_3O\underline{H}$，$CH_3N\underline{H}_2$，$CH_3C\underline{H}_3$

b. $\underline{H}_2O$，$\underline{H}_2S$，$\underline{H}_2Se$

c. $CH_3CH_2N\underline{H}_3^+$，$CH_3CH=N\underline{H}_2^+$，$CH_3C\equiv N\underline{H}^+$

d. $CF_3CH_2COO\underline{H}$，$CF_3COO\underline{H}$，$CH_2FCH_2COO\underline{H}$

4. 次の化合物に含まれる窒素の非共有電子対が塩基性を示さない(化合物として中性である)理由をそれぞれ述べよ．

a. ピロール　　b. アセトアミド

c. アセトニトリル

5. 次の分子種のうち中心原子がルイス酸として働くものを選び，ルイス構造式で記せ．

a. CH_3^+　　b. NH_4^+　　c. BF_3　　d. H_2S

e. $AlCl_3$　　f. $^+NO_2$

6 有機化合物の反応

❖ 本章の目標 ❖

- 有機反応における結合の開裂と生成の様式について学ぶ.
- 基本的な有機反応の特徴について学ぶ.
- 炭素原子を含む反応中間体の構造と性質を学ぶ.
- 反応の進行におけるエネルギー図について学ぶ.
- 電子の流れと矢印の意味について学ぶ.

6.1 有機化学反応と電子の動き

6.1.1 「反応する」とはどういうことか

前章までで有機化合物の基本的な構造について学んだ. ここからは, 有機化合物が「反応する」ことを学ぶ. 有機化合物は, 外部からのいろいろな刺激に応答して「反応する」. 外部刺激は, 熱や光や圧力であったり, 他の分子であったりする. そういうさまざまな刺激によって, 有機化合物のもっている電子が動き, その有機化合物が変化することを「反応する」という. したがって, 有機化合物の反応は「電子が動くこと」と考えて, 電子の動きに注目すればよい. では, 電子はどのように動くのだろうか.

SBO 基本的な有機反応機構を, 電子の動きを示す矢印を用いて表すことができる.

6.1.2 結合が切れる

多くの有機化合物は, 原子が共有結合(2.2.1 項参照)で結ばれて成り立っている. この共有結合の電子がどのように動くか考えてみよう. たとえば, 原子 A と原子 B が共有結合している化合物(ア)があるとする. 原子 A と原子 B は電子 2 個を互いに共有しあって結合が成り立っている(図 6.1).

この化合物(ア)に外からの刺激があって, 2 個の電子が動くとき, その動き方は三つ考えられる(図 6.2).

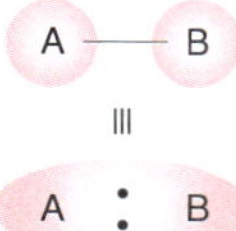

図 6.1 共有結合：電子 2 個を共有しあって結合が成立

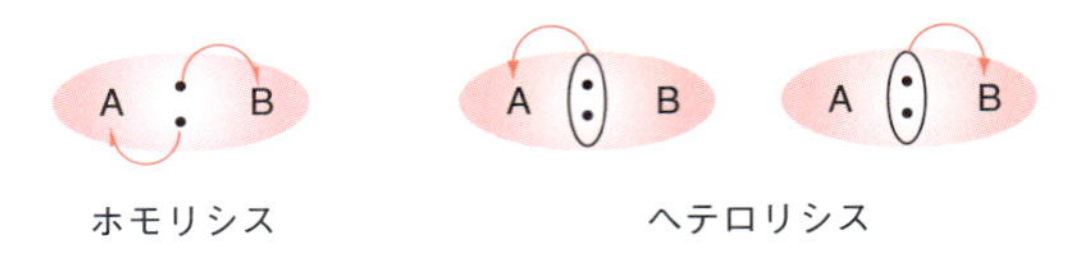

図6.2 電子の動き方

① 電子が1個ずつ原子Aと原子Bに分かれる.
② 電子が2個とも原子Aに動く.
③ 電子が2個とも原子Bに動く.

ホモリシス
共有結合の電子が1個ずつ均等に開裂して結合が切断されること. ラジカル反応で起こる.

ヘテロリシス
共有結合の電子が不均等に開裂して結合が切断されること. 極性反応(イオン反応)で起こる.

ラジカル
不対電子をもつ分子種. 遊離基ともいう. 非常に反応性に富み不安定な分子種である.

ラジカル反応
ラジカルが介在する反応. 電子1個ずつが動くことを示す片刃の矢印で示される.

①のように動いて結合が切断されることを**ホモリシス**(homolysis, 均一な結合の開裂)とよぶ. これは, 電子がそれぞれの原子に1個ずつ均等に分かれたことを意味する. また, ②および③のように動いて結合が切断されることを**ヘテロリシス**(heterolysis, 不均一な結合の開裂)とよぶ. これは, 一方の原子が電子を2個独り占めし, もう片方の原子が電子を失ったために, 結合の切断が均等ではないことを意味する.

① ホモリシス(均一な結合の開裂)

共有結合の電子2個が原子AとBに1個ずつに分かれた場合, AとBを結んでいた結合は切断されるので, AとBはそれぞれ1個ずつの電子をもつ化学種として分離される(図6.3). この1個ずつの電子をもつ化学種を**ラジカル**(radical)とよび, ラジカルが関与する反応を**ラジカル反応**(radical reaction)という.

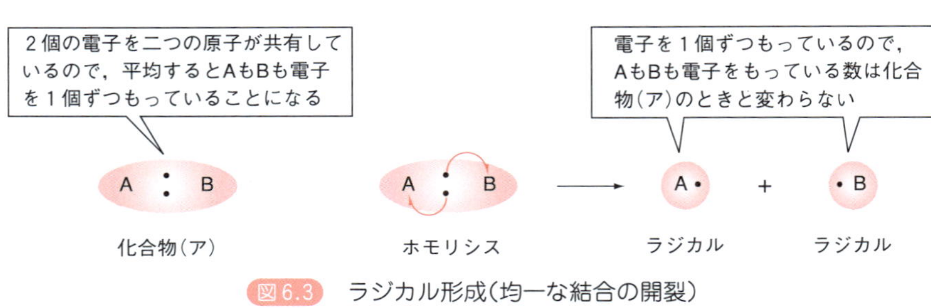

図6.3 ラジカル形成(均一な結合の開裂)

2章(2.1.3項および2.2節)ですでに説明したように, 電子は2個ずつで一つのペア(1対)をつくる. これは, 電子の軌道の最小単位が電子2個分からできているためである. しかし, ラジカルでは, 本来はペアになっているべき電子が1個〔ペアになっていないので**不対電子**(unpaired electron)という〕で存在しているので, 化学的に非常に不安定であり, きわめて反応性に富んでいる. ラジカル(radical)という名称は「急進的で過激」という言葉のもともとの意味のとおり, 反応性に富んだラジカルの性質を非常によく表している.

②および③　ヘテロリシス（不均一な結合の開裂）

共有結合の電子 2 個がペアになってどちらか一方の原子に動くと，片方が電子を 2 個もち，もう片方が電子をもたないことになる．このとき，電子が動く方向性が 2 通りあるので，次の 2 通りの結合の切断の仕方が考えられる（図 6.4）．

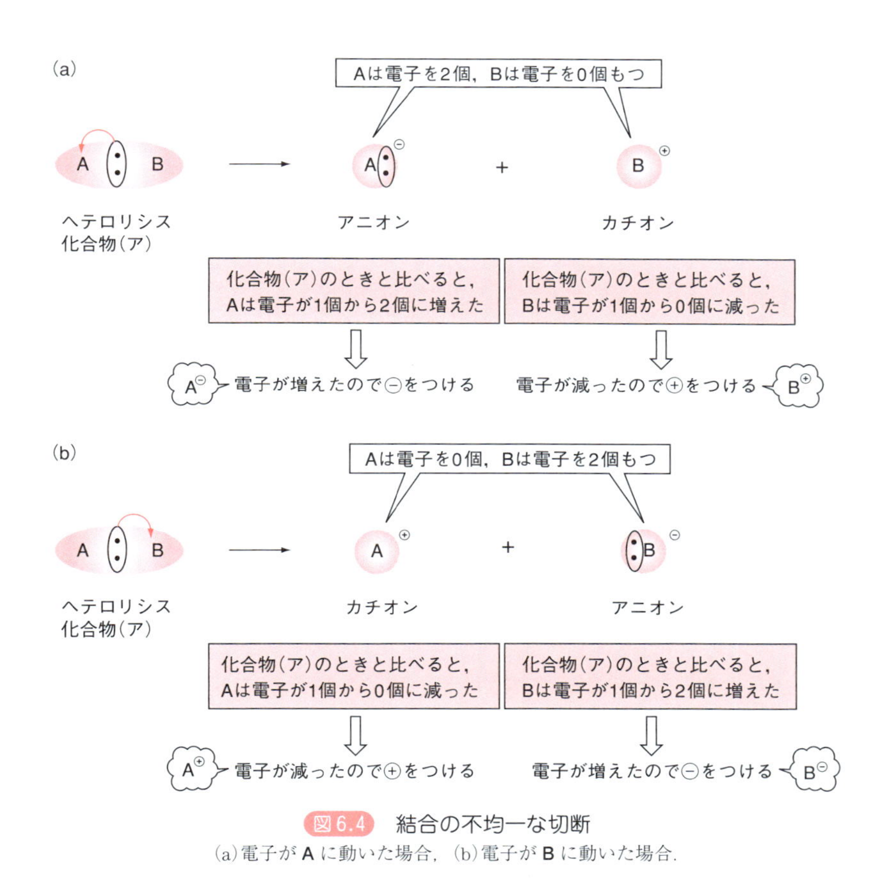

図 6.4　結合の不均一な切断
(a)電子が A に動いた場合，(b)電子が B に動いた場合．

電子が 2 個とも **A** へ動くと，**A** と **B** を結んでいた結合は解消されるので，**A** は 2 個，**B** は 0 個の電子をもつ化学種として分離される．この **A** は 2 個の電子をもっているので負電荷をもつことになり，**アニオン**になる．一方，**B** は電子を失ったので正電荷をもつことになり，**カチオン**になる（2.1.2 項参照）．

同様に電子が 2 個 **B** へ動くと，**B** は 2 個，**A** は 0 個の電子をもつ化学種として分離される．**B** はアニオンに，**A** はカチオンになる．このように，電子が 2 個ペアになって動く反応では，結合の切断によって**イオン**（アニオンおよびカチオン）が生じるので，この反応を**イオン反応**という．イオン反応としては無機化合物の反応が有名であるが，有機化合物のイオン反応は一般的に無機化合物と比べて，反応の進行が遅い．

イオン反応
アニオンとカチオンのあいだで起こる反応．

6.1.3 電子の動きを表す矢印

すでに述べたように，有機化学の反応を理解するためには電子の動きを考えればよい．そこで，電子の動きをよりわかりやすく表現するために「**曲がった矢印**(curved arrow)」を用いる．

曲がった矢印(両刃)
極性反応において電子の動きを示すために用いる矢印．2個の電子が動くことを示す．

両刃の曲がった矢印(curved curly arrow, ⌒)は電子が2個ペアになって動くことを示す(図6.5)．前述のイオン反応(図6.4)は電子が2個ペアになって動くので，この両刃の矢印で表される．電子は矢印の始点になっている場所から終点になっている場所に動いているので，とくに矢印の始点と終点に注意してほしい．

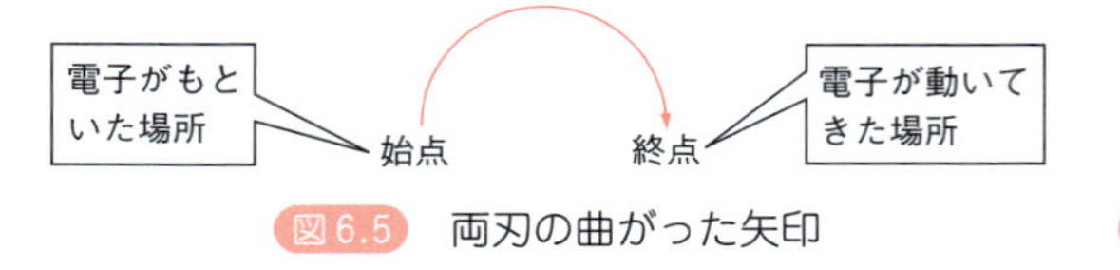

図6.5 両刃の曲がった矢印

図6.6 片刃の曲がった矢印

曲がった矢印(片刃)
ラジカル反応において，電子の動きを示すために用いる矢印．1個の電子が動くことを示す．

一方，**片刃の曲がった矢印**(curved fishhook, ⌒)は電子が1個動くことを示す(図6.6)．前述のラジカル反応(図6.3)は，電子が1個ずつ動くので，この片刃の矢印で表される．これらの「曲がった矢印」はこの後に学ぶいろいろな有機化学反応の説明に頻繁に登場する．すでに前項でもホモリシスな結合の切断(ラジカル反応)とヘテロリシスな結合の切断(イオン反応)が起こるときの電子の動きを曲がった矢印(片刃の矢印と両刃の矢印)を使って表しているので，もう一度確認してほしい(いろいろな矢印についての下のコラム
．

COLUMN 化学における矢印の意味と使い方

有機化学ではさまざまな矢印が用いられる．矢印の種類にはそれぞれ意味があるので，正しく用いる必要がある．おもな矢印には次のようなものがある．

⟶	(通常の)矢印	反応(の進行，向き)を示す．
⇄	平衡矢印	平衡(反応)を表す．矢印の長さをそれぞれ変えることによって，平衡の偏りを表すこともある．
⟷	両頭矢印	共鳴を表す(2.4.4項参照)．
⌒	両刃矢印	電子対(電子2個)の動きを表す．両鈎(かぎ)矢印ともいう．
⌒	片刃矢印	電子1個の動きを表す．ラジカル反応などの表記で用いられる．片鈎(かぎ)矢印ともいう．
+⟶	線つき矢印	結合の分極(双極子)を表す(2.4.2項参照)．

このなかで，とくに平衡矢印と両頭矢印，両刃矢印と片刃矢印は混同して使われやすいので注意しよう．

を参照).

6.1.4 結合ができる

今度は，共有結合ができるときの電子の動きを考えよう.

(a) 均一な結合形成(ラジカル反応)

ラジカル A とラジカル B は互いに 1 個ずつ電子を均等にだしあって新しく共有結合を形成し，化合物(ア)が生成する．これはラジカル反応にあたる．1 個ずつの電子の動きが片刃の矢印で示されていることを確認してほしい(図 6.7)．反応の最初の時点では，それぞれラジカル A とラジカル B の不対電子として存在していた 1 個ずつの電子が，ラジカル A とラジカル B をそれぞれ始点として示される片刃矢印の動きのとおりに動いて，矢印の終点で出会い，共有結合を形成する．このような一連の電子の動きによってラジカル A とラジカル B から化合物(ア)が生成する．

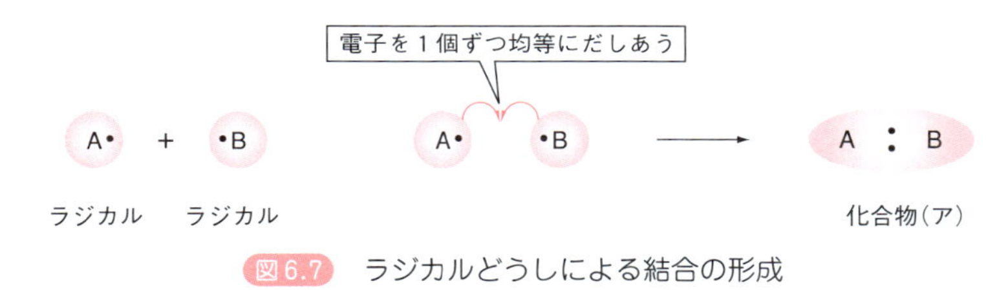

図 6.7 ラジカルどうしによる結合の形成

(b) 不均一な結合形成(極性反応)

次に，アニオンとカチオンが反応して結合が形成されるときの電子の動きを考えよう．アニオン A とカチオン B を比べると，アニオン A のほうがカチオン B より電子が 2 個多い．そこで，電子の多いアニオン A からカチオン B へ電子が動いて新しく共有結合を形成し，化合物(ア)が生成する(図 6.8)．これはイオン反応にあたる．2 個ずつの電子の動きが両刃の矢印で示されていることを確認してほしい．反応の最初の時点ではアニオン A にあった 2 個の電子がアニオン A を始点として示される両刃矢印の動きのとおり

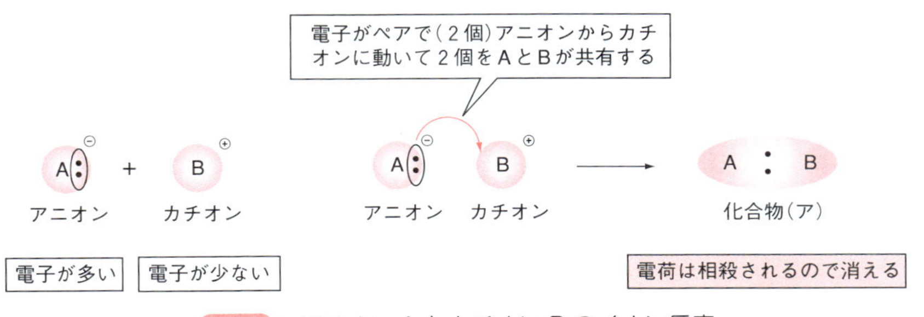

図 6.8 アニオン A とカチオン B のイオン反応

同様に，A がカチオン，B がアニオンの場合も曲がった矢印で示される.

COLUMN 有機化学の反応は人間社会と同じ

有機化学の反応を考えるとき，人間社会にあてはめてみると非常にわかりやすい．ここでとりあげた電子の動き（電子が多いほうから少ないほうへ動く）を人間社会にあてはめてみよう．負電荷を帯びているアニオンは正電荷を帯びているカチオンと比べると電子を余分にもっている．この余分な電子をお金に置き換えて，アニオンは電子（お金）をたくさんもっているお金持ちとしよう．そうすると，カチオンは電子（お金）が足りない貧乏な人といえる．一方がお金持ちで，もう一方が貧乏であっては，社会はアンバランスで安定しない．だから，お金持ち（アニオン）が貧乏な人（カチオン）にお金を分け与えて（共有して）互いに安定した暮らしができるようにする（新しい化合物ができる）．これは社会をバランスよく安定させる一つの方策とも考えられる．

有機化学の反応は不安定な状態から安定な状態に移行することでもある．不安定な社会より安定な社会をつくるほうが好ましい，というのもわれわれには実感できるはずである．「有機化学の反応って，人間社会と同じだな～」と思えてくるのではないだろうか．「お金のある人がお金のない人にお金を分け与えて，みんなが幸せに暮らすなんて夢のような社会があるはずがない！」なんていわずに，たまには性善説で考えてみよう．

に動いて，矢印の終点であるカチオン**B**に移って**A**と**B**のあいだで共有結合を形成する．このような電子の動きによってアニオン**A**とカチオン**B**から化合物（**ア**）が生成したことになる．

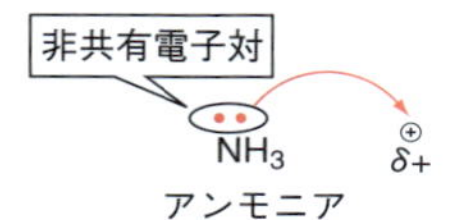

図6.9　アンモニアの結合形成

最後に非共有電子対（結合に使われていない電子対）をもつ有機化合物の反応を簡単に紹介しよう．アニオンのように電荷は帯びていないが，非共有電子対をもっている化合物はたくさんあり，イオン反応と同様に非共有電子対（2個）も動くことができる（図6.9）．たとえば，アンモニアは，非共有電子対を1組もっており，この2個の電子が動いて新しい結合を形成する．

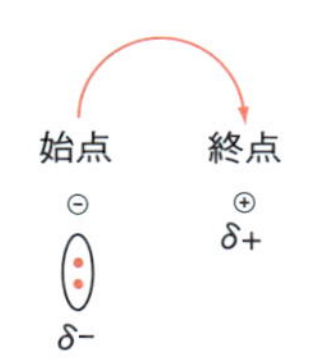

図6.10　矢印の向く方向
矢印は電子に富むほうから，乏しいほうへ向かう．

電子の矢印の出発点は，完全には電荷を帯びていないが比較的電子が多めな（δ－で表される）箇所でもよい．また，電子の矢印の動いていく先は，カチオンだけでなく，完全には電荷を帯びていないが比較的電子が少なめな（δ＋）箇所でもよい（図6.10）．このようにイオンだけでなく，電荷を帯びていない分子についても電子の動きを考えることができる．イオン反応も含め，電子の動きが不均一な反応を総称して**極性反応**（polar reaction）という．両刃の矢印で示される極性反応の電子の動きの重要なポイントとして，「矢印は電子に富むほうから（始点），乏しいほうへ動く（終点）」と理解しておくとよい．

極性反応
極性のある分子間で二個の電子が動いて起こる反応．イオン反応も含む．

6.2　有機化学反応とエネルギー

有機化学反応は熱や光のような外部刺激によっても起こることを6.1節で

述べた．これは，反応にエネルギーがかかわっているからである．反応をエネルギー変化に着目して考えてみよう．

SBO 反応の過程を，エネルギー図を用いて説明できる．

6.2.1 発熱反応と吸熱反応

反応前の出発物のもつエネルギーと反応後の生成物のもつエネルギーを比べたとき，生成物のエネルギーが出発物より低くなっている反応を**発熱反応**(exothermic reaction)といい，逆にエネルギーが高くなっている反応を**吸熱反応**(endothermic reaction)という．発熱反応は反応の進行によって熱が外に放出される(発熱する)反応であり，吸熱反応は反応の進行によって熱を外から吸収する(吸熱する)反応である．このような反応の進行にともなって変化するエネルギー量をグラフに表すと，発熱反応も吸熱反応も途中にエネルギーの高い状態があり，この山を越えて生成物に至る(図6.11)．

発熱反応
出発物から生成物が得られるとき，外部に熱が放出される反応．

吸熱反応
出発物から生成物が得られるとき，外部から熱を吸収する反応．

物質が安定に存在するということは，ちょうど水が窪地にたまるように，その状態がエネルギー的に極小状態であることを意味する．したがって，他の物質に変化するときは，いったんこの窪地からでていかなければならない．これはちょうど水が水蒸気になって窪地からわきあがり，周囲を囲っている山を越えていかなくてはいけないのと同じである．この山を越えるために必要なエネルギーを**活性化エネルギー**(activation energy)とよぶ．また，最

活性化エネルギー
エネルギーの極小な状態から遷移状態に至るまでに必要なエネルギー．反応速度は活性化エネルギーによって決まる．

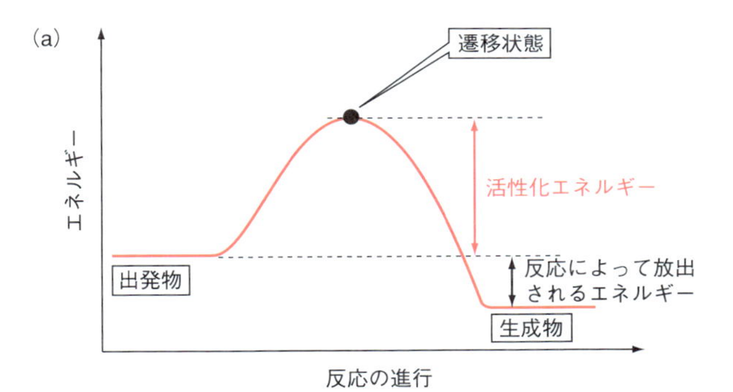

(b)
遷移状態
エネルギー
活性化エネルギー
生成物
反応によって吸収されるエネルギー
出発物
反応の進行

図6.11 発熱反応(a)と吸熱反応(b)のエネルギー図

遷移状態
エネルギーの極小な状態から次の極小な状態に至るまでに越えなくてはならない最もエネルギーの高い状態．エネルギーの山の頂上．

もエネルギーが高くなっている山の頂点を**遷移状態**(transition state)とよぶ．

活性化エネルギーが高いとその反応は進みにくく，反応速度は遅くなる．一方，活性化エネルギーが低いと反応は進みやすく，速度は速くなる．ちょうど，高い山を越えるのはたいへんだが，低い山は楽に越えられるのと同じである．

6.2.2 触媒の働き

触　媒
通常よりも活性化エネルギーの低い経路で反応するために用いる物質．触媒自体は反応の最初と最後で変化なく存在する．

前節の反応のエネルギー図からわかるように，反応を進めるには活性化エネルギーの山を越さなくてはならない．もし，ある反応の速度をより速めたいなら，より活性化エネルギーの低い経路を通せばよい．そこで，通常の条件では進みにくい反応を，反応経路を変えて活性化エネルギーを低くすることで速度を早める方法がある．これに用いられるのが**触媒**(catalyst)である．触媒とは，それ自体は反応の開始時と終了時で変化しないが，反応の経路を変えることで活性化エネルギーを低くする役目を果たすものである．触媒は途中の反応経路を変えることで遷移状態(頂点)のエネルギーを低くするが，出発物と生成物のもつエネルギーレベルにはまったく影響しない(図6.12)．

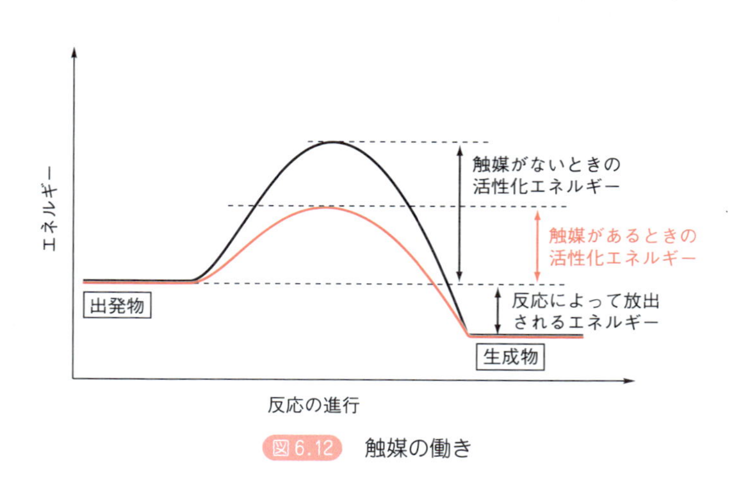

図6.12 触媒の働き

6.3 いろいろな有機化学反応

SBO 基本的な有機反応(置換，付加，脱離)の特徴を理解し，分類できる．
SBO 炭素原子を含む反応中間体(カルボカチオン，カルボアニオン，ラジカル)の構造と性質を説明できる．

有機化学の反応を「どんな原料からどんな生成物ができたか」に着目して分類すると，おもに五つの反応(置換反応，付加反応，脱離反応，転位反応，ペリ環状反応)に分けられる．後の基礎編でこれらの反応を詳しく学んでいくが，ここでは，とくに前述の電子の動きやエネルギー変化に注目して概略を説明する．

6.3.1 置換反応

化合物 A の一部 a が分子 b と置き変わって化合物 C および分子 a(化合物 A から脱離した)が得られる反応を**置換反応**(substitution reaction)という(図 6.13).

置換反応
分子が一部を別の分子と交換する反応.

A–a + b ⟶ C–b + a

図 6.13 置換反応の概念

たとえば，ブロモメタンが水酸化物イオン(HO^-)と反応し，メタノールと臭化物イオンが生じる反応は置換反応である(図 6.14).

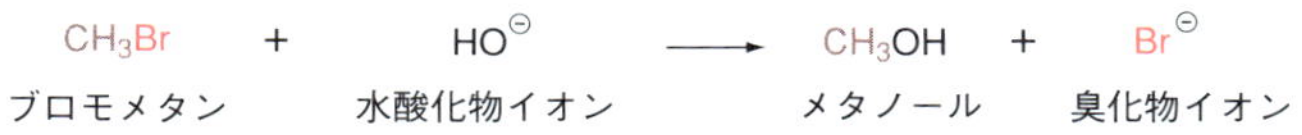

CH_3Br	+	$HO^{\ominus}$	⟶	CH_3OH	+	$Br^{\ominus}$
ブロモメタン		水酸化物イオン		メタノール		臭化物イオン

図 6.14 ブロモメタンと水酸化物イオンの置換反応

では，この反応を電子の動きで考えてみよう．まず，ブロモメタンの構造中の電子の分布を考える．ブロモメタンには電荷はないが，原子の電気陰性度が異なるので構造中の電子の分布は均等にはならない(図 6.15).

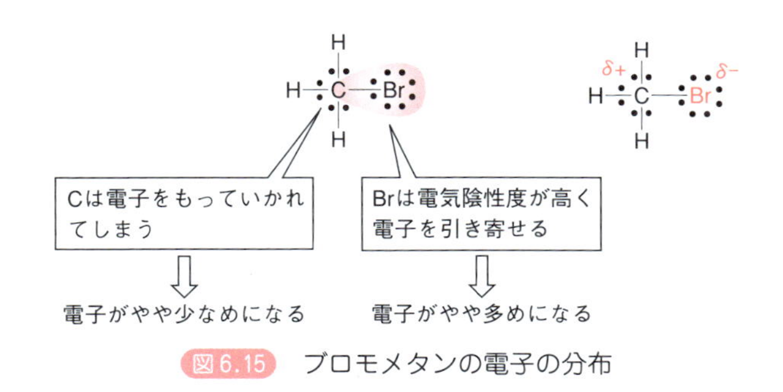

図 6.15 ブロモメタンの電子の分布

とくに臭素は電気陰性度が高く，炭素と臭素をつなげる σ 結合の電子は臭素側に偏って存在する．このような電子の分布のかたよりを**極性**(polar)といい，すでに 2 章の 2.4.1 項や本章の 6.1.4 項で示したように，電子を引き寄せて電気的に陰性になっている箇所を $\delta-$(やや負の電荷をもつ)で示し，逆に電子をもっていかれて電気的には陽性になっている箇所を $\delta+$(やや正の電荷をもつ)で示す.

ブロモメタンの場合は炭素が $\delta+$ になり，臭素が $\delta-$ になる．すでに述べたように，完全には電荷を帯びているわけではない $\delta+$ や $\delta-$ のあいだでも極性反応は起こる．$-$(マイナス)や $\delta-$ のように，自らは電子が豊富で電子不足な相手を求める性質を**求核性**(nucleophilicity)と表現し，求核性

求核性
電子に富んでおり，求電子剤に電子を供与することができる性質.

求核剤
電子に富んでおり，求電子剤に電子を供与することができる分子またはイオン．nucleophile と英語で表記されることから，Nu と略して示される．なお，phile は「〜を好む」の意味．17 章 p. 371 も参照.

求電子性
電子に乏しく，求核剤から電子を受け取る性質．

求電子剤
電子に乏しく，求核剤から電子を受け取る分子またはイオン．electroophile と英語で表記されることから，E と略して示される．

を示す分子を**求核剤**(nucleophile)とよぶ．一方，＋(プラス)や δ+ のように自らは電子が不足していて電子豊富な相手を求める性質を**求電子性**(electrophilicity)と表現し，求電子性を示す分子を**求電子剤**(electrophile)とよぶ．極性反応は，求核剤が求電子剤に電子を与えて，両者のあいだで電子を共有することによって新しい結合をつくる反応である．

図 6.14 の反応では，水酸化物イオンは負の電荷を帯びて電子が豊富なので，求核性をもち，曲がった矢印の出発点になる(図 6.16)．これに対して電子がやや不足しているブロモメタンの δ+ の炭素は求電子性をもち，矢印の終点になる．すなわち，水酸化物イオンは 2 個の電子を動かしてブロモメタンの炭素と共有することによって σ 結合をつくろうとする．

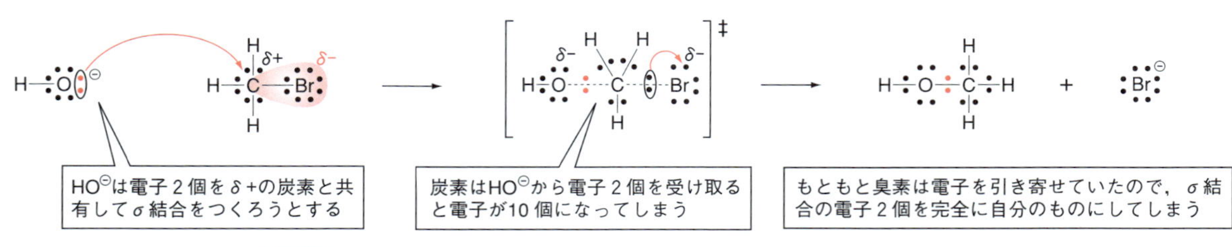

図 6.16　ブロモメタンと水酸化物イオンの置換反応における電子の動き
‡(ダブルダガー)は遷移状態を表すのに使用される．

一方，電子を受け取る δ+ の炭素にとっては，電子不足が解消されるのは有り難いが，水酸化物イオンから電子 2 個を受け取ってしまうと，炭素のまわりの電子の数が 10 個になってしまい，オクテット則を満たさなくなる．これでは困るので，もともとの臭素と炭素のあいだの σ 結合の電子 2 個を臭素に引き取らせることにする．こうして，水酸化物イオンと炭素のあいだに新しい σ 結合が形成されると同時に，元から存在した臭素と炭素の σ 結合が切断される．

このような一連の電子の動きを曲がった矢印で表現すると図 6.17 のようになる．

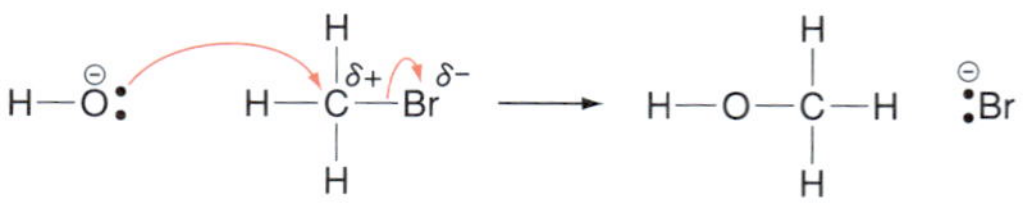

図 6.17　曲がった矢印での表現

水酸化物イオンは求核剤として，求電子剤であるブロモメタンの δ+ の炭素を攻撃する．その結果，C−O 間で新しい σ 結合が形成されると同時に C−Br の σ 結合が切断され，臭化物イオン(Br^-)が脱離する．電子はつねに 2 個ずつ動くこと，オクテット則を満たしていることが電子の動きを考える重要なポイントである．

さて，次にこの反応のエネルギー変化を見てみよう（図 6.18）．この反応の出発時点では，水酸化物イオンとブロモメタンは別べつの分子として存在している．ところが，水酸化物イオンが求核剤としてブロモメタンに近づいて攻撃を始めると，エネルギーがだんだん高くなる．そして，水酸化物イオンと炭素のあいだに新しい σ 結合が形成され，同時に元から存在した臭素と炭素の σ 結合が切断される．この瞬間にエネルギーが最も高い頂点になる．つまり，この反応では［　］内に示した状態が遷移状態である．ここでは遷移状態は一つだけ（山は一つだけ）で，これを「反応が一段階で進行している」と表現する．電子の動きを示す曲った矢印が 2 本同時に示されていることからも，反応が一段階で進行していることがわかる．遷移状態は最もエネルギーの高い頂点なので当然ながら最も不安定であり，実際に取りだして構造を確認することはできない．［　］内はいわば仮想的な状態である．

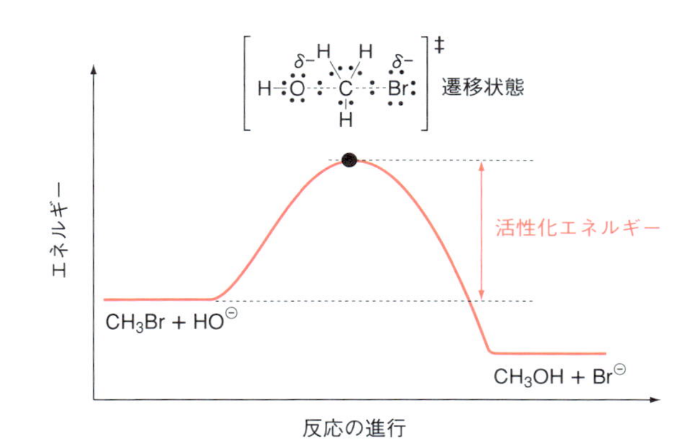

図 6.18　ブロモメタンとヒドロキシドイオンの置換反応のエネルギー図

6.3.2 付加反応

化合物 A と化合物 B が合わさって，化合物 A を構成するすべての原子と化合物 B を構成するすべての原子が一つも失われることなく，生成物である化合物 C を構成する反応を**付加反応**（addition reaction）という（図 6.19）．

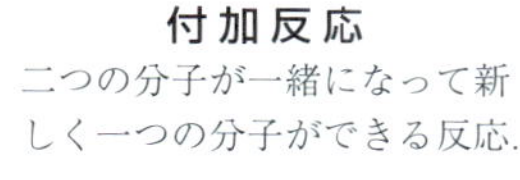

付加反応
二つの分子が一緒になって新しく一つの分子ができる反応．

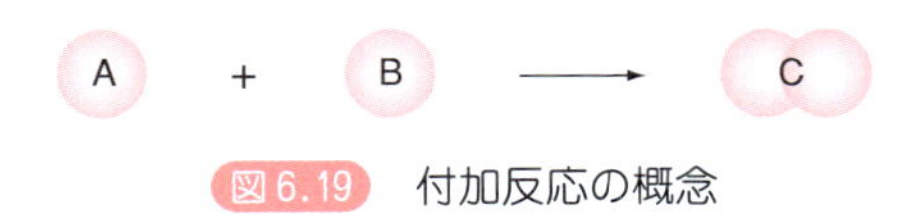

図 6.19　付加反応の概念

たとえば，不飽和結合をもつエチレンに塩化水素が付加してクロロエタンができる反応が付加反応にあたる（図 6.20）．エチレンの二重結合（C＝C）の一つの結合が切断され，代わりに炭素と水素（C－H），および炭素と塩素（C－Cl）の結合が形成されていることに注目してほしい．

エチレン　+　HCl　→　クロロエタン

エチレン　塩化水素　クロロエタン

図 6.20　エチレンと塩化水素の付加反応

π結合の電子
（動くことができる）

σ結合の電子
（動くことができない）

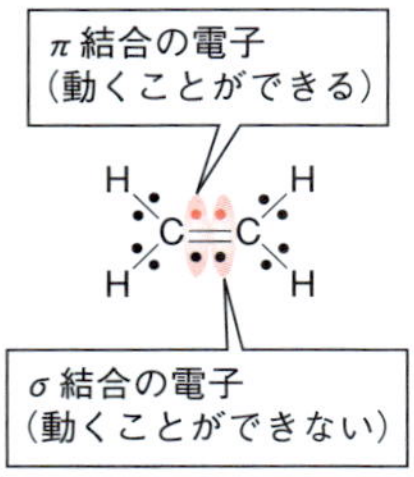

図 6.21　エチレンの電子の分布

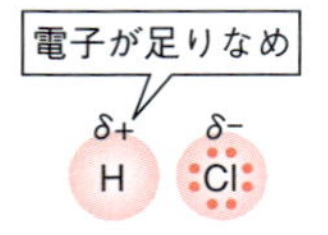

図 6.22　塩化水素の H は電子が不足気味

中 間 体
反応の途中でエネルギー的に極小な位置に存在する分子種．ほとんど単離されない．通常［　］内に入れて記す．

では，この反応を電子の動きで考えてみよう．エチレンの二重結合は，σ結合一つ（電子 2 個）と π 結合一つ（電子 2 個）から成り立っており，合計で電子が 4 個ある（図 6.21）．エチレンの他の部分は電子が 2 個の単結合（σ結合）で成り立っており，二重結合には他の部分と比べて電子が豊富にあるため，電子密度が高いと考えられる．したがって，この二重結合の部分が曲がった矢印の出発点になる．二重結合や三重結合は π 結合の電子を動かすことにより，曲った矢印の始点として反応することができる．π 結合を見つけたら，「動かせる電子がある」と考えればよい．

一方，塩化水素は，H と Cl の結合から成り立っている．電気陰性度の高い Cl が結合電子対を引き寄せるので，H は電子が不足気味である（図 6.22）．

そこで，エチレンの構造のなかで電子に富む π 結合から電子が動いて，電子が足りなめの H をつかまえにいく．もとは π 結合として炭素–炭素間で共有されていた 2 個の電子が σ 結合として炭素–水素間で共有されて中間体 **A** ができる（図 6.23）．つまり，このステップはエチレンが求核剤として求電子剤である H(δ+) に電子を与える極性反応である．

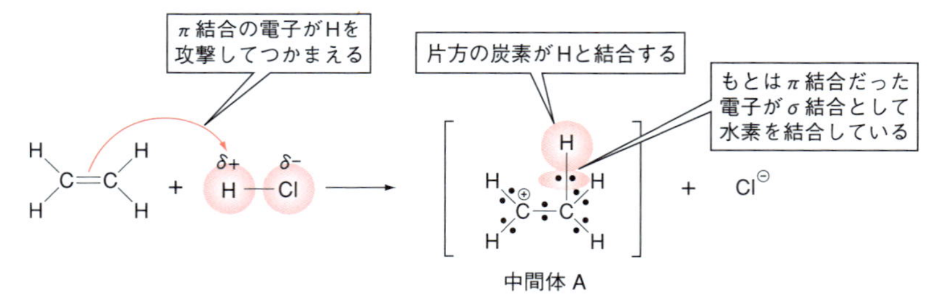

図 6.23　エチレンと塩化水素の付加反応におけるカルボカチオン中間体の生成

続いて，中間体 **A** からクロロエタンが得られるステップの電子の動きを考えよう（図 6.24）．中間体 **A** の左側の炭素原子は，π 結合の電子 2 個を失って炭素のまわりの電子が 6 個になり，正に荷電している．これを**カルボカチオン**（carbocation）という．カルボカチオンは電子が足りないので求電子性をもつ．一方，塩化物イオン（Cl^-）は負に荷電し求核性をもつ．Cl^- は求核剤として求電子剤であるカルボカチオンを攻撃し，Cl^- のもっていた 1 対の非共有電子対（2 個）が炭素–塩素間で σ 結合の電子として共有されてクロロ

カルボカチオン
まわりに電子 6 個をもち，正に荷電した炭素原子．

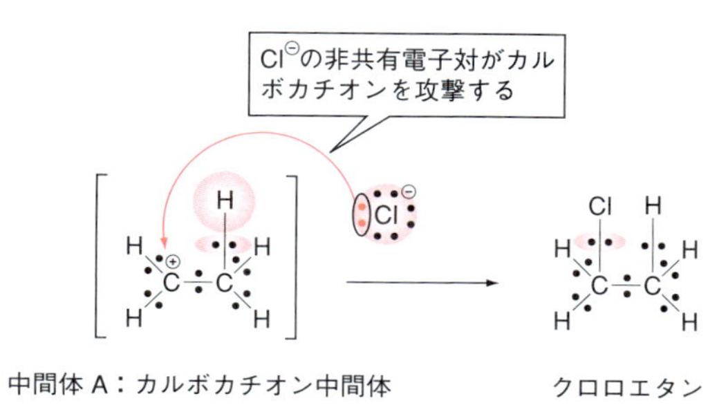

図 6.24 カルボカチオン中間体からクロロエタンの生成

エタンが生成する．すでに，π 結合が「動かせる電子」であることを説明したが，この段階の Cl^- のように非共有電子対も「動かせる電子」であることをおぼえておこう．

次にこの反応についてエネルギー変化を見てみよう（図 6.25）．この反応ではエネルギーの山が二つあり，その山と山のあいだにエネルギーが低くなった谷の部分が一つある．この谷の部分がカルボカチオン中間体になる．

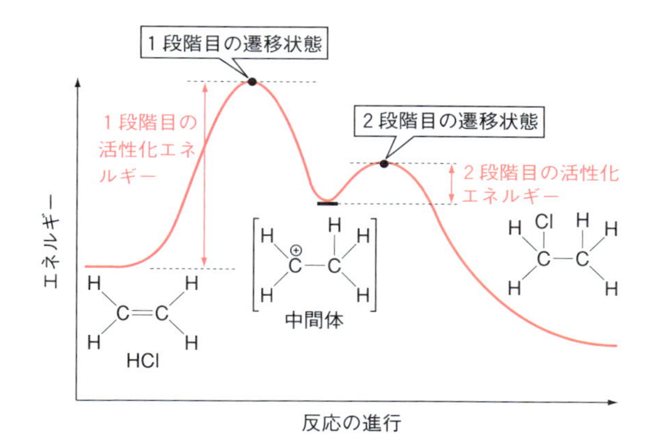

図 6.25 エチレンと塩化水素の付加反応のエネルギー図

反応は一つめの山を越えていったん谷に落ち着くが，また二つ目の山を越えて生成物にたどりつく．したがって，この反応は 2 段階で進行していることがわかる．この場合，二つの遷移状態が存在するのでそれぞれに活性化エネルギーが存在するが，両者の活性化エネルギーの大きさを比べると，1 段階目の反応の活性化エネルギーのほうが大きいこと，すなわち，1 段階目の反応のほうが 2 段階目の反応より遅いことがわかる．このように，いくつかの段階が存在するとき，最も反応速度の遅い段階に全体の反応速度が支配されるため，これを**律速段階**（rate-determining step）という．逆に考えれば，律速段階の反応速度をいかにして速めるか，が全体の反応速度を速くする鍵になる．

付加反応について，もう一つ別の例をあげる（図 6.26）．

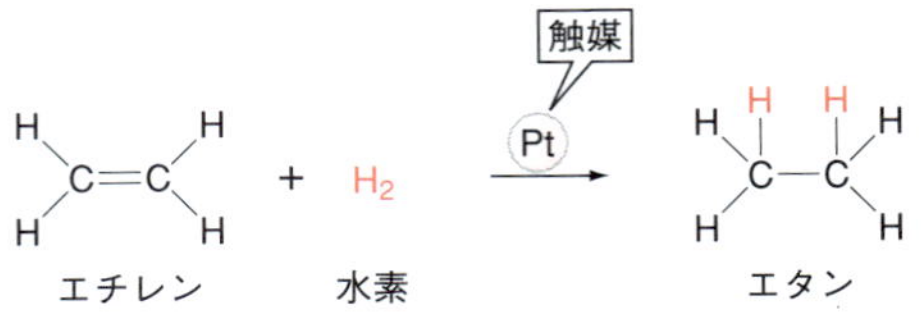

$$\underset{\text{エチレン}}{H_2C{=}CH_2} + \underset{\text{水素}}{H_2} \xrightarrow[\text{Pt}]{\text{触媒}} \underset{\text{エタン}}{H_3C{-}CH_3}$$

図 6.26　エチレンと水素の付加反応

アルケンであるエチレンに水素が付加してエタンが得られる反応は，通常は非常に反応が進行しにくい．しかし，触媒として白金（Pt）やパラジウム（Pd）を加えると，反応速度が速くなる（7.3.5 項参照）．これは，通常は切れにくい水素分子の H−H 結合が白金などの金属の表面へ吸着されることによって切断されて反応性が高まり，アルケンとの反応が容易に進むようになったからである（図 6.27，7.3.5 項も参照）．いい換えれば，白金が触媒として働き，反応が活性化エネルギーのより低い経路をとおって進行したためともいえる．このように，適切な触媒を用いることは化学反応を円滑に効率よく進める方法の一つである．

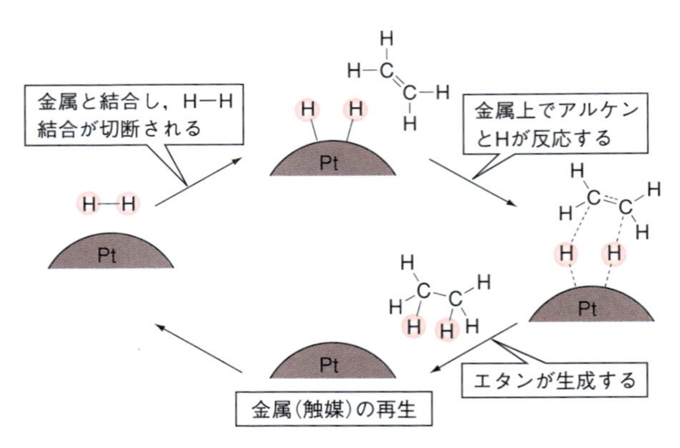

図 6.27　エチレンと水素の付加反応における触媒の働き

6.3.3　脱離反応

脱離反応
一つの分子から一部が脱離して新しい分子ができる反応．

化合物 C から化合物 A が脱離して化合物 B が生成する反応を**脱離反応**（elimination reaction）という（図 6.28）．

たとえば，クロロエタンから HCl が脱離してエチレンが得られる反応が

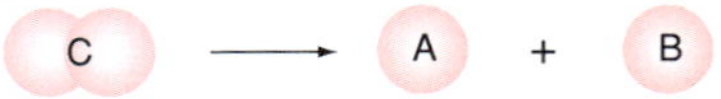

C ⟶ A ＋ B

図 6.28　脱離反応の概念

脱離反応にあたる(図 6.29). これは 6.3.2 項の付加反応の逆反応である.

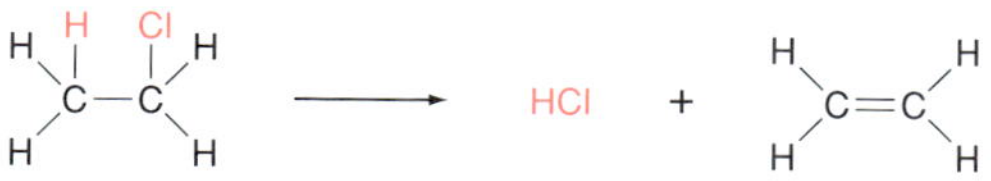

$$H_3C\text{—}CH_2Cl \longrightarrow HCl + H_2C{=}CH_2$$

図 6.29 クロロエタンの脱離反応
エチレンが得られる.

6.3.4 転位反応

化合物を構成する原子の位置や骨格が変化することを**転位**(rearrangement)といい, 結果として別の化合物が得られる反応を**転位反応**(rearrangement reaction)という(図 6.30).

転位反応
一つの分子が結合している部位を組み替えて新しい分子ができる反応. 詳しくは 17.2.2 項および 17.2.3 項を参照.

SBO 転位反応の特徴を述べることができる.

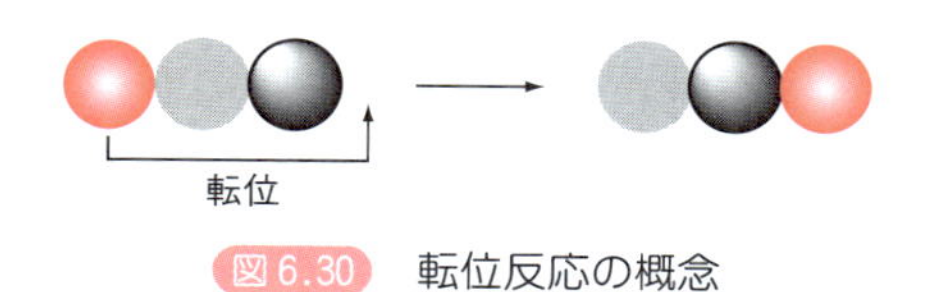

図 6.30 転位反応の概念

臭化ネオペンチルに起こる転位を例にあげて説明する(図 6.31). 臭化ネオペンチルと水を反応させると, メチル基が転位した生成物が得られる.

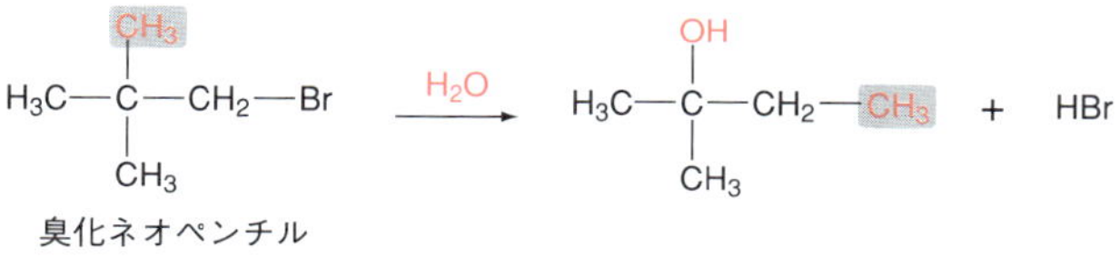

$$H_3C\text{—}C(CH_3)_2\text{—}CH_2\text{—}Br \xrightarrow{H_2O} H_3C\text{—}C(OH)(CH_3)\text{—}CH_2\text{—}CH_3 + HBr$$

臭化ネオペンチル

図 6.31 臭化ネオペンチルのメチル基転位

この反応の電子の動きを考えよう(図 6.32).

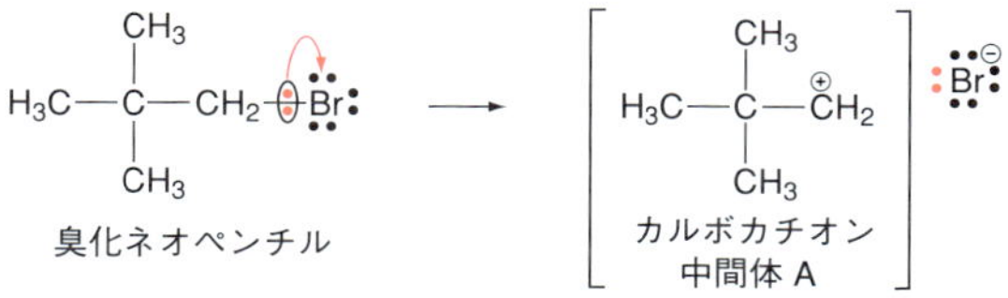

$$H_3C\text{—}C(CH_3)_2\text{—}CH_2\text{—}Br \longrightarrow \left[H_3C\text{—}C(CH_3)_2\text{—}\overset{\oplus}{C}H_2 \right] \; :\ddot{Br}:^{\ominus}$$

臭化ネオペンチル　　カルボカチオン中間体 A

図 6.32 カルボカチオンの生成

はじめに, 臭化ネオペンチルの Br が σ 結合の電子 2 個を完全に引き寄せて C−Br 間の σ 結合が切断される. これによってカルボカチオン中間体 **A** が生成する. カルボカチオンについては 6.3.2 項でも中間体として説明したが, ここでカルボカチオンの安定性についても説明する(図 6.33).

カルボカチオンには**第一級カルボカチオン**(アルキル基が一つついている

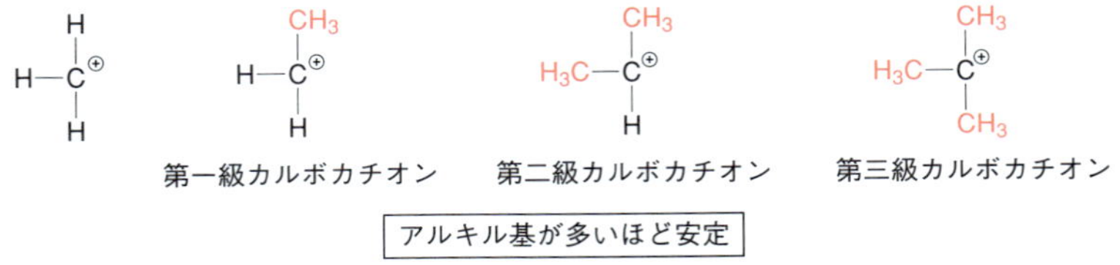

H—C⊕(H)(H)　　H—C⊕(CH_3)(H)　　H_3C—C⊕(CH_3)(H)　　H_3C—C⊕(CH_3)(CH_3)

第一級カルボカチオン　第二級カルボカチオン　第三級カルボカチオン

アルキル基が多いほど安定

図 6.33　カルボカチオンの安定性

カルボカチオン)，**第二級カルボカチオン**(アルキル基が二ついているカルボカチオン)，および**第三級カルボカチオン**(アルキル基が三ついているカルボカチオン)がある．アルキル基は電子供与性(5 章 p. 93 の Advanced 参照)なので，アルキル基が多くついているカルボカチオンほど電子を供与されて安定になる．

上記の臭化ネオペンチル由来のカルボカチオン中間体は第一級カルボカチオンであり，安定性は低い．そこで，隣の炭素に結合しているメチル基が転位してカルボカチオン中間体 **B** を与える．カルボカチオン中間体 **B** は第三級カルボカチオンなので，より安定である(図 6.34)．

第一級カルボカチオン
まわりに電子 6 個をもち，正に荷電した炭素原子にアルキル置換基が一つ結合した構造をもつ．

第二級カルボカチオン
まわりに電子 6 個をもち，正に荷電した炭素原子にアルキル置換基が二つ結合した構造をもつ．

第三級カルボカチオン
まわりに電子 6 個をもち，正に荷電した炭素原子にアルキル置換基が三つ結合した構造をもつ．

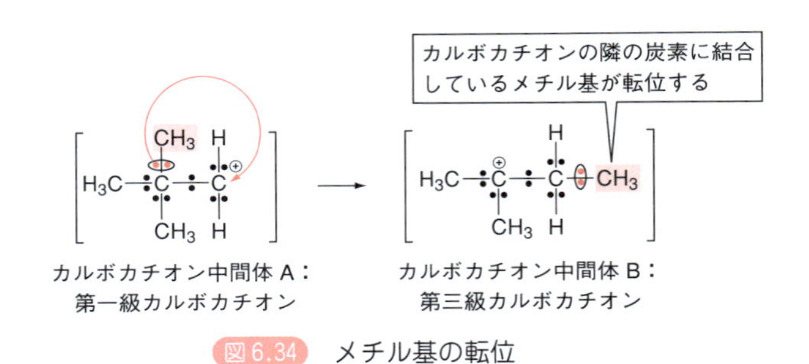

図 6.34　メチル基の転位

最後に，このカルボカチオン中間体 **B** に水が求核剤として攻撃して生成物を与える(図 6.35)．

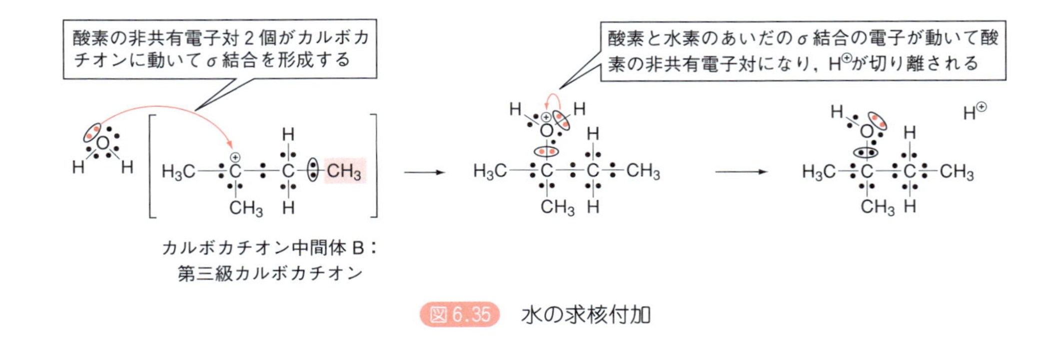

図 6.35　水の求核付加

COLUMN 電子の気持ちになって考えよう

有機化学の反応を電子の動きで理解することはたいへん重要である．どうしたら，電子の動き方を理解できるだろうか．一番よい方法は，「電子の気持ちになって考える」ことである．自分が電子だったらどうしたいかな．と考えてみよう．たとえば，「電子が非局在化していると，その分子は安定である」と教科書には書かれている（たとえば本書でも，2章2.4.4項に記載）．

非局在化とは簡単にいえば，「1か所にとどまらない」ことである．したがって，この言葉は「電子は1か所にとどまらないほうを好む」といい換えてしまえばよいのである．

さて，ここで電子をわれわれに置き換えてみよう．もし，われわれが狭い部屋のなかに閉じこめられてどこへもでられなくなったら，とても嫌な感じがするはずである．ずっと閉じこめられているのは耐えられない．でも，もし，その部屋がどこか別の部屋とつながっていて行ったりきたりできるなら，少し気分がよくなってくる．よりたくさんの部屋につながって自由に動き回れたら，なおいっそう快適である．

電子も同じである．「できるだけ広い範囲で動き回れたら，電子も気分がいいだろうなあ」と想像してみよう．これが「電子が非局在化していると，その分子は安定である」ことの本質である．このように，電子の動きを電子の気持ちになって考えることができれば，有機化学の反応もより理解できるようになるはずである．

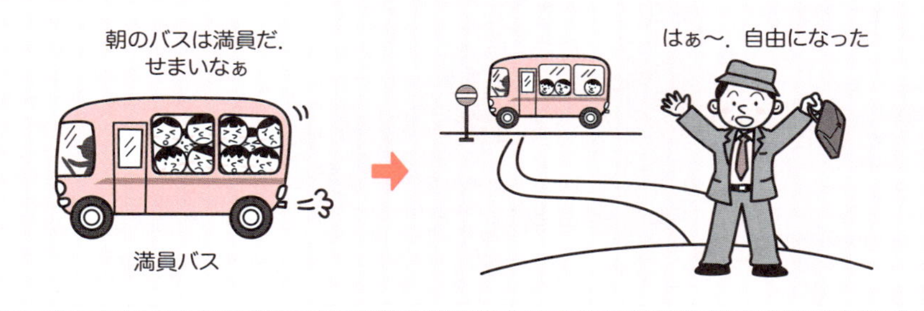

この反応の電子の動きを最初から最後まで曲がった矢印を用いて示すと，次のようになる（図6.36）．

$$(CH_3)_3C-CH_2-Br \rightarrow [H_3C-C(CH_3)_2-\overset{\oplus}{C}H_2] \rightarrow [H_3C-\overset{\oplus}{C}(CH_3)-CH_2-CH_3] + Br^{\ominus} \xrightarrow{H_2\ddot{O}} H_3C-C(CH_3)(\overset{\oplus}{O}H_2)-CH_2-CH_3 \rightarrow H_3C-C(CH_3)(OH)-CH_2-CH_3 + H^{\oplus}$$

図6.36 曲がった矢印での表現

6.3.5 ペリ環状反応

これまで学んできた極性反応やラジカル反応とはまったく異なる第三の反応として**ペリ環状反応**（pericyclic reaction）がある．ペリ環状反応は環状の

ペリ環状反応
π電子系を含む複数の結合が環状の遷移状態を経て，反応中間体を生成せずに同時に形成，切断される反応様式のこと．

遷移状態を経由する協奏過程(反応は1段階で起こり，中間体が存在しない．p. 193の欄外の注を参照)で起こるため，この反応を深く理解するには分子軌道法(2章p. 38のAdvancedを参照)の概念を必要とする．本書では分子軌道法による説明は省略するが，ペリ環状反応の詳細は17章で述べる．

ペリ環状反応の例をあげる(図6.37)．

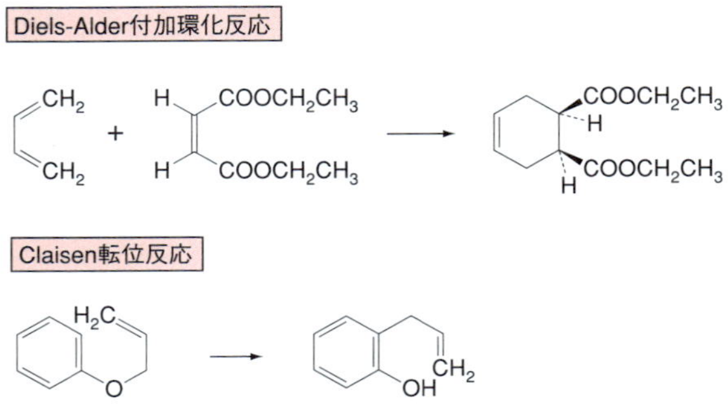

Diels-Alder付加環化反応

Claisen転位反応

図6.37 ペリ環状反応

6.4 電子の流れ── 矢印の書き方

SBO 基本的な有機反応機構を，電子の動きを示す矢印を用いて表すことができる．

有機化学の反応の理解を容易にするために，電子の流れを矢印で表す．簡単なルールを次の Rule 1 ～ Rule 7 にまとめるので，再確認してほしい．

6.4.1 共鳴寄与構造式を書く

電子の動かし方に慣れないうちは，共鳴寄与構造式を書くことから始めるとよい．

Rule 1 両刃の矢印(⌒)は電子が2個動くことを示す

Rule 2 π結合の電子や非共有電子対を動かす

共鳴寄与構造式はπ結合の電子および非共有電子対だけを動かす．σ結合の電子を絶対に動かしてはならない(σ結合の電子を動かすと分子のかたちが変わってしまい，共鳴寄与構造にならない．カルボカチオンの例を図6.38に示す．共鳴寄与構造式を書くことで，電子の動かし方の基本が理解できる．

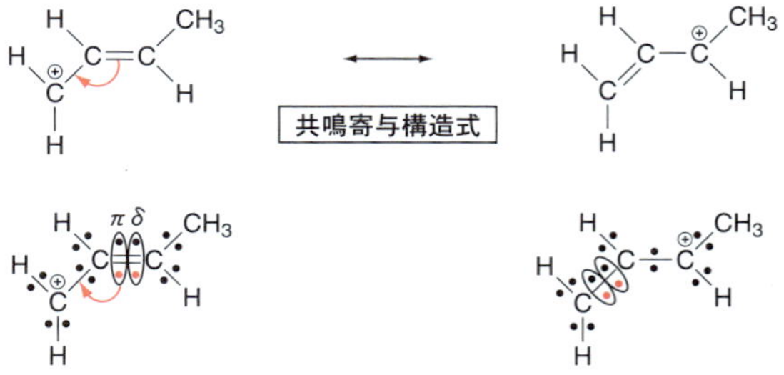

共鳴寄与構造式

図6.38 π結合の電子を動かす

Rule 3 **オクテット則および電荷を確認する**

炭素や酸素および窒素などが共有結合を形成している場合，それぞれの原子のまわりには必ず8個の電子が存在する(オクテット則)．したがって，電子を動かすときは必ずこれらの原子のまわりには8個の電子があり続けるように注意しなければならない．

たとえば，図6.39のフェノールの場合，酸素上の非共有電子対やπ結合の電子を動かして共鳴寄与構造式AとBが書ける．このとき，両方の構造式において酸素と炭素のまわりの電子は8個になっていることを確認しよう．

このような電子の移動により，構造式Bのように電荷を生じることがある．構造式Aでは酸素が単独でもつ電子の数は非共有電子対を含めて6個である．一方，構造式Bでは5個であり，電子が1個少なくなっているので，酸素は正の電荷をもつ．同様に，構造式Bで負の電荷をもつ炭素は，構造式Aに比べて単独でもつ電子が1個多くなっていることがわかるだろう．このように，電子を動かすときは，必ず8個の電子がまわりにいるようにすること，そして，単独でもつ電子の数の増減によって正もしくは負の電荷が生じることに注意してほしい．

それぞれの原子のもつ電子の数を確認するには点電子構造で記すのがわかりやすい．慣れないあいだは，部分的にでも点電子構造で示し，オクテット則を満たしているかを確認しながら電子を動かすとよい．

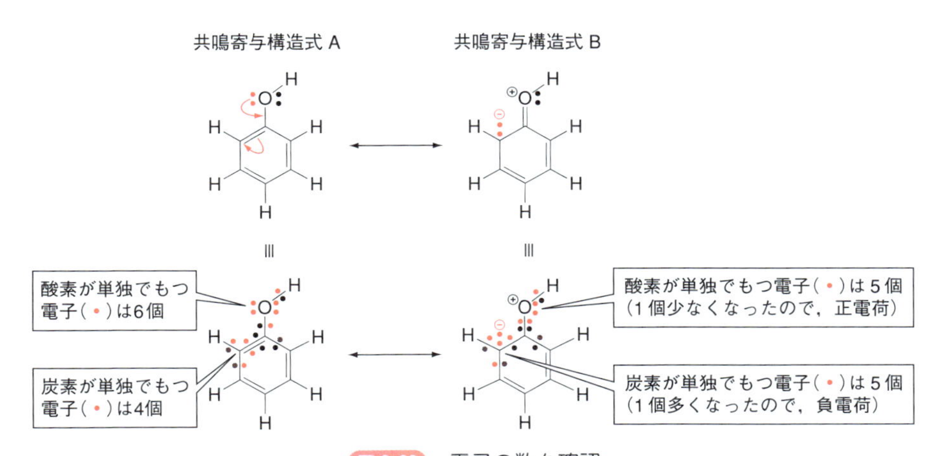

図6.39 電子の数を確認

炭素および酸素のまわりに電子はつねに8個ある．

6.4.2 化学反応式の電子の流れを書く

共鳴寄与構造式に慣れたところで，化学反応式に拡張して考えてみよう．

Rule 4 **σ結合の電子を動かすときは分子のかたちが変わることに注意**

共鳴寄与構造式を書くときには，σ結合を絶対に動かしてはいけない．しかし，化学反応の場合は，σ結合が切断されたり形成されたりする．したがって，これまでのπ結合の電子や非共有電子対の電子の動きに加えて，σ結合の電子の動きも考えなくてはいけない．とくにσ結合の電子を動かすときには，分子の構造が変わることを十分に意識してほしい(図6.40)．

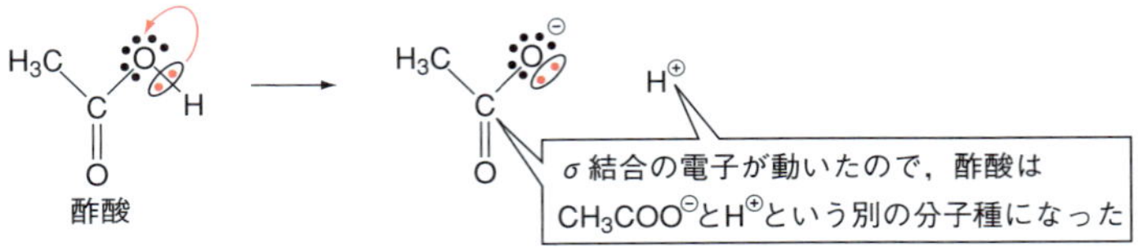

酢酸

σ結合の電子が動いたので，酢酸は $CH_3COO^{\ominus}$と$H^{\oplus}$という別の分子種になった

図6.40 σ結合の電子の移動
σ結合の電子を動かすと結合が切れる．

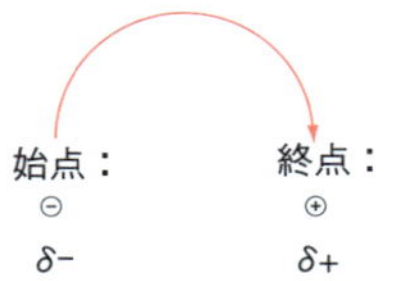

Rule 5 電子の富んでいるところから電子の乏しいところへ動かす

電子が豊富な部位を始点にし，電子が不足している部位を終点にして矢印を書く(図6.41)．負の電荷をもっている部位はもちろんであるが，π結合や非共有電子対がある部位も電子が豊富であり，矢印の始点になりうる．

始点：⊖ $\delta-$　終点：⊕ $\delta+$

図6.41 矢印の向く方向
電子の多いほうから少ないほうへ向かう．

Rule 6 原子の電気陰性度を考えて電子を動かす

電子が動く方向は電気陰性度を考えるとわかりやすい．電気陰性度の高い原子はつねに電子を欲しがっているので，電子を自分のまわりに引き寄せる．たとえば，アセトアルデヒドのようなカルボニル化合物では，C=O二重結合にπ結合があり，酸素上に非共有電子対が2組ある(図6.42)．したがって，酸素には十分電子が豊富だろうと考えられる．しかし，電気陰性度とは相対的な値であり，酸素の電気陰性度が炭素より高いのだから，酸素はつねに電子を炭素から引き寄せようとする．そのため，カルボニル化合物の電子の動きはつねに炭素から酸素へ向くのである．その結果，電子の分布に偏りができ，炭素が$\delta+$で酸素が$\delta-$で表されることになる．

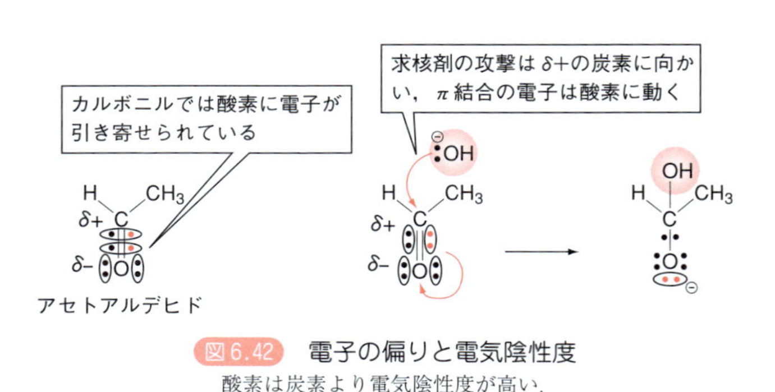

図6.42 電子の偏りと電気陰性度
酸素は炭素より電気陰性度が高い．

このような電子の分布に偏りがある分子に極性反応が起こる．たとえば，水酸化物イオン(HO^-)のような求核剤は，求電子的な($\delta+$)炭素を攻撃する(図6.42)．この炭素はもともと酸素に電子を引っ張られていたので，HO^-

の攻撃を受けて π 結合の電子を酸素に動かすことになる．こうして化学反応が進行する．

Rule 7　より安定な分子ができる方に反応は進みやすい

電子を動かしていくときに，どちらの方向に電子を動かしても構わないような場面に遭遇する．このとき，どちらの生成物が安定であるかを考え，より安定な分子ができる方向に電子を動かすと，主生成物が得られる．

プロペンに臭化水素が付加する反応を例にあげて考えてみよう（図 6.43）．先に述べたように，この反応は付加反応であり，はじめにプロトン（H^+）がプロペンの π 結合の電子の攻撃を受けて炭素と σ 結合を形成する．このとき，どちらの炭素に結合するかを選ぶには，生成物の安定性を考えればよい．右の炭素にプロトンが結合するルート A を経ると，第二級カルボカチオンが生成する．一方，左の炭素にプロトンが結合するルート B を経ると，第一級カルボカチオンが生成する．すでにカルボカチオンの安定性について学んだように，第二級カルボカチオンのほうが第一級カルボカチオンより安定なので，この場合の反応はルート A を経るほうが進みやすい（7.3.3 項参照）．

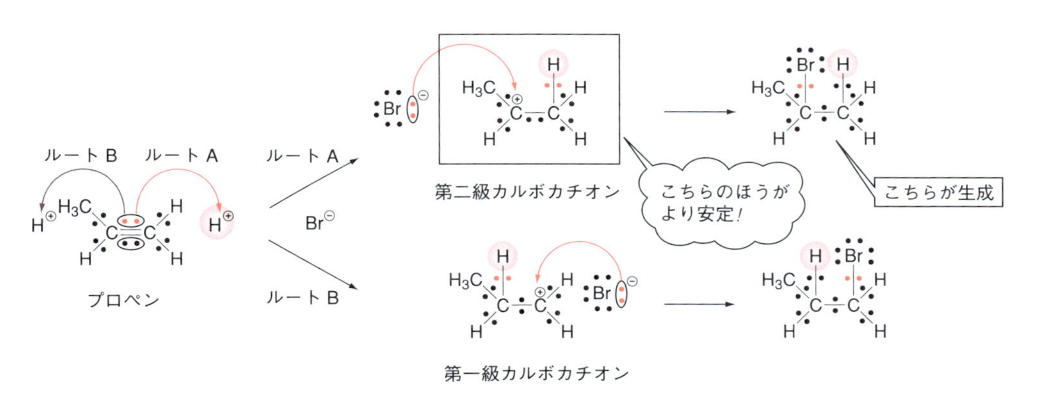

図 6.43　プロペンに臭化水素が付加する反応

実際，どのような構造が安定なのかを簡単に判断するのが難しい場合も多い．ごく簡単に判断基準を示すならば，「電子が偏りなく分布（非局在化）している分子は安定である」とイメージしてもよいだろう．電子の動きに親しむほど有機化学の反応は簡単に理解できるようになる．ペンをもって矢印を実際に書くことを億劫がらずに続ければ，しだいに電子の動き方が身についてくるものである．「習うより，慣れろ」の精神で努力してほしい．

章末問題

1． 次のa～eの化学反応式を(ア)置換反応，(イ)付加反応，(ウ)脱離反応，(エ)転位反応に分類せよ．

a. $H-C{\equiv}C-H + H_2 \longrightarrow H_2C{=}CH_2$

b. $H_2C{=}CH_2 \longrightarrow H-C{\equiv}C-H + H_2$

c. $H_2C{=}CH(CH_2CH_3) \longrightarrow H_3C-CH{=}CH-CH_3$

d. $H_3C-CH_3 + Cl_2 \longrightarrow H_3C-CH_2Cl + HCl$

e. $H_2C{=}O + H_2O \longrightarrow H_2C(OH)_2$

2． a～hの結合について，電子の豊富な原子にδ－を，電子の乏しい原子にδ＋をつけて示せ．

a. C－Cl　b. C－F　c. C－N
d. C－Mg　e. O－H　f. N－F
g. C＝O　h. C＝C

3． a～iの分子を構造式で書き，非共有電子対またはπ結合の電子を書き加えよ．

a. 水　b. アンモニア　c. ベンゼン
d. アセチレン　e. メタノール　f. 臭素
g. 二酸化炭素　h. アセトアルデヒド
i. 酢酸

4． a～dの化学反応式中で色のついている分子をそれぞれ(ア)求核剤，(イ)求電子剤に分類せよ．

a. $Cl-CH_3 + HO^{\ominus} \longrightarrow HO-CH_3 + Cl^{\ominus}$

b. $(H_3C)_2C{=}O + NH_3 \longrightarrow (H_3C)_2C{=}NH + H_2O$

c. $H_2C{=}CH_2 + HCl \longrightarrow ClH_2C-CH_3$

d. $H_2O + H^{\oplus} \longrightarrow H_3O^{\oplus}$

5． プロペンに臭化水素が付加する反応について，第一級カルボカチオン中間体を経て生成物が得られるルートと第二級カルボカチオン中間体を経て生成物が得られるルートが存在する．それぞれのエネルギー変化を反応の進行とともにグラフに示せ．

6． aの反応はアルデヒドへのアルコールの付加反応である．一方，bの反応はaに触媒としてプロトン(H^+)を共存させた反応である．それぞれの反応における電子の動きを電子の矢印で示せ．

a. $H_3C-CH{=}O + CH_3OH \longrightarrow H_3C-CH(OH)(OCH_3)$

b. $H_3C-CH{=}O + CH_3OH \xrightarrow{H^{\oplus}} H_3C-CH(OH)(OCH_3)$

Part II　基礎編

官能基の性質，反応と合成

7 アルケンおよびアルキンの性質と反応

❖ 本章の目標 ❖

- アルケンへのハロゲン化水素の付加反応の位置選択性(Markovnikov 則)について学ぶ.
- カルボカチオンの級数と安定性について学ぶ.
- アルケンへの代表的なシン型付加反応と反応機構を学ぶ.
- アルケンへの臭素の付加反応の機構と反応の立体特異性(アンチ付加)を学ぶ.
- 共役ジエンへのハロゲンの付加反応の特徴を学ぶ.
- アルケンの酸化的開裂反応と代表的な合成法を学ぶ
- アルキンの代表的な反応と代表的な合成法を学ぶ.

7.1 不飽和炭化水素── アルケンおよびアルキン

3 章で学んだアルカン(alkane)は炭素-炭素結合がすべて単結合の**飽和炭化水素**[*1](saturated hydrocarbon)である. これに対し, 炭素-炭素結合が二重結合, 三重結合である炭化水素は**不飽和炭化水素**[*1](unsaturated hydrocarbon)とよばれる. 有機分子中に二重結合をもつ炭化水素を**アルケン**(alkene : -ene は二重結合を意味する), 三重結合をもつものを**アルキン**(alkyne : -yne は三重結合を意味する)とよぶ. 本章ではアルケンおよびアルキンの性質および反応を学ぶ.

*1 「飽和」とは「最大数の炭素-水素結合をもつ」という意味である. 多重結合では炭素-水素結合が最大数に至らないので「不飽和」となる.

7.1.1 アルケンとは

最も小さいアルケンであるエチレン(エテン)$H_2C=CH_2$ は気体である. このエチレンに塩素が反応すると, 液体となることが古くから知られていた. このため, アルケンは**オレフィン**(olefin = oil forming に由来)ともよばれる. エチレンは石油や天然ガスから製造され, 重合してポリエチレンになるほか, 現代の化学工業の最も基本的な原料の一つである. また, エチレンは植物成長ホルモンでもあり，種子の発芽や果実の熟成を促す．

アルケンは，たとえば昆虫フェロモンや香料など多くの天然物に含まれ，多数の医薬品の部分構造でもある．また，動物の体内にある不飽和脂肪酸は，プロスタグランジン類の生合成原料として，さらに，免疫およびアレルギーなどに関係した物質としても注目されている(図 7.1)．

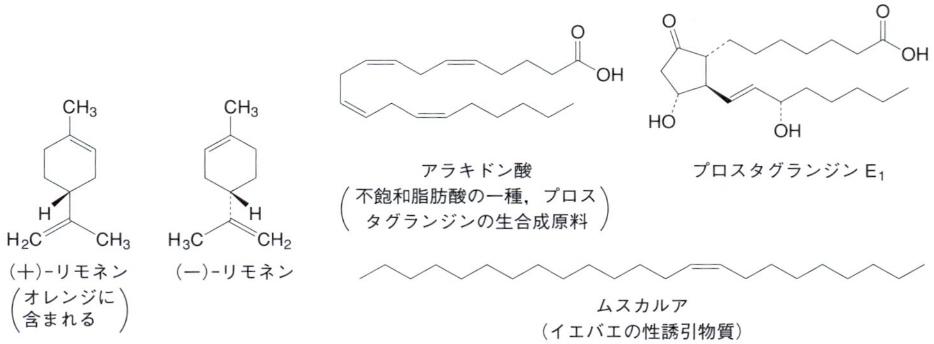

図 7.1　天然に存在するアルケン類

7.1.2　アルケンの構造

エチレン(エテン)のような**非環状アルケン**の一般式は C_nH_{2n} で表される(図 7.2)．一方，**環状アルケン(＝シクロアルケン，** cycloalkene)の一般式は C_nH_{2n-2} で表される．なお，環状のアルカンの一般式は非環状アルケンの一般式と同じ C_nH_{2n} で表されることに注意しよう．

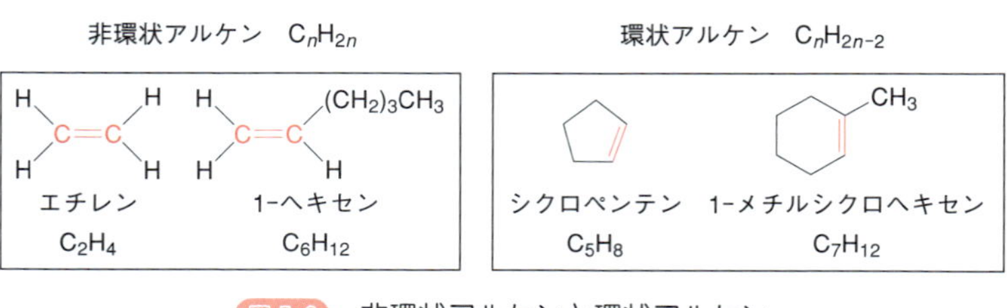

図 7.2　非環状アルケンと環状アルケン

7.1.3　炭化水素の不飽和度

有機化合物の構造中に存在する π 結合の数と環の数の総数を**不飽和度**という．不飽和度が 0 である非環状アルカンの分子式 C_nH_{2n+2} を基準にして考えると，その構造中に炭素-炭素二重結合または環構造の数が増えるにつれ，水素の数は二つずつ減少する．したがって，環と二重結合があわせて m 個あれば，元の非環状アルカンのもつ水素の数より $2m$ 個少なくなるはずである．

このように，不飽和度（炭素-炭素二重結合または環構造の数の総数）は，その分子のもつ水素の総数を同じ炭素数の非環状アルカンのもつ水素の数と比較することによって得られる．なお，三重結合がある場合には二重結合が二つあるとみなして不飽和度を求める．C_xH_y で表される分子の不飽和度を求める一般式は式(7.1)のように表せる．

$$C_xH_y \text{ の不飽和度：} (x \times 2 + 2 - y)/2 \tag{7.1}$$

分子式から不飽和度を求めることによって，構造中の二重結合（三重結合）および環構造の数を推定することができる．したがって，不飽和度は分子の構造を知る手がかりになる．炭素 6 個をもつ炭化水素の構造とその不飽和度を図 7.3 に示す．

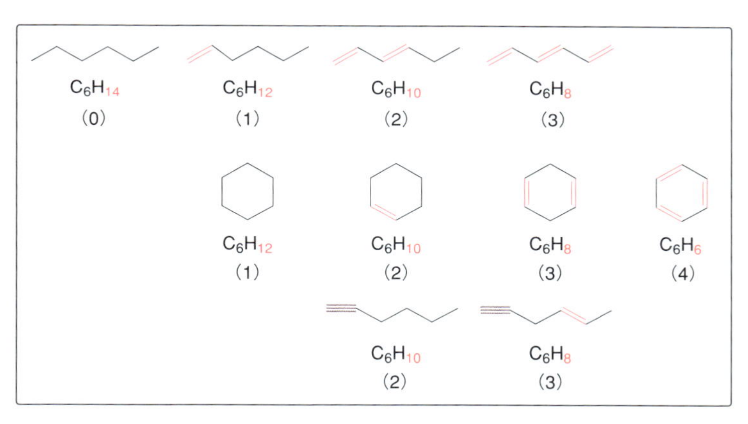

図 7.3　炭素数 6 個の炭化水素の不飽和度
（　）内の数字は不飽和度を表す．

7.2 アルケンの異性体

7.2.1 アルケンの幾何異性体—— シス-トランス異性体

SBO 炭素-炭素二重結合の立体異性（*cis*, *trans* ならびに *E*, *Z* 異性）について説明できる．

すでに 2.3.2 項で学んだように，アルケンの二重結合は**σ結合**（σ bond）と**π結合**（π bond）で成り立っている．たとえば，図 7.4 のエチレンの場合，炭素-炭素二重結合を構成する炭素は sp^2 混成軌道をもち，一つの炭素と二つの水素とのあいだで σ 結合している．この三つの軌道は同一平面上に存在し，軌道間の角度は約 120° である．炭素原子に残った一つの p 軌道は，sp^2 軌道平面とは直交した上下の方向に広がっている．その軌道に一つの電子が動き回っているが，同じ混成軌道をもつ隣の炭素原子の p 軌道と重なりあって π 結合をつくる．アルケンは多彩な反応を起こすが，それは π 結合に深くかかわっている．

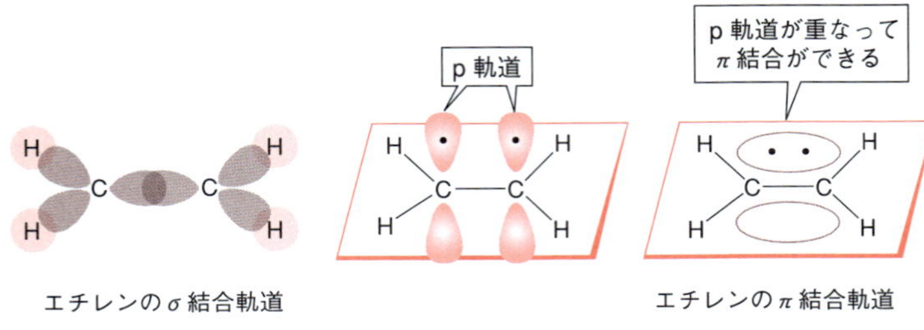

図 7.4　エチレンを構成する軌道
二重結合は σ 結合と π 結合から成り立つ.

アルカンの単結合(σ 結合)は容易に回転することができるのに対し，アルケンの炭素-炭素二重結合は簡単に回転できない．それは，π 結合を形成する二つの p 軌道が重なりを最大にするためには互いに平行になっていることが望ましく，二重結合を回転させるためには π 結合を一度切断しなければならないからである.

二重結合の回転エネルギー障壁は 263 kJ/mol であり，炭素-炭素 σ 結合の回転エネルギー障壁(12 kJ/mol)に比べると非常に大きい．この大きなエネルギー障壁のために，2-ブテンには 2 種類の化合物が存在する(図 7.5)．すなわち，二重結合を軸として線を引いたときに，両末端の二つのメチル基が同じ側にあるものと反対側にあるものである.

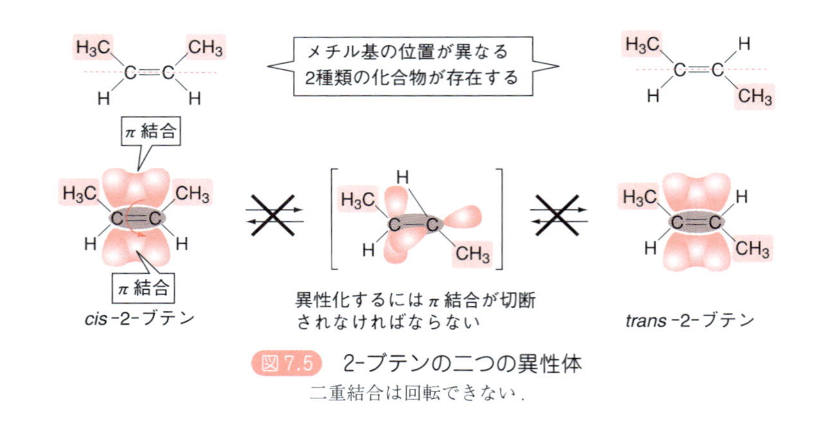

図 7.5　2-ブテンの二つの異性体
二重結合は回転できない.

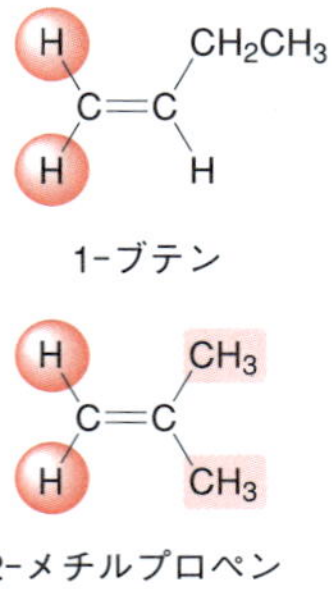

CH_2CH_3
C=C
H
1-ブテン

CH_3
C=C
H
2-メチルプロペン

図 7.6　幾何異性のないアルケン

これらは**幾何異性体**(geometrical isomer)とよばれ，同じ側にあるものを**シス体**(*cis*-isomer)，反対側にあるものを**トランス体**(*trans*-isomer)とよぶ(3.2 節も参照)．これらの幾何異性体の相互変換は紫外線の照射や非常に高い温度をかけないかぎり，通常起こることはない.

なお，二重結合の一方の炭素に同じ置換基が二つ結合している 1-ブテンや 2-メチルプロペンのような場合は，シス体，トランス体という異性体は存在しない(図 7.6).

7.2.2 アルケンの幾何異性による物理化学的な性質の違い

SBO 炭素-炭素二重結合の立体異性(*cis*, *trans* ならびに *E*, *Z* 異性)について説明できる.

アルケンは，分子式が同じであっても幾何異性体間ではその性質は大きく異なる.

双極子モーメント(2.4.2 項参照)は分子内の電荷の偏りの程度を示す極性の尺度である．その値が大きければ分子の極性は大きくなり，分子間の双極子–双極子相互作用が増大する．その結果，沸点はより高い値を示す．図 7.7 に 2-ブテンおよび 1,2-ジクロロエテンのシス-トランス異性体の双極子モーメントおよび沸点を示す．トランス異性体では各結合の双極子モーメントが分子内で打ち消しあっているので，分子全体での双極子モーメントは 0 になり，極性がなくなる．したがって，極性をもたないトランス異性体の沸点はシス異性体よりも低くなる.

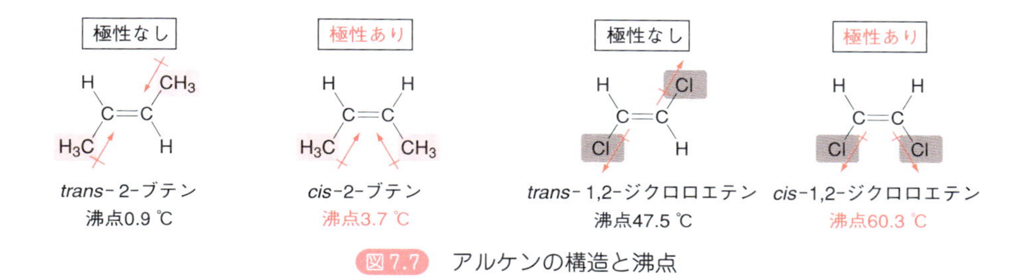

図 7.7 アルケンの構造と沸点

また，トランス異性体はシス異性体に比べて熱力学的に安定である．これはシス異性体では置換基どうしが互いに接近して込みあっており，この立体的な反発がエネルギー的に不利に働くからである(p. 128 の Advanced 参照).

7.2.3 アルケンの幾何異性体の命名—— *E*/*Z* 異性体

アルケンのそれぞれの sp^2 炭素上に置換基が一つずつしかない場合には，シス，トランスでその幾何異性体を特定できる．一方，四つの置換基が異なる場合はこのやり方では幾何異性を特定することができない．この場合には，アルケンのそれぞれの sp^2 炭素上で優先順位の高い置換基を見つけ，両者が二重結合をはさんで同じ側にあるものを ***Z* 異性体**(zusammen，ドイツ語で"一緒に"という意味)，反対側にあるものを ***E* 異性体**(entgegen，"反対の"という意味)とする(図 7.8)．アルケンの炭素上にある置換基の優先順位は，

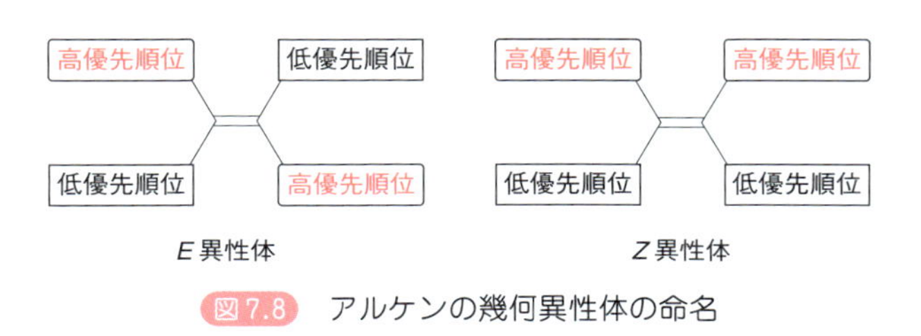

図 7.8 アルケンの幾何異性体の命名

4章で学んだ Cahn-Ingold-Prelog の順位規則に準じて決まる．順位規則の詳細については 4.3 節を復習してほしい．

E/Z 異性体の決定のしかたの二つの例を，図 7.9 に示す．

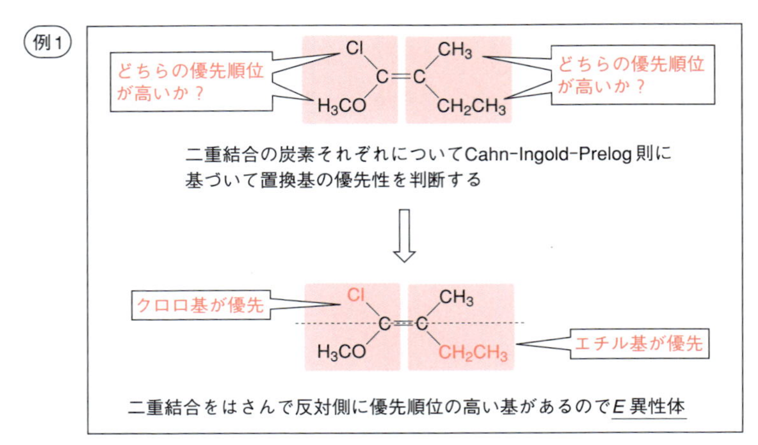

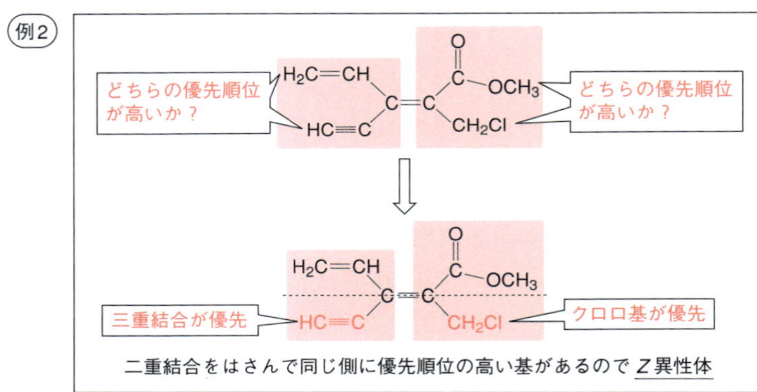

図 7.9　E/Z 異性体の決定のしかた

Advanced　多置換アルケンの安定性と水素化熱

分子式が同じアルケンでも，二重結合の位置によっていくつかの異性体(位置異性体，regioisomer)が存在する．これらのアルケンがもっているポテンシャルエネルギーはそれぞれ異なる．ポテンシャルエネルギーの大きさは化合物のもつ二重結合を水素化してすべて同じアルカンにしたときに発生する熱量(水素化熱 $\Delta H°$)を求めることによって知ることができる．二重結合上の炭素に，より多く炭素置換基が結合している場合が最も水素化熱は小さく，置換基が少なくなるほど水素化熱は大きくなる(図 7.10)．したがって，多置換のアルケンのほうが無置換アルケンよりもポテンシャルエネルギーは低くてより安定である(図 7.11)．

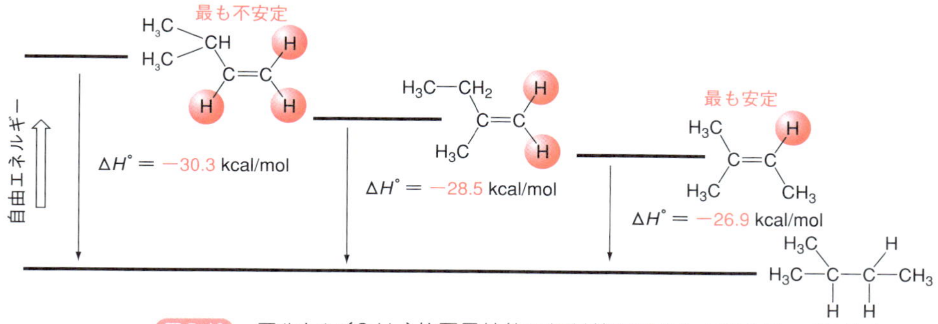

最も不安定

$\Delta H^\circ = -30.3$ kcal/mol

$\Delta H^\circ = -28.5$ kcal/mol

最も安定

$\Delta H^\circ = -26.9$ kcal/mol

自由エネルギー

図 7.10 アルケン(C_5H_{10})位置異性体の相対的安定性と水素化熱 (C_5H_{12})

	四置換	三置換	二置換(トランス)	二置換(シス)	一置換	無置換
ΔH°	−26.6 kcal/mol (−111 kJ/mol)	−26.9 (−113)	−27.6 (−115)	−28.6 (−120)	−30.1 (−126)	−32.8 (−137)

四置換 ＞ 三置換 ＞ 二置換(トランス＞シス) ＞ 一置換 ＞ 無置換

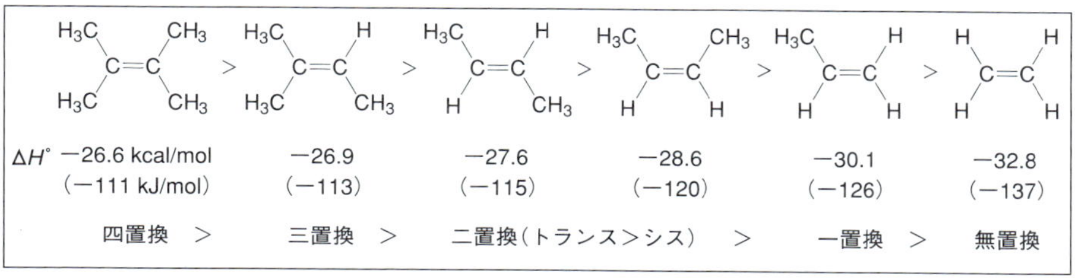

図 7.11 多置換アルケンの相対的安定性と水素化熱

多置換のアルケンがより安定である理由は，**超共役**(hyperconjugation)(5 章 p. 93 の Advanced 参照)で説明できる．これはアルケンの π 結合を構成する p 軌道が隣接するアルキル置換基の炭素−水素 σ 結合と平行に配置することによって，π 結合と σ 結合内の軌道が重なり，より大きな広がりをもつ分子軌道がつくられてエネルギー的により安定化するためである(図 7.12)．置換基間の立体反発が顕著でないかぎり，置換基が多いほどその超共役による安定化は増大する．

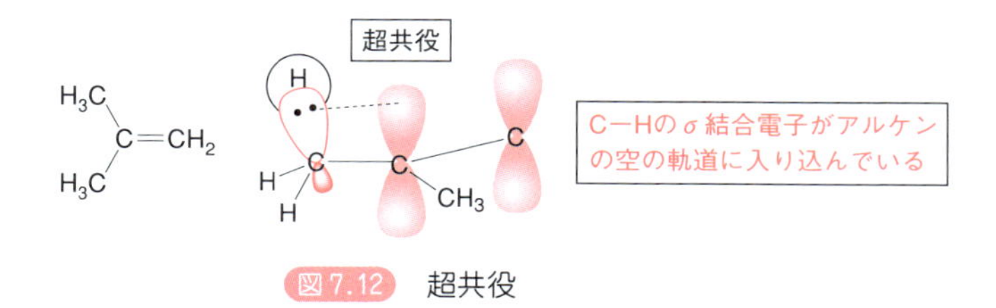

図 7.12 超共役

アルケンの相対的安定性はアルコールやハロゲン化アルキルの脱離反応で生成するアルケンの主生成物となる異性体を考えるときに重要になってくる(9 章および 10 章で学ぶ)．

7.3 アルケンの付加反応

アルケンは π 結合をもっており，この π 結合をめぐってさまざまな付加反応が起こるため，幅広く利用されている．だからといって，かなりの数の反応をおぼえなくてはいけない，などと恐れる必要はまったくない．すでに6.3.2項で付加反応の反応機構を学んでおり，この基本にたちかえれば反応を理解するのは容易である．6章の復習も兼ねてアルケンへの付加反応を詳しく学ぼう．

アルケンに対する付加反応(たとえば，エチレンに対する塩化水素の付加)は図7.13に示すように2段階の反応で成り立つ．まず，電子豊富なアルケンと電子が欠乏したプロトン(H^+)が反応し，カルボカチオンが生じる(図7.13 a)．続いて，電子が豊富な塩化物イオン(Cl^-)が，電子が欠乏したカルボカチオンを攻撃し付加物を形成する(図7.13 b)．このような付加反応は，形式上電子が豊富なアルケンへHClが付加しているので，**求電子付加反応**(electrophilic addition reaction)という．6.3.1項で述べたように，−(マイナス)や$\delta-$のように自らは電子が豊富で，電子不足な炭素を求める性質を**求核性**といい，求核性を示す分子(図7.13ではアルケンとCl^-)を**求核剤**とよぶ．一方，+(プラス)や$\delta+$のように，自らは電子が不足して電子が豊富な相手を求める性質を**求電子性**といい，求電子性を示す分子(図7.13ではHClとカルボカチオン中間体)を**求電子剤**とよぶ(6.3.1項参照)．

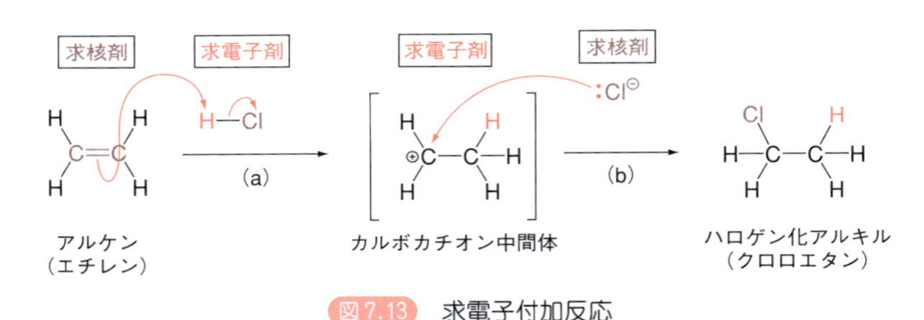

図7.13　求電子付加反応
(a) プロトンが反応してカルボカチオンが生成する．
(b) 求核剤がカルボカチオンを攻撃する．

7.3.1　カルボカチオン中間体の安定性

アルケンの求電子付加反応の中間体であるカルボカチオン中間体は正に荷電した炭素のカチオンであり，炭素上の炭素置換基の数の違いによって三つのグループに分けられている(図7.14)．すなわち，正に荷電した炭素に3個の炭素置換基(アルキル基)が結合しているものを第三級カルボカチオン，2個結合しているものを第二級カルボカチオン，1個結合しているものを第一級カルボカチオンという．これらのカルボカチオンの安定性は第三級カルボカチオンが最も高く，第二級カルボカチオン，第一級カルボカチオンの順に低くなる．これは，より多くのアルキル基が結合したカルボカチオンのほうがアルキル基から電子をより多く供与されてより安定になるからである(5章p. 93のAdvanced参照)．ここで述べた安定性の差はカルボカチオン

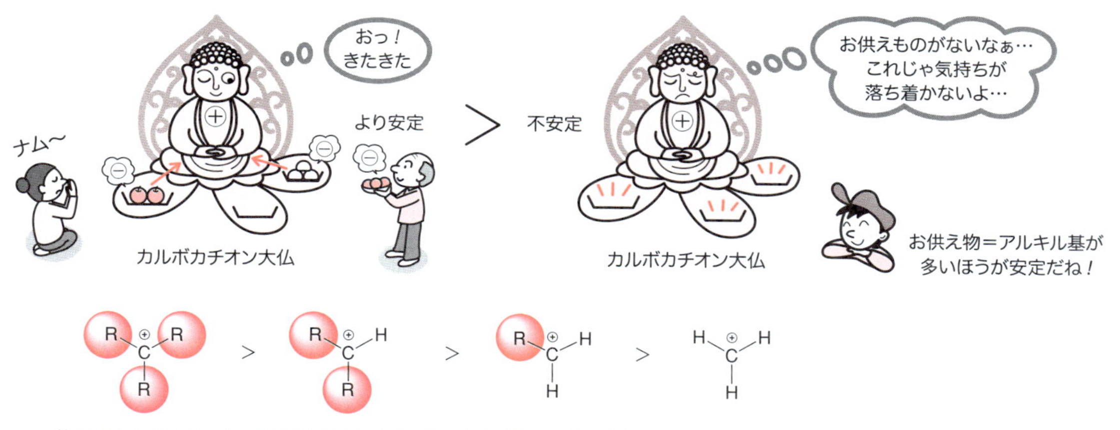

図 7.14 カルボカチオンの相対的安定性

どうしを比べた相対的なものであることに注意してほしい.

カルボカチオンは電荷を帯びているので，そもそも電荷を帯びていない分子と比べれば不安定である．しかし，反応の進行に伴って中間体としてカルボカチオンが生じるとき，できるだけ安定なカルボカチオンが生じるほうが反応が進みやすい．したがって，これらカルボカチオンの相対的な安定性を知っておく必要がある．

7.3.2 ハロゲン化水素のアルケンへの付加

アルケンにハロゲン化水素が付加すると，ハロゲン化アルキルが生成する．たとえば，エチレンに塩化水素が付加すると，クロロエタンが生成する（図 7.13）．では，プロペンに塩化水素が付加したらどうなるだろうか．この場合，ハロゲンおよび水素が二重結合のどちらの炭素に付加するかによって，2 種類の生成物が生じる可能性がある（図 7.15）．実際には，どちらの生成物が優先して生じるのだろうか．このような付加反応の**位置選択性**（regioselectivity）について，反応機構をもとにして考えよう．

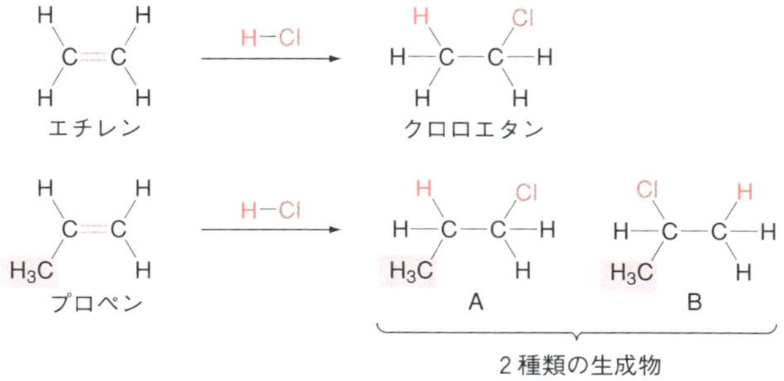

エチレン —H−Cl→ クロロエタン

プロペン —H−Cl→ A, B（2 種類の生成物）

図 7.15 付加反応の位置選択性

7.3.3 Markovnikov 付加

SBO アルケンへの代表的な付加反応を列挙し，その特徴を説明できる．
SBO 代表的な位置選択的反応を列挙し，その機構と応用例について説明できる．

マルコフニコフ則でも OK.

アルケンに塩化水素のような強酸性のハロゲン化水素を作用させると，はじめにプロトン(H^+)が付加し，カルボカチオン中間体が生成する．続いて，このカルボカチオン中間体に対して塩化物イオンが攻撃し，炭素–ハロゲン結合が形成されてハロゲン化アルキルが生成する．このときの水素とハロゲンが付加する位置は，水素が多いほうの炭素にプロトンが，炭素置換基の多いほうの炭素にハロゲン化物イオンが結合しやすい．このような位置選択性を **Markovnikov 則**(マルコフニコフ)(Markovnikov rule)とよぶ．たとえば，図 7.16 の塩化水素の付加反応では，**B** の生成物が選択的に得られる(6.4.2 項，図 6.43 参照)．

Markovnikov 則は多くの付加反応を検討した結果，経験則として導きだされたが，なぜ Markovnikov 則が成り立つのだろうか．その理由はカルボカチオン中間体の安定性にある．図 7.16 に示したように，**A** の生成物は第一級カルボカチオンを経由して得られる．一方，**B** の生成物は第二級カルボカチオンを経由して得られる．このように，反応経路が二つある場合，化学反応はエネルギー的により安定な経路を通って進行する．このため，中間体のより安定な第二級カルボカチオンを経る **B** がより多く生成することになる．したがって，Markovnikov 則のいわんとする真意は，より安定なカルボカチオン中間体を生成する反応経路が選択されると解釈したほうがよいであろう．

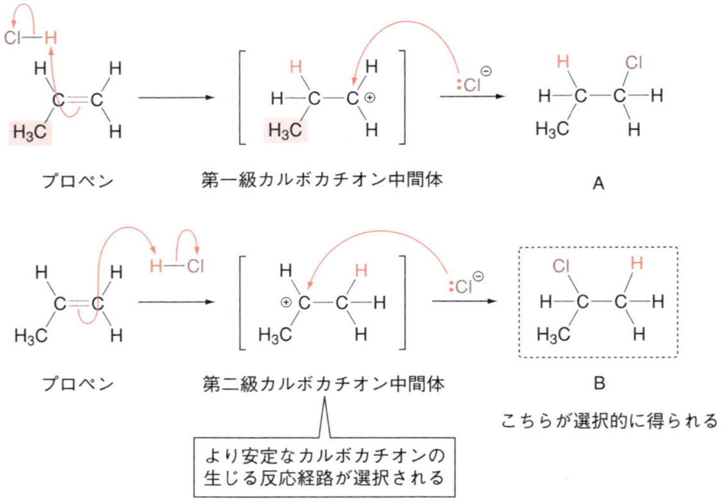

プロペン　第一級カルボカチオン中間体　A

プロペン　第二級カルボカチオン中間体　B

こちらが選択的に得られる

より安定なカルボカチオンの生じる反応経路が選択される

図 7.16 Markovnikov 則

7.3.4 酸触媒の存在下における水およびアルコールのアルケンへの Markovnikov 付加

ハロゲン化水素の代わりに水をアルケンに付加させようとしても，水だけでは反応が進行しない．水は強酸ではないので，はじめにアルケンにプロトン(H^+)が付加するステップが起こらないからである．そこで，プロトンを供給することのできる濃硫酸のような強酸を触媒として用い，水やアルコールをアルケンに付加させる．とくに水が付加する反応を**水和反応**という(図7.17)．このときの位置選択性もハロゲン化アルキルのときと同様に，Markovnikov 則に従う．これらの付加反応では，単に反応のパターンのみを覚えるのではなく，プロトンの付加によって生成するカルボカチオン中間体の安定性をつねに考えるようにしたい．

SBO アルケンへの代表的な付加反応を列挙し，その特徴を説明できる．

プロペン　第一級カルボカチオン中間体　A

プロトン(酸触媒)が再生される

プロペン　第二級カルボカチオン中間体　B

Bが選択的に得られる

より安定なカルボカチオンが生じる経路が選択される

図 7.17 アルケンの水和反応

Advanced 酢酸水銀による水のアルケンへの Markovnikov 付加(オキシ水銀化)

酸触媒の代わりに酢酸水銀を用いても，水はアルケンに付加する．この場合，はじめに水銀イオンがアルケンと反応し，次いで水がアルケンに Markovnikov 付加する．この付加反応を**オキシ水銀化**(oxymercuration)という．酸触媒の存在下におけるアルケンへの水の付加反応と同様の位置選択性を示し，より多くアルキル基が置換した炭素上に水が求核的に付加反応を起こす．オキシ水銀化の付加生成物をさらに水素化ホウ素ナトリウム($NaBH_4$)で還元して水銀をはずすことにより，効率的に Markovnikov 付加したアルコールが得られる(図 7.18)．このように，水銀はアルケンの二重結合を活性化させる働きがあり，有用な反応剤として用いられるが，毒性があるので使用にあたっては十分注意すべきである．

図 7.18　オキシ水銀化の例

7.3.5　水素のアルケンへの付加 —— 接触水素化による水素のシン付加

SBO アルケンへの代表的な付加反応を列挙し，その特徴を説明できる．
SBO アルケンの代表的な酸化，還元反応を列挙し，その特徴を説明できる．
SBO 代表的な立体選択的反応を列挙し，その機構と応用例について説明できる．

アルケンはパラジウム(Pd)，白金(Pt)，ニッケル(Ni)などの金属触媒の存在下で水素(H_2)と反応させると，水素が付加して対応する飽和のアルカンを生成する．これを二重結合が**水素化**(hydrogenation)された，または**還元**されたという．金属触媒を用いた水素化では，図 7.19 に示したように触媒表面上で(接触して)反応が起こるので，**接触水素化**〔catalytic hydrogenation，または**接触還元**(catalytic reduction)〕という．**酸化**(oxidation)と**還元**(reduction)については，9 章(p. 197 の Advanced)で詳しく述べるが，当面，酸化は炭素-酸素結合ができ，還元は炭素-水素結合ができると理解しておこう．

アルケンの接触水素化では，つねにアルケンの二重結合の同じ面から二つ

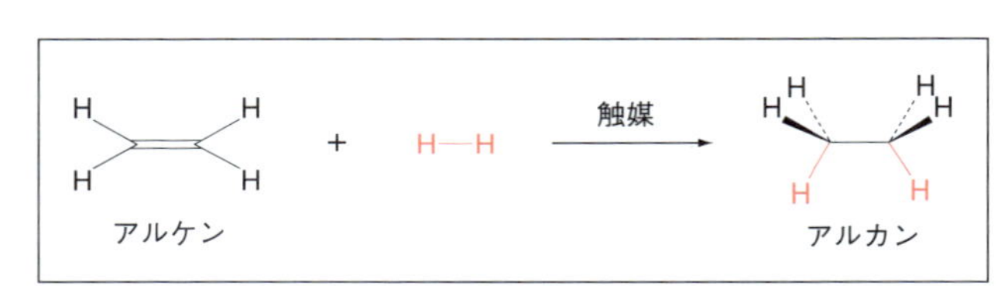

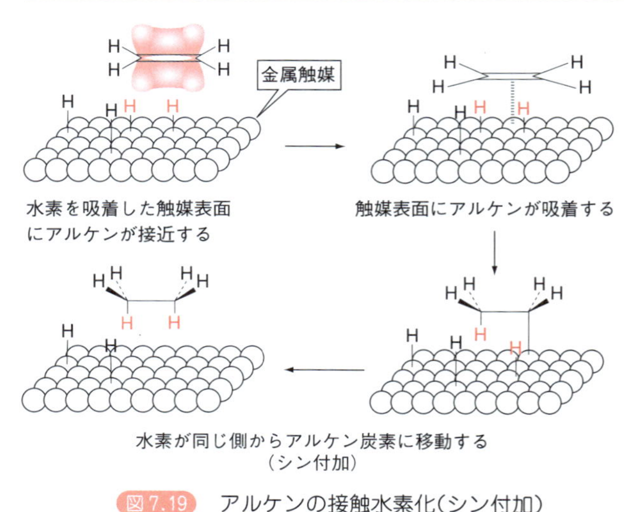

図 7.19　アルケンの接触水素化(シン付加)

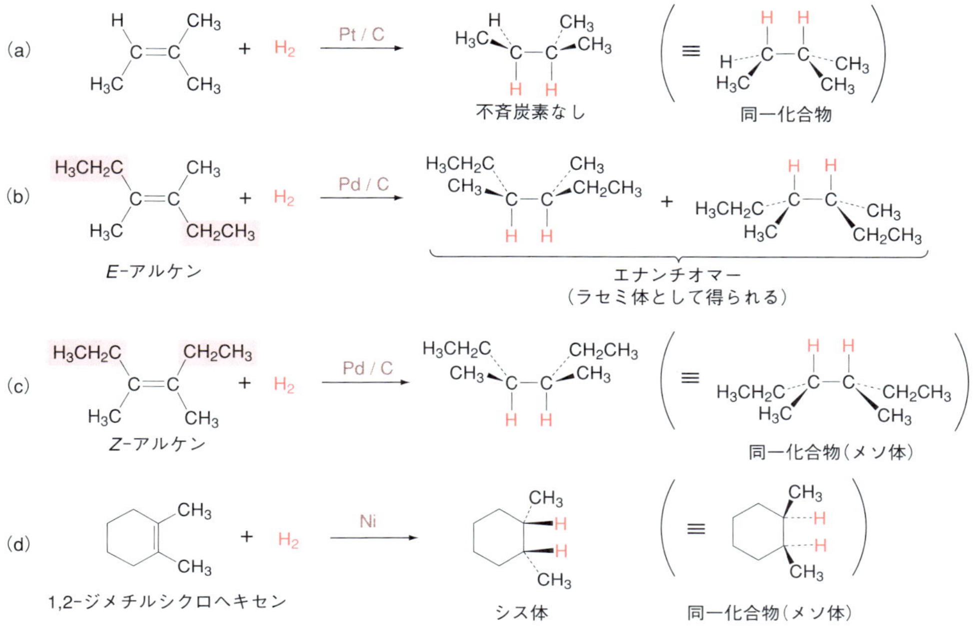
(a)
H
CH3
C=C
H3C
CH3
+ H2
Pt / C
H
CH3
H3C
C—C
CH3
H H
不斉炭素なし
≡
H H
H
C—C
CH3
H3C
CH3
同一化合物
(b)
H3CH2C
CH3
C=C
H3C
CH2CH3
E-アルケン
+ H2
Pd / C
H3CH2C
CH3
CH3
C—C
CH2CH3
H H
+
H H
H3CH2C
C—C
CH3
H3C
CH2CH3
エナンチオマー
(ラセミ体として得られる)
(c)
H3CH2C
CH2CH3
C=C
H3C
CH3
Z-アルケン
+ H2
Pd / C
H3CH2C
CH2CH3
CH3
C—C
CH3
H H
≡
H H
H3CH2C
C—C
CH2CH3
H3C
CH3
同一化合物(メソ体)
(d)
CH3
CH3
1,2-ジメチルシクロヘキセン
+ H2
Ni
CH3
H
H
CH3
シス体
≡
CH3
H
H
CH3
同一化合物(メソ体)

図 7.20 接触水素化と立体化学

金属触媒は活性炭に吸着させて用いられることが多い．Pt/C および Pd/C は，それぞれ触媒の白金とパラジウムを活性炭にまぶしたものである．

の水素原子が付加(**シン付加**，syn addition)してアルカンを与える．これは金属表面上に吸着された水素がアルケンの同じ面に受け渡されることによる．二重結合の反対側の面から水素が一つずつ結合するような**アンチ付加**(anti addition)は起こらない(図 7.20)．

接触水素化はシン付加で進行するが，アルケン平面の両側から起こりうるために，生成物の立体化学には注意が必要である．図 7.20 に示したように，用いるアルケンによっては，不斉炭素が生じてラセミ体が得られたり，メソ体(同一化合物)が得られたりする．

たとえば，(a)では不斉炭素が生じないので単一の化合物が得られるが，(b)の E-アルケンでは不斉炭素が生じ，両方のエナンチオマーが同じ比率で生成するので結果としてラセミ体が得られる．一方，(c)の対称な Z-アルケンの場合には不斉炭素が生じるが，生成物はメソ体であり同一化合物である．(d)の対称な環状アルケンではシス体の化合物が得られる．この化合物もメソ体である．生成物の立体化学については，この反応がシン付加であることを考えたうえで，4 章を復習し理解してほしい．

SBO アルケンへの代表的な付加反応を列挙し，その特徴を説明できる．
SBO アルケンの代表的な酸化，還元反応を列挙し，その特徴を説明できる．
SBO 代表的な立体選択的反応を列挙し，その機構と応用例について説明できる．

7.3.6 アルケンのヒドロホウ素化(シン付加)とアルコールへの酸化

ボラン(BH_3)はホウ素と水素の化合物である．分子式からわかるように，ホウ素原子はオクテット則を満たさず，空の p 軌道をもっている(2.3.2 項および図 2.39 参照)．したがってアルケンにボランを作用させると，アルケン上の π 電子を求めてボランが付加反応を起こす．これを**ヒドロホウ素化**(hydroboration)反応といい，高いシン特異性と位置選択性を伴って付加反応が進行する．

一般に，ヒドロホウ素化反応によって生成するアルキルボラン付加物は比較的安定だが，続いてこれをアルカリ性条件下に過酸化水素(H_2O_2)によって酸化すると，C−B 結合が酸化的に切断されてアルコールへ変換される(図 7.21)．この方法は，アルケンからアルコールを合成する一つの有用な反応である．

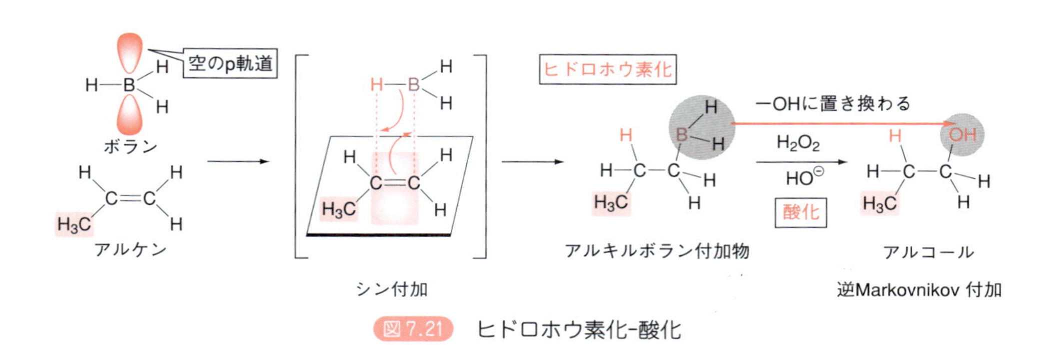

図 7.21　ヒドロホウ素化-酸化

ヒドロホウ素化がシン特異的である理由は，付加反応の過程でホウ素-水素結合の切断が反応のかなり後の段階まで起こらないことに起因している．アルケンの二つの π 電子がホウ素の空軌道に移動するのと同調して，水素がホウ素との結合電子対をもってホウ素から離れ，そのままアルケン上に移動して協奏的に付加反応が進行する．この過程において，元のアルケンの立体配置が変わることはない．

ヒドロホウ素化のもう一つの特徴はボランが位置選択的にアルケンに付加することである．図 7.21 で示すように，ホウ素はアルキル置換基の少ない炭素に付加し，水素はアルキル置換基の多い炭素に付加する(理由については p. 137 の Advanced 参照)．このようにして得られたアルキルボラン付加物は，酸化反応を経て，ホウ素が結合していた炭素に，ヒドロキシ基(−OH)が置き換わって結合したアルコールになる．結果として，ヒドロホウ素化-酸化によって，元のアルケンのアルキル置換基の多い炭素に水素が付加し，アルキル置換基の少ない炭素にヒドロキシ基(−OH)が結合するので，**逆 Markovnikov 付加**[*2] が起こったことになる．図 7.22 に示すように，アルケンの酸触媒下の水和によるアルコールの合成では，Markovnikov 付加生成物が得られる(7.3.4 項)ので，ヒドロホウ素化-酸化は酸触媒下の水和では得

*2 反 Markovnikov 付加ともいう．

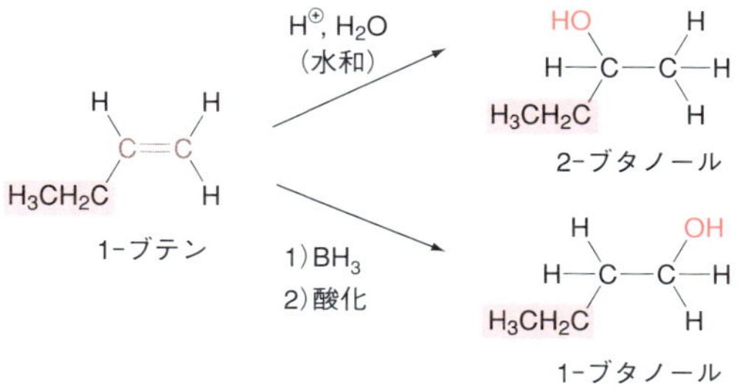

図 7.22 アルケンからアルコール位置異性体の合成

られないアルコールを合成するのに有用である．

最後に，ボランを使ったヒドロホウ素化は効率がよいこともつけ加えておく．ボラン 1 分子には水素が三つ結合しているので，1 分子のボランがヒドロホウ素化反応を最大で 3 回行うことができる．つまり，ヒドロホウ素化-酸化によって，ボラン 1 分子で 3 分子のアルケンをアルコールに変換することができるのである(図 7.23)．

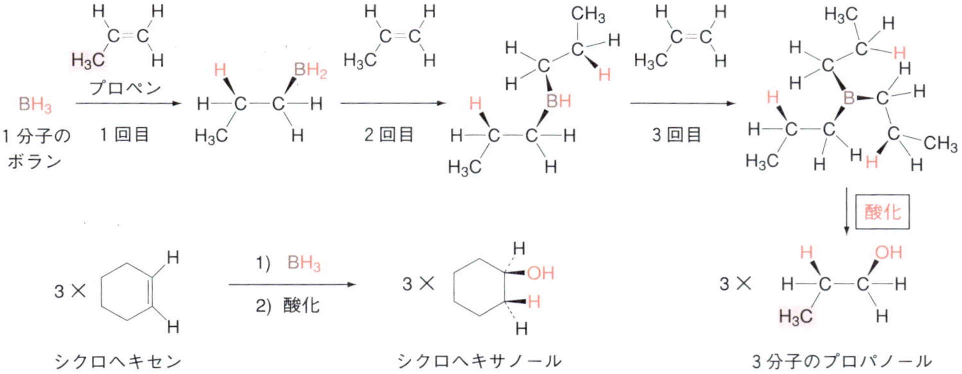

図 7.23 効率がよいヒドロホウ素化-酸化
1 分子のボランを用いて 3 回のヒドロホウ素化が起こり，酸化により 3 分子のアルコールができる．

Advanced ヒドロホウ素化の位置選択性

ヒドロホウ素化反応はなぜ，位置選択的に進行するのか．二つの理由を考えることができる．一つはボランが非対称アルケンに付加するときの立体反発で，もう一つはカルボカチオンの安定性である．

まず，立体反発について考えてみよう．非対称アルケンでは二重結合を構成する一方の炭素に他方より多くの置換基(アルキル基)が結合しており，立体的により込みあっている．ボランについても同様に考えると，ホウ素には三つの水素がついているので込みあっているが，水素の近傍は比較的空いている．これら非対称アルケンとボランが互いに接近するとき，かさ高いものどうしの接近ではぶつかりあって立体反発が大きくなってしまう．そこで，反発を避けるように置換基が多くてかさ高い炭素には小さな水素，置換基が少ない炭素にはかさ高いホウ素が結合する向きで近寄っていくのである（図 7.24）．

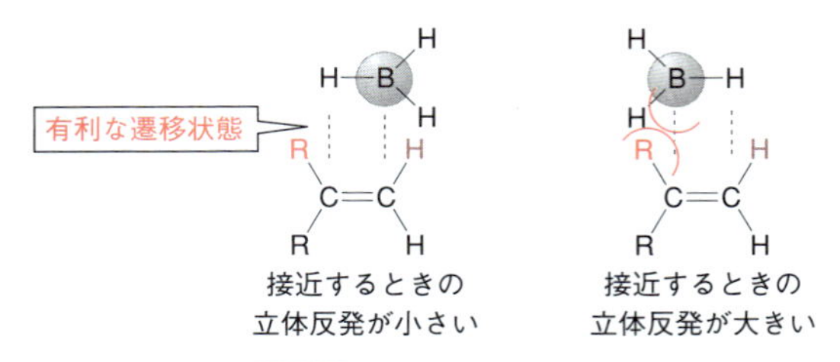

図 7.24 かさ高さと立体反発の大きさ

次に，カルボカチオンの安定性について考えよう．ボランがアルケンに付加する原動力は，ボランのホウ素原子がオクテット則を満たしていないため，ホウ素原子のルイス酸性が高いこと，また，ホウ素よりも水素のほうがより電気陰性度が大きく，ホウ素はやや正の電荷を帯びていることがあげられる．このようなボランとアルケンが反応すれば，アルケンの π 電子からホウ素原子に電子が流れ込むことになる（図 7.25）．このとき，アルケンのどちらかの炭素が電子を失ってカルボカチオンに近い状態になる．電子が欠乏してもより安定な状態になりやすい炭素，すなわちカルボカチオンとしてより安定な炭素が生じる側が電子不足になれば都合がよい．いい方をかえれば，ボランはアルケンから電子をもらうときに，より安定なカルボカチオンをつくれるように場所を選んで付加していることになる．

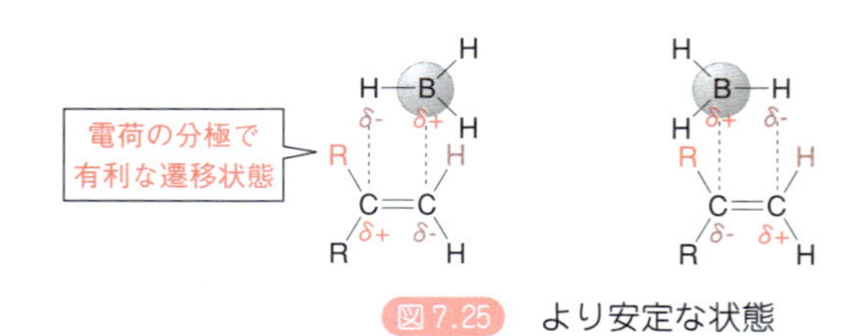

図 7.25 より安定な状態

ヒドロホウ素化では付加反応の過程で明確なカルボカチオンを経由しないが，カルボカチオンになったときの安定性を考えれば，アルキル置換基の多いほうの炭素に水素が結合し，アルキル置換基の少ないほうにホウ素が結合することがわかるだろう．

このように，ヒドロホウ素化反応の位置選択性は立体的要因とカルボカチオン様の遷移状態の安定性という電子的な要因の両方によって，支持されて生じるものである．

SBO アルケンへの代表的な付加反応を列挙し，その特徴を説明できる．

7.3.7 アルケンへのハロゲンの付加 ── アンチ付加

臭素は強い腐食性のある褐色の液体である．この臭素をアルケンに作用させると，すみやかに褐色は消える．これは臭素がアルケンの二重結合に付加し，1,2-ジ臭素化物を生成するためである(図7.26)．

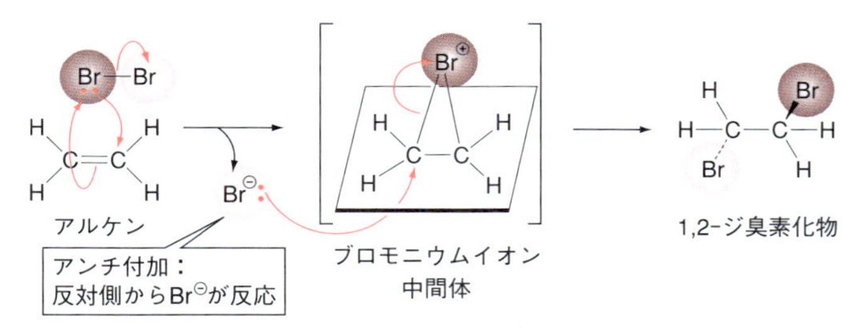

図7.26 ハロゲンのアルケンへのアンチ付加反応

このようなハロゲン(臭素や塩素など)のアルケンへの付加反応を考えてみよう．図7.26に示したように，アルケンが臭素分子と反応すると，臭素-臭素結合の開裂を伴って，三員環のブロモニウムイオン中間体が生成する．この中間体に，遊離している臭化物イオン(Br^-)が臭素-炭素結合の反対側から求核置換攻撃をしかけることにより，三員環が開裂して付加反応が完結する．この反応は**アンチ付加**のみが起こり，特定の立体異性体のみが生成する**立体特異的反応**(stereospecific reaction)である．

SBO 代表的な立体選択的反応を列挙し，その機構と応用例について説明できる．

この反応も生成物の立体化学には注意する必要がある．たとえば，図7.27に示したように，*trans*-2-ブテンと*cis*-2-ブテンへのハロゲンの付加反応では不斉炭素が生じ，それぞれメソ体とエナンチオマー(ラセミ体として)が

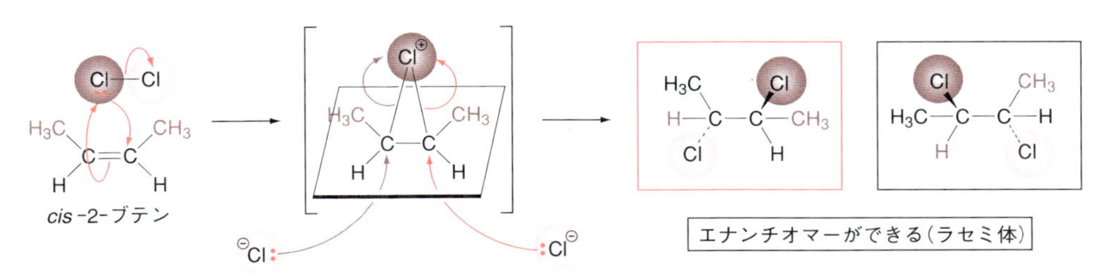

図7.27 ハロゲンのアルケンへのアンチ付加と立体化学

得られる.

7.4 アルケンの酸化

SBO アルケンへの代表的な付加反応を列挙し，その特徴を説明できる.
SBO アルケンの代表的な酸化，還元反応を列挙し，その特徴を説明できる.
SBO 代表的な立体選択的反応を列挙し，その機構と応用例について説明できる.

アルケンの炭素-炭素二重結合は酸化剤(四酸化オスミウムや過マンガン酸カリウム，オゾンなど)と反応し，ジオールに変換されたり，炭素-炭素結合が切断されたりする.

7.4.1 アルケンのジオールへの変換(オスミウム酸化)

アルケンは酸化剤である四酸化オスミウム(OsO_4)と反応し，環状中間体を形成する．続いて，これを亜硫酸水素ナトリウム($NaHSO_3$)によって分解すると，二つのヒドロキシ基がシン付加した *cis*-1,2-ジオールが得られる．この反応をオスミウム酸化という(図 7.28a).

同様に，アルケンは過マンガン酸カリウム($KMnO_4$)を用いて塩基性条件で酸化しても，同様な環状中間体を経て，*cis*-1,2-ジオールに酸化される．このとき，反応を加熱条件下あるいは中性〜酸性で行うと，さらに炭素-炭素結合が切断されて，アルコールが酸化され，ケトンやカルボン酸が得られる(図 7.28b).

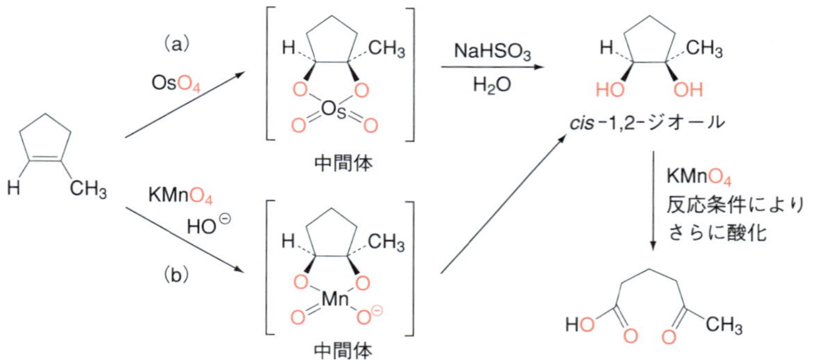

図 7.28 四酸化オスミウム(a)および過マンガン酸カリウム(b)によるアルケンの酸化

7.4.2 アルケンの開裂(オゾン酸化)

酸素中で放電すると，酸素(O_2)から強力な酸化剤であるオゾン(O_3)が発生する．オゾンはアルケンと協奏的(反応が中間体を経ずに一段階で進むこと)な付加環化反応を起こし，初期オゾニド(モルオゾニドともいう)を形成する．初期オゾニドは不安定で，さらに酸素が転位したオゾニドが生成する(図 7.29)．オゾニドは爆発性があり危険なため，単離することなく，すみやかに還元的あるいは酸化的に処理して，生成物を単離する.

オゾニドの還元的処理には，i) ジメチルスルフィド$(CH_3)_2S$ やトリフェ

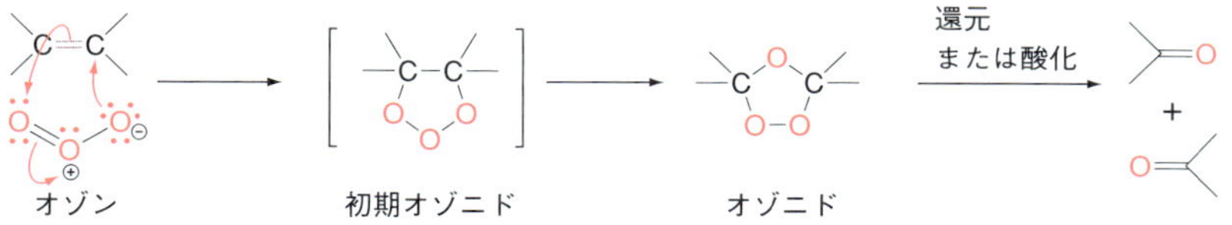

図 7.29　アルケンとオゾンの反応

ニルホスフィン $P(C_6H_5)_3$ を用いるもの，ii）亜鉛-酢酸を用いるもの，iii）水素化ホウ素ナトリウムを用いるもの，などがある．i)および ii)では対応するアルデヒドやケトンが，iii)ではアルデヒドやケトンがさらに還元されてアルコールが得られる(図 7.30)．また，酸化的処理には過酸化水素がよく用いられ，この場合には対応するケトンとカルボン酸が得られる．カルボン酸が得られるのは，反応物のアルケンの炭素上に水素がある場合であり，アルデヒドの酸化を経て得られる．

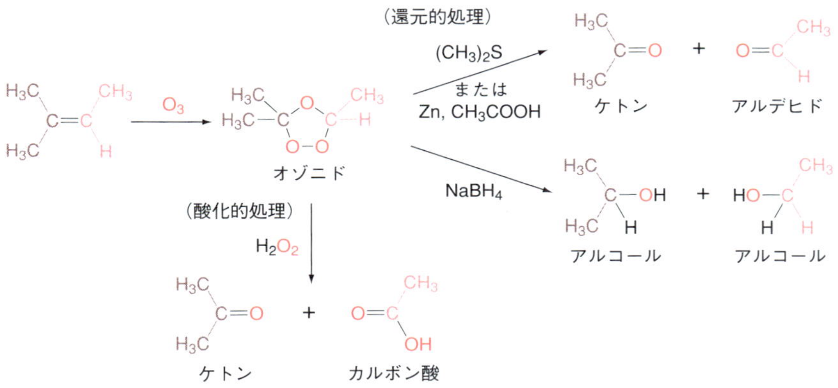

図 7.30　オゾン酸化
炭素-炭素結合が開裂する．

Advanced　イオンでもなく，ラジカルでもないカルベン

6 章で学んだように，有機化学反応にはイオン反応やラジカル反応があり，これらの反応ではイオンやラジカルが反応剤として働いている．しかし，これらのほかに有機化学に用いられる反応剤として，カルベン(R_2C:)がある．

カルベンの炭素原子のまわりには 6 個の電子しか存在せず，電子が欠乏している．したがって，カルベンは電子が豊富なアルケンと反応し，シクロプロパンを生成する(図 7.31)．カルベンは電荷をもたない(電気的には中性)が，sp^2 混成軌道の炭素上に空の軌道があるという点ではカルボカチオンと似ており，求電子剤として働く．

SBO 反応中間体(カルベン)の構造と性質を説明できる．

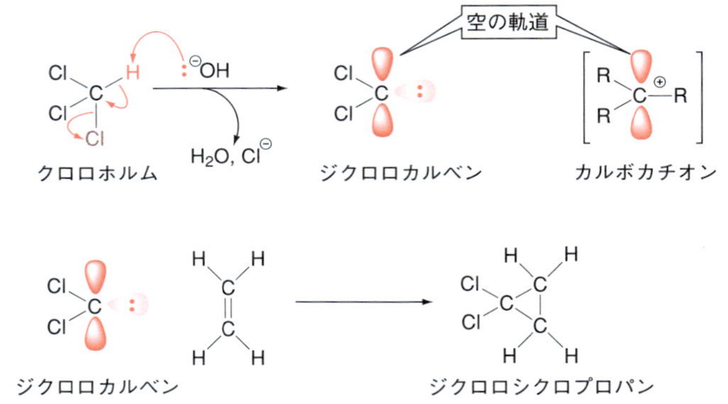

図 7.31　カルベンの反応

7.5 共役ジエンへのハロゲンの付加

SBO 共役化合物の物性と反応性を説明できる.

二重結合が二つあるアルケンを**ジエン**(diene)とよぶ．ジエンは共役しているもの(**共役ジエン**)と共役していないもの(**非共役ジエン**)では大きく性質が異なる．2.4.3項で学んだように，共役した構造ではπ軌道が重なりあうので，軌道のなかの電子は移動することができる．このように共役した二重結合をもつ共役ジエンでは電子が非局在化しているので，共役していないアルケンとは異なる反応が起こる．

たとえば，非共役ジエンである1,4-ペンタジエンに1当量のHBrを作用させても1種類の生成物しかできない．ところが，共役ジエンである1,3-ブタジエンに1当量のHBrを作用させると，2種類の生成物ができる(図7.32)．これはなぜだろうか．

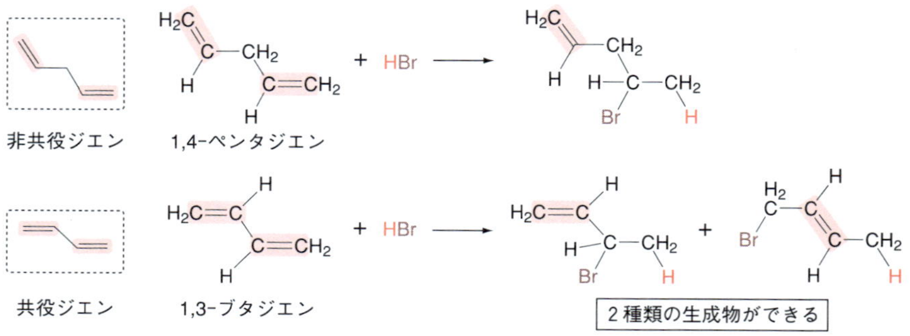

図 7.32　共役ジエンと非共役ジエンへの臭化水素の付加

7.5.1 1,3-ブタジエンへの臭化水素の付加

共役ジエンに臭化水素を作用させると，アルケンへの臭化水素の付加と同様に(7.3.3 項参照)，はじめにプロトン(H^+)が Markovnikov 則に従って末端の炭素に結合する(図 7.33)．このときに生じるカルボカチオン中間体 **A** では，カルボカチオンの炭素の隣にある二重結合から π 結合の電子が移動することができ，カルボカチオン中間体 **B** になりうる．つまり，カルボカチオン中間体 **A** とカルボカチオン中間体 **B** のあいだで電子が非局在化した〝共鳴〟の状態にある．求核剤であるブロモニウムイオンはこの二つのカルボカチオン中間体のどちらにも求核攻撃をすることができるので，結果として 2 種類の生成物が得られる．

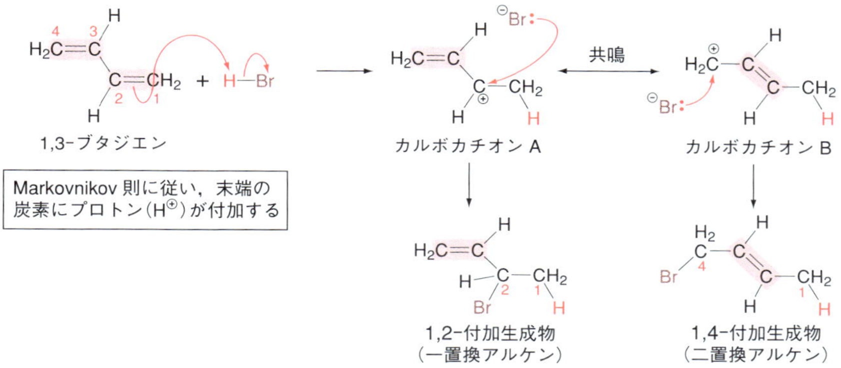

1,3-ブタジエン
Markovnikov 則に従い，末端の炭素にプロトン($H^{\oplus}$)が付加する
カルボカチオン A
共鳴
カルボカチオン B
1,2-付加生成物
(一置換アルケン)
1,4-付加生成物
(二置換アルケン)

図 7.33 1,3-ブタジエンへの臭化水素の付加

カルボカチオン中間体 **A** から生成した付加体では 1,2 位の炭素に付加が起こったことになるので 1,2-付加生成物とよび，カルボカチオン中間体 **B** から生成した付加体では 1,4 位の炭素に付加が起こったことになるので 1,4-付加生成物とよぶ．同じ反応を行っても，1,2-付加生成物と 1,4-付加生成物のどちらが多く得られるか(生成比)は，反応の条件によって異なる．一般に，反応温度が低いときには 1,2-付加生成物(速度論的生成物)が優先し，反応温度が高いときにはより多置換アルケンである 1,4-付加生成物(熱力学的生成物)が優先する．

7.6 アルキンとは

SBO アルキンの代表的な反応を列挙し，その特徴を説明できる．

有機分子中に炭素-炭素三重結合をもつ炭化水素は**アルキン**(alkyne)と総称される．最も小さいアルキンであるアセチレン HC≡CH は気体であり，酸素を加えて燃焼させると高温の炎を生じるため，金属の溶接に用いられる．例は少ないが，官能基としてアルキンを含む天然物や医薬品もいくつかある．代表例を図 7.34 に示す．

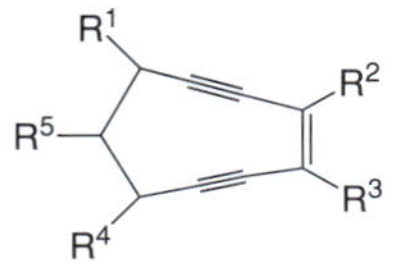

エンジイン系化合物
（抗がん作用をもつ一群の天然物．医薬品としても開発されている）

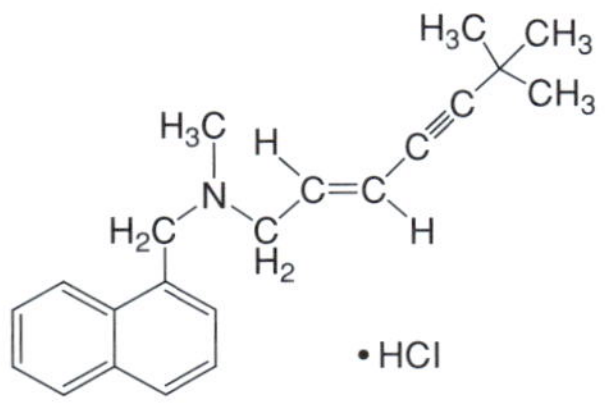

テルビナフィン塩酸塩
（抗真菌薬）

図 7.34　アルキンを含む天然物や医薬品

アルキンには π 結合があるので，アルキンの反応としてはアルケンの場合と同じように，おもに付加反応が起こる．一方，末端アルキンに結合した水素は高い酸性度をもつ（5 章 p. 96 の Advanced 参照）．この性質に基づき，アルキンを酸性化合物として用いた化学反応も多く，7.8 節でとりあげる．

7.6.1　アルキンへのハロゲン化水素の付加

アルキンに対しちょうど 1 当量の臭化水素を作用させると，Markovnikov 則に従ったハロゲン化アルケンが生成する（図 7.35）．過剰の臭化水素が存在している場合には，生成したアルケンに付加反応がさらに進行して，同じ炭素上に二つの臭素が結合した *gem*-ジブロモアルカンが生成する．

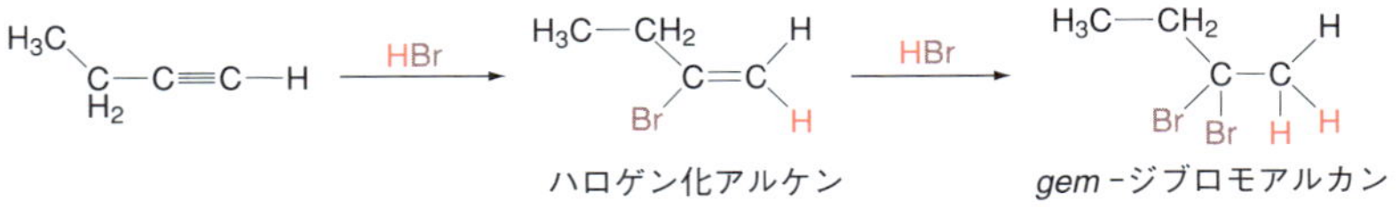

ハロゲン化アルケン　　*gem*-ジブロモアルカン

図 7.35　ハロゲン化水素のアルキンへの付加
gem- は geminal の略．重複したという意味で，同じ炭素に同種の原子が結合していることを示す．

7.6.2　末端アルキンのケトンおよびアルデヒドへの変換（水和反応およびヒドロホウ素化-酸化反応）

末端アルキン（三重結合の末端が水素であるアルキン）に対して水銀塩(II)を触媒として用いて水和反応を行うと，アルケンの場合と同様に Markovnikov 則に従って水和反応が進行し，二重結合の炭素に直接ヒドロキシ基が結合した**エノール**（enol = *ene* + *ol*）[*3] が生成する．エノールは不安定な構造であり，**ケトン**（ketone）に変換される．これを**ケト-エノール互変異性**という（図 7.36）．なお，ケト-エノール互変異性については 12 章で詳細を学ぶ．水銀塩(II)を触媒する末端アルキンへの水和反応は，ケトンの

*3 enol は二重結合を示す ene とヒドロキシ基を示す ol に由来する（12.3.2 項参照）．

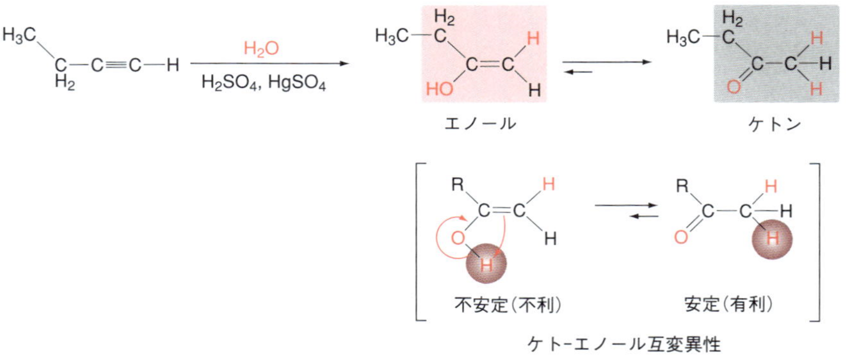

エノール　　ケトン

不安定（不利）　　安定（有利）

ケト-エノール互変異性

図 7.36　末端アルキンをケトンに変換

合成法として有用である．

ボランは，アルケンと同様にアルキンにもすみやかに反応する．比較的立体障害の少ない末端アルキンに対してはヒドロホウ素化が2度起こり，過酸化水素による酸化を受けてアルデヒドに変換される(図7.37)．末端アルキンに対するヒドロホウ素化はアルデヒドの合成法として有用である．

図7.36および図7.37を比較すると，末端アルキンを原料に用いたこれら二つの反応は，互いに異なる生成物を与える相補的なものであることがわかるだろう．

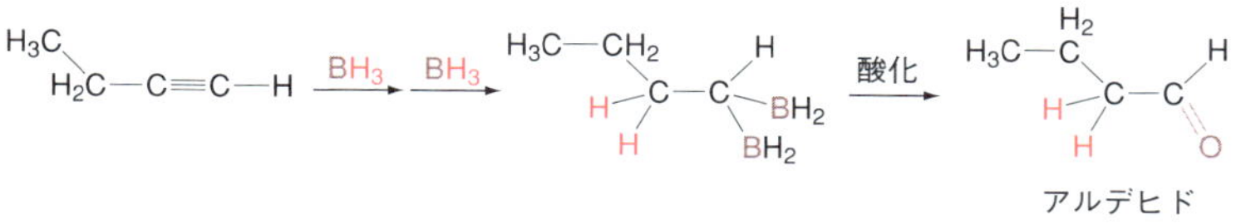

$H_3C{-}H_2C{-}C{\equiv}C{-}H \xrightarrow{BH_3} \xrightarrow{BH_3} H_3C{-}CH_2{-}CH_2{-}CH(BH_2)_2 \xrightarrow{\text{酸化}} H_3C{-}CH_2{-}CH_2{-}CHO$

アルデヒド

図7.37 末端アルキンのアルデヒドへの変換

7.7 アルケンの合成

アルケンの代表的な合成法には，i）アルキンの還元によるものと，ii）アルコールの脱水やハロゲン化アルキルからの脱ハロゲン化水素，およびリンイリドを用いたWittig(ウィッティヒ)反応など，脱離反応を基本とするもの，の大きく二つに分けられる．後者については後の章で詳しく述べるので，ここではi)のアルキンの還元による合成法についてのみとりあげる．

SBO アルケンの代表的な合成法について説明できる．

7.7.1 Lindlar触媒によるアルキンの接触水素化

アルキンをPdやPtおよびNiなどの金属触媒の存在下で水素化すると，水素のシン付加によりアルケンが生成するはずである．ところが，その段階で還元を停止することは難しく，さらに反応が進みアルカンにまで還元されてしまう．還元をアルケンの段階で停止させるためには，活性を低下させた触媒が用いられる．**Lindlar(リンドラー)触媒**(Lindlar catalyst)はパラジウムに酢酸鉛やキノリンを添加してその触媒活性を低下させたもので，アルキンの三重結合の還元をアルケンの段階で停止させることができる．とくに，シス型のアルケンのみを選択的に合成したいときによく用いられる触媒である(図7.38)．

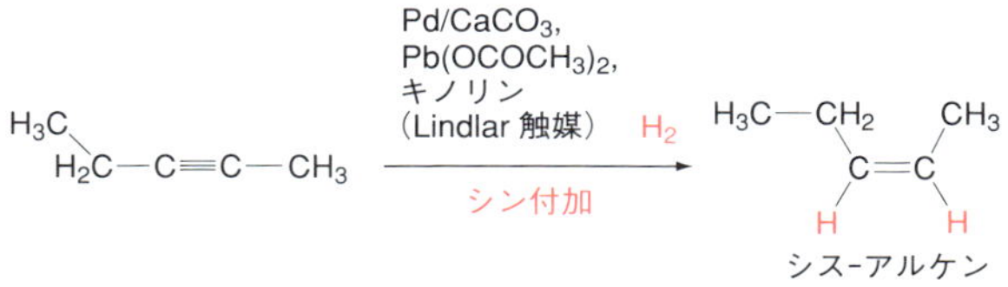

$H_3C{-}H_2C{-}C{\equiv}C{-}CH_3 \xrightarrow[\text{シン付加}]{Pd/CaCO_3,\ Pb(OCOCH_3)_2,\ \text{キノリン (Lindlar 触媒)}\ H_2}$ (H, H シス) $H_3C{-}CH_2(H)C{=}C(H)CH_3$

シス-アルケン

図7.38 Lindlar触媒を用いたシス-アルケンの合成

7.7.2　アルキンの Birch 還元

リチウムやナトリウムなどのアルカリ金属を低温下で液体アンモニア中に溶かし多重結合化合物と作用させると，還元反応が起こる(図 7.39)．これを **Birch 還元**(バーチ)(Birch reduction)という．アルキンは Birch 還元によってトランス-アルケンに変換される．この反応はラジカル反応で進行する．

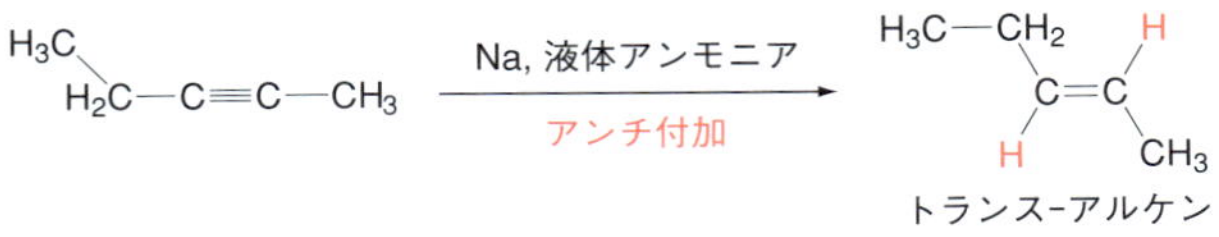

$H_3C-CH_2-C{\equiv}C-CH_3$ —(Na, 液体アンモニア / アンチ付加)→ トランス-アルケン

図 7.39　Birch 還元によるトランス-アルケンの合成

7.8　アルキンの合成

SBO アルキンの代表的な合成法について説明できる．

アルキンの代表的な合成法はアセチレンのような末端アルキンをアルキル化する方法とハロアルカンやハロアルケンなどの脱離反応を行うものに大きく分けられる．ここでは末端アルキンのアルキル化により内部アルキンを合成する方法についてのみをとりあげる．

アルキンの炭素-炭素三重結合のそれぞれの炭素原子は s 性の高い sp 混成軌道をとっている．したがって，末端アルキンの酸性度は sp^2 混成軌道の末端アルケンや sp^3 混成軌道のアルカンよりも高く，プロトン(H^+)を放出しやすい(5 章 p. 96 の Advanced 参照)．そこで，強い塩基を用いて末端アルキンを脱プロトン化し，**アセチリドアニオン**($RC{\equiv}C{:}^-$)を発生させる．アセチリドアニオンは優れた求核剤であり，ハロゲン化アルキルと容易に置換反応を起こして内部アルキン(三重結合の両端が置換しているアルキン)が得られる．ハロゲン化アルキルの炭素鎖を変えれば，さまざまな内部アルキンを合成することができる(図 7.40)．

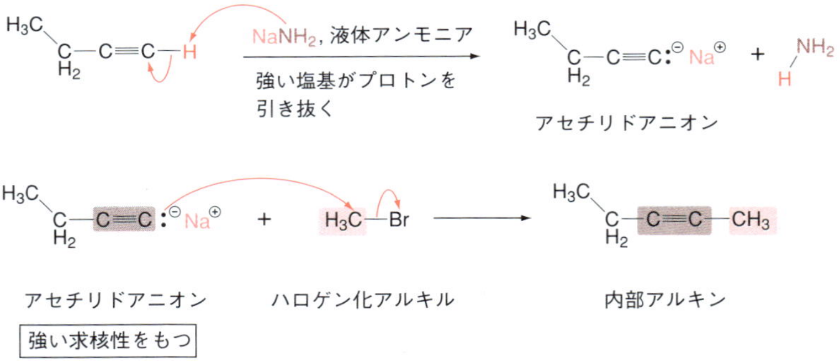

$NaNH_2$, 液体アンモニア
強い塩基がプロトンを引き抜く
アセチリドアニオン
アセチリドアニオン　ハロゲン化アルキル　内部アルキン
強い求核性をもつ

図 7.40　アセチリドアニオンを用いた内部アルキンの合成

章末問題

1．アルケンとアルキンの不飽和結合はどちらのほうがより長いかを，炭素原子の混成軌道で考えて説明せよ．

2．2-メチル-1-ブテン，2-メチル-2-ブテン，3-メチル-1-ブテンがそれぞれ入っている3本のボンベのラベルがはがれてしまい，中身のアルケンがどれだかわからなくなってしまった．これらのアルケンに対して水素化反応を別べつに行ったところ，その水素化熱はそれぞれ26.9 kcal/mol，28.5 kcal/mol，30.3 kcal/molという値が得られた．これらの水素化熱に対応するアルケンはそれぞれ何か．

3．次のアルケンの反応の位置選択性や立体特異性を考え，予想される生成物のすべての立体異性体〔鏡像異性体(エナンチオマー)を含む〕を示せ．

a. $(H_3C)(H)C{=}C(CH_3)(C_2H_5)$ $\xrightarrow{\text{HBr}}$

b. $(H_3C)(H)C{=}C(CH_3)(C_2H_5)$ $\xrightarrow{Br_2,\ CH_3OH}$

c. $(H_3C)(H)C{=}C(CH_3)(C_2H_5)$ $\xrightarrow{H^{\oplus},\ H_2O}$

d. $(H_3C)(H)C{=}C(CH_3)(C_2H_5)$ $\xrightarrow{H_2,\ Pt}$

e. $(H_3C)(H)C{=}C(CH_3)(C_2H_5)$ $\xrightarrow{Br_2,\ CH_2Cl_2}$

f. $(H_3C)(H)C{=}C(CH_3)(C_2H_5)$ $\xrightarrow[2)\ NaOH,\ H_2O_2]{1)\ BH_3,\ THF}$

g. シクロヘキセン $\xrightarrow{Br_2,\ CH_2Cl_2}$

4．次のアルキンの反応の生成物を記せ．

a. $H_3C-C{\equiv}C-H$ $\xrightarrow[HgSO_4]{H_2O,\ H_2SO_4}$

b. $H_3C-C{\equiv}C-H$ $\xrightarrow[2)\ HO^{\ominus},\ H_2O_2,\ H_2O]{1)\text{ジシアミルボラン}}$

c. $H_3C-C{\equiv}C-H$ $\xrightarrow[2)\ C_2H_5I]{1)\ NaNH_2}$

d. $H_3C-C{\equiv}C-CH_3$ $\xrightarrow[HgSO_4]{H_2O,\ H_2SO_4}$

e. $H_3C-C{\equiv}C-CH_3$ $\xrightarrow[2)\ HO^{\ominus},\ H_2O_2,\ H_2O]{1)\ BH_3}$

f. $H_3C-C{\equiv}C-CH_3$ $\xrightarrow{Br_2\text{(1 mol)}}$

g. $H_3C-C{\equiv}C-CH_3$ $\xrightarrow[\text{Lindlar触媒}]{H_2}$

h. $H_3C-C{\equiv}C-CH_3$ $\xrightarrow[\text{液体}NH_3]{\text{金属Na}}$

i. $H_3C-C{\equiv}C-CH_3$ $\xrightarrow{\text{HBr(1 mol)}}$

j. $H_3C-C{\equiv}C-CH_3$ $\xrightarrow{\text{HBr(2 mol)}}$

芳香族化合物の性質と反応

❖ 本章の目標 ❖

- 代表的な芳香族化合物とその物性および反応性を学ぶ.
- 芳香族性(Hückel則)の概念を学ぶ.
- 芳香族化合物の求電子置換反応の機構を学ぶ.
- 芳香族化合物の求電子置換反応の反応性および配向性に及ぼす置換基の効果を学ぶ.
- 芳香族化合物の代表的な求核置換反応について学ぶ.

8.1 ベンゼンの構造

SBO 代表的な芳香族炭化水素化合物の性質と反応性を説明できる.

不飽和結合をもつ環状化合物のなかに，芳香族化合物とよばれる一群の化合物がある．その最も基本的な化合物は，組成式 C_6H_6 のベンゼンである．ベンゼンやその誘導体は特有のにおい(芳香)をもつことから，芳香族化合物とよばれた．しかし，今日では「芳香族」は特徴的な電子構造をもつ不飽和環状化合物の一群をさし，においとは何の関連性もない．芳香族化合物の電子構造は，その性質に大きく影響する．たとえば，ベンゼンは6個の炭素からなる環構造に，〝形式的には〟3組の π 結合をもつが，この π 結合は7章で学んだアルケンのそれとはまったく異なった性質をもっている(図8.1).

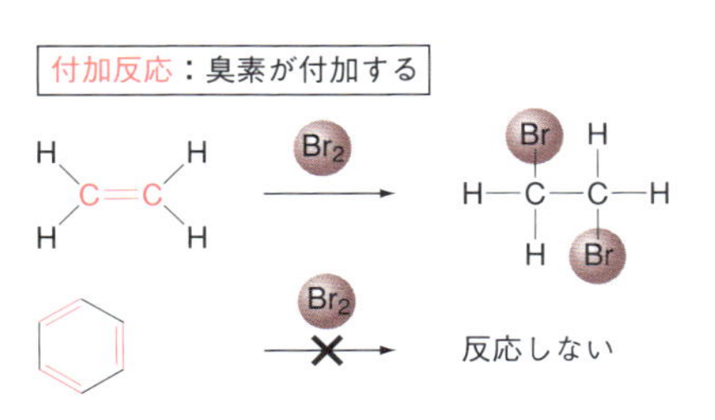

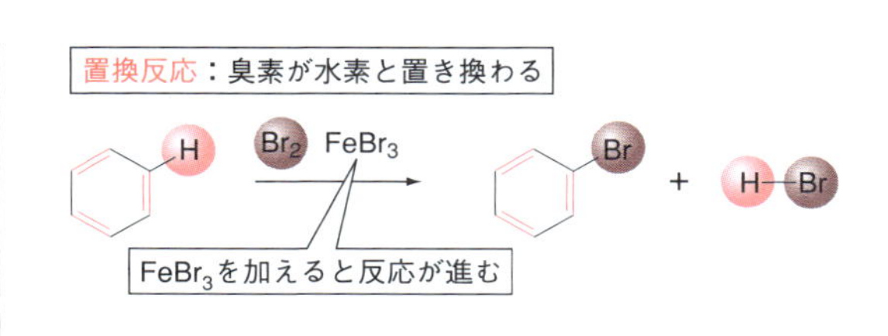

図8.1 ベンゼンとアルケンの構造の比較
ベンゼンの π 結合はアルケンの π 結合とは異なる.

すでに学んだように，アルケンに臭素を加えると，π結合とすみやかに反応して臭素付加体が得られるが，ベンゼンはこの条件ではまったく反応しない．触媒が存在すれば，ベンゼンは臭素と反応するが，これは付加反応ではない．再び3組のπ結合をもつ化合物が得られ，実質的には水素が臭素に置き換わっている．このようなベンゼン環上の3組のπ結合は，一つの連続したきわめて安定なπ結合を形成し，これが芳香族を特徴づけている．

ベンゼンは図8.2において，**A**，**B**の2通りの構造式を書くことができる．すなわち，3組の炭素-炭素二重結合が六員環構造のどこに存在するかによって，2通りの書き方ができるわけである．しかし，実際のベンゼンの六つの炭素-炭素結合の距離はすべて等しく，単結合と二重結合の中間の結合の長さ(約1.4 Å)*1である．

*1　1Å は 100 pm(10^{-10} m)．典型的な炭素-炭素結合の距離は単結合では約1.5 Å，二重結合では約1.3 Å である．

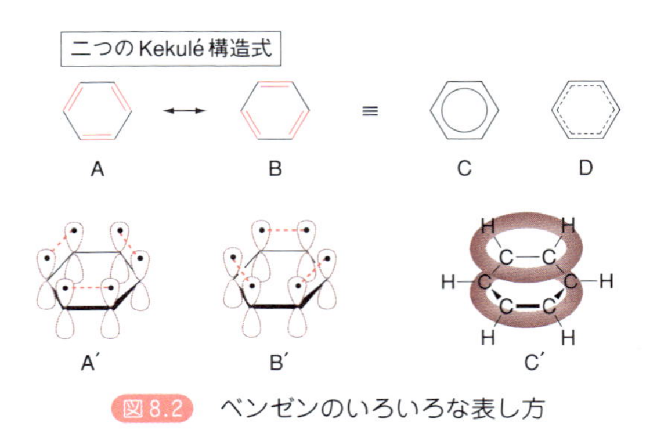

図8.2　ベンゼンのいろいろな表し方

19世紀の中ごろ，F. A. Kekulé(ケクレ)はその構造について，**A**，**B**の二つの構造のあいだですばやく相互変換している状態であると提案した．しかし，これでもベンゼンの異常な安定性，たとえば，アルケンの二重結合とは異なり，ベンゼンの不飽和結合が付加反応を起こしにくいという事実は説明できなかった．そののち，「**共鳴**(resonance)」の概念が生まれ，ベンゼンの真の構造とその反応性が理解できるようになった．すなわち，ベンゼンの6個の炭素はすべて sp^2 混成軌道によって三つのσ結合をもち，また残る一つの価電子は2p軌道に入り，隣の炭素上の2p軌道の電子とπ結合を形成しているのである．

両隣の電子のうち，どちら側とπ結合をつくるかによって2通りの構造式(**A′**，**B′**)が考えられる．しかし実際は，両隣と等しく手をつないで，ドーナツ状の電子雲をつくっている構造式(**C′**)が真の姿に近い．すなわち，ベンゼンの構造は，**A**，**B**のような複数の構造式を重ねあわせた中間的な**共鳴混成体**(resonance hybrid)と考えられる．このとき，ベンゼン環上のπ電子は特定のC−C間に固定されているのではなく，環全体に**非局在化**(delocalization)して広がっており，この非局在化によって安定化されたエネル

ベンゼンの共鳴エネルギーはどれほどの大きさか考えてみよう

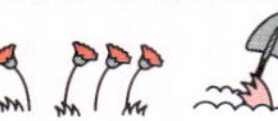

ベンゼンはアルケンと同様に，触媒の作用によって水素と結合してシクロヘキサンを与え，このとき反応熱（水素化熱）を発生する．単結合と二重結合が交互につながった Kekulé 構造式のベンゼンと，実際のベンゼンの水素化熱（208.9 kJ/mol）の差をもとに，共鳴エネルギーを見積もってみよう．

シクロヘキセンからシクロヘキサンへの反応の水素化熱は，測定により 119.6 kJ/mol であることがわかっている．ベンゼンを六員環に三つの独立した二重結合をもつ化合物（仮想のベンゼン）と考えれば，その水素化熱は $119.6 \times 3 = 358.8$ kJ/mol となる．実際のベンゼンで水素化熱を測定すると 208.4 kJ/mol であり，これらの差 $358.8 - 208.4 = 150.4$ kJ/mol がベンゼンの共鳴エネルギーの値として見積もられる．

この大きな共鳴エネルギーのために，ベンゼンの構造は著しく安定なものとなる．

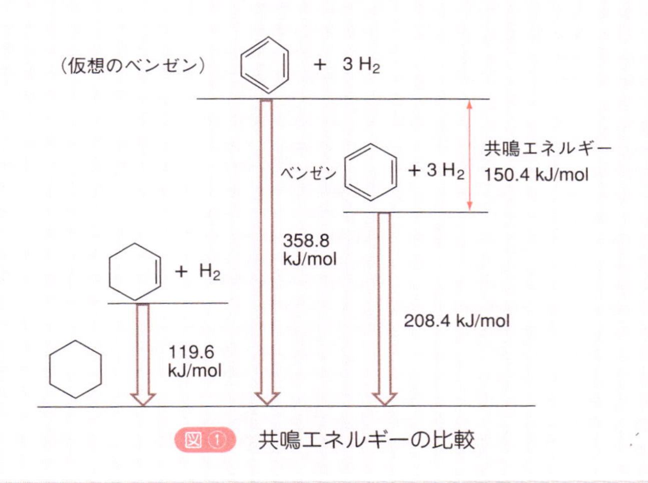

図① 共鳴エネルギーの比較

ギーは**非局在化エネルギー**（delocalization energy）あるいは**共鳴エネルギー**（resonance energy）とよばれる（2.4.4 項参照）．真のベンゼンは二重結合の位置を特定できない電子構造をもっていることを示すため，正六角形の中央に円を描いた構造式 **C** や，すべての単結合に破線を追加した **D** のように表記されることもある．

8.2 Hückel 則

ベンゼンが大きな共鳴エネルギーを獲得した化合物であるなら，図 8.3 のシクロブタジエンやシクロオクタテトラエンも同じような共鳴構造を書けるので，大きな共鳴エネルギーを得てベンゼンと同じような反応性を示すはずである．ところが，実際にはそれらは一般のアルケンと同じような性質を示

SBO 芳香族性の概念を説明できる．

す．この違いは何であろうか．

この問いに対し，E. Hückel（ヒュッケル）は分子軌道法に基づいて「芳香族性を示すための三つの必要条件」を見いだした．すなわち，次の三つである．

① 環状の平面構造であること
② 環を構成するすべての原子がp軌道をもっていること
③ p軌道に収まっている電子数の総和が $4n+2$（n：整数）であること

これらをすべて満足する性質を**芳香族性**（aromaticity）といい，この規則は発見者の名前にちなんで**Hückel則**（Hückel rule）とよばれている．また，芳香族性をもつ化合物を**芳香族化合物**（aromatic compound）と総称する．

では，Hückel則を用いて，どのような化合物が芳香族性をもつか，順に見ていこう．ベンゼンやナフタレンは環状，平面性，すべての炭素が sp^2 混成軌道でp軌道を一つずつもっているので，①と②の条件はともに満たしている．π 電子雲に収納されている電子数はベンゼンで6個（$n=1$），ナフタレンで10個（$n=2$）なので，③も満たしていることがわかる．一方，シクロブタジエンやシクロオクタテトラエンは $4n+2$ を満たす n（$n=0, 1, 2\cdots$の整数）を見いだせないため，芳香族性を示さない（図8.3）．

次に，図8.3の右側のシクロペンタジエンおよびシクロヘプタトリエンについて考えよう．これらにはp軌道をもたない炭素があるので，②の条件を満たさず，芳香族性を示さない．しかし，シクロペンタジエンからプロトン（H^+）を一つ取り去ったシクロペンタジエニルアニオンは芳香族性を示す（図8.4）．シクロペンタジエニルアニオンは，プロトンを失った炭素が sp^2 混成軌道になり，p軌道に電子を二つもつので，電子数の総和が6になり，Hückel則を満たすので芳香族性を示す．

一方，シクロヘプタトリエンからヒドリドイオン（H^-）を一つ取り去ったシクロヘプタトリエニルカチオンも芳香族性を示す（図8.5）．シクロヘプタトリエニルカチオンは，ヒドリドイオンを失った炭素がやはり sp^2 混成軌道

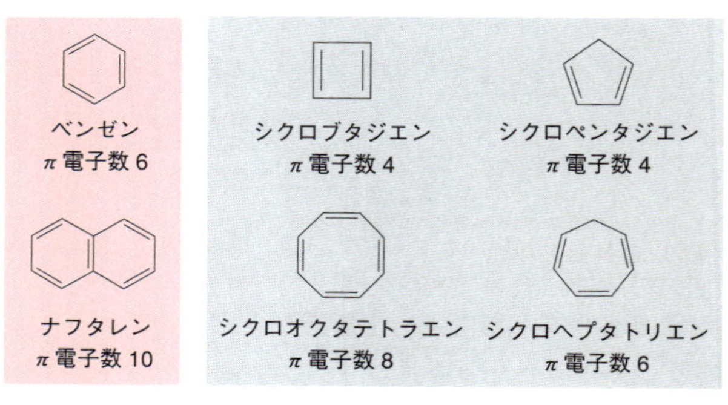

図8.3　芳香族性と π 電子の数

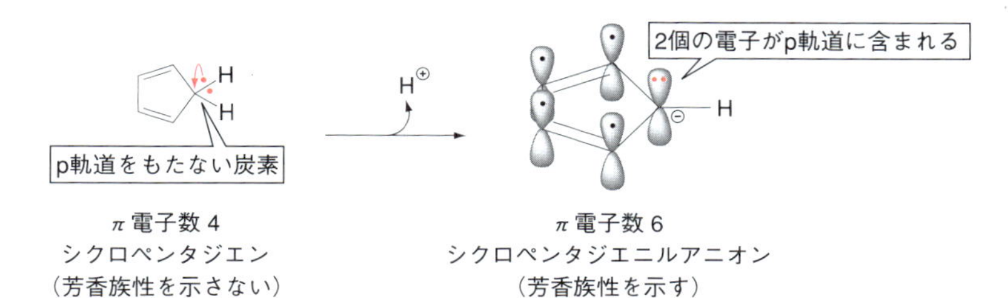

図 8.4　芳香族性を示すアニオン
負の電荷をもつ化合物も芳香族性をもつ．

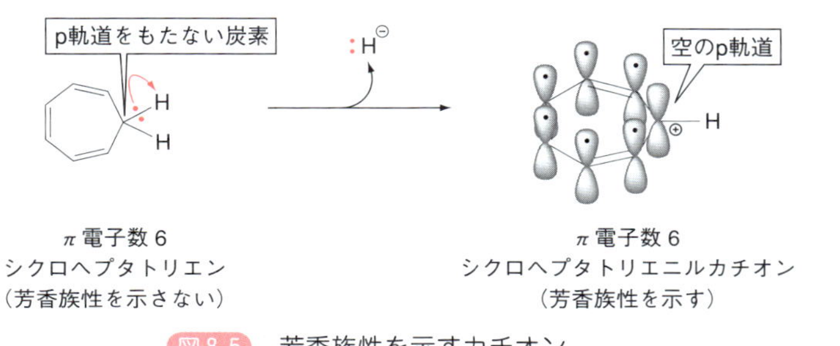

図 8.5　芳香族性を示すカチオン
正の電荷をもつ化合物も芳香族性をもつ．

になり，p 軌道をもつ．この軌道には電子がなく，空の軌道になっている．したがって，電子数の総和は 6 になり，Hückel 則を満たすので芳香族性を示す．

Hückel 則で芳香族性を考えるときには，それぞれの原子上のどの電子を数えて合計とするかについて，注意しなければならない．数に入れてよいのは環平面と直交して，平行に並んでいる p 軌道内の電子のみである．このような Hückel 則を満たすならば，環内に炭素以外の元素を含む環状化合物であるヘテロ環も芳香族性をもつ．

ピロールとピリジンを例に考えてみよう（図 8.6）．ピロール*2 では窒素原子の 5 個の価電子は sp^2 混成軌道に 3 個，p 軌道に 2 個収納されており，π 電子雲には炭素上の 4 個，窒素上の 2 個（p 軌道）の合計 6 個の電子が収納されている．一方，ピリジンの場合には窒素原子の 5 個の価電子は，sp^2 混成軌道に 4 個と，p 軌道に 1 個収納されている．非共有電子対は sp^2 混成軌道に入り π 電子雲を構成しないので，炭素上に 5 個，窒素上に 1 個の合計 6 個の電子が π 電子雲に収納されている（16.6 節も参照）．

*2 ピロールの窒素原子は一見すると sp^3 混成軌道をとるように見えるが，実際には sp^2 混成軌道をとる（16.3.1 項も参照）．

このように，ピリジンおよびピロールは Hückel 則を満たし，芳香族性を示す化合物である．化合物の芳香族性を見定めるために，混成軌道をよく考えて，数えるべき電子がどの軌道にあるかを十分に注意しよう．

ピロールやピリジンの電子のあり方は，芳香族性だけでなく，塩基性度（塩基性については 5.3.1 項参照）にも影響を及ぼす．ピロールでは窒素上の二つの電子は π 電子雲に収納されているので，プロトンを結合させるため

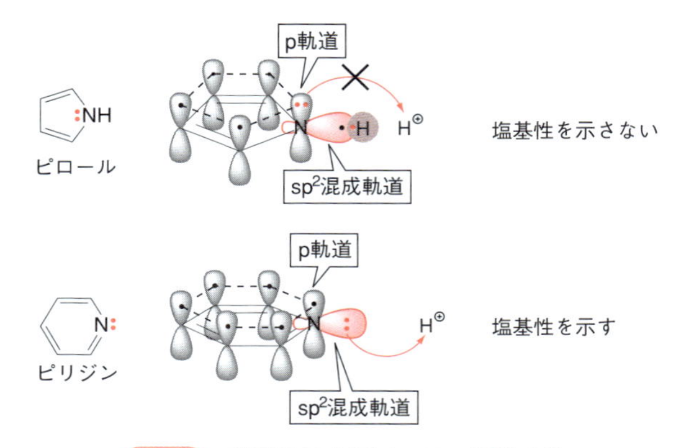

図8.6　芳香族性を示すヘテロ環化合物
ヘテロ環化合物も芳香族性をもつ．ピロールは中性，ピリジンは塩基性．

に使うことができない．このため，ピロールは塩基性を示さず，中性になる(図 8.6，14 章図 14.6 も参照)．一方，ピリジンでは窒素の sp^2 混成軌道に入った非共有電子対は π 電子雲を構成しないので，プロトンを結合させるために使うことができ，ピリジンは塩基性を示す．

ピロールやピリジンに関連した構造は医薬品に多く含まれるので，これらの塩基性度を知ることは医薬品の性質を理解するのに役立つ(図 8.7，16 章も参照)．

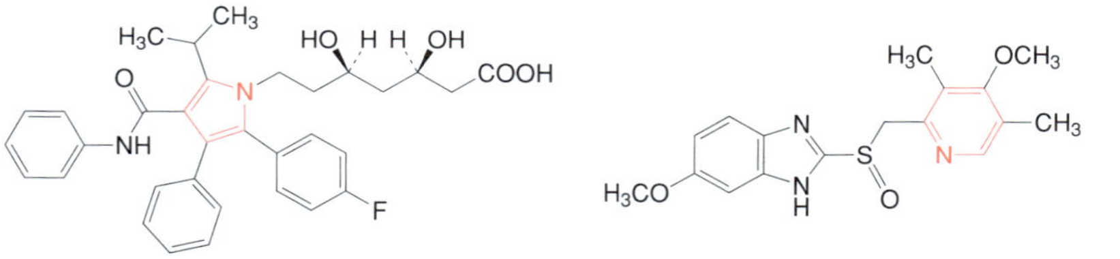

アトルバスタチン
(コレステロール低下薬)

オメプラゾール
(抗潰瘍薬)

図8.7　ピロールやピリジンを含む医薬品

8.3　芳香族化合物の求電子置換反応

芳香族は π 電子を多くもつが，これらの π 電子は非局在化しているので，一般に芳香族はアルケンに比べて非常に安定である．このような大きな安定性のため，芳香族はアルケンとは反応性が異なり，**求電子置換反応**(electrophilic substitution reaction)を起こす．

8.3.1　芳香族のハロゲン化

ベンゼンと臭素の反応を例にして考えよう．ベンゼンは非常に安定なので，臭素を作用させても付加反応はほとんど進まない．しかし，三臭化鉄($FeBr_3$)

が共存すると，臭素が活性化されてベンゼン環上の水素と臭素が置き換わる求電子置換反応が進行し，ブロモベンゼンが得られる(図 8.8).

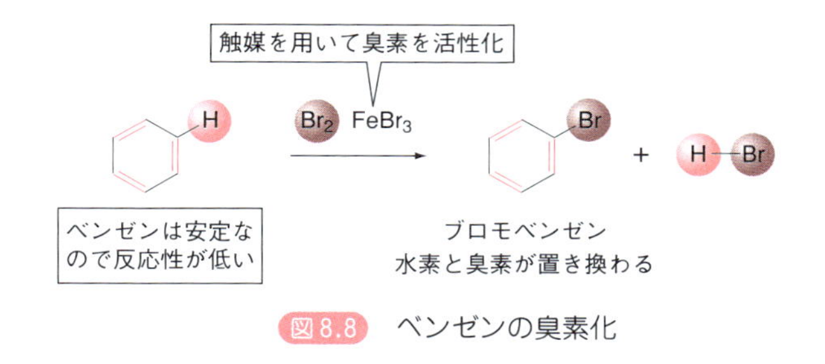

図 8.8 ベンゼンの臭素化

この臭素化の反応機構を図 8.9 に示す．臭素分子は求電子性が低いので，アルケンと比べてはるかに安定なベンゼンとは直接反応することができない．そこで，臭素の求電子性をより高くするために，ルイス酸である三臭化鉄($FeBr_3$)を作用させる．臭素分子は非共有電子対をルイス酸の空の軌道に与え，自らは電子が不足するので，結果として臭素の求電子性が高まる．この求電子性が高くなった臭素に電子が豊富なベンゼンが π 結合の電子を与えて C－Br 結合を形成する．これによって，いったんベンゼンの芳香族性は失われ，カルボカチオンが生じるが，ただちに C－H 結合(σ 結合)の電子を環上に流し込み，プロトン(H^+)を切り離してベンゼンの芳香族性が回復する．これら一連の反応が芳香族の求電子置換反応である．

芳香族において，アルケンの場合のような付加反応が起こらず，求電子置換反応が起こる理由は，芳香族性をもつことが安定化をもたらすからである．すなわち，芳香族が求電子剤に電子を供与して生成したカルボカチオン中間体に求核剤が反応して芳香族性を失った付加生成物のままでいるよりも，カ

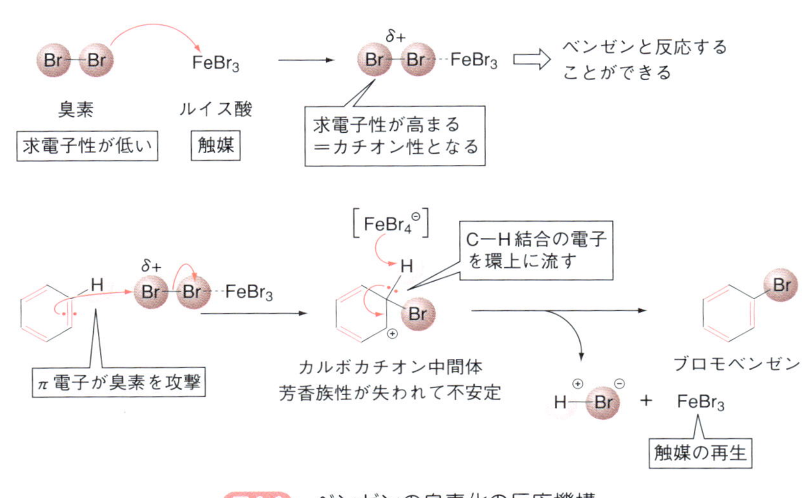

図 8.9 ベンゼンの臭素化の反応機構

ルボカチオン中間体からプロトンを失って芳香族性を回復するほうがエネルギー的により有利だからである（図 8.10）.

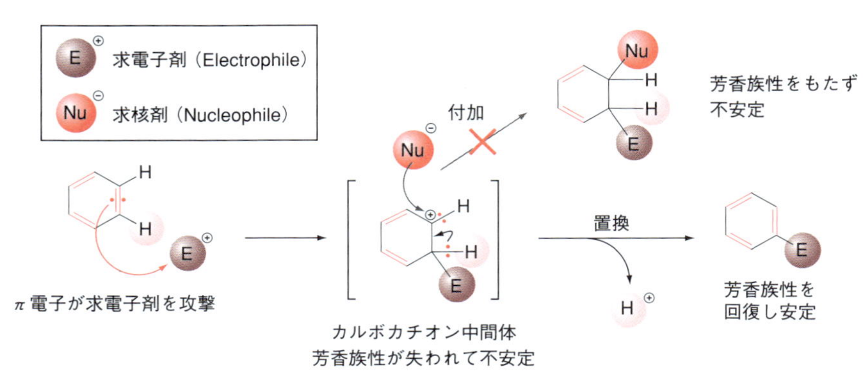

図 8.10 芳香族求電子置換反応の反応機構

芳香族求電子置換反応では，安定で反応性に乏しい芳香族化合物と反応させるために，求電子性が高い求電子剤を用いる．先に述べた臭素も，ルイス酸である三臭化鉄（$FeBr_3$）と作用させ求電子性を高めている．同様に，塩素は三塩化鉄（$FeCl_3$）によって求電子性が高められ，塩素化に用いられる（図 8.11）.

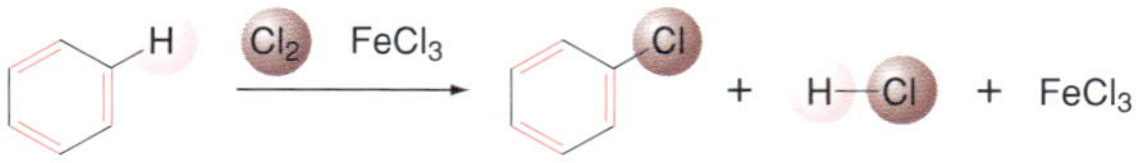

$$\text{H} \xrightarrow{Cl_2\quad FeCl_3} \text{Cl} + \text{H—Cl} + FeCl_3$$

図 8.11 ベンゼンの塩素化

このほかに芳香族求電子置換反応では，カルボカチオン（R^+），アシルカチオン（アシリニウムイオン，$R-C^+=O$），ハロゲンカチオン（X^+）やニトロニウムイオン（NO_2^+）などが求電子剤として用いられる．これらの陽イオンは通常は塩化アルミニウム（$AlCl_3$，カルボカチオン，アシルカチオンを生成）や三臭化鉄（$FeBr_3$，臭素カチオンを生成）などの強力なルイス酸や硝酸と硫酸との混酸（ニトロニウムイオンを生成），および濃硫酸などのブレンステッド酸を用いて，反応系内で発生させて用いられる．

芳香族求電子置換反応にはこれらのさまざまな求電子剤が用いられるため，反応の種類がたくさんあるように思うかもしれないが，すべて図 8.10 と同じ反応機構であるので理解しやすい．次の 8.3.2〜8.3.5 項にそれぞれの芳香族求電子置換反応を示した．

8.3.2 芳香族の Friedel-Crafts アルキル化

ハロゲン化アルキルは塩化アルミニウム（$AlCl_3$）などのルイス酸によりカルボカチオンとなって，ベンゼンと求電子置換反応を起こす．この反応を発

見者にちなみ **Friedel-Crafts アルキル化**(Friedel-Crafts alkylation)とよんでいる(図 8.12). これはベンゼン環にアルキル鎖を導入できる有用な反応であるが, いくつかの欠点もあるので慎重に用いなければならない.

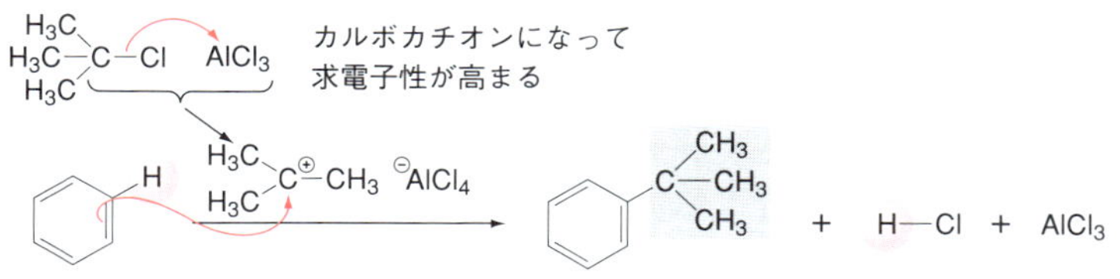

カルボカチオンになって
求電子性が高まる

図 8.12 Friedel-Crafts アルキル化

(1) 転位反応に注意

SBO 転位反応の特徴を述べることができる.

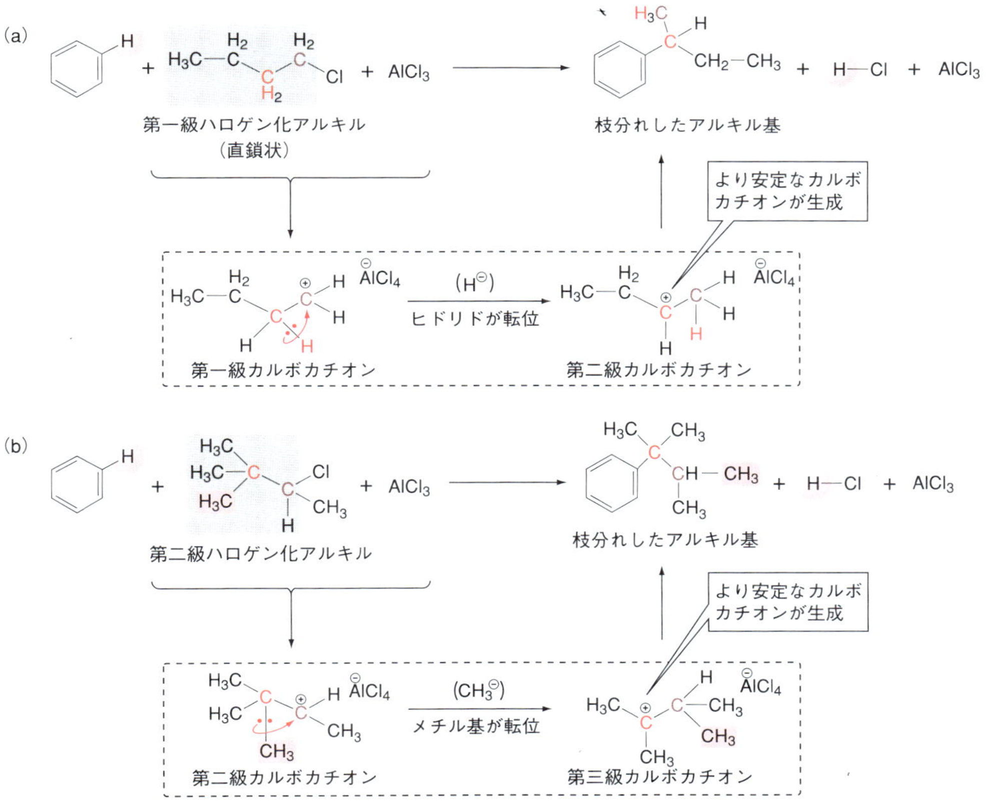

ハロゲン化アルキルが第一級あるいは第二級の場合は, それらから直接生成した第一級あるいは第二級カルボカチオンの安定性が十分ではなく, 隣接した水素あるいはアルキル基がカルボカチオン炭素上に転位する(6.3.4 項参照). その結果, 当初のカルボカチオンよりも安定な第二級あるいは第三級カルボカチオンを生成し, これらが芳香族と反応してしまう(図 8.13). し

(a)
第一級ハロゲン化アルキル
(直鎖状)
枝分れしたアルキル基
より安定なカルボカチオンが生成
$(H^{\ominus})$
ヒドリドが転位
第一級カルボカチオン
第二級カルボカチオン

(b)
第二級ハロゲン化アルキル
枝分れしたアルキル基
より安定なカルボカチオンが生成
$(CH_3^{\ominus})$
メチル基が転位
第二級カルボカチオン
第三級カルボカチオン

図 8.13 Friedel-Crafts アルキル化で起こる転位反応

たがって，枝分れのない直鎖アルキル基を Friedel-Crafts アルキル化により芳香環に導入することができない．そのような場合には，後述の Friedel-Crafts アシル化を行ったのち，カルボニル基を還元してアルキル基に変換するのが一般的である．

（2）ポリアルキル化に注意

Friedel-Crafts アルキル化で生成した化合物は，アルキル基を導入したことにより〝次のアルキル化〟に対して活性化されている（活性化については 8.4 節で詳しく述べる）ので，アルキル化がさらに繰り返されポリアルキル化が起こりやすい．たとえば，図 8.13 の反応は，ベンゼンがハロゲン化アルキルに対して過剰に存在する場合の結果である．もし，ベンゼンとハロゲン化アルキルが同じモル数で存在した場合は，図 8.14 のような結果になる．このように，反応の制御が難しい反応は反応条件などに注意を払う必要がある．

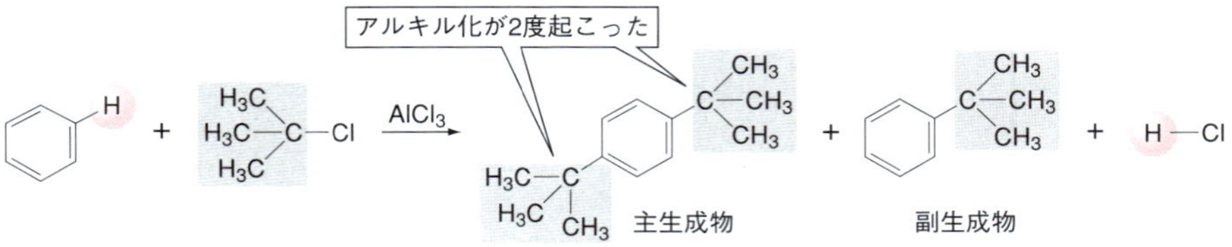

図 8.14　Friedel-Crafts アルキル化で起こるポリアルキル化
アルキル化が 2 度起こったことになる．

8.3.3　芳香族の Friedel-Crafts アシル化

芳香族の Friedel-Crafts アルキル化ではハロゲン化アルキルを用いるが，代わりに塩化アセチルのようなハロゲン化アシル（RCOCl）を用いれば，芳香環上にアシル基（RCO－）を導入することができる．この反応を **Friedel-Crafts アシル化**（Friedel-Crafts acylation）という（図 8.15）．この反応では，ハロゲン化アシルが塩化アルミニウム（$AlCl_3$）と作用して生じる**アシルカチオン**が求電子剤になる．アシルカチオンは共鳴安定化されているので，Friedel-Crafts アルキル化の場合のような転位反応は起こらない．

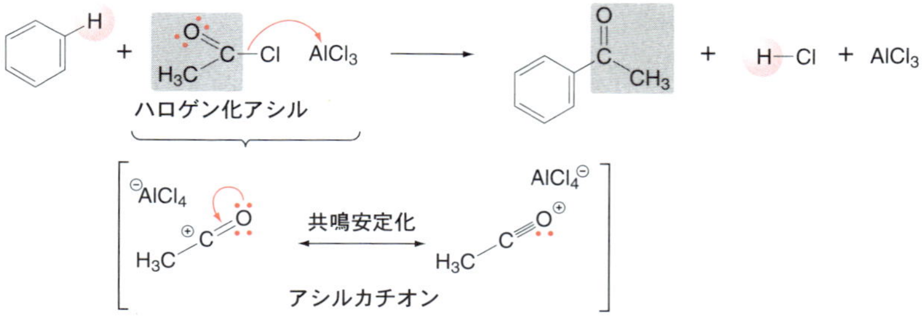

図 8.15　Friedel-Crafts アシル化

また，Friedel-Crafts アシル化では芳香環上に電子求引性(5.2.1 項参照)を示すアシル基が導入されるため，反応後の芳香環上の電子密度が大きく低下している．その結果，"次のアシル化"に対しては生成物が不活性化されている(不活性化については 8.4 節で詳しく学ぶ)ために，アシル基が一つ導入された段階で反応は停止する．

8.3.4 芳香族のニトロ化

濃硝酸(HNO_3)に濃硫酸(H_2SO_4)を混合すると，硝酸がプロトン化(H^+ が付加すること)されたのちに水が脱離して**ニトロニウムイオン**が生成する(図 8.16)．これは非常に反応性の高い求電子剤であり，芳香族化合物をニトロ化する．ニトロ基はアシル基と同様に電子求引性であり，芳香環上の電子密度を大きく低下させる．このため，ニトロ化された生成物は"次のニトロ化"に対して反応前よりも著しく不活性化されている(不活性化については 8.4 節で詳しく学ぶ)．

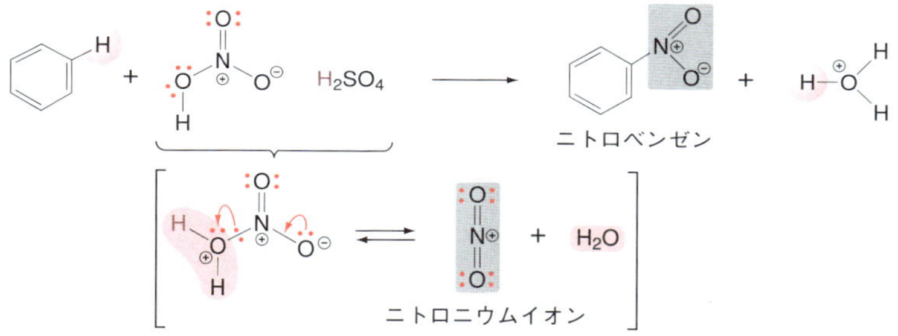

図 8.16 芳香族のニトロ化

8.3.5 芳香族のスルホン化

ベンゼンに発煙硫酸(H_2SO_4 と SO_3 の混合物)を作用させると，スルホン化が起こる(図 8.17)．この場合の求電子剤は反応条件によって異なり，SO_3 もしくは HSO_3^+ になる．このスルホン化反応は可逆的であり，反応条件によっては，元のベンゼンに戻ってしまうこともある．

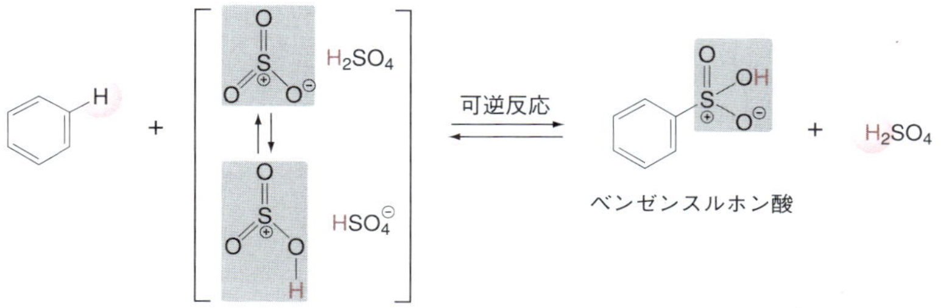

図 8.17 芳香族のスルホン化

SBO 代表的な位置選択的反応を列挙し，その機構と応用例について説明できる.

Advanced 熱力学的支配と速度論的支配

ナフタレンをスルホン化する場合，反応温度によって主生成物として得られるものが異なってくる．比較的低温では1位がスルホン化された生成物が得られる．ところが，より高い温度では，2位がスルホン化された生成物が得られる．これは，1位がスルホン化されたものと2位がスルホン化されたものの熱力学安定性が異なっており，高い温度ではスルホン化が可逆的な反応だからである．

まず，反応しやすい1位でのスルホン化が起こり，1位スルホン化体が得られるが，それを高温の条件にさらすと反応が逆方向(脱スルホン化)に進行し，より安定な2位スルホン化体が得られる(図8.18)．これは1位スルホン化体に生じる1位と8位のあいだの立体反発が原因である．高温では1位がスルホン化されたものと，2位がスルホン化されたもの，およびナフタレンとのあいだで速い平衡が存在し，熱力学的に最も安定な2位スルホン化体が平衡混合物中での主成分となる．このように，低温ではじめにできる生成物を**速度論的支配**(kinetic control)による生成物，高温で平衡がより安定なほうに移ってできる生成物を**熱力学的支配**(thermodynamic control)による生成物とよぶ．

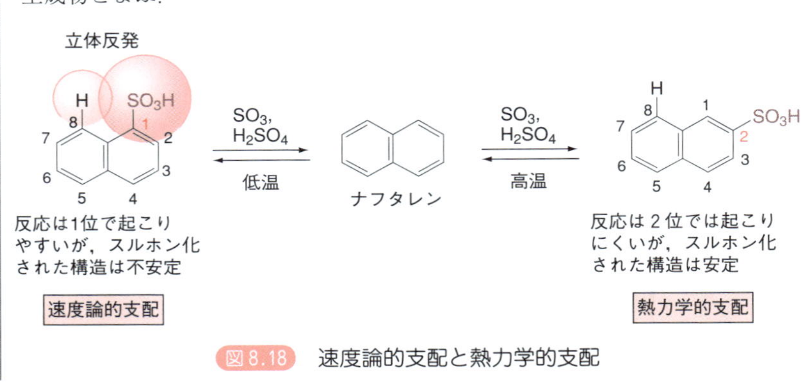

図8.18　速度論的支配と熱力学的支配

1. 速度論的支配：最初の目的地の山小屋は楽につけそうだ．でもできれば高い山を登った先にあるリゾートホテルまで行ってみたいけど，食料(エネルギー)がたくさん必要だな．

2. 熱力学的支配：エネルギーがたくさんあれば，高い山もなんのその．すべて乗り越えてリゾートホテルでゆっくりくつろぐぞ．

8.4 芳香環上の置換基効果

ここまでは，ベンゼンのように芳香環に置換基が結合していない化合物を原料にして求電子置換反応を行ってきた．次に，芳香環にあらかじめ何らかの置換基が結合した化合物を原料にした反応を考えよう．置換基 **A** が結合している芳香族化合物に求電子置換反応を行い，置換基 **B** も結合した生成物を得ようとするとき，もともと結合していた置換基 **A** が大きな影響を与える．これを**置換基効果**とよぶ．置換基効果には次の 2 種類がある．

SBO 芳香族化合物の求電子置換反応の反応性，配向性，置換基の効果について説明できる．
SBO 芳香族炭化水素化合物の求電子置換反応の反応性，配向性，置換基の効果について説明できる．
SBO 代表的な位置選択的反応を列挙し，その機構と応用例について説明できる．

① 反応性への影響

芳香環の求電子置換反応に対する反応性が置換基 **A** によって影響を受ける．置換基 **A** が結合したことによって，芳香環の反応性が，置換基をもたない場合（ベンゼン）よりも高くなることを**活性化**（activation）といい，逆に低くなることを**不活性化**（inactivation）という（図 8.19）．

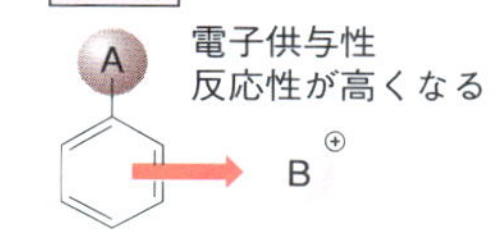

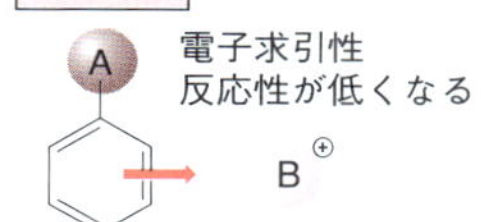

図 8.19 芳香環の活性化と不活性化

② 配向性への影響

芳香環に求電子置換反応が起こる位置が置換基 **A** によって影響を受ける．このような求電子置換反応の位置選択性を**配向性**（orientation）という．置換基 **A** の結合している芳香環上の炭素を 1 位とした場合，隣の 2 位，さらに先の 3 位，4 位をそれぞれ，オルト位（ortho-, *o*-），メタ位（meta-, *m*-），パラ位（para-, *p*-）とよび，配向性には**オルト-パラ配向性**（ortho-para orientation）と**メタ配向性**（meta orientation）の 2 種類がある．オルト-パラ配向性の場合，置換基 **A** が結合していることによって求電子置換反応がそのオルト位（*o*-）またはパラ位（*p*-）に選択的に起こり，2 位または 4 位に置換基 **B** が結合した生成物が得られる（図 8.20）．一方，メタ配向性の場合，置換基 **A** が結合していることによって求電子置換反応がそのメタ位（*m*-）に選択的に起こり，1 位と 3 位に置換基 **A** および置換基 **B** が結合した生成物が

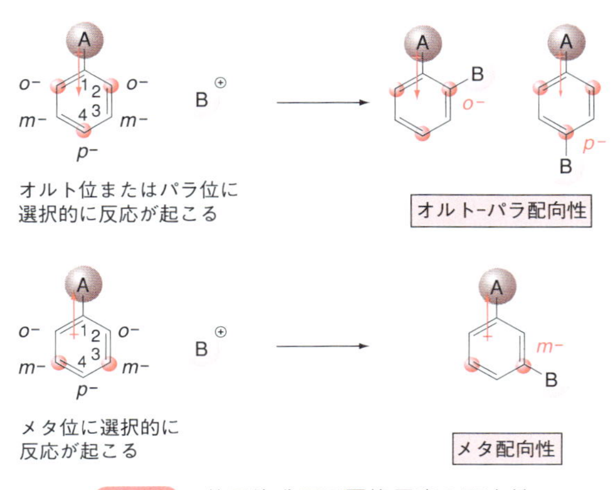

図 8.20 芳香族求電子置換反応の配向性

得られる．

①および②の置換基効果が生じる原因は，置換基 A が芳香環の電子の状態に影響を与えるためである．置換基 A が σ 結合を介した誘起効果もしくは π 結合を介した共鳴効果によって，芳香環に電子を押しだす(電子供与)もしくは芳香環から電子を引っ張る(電子求引)ために，次に起こる求電子置換反応の反応性や位置選択性が異なる．

代表的な置換基の置換基効果を図 8.21 にまとめる．一見複雑に感じるかもしれないが，基本的な考え方は実にシンプルなので，これらの実例を見ながら順に考えてみよう．

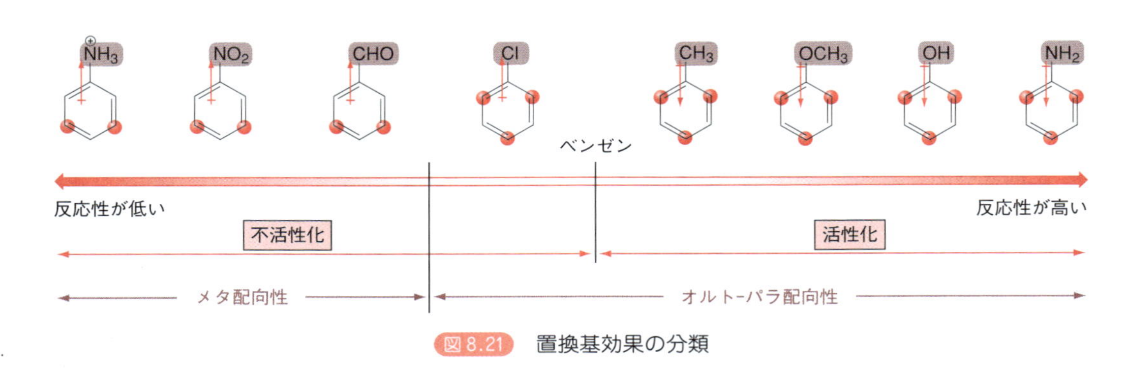

図 8.21　置換基効果の分類

8.4.1 アルキル基の効果（活性化，オルト－パラ配向性）

メチル($-CH_3$)基やエチル($-CH_3CH_2$)基などのアルキル基の置換基効果をまとめると，反応性については活性化，配向性についてはオルト-パラ配向性になる．σ 結合で芳香環に結合するアルキル基はおもに誘起効果によって電子供与性を示し，さらに超共役(5 章 p. 93 の Advanced 参照)による共鳴効果での電子供与も考えられる．したがって，アルキル基が結合した芳香環は電子がより豊富になり，求電子剤に対する反応性はより高くなる(活性化)．

一方，配向性については，中間体の安定性の比較によって説明できる．すでに図 8.10 で示したように，求電子置換反応はカルボカチオン中間体を経て進行する．したがって，この場合もアルキル基のオルト位，メタ位，パラ位で求電子剤が反応した結果，3 種類のカルボカチオン中間体が生成する可能性がある(図 8.22)．これらのうち，オルト位およびパラ位のカルボカチオン中間体の共鳴形は，電子供与性のアルキル基(おもに σ 結合を介した誘起効果)により安定化された第三級カルボカチオンを含むが，メタ位のカルボカチオンにはそのような安定な共鳴形は存在しない．したがって，オルト位およびパラ位で反応が起こるほうが，メタ位で反応が起こる場合よりも安定な経路といえるので，反応の主生成物はオルト位およびパラ位に求電子剤が置換したものになる．

メチル基（$-CH_3$）がベンゼンに置換したトルエンに求電子剤（NO_2^+）を作用させたときに生じるカルボカチオン中間体の構造とそれらの安定性を比較したものを図 8.22 に示す．

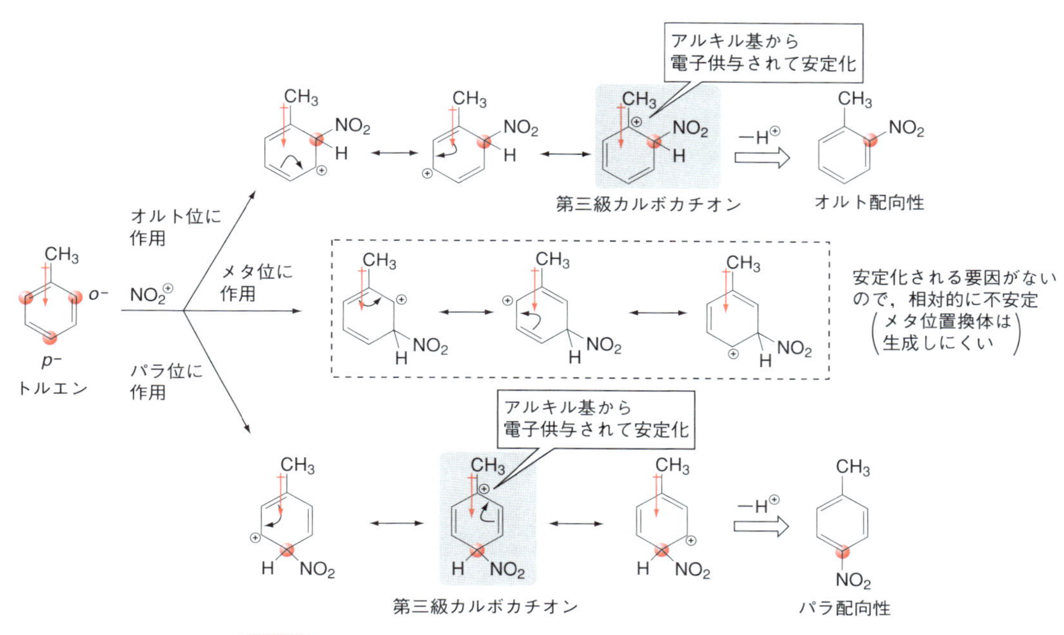

図 8.22　トルエンのニトロ化におけるカルボカチオン中間体

8.4.2 アルコキシ基，ヒドロキシ基，アミノ基の効果（活性化，オルト－パラ配向性）

アルコキシ基（$-OR$），ヒドロキシ基（$-OH$）およびアミノ基（$-NH_2$）の置換基効果をまとめると，反応性については活性化，配向性についてはオルト－パラ配向性になる．ただし，その理由はアルキル基の場合に比べて複雑である．

いずれも σ 結合で酸素原子や窒素原子が芳香環の炭素に直接結合しているので，誘起効果によって電子求引性を示す（図 8.23 左）．その一方で，酸素原子や窒素原子には非共有電子対が存在するので，共鳴効果によっては電子供与性となる（図 8.23 右）．つまり，これらの置換基は誘起効果によって芳香環から電子を求引し，共鳴効果によって芳香環に電子を与える，互いに相反する効果を芳香環に与えることになる．結果としては，互いに逆向きのベクトルの総和となるので，より強い効果のほうが勝つことになる．この場合は，共鳴効果のほうが誘起効果よりも強く，酸素原子や窒素原子上の非共有電子対がベンゼン環に流れこみ，環全体の電子密度を上昇（共鳴による電

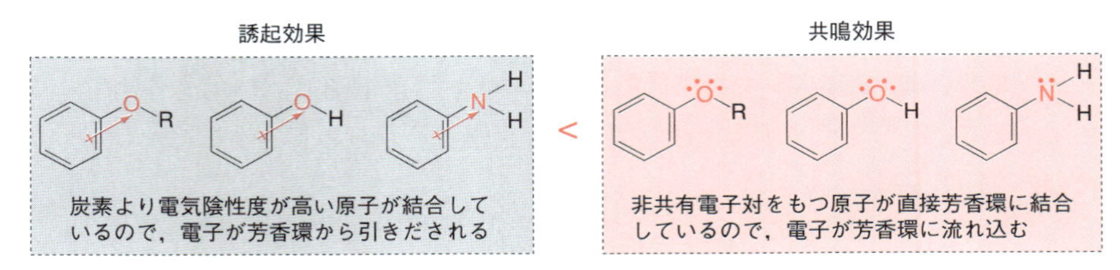

図 8.23 共鳴効果と誘起効果の比較
共鳴効果のほうが誘起効果より強いので活性化である．

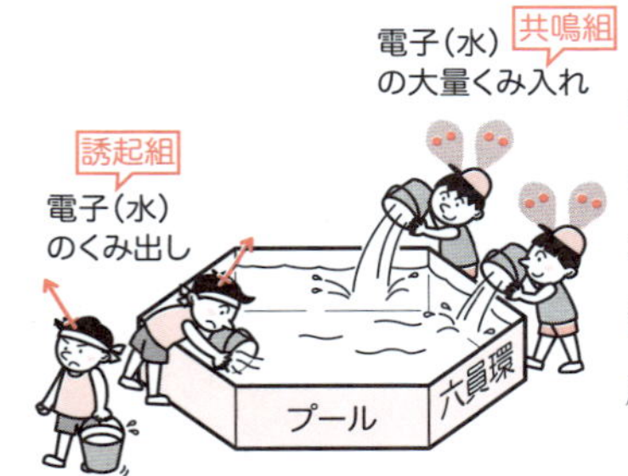

子供与）させるので，求電子剤との反応は活性化される．

配向性については，求電子剤がオルト位あるいはパラ位に結合した場合には，安定な中間体を含む共鳴形が存在する．一方，メタ位に結合した場合には安定な中間体が生じない．図 8.24 に，メトキシ基（$-OCH_3$）が置換したアニソールに求電子剤（CH_3^+）を作用させたときに生じる中間体の構造と，それらの安定性の比較を示す．求電子剤はオルト位やパラ位の位置を好んで反応しているということを理解しよう．

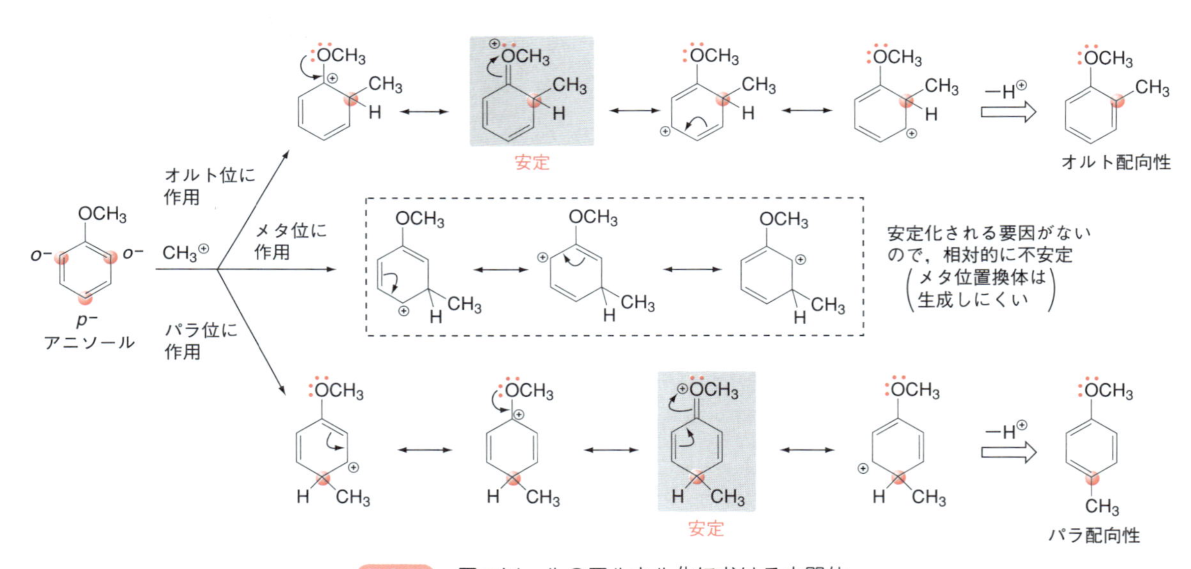

図 8.24 アニソールのアルキル化における中間体

8.4.3 ハロゲン置換基の効果（不活性化，オルト-パラ配向性）

ハロゲン置換基（$-X$）の置換基効果をまとめると，反応性については不活性化，配向性についてはオルト-パラ配向性になる．

ハロゲンは電気陰性度が高いので，誘起効果によって電子求引性を示すことは理解しやすいだろう．しかし，共鳴効果があることも忘れてはいけない．

ハロゲンには非共有電子対が存在するので，8.4.2 項のアルコキシ基などと同じように，共鳴効果によって電子供与性を示す．したがって，ハロゲンの場合も誘起効果と共鳴効果が互いに逆向きとなるが，この場合は誘起効果のほうが共鳴効果よりも強く，ベンゼン環から電子を引きだして環全体の電子密度を低下させるので，求電子剤との反応は不活性化される(図 8.25)．

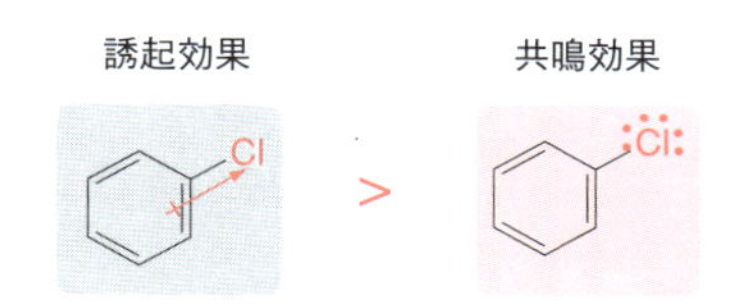

図 8.25　誘起効果のほうが共鳴効果より強いので不活性化

配向性については，ハロゲンにも弱いながら 8.4.2 項のアルコキシ基などと同じような共鳴効果がある．したがって，求電子剤がオルト位あるいはパラ位に結合した場合には，安定な中間体を含む共鳴形が存在する．一方，メタ位に結合した場合には安定な中間体は生じない．図 8.26 に，ブロモ基(−Br)が置換したブロモベンゼンに求電子剤(Cl^+)を作用させたときに生じる中間体の構造と，それらの安定性の比較を示す．

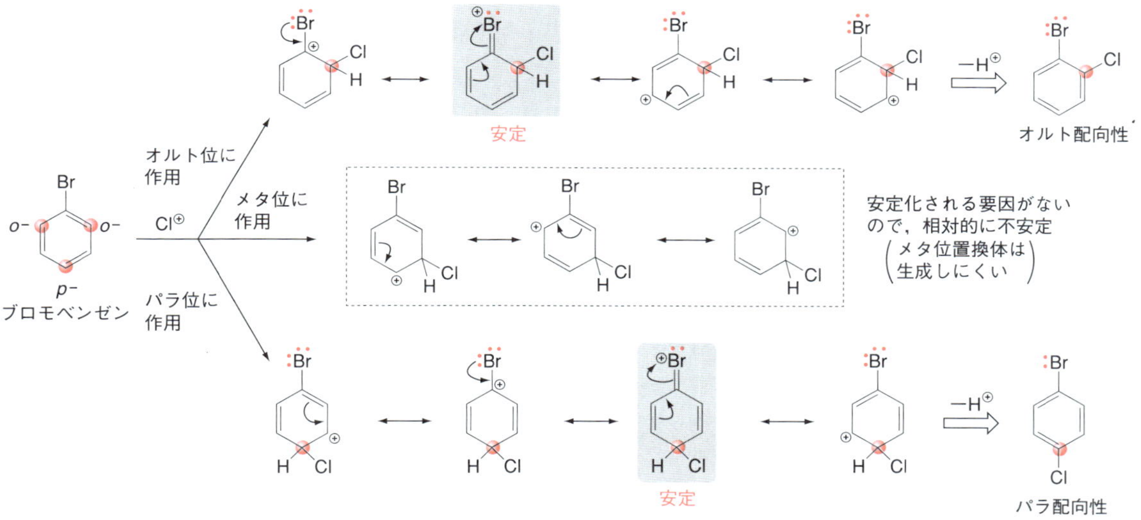

図 8.26　ブロモベンゼンのクロロ化における中間体

8.4.4　ニトロ基，ホルミル基，アシル基，シアノ基，カルボキシ基などの効果(不活性化，メタ配向性)

ニトロ基($-NO_2$)，ホルミル基(−CHO)，アシル基(−COR)，シアノ基(−CN)，カルボキシ基(−COOH)などの置換基効果をまとめると，反応性については不活性化，配向性についてはメタ配向性になる．

これらの置換基は図 8.27 に示すように，大きく分極した不飽和結合を構成している原子が芳香環の炭素に直接結合しているのが特徴である．こういった置換基は誘起効果と共鳴効果の両方によって電子求引性を示し，ベンゼン環から電子を引きだして環全体の電子密度を低くさせるので，求電子剤との反応は不活性化される．

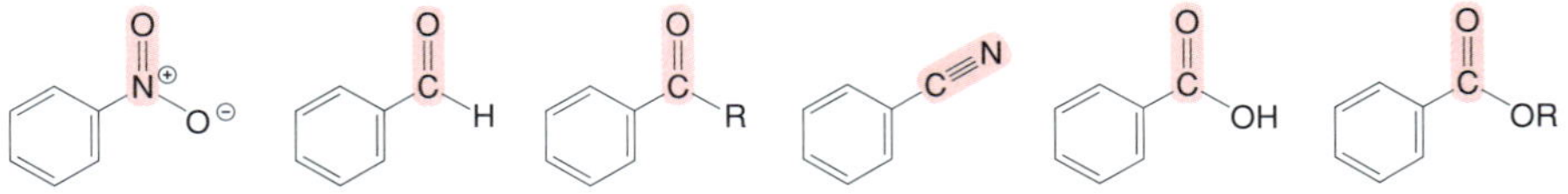

図 8.27　多重結合をもつ不活性化基
分極した不飽和結合が芳香環の炭素に直接結合している場合は，すべて電子求引性である．

一方，配向性についてはメタ配向性になる．なぜなら，求電子剤がオルト位あるいはパラ位に結合した場合，カルボカチオン中間体の正電荷がこれら電子求引性の置換基と隣りあった共鳴構造が存在することになり，きわめて不安定になるからである．それに比べ，メタ位に求電子剤が結合した場合，オルト位あるいはパラ位のときよりは安定なカルボカチオン中間体が生成するので，結果的にメタ位での反応が優先する．

ニトロ基($-NO_2$)が置換したニトロベンゼンに求電子剤(Br^+)を作用させたときに生じるカルボカチオン中間体の構造と，それらの安定性の比較を図 8.28 に示す．

ここで注意してほしいのは，反応は積極的にメタ位で起こっているわけではないということである．実際のところ，オルト位もしくはパラ位では電子密度が低すぎてとても反応できないため，仕方なくメタ位で反応しているの

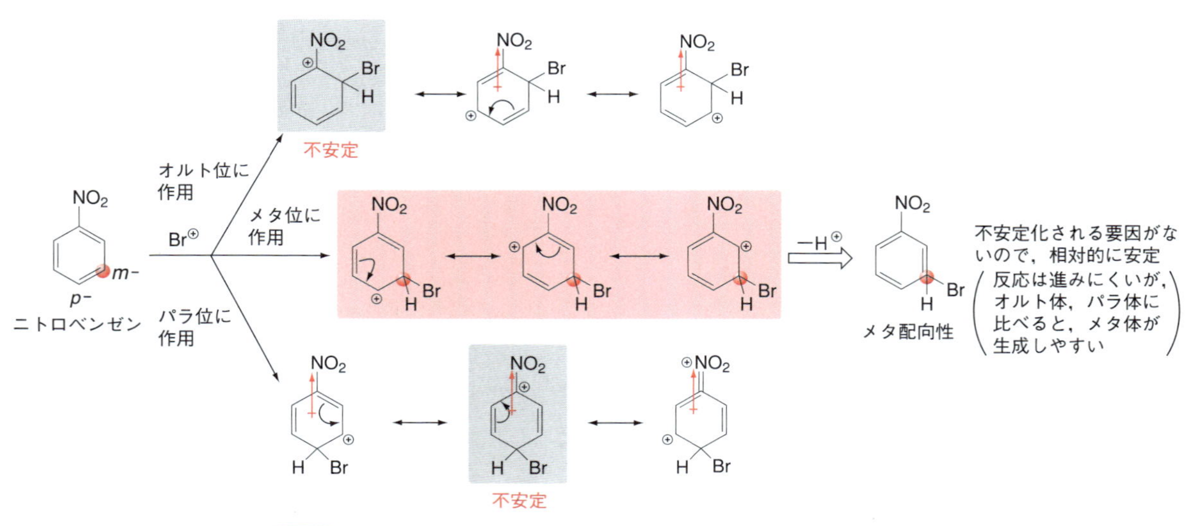

図 8.28　ニトロベンゼンのブロモ化におけるカルボカチオン中間体

である．これは，活性化基が結合していた場合に求電子剤がオルト-パラ位を好んで反応するのとは大きく異なっている．

8.4.5 アンモニウム基の効果（不活性化，メタ配向性）

アンモニウム基（$-NH_3^+$）はアミノ基（$-NH_2$）にプロトン（H^+）が付加してできる．このとき，アミノ基は非共有電子対を使ってプロトンと結合するので，生じたアンモニウム基は正電荷をもつ．したがって，アンモニウム基は誘起効果によってσ結合を介して芳香環から電子を強く求引するので，反応性については不活性化，配向性については図 8.28 と同様にメタ配向性になる．

アンモニウム基は電子求引性で反応性も配向性もアミノ基の場合とは逆になる．このことは，アミノ基をもつ芳香族化合物についてはとくに注意すべき点である．たとえば，アニリンは中性条件下では，求電子置換反応に対して活性化され，オルト-パラ配向性を示すが，強い酸性条件下でプロトン付加されると求電子置換反応に対して不活性化され，メタ配向性を示すようになる（図 8.29）．

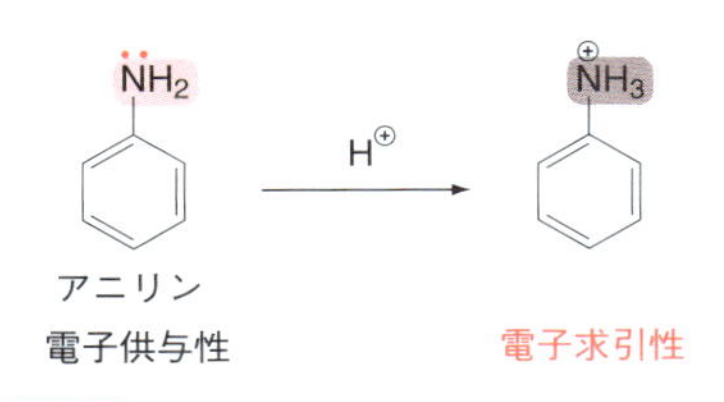

図 8.29 アンモニウム基は電子求引性

8.4.6 芳香族求電子置換反応の置換基効果のまとめ

ではここで，これまで述べてきた芳香族求電子置換反応における置換基の効果を反応性と配向性について整理してみよう（表 8.1）．置換基は電子供与性，電子求引性の二つに分けられる．電子を押しだしたり，引っぱったりする要因は，誘起効果と共鳴効果の二つの効果に依存している．

簡単にまとめると，電子供与性の置換基は反応を活性化し，オルト-パラ配向性になる．反対に電子求引性の置換基は反応を不活性化し，メタ配向性になる．ただし，ハロゲンだけは電子求引性で反応を不活性化しても非共有電子対が芳香環に供与される寄与があるため，オルト-パラ配向性になるので注意してほしい．

表 8.1 置換基効果のまとめ

置換基	反応性	誘起効果		共鳴効果	配向性
$-CH_3$	活性化	電子供与		なし	オルト-パラ
$-NH_2$ $-OH$ $-OCH_3$	活性化	電子求引	<	電子供与	オルト-パラ
$-F$ $-Cl$ $-Br$ $-I$	不活性化	電子求引	>	電子供与	オルト-パラ
$-CHO$ $-COOCH_3$ $-COOH$ $-COCH_3$ $-SO_3H$ $-CN$ $-NO_2$	不活性化	電子求引		電子求引	メタ
$-NH_3^+$	不活性化	電子求引		なし	メタ

8.5 芳香族化合物の求核置換反応

SBO 代表的芳香族複素環の求核置換反応の反応性，配向性，置換基の効果について説明できる．

芳香族化合物は電子に富んだπ電子雲が芳香環の上下をおおっているので，一般に電子に富んだ求核剤の反応を受けにくくなっている．しかし，場合によっては芳香族も求核剤と反応する．

8.5.1 付加-脱離型で進行する芳香族求核置換反応

クロロベンゼンと水酸化ナトリウム水溶液を室温下で混ぜても，反応はまったく進行しない．これは，電子が豊富な芳香族に対しては同じく電子に富んだ求核剤である水酸化物イオン(HO^-)は作用しないためである．しかし，クロロベンゼンの塩素原子のオルト位あるいはパラ位にニトロ基があると，比較的穏やかな反応条件で対応するニトロフェノールが得られる(図 8.30)．これは，結果としてはヒドロキシ基がクロロ基と置き換わったことになるので芳香族求核置換反応であるが，単純にこれら二つの置換基が直接置き換わったわけではない．反応機構はやや複雑である．

ニトロ基のような電子求引性の置換基が結合した芳香環では電子密度が大

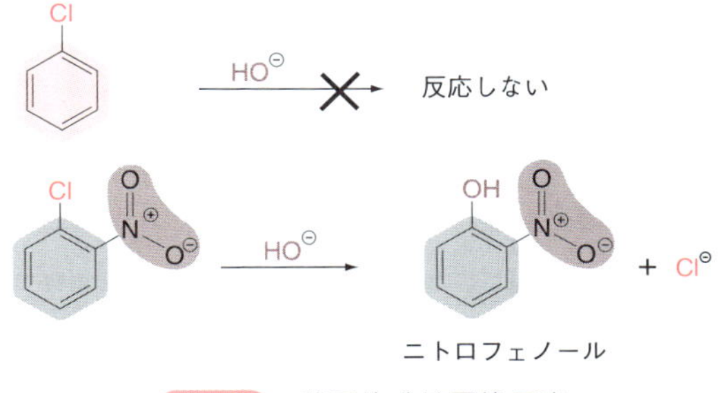

図 8.30 芳香族求核置換反応

きく低下するので，求核剤である水酸化物イオン(HO^-)はクロロ基が結合している炭素に付加し，負に荷電した中間体が生成する(図 8.31)．これを**Meisenheimer 錯体**(マイゼンハイマー)とよぶ．Meisenheimer 錯体は，芳香環上やニトロ基上に電子が非局在化することによって比較的安定化されている．

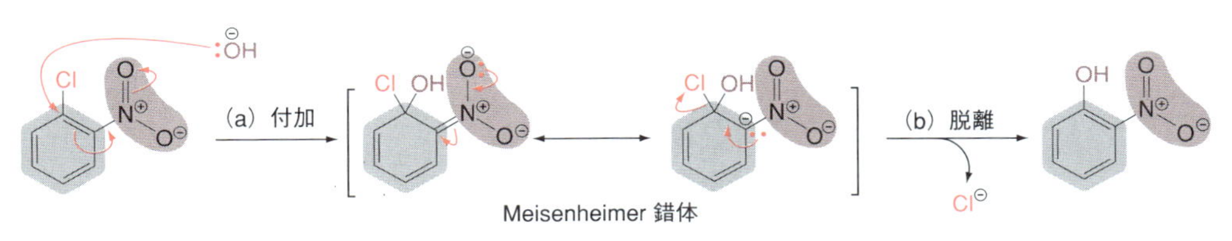

図 8.31 付加(a)-脱離(b)で進行する芳香族求核置換反応
負の電荷が非局在化しているので，比較的安定である．

次に，この負に荷電した中間体から塩化物イオン(Cl^-)が脱離して芳香族性が回復し，反応が完結する．結果として置換反応にはなっているが，実際には，付加(a)-脱離(b)の 2 段階の反応が連続していることに注意しよう．

この反応では，反応中間体である Meisenheimer 錯体が電子を非局在化させることが重要である．オルト位あるいはパラ位の場合とは異なり，メタ位に電子求引性の置換基が結合した芳香環(たとえば，*m*-クロロニトロベンゼン)では，共鳴による安定化が望めないのでこの反応は進行しない．

Advanced ベンザインを経由する求核置換反応(脱離-付加反応)

8.5.1 項で述べたように，室温下ではクロロベンゼンと求核剤はまったく反応しない．しかし，高温高圧下の条件で強い塩基を作用させると，脱離-付加の 2 段階反応が起こり，結果的には求核置換反応が進行したことになる．たとえば，クロロベンゼンを液体アンモニア中でナトリウムアミド($NaNH_2$，強い塩基)と反応させると，塩素原子がアンモニアと置換したアニリンが得られる(図 8.32)．この反応では，はじめに強塩基であるナトリウムアミドが作用して塩化水素が脱離して炭素-炭素三重結合をもつ不安定なベンザイ

ン中間体が生成し，これに対してアンモニアが付加する．炭素-炭素三重結合で表されるベンザイン中間体は sp 混成軌道からなるので，本来であれば直線構造である．ところが，芳香環上にその構造をもっていることから，大きなひずみを抱えていることが容易に想像できる．ベンザインが高い反応性をもつゆえんである．

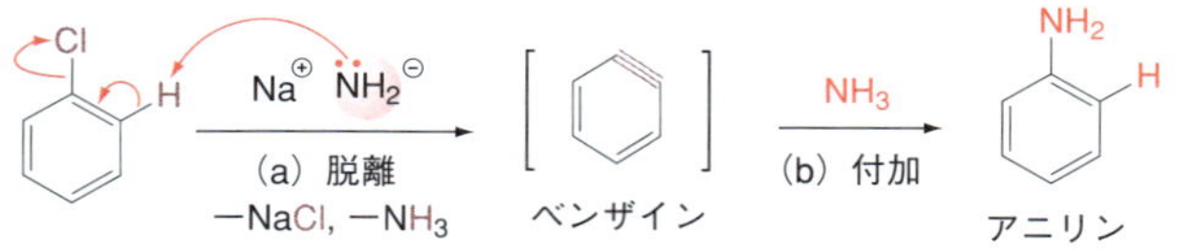

図 8.32　ベンザインの反応性
ベンザインはひずんだアルキンの構造をもっているため，反応性が高い．

8.5.2　アレーンジアゾニウム塩を経由する芳香族求核置換反応

高校の化学で，アニリンの希塩酸溶液に 0 ℃付近で亜硝酸ナトリウムを加えると，塩化ベンゼンジアゾニウムが得られることを学んだ(図 8.33 上段)．この塩化ベンゼンジアゾニウムを用いると，さまざまな芳香族求核置換反応が起こる．この反応について詳しく学ぼう．

亜硝酸ナトリウムに塩酸を加えて生成する亜硝酸(HNO_2)は，脱水を経てニトロシルカチオン(NO^+)を生成する*3．芳香族アミンはこのニトロシルカチオンと反応して，塩化ベンゼンジアゾニウムのようなアレーンジアゾニウム塩〔アレーン(arene)とは芳香族炭化水素の総称〕が生成する．反応は，最初に *N*-ニトロソ化*4 が起こり，図 8.33 の下段に示したような機構で進行する．一般に，ジアゾニウム塩は不安定で窒素が脱離して分解するが，芳香環が置換したアレーンジアゾニウム塩は芳香環によって共鳴安定化されている

*3 ニトロシルカチオンの生成機構は 14 章図 14.16 を参照．

*4 −N=O をニトロソ基(nitroso group)という．

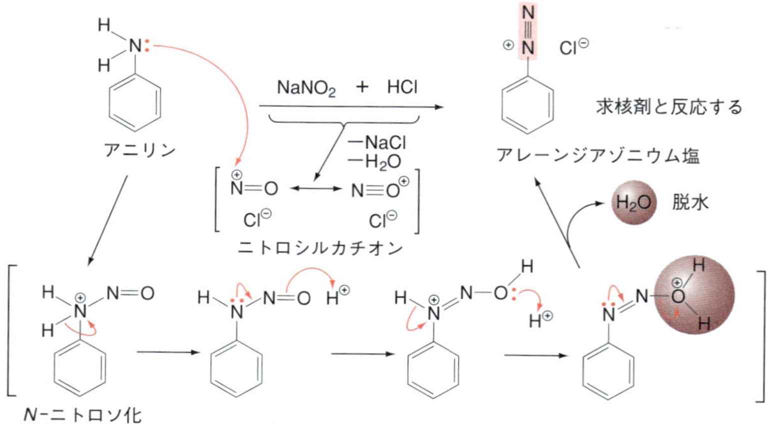

図 8.33　アレーンジアゾニウム塩の生成

ので，0℃付近では比較的安定である．しかし，温度を上げると分解するので，一般には単離することなくただちに次の反応に用いられる．

アレーンジアゾニウム塩を含む溶液に塩化銅(CuCl)，臭化銅(CuBr)，シアン化銅(CuCN)などの1価の銅塩を加えると，ジアゾニウム基がハロゲン化物イオン(Cl^-，Br^-)やシアン化物イオン(CN^-)と置換される．このように銅塩を用いる芳香族求核置換反応を**Sandmeyer**(ザンドマイヤー)**反応**(Sandmeyer reaction)という(図8.34)．とくに，シアン化銅との反応は，導入したシアノ基をほかの炭素官能基(例：$-CONH_2$，$-COOH$，$-CH_2NH_2$)へ変換できるので，有用である(これらの変換反応については，13.6節で学ぶ)．

ヨウ化物イオンは求核性が高いため，銅塩ではなくヨウ化カリウム(KI)を用いて置換反応を行う．したがって，Sandmeyer反応には含まれないが，反応機構は同じである．

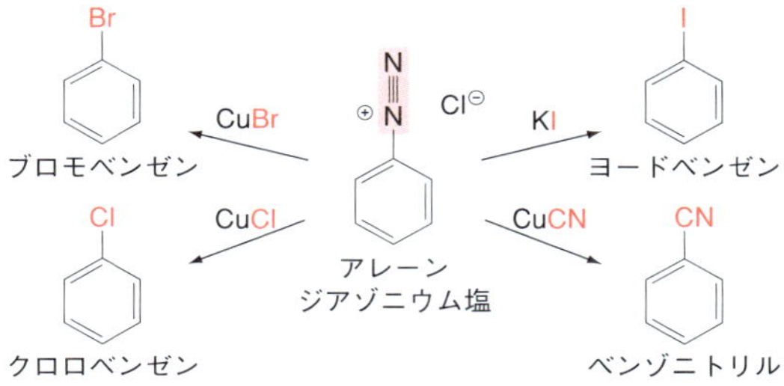

Br
ブロモベンゼン
CuBr
N
N
Cl⊖
KI
I
ヨードベンゼン
Cl
CuCl
クロロベンゼン
アレーン
ジアゾニウム塩
CuCN
CN
ベンゾニトリル

図8.34 Sandmeyer型の反応

アレーンジアゾニウム塩はそのほかの置換反応も起こす(図8.35)．たとえば，アレーンジアゾニウム塩を酸性水溶液中で反応させれば，水と置換反応を起こしてフェノールが生成する．また，次亜リン酸(H_3PO_2)を加えると，ジアゾニウム基を水素に置換することができる．たとえば図8.36に示すように，アニリンのアミノ基がもっている芳香族求電子置換反応のオルト-パラ配向性を利用して位置選択的に臭素化し，最後にアミノ基を，ジアゾ化を経て除去すれば*m*-ブロモトルエンが得られる．通常のトルエンの臭素化で

N
N
Cl⊖
H⊕, H2O
OH
フェノール
H3PO2
H
ベンゼン
アレーンジアゾニウム塩

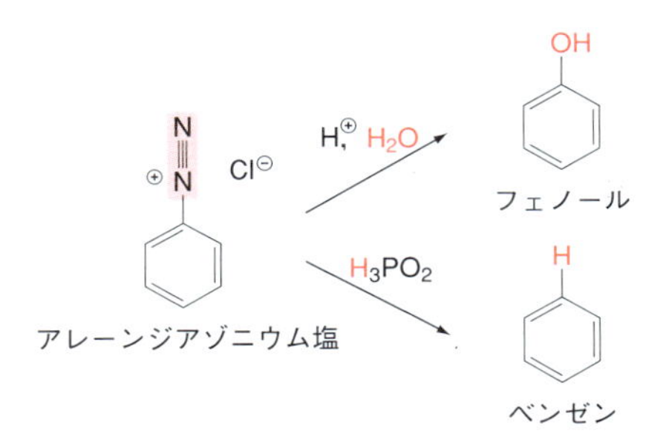

図8.35 アレーンジアゾニウム塩を用いる芳香族求核置換反応

は，オルト置換体あるいはパラ置換体が生成するので，メタ体を合成するよい方法である．

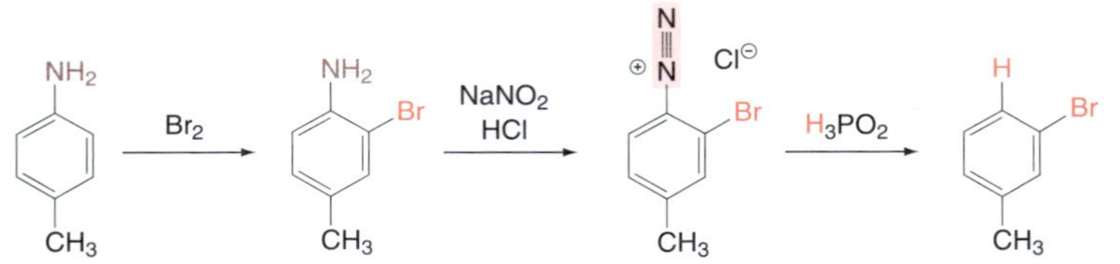

図 8.36 ジアゾニウム塩を経る合成法の活用例：*m*-ブロモトルエンの合成

Advanced ジアゾニウムカップリング反応

アレーンジアゾニウム塩では，ジアゾ基が正電荷を帯びて求電子性をもっている．したがって，*N,N*-ジメチルアニリンやフェノールなどの電子豊富な芳香族化合物は求核剤として反応し，ジアゾニウムカップリングとよばれる反応が起こる（図 14.4.2 項，図 14.18，図 14.19 参照）．この反応の生成物は π 電子共役系が拡張して吸収帯が可視光領域にまで達しているため色がついているので，アゾ色素とよばれる．

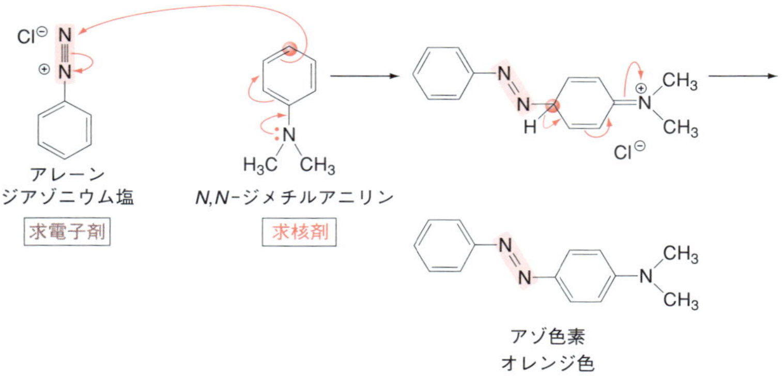

アレーン
ジアゾニウム塩
求電子剤

N,N-ジメチルアニリン
求核剤

アゾ色素
オレンジ色

図 8.37 ジアゾニウムカップリング反応

章末問題

1．次の化合物あるいはイオン a～h のうち，芳香族性をもつものはどれか．混成軌道と π 電子の数を調べて Hückel 則に従って解答せよ．

a. b. c.  d.  e. 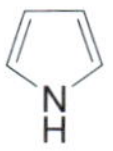 f.  g. 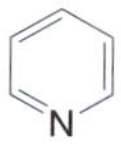 h.

2．次の化合物 a～f について，そのベンゼン環上の置換基に関する次の設問に答えよ．

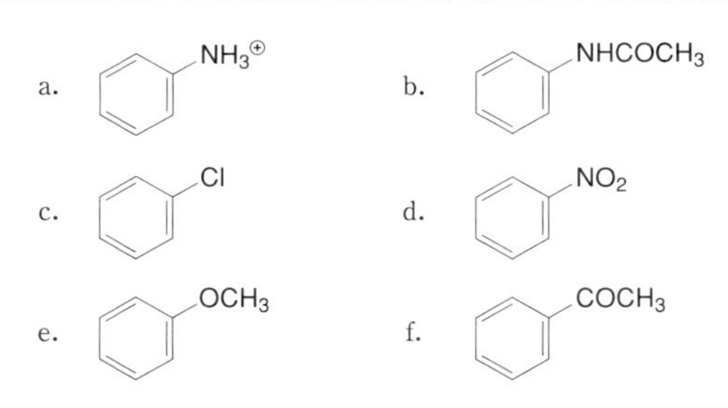

① これらのベンゼン環上の置換基は，誘起的な電子求引性(A)，誘起的な電子供与性(B)，共鳴による電子求引性(C)，および共鳴による電子供与性(D)のうちどのような性質を示すか．該当するものが一つとはかぎらない．

② これらのベンゼン環上の置換基が芳香族求電子置換反応で示す配向性(オルト-パラあるいはメタ)と，本反応への効果(活性化あるいは不活性化)について説明せよ．

3． 次の反応式 a ～ l の生成物を記せ．反応によっては得られるものが 1 種類とはかぎらない．

a. $\xrightarrow[FeBr_3]{Br_2}$

b. $\xrightarrow{HNO_3,\ H_2SO_4}$

c. $\xrightarrow[AlCl_3]{CH_3COCl}$ (O, CH_3, Cl)

d. $\xrightarrow[80℃]{H_2SO_4}$

e. $\xrightarrow[160℃]{H_2SO_4}$

f. NO_2, Cl $\xrightarrow{NaOCH_3}$

g. CH_3, Br $\xrightarrow[液体NH_3]{NaNH_2}$

h. NH_2 $\xrightarrow[0℃]{NaNO_2,\ HCl}$

i. $\overset{\oplus}{N}{\equiv}N$ $Cl^{\ominus}$ $\xrightarrow{CuCl}$

j. $\overset{\oplus}{N}{\equiv}N$ $Cl^{\ominus}$ $\xrightarrow[加熱]{HBF_4}$

k. $\overset{\oplus}{N}{\equiv}N$ $Cl^{\ominus}$ $\xrightarrow{KI}$

l. $\overset{\oplus}{N}{\equiv}N$ $Cl^{\ominus}$ $\xrightarrow{N(CH_3)_2}$

ハロゲン化合物

❖ 本章の目標 ❖

- 有機ハロゲン化合物の代表的な性質と反応について学ぶ.
- 求核置換反応(S_N1 反応および S_N2 反応)の機構とその立体化学について学ぶ.
- ハロアルカンの脱ハロゲン化水素の機構と反応の位置選択性(Zaitsev 則)について学ぶ.
- 有機ハロゲン化合物の代表的な合成法について学ぶ.

9.1 ハロゲン化合物とは

SBO 有機ハロゲン化合物の基本的な性質と反応を列挙し，説明できる.

ハロゲン(halogen)とは第 17 族元素の総称である．ギリシャ語の「hals (salt ＝ 塩)」＋「-gen(produce ＝ 生じる)」が語源であり,「この族の元素を用いた反応は塩を生じるものが多い」ことに由来する．有機化学で汎用されるハロゲン(X で総称して表される)はフッ素(F)，塩素(Cl)，臭素(Br)，およびヨウ素(I)である．これらのハロゲンが sp^3 炭素に結合したものを**ハロアルカン**(haloalkane)，sp^2 炭素に結合したものを**ハロアルケン**(haloalkene)，sp 炭素に結合したものを**ハロアルキン**(haloalkyne)，および芳香環上の炭素と結合したものを**芳香族ハロゲン化物**〔ハロアレーン(haloarene)あるいはハロゲン化アリール(aryl halide)〕といい，これらを総称してハロゲン化合物という.

ハロゲンが sp^3 炭素に結合したハロアルカン〔**ハロゲン化アルキル**(alkyl halide)ともいう〕の場合，C－X 結合は σ 結合であるので，電気陰性度の高いハロゲンが誘起効果によって電子を求引する．したがって，C－X 結合の炭素は $\delta+$，ハロゲンは $\delta-$ になる．このような極性をもつ C－X 結合にはさまざまな反応が起こる．一方，ハロアルケンや芳香族ハロゲン化物の場合，共鳴効果によってハロゲンが多重結合に電子を供与し，C－X 結合に若干の二重結合性が生じる．このため，C－X 結合はハロアルカンの場合に比べて

単結合炭素にハロゲンが結合

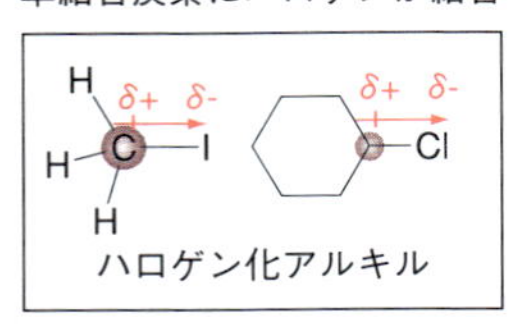

反応性が高い

多重結合炭素にハロゲンが結合

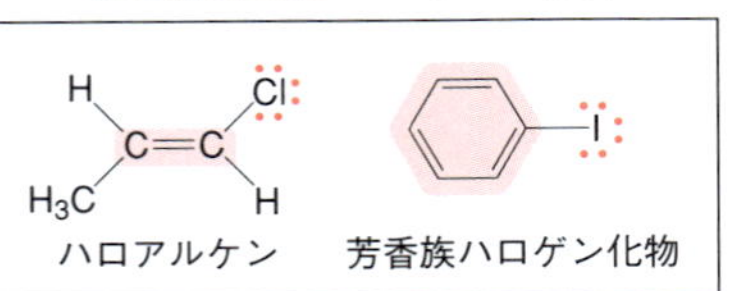

反応性が低い

図 9.1 ハロゲン化合物の反応性

安定化され，一般に反応が進行しにくい(図 9.1).

本章では，多様な反応が起こるハロゲン化アルキルについて学ぶ.

9.2 ハロゲン－炭素結合の性質

SBO 有機ハロゲン化合物の基本的な性質と反応を列挙し，説明できる.

ハロゲン(X)は原子番号の小さい方から並べると，フッ素(F)，塩素(Cl)，臭素(Br)，ヨウ素(I)の順になる．原子番号の大きい元素ほど原子半径は大きくなるので，C－X 結合の長さは，C－F ＜ C－Cl ＜ C－Br ＜ C－I の順に長くなる(表 9.1)．ちょうどゴムを長く引き伸ばせば切れやすくなるのと同じように，化学結合は長いほど弱く，切れやすい．したがって，C－X 結合の強さは逆に C－F ＞ C－Cl ＞ C－Br ＞ C－I の順になる.

表 9.1 ハロゲン-炭素結合の性質

	F	Cl	Br	I
電気陰性度	4.0	3.0	2.8	2.5
C－X 結合距離(pm)	139	178	193	214
	C－F	C－Cl	C－Br	C－I
結合解離エネルギー(kJ/mol)	451	350	294	239
イオン半径(pm)	133	181	195	216

9.3 ハロゲン化アルキルで起こる反応

SBO 脱離反応の特徴について説明できる.

9.1 節で述べたように，ハロゲン化アルキルのもつ C－X 結合では炭素は δ+，ハロゲンは δ－ になる．このような極性をもつハロゲン化アルキルには，おもに 2 種類の反応が起こる．一つは**求核置換反応**(nucleophilic substitution reaction)で，もう一つは**脱離反応**(elimination reaction)である(置換反応および脱離反応の基本については 6.3.2 項および 6.3.3 項を参照).

興味深いことに，同じハロゲン化アルキルを原料に用いても反応条件によっては求核置換反応が起こったり，脱離反応が起こったり，両方一度に起こったりもする．また，求核置換反応には **S_N1 反応**(unimolecular[*1] nucleophilic substitution reaction)および **S_N2 反応**(bimolecular[*1] nucleophilic substitution reaction)の２種類があり，脱離反応には **E1 反応**(unimolecular elimination reaction)と **E2 反応**(bimolecular elimination reaction)の２種類がある(図 9.2)．このように，ハロゲン化アルキルでは，9.2 節で述べたようなハロゲン化アルキルそのものの性質の違いや，反応に使われる反応剤(求核剤や塩基)および反応溶媒などの違いによって，起こる反応の種類がさまざまに異なるので，注意深く扱わなくてはならない．どのようなハロゲン化アルキルがどのような反応条件にさらされた場合に求核置換反応もしくは脱離反応が起こるのか，これから詳しく説明する．

＊1 unimolecular：１分子の
bimolecular：２分子の

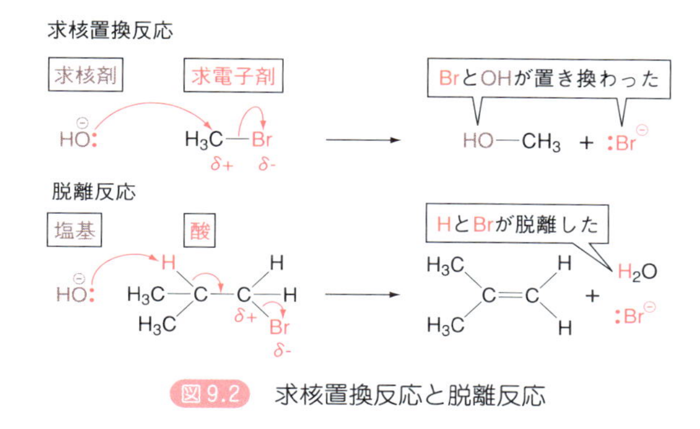

図 9.2 求核置換反応と脱離反応

9.4 求核置換反応

求核置換反応はその名前のとおり，求核剤によって起こる置換反応である．求核剤とハロゲンが置き換わるわけだが，反応の進み方の違いによって S_N1 反応と S_N2 反応の二つに分けられる．S_N1 反応および S_N2 反応の「S_N」とは，**置換**(Substitution)と**求核的な**(Nucleophilic)の頭文字の S と N をとっている．つまり，日本語の「求核置換反応」と同じ意味である．では，続く「1」および「2」という数字は，何を意味するのだろうか．これは反応の進み方の違いを意味するもので，律速段階の遷移状態[*2]に関与する分子種の数を示す．「1」は一つの分子が，「2」は二つの分子が関与することを示す．

SBO 求核置換反応の特徴について説明できる．

＊2 遷移状態と中間体の違いについては 6.2.1 項および 6.3.2 項を参照．

図 9.3 に示すように，ハロゲン化アルキルはさまざまな求核剤(Nu^-)と反応し，ハロゲンが Nu に置換されるが，出発物質や求核剤の種類，および反応条件によって，反応の様式は異なる．たとえば，ブロモメタンは求核剤である水酸化物イオン(HO^-)と反応してメタノールを生成する(式 A)が，これは S_N2 反応である．一方，2-ブロモ-2-メチルプロパンは求核剤である水と中性の条件下で反応して，2-メチル-2-プロパノールを生成する(式 B)．これは S_N1 反応である．以下，これらを詳しく見てみよう．

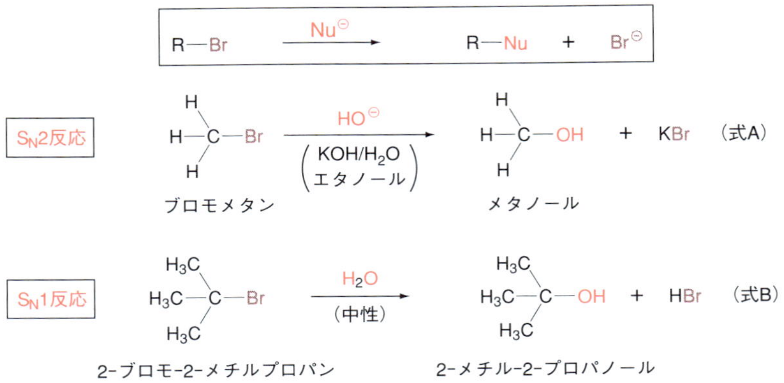

R—Br $\xrightarrow{Nu^{\ominus}}$ R—Nu + $Br^{\ominus}$

S_N2反応

ブロモメタン CH_3Br $\xrightarrow[\text{(KOH/}H_2O\text{ エタノール)}]{HO^{\ominus}}$ メタノール CH_3OH + KBr (式A)

S_N1反応

2-ブロモ-2-メチルプロパン $(H_3C)_3C—Br$ $\xrightarrow[\text{(中性)}]{H_2O}$ 2-メチル-2-プロパノール $(H_3C)_3C—OH$ + HBr (式B)

図 9.3 S_N2 反応と S_N1 反応

式 A は希エタノール溶液中で KOH が存在するような塩基性の条件下で反応させる.

9.4.1 S_N2 反応

図 9.3 の式 A の求核置換反応は S_N2 反応である.この反応の反応機構を詳しく見てみよう(図 9.4).

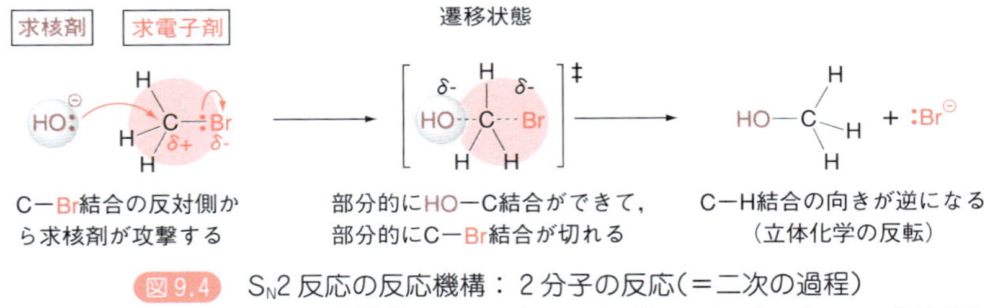

図 9.4 S_N2 反応の反応機構:2 分子の反応(=二次の過程)

反応は 1 段階で進んでいる.遷移状態には HO^- とハロゲン化アルキルという二つの分子がかかわっている.

求核剤である水酸化物イオン(HO^-)はその非共有電子対を使って,ブロモメタン(CH_3Br)の電子が欠乏ぎみの炭素を攻撃する.このとき,HO^- は C－Br 結合の反対側から近づいていき,炭素との結合を形成する.同時に,元からあった C－Br 結合は切断され,Br^- が脱離する.この Br 基のように,求核剤の攻撃を受けて脱離する基を**脱離基**(leaving group)という.このように,S_N2 反応では反応の開始から終結までが 1 段階で進んでいき,新しい C－OH 結合の形成と元からある C－Br 結合の切断が同時に起こっている状態になる.これが遷移状態(6 章図 6.20 参照)である.つまり,遷移状態では求核剤である HO^- とハロゲン化アルキルの「2 分子」がかかわっていることになるので,この「2 分子」が関与していることを表すために S_N2 反応とよぶ.

新たな結合の形成と古い結合の切断が同時に起こるのが S_N2 反応の最も重

要な特徴であり，後で学ぶ S_N1 反応との相違点でもあるので，とくに強調しておく．この遷移状態において2分子が関与しているかどうかは，反応速度を調べることで確認できる．たとえば，CH_3Br の濃度と HO^- の濃度をそれぞれ2倍にして反応させると，元の反応速度の4倍になる．このことから，反応の速度を決める段階である遷移状態では，CH_3Br と HO^- の両方が関与していることがわかる．これは次の速度式で表す**二次の過程**(second-order process，反応の速度を決める因子が二つあること)にあたる．

$$反応速度 = k[CH_3Br][HO^-] \quad mol\ L^{-1}\ s^{-1} \tag{9.1}$$

k：速度定数，[　]：濃度

また，S_N2 反応の立体化学も重要である．脱離基が脱離してできた生成物のC−H結合の向きを原料のC−H結合の向きと比較すると，反対向きになっていることに気づくだろう．これは，脱離基の反対側から求核剤がむりやりに押し込んできて，脱離基を追いだそうとするために起こる立体化学の反転であり，発見者の名前にちなんで **Walden**（ワルデン）[*3] **反転**(Walden inversion)とよばれている．ちょうど，傘が強い風を受けて「ばたん」とひっくり返るイメージである(図9.5)．

*3 バルデンともいう．

図9.5 Walden 反転

Walden 反転は，図9.4のようなキラルでないハロゲン化アルキルについてはあまり意味のある現象ではないが，不斉炭素上で S_N2 反応が起こったと

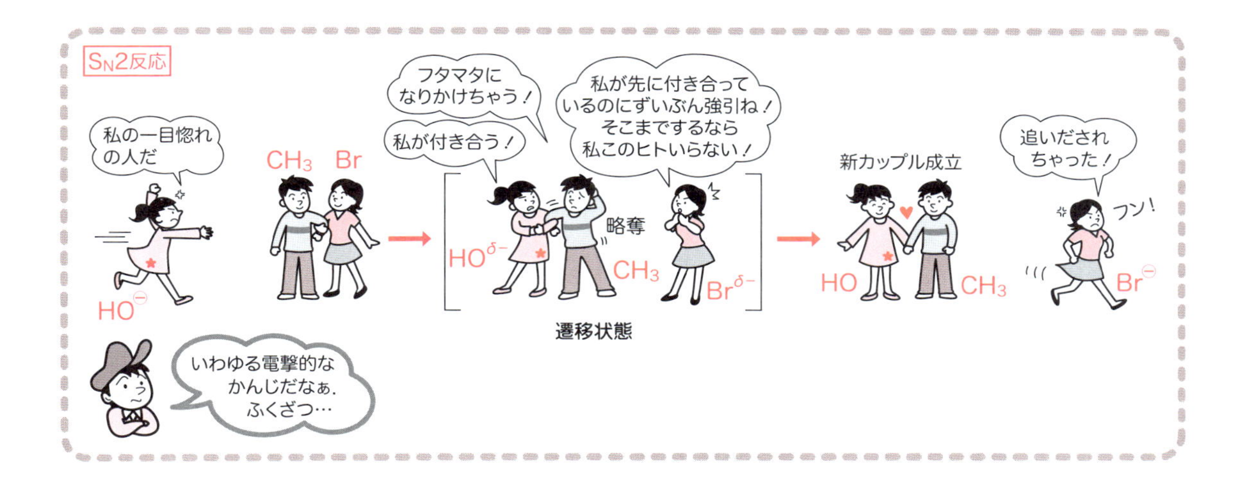

きには非常に重要となる．図 9.6 に示すように，求核剤の攻撃によって，遷移状態では不斉炭素のキラリティが失われ（炭素は sp^2 混成となり，3 本の結合がすべて同一平面上にのってしまう），反応が終結したときには完全に立体化学が反転する．したがって，生成物の立体化学は原料のハロゲン化アルキルの逆になる．このような S_N2 反応による立体化学の反転をうまく利用すれば，逆の立体化学をもつ化合物を合成することにもつながるので，合成化学的に重要である．

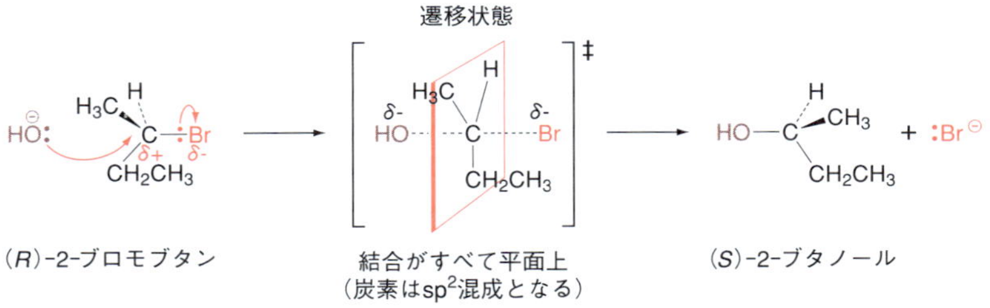

遷移状態

(*R*)-2-ブロモブタン

結合がすべて平面上
（炭素は sp^2 混成となる）

(*S*)-2-ブタノール

図 9.6 立体化学の反転

9.4.2 S_N2 反応が起こりやすくなる条件

S_N2 反応はどのような場合に起こるのだろうか．反応が起こりやすい条件を次にあげる．

① ハロゲン化アルキルの立体的要件

S_N2 反応は，求核剤が攻撃して脱離基を追いだす．したがって，まずは「求核剤が攻撃できるか」が重要になる．すでに述べたように，求核剤は C−X 結合の反対側から sp^3 炭素に攻撃をしかけるので，C−X 結合以外の残り三つの結合の隙間を抜けて攻撃をするイメージである．残り三つの結合が立体的にかさ高い場合，求核剤は攻撃しにくく，S_N2 反応は進みにくい．逆に，かさの小さい置換基が結合している場合は，立体的に込みあっていないので求核剤が攻撃しやすく，S_N2 反応は進みやすくなる．

これらをまとめると，ハロゲンが結合している炭素がもつ残り三つの置換基のもたらす立体障害が小さくなるにつれて，S_N2 反応は起こりやすくなる．簡単にいえば，ハロゲンが結合した炭素についたアルキル置換基の数が少ないほど，S_N2 反応は起こりやすくなると考えればよい．

図 9.7 に示すように，ハロゲンが結合した炭素にアルキル置換基が一つだけ結合したものを**第一級ハロゲン化アルキル**（primary alkyl halide）といい，アルキル基の数が増えるにつれて，順に**第二級ハロゲン化アルキル**（secondary alkyl halide），**第三級ハロゲン化アルキル**（tertiary alkyl halide）という．S_N2 反応に対する反応性が最も高いのはアルキル基が置換していないハロゲン化メチルで，置換基が多くなるにつれて反応性は低くなる．一般に，第三

ハロゲン化メチル	第一級ハロゲン化アルキル	第二級ハロゲン化アルキル	第三級ハロゲン化アルキル
H–$C(H)(H)$–X	H–$C(CH_3)(H)$–X	H_3C–$C(CH_3)(H)$–X	H_3C–$C(CH_3)(CH_3)$–X

反応性大 ⟺ 反応性小　反応しない

図 9.7　ハロゲン化アルキルの S_N2 反応に対する反応性

級ハロゲン化アルキルでは S_N2 反応は起こらない．

② 求核剤の反応性

すでに述べたように，S_N2 反応では「求核剤が攻撃できるか」が重要である．したがって，求核性のより高い求核剤を使えば，攻撃力が高まるので S_N2 反応は起こりやすい．では，求核性の高い求核剤とはどういうものだろうか．6 章で学んだように，求核剤は自らが電子豊富で，電子不足な相手を求めるものであり，この場合の電子不足な相手とはハロゲンと結合している炭素になる．一般に有機化学では，求核性を「電子不足な炭素をどれくらい欲するか」ととらえることが多い．さまざまな求核剤が電子不足な炭素を欲する程度について，いろいろな実験が行われた結果，ある程度の傾向がわかっている．

図 9.8 に示すように，求核剤はすべて非共有電子対をもっているが，負に荷電しているものと電気的に中性なものとがある．一般には，負に荷電したものは中性のものより求核性が高い．たとえば，水(H_2O)よりも水酸化物イ

H_2O　$CH_3COO^{\ominus}$　NH_3　$Cl^{\ominus}$　$HO^{\ominus}$　$CH_3O^{\ominus}$　$I^{\ominus}$　$NC^{\ominus}$　$HS^{\ominus}$

反応性小 ⟺ 反応性大

CH_3Brに対する求核性

図 9.8　求核剤の求核性

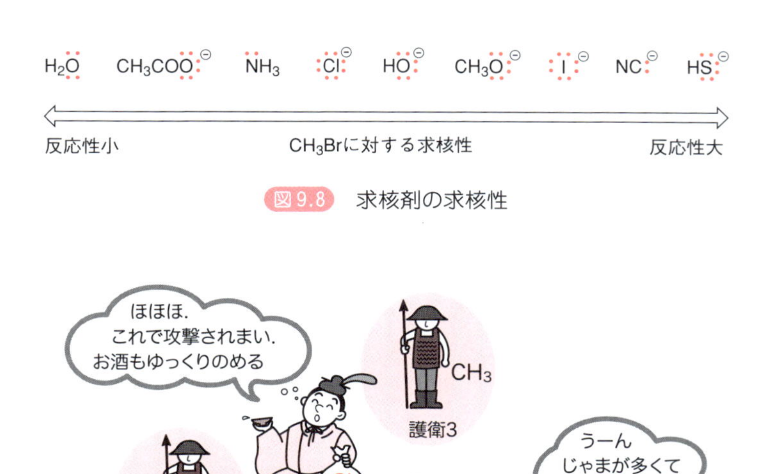

オン(HO^-)のほうが求核性は高い．また，同じ族ならば原子番号の大きいものほど求核性は高い．たとえば，第16族の酸素と硫黄を比べると硫黄のほうが求核性が高い*4ので，HO^- より HS^- のほうの求核性が高いといえる．また，一般に塩基性が強ければ求核性も強いという傾向がある(塩基性と求核性の関係については9.5節で詳しく述べる)．

*4 原子半径が大きくなるほど原子核が外側にある電子を引きつけにくくなる．また，溶媒和もされにくくなる．これらの理由から，同じ族ならば原子番号の大きいものほど求核性は高くなる．

③ **脱離基の脱離しやすさ**

S_N2 反応は，求核剤が攻撃して脱離基を追いだすので，「脱離基が追いだされやすい」，すなわち脱離しやすいほど反応が進みやすい．では，どのような脱離基が脱離しやすいのだろうか．

脱離基は負電荷をもって追いだされるので相対的に負電荷を安定化できるもの，安定なアニオンになりやすいものほど脱離しやすいといえる．図9.9に脱離基の脱離しやすさ(アニオンの安定性)を示した．実際のところ，HO^-，H_2N^-，RO^-，F^- は反応性が低いので，S_N2 反応の脱離基としては適当ではない．したがって，F^- 以外のハロゲンをおもな脱離基として理解しておけばよい．もちろん，ハロゲンにとって負電荷をもつアニオンになることは，元のC−X結合の状態よりはエネルギー的には不利であり，生じるハロゲンのアニオンの相対的な安定性の違いによって，脱離のしやすさは異なる．

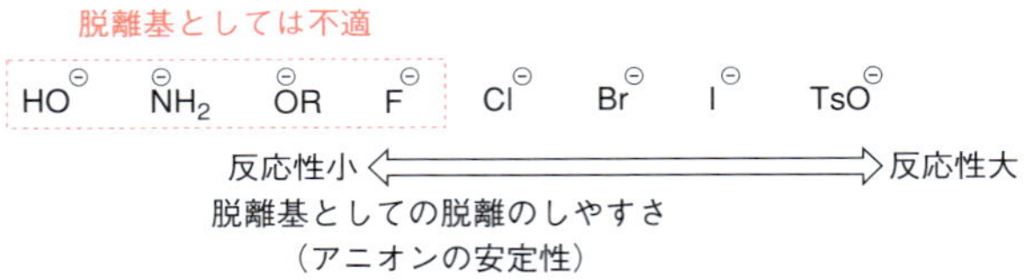

脱離基としては不適

$HO^{\ominus}$ $\overset{\ominus}{N}H_2$ $\overset{\ominus}{O}R$ $F^{\ominus}$ $Cl^{\ominus}$ $Br^{\ominus}$ $I^{\ominus}$ $TsO^{\ominus}$

反応性小 ⇔ 反応性大

脱離基としての脱離のしやすさ
(アニオンの安定性)

図9.9 脱離基の脱離しやすさ
アニオンの安定性が高いほど脱離しやすい．

図9.9は F < Cl < Br < I の順で，より安定なアニオンが生じることを示している．これは，ハロゲンの原子半径の大きさと相関している(表9.1)．それでは，なぜ，原子半径の大きいハロゲンほど，安定なアニオンになるのだろうか．それは，ハロゲンがアニオンになったとき，原子半径の大きいものほど負の電荷をより大きな空間に収めることができるからである．また，原子番号がより大きいものほど電気陰性度はより小さくなるので，原子核に電子を引きつける力が小さく，電子が原子核から離れてより大きな空間を動くことができる．これらがあわさって原子番号の大きなハロゲンのアニオンほど電子が非局在化し，アニオンの相対的な安定性は高くなる．

ハロゲン化物イオン以外にも，脱離しやすい官能基がある．その代表的なものが RSO_3^- の構造をもつスルホン酸誘導体である．メタンスルホン酸イオン($CH_3SO_3^-$)や4-メチルベンゼンスルホン酸イオン〔p-トルエンスルホン酸イオン：p-$CH_3C_6H_4SO_3^-$(TsO^-)で表される〕は脱離能が非常に大きいので，

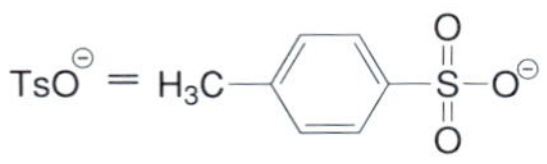

$TsO^{\ominus}$ = H_3C−C_6H_4−$S(=O)_2$−$O^{\ominus}$

しばしば合成反応で用いられる．

④ **溶媒の極性**

すでに②で求核剤の反応性が高いほうが，S_N2 反応が起こりやすいと述べた．これに関連して，溶媒の極性も重要である．S_N2 反応にプロトン性溶媒（$-OH$ 基や $-NH-$ 基を含む溶媒）を用いると，非共有電子対をもっている求核剤は溶媒の $-OH$ 基や $-NH-$ 基と水素結合を形成し，その求核性を低下させる（図 9.10）．このように，溶液中の化学種が溶媒分子との相互作用によって安定化されることを**溶媒和**（solvation）という．一般に，S_N2 反応にはメタノールやエタノールのようなプロトン性溶媒[*5]は適さない．

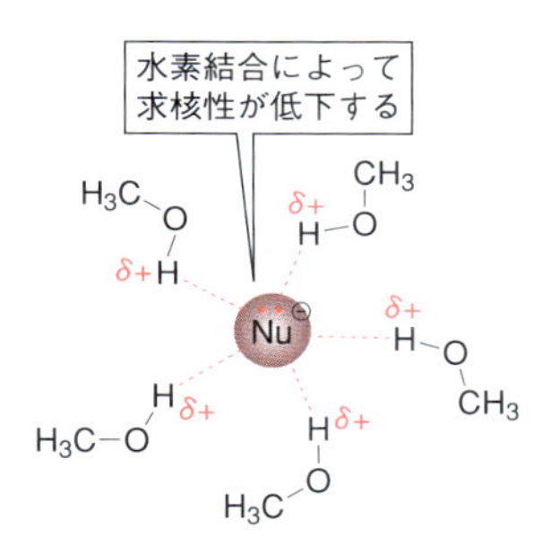

図 9.10 溶媒和のようす
プロトン性溶媒によって溶媒和された．

*5 極性溶媒にはプロトン性極性溶媒と非プロトン性極性溶媒がある．プロトン性極性溶媒はメタノールやエタノールなど水素結合しうる水素をもっている．非プロトン性極性溶媒として，DMSO（dimethyl sulfoxide）や DMF（*N,N*-dimethylformamide）が知られている．11.6.2 項参照．

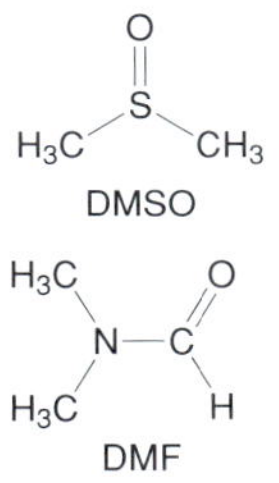

DMSO

DMF

9.4.3 S_N1 反応

ここで再び図 9.3（p. 178）を見てみよう．式 B は S_N1 反応である．

S_N1 反応では，図 9.11 に示すように，はじめにハロゲン化アルキルのハロゲンが自発的に解離し，カルボカチオン中間体が生じる．このカルボカチオン中間体が求核剤である水の攻撃を受けて新たな $C-OH$ 結合を形成する．S_N1 反応の最大の特徴は，脱離基が先に脱離し，その後で求核剤が攻撃をすることである．これは，S_N2 反応で脱離基の切断と求核剤との結合の形成が同時に起こることと大きく異なる．

また，S_N2 反応では反応が 1 段階で進んだのに対し，S_N1 反応では，図 9.11 に示すように，(a) ハロゲンの自発的解離，(b) 求核剤の攻撃，(c) 脱プロトン化，の 3 段階の反応になる．それぞれの段階に遷移状態（6.2 節参照）が存在するので，S_N1 反応では遷移状態の山を三つ越えなくてはならない．

これらのうちで最も高い山（遷移状態のエネルギーが最も高い）をもつ段階を**律速段階**（6.3.2 項参照）といい，反応全体の進みぐあいは律速段階を越えられるか越えられないかにかかっている．一番高い山を越えるのが最もたいへんで時間もかかるが，これを越えることさえできれば後は容易にふもとへたどりつける，と考えればわかりやすいだろう．

S_N1 反応の律速段階は，図 9.11 に示すように (a) のハロゲンの自発的解離

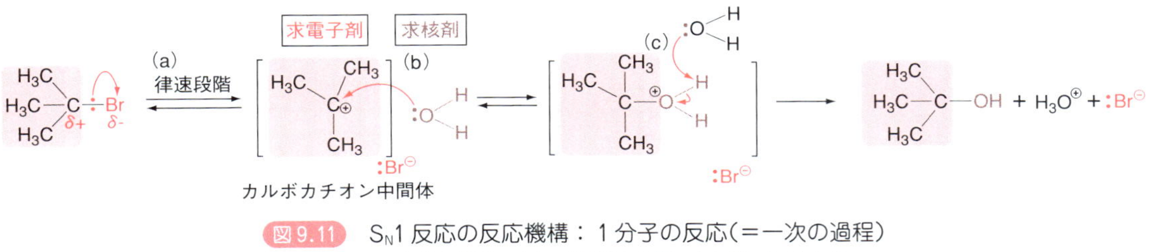

図 9.11 S_N1 反応の反応機構：1 分子の反応（＝一次の過程）
(a) ハロゲンの自発的解離，(b) 求核剤の攻撃，(c) 脱プロトン化．
(a) から (c) の 3 段階の反応では，(a) が律速段階である．律速段階には一つの分子だけがかかわっている．

COLUMN 生体内で起こっている S_N2 反応

生体内でも求核置換反応は行われている．副腎髄質ホルモンであり，神経伝達物質でもあるノルアドレナリン(別名ノルエピネフリン)から，より生理作用の強いアドレナリン(別名エピネフリン)が生合成されるときには，(*S*)-アデノシルメチオニンが求電子的なメチル基を供給する補酵素として働き，ノルアドレナリンのアミノ基を求核部位とした S_N2 反応が進行している．

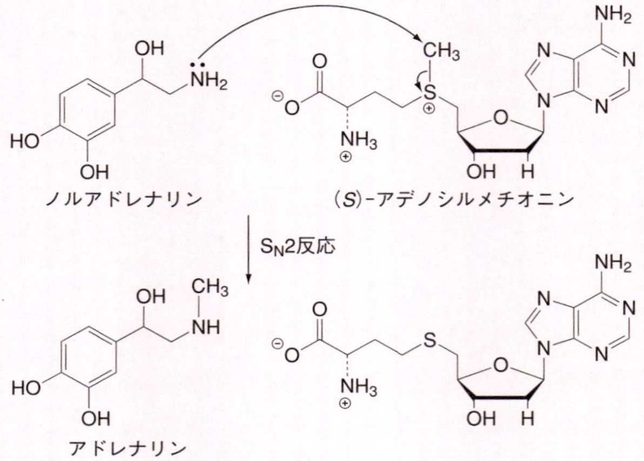

ノルアドレナリン　(*S*)-アデノシルメチオニン

S_N2反応

アドレナリン

図② アドレナリンの生合成

である．この段階では，求核剤はまったく関与せずハロゲン化アルキル 1 分子だけがかかわっているので，この「1 分子」が関与していることを表すために，$S_N\underline{1}$ 反応とよぶ．

律速段階に 1 分子しか関与していないことは，$S_N\underline{2}$ 反応の場合と同じように，反応速度を調べれば確認できる．たとえば，ハロゲン化アルキルである臭化 *tert*-ブチル〔$(CH_3)_3CBr$〕の濃度を 2 倍にして反応させると，元の反応速度の 2 倍になる．しかし，求核剤である水(H_2O)の濃度を 2 倍にして反応させても，元の反応速度と変わらない．このことから，反応の速度を決める律速段階では求核剤の濃度は関与せず，$(CH_3)_3CBr$ の濃度だけが関与していることがわかる．これは，次の速度式〔式(9.2)〕で表す**一次の過程**(first-order process，反応の速度を決める因子が一つであること)にあたる．

$$\text{反応速度} = k[(CH_3)_3CBr] \quad \text{mol L}^{-1}\,\text{s}^{-1} \tag{9.2}$$

k：速度定数，[　]：濃度

また S_N2 反応と同様に，S_N1 反応においても立体化学が重要である．脱離基が解離してできたカルボカチオン中間体は，sp^2 混成しているので C−C

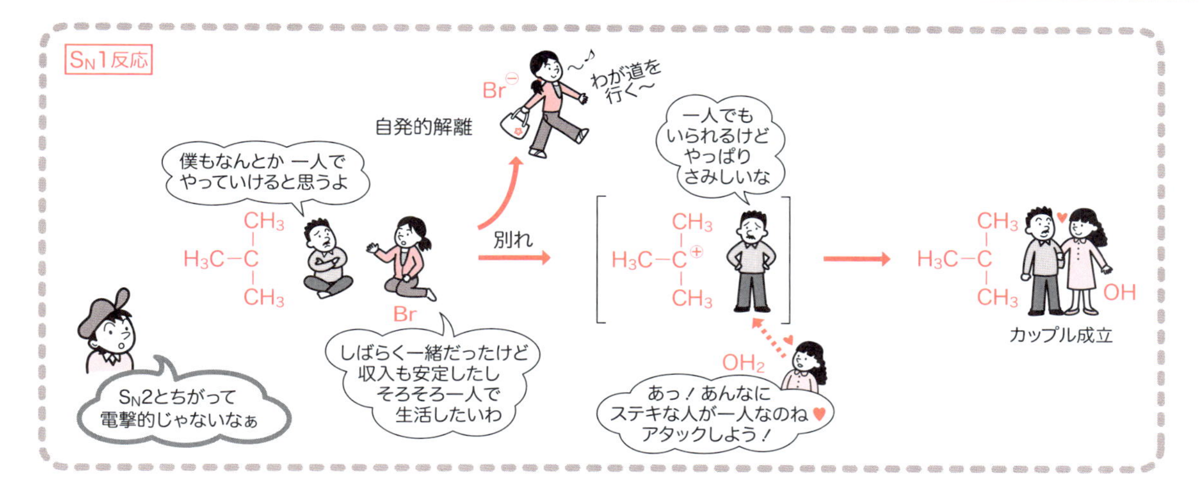

結合はすべて平面上にのっている．したがって，ハロゲン化アルキルがキラルである場合，不斉炭素のもつキラリティはカルボカチオンの生成によっていったん消失することになる．このアキラルな(キラルでない)カルボカチオンに対する求核剤(H_2O)の攻撃は，カルボカチオンのつくる平面のどちらの側からでもほぼ等しい確率で起こるので，生成物は一般には鏡像異性体の50%ずつの混合物(ラセミ体)になる(図9.12)．

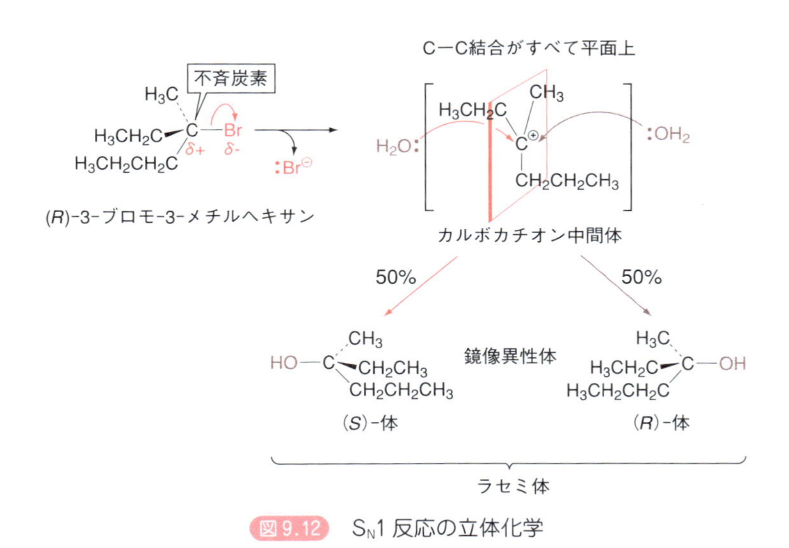

図9.12 S_N1 反応の立体化学

9.4.4 S_N1 反応が起こりやすくなる条件

S_N1 反応はどのような場合に起こるのだろうか．S_N1 反応が起こりやすい条件を次にあげるので，9.4.2 項の S_N2 反応の場合と比較しながら理解してほしい．

① ハロゲン化アルキルの立体的要件

S_N1 反応の律速段階は，カルボカチオン中間体を生成するハロゲンの自発的な解離である．もちろん，ハロゲン化アルキルの状態のほうが安定ではあるが，S_N1 反応が進むためにはカルボカチオン中間体にならなくてはいけないので，相対的により安定なカルボカチオン中間体を生成するハロゲン化アルキルのほうが，反応はより速く進みやすい．

すでに6章や7章で学んだように，カルボカチオンの安定性は第一級＜第二級＜第三級の順に大きくなる．したがって，S_N1 反応に対する反応性が最も高いのは第三級ハロゲン化アルキルで，置換基の数が少なくなるにつれて反応性は低下する．一般に，第一級ハロゲン化アルキルおよびハロゲン化メチルでは S_N1 反応は起こらない(図9.13)．

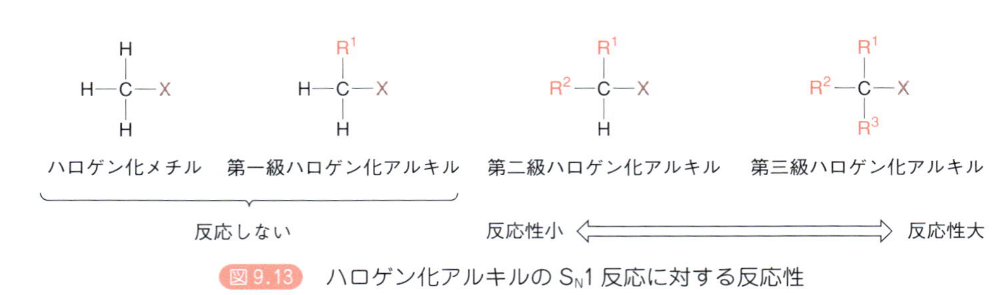

図9.13 ハロゲン化アルキルの S_N1 反応に対する反応性

② 求核剤の反応性

すでに学んだように，S_N2 反応では求核剤の求核性がたいへん重要である．これに対して S_N1 反応では，求核剤の求核性は反応の速度にまったく影響しない．なぜならば，S_N1 反応の律速段階はハロゲンの自発的な解離であり，この段階には求核剤は何も関与していないからである．このように，S_N1 反応の速度は求核剤の反応性にかかわらないので，わざわざ負に荷電した水酸化物イオン(HO^-)を用いなくてもよく，中性の反応条件下で水(H_2O)を求核剤として用いることができる．

③ 脱離基の脱離しやすさ

S_N1 反応ではハロゲンの自発的な解離が律速段階になる．したがって，ハロゲン(脱離基)が脱離しやすいかどうかは非常に重要である．S_N2 反応で学んだときと同じように，S_N1 反応でもより安定なアニオンになる脱離基が結合しているハロゲン化アルキルほど，反応は進みやすい(図9.14)．

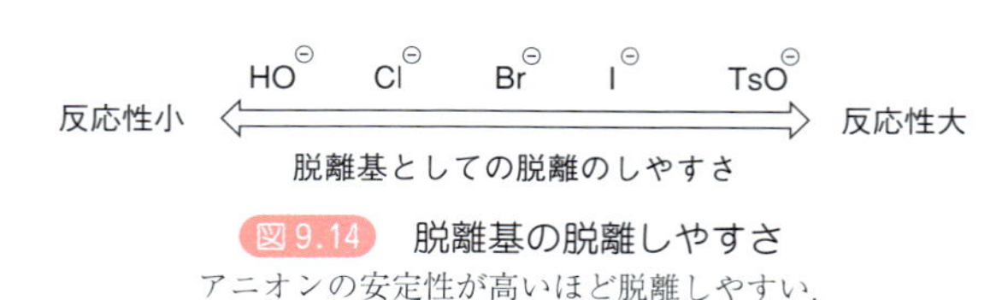

図9.14 脱離基の脱離しやすさ
アニオンの安定性が高いほど脱離しやすい．

④ **溶媒の極性**

S_N1 反応ではカルボカチオンが生成する段階が律速段階なので，よりカルボカチオンが生成しやすい環境は S_N1 反応にとって好ましい．したがって，カルボカチオンを溶媒和によって安定化できる溶媒を用いれば反応は進みやすい(図 9.15)．一般に，溶媒和できるプロトン性溶媒(エタノール，メタノール，水)を用いると S_N1 反応は進みやすい．

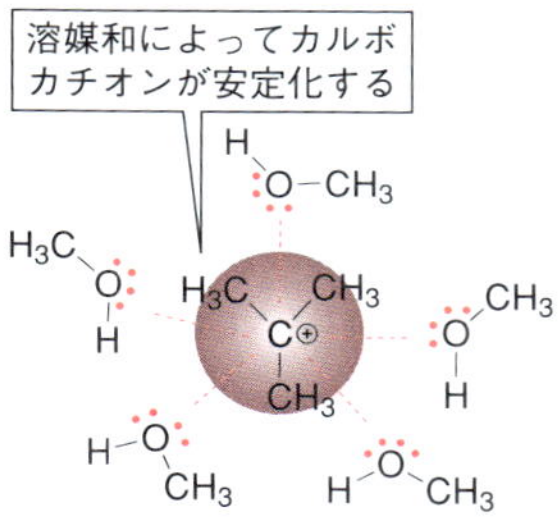

図 9.15　溶媒和されたカルボカチオン

9.4.5　S_N1 反応と S_N2 反応のまとめ

これまでに，求核置換反応には S_N1 反応と S_N2 反応があり，出発物質や求核剤の種類や溶媒などによって，S_N1 反応あるいは S_N2 反応の起こりやすさが異なることが理解できただろう．表 9.2 にそれぞれの反応を比較してまとめた．

表 9.2　S_N1 反応と S_N2 反応の比較

	S_N1 反応	S_N2 反応
脱離基の脱離するタイミング	求核剤が攻撃する前，自発的な解離	求核剤の攻撃と同時，求核剤に追い出される
遷移状態(律速段階)にかかわる分子	1 分子(ハロゲン化アルキルのみ)	2 分子(ハロゲン化アルキルと求核剤)
速度式	k[RX]（一次の過程）	k[RX][Nu]（二次の過程）
立体化学	一般にラセミ化	立体化学の反転
出発物質(ハロゲン化アルキル)の反応性	第二級＜第三級	第二級＜第一級＜メチル
求核剤の求核性	関係しない	求核性が高いほうがよい
脱離基の脱離のしやすさ	−Cl ＜ −Br ＜ −I	−Cl ＜ −Br ＜ −I
溶　媒	プロトン性溶媒は有利	プロトン性溶媒は不利

9.5　脱離反応

SBO 脱離反応の特徴について説明できる．

これまで学んできたハロゲン化アルキルは，求核置換反応だけでなく脱離反応も起こす．図 9.16 のように，脱離反応ではハロゲン化アルキルから水素とハロゲンが脱離しているので，文字通り「脱離反応」になるのは理解しやすいだろう．

脱離反応は，求核置換反応(S_N1 反応および S_N2 反応)と同様に反応の進み方の違いによって，E1 反応と E2 反応の二つに分類される．E1 反応および E2 反応の「E」とは，**脱離**(elimination)を意味する．続く数字の「1」および「2」は反応の進み方の違いを意味するもので，律速段階(遷移状態)に関与する分子の数を示す．「1」は一つの分子，「2」は二つの分子がかかわることを示している．たとえば，図 9.16 の式 A は E2 反応であり，式 B は E1 反応である．

ここでは，これら E1 反応および E2 反応について学ぶ．ただし，脱離反応は求核置換反応と同時に起こることが多く，出発物質や反応剤あるいは反応条件により，その生成物の比率が異なってくることをつけ加えておく．実際に，図 9.16 の式 B の反応では，求核置換反応による生成物〔(　　)内で記した化合物〕が主生成物として得られる．この点については，9.6 節で説明する．

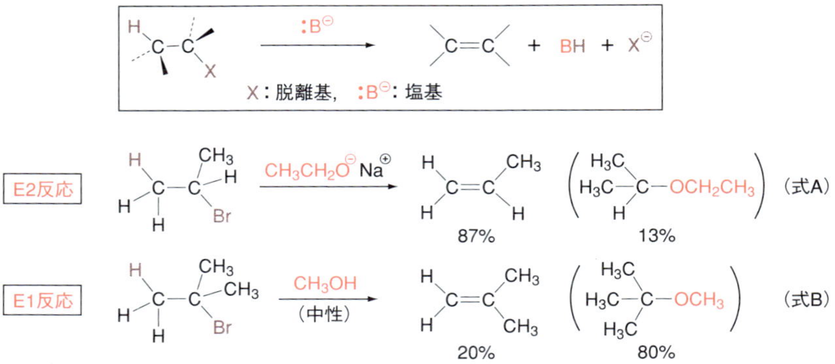

X：脱離基，:$B^{\ominus}$：塩基

E2反応　CH_3CH_2Br + $CH_3CH_2O^{\ominus}Na^{\oplus}$ → $H_2C{=}CHCH_3$ 87%　（$(CH_3)_2CH{-}OCH_2CH_3$ 13%）　（式A）

E1反応　$(CH_3)_3CBr$ + CH_3OH（中性） → $H_2C{=}C(CH_3)_2$ 20%　（$(CH_3)_3C{-}OCH_3$ 80%）　（式B）

図 9.16　E2 反応と E1 反応
(　　)内は求核置換反応による生成物である．

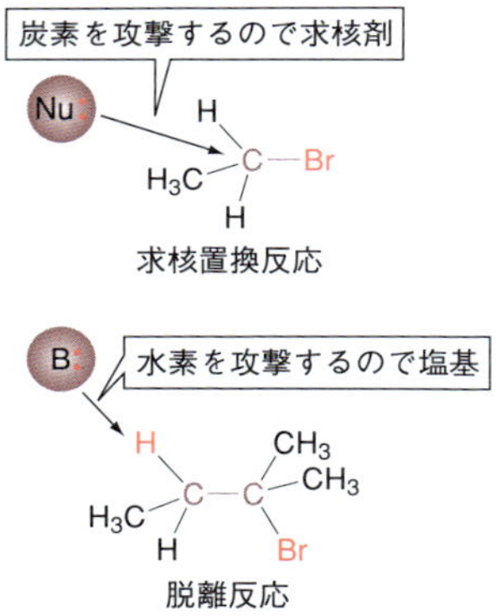

炭素を攻撃するので求核剤

求核置換反応

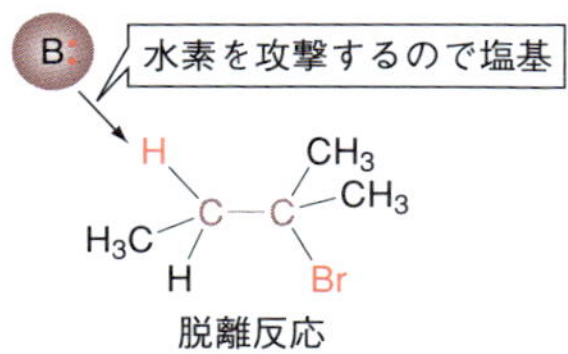

図 9.17　求核剤(Nu)と塩基(B)
ともに非共有電子対が関与するのは同じである．

脱離反応で強調しておきたいのは，塩基がプロトン(H^+)を引き抜く点である．これは求核置換反応で求核剤が炭素を攻撃しているのと対照的である．求核剤(Nucleophile)を Nu と表すように，塩基(Base)を B で表す．9.4 節で求核剤(Nu)として用いられた同じ化合物〔たとえば水酸化物イオン(HO^-)〕が本節では塩基 B として用いられるので，混乱するかもしれない．ここで再度確認しておくが，一般に有機化学では求核性を「電子不足な炭素をどれくらいほしがっているか」ととらえている〔9.4.2 項(2)を参照〕．これに対し脱離反応では，プロトンを引き抜くので，求核性および求核剤という言葉は適当ではない．代わりにプロトンを引き抜くという意をくんで，塩基性および塩基という言葉を用いる．もちろん，求核性をもたらす非共有電子対の存在が，塩基性をもたらすことになるので，求核性と塩基性には相関性があるが，本節のようにプロトンが引き抜かれる脱離反応では，塩基という言葉を用いるのが適当である(図 9.17)．

9.5.1　E2 反応

図 9.2 の下側および図 9.16 の式 A の脱離反応は E2 反応である．E2 反応とは，脱離反応の遷移状態において基質分子と塩基分子の 2 分子が関与する反応のことである．S_N2 反応と同様に，ハロゲン化アルキルからハロゲンの解離と，塩基によるプロトン(H^+)の引き抜きとが同時に進行するので，1 段階の反応になる．すなわち，強い塩基である水酸化物イオン(HO^-)がその

非共有電子対を使って，ハロゲンが結合している炭素の隣の炭素からプロトンを引き抜き始める．すると，C－H 結合の切断，C＝C 二重結合の形成，C－Br 結合の切断(Br^- の脱離)といった過程が同時に進行する．したがって，遷移状態では塩基である HO^- とハロゲン化アルキルの 2 分子がかかわっているので，この「2 分子」が関与していることを表すために E2 反応とよぶ(図 9.18)．

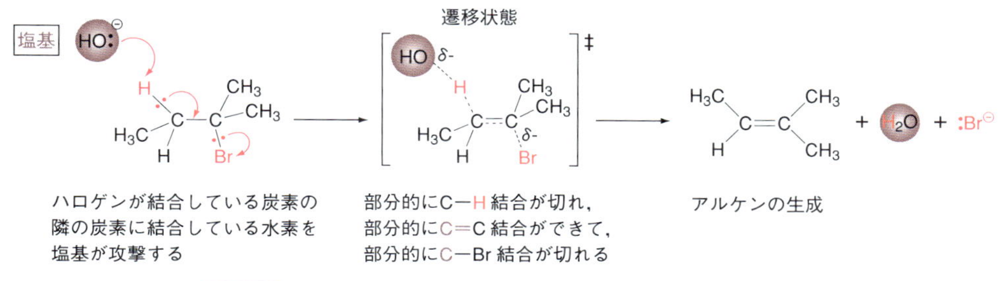

図 9.18　E2 反応の反応機構：2 分子の反応(＝二次の過程)
1 段階で反応が進む．遷移状態には二つの分子がかかわっている．

この遷移状態における 2 分子の関与は，求核置換反応の場合と同様に反応速度を調べることで確認できる．たとえば，ハロゲン化アルキルの濃度と塩基の濃度をそれぞれ 2 倍にして反応を行うと，元の反応速度の 4 倍になる．このことから，反応の速度を決める段階である遷移状態では，ハロゲン化アルキルと塩基の両方が関与していることがわかる．これは次の速度式で表す二次の過程にあたる．

$$\text{反応速度} = k[\text{ハロゲン化アルキル}][\text{塩基}] \quad \text{mol L}^{-1}\,\text{s}^{-1} \qquad (9.3)$$

k：速度定数，[　]：濃度

また，E2 反応の立体化学も重要である．多くの実験が繰り返された結果，E2 反応はハロゲン化アルキルが**アンチペリプラナー**(anti periplanar)な立体配座をとったときに進行することがわかった(図 9.19)．アンチペリプラナーとは，アンチ(anti：反対)＋ペリプラナー(periplanar：平面に近い)からなるが，ペリプラナーは，「反応する四つの原子(図 9.19 の場合は水素，炭素，炭素，ハロゲン)がすべて同じ平面にある」ことを意味している．このようなペリプラナーな立体配座は二つあり，そのうちの水素とハロゲンが分子の反対側になることをアンチで表す．これに対し，水素とハロゲンが分子の同じ側になることをシン(syn：同じ)で表し，**シンペリプラナー**(syn periplanar)とよぶ．

アンチペリプラナーとシンペリプラナーのそれぞれの配座は Newman 投影式(図 3.9 を参照)で表すとわかりやすい．図 9.19 に示すように，アンチ

SBO 代表的な立体選択的反応を列挙し，その機構と応用例について説明できる．

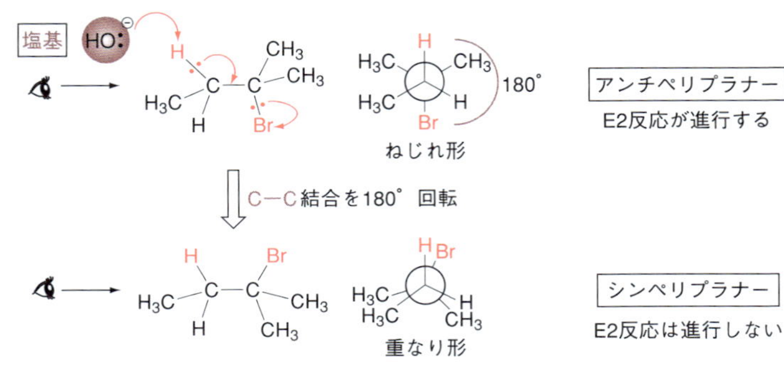

図 9.19　アンチペリプラナーとシンペリプラナー
E2 反応はアンチペリプラナーな立体配座で進行する．

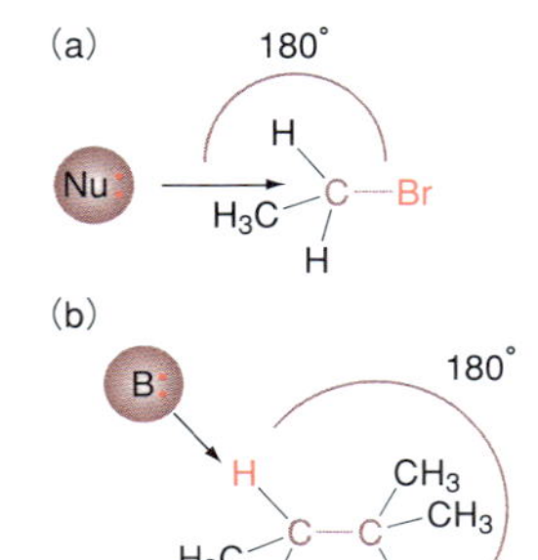

図 9.20　S_N2 反応(a)と E2 反応(b)の進み方
脱離基の反対側から攻撃すると追いだしやすい．

ペリプラナーはねじれ形であるが，シンペリプラナーは重なり形になるので，エネルギー的にはアンチペリプラナーのほうが有利である．

なぜ，アンチペリプラナーな立体配座をとったときに E2 反応が進行するのか，S_N2 反応と同じようなイメージでとらえるとわかりやすい(図 9.20)．S_N2 反応では求核剤が C−Br 結合の反対側から攻撃をして，ハロゲンを追いだすようにして脱離させた．E2 反応でも一つ隣の炭素上ではあるが，脱離するハロゲンの反対側から攻撃している．ちょうど反対側から力を加えれば，最も力が伝わりやすく，脱離基が追いだされやすいのがイメージできるだろう．

Advanced　E2 反応で生成するアルケンの立体化学

E2 反応がアンチペリプラナーな立体配座で進行すれば，生成物は特定の立体配置をとることになる．たとえば，(1*S*, 2*S*)-1,2-ジブロモ-1,2-ジフェニルエタンは E2 反応によって(*Z*)-1-ブロモ-1,2-ジフェニルエテンのみを生成し，この反応では(*E*)-1-ブロモ-1,2-ジフェニルエテンは得られない(図

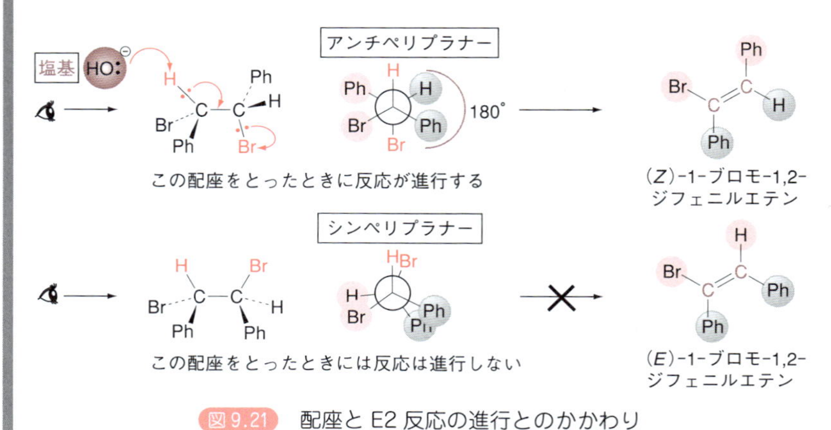

図 9.21　配座と E2 反応の進行とのかかわり

9.21)．なぜならば，(*E*)-1-ブロモ-1,2-ジフェニルエテンが生成するためには，シンペリプラナーな立体配座を経る必要があり，これではE2反応が進行しないからである．

9.5.2 Zaitsev 則

ここでE2脱離反応の位置選択性について考えよう．脱離反応では，しばしばアルケンの混合物が得られる．これは，脱離基の結合している炭素の左隣の炭素でプロトン(H^+)の引き抜きが起こるか，右隣の炭素でプロトンの引き抜きが起こるか，という2通りの可能性があるからである．しかし，実際の反応では二つの化合物が同量にはならず，どちらかのアルケンがより多く得られる．

SBO 代表的な位置選択的反応を列挙し，その機構と応用例について説明できる．

ロシアの化学者A. Zaitsev(ザイツェフ)[*6]は多くの脱離反応を調べ，どのようなアルケンが優先して得られるのか，一つのルールとして **Zaitsev 則**(Zaitsev rule)を導きだした．Zaitsev則によれば，一般に塩基によってハロゲン化アルキルからハロゲンとプロトンが脱離するとき，二重結合の炭素上により多くのアルキル置換基をもつアルケン(より安定なアルケン)が主生成物として得られる．たとえば，2-ブロモブタンの塩基による脱離反応では，2-ブテンと1-ブテンの二つの生成物が得られるが，2-ブテンのほうが多く生成する(図9.22)．2-ブテンは1-ブテンよりもアルキル置換基の数が多いため，Zaitsev則に従っているといえる．

*6 ロシア語読みで，Saytzeff(セイチェフ)ともいう．

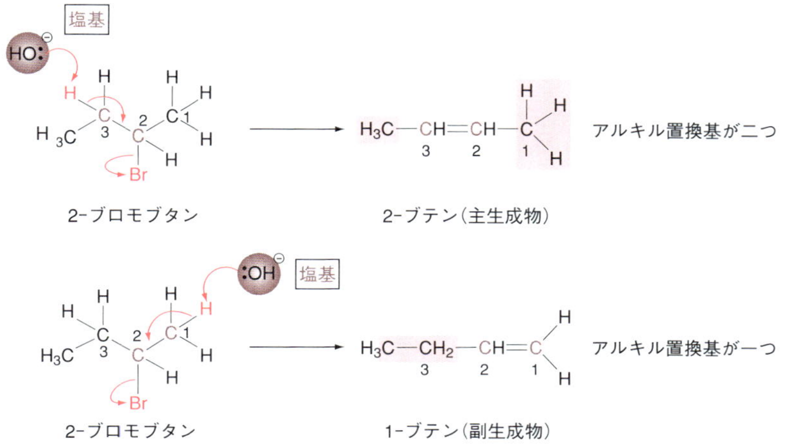

塩基

HO:⊖

2-ブロモブタン → $H_3C—CH=CH—CH_3$ アルキル置換基が二つ

2-ブロモブタン　　2-ブテン(主生成物)

:OH⊖ 塩基

2-ブロモブタン → $H_3C—CH_2—CH=CH_2$ アルキル置換基が一つ

2-ブロモブタン　　1-ブテン(副生成物)

図9.22 Zaitsev 則

9.5.3 E1 反応

E2反応がS_N2反応と似ているように，E1反応はS_N1反応と似ており，脱離反応の律速段階においてハロゲン化アルキル1分子のみが関与するので，E1反応とよばれる．E1反応では，はじめにハロゲン化アルキルからハロゲンが解離してカルボカチオン中間体が生成したのちに，塩基によるプロトンの引き抜きが起こるので，2段階の反応になる．律速段階はハロゲン化アルキルが自発的に解離する段階であるため，塩基はまったくかかわらない(図9.23)．したがって，E1反応は次の速度式で表す一次の過程にあたる．

$$\text{反応速度} = k[\text{ハロゲン化アルキル}] \quad \text{mol L}^{-1}\,\text{s}^{-1} \qquad (9.4)$$

k：速度定数，[ ]：濃度

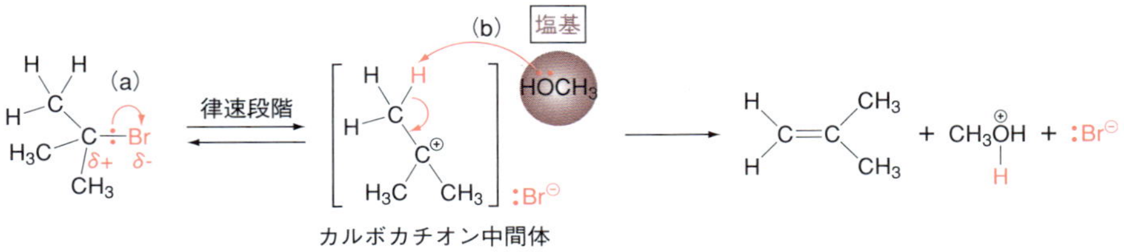

図9.23 E1反応の反応機構：1分子の反応(＝一次の過程)
(a) ハロゲンの自発的解離，(b) 塩基がプロトン(H^+)を引き抜く．
(a)と(b)の2段階の反応である．律速段階には一つの分子だけがかかわっている．

E1反応はE2反応とは異なり，先にハロゲンが脱離してカルボカチオンを生成するので，脱離反応が進行するために特定の立体配座をとる必要はない．したがって，E1反応ではアルケンの位置や置換基の立体化学の異なるアルケンの混合物が得られる．

9.6 ハロゲン化アルキルに起こる求核置換反応および脱離反応のまとめ

SBO 求核置換反応の特徴について説明できる．
SBO 脱離反応の特徴について説明できる．

これまでに求核置換反応(S_N1反応およびS_N2反応)と脱離反応(E1反応およびE2反応)について学んだ．すでに9.3節および9.5節で述べたように，同じハロゲン化アルキルを原料に用いても反応条件によっては求核置換反応が起こったり，脱離反応が起こったり，両方が一度に起こったりもする．たとえば図9.24に示すように，求核置換反応と脱離反応が両方とも進行し(「競

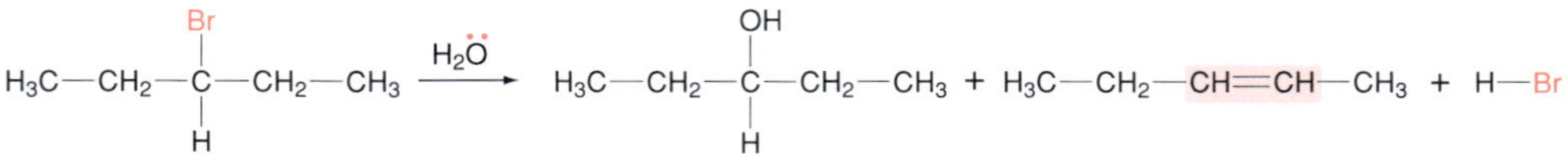

図9.24 競争的に起こる求核置換反応と脱離反応
求核置換反応と脱離反応が両方とも進行する．

争的[*7]に起こる」と表現する）異なる生成物が得られることがある．

このように複数の反応が同時に起こってしまうと，ほしいものだけをつくるには効率が悪く，不便である．そこで，どのようなハロゲン化アルキルにどのような反応条件を用いれば望みの反応を優先的に進行させることができるのか，ある程度の目安を知っておく必要がある．

ハロゲン化アルキルの種類ごとに起こりやすい反応を表 9.3 にまとめた（詳細は Advanced 参照）．すでに反応機構を学んで理解したように，S_N2 反応および E2 反応は反応機構がよく似ており，第一級ハロゲン化アルキルの場合は競争的に起こりうる．同様に，S_N1 反応および E1 反応は反応機構がよく似ており，第三級ハロゲン化アルキルの場合は競争的に起こりうる．これに対し，第二級ハロゲン化アルキルでは S_N2 反応，E2 反応，S_N1 反応，E1 反応のすべてが起こりうる．表 9.3 については，細かい事がらをすべて覚えておく必要はないが，ゴチック体（太字）で書かれた箇所は大切なのでしっかり理解しておこう．

*7 競争的（competitive）は文字通り，二つが争って起こることである．同音異義語に協奏的（concerted）がある．これは中間体を経由せずに 1 段階で起こることを表す（6.3.5 項および 17.2.1 項参照）．両者は異なるので注意すること．

表 9.3 求核置換反応と脱離反応の起こりやすさ

ハロゲン化アルキルの種類	S_N1 反応	S_N2 反応	E1 反応	E2 反応
第一級	**起こらない**	**非常に優先して起こる**	**起こらない**	**強塩基を用いると起こる**
第二級	反応性の高いハロゲン化アルキルの場合に起こる	E2 反応と競争的に起こる	反応性の高いハロゲン化アルキルの場合に起こる	強塩基を用いると優先して起こる
第三級	**プロトン性溶媒中で優先して起こる**	**起こらない**	**S_N1 反応と競争して起こる**	塩基を用いると優先して起こる

Advanced S_N1 反応か，S_N2 反応か，E1 反応か，それとも E2 反応か？

表 9.3 では簡単な説明でまとめているため，やや理解しにくいかもしれない．ハロゲン化アルキルを級数ごとに分けて，少し説明を加えておく．

① 第一級ハロゲン化アルキル

第一級ハロゲン化アルキルから生成する第一級カルボカチオンはとても不安定である．したがって，カルボカチオンを経由する S_N1 反応および E1 反応は第一級ハロゲン化アルキルでは起こらない．一方，S_N2 反応および E2 反応は第一級ハロゲン化アルキルで起こるが，HS^-，CN^-，I^-，Br^- などのように求核剤の求核性が強い場合には，S_N2 反応が起こる（図 9.25）．また，カリウム *tert*-ブトキシド（*tert*-ブタノールとカリウムからつくられる）のような強くてかさ高い塩基では，ハロゲンの置換する炭素には近づきにくいため，隣の炭素に結合している水素を攻撃して E2 反応が起こる．

9.5 節で述べたように，実際には塩基と求核剤とは明確に区別されるものではない．非共有電子対をもっているものはすべて塩基にも求核剤にもなりうるからである．実際の反応で置換反応による生成物が得られた場合は求核剤として働いたと考え，脱離反応による生成物が得られた場合は塩基として働いたと考えるのが妥当であろう．一般的には，かさ高い反応剤は立体障害のためにハロゲンが結合している炭素を直接攻撃することが難しく，比較的攻撃しやすい水素を攻撃することになり，結果として求核剤としてよりも塩基として働くことが多い．

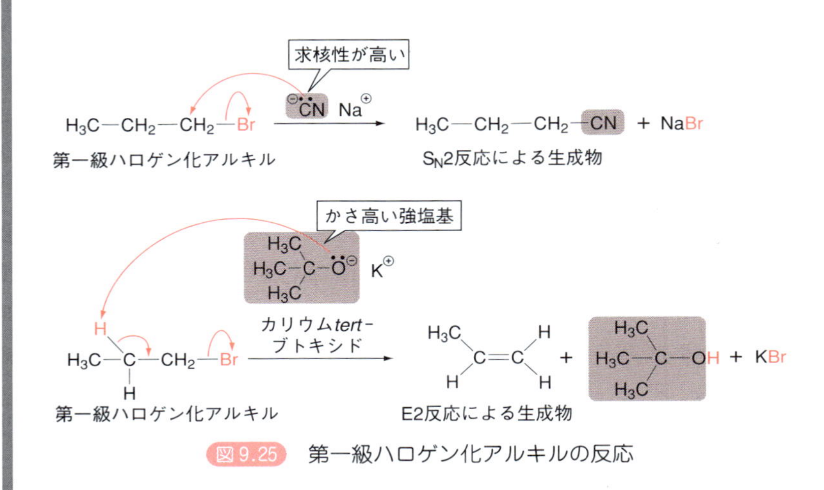

図 9.25　第一級ハロゲン化アルキルの反応

② 第二級ハロゲン化アルキル

表 9.3 からわかるように，第二級ハロゲン化アルキルの場合は複雑で，しばしば混合物が得られる．S_N2 反応と E2 反応が競争的に起こることが多く，第二級ハロゲン化アルキルの反応性が高い場合には，さらに S_N1 反応および E1 反応が起こることもある．

③ 第三級ハロゲン化アルキル

第三級ハロゲン化アルキルは立体的にかさ高いので，S_N2 反応は起こらない．E2 反応については，HO^- や RO^- のような塩基を用いると起こる．一方，カルボカチオンを経由する S_N1 反応および E1 反応はエタノールなどのプロトン性溶媒中で競争的に起こるが，S_N1 反応のほうが優先する．

9.7　ハロゲン化アルキルの合成

SBO 有機ハロゲン化合物の代表的な合成法について説明できる．

ハロゲン化アルキルの合成については，アルケンへの求電子付加反応によって合成する方法(7.3.2 項および 7.3.7 項を参照)と，ラジカル反応(6.1.2 項，6.1.4 項を参照)によるアルカンのハロゲン化とがある．ここではラジカル反応の反応機構の説明も含めて，アルカンのハロゲン化を取りあげる．

9.7.1 ラジカル置換反応

塩素や臭素は光照射によってエネルギーを与えられると，共有結合が均一に開裂(ホモリシス)して，ラジカルになる(6.1.2 項参照)．このハロゲンのラジカルがアルカンと反応し，水素の代わりにハロゲンが置換することによってハロゲン化アルキルが得られる．しかし，実際にはこの反応はラジカルの発生が繰り返される**連鎖反応**(chain reaction)になり，制御が難しい．

ラジカル反応は開始，成長，停止の三つの段階で進む(図 9.26)．ところが，いったんラジカルが発生して反応が開始されると，次から次へと玉突きのようにラジカルが発生し，成長段階はなかなか止まらない．ラジカルどうしが反応しあったとき，ようやくラジカルの発生が止まるので反応は停止するが，図 9.26 のようにさまざまな生成物が得られる．

このように，ラジカル反応によるアルカンのハロゲン化は制御が難しく，1 段階では止まらない．たとえば，メタン(CH_4)のラジカル反応による塩素化では，モノクロロ体，ジクロロ体，トリクロロ体，テトラクロロ体の混合物が得られる(図 9.26 下)．

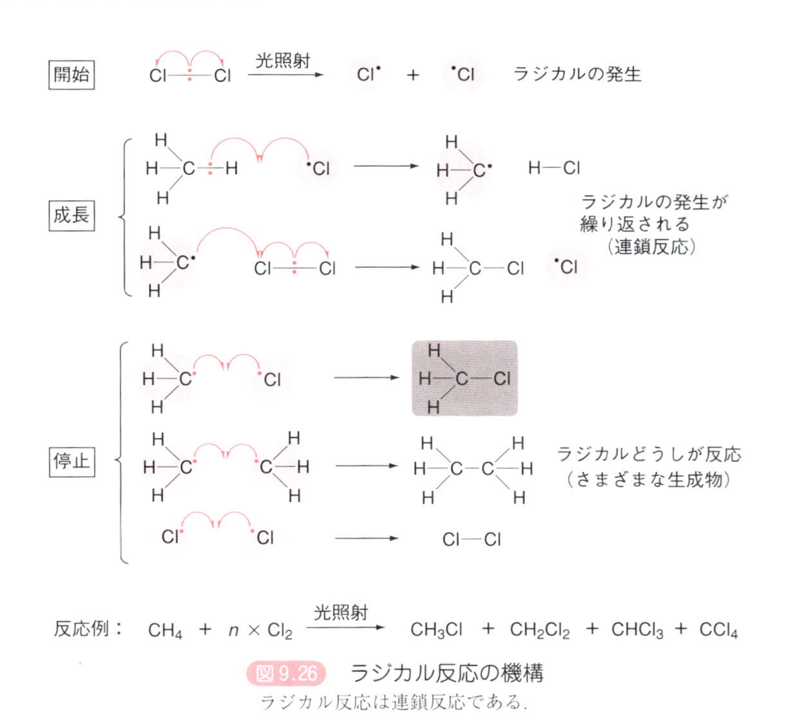

$$CH_4 + n \times Cl_2 \xrightarrow{\text{光照射}} CH_3Cl + CH_2Cl_2 + CHCl_3 + CCl_4$$

図 9.26 ラジカル反応の機構
ラジカル反応は連鎖反応である．

9.7.2 アリル位の臭素化

すでに述べたように，ラジカルを用いる反応は制御が難しく，ほしいものだけを合成するには不便なことが多い．しかし，原料の反応性やラジカルを発生させる反応剤などを工夫することによって，かなり効率よく反応させることもできる．なかでもアルケンのアリル位への臭素化は汎用されている．この反応では*N*-ブロモスクシンイミド(*N*-bromosuccinimide；NBS)を臭素源として用い，アルケンのアリル位(二重結合のすぐ隣の炭素)だけを選択的に臭素で置換する．たとえば図9.27のように，シクロヘキセンへの臭素化は，選択的にアリル位炭素で起こる．

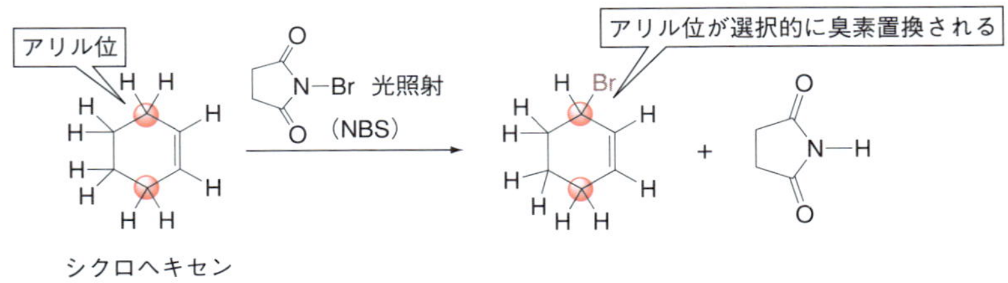

図9.27 NBSによるアリル位の臭素置換

アリル位にラジカルが発生したアリルラジカルが他と比べて安定なため，このような選択性が現れる．アリルラジカルは共鳴形を書くことができ，電子が非局在化するので非常に安定になる(図9.28)．

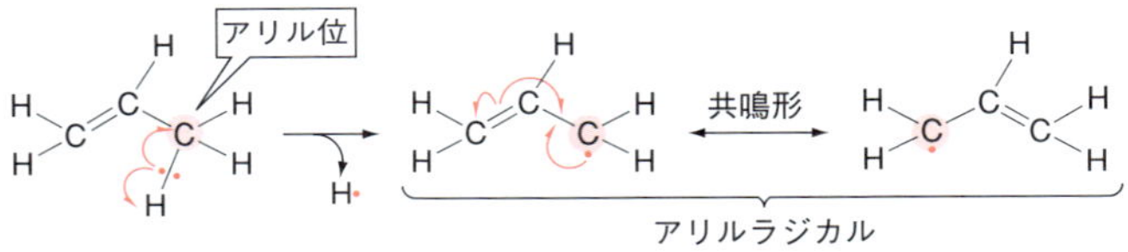

図9.28 安定なアリルラジカル

これに対し，二重結合の炭素上にラジカルが発生したビニルラジカルは非常に不安定である．相対的にはアリル位でのラジカル発生が最も安定であるので，この位置でのラジカル反応が選択的に進行することになる．ラジカルの安定性について，図9.29にまとめる．

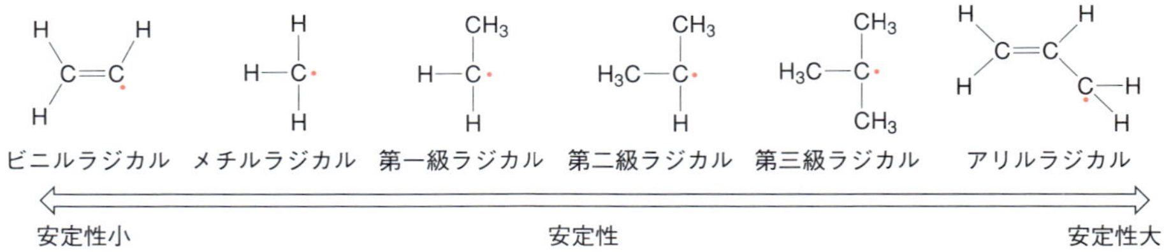

図9.29 ラジカルの安定性

9.7.3 求核置換反応によるアルコールからハロゲン化アルキルの合成

アルコールを塩化水素(HCl)や臭化水素(HBr)およびヨウ化水素(HI)と反

応させると，それぞれ塩化アルキル，臭化アルキル，ヨウ化アルキルに変換される．この反応はアルコールに対する求核置換反応である．アルコールのもつC－OH結合にはハロゲン化アルキルのもつC－X結合のような大きな極性はないので，ヒドロキシ基(－OH)自体には脱離基としての性質は乏しい．しかし，アルコールをハロゲン化水素と反応させると，はじめにヒドロキシ基がプロトン付加を受けて酸素上に正の電荷が生じるので，よい脱離基になる．この反応は S_N1 反応なので，第三級アルコールでは効率よく進行するが，第一級および第二級アルコールでは反応性が低く，あまりよい結果は得られない(図 9.30)．

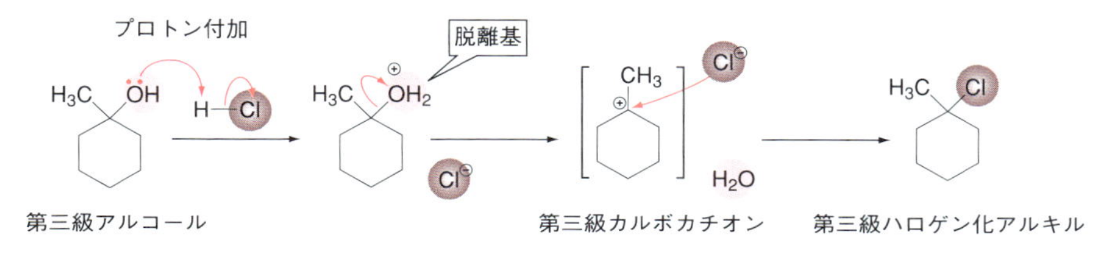

図 9.30 第三級アルコールから第三級ハロゲン化アルキルの合成(S_N1 反応)

そこで，第一級および第二級アルコールをハロゲン化アルキルに変換するための反応剤として，三臭化リン(PBr_3)や塩化チオニル($SOCl_2$)，塩化ホスホリル($POCl_3$)[*10] などが用いられる．図 9.31 にその例を示す．

＊10 オキシ塩化リンともよばれる．

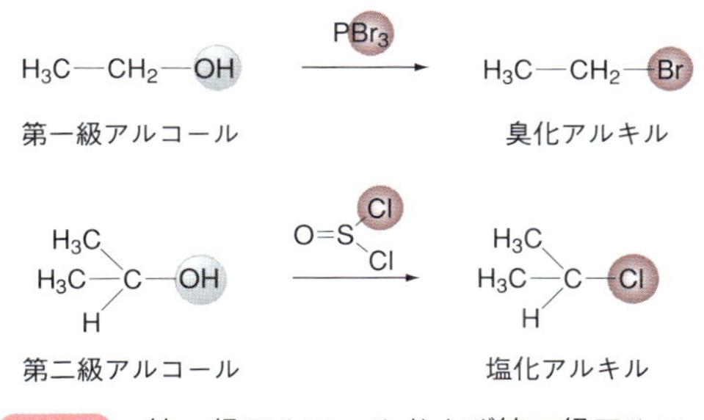

図 9.31 第一級アルコールおよび第二級アルコールからのハロゲン化アルキルの合成

Advanced 酸化と還元の意味

これまで，酸化および還元は酸素と水素に関連する反応としてとらえてきた．たとえば，7.3.5 項では酸化を「炭素–酸素結合ができる」，還元を「炭素–水素結合ができる」と定義し，アルケンの接触水素化を説明した．また，酸化は物質から「水素がなくなる」こと，還元は「酸素を失う」こととしても定義される．

図 9.32 の第一級アルコール，アルデヒドおよびカルボン酸の関係を見てみよう．ここで示したように，酸化と還元は表裏一体であり，右方向への変換は酸化，左方向への変換は還元である．このうち，第一級アルコールからアルデヒドへの変換では水素を失っており，これも酸化である．また，カルボン酸からアルデヒドへの変換では酸素が失われており，これも還元である．

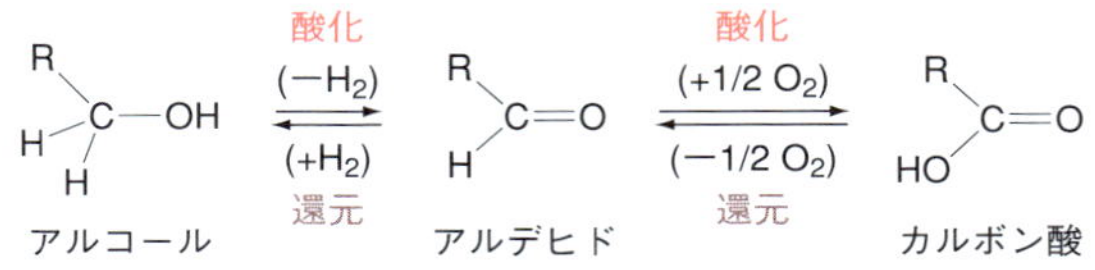

アルコール　⇄（酸化 $(-H_2)$ ／ 還元 $(+H_2)$）　アルデヒド　⇄（酸化 $(+1/2\ O_2)$ ／ 還元 $(-1/2\ O_2)$）　カルボン酸

図 9.32　第一級アルコールとアルデヒド，カルボン酸の関係

このような酸素と水素に関連する反応にわたって，酸化および還元を定義することは直感的にわかりやすいが，有機化学全体にわたって，酸素や水素が関与しない反応について考えるには十分ではない．酸化および還元はより広い意味で理解する必要がある．

有機化学は炭素を中心とする化学なので，炭素の電子密度の増減を重要視して酸化および還元を定義する．すなわち，酸化を「炭素の電子密度が減少する反応」とし，還元を「炭素の電子密度が増大する反応」ととらえる．これは，無機化学で金属が電子を失う変化を酸化といい，逆に電子を得る変化を還元というのと同様である．

酸化：酸素が結合する．
水素が失われる．
炭素上の電子密度が減少する．
（C—H 結合が切断され，C—O，C—N，C—X 結合が形成される）

還元：水素が結合する．
酸素が失われる．
炭素上の電子密度が増加する．
（C—O，C—N，C—X 結合が切断され，C—H 結合が形成される）

炭素の電子密度の増減は電気陰性度を比べれば判断できる．7.3.5 項で定義した「炭素-酸素結合ができる」ことを酸化とし，「炭素-水素結合ができる」ことを還元としたことも，この定義によって説明できる．すなわち，炭素に酸素が結合することによって炭素の電子密度は減少する（電気陰性度は酸素が大）ので酸化である，と考えられる．同様に，炭素に水素が結合することによって炭素の電子密度は増加する（電気陰性度は水素が小）ので還元である，と見なされる．さらに，9.7 節で学んだアルカンからハロゲン化アルキルへの変換も炭素-ハロゲン結合によって炭素の電子密度が減少するので，炭素を酸化した反応と考えることができる．逆に，炭素-ハロゲン結合が炭素-水素結合に変化する場合は還元である．

図 9.33 のメタンとその水素を塩素置換した化合物（メタンから四塩化炭素まで）のあいだでは，相互に酸化および還元が起こっていることになる．このように，酸素や水素との結合ができるかどうかにかかわらず，炭素の電子密度の増減によって，広い意味で酸化および還元をとらえることが可能であ

る．

酸化 / 還元

メタン　塩化メチル　塩化メチレン　クロロホルム　四塩化炭素

図 9.33　メタンの塩素置換化合物

最後に日本語の表現としての酸化および還元について，つけ加えておく．たとえば，図 9.33 のメタンが塩化メチルになる反応は，元のメタンにとっては「酸化された」ことになる．また，塩化メチルがメタンになる反応は塩化メチルにとっては「還元された」ことになる．このような受け身の表現は重要である．図 9.34 の酸化反応と還元反応で確認をしよう．

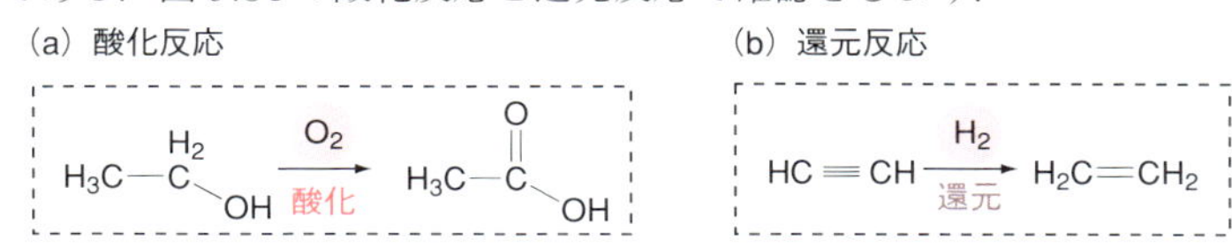

O_2はエタノールを「酸化した」＝ 酸化剤．
エタノールは「酸化されて」酢酸になった．

H_2はアセチレンを「還元した」＝ 還元剤．
アセチレンは「還元されて」エチレンになった．

図 9.34　酸化反応(a)と還元反応(b)

エタノールは酸素によって「酸化されて」酢酸になったので，この反応はエタノールの酸化反応になる．このとき，酸素はエタノールを酸化したので酸化剤として働いたことになる．また，アセチレンは水素によって「還元されて」エチレンになったので，この反応はアセチレンの還元反応になる．このとき，水素はアセチレンを還元したので還元剤として働いたことになる．

章末問題

1． 幾何異性体や立体異性体を考慮し，次のスキームの空欄に入る構造式を示せ．

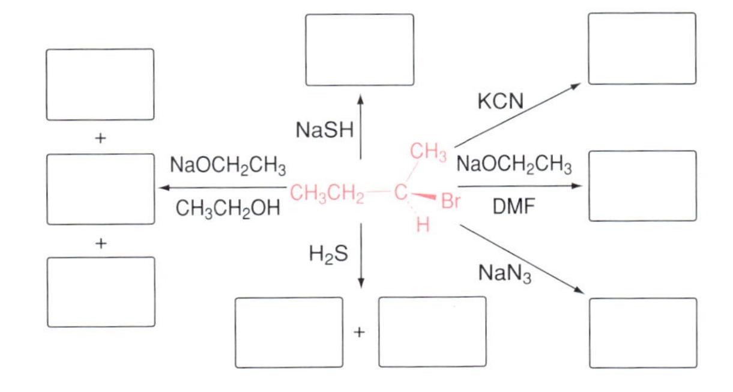

2． メタンの一つの水素をそれぞれ $-NH_2$，$-OH$，$-F$，$-SH$，$-Cl$，$-Br$，$-I$ に置き換えた化合物に関する次の問いに答えよ．

a. エタノールと加熱したときに反応する化合物はどれか．反応が速い順に化合物を並べよ．

b. *p*-トルエンスルホン酸エチルと加熱したときに反応する化合物はどれか．反応が速い順に化合物を並べよ．

3． 次に示した①と②の反応のうち，一方の反応は容易に進行するが，他方の反応は進行しにくい．その理由を説明せよ．

a. ① $CH_3CH_2CH_2-OTs + NaF \xrightarrow[CH_3CH_2OH]{} CH_3CH_2CH_2-F$

② $CH_3CH_2CH_2-OTs + NaBr \xrightarrow[CH_3CH_2OH]{} CH_3CH_2CH_2-Br$

b. ① $CH_3CH_2CH_2-OTs + NaF \xrightarrow[DMF]{} CH_3CH_2CH_2-F$

② $CH_3CH_2CH_2-OTs + NaBr \xrightarrow[DMF]{} CH_3CH_2CH_2-Br$

c. ① $(H_3C)_2CH-Br + NaOCH_3 \xrightarrow[DMF]{} (H_3C)_2CH-OCH_3$

② シクロヘキシル$-Br + NaOCH_3 \xrightarrow[DMF]{}$ シクロヘキシル$-OCH_3$

d. ① (シス)2-メチルシクロヘキシルブロミド（CH_3 楔，Br 楔）$+ NaOCH_2CH_3 \xrightarrow[CH_3CH_2OH]{}$ 1-メチルシクロヘキセン

② (トランス)2-メチルシクロヘキシルブロミド（CH_3 楔，Br 破線）$+ NaOCH_2CH_3 \xrightarrow[CH_3CH_2OH]{}$ 1-メチルシクロヘキセン

e. ① $(H_3C)(H)C=C(H)(Cl) \xrightarrow[CH_3CH_2OH]{} (H_3C)(H)C=C(H)(OCH_3)$

② $(H)(H)C=C(H)(CH_2-Cl) \xrightarrow[CH_3CH_2OH]{} (H)(H)C=C(H)(CH_2-OCH_3)$

4． 分子式 C_5H_9Br で示される化合物のすべての異性体に関する次の問いに答えよ．

a. S_N1 反応が最も進行しやすい化合物の構造式を示せ．

b. S_N2 反応が最も進行しやすい化合物の構造式を示せ．

c. S_N2 反応によって立体化学が反転する化合物の構造式を示せ．

d. S_N1 反応や E1 反応，E2 反応は進行するが，S_N2 反応はほとんど進行しない化合物の構造式を示せ．

e. E1 反応や E2 反応によって同じ主生成物が得られる化合物の構造式を示せ．

5． 1-フェニルプロパンの一つの水素が臭素に置き換わった化合物に関する次の問いに答えよ．

a. エタノール中ナトリウムエトキシドと反応させると，脱離反応が進行しフェニルプロペンが生成した．この脱離反応が最も進行しやすい化合物の構造式を示せ．また，その理由を述べよ．

b. エタノール中ナトリウムエトキシドとの反応では，複数の異性体を生じる化合物と一つの生成物しか与えない化合物がある．一つの生成物しか与えない化合物の構造式を示せ．

c. *N,N*-ジメチルホルムアミド(DMF)中ナトリウムエトキシドと反応させると，置換反応が進行しフェニルプロパノールのエチルエーテルが生成した．この置換反応が最も進行しやすい化合物の構造式を示せ．また，その理由を述べよ．

6． 矢印を用いて電子の動きを示し，次の反応の反応機構を説明せよ．

a. $(H_3C)(H)C=C(H)(H)$ + N-ブロモスクシンイミド（N−Br） $\xrightarrow{光照射}$ $H_2C=CH-CH_2-Br$（H−C(H)=C(H)−C(H)(H)−Br）

b. $CH_3CH_2-OH + PBr_3 \xrightarrow[ピリジン]{} CH_3CH_2-Br$

c. $(CH_3)_2C(OH)-CH=CH_2 + HBr \longrightarrow (CH_3)_2C=CH-CH_2-Br$

10 アルコール，フェノール，チオール

❖ 本章の目標 ❖

- アルコールの代表的な性質と反応について学ぶ．
- フェノールの代表的な性質と反応について学ぶ．
- フェノールおよびチオールの抗酸化作用について学ぶ．
- アルコールの代表的な合成法について学ぶ．
- フェノールの代表的な合成法について学ぶ．

10.1 アルコール，フェノール，チオールとは

アルカンの sp^3 混成炭素原子にヒドロキシ基（$-OH$）が一つ結合した構造をもつ化合物を**アルコール**（alcohol，ROH）という（図 10.1）．アルコールは非常に種類が多く，ヒドロキシ基が結合している sp^3 混成炭素原子の環境によって，大きく三つのグループに分けられる．すなわち，sp^3 混成炭素原子にアルキル基が一つ結合している**第一級アルコール**，二つ結合している**第二**

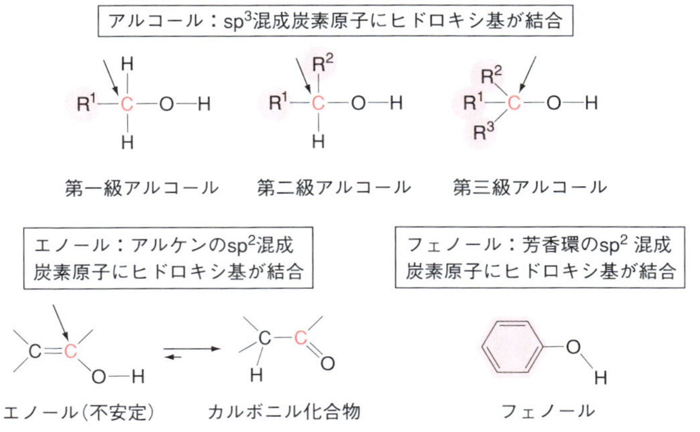

アルコール：sp^3混成炭素原子にヒドロキシ基が結合

第一級アルコール　第二級アルコール　第三級アルコール

エノール：アルケンのsp^2混成炭素原子にヒドロキシ基が結合

フェノール：芳香環のsp^2 混成炭素原子にヒドロキシ基が結合

エノール（不安定）　カルボニル化合物　フェノール

図 10.1　アルコール，エノール，フェノールの構造

級アルコール，および三つ結合している**第三級アルコール**である．ここで強調しておきたいのは，アルコールは sp^3 炭素原子に OH 基が結合したものであり，それ以外のものと区別される，ということである．

たとえば，アルケンの sp^2 混成炭素原子にヒドロキシ基が結合した構造はエノールとよばれる．一般にエノールは不安定で通常は互変異性体である**カルボニル化合物**(carbonyl compound)として存在する(7.6.2 項参照)．エノールについてはここでは触れず，12.3.2 項で詳しく取りあげる．また，芳香環の sp^2 混成炭素にヒドロキシ基が結合した化合物は安定に存在し，**フェノール**(phenol，ArOH)類[*1]とよばれる．

＊1「フェノール」は狭義には C_6H_5OH の化合物名として用いられるが，広義では芳香環の sp^2 炭素にヒドロキシ基が結合した化合物の総称としても用いられる．本書では後者を強調したい場合に「フェノール類」と記す．

アルコールのヒドロキシ基の O が S に置き換わったものを**チオール**(thiol，RSH)といい，チオールの －SH 基を**スルファニル基**(sulfanyl group)という．これらアルコール，フェノールおよびチオールは性質がよく似ている．

医薬品にはアルコールやフェノールの構造を含んでいるものは多く(図 10.2)，これらの官能基の性質が医薬品の物性(水溶性や酸性度)に大きく影響する．ただし，チオールは副作用をもたらすことが多いので，医薬品の構造中にはあまり多くない．本章では，おもにアルコール，フェノールについてとりあげ，チオールについては補足的に説明する．

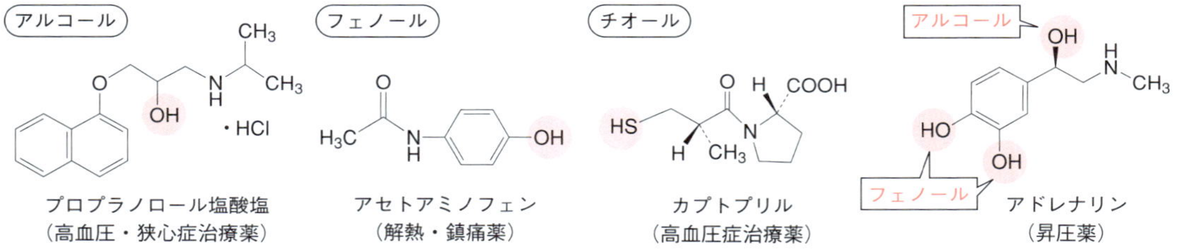

図 10.2 アルコール，フェノールおよびチオールを構造中に含む医薬品
多くの医薬品は複数の官能基をもつ．

10.1.1 アルコールおよびフェノールの性質

SBO アルコール，フェノール類の基本的な性質と反応を列挙し，説明できる．

アルコールおよびフェノールはヒドロキシ基(－OH)をもっている．これらヒドロキシ基をもつ化合物は，水の置換体とみなすことができる．水(H－O－H)の片方の水素をアルキル基に置き換えればアルコールであり，アリール基(芳香環)に置き換えればフェノールである．つまり，アルコールおよびフェノールは水を基本としてできた化合物であり，局所的には水と似た構造や性質をもつ(図 10.3)．たとえば，水の酸素原子は sp^3 混成をとっているが，アルコールやフェノールの酸素原子も同じ sp^3 混成をとるため，ヒドロキシ基のまわりの立体構造は水とよく似ている．

また，水は水素結合を形成するので，分子量のわりには沸点が高い．同様に，アルコールやフェノールも液体の状態では水素結合をつくるので，同程

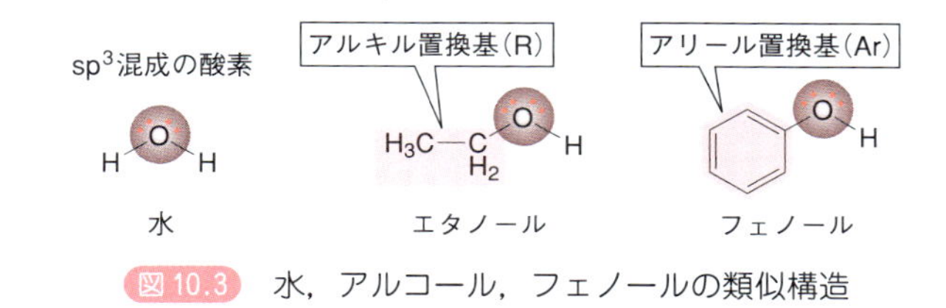

図 10.3 水，アルコール，フェノールの類似構造

度の分子量をもつアルカンやハロゲン化アルキルに比べると沸点が高い(図10.4)．液体の状態の水やアルコールおよびフェノールは，水素結合によって分子どうしが弱いながらも結びついている．液体から気体になるには，この水素結合による結びつきを切らなくてはならず，より大きなエネルギーが必要となり，沸点が高くなる．

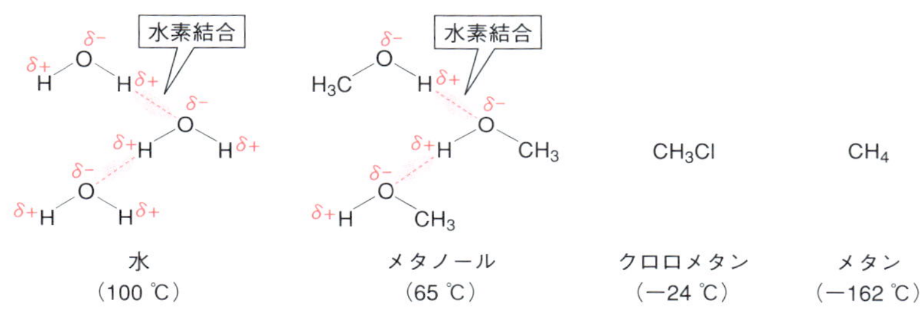

図 10.4 水，アルコール，ハロゲン化アルキル，アルカンの沸点

この水素結合の存在は，アルコールが水に溶けやすいという性質にも関係している．アルカンやハロゲン化アルキルが水溶性をほとんど示さないのと対照的に，ヒドロキシ基をもつ化合物は比較的水に溶けやすい．アルコールだけでなく，後の章でとりあげるカルボン酸(RCOOH)やアミン(NR_3)も含め，極性をもつ官能基は化合物の水溶性を高めるため，**親水性**(hydrophilic)の官能基ともいわれる．ただし，ここで注意しなくてはならないのは，アルコールやフェノールにはアルキル基もしくはアリール基も存在するという点である．

アルキル基やアリール基は非極性なので水に溶けにくく，**疎水性**(hydrophobic)である．したがって，アルキル基の炭素数が多いアルコールは疎水性部分が大きくなり，水溶性が低下する．また，フェノール類は芳香環が疎水性を示すので，水に溶けにくい．図 10.5 にアルコールの水溶性を示した．

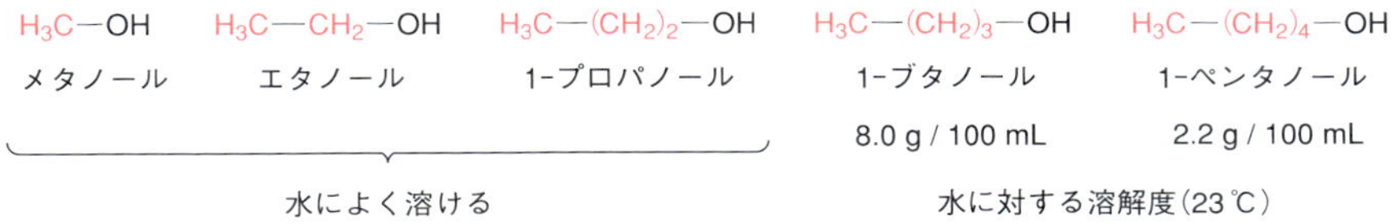

H_3C-OH	H_3C-CH_2-OH	$H_3C-(CH_2)_2-OH$	$H_3C-(CH_2)_3-OH$	$H_3C-(CH_2)_4-OH$
メタノール	エタノール	1-プロパノール	1-ブタノール	1-ペンタノール
			8.0 g / 100 mL	2.2 g / 100 mL
水によく溶ける			水に対する溶解度(23 ℃)	

図 10.5 アルコールの水溶性

メタノール，エタノール，1-プロパノールは水によく溶けるが，炭素数がさらに増加すると水に対する溶解度が低下していくことがわかる．

10.1.2 アルコールの酸性度および塩基性度

SBO アルコール，フェノール，カルボン酸，炭素酸などの酸性度を比較して説明できる．

5.4 節で学んだように，アルコールは酸にも塩基にもなりうる．強い塩基が作用すればアルコールは酸として働き，プロトン(H^+)を相手に渡して自らは**アルコキシドイオン**(alkoxide ion，RO^-)になる．また，強い酸が作用すればアルコールは塩基として働き，プロトンを相手から受け取って自らは**アルキルオキソニウムイオン**(alkyl oxonium ion，RO^+H_2)になる(図 10.6)．このように，アルコールは相手次第でその役割を変える両性の化合物である．

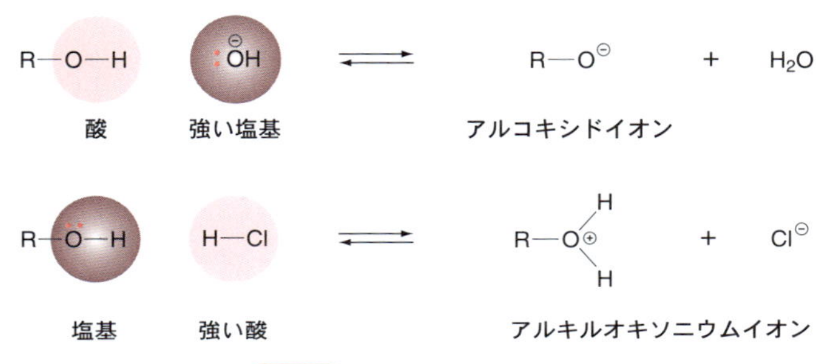

図 10.6 アルコールの性質
アルコールは両性であり，酸にも塩基にもなる．

実際，アルコールの酸性度は他の化合物と比べてどの程度なのだろうか．メタノールやエタノールの酸性度は水と同じくらいである．一般的なアルコールの酸性度はアルカンより高く，カルボン酸より低い程度ととらえておいてよいが，アルコールにどのようなアルキル基が結合しているかによって，幅広い pK_a 値を示すので，注意が必要である．たとえば，図 10.7 にアルコールの酸性度(pK_a 値)を示した．電子求引性のフッ素が置換した 2,2,2-トリフルオロエタノールは 5.2.1 項で学んだ誘起効果によって，プロトンを放出しやすくなり，高い酸性度を示す．

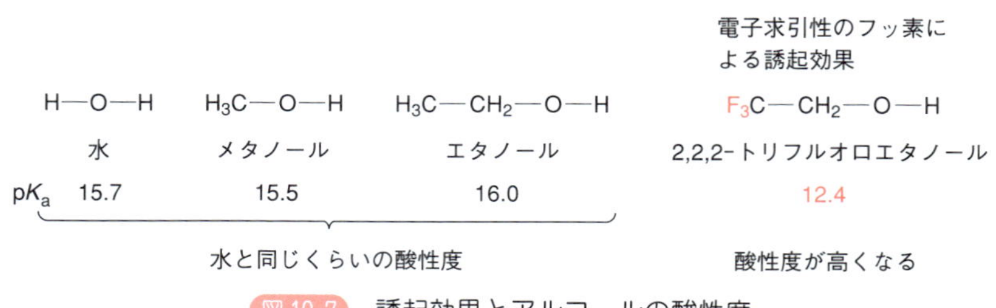

図 10.7 誘起効果とアルコールの酸性度
誘起効果によってアルコールの酸性度は異なる．

一般に，第一級アルコール，第二級アルコール，第三級アルコールの酸性度は，図 10.8 に示したように，第一級＞第二級＞第三級の順に低下する．これは，立体的および電子的な影響を受けてアルコキシドイオンの安定性が低下するためである．アルコキシドイオンは水中では水によって溶媒和され，安定化されている(図 9.10 を参照)．ところが，アルキル置換基が増えると，アルコキシドイオンのまわりが立体的に込みあっているため，溶媒和されにくくなる．したがって，第三級アルコールは第三級アルコキシドイオンになりにくく，アルコールのままでいる．すなわち，第三級アルコールの酸性度は低下する．

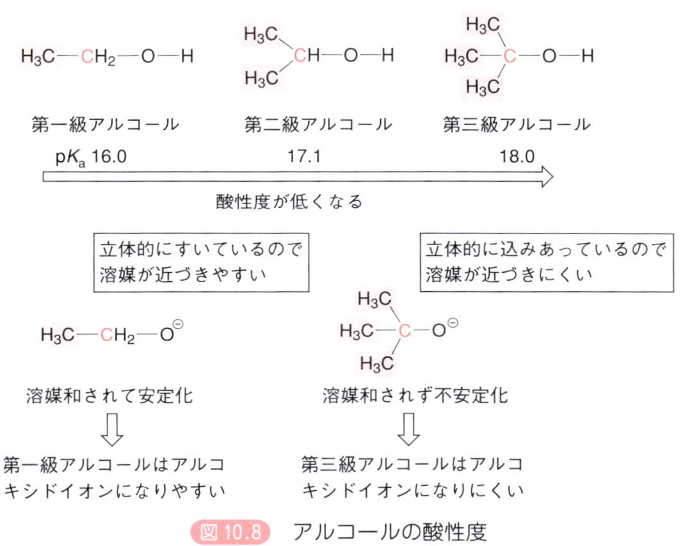

図 10.8 アルコールの酸性度
アルコールの酸性度は第一級＞第二級＞第三級の順に低下する．

10.1.3 フェノール類の酸性度

SBO アルコール，フェノール，カルボン酸，炭素酸などの酸性度を比較して説明できる．

フェノール類はアルコールに比べて酸性度がかなり高く(pK_a は 10 程度)，置換基の種類によっては，カルボン酸よりも強い酸性を示すものもある．これは，5.2.2 項で述べた共鳴効果の影響による．フェノールがプロトンを放出して生じる**フェノキシドイオン**(phenoxide ion)は，図 10.9 のように共鳴形を書くことができる．フェノキシドイオンは共鳴効果によって酸素上の負電荷を芳香環上に非局在化できるので，共鳴効果がまったくないアルコキシドイオンに比べて安定である．したがって，フェノールのほうがアルコールよりイオンになりやすく，酸性度は高くなる．

置換基をもつフェノール類は，置換基の種類次第で無置換のフェノールよりも強い酸にも弱い酸にもなりうる．表 10.1 にフェノール類の pK_a を示した．表 10.1 から，フェノールにニトロ基やハロゲンといった電子求引性の置換基が結合したものは酸性度が高く，アミノ基やメトキシ基，メチル基な

フェノキシドイオン

アルコキシドイオン

フェノール pK_a 9.9 ⇄ $H^{\oplus}$ + フェノキシドイオン ⇨ 共鳴安定化される

H_3C-CH_2-OH ⇄ $H^{\oplus}$ + $H_3C-CH_2-O^{\ominus}$

エタノール pK_a 16.0　　アルコキシドイオン（安定化されない）

図 10.9　共鳴効果によるフェノキシドイオンの安定化

どの電子供与性の置換基が結合したものは酸性度が低いことがわかる．

これは図 10.10 に示すように，電子求引性の置換基がフェノキシドイオンの負電荷を非局在化させ，反対に電子供与性の置換基は負電荷を酸素上に局在化させるためである．

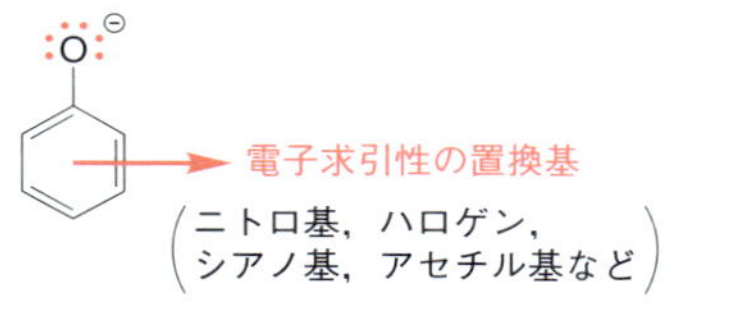

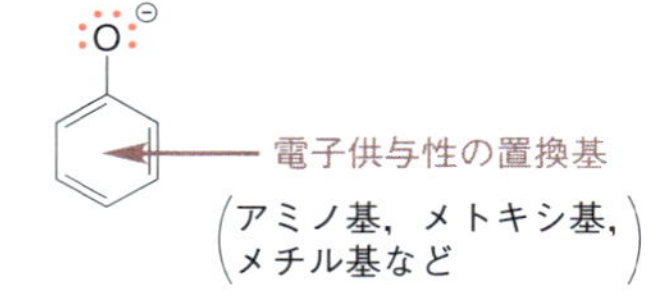

フェノキシドイオンの負電荷 ⊖ を非局在化させ，フェノキシドイオンを安定化させる．フェノールの酸性度は上昇する

フェノキシドイオンの負電荷 ⊖ を局在化させる．フェノキシドイオンは安定化されないので，フェノールの酸性度は低下する

図 10.10　置換フェノール類の置換基の酸性度に及ぼす影響

電子求引性の置換基として，フェノールのヒドロキシ基のパラ位にニトロ基が結合した *p*-ニトロフェノールを見てみよう（図 10.11）．電子求引性のニトロ基は，フェノールのベンゼン環の電子密度を下げ，それに伴ってフェノキシドイオンの酸素上に生じる負電荷がベンゼン環に非局在化されて安定化する．また，*p*-ニトロフェノールがプロトンを放出して生じるフェノキシドイオンは，図 10.11 のような共鳴形が書ける．この共鳴式を見ると，フェノールの場合（図 10.9）に比べて，共鳴形が一つ多いことがわかる．これによってフェノキシドイオンの酸素上の負電荷はより多くベンゼン環側に非局在化することになり，アニオンはさらに安定化する．したがって，*p*-ニトロフェノールの酸性度はフェノールよりも高くなる（表 10.1）．この電子求引性の置換基が酸性度を高める効果は，オルト位またはパラ位の場合，とくに顕著である．

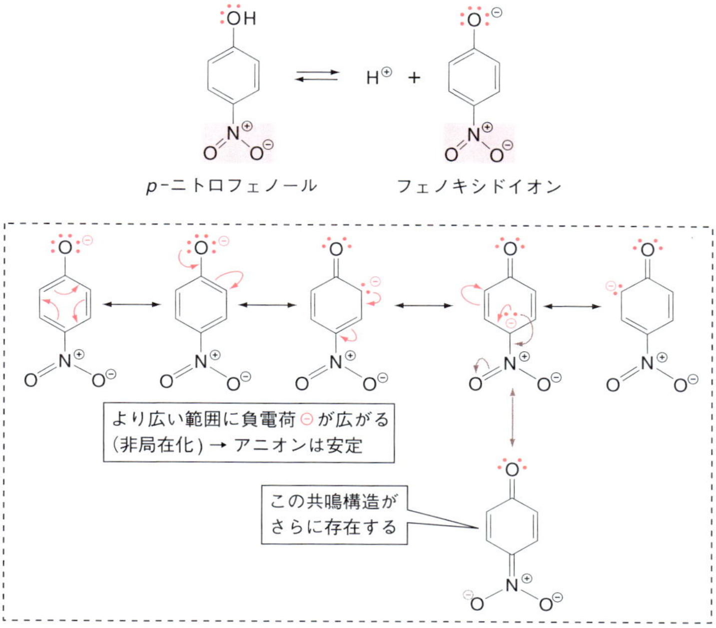

p-ニトロフェノール　フェノキシドイオン

より広い範囲に負電荷⊖が広がる（非局在化）→ アニオンは安定

この共鳴構造がさらに存在する

図 10.11　パラ位に電子求引性の置換基をもつフェノキシドイオンの共鳴形

表 10.1　フェノール類の pK_a

フェノール	pK_a
p-アミノフェノール	10.5
p-メトキシフェノール	10.2
p-メチルフェノール	10.2
フェノール	9.9
p-クロロフェノール	9.4
p-ニトロフェノール	7.2
2,4-ジニトロフェノール	4.1
2,4,6-トリニトロフェノール（ピクリン酸*2）	0.6

弱い酸 ↕ 強い酸

*2 有機化学では，「酸」は通常カルボン酸を指す．しかし，カルボン酸でない化合物でも，水に溶かすと酸性を示すものがあり，慣例的に「酸」とよんでいる．フェノールは古くは石炭から得られ，水に溶かすと弱酸性を示すことから「石炭酸」とよばれていた．2,4,6-トリニトロフェノールは強い酸性を示すことから「ピクリン酸」とよばれている．

次に，電子供与性の置換基として，フェノールのヒドロキシ基のパラ位にメトキシ基が結合した p-メトキシフェノールの場合を見てみよう（図 10.12）．電子供与性のメトキシ基が存在するために，ベンゼン環の電子密度は高くなる．それに伴って，フェノキシドイオンの酸素上の負電荷はベンゼン環に流れ込むことができず，局在化する．プロトンを放出して生じるフェノキシドイオンについては，図 10.12 のような共鳴形が書ける．これらの共鳴形では，フェノールの場合（図 10.9）に比べてフェノキシドイオンの負電荷が酸素上に局在化していることがわかる．したがって，アニオンはフェノールの場合より安定化されず，p-メトキシフェノールの酸性度はフェノールよりも低くなる（表 10.1）．

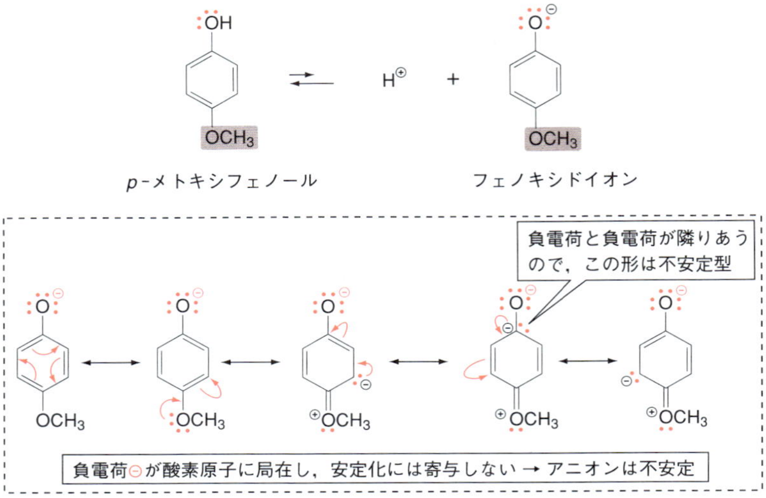

$$\text{p-メトキシフェノール} \rightleftarrows H^{\oplus} + \text{フェノキシドイオン}$$

p-メトキシフェノール　　フェノキシドイオン

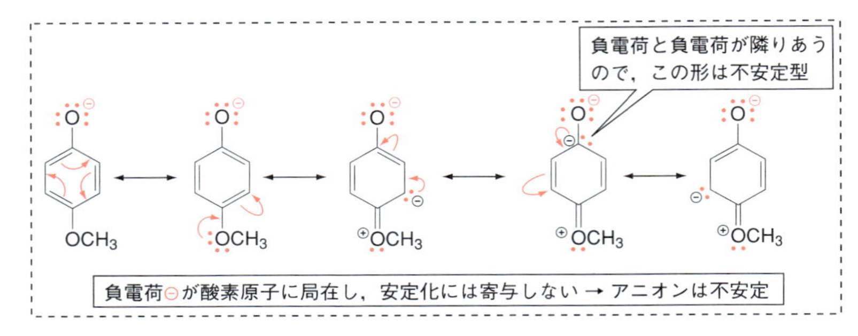

図 10.12　パラ位に電子供与性の置換基をもつフェノキシドイオンの共鳴形

10.2　アルコールの反応

SBO アルコール，フェノール類の基本的な性質と反応を列挙し，説明できる．

アルコールはさまざまな型の反応に関与し，いろいろな化合物へ変換される．そのため，アルコールは有機化学において重要な位置を占めている．なかでもアルコールの酸化反応は，カルボニル化合物の合成法として重要である．アルコールからアルケンおよびハロゲン化アルキルの合成については，すでに前章までに要点を学んだ．それらについてもここでは復習を兼ねて取りあげる．

10.2.1　アルコールの酸化反応

アルコールは酸化されてカルボニル化合物になる．この反応を右辺から見ると，カルボニル化合物は還元されてアルコールになる(図 10.13)．このように，酸化反応と還元反応は表裏一体の関係にある(9 章 p. 197 の Advanced を参照)．

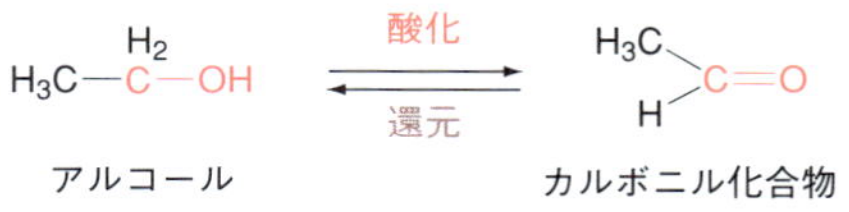

$$H_3C{-}CH_2{-}OH \underset{\text{還元}}{\overset{\text{酸化}}{\rightleftarrows}} (H_3C)(H)C{=}O$$

アルコール　　カルボニル化合物

図 10.13　酸化反応と還元反応

酸化反応と還元反応は表裏の関係である．

アルコールの酸化反応の様式を理解するためには，アルコールの級数(第一級，第二級，第三級)に対応させて整理していくとよい．第一級アルコールは酸化され，**アルデヒド**(aldehyde)を経て**カルボン酸**(calboxylic acid)になる．また，第二級アルコールは酸化されて**ケトン**(ketone)になる．第三級アルコールは通常の反応条件では酸化されない(図 10.14)．

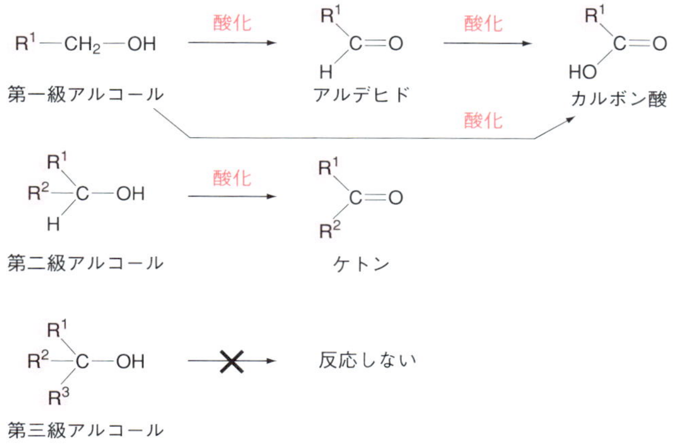

図 10.14　アルコールの酸化反応

第一級アルコールの酸化では，反応剤や反応条件を選ぶことによって1段階目の酸化で止めてアルデヒドを得たり，2段階目の酸化まで一気に反応を進ませてカルボン酸を得たりすることができる．よく用いられる酸化剤に，酸化状態の高い6価のクロム〔Cr(VI)〕がある．6価のクロムは黄橙色であるが，アルコールを酸化することによって自らは還元されるため，最終的には深緑色の3価のクロムとなる．

6価のクロムを含む反応剤には，三酸化クロム(CrO_3)，二クロム酸ナトリウム($Na_2Cr_2O_7$)，二クロム酸カリウム($K_2Cr_2O_7$)，およびクロロクロム酸ピリジニウム(pyridinium chlorochromate；PCC)がある．三酸化クロム，二クロム酸ナトリウム，および二クロム酸カリウムは水溶液中で反応させ2段階目まで一気に酸化させるので，アルコールはカルボン酸に変換される(図 10.15)．これに対し，PCC は水溶液を用いずに反応させるため，アルコールの酸化が1段階で止まり，アルデヒドが得られる．

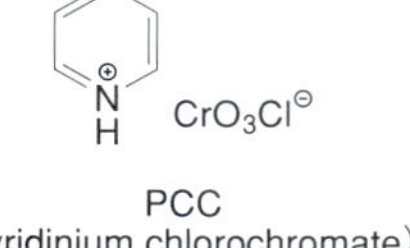

PCC
(pyridinium chlorochromate)

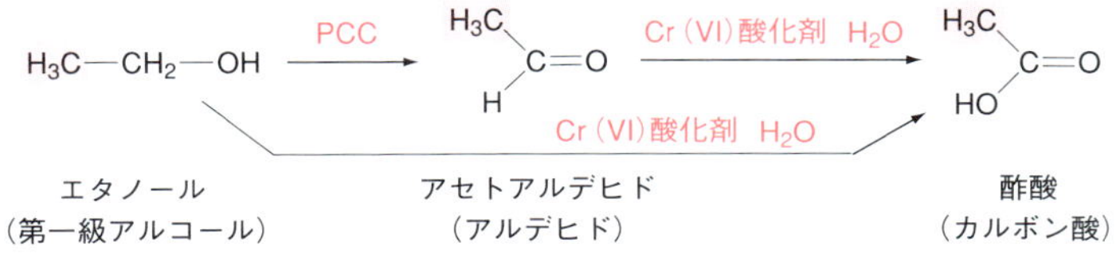

図 10.15　第一級アルコールの酸化反応
Cr(VI)酸化剤：CrO_3，$K_2Cr_2O_7$，$Na_2Cr_2O_7$，PCC．

第二級アルコールは上述の 6 価のクロムを含む反応剤で酸化され，ケトンに変換される．図 10.16 に三酸化クロム(CrO_3)を酸性の水溶液とアセトンに溶かした Jones（ジョーンズ）試薬による酸化反応を示す．

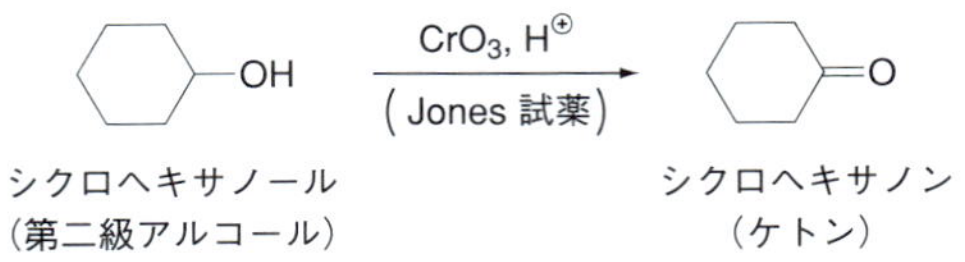

図 10.16　第二級アルコールの酸化反応

10.2.2　アルコールの脱水によるアルケンの合成（脱離反応）

9.5 節で脱離反応(E1 反応，E2 反応)を詳しく学んだ．ここでは具体例をあげて説明する．

第三級アルコールは，硫酸のような酸触媒(H^+)の存在下でヒドロキシ基が水として脱離し，アルケンが生成する．このように，水が脱離する反応を脱水反応(dehydration reaction)という．この反応では，アルコールのヒドロキシ基が酸触媒によるプロトン付加を受け，オキソニウムイオンに変換されることで，水およびプロトンが脱離して，Zaitsev 則(9.5.2 項)に従った主生成物が得られる(図 10.17)．第三級アルコールで容易に進行することからわかるように，この反応は E1 反応である．

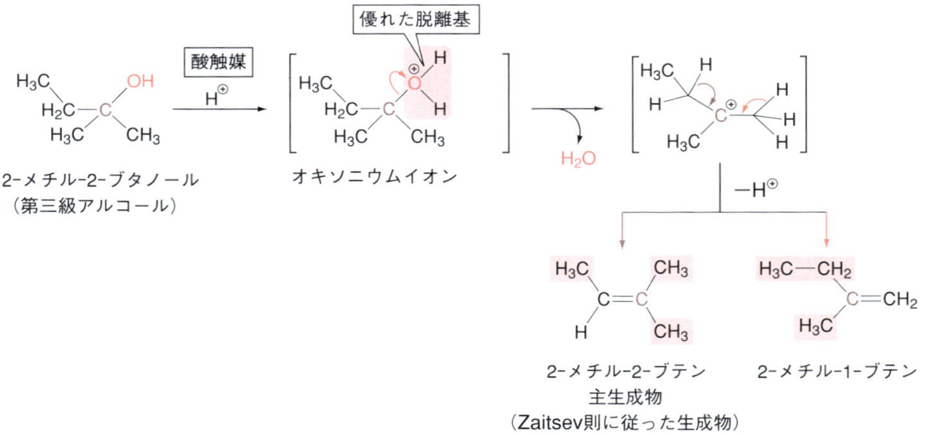

図 10.17　第三級アルコールの脱水反応(E1 反応)

第二級アルコールからアルケンを合成するためには，ピリジンのような塩基性溶媒中で，塩化ホスホリル($POCl_3$)によって脱水反応を行う．この反応は E2 反応である(図 10.18)．アルコールはハロゲン化アルキルのハロゲンとは異なり，ヒドロキシ基(－OH)の脱離能が低いので，通常 E2 反応は進行しない．しかし，塩化ホスホリルとヒドロキシ基が反応してジクロロリン酸エステルに変換されると，これが非常に優れた脱離基($-OPOCl_2$)となるため容易に脱離反応が進行し，アルケンが生成する．

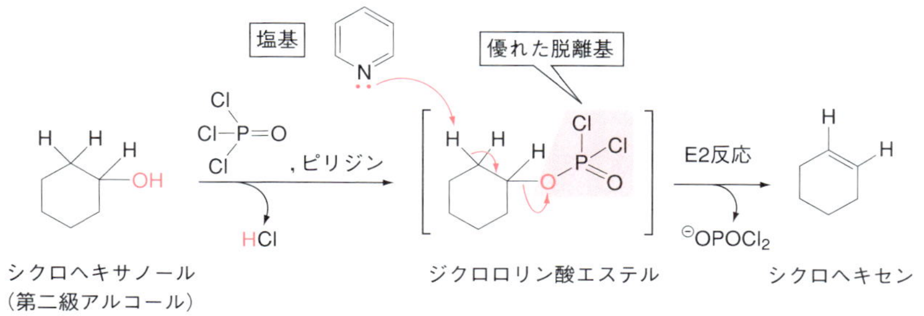

図 10.18 第二級アルコールの脱水反応(E2 反応)

第一級アルコールからアルケンを合成するためには，硫酸のような酸触媒(H^+)の存在下で高温にしてヒドロキシ基($-OH$)を水として脱離させる(図 10.19)．この反応は E2 反応である．はじめに，アルコールのヒドロキシ基が酸触媒によるプロトン付加を受け，オキソニウムイオンに変換される．続いて，もう一分子のアルコールなどが塩基として働き，水の脱離が進行する．なお，低温でこの反応を行うと S_N2 反応が進行し，エーテルが主生成物になるので(11 章で詳しく学ぶ)，温度の制御が必要である．

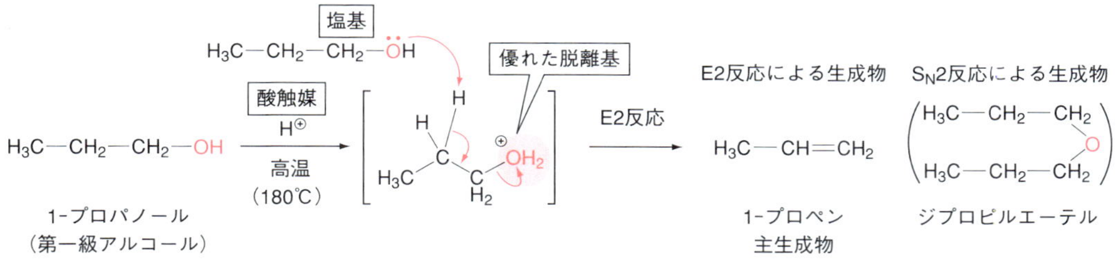

図 10.19 第一級アルコールの脱水反応(E2 反応)

10.2.3 アルコールのハロゲン化アルキルへの変換(置換反応)

すでに 9.6.3 項で述べたアルコールを原料にしてヒドロキシ基をハロゲンに置換する方法(図 9.30 および図 9.31)は，ハロゲン化アルキルの一般的な合成法となっている．

10.3 フェノールの反応(酸化反応)

フェノールは芳香族化合物なので，芳香族求電子置換反応が起こる．これについては 8.3 節ですでに学んだ．本章では，フェノールの酸化反応について取りあげる．

フェノールは芳香環に水素が結合しているので，アルコールとは異なった酸化反応が起こる．フェノールは酸化銀(Ag_2O)や Fremy(フレミー)塩[*3]によって酸化され，カルボニル化合物になると同時に芳香族性を失い，**ベンゾキノン**〔benzoquinone，一般に**キノン**(quinone)という〕となる(図 10.20)．キノンは $NaBH_4$ のような還元剤により還元されて容易に**ヒドロキノン**(hydroquinone)になる．一方，ヒドロキノンは酸化されやすく酸化銀や Fremy 塩により容易に酸化されてキノンに戻る．つまり，キノンとヒドロキノンのあいだでは相互に酸化還元反応が起こりやすい．生体内ではこの性質を上手に利用してさまざまな反応が進んでいる(次の Advanced を参照)．

*3 ニトロソ二スルホン酸カリウム，$(KSO_3)_2NO$.

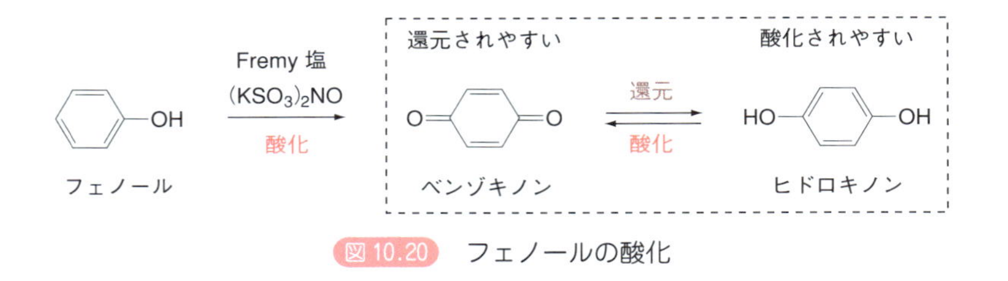

図 10.20 フェノールの酸化

Advanced フェノールの抗酸化能

酸素が生体内で利用されるとき，酸素自体は還元されて最終的には水に変換される．この過程において，スーパーオキシド(superoxide, $O_2^{\cdot-}$)，過酸化水素，ヒドロキシルラジカル(hydroxylradical, ·OH)など，活性酸素とよばれる反応性の高い中間体が生じる．活性酸素は，体内に侵入した細菌やウイルスなどの病原菌や身体にとって異物となる有害物質を分解するなど，生体にとって有用な役割を果たしているが，しばしば生体を構成する重要な有機分子(脂質など)も酸化して損傷を与える．このような重大な損傷から身を守るために，生体内にはもともと酸化的なストレスに対する抗酸化能(抗酸化剤)が備わっている．

生体内でよく利用される抗酸化剤としてはフェノール類がある．フェノールは自らが酸化されることによって，他の重要な分子を酸化的ストレスから守っている．生体内の抗酸化剤として，ビタミン E やビタミン C がある．このほかの抗酸化剤としてのチオールについては，p. 217 の Advanced を参照してほしい．

ビタミン E(α-トコフェロール)はフェノールの構造をもつが，同時に長い炭化水素鎖をもっているため脂溶性が高い．したがって，同様に脂溶性の高い脂質膜へ入り込むことができる(図 10.21)．このような脂質膜にスーパーオキシドやヒドロキシルラジカルが作用すると，共存するビタミン E が脂質の代わりに酸化され，α-トコフェロキシラジカルになる．α-トコフェロキシラジカルはラジカルを非局在化させて安定化させるので，比較的反応性は低い．このため，ほかの生体分子を酸化することなく，より反応性の高いビタミンCを酸化し，自らは還元されて元のビタミンEに戻る．

一方，ビタミンCの酸化生成物であるセミデヒドロアスコルビン酸はいくつかの過程を経て最終的にはより低分子量の水溶性化合物に変換され，生体外に排出される．このように，フェノール性分子を生体内の抗酸化剤として上手に利用するしくみが整っているため，生体は酸化的ストレスから身を守ることができる．

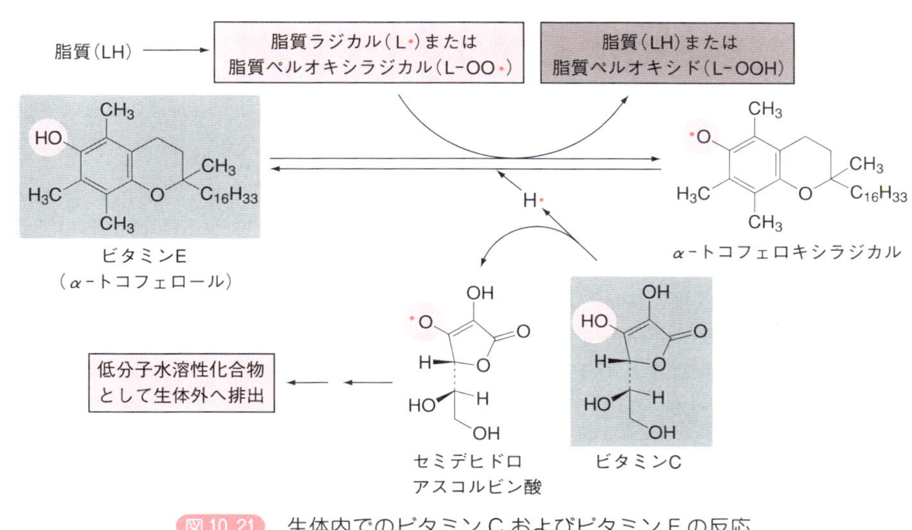

図 10.21　生体内でのビタミンCおよびビタミンEの反応

10.4　アルコールの合成

SBO アルコールの代表的な合成法について説明できる．

アルコールは他の多くの化合物(アルケン，ハロゲン化アルキル，カルボニル化合物など)から合成される．すでに，アルケンからアルコールへの変換(7章)およびハロゲン化アルキルからアルコールへの変換(9章)を学んだ．カルボニル化合物やカルボン酸類からの変換は12章および13章でとりあげる．

図10.22に，アルケンを原料にした付加反応や酸化反応によるアルコール合成の概略を示した．アルケンに対して，ヒドロホウ素化-酸化反応(7.3.7項参照)，オキシ水銀化-還元反応(7章 p. 133のAdvanced参照)を行うことによって，アルコールが合成される．また，四酸化オスミウムを用いる酸化反応によってジオールが得られる(7.4.1項参照)．さらに，アルケンにハロゲンと水を反応させると，ハロヒドリン(1,2-ハロアルコール)とよばれる化合物に変換される．

ここでは，ハロヒドリンの合成法について述べる．ハロヒドリンはアルケンに対して水の存在下でハロゲンを作用させて合成する(図10.23)．はじめ

COLUMN　CoQ10はユビキノン

化粧品のコマーシャルで「コーキューテン」という言葉をよく耳にする．老化を止めるといううたい文句で，「コーキューテン」の含有量の高い化粧品が売れているらしい．実は，これは補酵素Q（コエンザイムQ）のことである．

補酵素Qは，生化学の教科書ではユビキノンという名前で登場する．ユビキノンは細胞のミトコンドリアのなかで生体内の還元剤であるNADHから酸素分子へ電子を輸送する呼吸過程（NADHがNAD^+に酸化され，酸素が水に還元される）を媒介する働きをもっている．

この過程ではユビキノンが構造中にキノンを含んでいることがポイントである．生体はキノンとヒドロキノンの間の酸化還元反応を上手に利用して電子を輸送している．好気性生物はこの呼吸過程によってエネルギーを生産するので，ユビキノンの存在はとても重要である．ちなみに，ユビキノンという名称は単純な細菌からヒトまでのほとんどの好気性生物の細胞に含まれることを受け，ユビキタス（ubiquitous，あまねく存在するの意味）に由来する．

ユビキノンの構造はキノン部分にイソプレン単位の繰返し構造が結合したものである．なかでも10個の繰返し構造をもつものを「コエンザイムQ10」，略して「CoQ10」すなわち「コーキューテン」とよんでいる．「コーキューテン」といわれると，いかにも高級そうなイメージがかきたてられるが，実際には広く存在するユビキノンであることを知ったら，世の女性たちにとってそのありがた味は薄れるかもしれない．

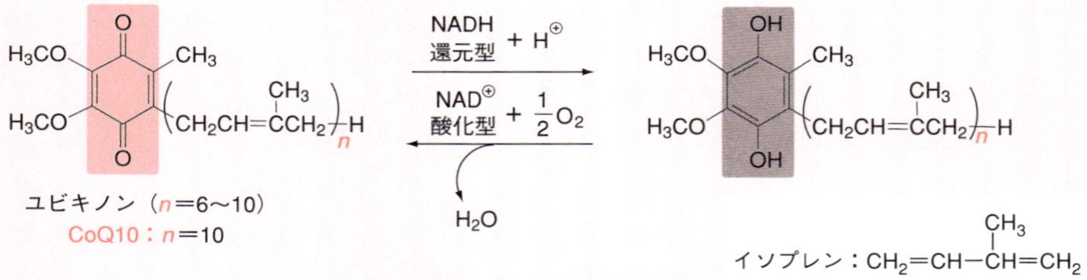

NADH 還元型 + $H^{\oplus}$ →

← NAD$^{\oplus}$ 酸化型 + $\frac{1}{2}O_2$（→ H_2O）

ユビキノン（n=6〜10）
CoQ10：n=10

イソプレン：$CH_2{=}CH{-}C(CH_3){=}CH_2$

図1　ユビキノンの反応

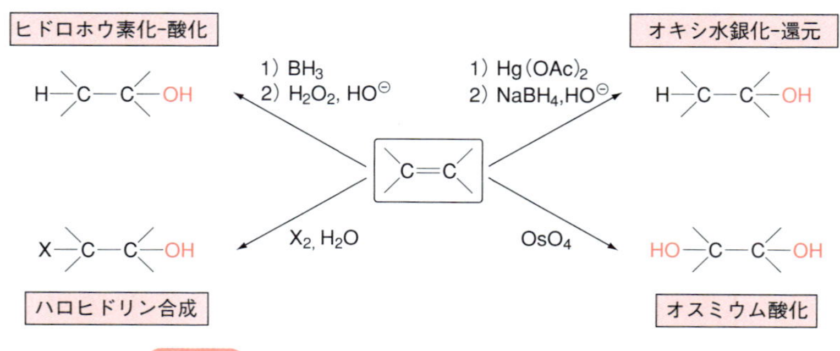

図10.22　アルケンを原料としたアルコールの合成

に，アルケンに臭素が作用してブロモニウムカチオン中間体が生成する．ここまでの段階は，ハロゲンがアルケンに付加する反応と同じである．次に，水が求核剤として臭素の反対側から攻撃（アンチ付加）することによって，ハロゲンとヒドロキシ基が隣どうしの炭素に結合したハロヒドリンが生成する．ハロヒドリンはオキシラン(エポキシド)の合成にも利用される(11 章参照)．

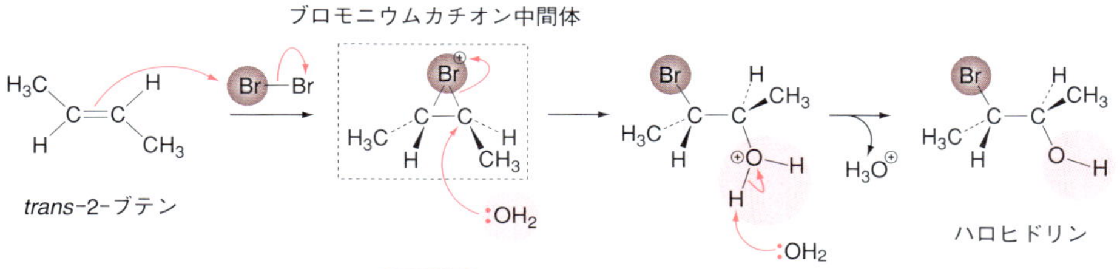

ブロモニウムカチオン中間体

trans-2-ブテン

ハロヒドリン

図 10.23 ハロヒドリンの合成

10.5 フェノールの合成

フェノールは，求核性の水酸化物イオン(HO^-)や水を用いて，芳香環上の脱離基を求核的に置換することによって合成される*4．この芳香族求核置換反応については，すでに 8.5.1 項や 8.5.2 項，p. 169 の Advanced で学んだので，ここでは概略だけを図 10.24 に示す．

SBO フェノールの代表的な合成法について説明できる．

*4 工業的にはクメン法が用いられる．

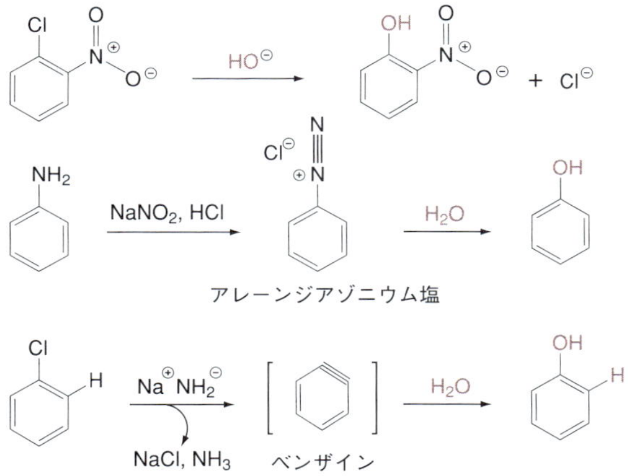

アレーンジアゾニウム塩

ベンザイン

図 10.24 フェノールの合成法

10.6 チオールの性質と反応

チオール(RSH)は，アルコールに似た性質をもち，アルコールと同じように反応する．しかし，硫黄の性質が影響するためにアルコールとは異なるところもある．たとえば，チオールの酸性度はアルコールよりも高く，pK_a は 9 ～12 程度である．また，求核性もアルコールより強い．チオールの性質で特筆すべきはその強烈な臭いで，「ガスの臭い」はまさにチオールの臭いである．天然ガスは本来無臭であるが，ガス漏れの危険を察知させるために，揮発性のチオール(メタンチオール)を添加して使われている．

チオールは臭素やヨウ素によって容易に酸化され，ジスルフィド(RS−SR)になる．ジスルフィドは容易に還元され，チオールに戻る．このチオールとジスルフィドの相互変換も生体内では有効に利用されている(図 10.25，p. 217 の Advanced 参照)．

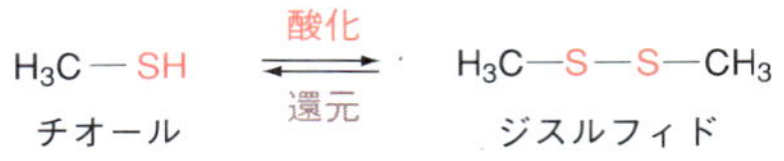

$$H_3C-SH \underset{\text{還元}}{\overset{\text{酸化}}{\rightleftharpoons}} H_3C-S-S-CH_3$$

チオール　　　　ジスルフィド

図 10.25　チオールとジスルフィドの相互変換

チオールはハロゲン化アルキルと硫化水素アニオン(HS^-)の求核置換反応(S_N2 反応)によって合成される(図 10.26)．ただし，生成物であるチオールのスルファニル基(−SH 基)も求核性が高く，生成したチオールも求核剤として働くため，この反応ではチオールだけでなくスルフィド(R−S−R)も得られる．スルフィドについては 11.6 節で学ぶ．

$$H_3C-CH_2-CH_2-Br + Na^{\oplus}\ SH^{\ominus} \longrightarrow H_3C-CH_2-CH_2-SH + NaBr$$

図 10.26　チオールの合成

COLUMN　生体内に存在するアルコールやチオール

生体内の分子のうち，ヒドロキシ基やスルファニル基をもつ化合物は，生体内でいろいろな役割を果たしている．たとえば，糖は複数のヒドロキシ基をもち，この糖が複数連なった多糖類はエネルギーの貯蔵庫としての働きのほか，いろいろな機能の発現に重要な役割を果たしている(図①)．たとえば，ビーツなどの野菜に含まれるラフィノースには整腸作用があるといわれている．生体内での脂肪酸の異化(代謝)の過程は補酵素 A (coenzyme A ; CoA)に含まれるスルファニル基が脂肪酸とチオエステルを形成するところからはじまる．

タンパク質を構成するアミノ酸のうち，ヒドロキシ基をもつセリンは，酵素機能の発現に重要な役割を担っている．また，スルファニル基をもつアミノ酸であるシステインは，ジスルフィド結合を形成してタンパク質の立体構造を保持するのに重要である．

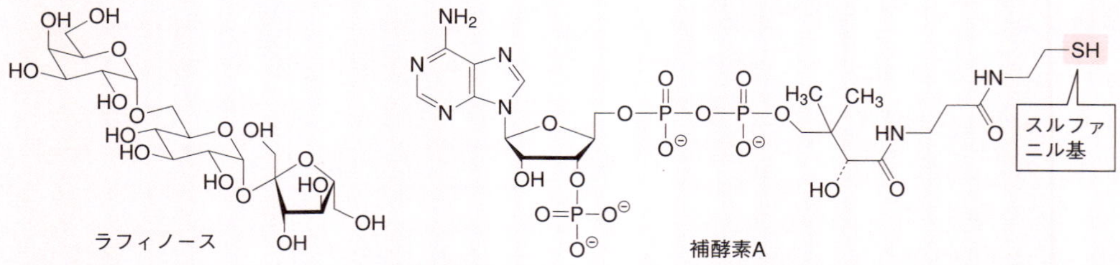

ラフィノース　　補酵素A　　スルファニル基

図①　ラフィノースと補酵素 A の構造

Advanced チオールの抗酸化能

生体内にはグルタチオン(glutathion)というスルファニル基(－SH)をもつペプチドがある．グルタチオンはおもにヘモグロビンの鉄の酸化状態を保つ役割がある．さらに，抗酸化作用もあるため，細胞内で生じるスーパーオキシドやヒドロキシルラジカル，あるいは過酸化水素といった活性酸素(p. 212 の Advanced を参照)を還元する．すなわち，生体にとって有害な酸化能のある物質を，還元によって無毒化する役割を果たしている．たとえば，過酸化水素と反応することで，グルタチオン自体はいったんジスルフィドに変換されるが，酵素によって還元されてスルファニル基をもつ元のグルタチオンが再生される(図 10.27)．

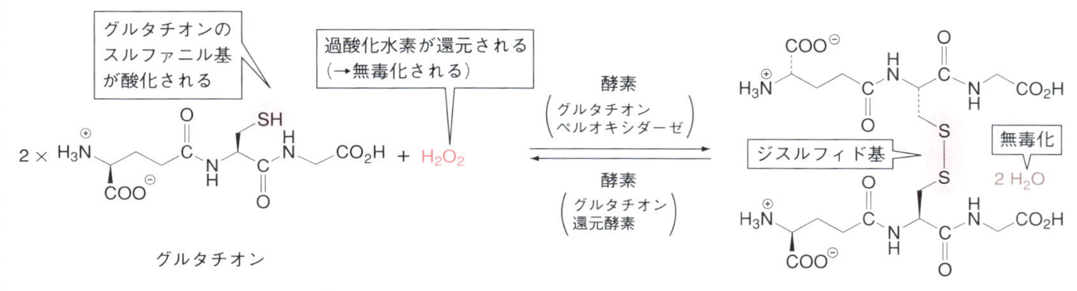

図 10.27 生体内におけるグルタチオンの反応
スルファニル(－SH)基とジスルフィド(－S－S－)基が相互変換される．

章末問題

1． ジエチルエーテルと 1-ブタノールは同じ分子量をもつ化合物であるが，1-ブタノールの沸点のほうがジエチルエーテルに比べて高い．この理由を説明せよ．

2． 次の化合物①，②のうち，どちらが水溶液中における酸性度が高いか，その理由とともに示せ．

a. ① $H_3C-CH(CH_3)-CH_2-OH$　② $H_3C-CH_2-CH(CH_3)-OH$

b. ① $F-CF_2-CH_2-OH$　② $Cl-CCl_2-CH_2-OH$

c. ① $C_6H_{11}-OH$（シクロヘキサン環）　② C_6H_5-OH

d. ① m-$NC-C_6H_4-OH$　② p-$NC-C_6H_4-OH$

e. ① $(CH_3)_2N-C_6H_4-OH$　② $O_2N-C_6H_4-OH$

f. ① C_6H_5-OH　② C_6H_5-SH

3． 次の反応における主生成物を示せ．ただし，反応が進行しない場合もある．

a. $H_3C-CH(CH_3)-CH_2-CH_2OH \xrightarrow{PCC}$

b. $H_3C-CH(CH_3)-CH(OH)-CH_3 \xrightarrow{CrO_3}$

c. $H_3C-C(CH_3)(OH)-CH_2-CH_3$ $\xrightarrow{\text{PCC}}$

d. (cyclohexane with CH_3 and OH) $\xrightarrow{CrO_3,\ H_2SO_4}$

e. (cyclohexane with CH_3 and OH on the same carbon) $\xrightarrow{CrO_3,\ H_2SO_4}$

f. $(H_3C)_2C=CH(CH_3)$ $\xrightarrow[\text{塩基性}]{KMnO_4}$

g. $(H_3C)_2C=CH(CH_3)$ $\xrightarrow[\text{酸性}]{KMnO_4}$

4．2-メチル-1-プロパノールを塩化チオニルと反応させると，1-クロロ-2-メチルプロパンが得られる．一方，2-メチル-2-プロパノールを同様に反応させると，2-クロロ-2-メチルプロパンは得られない．この理由を説明せよ．

11 エーテル

❖ 本章の目標 ❖

- エーテルの代表的な性質と反応について学ぶ.
- オキシランの開環反応における立体特異性と位置選択性について学ぶ.
- エーテルの代表的な合成法について学ぶ.

11.1 エーテル, オキシラン, スルフィドとは

エーテル(ether, R−O−R′)は, アルコール(R−O−H)のヒドロキシ基上の水素が炭素官能基に置き換わった化合物である. 酸素原子を挟んで両側に二つのアルキル基が結合したジアルキルエーテルには, **鎖状エーテル**(鎖状構造)および**環状エーテル**(環状構造)があるが, いずれも一般に酸や塩基, 求電子剤や求核剤に対して反応性が低く安定である(図 11.1). この安定性のために, ジエチルエーテルやテトラヒドロフランのように有機溶媒として用いられるエーテルも多い. これに対し, **オキシラン**[*1](oxirane)のように, 構造にひずみをもった環状エーテルやアルケニル基, アルキニル基が酸素に結合したエーテルは不安定で反応性も高い. 医薬品の構造中にもエーテル結合(ether linkage)は多く見られる(図 11.2).

*1 エポキシド(epoxide)ともいう.

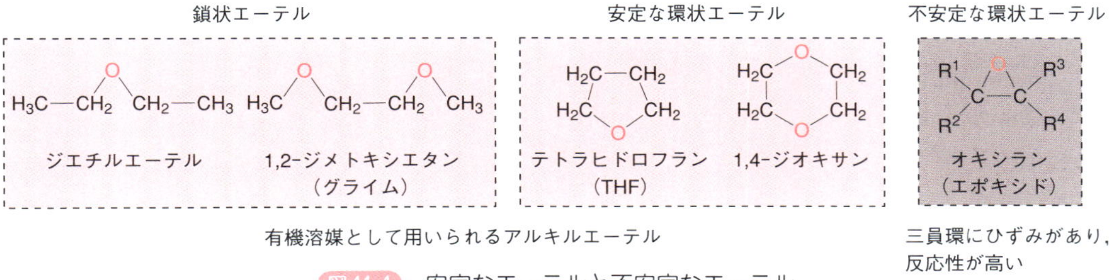

鎖状エーテル

$H_3C-CH_2-O-CH_2-CH_3$ ジエチルエーテル

$H_3C-O-CH_2-CH_2-O-CH_3$ 1,2-ジメトキシエタン(グライム)

安定な環状エーテル

テトラヒドロフラン(THF)

1,4-ジオキサン

有機溶媒として用いられるアルキルエーテル

不安定な環状エーテル

オキシラン(エポキシド)

三員環にひずみがあり, 反応性が高い

図 11.1 安定なエーテルと不安定なエーテル

一般にエーテルは安定であるため, 有機溶媒として用いられている.

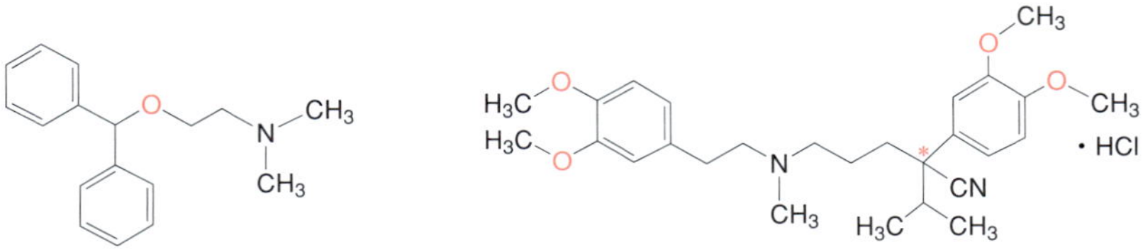

ジフェンヒドラミン
(抗アレルギー薬)

ベラパミル塩酸塩
(抗不整脈薬)

図 11.2 エーテル結合を含む医薬品
＊は不斉炭素を示す(ラセミ体として販売されている).

本章では，10 章と同様にエーテルの酸素を硫黄に置き換えたスルフィド(R－S－R)についても，エーテルに近い性質を示す分子として補足的にとりあげる.

11.2 エーテルの性質

SBO エーテル類の基本的な性質と反応を列挙し，説明できる.

エーテルは水(H－O－H)の水素原子が両方とも炭素官能基に置き換わったものと考えることができる．したがって，10 章のアルコールと同様にその構造や性質には水と似ている部分がある．水の酸素原子は sp^3 混成であり，エーテルの酸素原子も同じ sp^3 混成であるため，エーテルの立体構造は水とよく似ている．しかし，アルコールと比べて炭素官能基の割合が大きくなるため，相違点も生じる(図 11.3)．一方で，エーテルは中性の化合物であり，ヒドロキシ基をもたないので分子どうしのあいだで水素結合を形成せず，沸点は同程度の大きさのアルコールに比べて低い．また，分子量の小さいエーテルは水溶性を示すが，炭素官能基の部分が大きいエーテルは疎水性が強くなり，水に溶けにくくなる.

	水	エタノール	ジメチルエーテル	ジエチルエーテル
		水によく溶ける	水に少し溶ける	水に少し溶ける
沸点：	100 ℃	78.5 ℃	−23 ℃	34.5 ℃

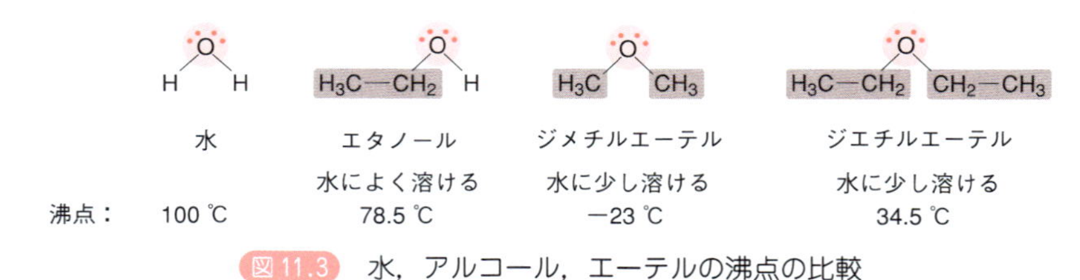

図 11.3 水，アルコール，エーテルの沸点の比較
水，アルコールおよびエーテルの酸素は sp^3 混成である．三者の立体構造はよく似ているが，エーテルは水素結合を形成しないため，沸点は水およびアルコールとはかなり異なる.

11.3 エーテルの合成

アルキルエーテルは，構造に歪みがあるオキシランなどの特別な場合を除

SBO エーテルの代表的な合成法について説明できる.

いて一般に安定で，ほとんどの反応剤に対して反応しない．したがって，エーテルを原料にして行う反応は少ない．本節では，はじめにエーテルの合成法について学び，エーテルの反応については11.4節および11.5節で取りあげる．

11.3.1 Williamson のエーテル合成

最も汎用されているエーテルの合成法は，金属アルコキシドを第一級ハロゲン化アルキルまたはスルホン酸エステルなどと反応させるものである．これは **Williamson のエーテル合成**（ウィリアムソン）(Williamson ether synthesis)として知られ，9.4.2項で述べた S_N2 反応に含まれる(図11.4)．この反応では，最初にアルコールから金属アルコキシドを形成させ，続いてこれを求核剤としてハロゲン化アルキルなどと反応させる．

H3C—Br
第一級ハロゲン化アルキル
H3C—CH2—CH2—O⊖ Na⊕
あるいは
H3C—CH2—CH2—O—CH3
アルキルエーテル
金属アルコキシド
H3C—O—S(=O)(=O)—C6H4—CH3
p-トルエンスルホン酸
アルキルエステル

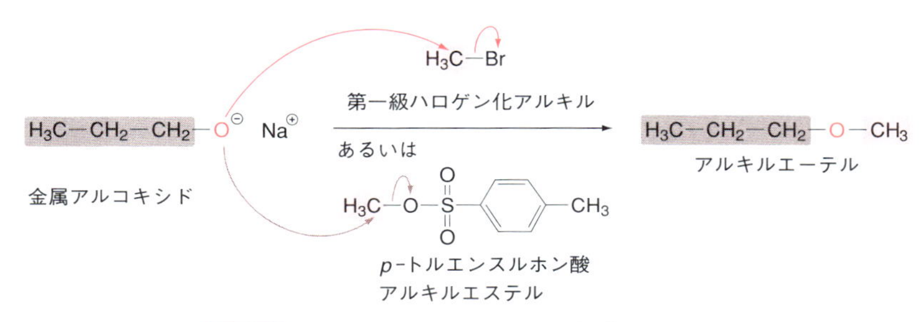

図11.4 Williamson のエーテル合成：S_N2 反応

金属アルコキシドは，アルコールを水素化ナトリウム(NaH)やナトリウムアミド($NaNH_2$)のような強い塩基，あるいはアルカリ金属(Na，K)と反応させてつくる(図11.5)．アルコールは酸性度が低いので，炭酸水素イオン(HCO_3^-)のような弱塩基とは反応せず，また NaOH のような金属水酸化物とも反応しにくい．上述したような強い塩基によってプロトン(H^+)を放出し，アルコキシドになる．5章で学んだように，こうして得られたアルコキシド

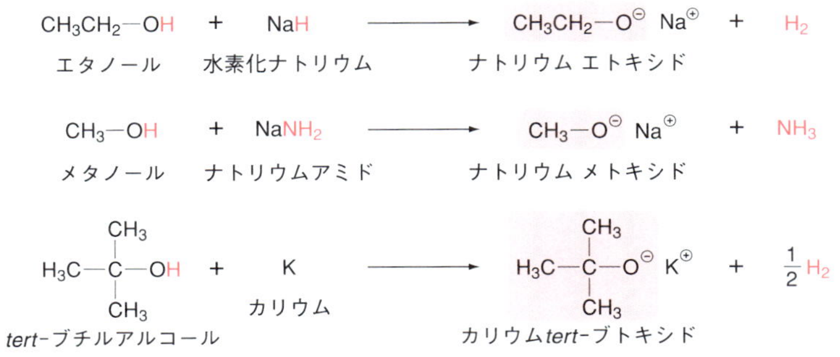

CH3CH2—OH + NaH → CH3CH2—O⊖ Na⊕ + H2
エタノール
水素化ナトリウム
ナトリウム エトキシド
CH3—OH + NaNH2 → CH3—O⊖ Na⊕ + NH3
メタノール
ナトリウムアミド
ナトリウム メトキシド
(CH3)3C—OH + K → (CH3)3C—O⊖ K⊕ + 1/2 H2
tert-ブチルアルコール
カリウム
カリウム tert-ブトキシド

図11.5 金属アルコキシドの生成

は，弱酸の共役塩基なので強塩基になる．

このようにして得られた金属アルコキシドをハロゲン化メチルや第一級ハロゲン化アルキルおよびそれらに対応するスルホン酸エステルと反応させると，エーテルが得られる(図 11.6)．

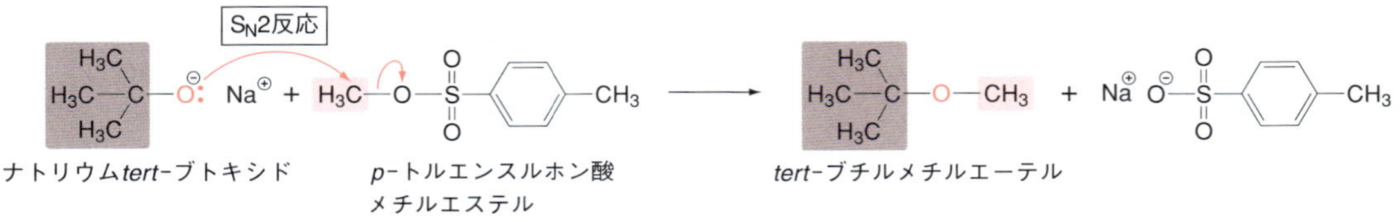

S_N2反応

ナトリウム*tert*-ブトキシド　*p*-トルエンスルホン酸メチルエステル　*tert*-ブチルメチルエーテル

図 11.6　S_N2 反応によるエーテルの合成

すでに述べたように，より立体障害の大きい第二級および第三級ハロゲン化アルキル，およびそれらに対応するスルホン酸エステルについては，強い塩基性を示すアルコキシドイオンを反応させると競争的に E2 反応が進行し，おもにアルケンが生成する(例として図 11.7)．したがって，Williamson のエーテル合成を効率よく行うことは難しい．

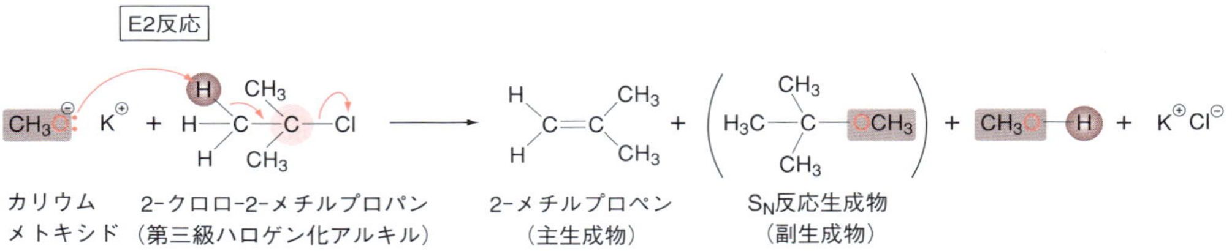

E2反応

カリウムメトキシド　2-クロロ-2-メチルプロパン(第三級ハロゲン化アルキル)　2-メチルプロペン(主生成物)　S_N反応生成物(副生成物)

図 11.7　かさ高い基質で進行する E2 反応
この反応ではアルケンが優先して生成する．

11.3.2　オキシランの合成

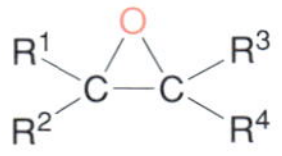

環状エーテルのなかでも三員環化合物であるオキシラン(エポキシド)は構造にひずみがあるため，反応性が高い(図 11.8)．本来，sp^3 混成軌道をもつ炭素原子の結合角は約 109° である．しかし，オキシランではこの炭素原子の結合角が 60° 近くにまで歪められている．この結合角に起因するひずみが，オキシランの反応性の源となっている．

図 11.8　反応性の高いオキシラン
三員環はひずみが大きいために，反応性が高い．

オキシランはアルケンを**過酸**[*2](peroxy acid，RCOOOH)で酸化して合成する．いろいろな過酸があるが，*m*-クロロ過安息香酸(<u>*m*</u>-<u>c</u>hloro<u>p</u>er<u>b</u>enzoic <u>a</u>cid；*m*CPBA)が汎用されている．過酸は求電子的な酸素をもつので，これがアルケンと反応してオキシランが形成されるが，このときの酸素の付加は立体特異的に進行する．たとえば図 11.9 のように，*trans*-2-ブテンからはメチル基が反対側に置換したトランス体のオキシランのみが得られる．

*2 過酸(RCOOOH)はカルボン酸(RCOOH)に過酸化水素を作用させて合成する．一般に，過酸は反応性が高く不安定であるが，*m*CPBA は比較的安定なため，よく用いられる．

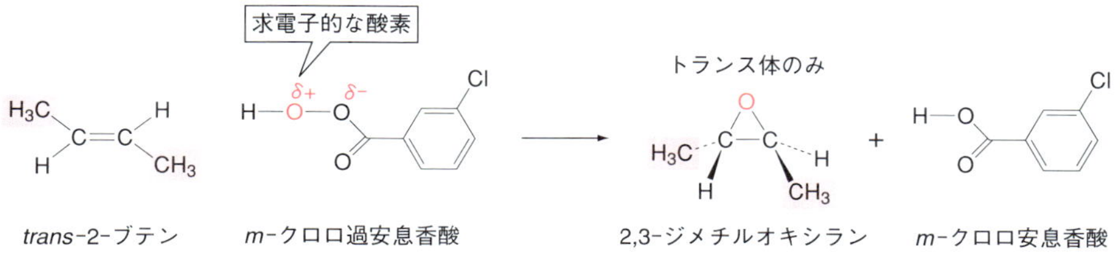

図 11.9 アルケンの酸化によるオキシランの合成

オキシランを合成する方法としては，ほかに**ハロヒドリン**(halohydrin, 10.5 節参照)を経由するものがある．ハロヒドリンを水酸化物イオンのような塩基で処理をすると，図 11.10 のように分子内で S_N2 反応が進行し，オキシランが得られる．この反応はちょうど分子内における Williamson のエーテル合成に相当する．

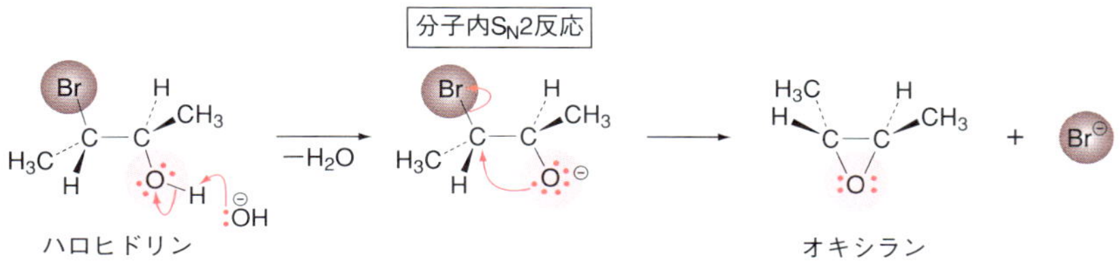

図 11.10 オキシランの合成(分子内 Williamson エーテル合成)

11.4 エーテルの反応

すでに述べたように，アルキルエーテルはたいへん安定なため，多くの反応剤に対して反応しない．起こりうる反応としては，酸によるエーテルの開裂反応とラジカル反応による過酸化物の生成とがある[*3]．

SBO エーテル類の基本的な性質と反応を列挙し，説明できる．

*3 このほか，ベンジルエーテルの接触還元があるが，これについては 17.4.1 項で説明する．

11.4.1 エーテルの酸による開裂

エーテルは HBr や HI のような強い酸によって開裂する．この反応は 10 章で述べた求核置換反応である．最初にプロトンがエーテルの酸素に付加し，生じたアルキルオキソニウムイオンにハロゲン化物イオン(X^-)が求核剤として反応して，アルコールとハロゲン化アルキルが得られる．

図 11.11 に示したように，立体障害の小さい第一級アルキル基または第二級アルキル基が酸素の両側にあるエーテルでは，一般に S_N2 反応が進行する．このうち，両側のアルキル基に立体的な大きさの違いがある場合は，立体障害の小さいアルキル基の側を狙って求核剤が攻撃する．このため，エーテルの開裂はほぼ位置選択的に起こる．

これに対し，第三級アルキル基のように安定なカルボカチオン中間体を生

COLUMN　クラウンエーテルは魔法の王冠

一般に有機化学の反応は有機化合物を扱うので，それらを溶かしやすい極性の低い有機溶媒を用いる．しかし，反応によっては水溶性の無機化合物を反応剤として用いることもある．このような無機化合物の反応剤を効率よく反応させるために，有機溶媒に無機化合物を溶かす目的でクラウンエーテル(crown ether)を用いる．クラウンエーテルは，環状ポリエーテルが形成する内孔に金属カチオンを取り込み，錯体を形成する．その結果，無機化合物は有機溶媒に溶けるようになる．

たとえば，水溶性の過マンガン酸カリウム($KMnO_4$)はクラウンエーテル(18–クラウン–6)が共存すると，無極性の溶媒であるベンゼンに可溶化し，アルケンを容易に酸化する．これは，カリウムイオン(K^+)が 18–クラウン–6 の内孔に取り込まれて，対イオンであるアニオン(MnO_4^-)から離れ，結果的にアニオンの反応性が非常に高くなるためである．

クラウンエーテルは環状ポリエーテルの構造がちょうど王冠のようであることから，〝クラウン(王冠の)エーテル〟と名づけられた．ポリエーテルの数によって内孔の大きさが異なるので，取り込む金属カチオンの種類はそれぞれ違う．18–クラウン–6 はカリウムイオンを取り込み，15–クラウン–5 はナトリウムイオン(Na^+)を，12–クラウン–4 は最も小さいリチウムイオン(Li^+)を取り込む(図①)．

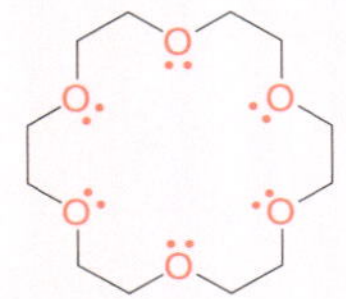

18-クラウン-6
18員環に酸素が6個

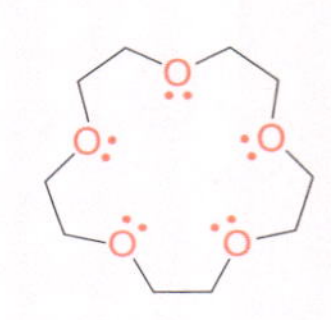

15-クラウン-5
15員環に酸素が5個

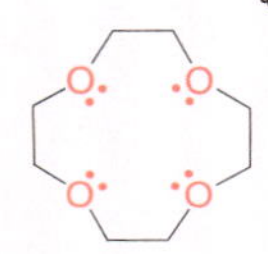

12-クラウン-4
12員環に酸素が4個

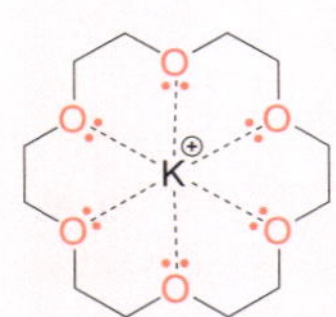

$K^{\oplus}$を取り込む

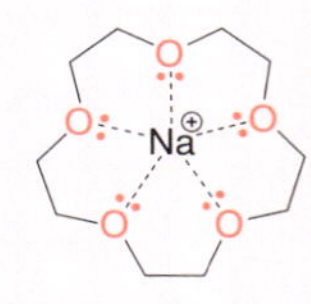

$Na^{\oplus}$を取り込む

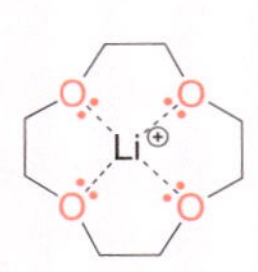

$Li^{\oplus}$を取り込む

図①　いろいろなクラウンエーテル

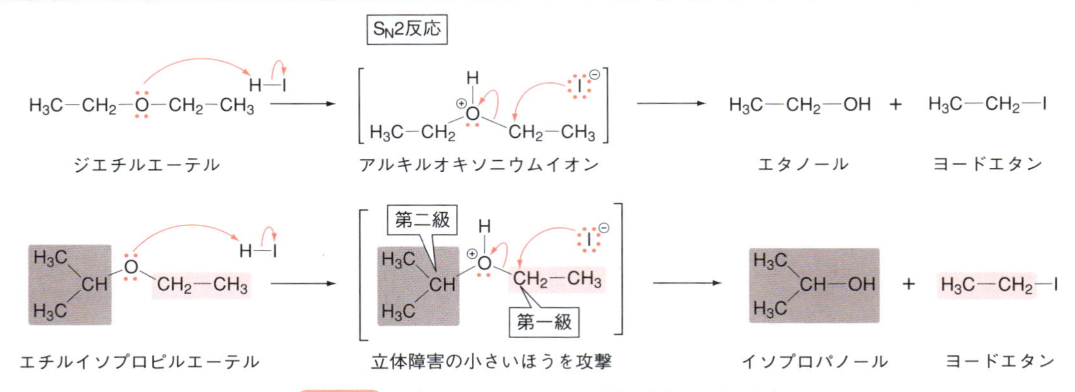

図 11.11　酸によるエーテルの開裂(1)：S_N2 反応

成する場合は，S_N1 反応または E1 反応が進行する．たとえば，*tert*-ブチルシクロヘキシルエーテルにトリフルオロ酢酸(CF_3COOH)を作用させると，E1 反応によってエーテルが開裂し，アルコールとアルケンが得られる(図 11.12)．

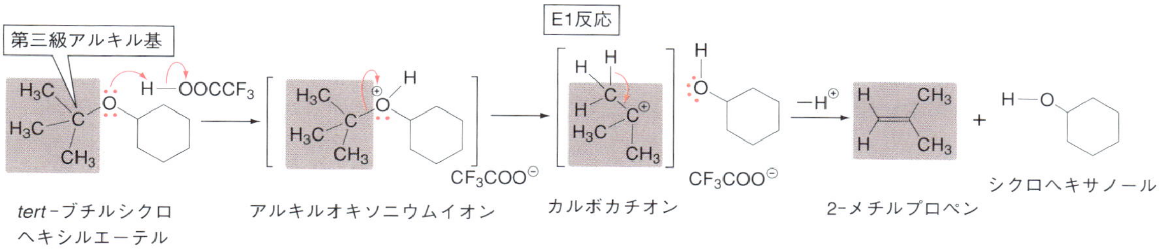

図 11.12 酸によるエーテルの開裂(2)：E1 反応

11.4.2 エーテルの酸化

エーテルは酸素分子によって徐々に酸化され，ヒドロペルオキシドや過酸化物に変換される(図 11.13)．この反応はラジカル反応であり，炭素鎖が短いほど酸素原子に結合した炭素に酸素が接近しやすくなるため，酸化反応が進みやすい．ヒドロペルオキシドや過酸化物は爆発性の物質であるため，エーテルを扱う場合には，これらの酸化生成物の混在に注意しなくてはならない．

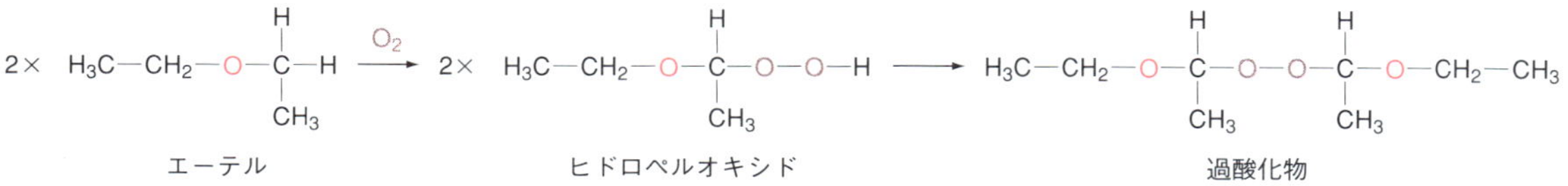

図 11.13 過酸化物の生成

11.5 オキシランの反応

三員環化合物であるオキシラン(エポキシド)は構造にひずみがあるため，他のエーテル化合物と比べて反応性が高く，穏やかな反応条件下でもオキシランの開環が起こる．

SBO 代表的な位置選択的反応を列挙し，その機構と応用例について説明できる．
SBO 代表的な立体選択的反応を列挙し，その機構と応用例について説明できる．

11.5.1 酸によるオキシランの開環反応

最も小さいオキシランである 1,2-エポキシエタン[*4](エチレンオキシドともいう)は酸触媒によって水溶液中で加水分解されて開環し，エチレングリコールに変換される．エチレングリコールのように，隣りあった炭素のそれ

*4 オキシランは母核構造名である．エポキシは置換基名の接頭語として用いられる．

*5 1,2-ジオール(1,2-diol)はグリコール(glycol)ともいう.

ぞれにヒドロキシ基が一つずつ結合しているものを1,2-ジオール*5 またはビシナルジオール〔ビシナル(vicinal)は隣りあっていることを意味する〕とよぶ(図11.14).

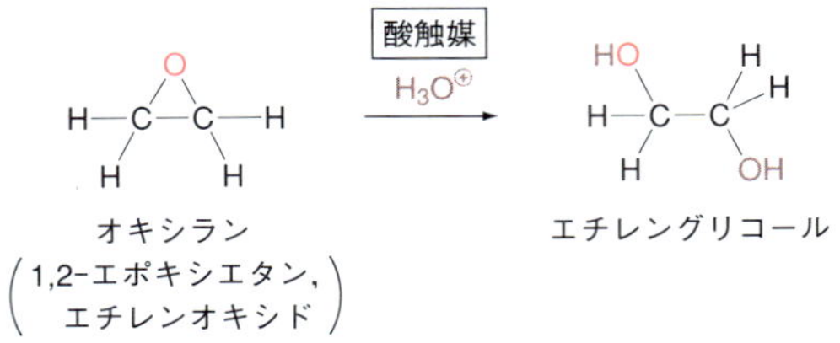

酸触媒

$H_3O^{\oplus}$

オキシラン
(1,2-エポキシエタン, エチレンオキシド)

エチレングリコール

図11.14 オキシランの酸触媒による開環

この反応は，最初にオキシランの酸素にプロトン付加が起こり，生じたアルキルオキソニウムイオンに求核剤として水がオキシランの反対側から攻撃するため，その結果として開環し，1,2-ジオールを生成する．このような水のアンチ付加による *trans*-ジオールの合成(図11.15)は，7.4.1項および10.5節で学んだ *cis*-ジオールの合成と相補的である．

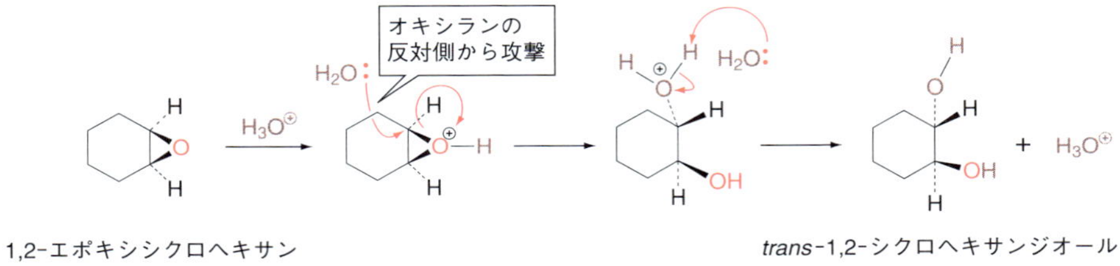

オキシランの反対側から攻撃

1,2-エポキシシクロヘキサン

trans-1,2-シクロヘキサンジオール

図11.15 *trans*-ジオールの合成

オキシランの開環反応では，水にかぎらず他の求核剤でも反応が進行する．図11.16はオキシランの開環によってハロヒドリンを合成する反応である．これは，ハロヒドリンからオキシランを合成した反応(図11.10)の逆の反応になる．

次にオキシランを酸触媒によって開環させる反応について，位置選択性を考えてみよう．開環反応の位置選択性はオキシランの構造に大きく依存する．たとえば，2-メチルオキシラン(1,2-エポキシプロパン)のHClによる開環

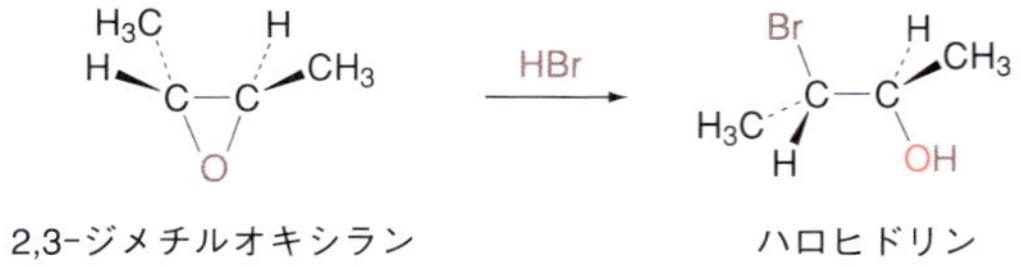

HBr

2,3-ジメチルオキシラン

ハロヒドリン

図11.16 ハロヒドリンの生成(図11.10の逆反応)

反応では，求核剤がどちらの炭素を攻撃するかによって，異なる二つの生成物が得られる．置換基の少ない炭素を求核剤が攻撃して主生成物が，置換基の多い炭素を求核剤が攻撃して副生成物が得られる（図 11.17a）．求核剤が立体障害の少ない側を攻撃していることから，S_N2 反応がおもに進行すると考えられている．

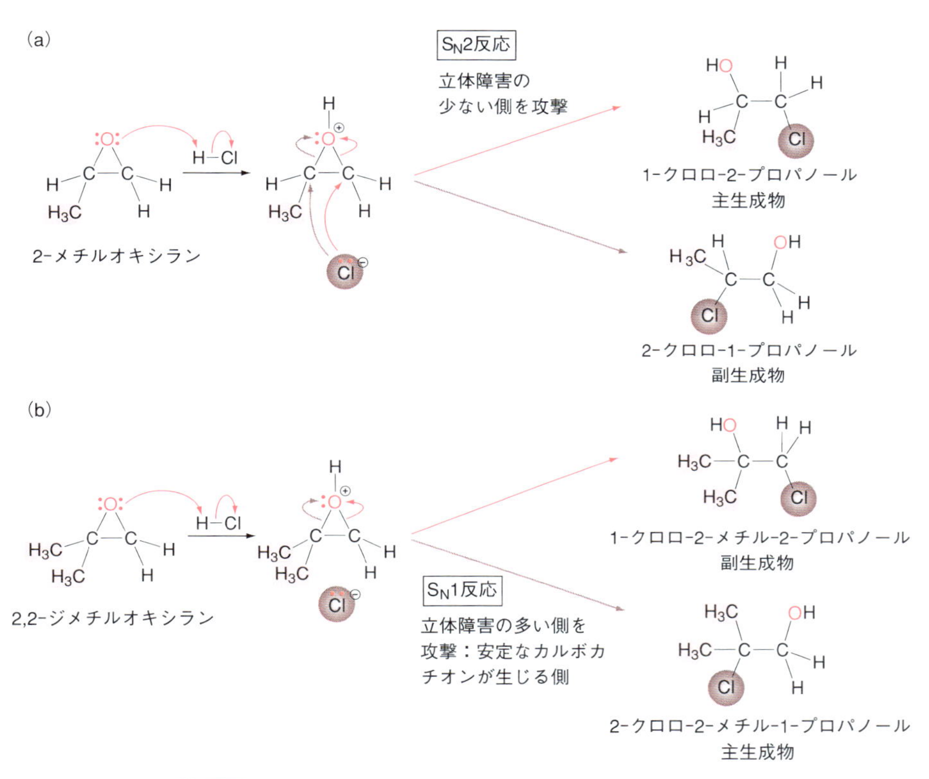

図 11.17　酸触媒下での位置選択的なオキシランの開環反応
(a) 2-メチルオキシランの開環，(b) 2,2-ジメチルオキシランの開環．

一方，2,2-ジメチルオキシラン（1,2-エポキシ-2-メチルプロパン）を HCl によって開環させる反応（図 11.17b）では結果が逆になり，置換基の多い炭素を求核剤が攻撃して主生成物が，置換基の少ない炭素を求核剤が攻撃して副生成物が得られる．これは，プロトン付加によって C－O 結合が切断され，安定なカルボカチオン中間体を経る S_N1 反応がおもに進行したと考えられる．

このように，オキシランの酸触媒による開環反応ではしばしば位置選択性の異なる生成物の混合物が得られる．実際のところ，この反応では S_N1 反応および S_N2 反応が明確に区別されて進行しているのではなく，S_N1 反応と S_N2 反応のあいだに位置づけられる反応が進行していると考えたほうがより現実に近い．

11.5.2 塩基によるオキシランの開環反応

SBO 代表的な立体選択的反応を列挙し，その機構と応用例について説明できる．

オキシランは構造中にひずみをもつため，酸性条件だけでなく中性や塩基性条件下でも開環反応が進行する．ただし，この場合はエーテルの酸素がプロトン付加を受けていないので，必ず求核剤の攻撃を受けてから開環が進行する．つまり S_N1 反応ではなく，S_N2 反応である．図 11.18 に示すように，求核剤である水酸化物イオンはアルキル置換基の少ない（立体障害の少ない）側の炭素を選択的に攻撃する．

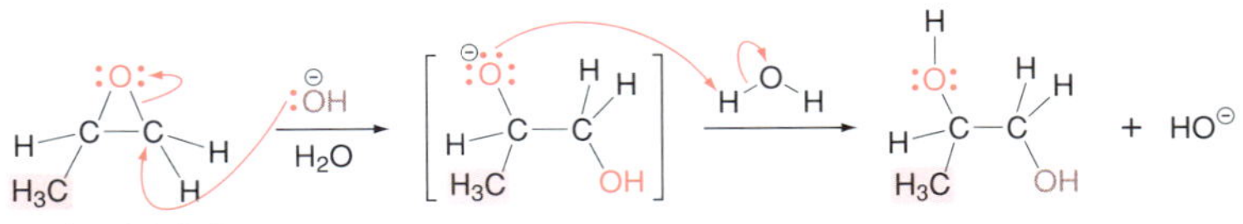

2-メチルオキシラン
$^{\ominus}$OH
H_2O
+ $HO^{\ominus}$

図 11.18 塩基性条件下の S_N2 反応による位置選択的なオキシランの開環反応

11.6 スルフィドの合成と反応

11.6.1 スルフィドの合成

アルコールを塩基で処理して得られたアルコキシドイオンをハロゲン化アルキルと反応させてエーテルを合成したように（Williamson のエーテル合成），スルフィド（R－S－R）の場合も，チオール（RSH）を NaH のような塩基で処理して得られた**チオラートイオン**（RS^-）をハロゲン化アルキルと反応させて合成する．この反応も Williamson のエーテル合成と同じように，S_N2 反応によって進行する（図 11.19）．

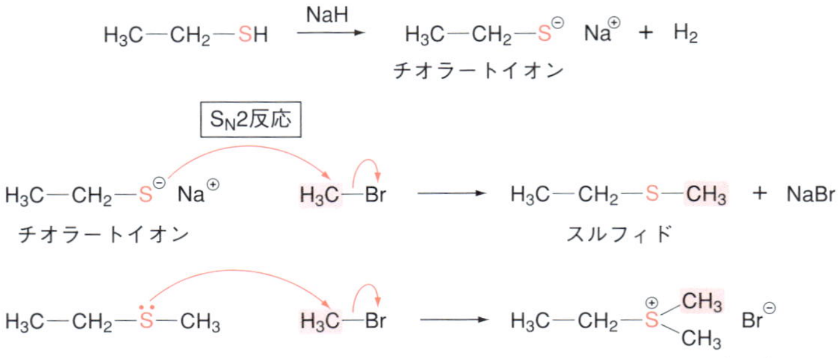

$H_3C-CH_2-SH \xrightarrow{NaH} H_3C-CH_2-S^{\ominus}\ Na^{\oplus} + H_2$
チオラートイオン

S_N2反応

$H_3C-CH_2-S^{\ominus}\ Na^{\oplus} \quad H_3C-Br \longrightarrow H_3C-CH_2-S-CH_3 + NaBr$
チオラートイオン　　　スルフィド

$H_3C-CH_2-\ddot{S}-CH_3 \quad H_3C-Br \longrightarrow H_3C-CH_2-S^{\oplus}(CH_3)_2\ Br^{\ominus}$
スルフィド　　　トリアルキルスルホニウム塩

図 11.19 スルフィドとトリアルキルスルホニウム塩の合成

チオラートイオンは非常に求核性が強いことで知られている．一般に，硫黄を含む化合物（チオールやスルフィド）はその酸素類縁体（アルコールやエーテル）よりも求核性が高い．なぜならば，硫黄の最外殻電子は原子核から離れており，酸素の場合ほど電子が原子核に引きつけられていないからで

COLUMN ベンゾピレンオキシランと発がん

タバコには発がん性があるといわれるようになってから久しい．発がんとはいったい何なのか，具体的にイメージするのは健康な人にとって難しい．化学物質による発がんを世界ではじめて実証したのは日本人で，1915 年のことであった．東京大学の研究グループはウサギの耳にコールタールを半年間塗り続け，コールタールによってウサギの耳ががん化することを実証した．

コールタールやタバコのタールの成分には芳香環が縮合した物質が含まれる．なかでもベンゾピレンは生体に吸収されると，酵素による数段階の代謝過程を経てベンゾピレンジオールオキシランに変換される（図①）．このベンゾピレンジオールオキシランは芳香環が平面につらなった構造をしているため，遺伝子（DNA）の塩基対に挟みこまれやすく，オキシラン部分が DNA のグアニン塩基によって求核攻撃される．こうしてオキシランが開環するとともにグアニン塩基とのあいだに共有結合が形成され，遺伝子が損傷される．このため，結果的に遺伝情報が正確に伝わらなくなる．これが化学物質による発がんの機構である．

かわいいウサギの耳に醜いがんが発生したようすを目の当たりにすれば，喫煙者はタールに含まれるベンゾピレンによる発がんの恐ろしさを実感することができるだろう．同じことがあなたの肺のなかでも起こっているのかもしれない．

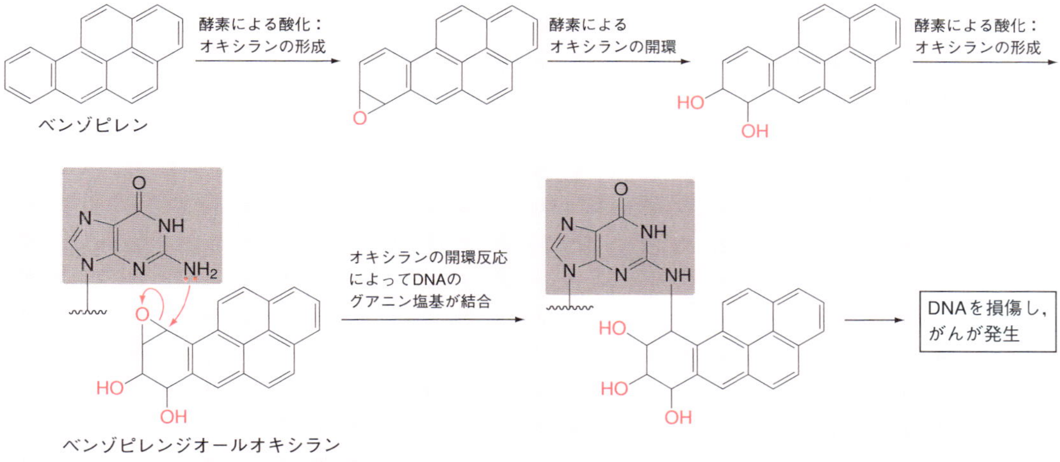

ベンゾピレン
酵素による酸化：オキシランの形成
酵素によるオキシランの開環
酵素による酸化：オキシランの形成
ベンゾピレンジオールオキシラン
オキシランの開環反応によってDNAのグアニン塩基が結合
DNAを損傷し，がんが発生

図① ベンゾピレンによる発がんのしくみ

ある．したがって，図 11.19 で得られたジアルキルスルフィドは求核剤としてさらにハロゲン化アルキルと反応し，トリアルキルスルホニウム塩（R_3S^+）が得られる．このトリアルキルスルホニウム塩は優れたアルキル化剤として働く．

11.6.2 スルフィドの反応

スルフィドは容易に酸化され，**スルホキシド**（sulfoxide，R−SO−R）を経て**スルホン**（sulfone，$R-SO_2-R$）に変換される．たとえば，エチルフェニルスルフィドを過酸化水素や過酸（*m*CPBA など）で酸化すると，対応するスルホキシドが得られる．このスルホキシドをさらに同様の酸化剤と反応させると，対応するスルホンが得られる（図 11.20）．

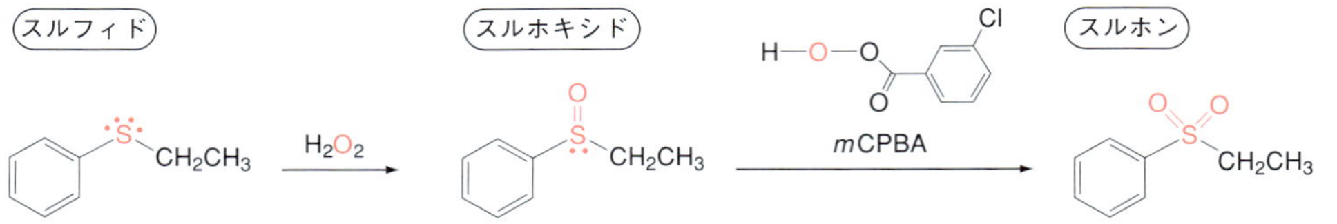

スルフィド　スルホキシド　スルホン

H_2O_2　*m*CPBA

CH_2CH_3

エチルフェニルスルホキシド　エチルフェニルスルホン

図 11.20　スルフィドの酸化

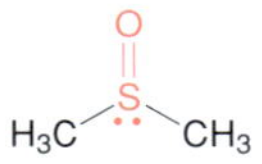

H_3C–S(=O)–CH_3

ジメチルスルホキシド
DMSO：dimethyl sulfoxide
非プロトン性溶媒

＊6 極性溶媒については p. 183 の欄外の注を参照．

スルホキシドのなかでもジメチルスルホキシド（dimethylsulfoxide）は，非プロトン性溶媒＊6（－OH や －NH をもたない極性の高い溶媒）としてよく用いられている．略称で DMSO と表記されることが多いので，覚えておくとよい．

章末問題

1． 分子式 $C_5H_{10}O$ で示されるエーテルに関する次の問いに答えよ．

a. すべての異性体の構造式を記せ．

b. すべての異性体が当モルずつ混合されているとき，この混合物を濃硫酸と反応させると四つの化合物がおよそ 2：2：1：1 の比率で生成する．これらの生成物の構造式を記せ．

2． ブロモペンタンの構造異性体とカリウムメトキシドからエーテルを合成する際，効率よくエーテルを合成できない異性体がある．この異性体の構造式を示し，その理由を述べよ．

3． 次の①および②の反応に関する次の問いに答えよ．

① （シクロヘキシル）$CH=CH_2$ —Br_2, H_2O（第一段階）→ —NaOH（第二段階）→

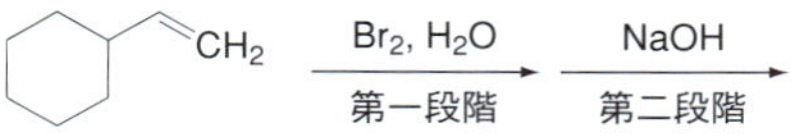

② （フェニル）$CH=CH_2$ —Br_2, H_2O（第一段階）→ —NaOH（第二段階）→

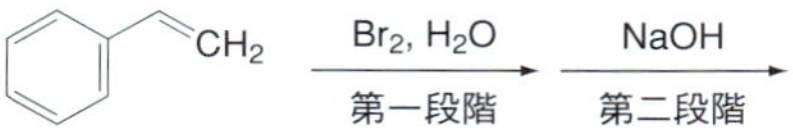

a. ①および②の反応における第一段階の生成物および最終生成物の構造をそれぞれ示せ．

b. ①および②の反応のうち，どちらの反応のどの段階が他方と比べて速いのか．反応と段階を明記するとともに，その理由を説明せよ．

4． 分子式 C_4H_8 で示されるアルケンに関する次の問いに答えよ．

a. *m*-クロロ過安息香酸との反応でメソ体を生成するアルケンの構造と生成物の構造を示せ．

b. *m*-クロロ過安息香酸との反応でラセミ体を生成するアルケンの構造と生成物の構造を示せ．

5． 次の反応における主生成物を示せ．

a. （1-メチルシクロヘキセンオキシド，CH_3，O）—HBr→

b. （1-メチルシクロヘキセンオキシド，CH_3，O）—CH_3COONa→

c. Cl（エピクロロヒドリン，O）—NaN_3，1,4-ジオキサン-水→

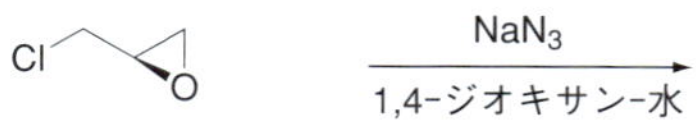

d. Cl（エピクロロヒドリン，O）—$NaSCH_3$（過剰），DMF→

e. $H_3CH_2C-S-CH_2CH_3$ —CH_3I（過剰）→

f. $H_3CH_2C-S-CH_2CH_3$ —*m*CPBA（過剰）→

12 アルデヒドおよびケトンの性質と反応

❖ 本章の目標 ❖

• アルデヒドおよびケトンの性質と，代表的な求核付加反応について学ぶ．

12.1 カルボニル化合物とは

カルボニル化合物(C＝O をもつ化合物)はこの世界のいたるところに存在している．自然がつくりだした有機物だけでなく，人工的につくりだされたもののなかにもたくさんのカルボニル化合物がある．医薬品にかぎって見てもカルボニル化合物は非常に多く存在し，薬学の有機化学におけるカルボニル化合物の重要性をうかがうことができる(図 12.1)．

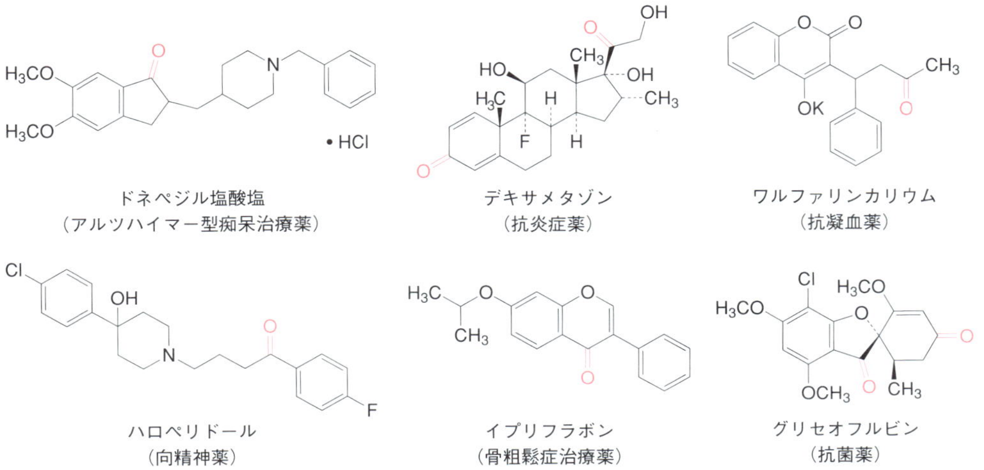

ドネペジル塩酸塩
(アルツハイマー型痴呆治療薬)

デキサメタゾン
(抗炎症薬)

ワルファリンカリウム
(抗凝血薬)

ハロペリドール
(向精神薬)

イプリフラボン
(骨粗鬆症治療薬)

グリセオフルビン
(抗菌薬)

図 12.1 アルデヒドおよびケトンを含む代表的な医薬品

*1 アルデヒドという名称はアルコール(alcohol)が脱水素(dehydrogenate)された化合物に由来する．
*2 最小のケトンであるアセトンは酢酸塩の熱分解によって得られた．ラテン語で酢を意味する *acetum* にギリシャ語で女系子孫を意味する接尾辞-one をつけて命名された．

本章と次の 13 章では，カルボニル化合物の構造および性質，そして生化学的にも合成化学的にも重要な数々の変換反応を学ぶ(図 12.2)．本章では **アルデヒド***1(aldehyde)，**ケトン***2(ketone)について学ぶ．カルボニル化合物に関する反応は有機化学の反応の根幹にあたり，これまでに学んだ反応と「有機的」に組み合わせることによって多様な構造をつくりだすことができる．カルボニル化合物の特性を学び，有機化学の創造性を理解してほしい．

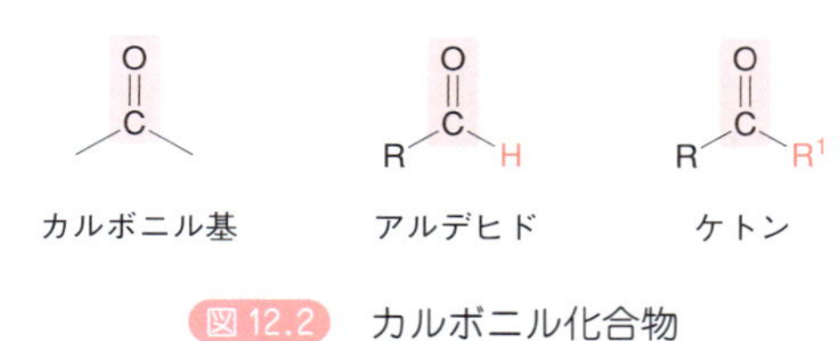

図 12.2 カルボニル化合物

12.2 アルデヒドおよびケトンの構造と性質

SBO アルデヒド類およびケトン類の基本的な性質と反応を列挙し，説明できる．

アルデヒドとケトンは，sp^2 混成した炭素と酸素が二重結合で連結したカルボニル基(C＝O)をもっており，平面構造である(図 12.3)．構造はアルケン(C＝C)によく似ているように見えるが，酸素原子が存在しているため，カルボニル基の二重結合はアルケンの二重結合とは大きく異なった反応性を示す．

酸素原子は二つの非共有電子対をもち，かつ，炭素原子より電気陰性度が大きいため，σ 結合および π 結合を形成する電子を求引する．そのためカルボニル基の炭素原子は部分的に正電荷($\delta+$)を，酸素原子は部分的に負電荷($\delta-$)を帯びる．カルボニル基の分極の程度はアルコールの 1.3 倍にも及ぶ(双極子モーメントを比較すると，CH_3OH は 1.71 D，$H_2C=O$ は 2.27 D)．カルボニル基の分極した状態は，二つの共鳴形で示される(図 12.3b)．

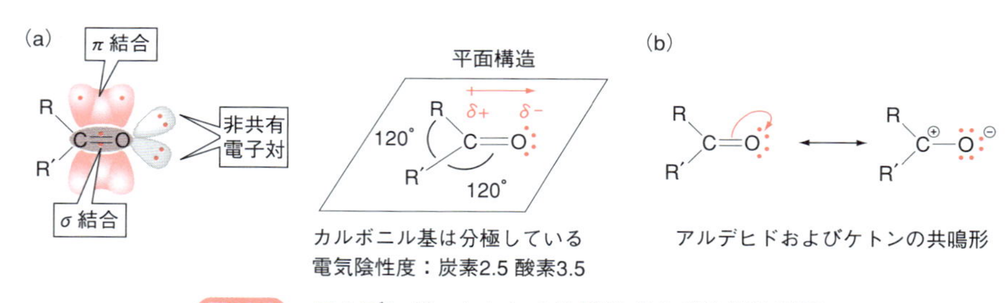

図 12.3 アルデヒド，ケトンの物理的および化学的性質

このような分極のため，分子間で双極子-双極子相互作用をするのでアルデヒドの沸点は同程度の分子量をもつアルカンの沸点よりも高くなる．ちなみに，アルコールは分子間で水素結合を形成するので，さらに沸点は高くなる．また，アセトアルデヒドやアセトンのように炭素数の少ないものは，極性が高いので水溶性である(図 12.4)．

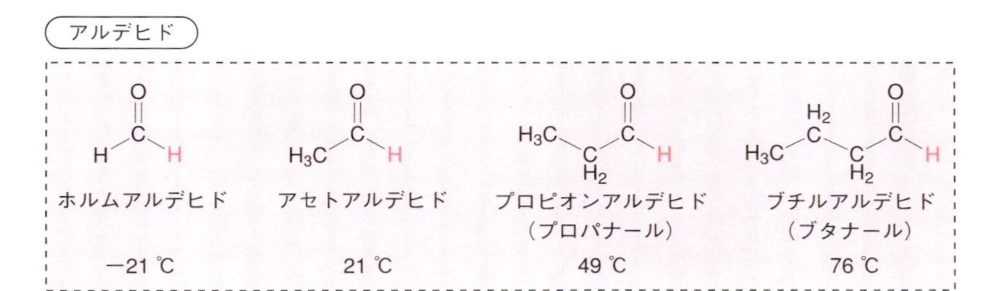

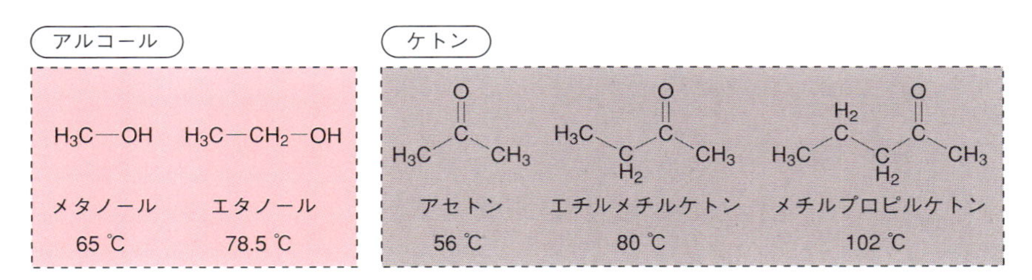

図 12.4 アルデヒド，ケトンおよびアルコールの沸点
( )内は別名称である.

12.3 アルデヒドおよびケトンの反応性

> SBO アルデヒド類およびケトン類の基本的な性質と反応を列挙し，説明できる.

アルデヒドやケトンは分極したカルボニル基をもっているため，カルボニル炭素は求電子性を示し，カルボニル酸素はルイス塩基性を示す．また，カルボニル基に隣接した炭素原子を**α炭素**といい，これが水素原子をもつ場合には(この水素をとくに**α水素**という)，α水素は酸性度が高く，塩基の攻撃を受けやすい(図 12.5)．その結果，アルデヒドやケトンの反応の大部分は，i) カルボニル基の酸素(図 12.5a)，ii) カルボニル基の炭素(図 12.5b)，および iii) カルボニル基に隣接する炭素上のどこか(図 12.5c)で起こる*3．次の 12.3.1 項と 12.3.2 項では，どの部位でどのような反応が起こるのか，概略をまとめる．

*3 これ以外の反応点で起こる反応については 12.5.7 項を参照.

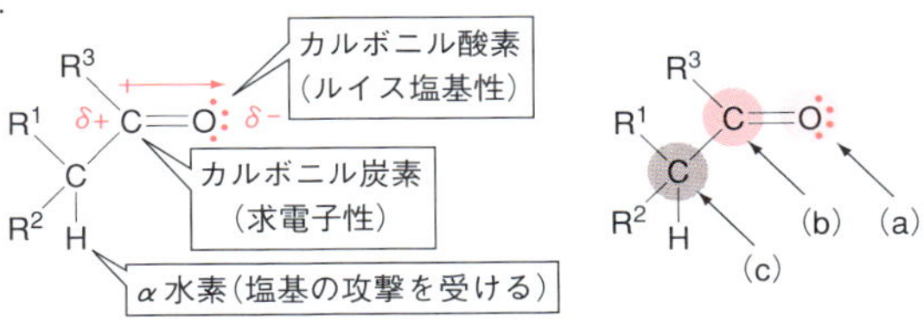

図 12.5 アルデヒドおよびケトンの反応部位

12.3.1 アルデヒドおよびケトンの求電子的性質に基づくカルボニル基への求核付加反応

すでに述べたように，カルボニル基の炭素は部分的に正電荷を帯びて電子不足(求電子的)になっているので，さまざまな求核剤の攻撃を受ける．このように，求核剤がカルボニル炭素を攻撃して付加する反応を**求核付加反応**

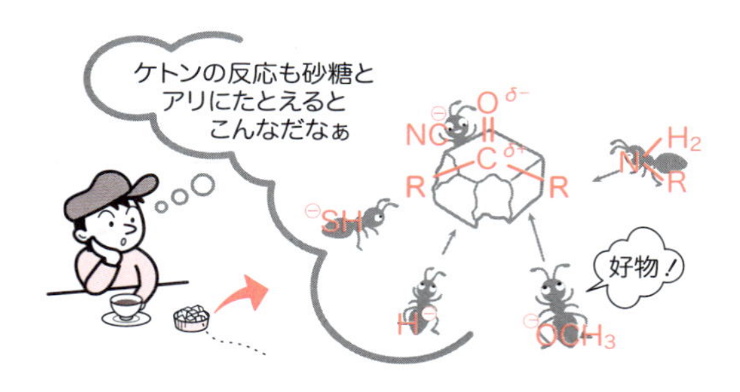

(nucleophilic addition reaction)という(図 12.6a)．一方，カルボニル酸素は非共有電子対をもち，部分的に負電荷を帯びている．このように電子が豊富(求核的)になっているので，カルボニル酸素は求電子剤(ブレンステッド酸やルイス酸)と反応する．カルボニル酸素上で求電子剤が反応すると，カルボニル基の分極がさらに大きくなるため，カルボニル炭素への求核剤の攻撃がより起こりやすくなる(図 12.6b)．

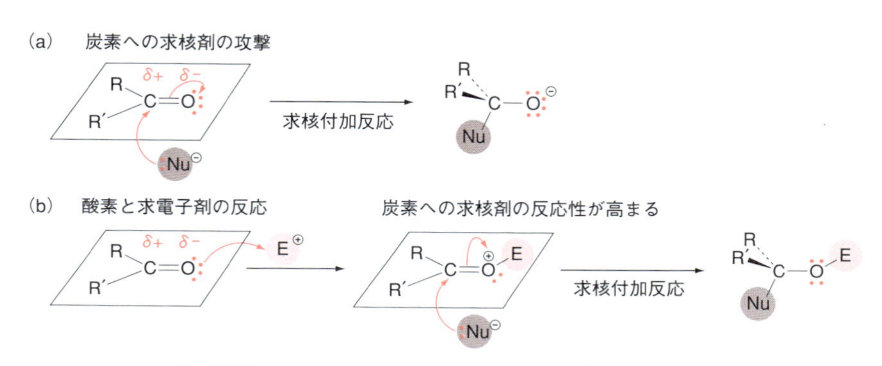

図 12.6　カルボニル基の炭素および酸素に起こる反応
(a) 炭素と求核剤との反応，(b) 酸素と求電子剤との反応(炭素と求核剤との反応性がさらに高まる)．

12.3.2　カルボニル基に隣接する炭素(α炭素)での反応

カルボニル基の隣の**α炭素**に水素が結合している場合，多様な反応を起こす可能性がある．α 炭素に結合した**α水素**は，炭素–水素結合としては比較的強い酸性を示す．実際，アルデヒドやケトンの α 水素の pK_a 値は 19～21 で，エチレン(pK_a 44)やアセチレン(pK_a 25)より酸性であるが，アルコール(pK_a 15～18)には及ばない程度である．

なぜ，α 水素は酸性を示すのか．それは，α 水素がプロトン(H^+)として解離(脱プロトン化という)して生成するアニオン(共役塩基)が，部分的に正に荷電したカルボニル炭素の誘起効果によって安定化されているためである．また，このアニオンは図 12.7 に示すような共鳴形 **A** と **B** によってもさらに安定化されている．この共鳴形 **A** と **B** は非常に重要である．

解離したプロトンが共役塩基と再び結合を形成するとき，二つの場合があ

R δ+ δ− C=O −H⊕ α 水素 pK_a 19〜21
ケト形 共鳴形 A（α 炭素は求核性を示す） 共鳴形 B H⊕ エノール形

図 12.7 カルボニル化合物のケト-エノール互変異性

りうる．すなわち，共鳴形 **A** にプロトンが結合すると元のカルボニル化合物が得られ，共鳴形 **B** にプロトンが結合すると**エノール**(7.6.2 項参照)が得られる．

このように，カルボニル化合物は対応するエノールとの平衡関係にある．この元のカルボニル化合物(**ケト形**)とエノール形とは速い相互変換をする平衡状態にあり，**ケト-エノール互変異性**とよばれている．多くのカルボニル化合物では平衡がケト形(熱力学的により安定)に偏っており，エノール形で単離することは困難である(図 12.7)．たとえば，7.6.2 項で述べたアセチレンの水和反応によっても，エノールではなくケトンが生成する．

さらに，共鳴形 **A** と共鳴形 **B** からは別の反応の可能性も見えてくる．共鳴形 **A** では α 炭素上に負の電荷があり，共鳴形 **B** ではカルボニル酸素上に負の電荷がある．いずれも求核性を示すので，求電子剤と反応を起こしやすいことがわかる．とくに共鳴形 **A** では，α 炭素が求核性を示しており(図 12.7)，これは図 12.5(b)のカルボニル炭素の求電子的な性質と対照的である．このような α 炭素の求核性は，エノールよりも求核性の高い**エノラートイオン**(**エノラート**)を中間体とするいろいろな反応に応用されている．エノラートイオンはアルデヒドやケトンの α 水素が塩基によって脱プロトン化されることにより生成する(図 12.8)．

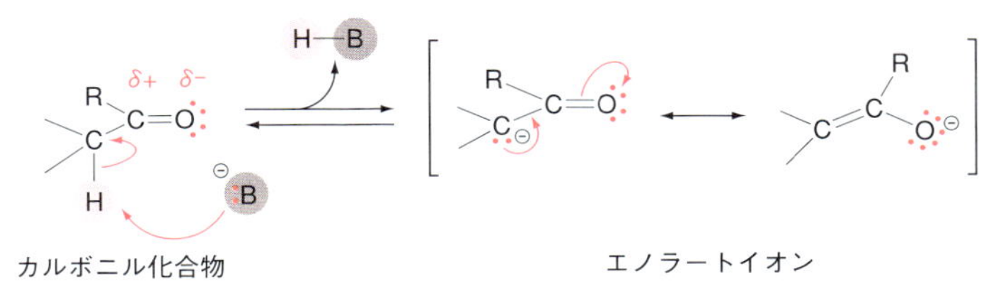

図 12.8 エノラートイオンの生成

ここまで，アルデヒドおよびケトンのカルボニル基に基づく反応の基本型を概説した．次節では具体的な反応例を示す．まず，カルボニル炭素の求電子的性質に基づく，i）カルボニル基への求核付加反応について，ついで，ii）カルボニル基に隣接する炭素(α 炭素)上での反応について述べる．最後に，これら二つの類型には属さないが，知っておくべき代表的な反応について説明する．

Advanced ケトンとアルデヒドの反応性の比較

一般にアルデヒドはケトンよりも求核付加反応を受けやすい．これには立体的な要因と，電子的な要因とがある．

立体的な要因としては，アルキル基と水素の大きさの違いがあげられる．求核付加反応では，求核剤はカルボニル基のつくる平面に対して斜め上の方向から攻撃し，付加することでアルコールを生成する．その際，アルキル基が二つ結合しているケトンのほうが立体障害が大きい．また，この過程の遷移状態において，攻撃を受ける炭素は sp^2 混成軌道から sp^3 混成軌道に変わる．したがって，より小さい置換基である水素が結合しているアルデヒドのほうが立体障害は小さく，遷移状態のエネルギー障壁も低い(図 12.9)．

電子的な要因としては，アルキル基と水素がカルボニル炭素の電子密度にもたらす影響の違いがあげられる．アルキル基は誘起効果によって電子を供与する基であるため，アルキル基が二つ結合したケトンのカルボニル炭素はアルデヒドに比べて求電子性が低くなり，求核剤との反応性が低くなる．この電子的な要因は，芳香族がカルボニル基に結合した場合には，共鳴効果として表れる．たとえば，アセトフェノンではベンゼン環とカルボニル基が共役しているので，電子がベンゼン環からカルボニル炭素に流れ込み，求電子性を低下させる．

芳香族による共鳴効果はアルデヒドにも影響する．ベンズアルデヒドのような芳香族アルデヒドとアセトアルデヒドのような脂肪族アルデヒドを比較すると，一般に脂肪族アルデヒドのほうが求核付加反応を受けやすい．

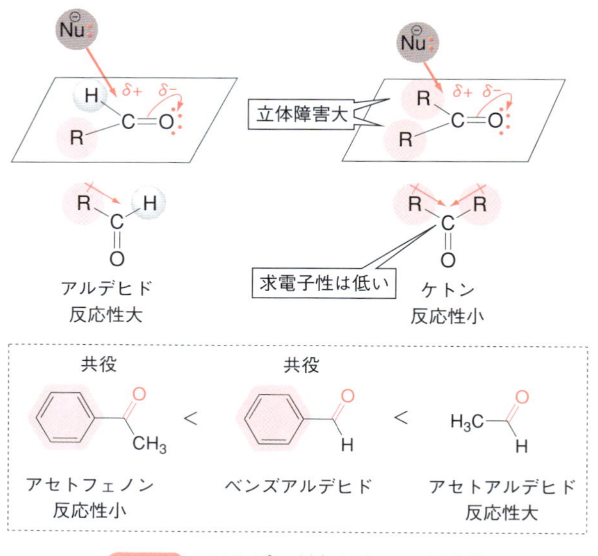

図 12.9　アルデヒドとケトンの反応性

12.4 カルボニル基への求核付加反応

すでに述べたように，カルボニル基は極性をもっているため，求核剤は炭素に付加して求核付加反応が進行する．求核剤には種類が多く，さまざまな反応があるが，これらの反応の機構は基本的には同じであるため，系統的に考えることができる．12.4.1～12.4.4 項で代表的な反応例を示す．

12.4.1 ヒドリドイオンの付加 —— 還元反応

水素化アルミニウムリチウム(lithium aluminum hydride, $LiAlH_4$)や**水素化ホウ素ナトリウム**(sodium borohydride, $NaBH_4$)などの金属水素化物は優れたヒドリドイオン(H^-)供与体として働き，ヒドリドイオンをアルデヒドおよびケトンに不可逆的に付加してアルコキシドイオンを生成する．反応系中では，アルコキシドはAlやLi(あるいはNaやB)を含む塩を形成し，これを加水分解するとアルコールが得られる(図 12.10)．

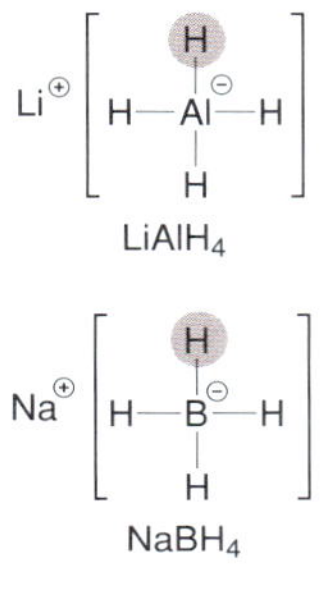

$Li^{\oplus}$ $[AlH_4]^{\ominus}$　$LiAlH_4$

$Na^{\oplus}$ $[BH_4]^{\ominus}$　$NaBH_4$

:$H^{\ominus}$を供与する金属水素化物

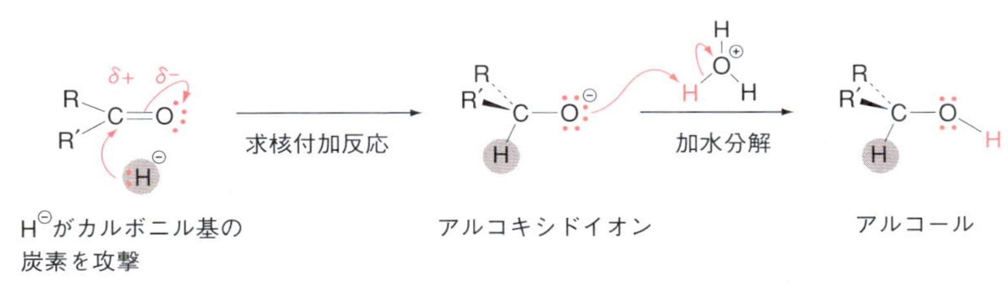

図 12.10　金属水素化物による還元反応

水素化ホウ素ナトリウムは比較的安全で取扱いが容易であり，水あるいはアルコール溶媒中で用いられる．一方，水素化アルミニウムリチウムは水素化ホウ素ナトリウムより反応性が高く，水と激しく反応するため，取扱いには注意が必要である．通常はエーテル系溶媒中で用いられる．

これらの金属水素化物を用いた還元により，アルデヒドは第一級アルコールに，ケトンは第二級アルコールに変換される(図 12.11)．

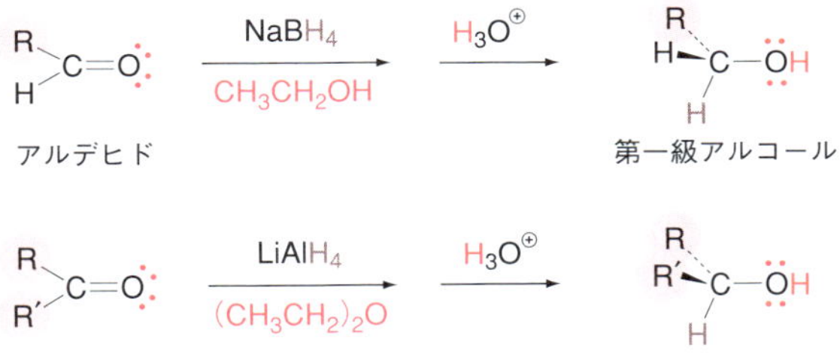

アルデヒド $\xrightarrow[CH_3CH_2OH]{NaBH_4}$ $\xrightarrow{H_3O^{\oplus}}$ 第一級アルコール

ケトン $\xrightarrow[(CH_3CH_2)_2O]{LiAlH_4}$ $\xrightarrow{H_3O^{\oplus}}$ 第二級アルコール

図 12.11　アルデヒドおよびケトンの還元反応による第一級アルコールおよび第二級アルコールの合成

12.4.2 炭素求核剤の付加――炭素-炭素結合形成を伴うアルコールの合成

SBO 代表的な炭素-炭素結合生成反応(アルドール反応，マロン酸エステル合成，アセト酢酸エステル合成，Michael 付加，Mannich 反応，Grignard 反応，Wittig 反応など)について説明できる．

カルボアニオン(carbanion，炭素陰イオンともいう)C^- を与える反応剤は，カルボニル基の電子不足の炭素に求核付加して炭素-炭素結合を形成する(図 12.12)．有機分子の「背骨」に相当する炭素-炭素結合を形成する反応は，医薬品合成においてもきわめて重要な役割を果たしている(17 章参照)．カルボアニオンを用いる具体的な反応例を次に示す．

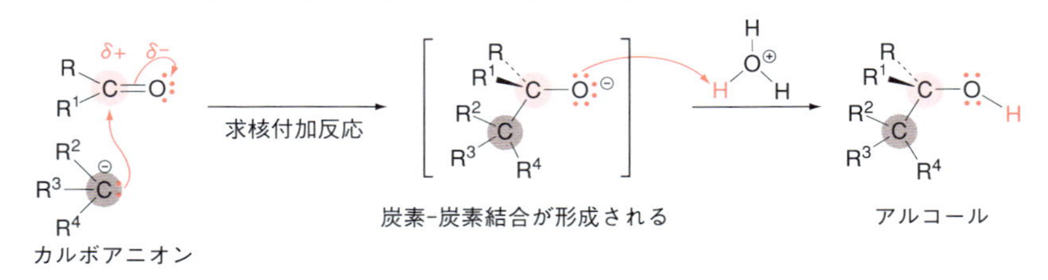

図 12.12　カルボアニオンによる求核付加反応

(a) 有機金属反応剤を用いる付加反応

カルボアニオンを形成する方法に，炭素と炭素よりも電気陰性度が低い金属との結合を利用するものがある．たとえば，**Grignard 反応剤**(グリニャール)(Grignard reagent，RMgX)や**有機リチウム反応剤**(organolithium reagent，RLi)の金属-炭素結合では，金属の電気陰性度がきわめて低く，相対的に炭素の電気陰性度が高いため，金属が正に，炭素が負に分極している．Grignard 反応剤は，ハロゲン化アルキルを金属マグネシウムと反応させて合成する．また，有機リチウム反応剤はハロゲン化アルキルを金属リチウムと反応させて合成する(図 12.13)．これらの反応では，原料のハロゲン化アルキルでは $\delta+$ であった炭素を，金属と反応させることにより巧妙に $\delta-$ に変えている．

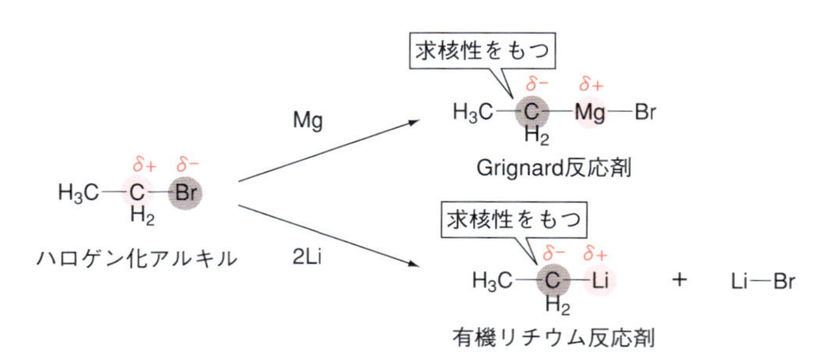

図 12.13　Grignard 反応剤および有機リチウム反応剤の合成

このような有機金属反応剤は高い求核性を示し，アルデヒドやケトンのカルボニル基の電子が不足気味の炭素に対し，不可逆的に求核付加する．これによって生成した金属アルコキシドは続いて加水分解を受け，アルコールに変換される(図 12.14)．Grignard 反応剤や有機リチウム反応剤は，一般に，分極していないアルケンには付加しないことに注意してほしい．

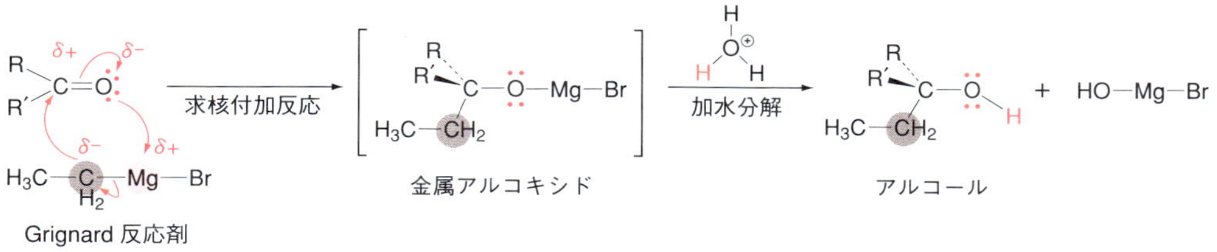

図 12.14　Grignard 反応剤の求核付加によるアルコールの合成

(b) アセチリドアニオンの付加

末端アルキンの sp 混成炭素に結合する水素は酸性度が高く，ナトリウムアミド($NaNH_2$)のような強塩基によって引き抜かれてアセチリドアニオン(RC≡C:$^-$)が生成する(7.8 節参照)．アセチリドアニオンも求核性が高く，カルボニル基に求核付加する有用な反応剤である(図 12.15)．

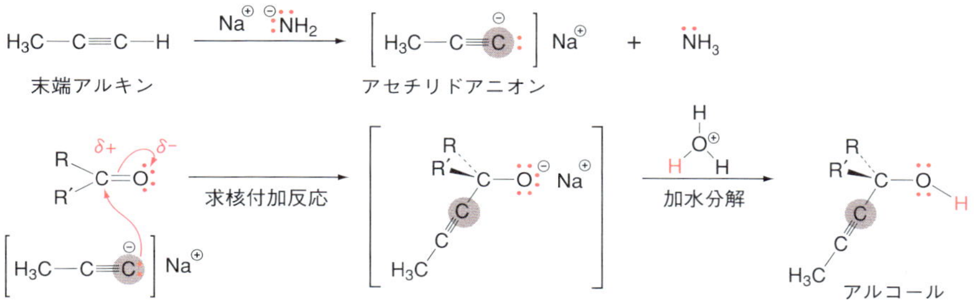

図 12.15　アセチリドアニオンの求核付加によるアルコールの合成

(c) シアン化水素の付加――シアノヒドリンの生成

毒物として有名な**シアン化水素**(青酸，青酸ガス，HCN)もアルデヒドや立体障害の少ないケトンのカルボニル基に可逆的に付加し，**シアノヒドリン**(cyanohydrin)とよばれる化合物を生成する(図 12.16)．この反応は，触媒として少量の塩基を用いることにより，強力な求核剤である**シアン化物イオン**(CN^-)が発生してすみやかに進む．シアン化物イオンのアルデヒドやケトンへの付加は典型的な求核付加の機構で起こり，中間体のアニオンが生成する．これが HCN によりプロトン化されてシアノヒドリンを生成するとともに，シアン化物イオンを再生する．このようにして合成されるシアノヒドリンは，さらにアミド基やカルボキシ基，あるいはアミノメチル基といったほかの官能基に変換できるので，合成中間体として有用である(13 章で詳しく述べる)．

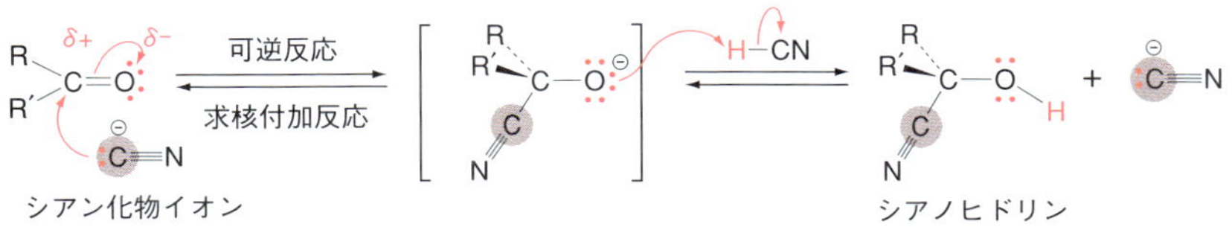

図 12.16　シアン化物イオンの求核付加によるシアノヒドリンの合成

SBO 代表的な炭素-炭素結合生成反応(アルドール反応，マロン酸エステル合成，アセト酢酸エステル合成，Michael 付加，Mannich 反応，Grignard 反応，Wittig 反応など)について説明できる．

Advanced Wittig 反応

炭素とヘテロ原子(リン，硫黄，窒素など)が，おのおの負と正の電荷をもって直接結合した中性の双極性化合物を**イリド**(ylide)という．リンイリド(phosphorus ylide)は，ハロゲン化アルキルに対するトリフェニルホスフィンの S_N2 反応によって得られるホスホニウムイオンを塩基で処理して調製される(図 12.17)．このリンイリドはカルボニル炭素に求核付加して双極性の中間体(ベタイン中間体という)を生じる．このベタイン中間体は単離されず，ただちに四員環中間体(オキサホスフェタン)を生成する．さらに，オキサホスフェタンからホスフィンオキシドが脱離してアルケンが得られる．このようなリンイリド試薬は開発者(G. Wittig, 1979 年ノーベル化学賞受賞)にちなんで Wittig(ウィッティヒ) 反応剤という．

Wittig 反応剤を用いてアルデヒドおよびケトンから炭素-炭素二重結合をつくる反応〔**Wittig 反応**(Wittig reaction)〕は，分子の炭素骨格をつくる重要な反応の一つとして汎用されている(17.2.7 項参照)．

$$Ph_3P: + H_3C{-}I \longrightarrow Ph_3\overset{\oplus}{P}{-}CH_3 + I^{\ominus}$$

トリフェニルホスフィン　　ホスホニウムイオン

$$Ph_3\overset{\oplus}{P}{-}CH_2{-}H \xrightarrow{Li-C_4H_9} \left[Ph_3\overset{\oplus}{P}{-}\overset{\ominus}{C}H_2 \longleftrightarrow Ph_3P{=}CH_2 \right]$$

リンイリド

$$H_2\overset{\ominus}{C}{-}\overset{\oplus}{P}Ph_3 + R^1R^2C{=}O \longrightarrow \text{ベタイン} \longrightarrow \text{オキサホスフェタン} \longrightarrow R^1R^2C{=}CH_2 + O{=}PPh_3$$

ベタイン　　オキサホスフェタン　　ホスフィンオキシド

図 12.17 Wittig 反応

12.4.3 酸素求核剤の付加

水やアルコールも求核剤として働き，酸素がカルボニル化合物の炭素原子を攻撃し，付加体を形成する．

(a) 水の求核付加――水和反応

水がカルボニル化合物に付加すると，**水和物**(hydrate)が生成する．水和反応は，カルボニル基を含む化合物が関与する生化学反応や医薬品の生体内での挙動および作用機序を考えるうえで重要である．この反応は双極イオン性中間体(分子内に正と負の電荷が存在している)を介した連続する平衡反応によって成り立っており，カルボニル化合物は水中において，その水和物と平衡状態にある(図 12.18)．

カルボニル化合物の水和反応の平衡の位置は，アルデヒドやケトンの構造に大きく依存する(p. 236 の Advanced を参照)．たとえば，ホルムアルデヒ

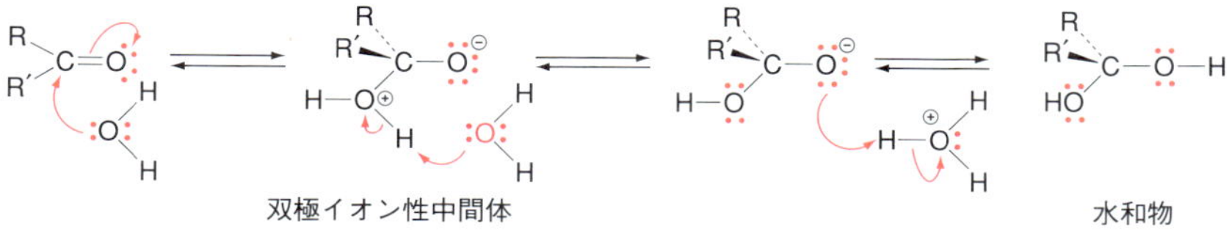

双極イオン性中間体

水和物

図 12.18 水の求核付加による水和物の生成

ドは水中ではほとんどが水和物として存在し，アセトアルデヒドは水中で約半分が水和物として存在する．一方，アセトンはほとんどがカルボニル化合物のままで存在する．メチル基と水素原子の数が違うだけであるが，平衡定数は 100 万倍も異なる(図 12.19)．

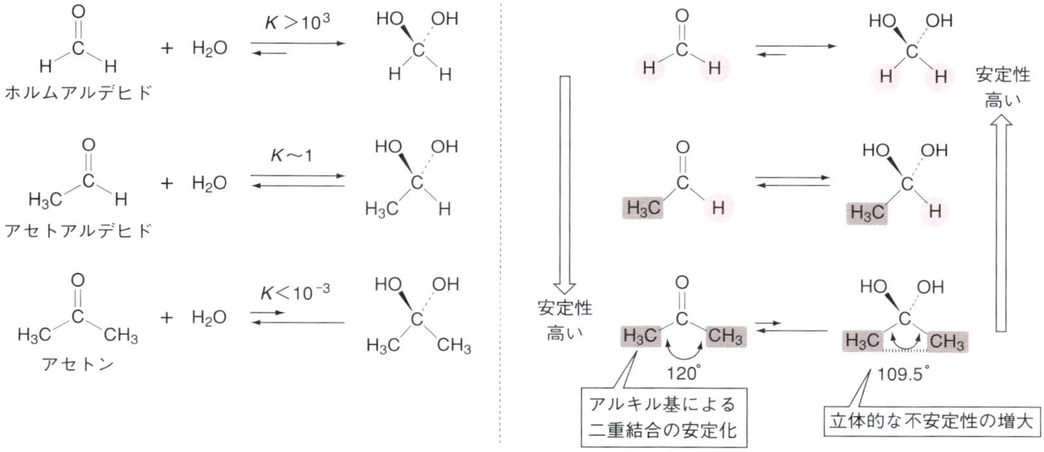

ホルムアルデヒド + H_2O $K > 10^3$

アセトアルデヒド + H_2O $K \sim 1$

アセトン + H_2O $K < 10^{-3}$

安定性高い

アルキル基による二重結合の安定化

120°

109.5°

立体的な不安定性の増大

図 12.19 水和反応
水和反応は平衡反応である．

この大きな違いは置換基の電子的効果と立体効果によって説明できる．アルケンの場合と同様(7 章 p. 128 の Advanced を参照)に，アルキル基はカルボニルの二重結合を電子的に安定化する．すなわち，ホルムアルデヒド(HCHO)，アセトアルデヒド(CH_3CHO)，アセトン(CH_3COCH_3)の順にカルボニル化合物はより安定になる．一方，水和すると sp^2 炭素が sp^3 炭素へと変化する．これに伴い，カルボニル基に結合する二つの置換基間の結合角は 120° から 109.5° へと狭まる(図 12.19 右図)．そのため，水和物ではメチル基の数が増えるほど，立体的な不安定性が増すことになる．これらがあいまって，100 万倍という平衡定数の違いが生じる．

水和反応は，酸性および塩基性条件で反応が加速される．生成物は同じであるが，反応中間体の構造が違ってくることに注目してほしい．酸性および塩基性条件では中性条件で生じる双極イオン性中間体(図 12.18 参照)よりも安定な中間体を経るため，反応が進行しやすい．図 12.20 では，酸および塩

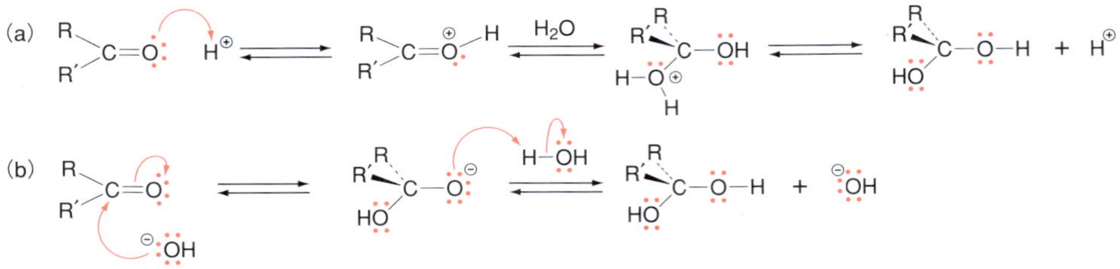

図 12.20　酸触媒および塩基触媒を用いた水和反応
(a) 酸性条件下，(b) 塩基性条件下.

基は触媒として働いていることがわかる.

(b) アルコールの求核付加——ヘミアセタールおよびアセタールの生成

水と同様にアルコールも求核剤として働き，カルボニル化合物に求核付加して**ヘミアセタール**[*4](hemiacetal)を生成する．この反応も水和反応と同様に平衡反応である(図 12.21)．1分子のカルボニル化合物とアルコール1分子が反応して生成する．ヘミアセタールは図 12.23 で詳しく述べる**アセタール**(acetal)を生成するうえでの中間生成物であり，一般にはヘミアセタールを経てアセタールへの変換が進行する.

*4 ヘミとはギリシャ語で「半分」を意味する．アルコールはさらにもう1分子が反応してアセタールが生成するために，1分子のアルコールが反応して得られるものをヘミアセタールという.

図 12.21　アルコール1分子との反応によるヘミアセタールの生成

ヘミアセタールの構造をもつ安定な分子はあまり多くないが，同一分子中にアルデヒドとアルコールをもつ化合物は**分子内ヘミアセタール**を形成し，安定に存在する場合がある．たとえば，自然界に広く存在する糖であるグルコースは，非環状のヒドロキシアルデヒドと環状ヘミアセタールの平衡混合物として存在する．なお，糖の環状ヘミアセタール構造には1位の立体化学の異なる二つの立体異性体(α-アノマーと β-アノマー)が存在する(図 12.22，15章参照).

ヘミアセタールの形成反応は，水和反応と同様に中性条件でも進行するが，酸あるいは塩基性条件では加速される．とくに，アルデヒドやケトンを酸触媒存在下に過剰のアルコールと反応させると，ヘミアセタールの形成を経てさらに反応が進行し，アセタールが生成する．反応機構を図 12.23 に示す．ヘミアセタールのヒドロキシ基が，アルコールに由来するもう一つのアルコキシ基によって置換されてアセタールが得られる.

酸触媒によるアセタール化反応の各段階は可逆的であり，過剰のアルコールを用いたり，反応系から水を連続的に除いたりすることによって，アセ

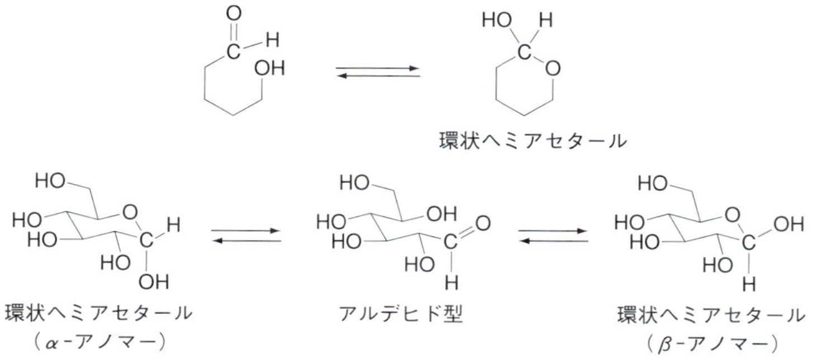

環状ヘミアセタール

環状ヘミアセタール
（α-アノマー）

アルデヒド型

環状ヘミアセタール
（β-アノマー）

図 12.22　安定なヘミアセタール（D-グルコピラノース）の生成

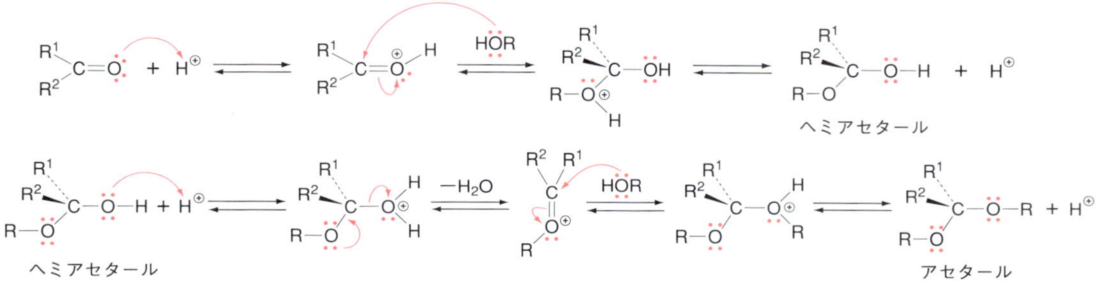

ヘミアセタール

ヘミアセタール

アセタール

図 12.23　ヘミアセタールからアセタールの生成

タール側に偏らせることができる．また，逆に過剰の水を用いることによって，アルデヒドやケトン側に偏らせることもできる．

12.4.4　窒素求核剤の付加

アンモニアとアミンは，それぞれ水とアルコールの酸素原子を窒素原子に置き換えた構造に近い．ただし，窒素原子は酸素原子よりも電気陰性度が小さく，窒素原子上の非共有電子対は酸素原子上のそれよりもゆるやかに拘束されている．そのため，アンモニアやアミンは水やアルコールよりも塩基性，求核性が高く（5 章参照），アルデヒドやケトンに対して求核付加しやすい．これらアンモニアやアミンの求核付加生成物では窒素原子の非共有電子対が存在するため電子供与能が高く，水やアルコールと決定的な違いが生じる．すなわち，求核付加生成物から水が脱離し，**イミン**（imine）あるいは**エナミン**（enamine）とよばれる化合物が生成する（図 12.24）．

薬学領域でとくに重要な窒素求核剤には，アンモニア，アミン，ヒドロキシルアミン，ヒドラジンがある（図 12.25）．カルボニル化合物およびアミンは，それぞれ代表的な求電子剤，求核剤である．正反対の性質をもつこれらの反応剤はたいへん相性のよい反応相手となる．この性質は，生化学反応や分析手法（定性および定量分析），医薬品の合成などに利用されている．

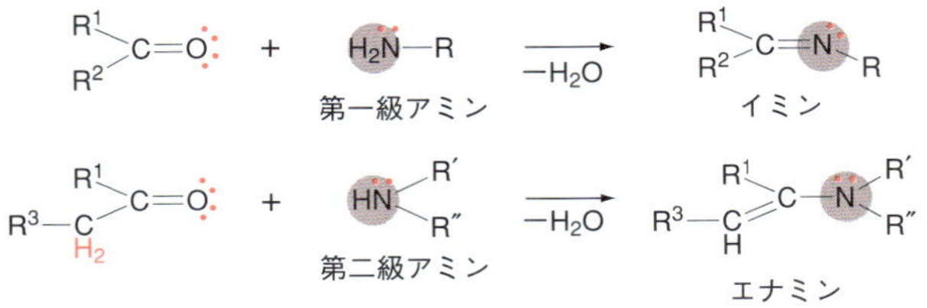

図 12.24　イミン，エナミンの生成
アミンの求核付加体から水が脱離する．

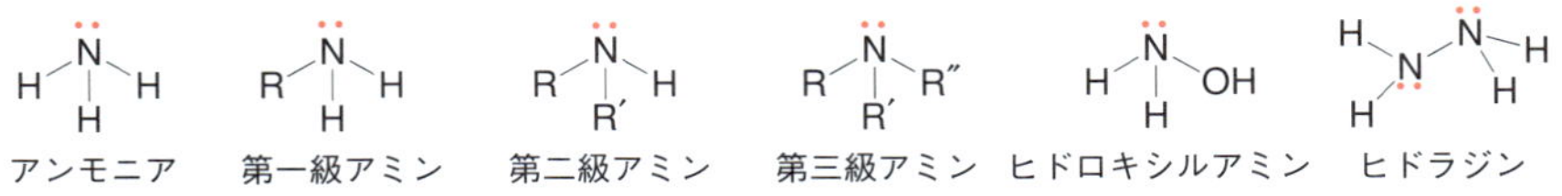

図 12.25　窒素求核剤

（a）第一級アミンの求核付加——イミン（Schiff 塩基）の生成

まず，第一級アミンとアルデヒドおよびケトンの反応を見てみよう．この反応は，水やアルコールを求核剤として用いた場合と同じように中性条件でも進行するが，pH 4 ～ 5 の弱酸性条件下で加速される．はじめにアミンの非共有電子対がカルボニル基の求電子的な炭素を攻撃し，プロトン移動を経て**ヘミアミナール**を生成する．ここまでは，アルコールの求核付加反応と機構は変わらない．続いて，このヘミアミナールのヒドロキシ基にプロトン化が起こると脱水し，イミニウムイオンが生成する．イミニウムイオンから脱プロトン化が進行すると，炭素-窒素二重結合が生成する．このカルボニル化合物の窒素類縁体をイミンとよぶ．このように，第一級アミンを求核剤に用いるとヘミアミナールから脱水反応が起こり，イミンが生成する．これは，ヘミアミナールの窒素原子上に存在する非共有電子対が隣接炭素に電子を供与し，ヒドロキシ基を追いだしやすくするためである（図 12.26）．イミンは **Schiff（シッフ）塩基**（Schiff base）ともよばれ，生体内で起こる反応においてもきわ

ヘミアミナール，アミナール
ヘミアセタールのアルコールの代わりに，カルボニル基にアミンが1分子付加した化合物をヘミアミナールという．アセタールの酸素原子が二つとも窒素原子に置き換わった化合物をアミナールという．

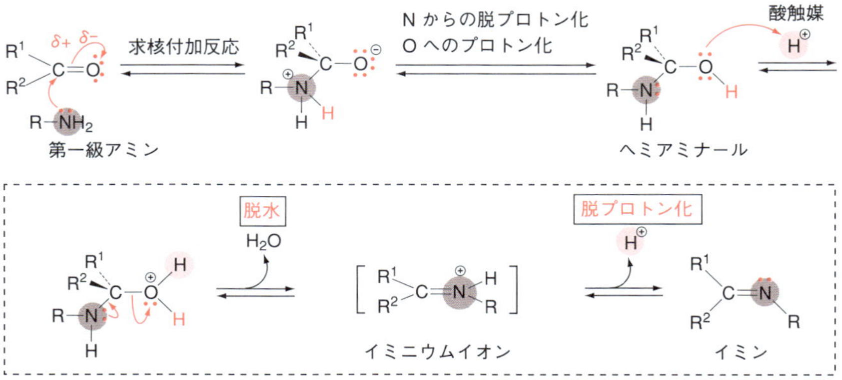

図 12.26　第一級アミンを求核剤に用いるイミンの合成

めて重要な役割を果たしている(p. 246 のコラム参照).

(b) オキシム，ヒドラゾン，セミカルバゾンの生成

(a)で述べた第一級アミン(R−NH_2)との反応では，R 基としては炭素原子以外の酸素(R＝OH など)や窒素原子(R＝NH_2 など)をもつアミンでも同様のイミン誘導体が得られる．このようなアミンを用いた場合，アルデヒドやケトンと縮合すると，イミン誘導体が生成することが知られている．**ヒドロキシルアミン**(hydroxylamine)，**ヒドラジン**(hydrazine)，**2,4-ジニトロフェニルヒドラジン**(2,4-dinitrophenylhydrazine)，**セミカルバジド**(semicarbazide)はカルボニル化合物と反応し，それぞれ**オキシム**(oxime)，**ヒドラゾン**(hydrazone)，**2,4-ジニトロフェニルヒドラゾン**(2,4-dinitrophenylhydrazone)，**セミカルバゾン**(semicarbazone)とよばれる誘導体が得られる(図 12.27)．これらの多くは結晶性の化合物である．

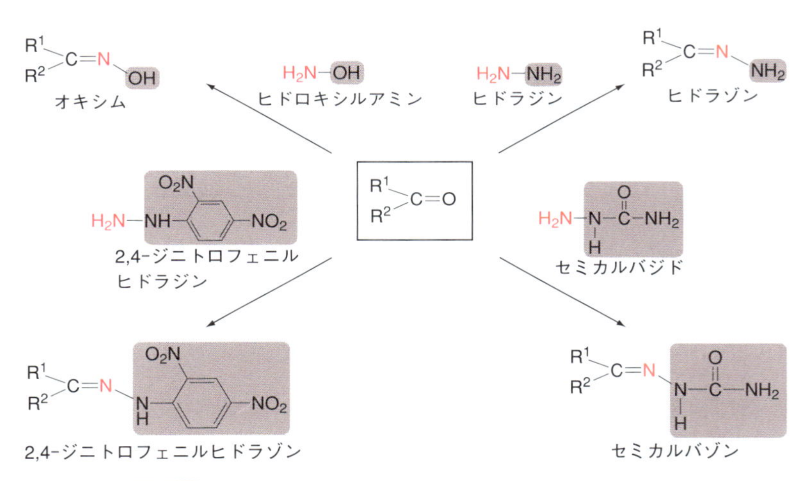

図 12.27 オキシム，ヒドラゾン，セミカルバゾンの合成

分光学的な構造決定法が日常的に用いられるようになる以前は，化学者はアルデヒドやケトンをこうした結晶性の誘導体に導いて融点などを測定し，その比較にもとづいて構造を確認していた．

(c) 第二級アミンの求核付加——エナミンの生成

第二級アミンは α 水素をもつアルデヒドやケトンと反応し，エナミン[*5]を生成する．第二級アミンは窒素にアルキル基が二つ結合している．このため，第一級アミンにおけるイミン生成の最後のステップのような脱プロトン化されるべき水素が存在しない(図 12.26)．そのため，イミンにはならず，代わりに隣接する炭素(α 炭素)上のプロトンが脱離し，エナミンが生じる(図 12.28)．エナミンはエノール(7.6.2 項および 12.3.2 項参照)の窒素置換体として位置づけられ，求核的性質を示す反応剤として有機合成の領域で広く活用されている．

*5 エナミン(enamine)の名称は，二重結合(ene)とアミン(amine)の構造をあわせもつことに由来する．

COLUMN イミン形成が関与する生体反応 ── 視覚の化学

ビタミンAはわれわれの目における光の受容と視覚情報の伝達において，重要な役割を果たしている．光の受容にかかわる網膜の桿体（かんたい）細胞では，ビタミンAのアリルアルコール部分が酸化され，さらに11位アルケン部が異性化した(11*Z*)-レチナールというアルデヒドが産生される．このアルデヒド部分がオプシンというタンパク質の216番目のリシン側鎖アミノ基とイミン(Schiff 塩基)を形成し，ロドプシンという複合体を形成する．ロドプシンの共役系が可視光を吸収すると，11位のアルケン部位がトランス形に異性化して活性型ロドプシンとなる．この異性化に伴い，ロドプシンタンパク質が構造変化を起こす．これが電位信号となって脳に送られ，視覚イメージに変換されるのである．イミンは，今まさにこの瞬間にも網膜のうえで活躍しているのである．

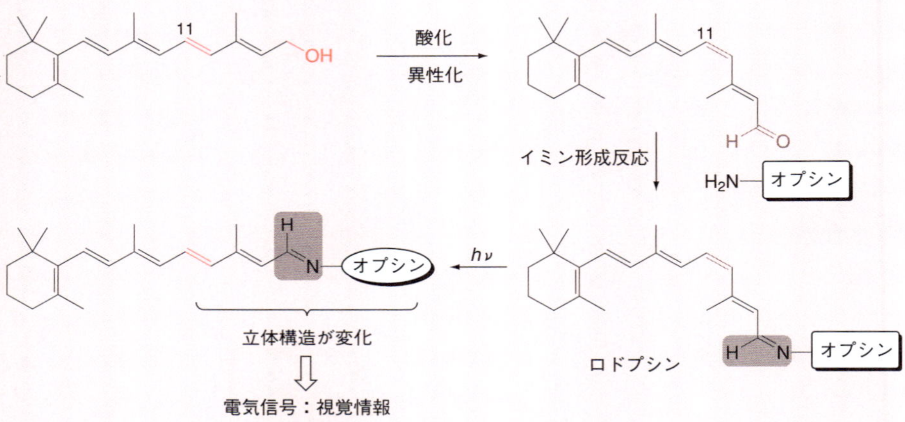

図① 生体内で活躍するイミン

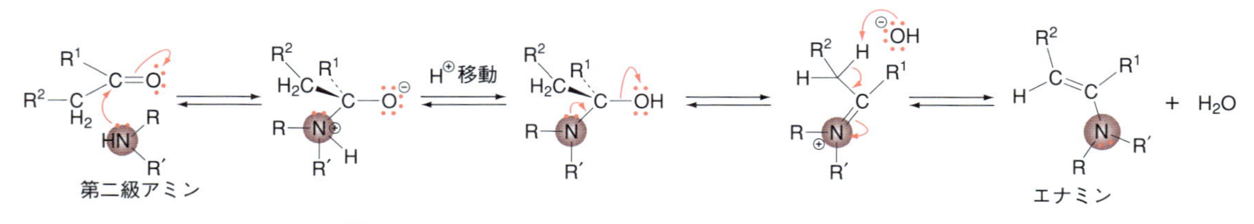

図 12.28 第二級アミンを求核剤に用いるエナミンの合成

12.5 カルボニル基の α 位が関与する反応

カルボニル化合物の α 水素は酸性度が高く，α 水素をもつアルデヒドやケトンにはケト-エノール互変異性があることを12.3節で述べた．本節ではケト-エノール互変異性を利用した，α 位が関与する代表的な反応を取りあげる．

12.5.1 ケト-エノール互変異性の促進

ケト-エノール互変異性は中性条件でも認められるが，この平衡反応は酸触媒あるいは塩基触媒によって促進される．酸触媒はカルボニル基を活性化して α 水素の酸性度を高め，プロトンとしての引き抜きを容易にする(図12.29)．

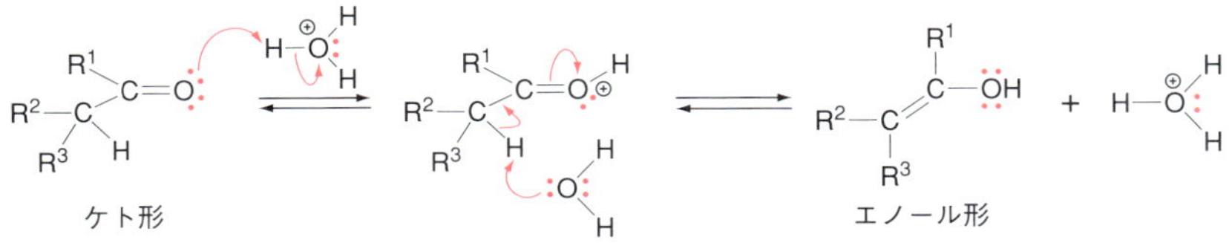

ケト形　エノール形

図 12.29　酸触媒を用いたケト-エノール互変異性

一方，塩基触媒は α 水素を引き抜き，エノールよりも反応性に富むエノラートイオンを形成する(図 12.30)．

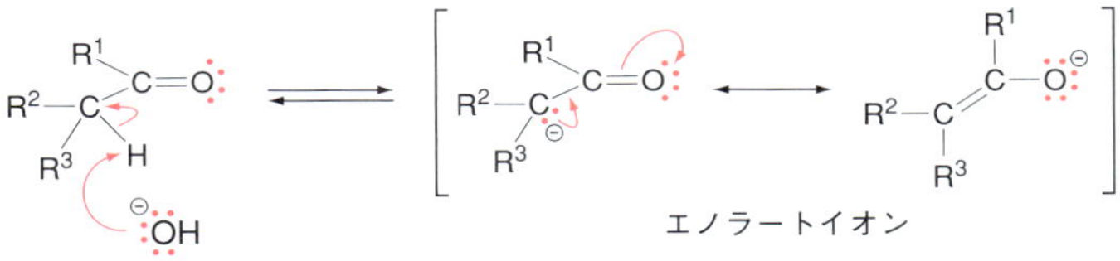

エノラートイオン

図 12.30　塩基触媒によるエノラートイオンの形成

12.5.2 H-D 交換反応

12.5.1 項の反応を重水(D_2O)中で行うと，カルボニル基の α 位に重水素(D)を導入することができる．原理的にはすべての α 水素を重水素で置換することができる(図 12.31)．この反応は有機化合物への簡便な重水素ラベル導入法として活用されている*6．

*6 重水素ラベル体は化合物の構造決定や薬物代謝の解析(同定や定量)などの目的で用いられる．

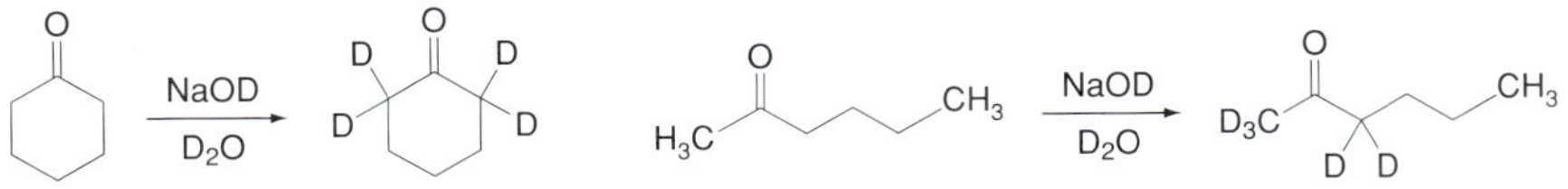

NaOD / D_2O　NaOD / D_2O

図 12.31　H-D 交換反応

12.5.3 ラセミ化反応

カルボニル基の α 位に唯一の不斉中心が存在するアルデヒドおよびケトンの場合，エノール化によって α 炭素は sp^2 混成，すなわち平面構造となり，不斉炭素は消失する．エノールが再びプロトン化すれば sp^3 炭素となるが，プロトンは sp^2 平面の表面および裏面の両方から同じ確率で接近するので，生成物はラセミ体となる(図 12.32)．このようなラセミ化は生体内でも起こっており，医薬品が体内に吸収された後にラセミ化する現象は医薬品の効果に大きな影響を与える重要な問題となっている．

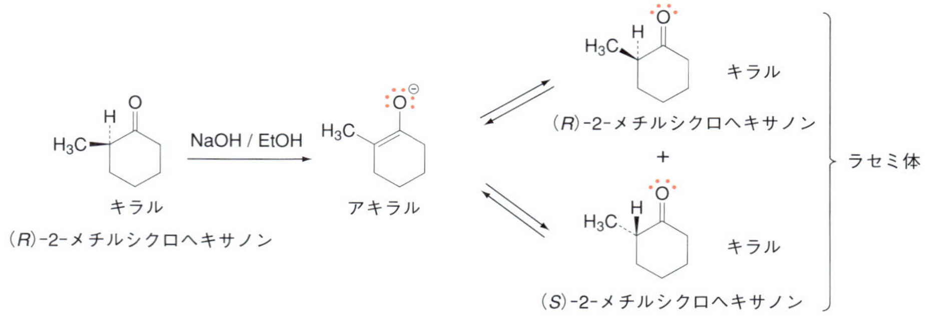

図 12.32 カルボニル基のα位に起こるラセミ化

12.5.4 アルデヒドおよびケトンのαハロゲン化

α水素をもつアルデヒドまたはケトンを酸性条件下にハロゲン(Cl_2, Br_2, または I_2)と反応させると，α水素が1か所だけハロゲンで置換された生成物が主生成物として得られる．反応は図12.33のようにエノール体を経てハロゲン化が起こる．この反応ではα水素が複数個存在しても二つ以上ハロゲン化された生成物はごく少量しか生成しない．これは，α炭素がハロゲン化され電子求引性になるためカルボニル酸素のルイス塩基性が低下し，プロトンを捕える能力が著しく劣り，次のエノール化が起こりにくくなるからである(図12.33)．

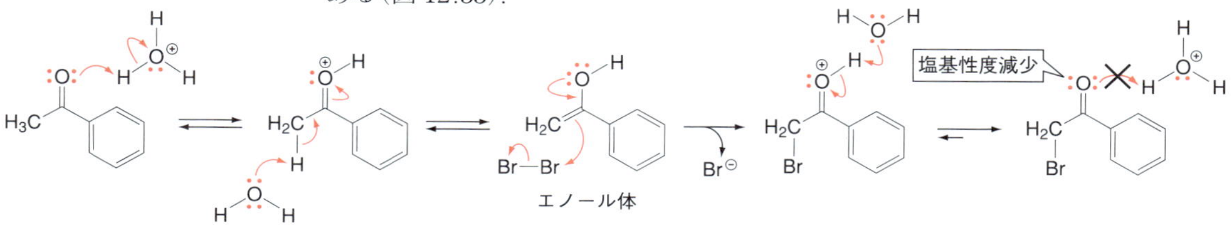

図 12.33 酸性条件下のαハロゲン化

これに対し，塩基性条件下でα水素をもつアルデヒドまたはケトンを過剰量のハロゲン(Cl_2, Br_2, または I_2)と反応させると，すべてのα水素がハロゲンで置換された生成物が得られる．電子求引性のハロゲンがα炭素に結合すると，残っているα水素の酸性度が増大するのでプロトンとして引き抜かれやすくなり，ハロゲン化反応はすみやかに進行する．反応が進めば進むほど，前の反応よりもすみやかに進行する．これは，酸性条件下におけるαハロゲン化と対照的である(図12.34)．

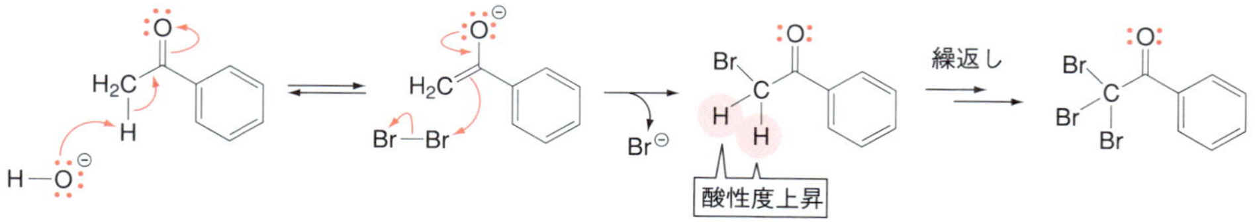

図 12.34 塩基性条件下のαハロゲン化

12.5.5 ハロホルム反応

α水素をもつアルデヒドおよびケトンを塩基性条件下で過剰のハロゲンと反応させると，α水素がすべてハロゲンに置換されることを12.5.4項で述べた．この反応を，メチルケトン構造（$CH_3-C=O$）をもつ分子について行うと，αハロゲン化が繰り返されて（$CX_3-C=O$）を生じる．しかし，反応はここでは終結せず，電子求引性のトリハロゲン化メチル（CX_3）が脱離基となる分解反応が進行する．脱離したCX_3^-はプロトン化してハロホルム（HCX_3）を生成することから，**ハロホルム反応**とよばれる（図12.35）．

とくにヨウ素との反応によって生じる**ヨードホルム**（Iodoform）は特有の臭気を放つ結晶性の物質である．分光学的な構造決定法が日常的に用いられるようになる以前は，化学者はヨードホルム反応でメチルケトンの構造を確認していた．

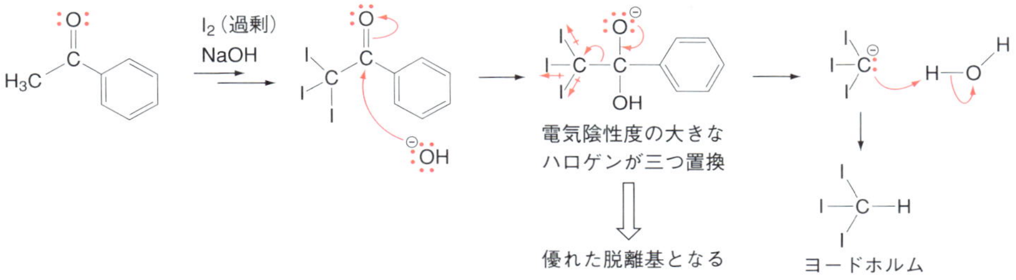

図12.35 ヨードホルム反応

12.5.6 アルドール反応

α水素をもつアルデヒドまたはケトンを酸性あるいは塩基性条件で処理すると，それぞれエノールおよびエノラートという求核剤が生成することを述べた（12.5.1項）．この反応系内に未反応のアルデヒドまたはケトンが存在するとき，エノールあるいはエノラートとの求核付加が進行して，しばしばβ-ヒドロキシカルボニル単位をもつ**アルドール**（aldol）[*7]といわれる生成物が得られることがある．これは，α水素をもつアルデヒドやケトンでは容易に起こりうる一般的な反応で，**アルドール反応**[*8]（aldol reaction，図12.36）として知られている．

アルドール生成物にさらにα水素が存在する場合，脱水して**α, β-不飽和カルボニル化合物**（α, β-unsaturated carbonyl compound）を生成することがある（この場合をとくにアルドール縮合という）．α, β-不飽和カルボニル化合物は有機合成において有用であり，これを得るために，アルドール反応に続いて積極的に脱水反応が行われることもある（図12.37）．

SBO 代表的な炭素-炭素結合生成反応（アルドール反応，マロン酸エステル合成，アセト酢酸エステル合成，Michael付加，Mannich反応，Grignard反応，Wittig反応など）について説明できる．

*7 アルドールとは「aldehyde＋alcohol」に由来する語で，アルデヒド基とヒドロキシ基の両方の官能基をもつ化合物をいう．広い意味でのアルドールは，アルデヒド基だけでなく，ケトンを含むカルボニル基も含めて用いられる．

*8 アルドール反応については17.2.5項も参照．

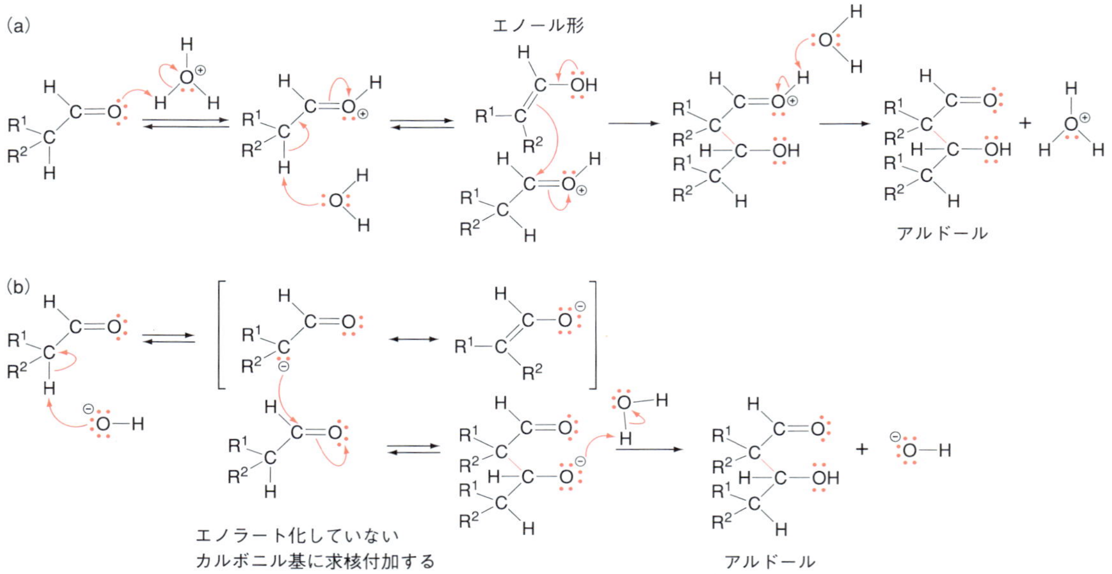

(a) エノール形 アルドール

(b) エノラート化していない カルボニル基に求核付加する アルドール

図 12.36 アルドール反応
(a) 酸性条件下，(b) 塩基性条件下.

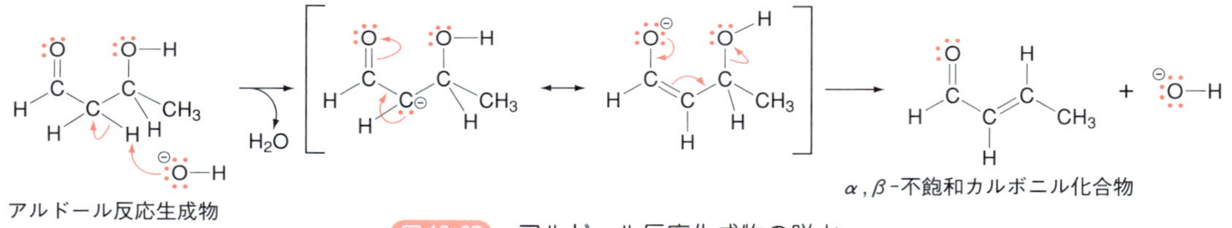

アルドール反応生成物 H_2O α, β-不飽和カルボニル化合物

図 12.37 アルドール反応生成物の脱水
α, β-不飽和カルボニル化合物の合成.

12.5.7 α, β-不飽和カルボニル化合物への求核付加反応――Michael付加

SBO 代表的な炭素-炭素結合生成反応(アルドール反応，マロン酸エステル合成，アセト酢酸エステル合成，Michael付加，Mannich反応，Grignard反応，Wittig反応など)について説明できる.

α, β-不飽和カルボニル化合物は，カルボニル基とアルケンが直接連結した構造をもち，両者の性質を融合した有用な反応性を示す．カルボニル基とアルケン部位から構成される共役二重結合ではカルボニルの分極した性質がアルケン部位に伝達され，アルケン部位も分極している(図 12.38)．そのた

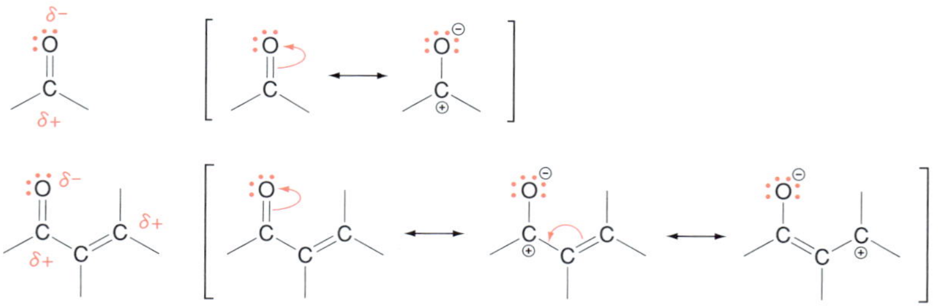

図 12.38 ケトンおよびα, β-不飽和カルボニル化合物の分極のようす

め，α, β-不飽和カルボニル化合物のアルケン部位では，単純なアルケンやジエンでは起こらないような求核剤の求核付加が進行する．

α, β-不飽和カルボニル化合物のアルケン部位への求核付加反応は，共役系への付加反応であり，一般的に**共役付加反応**(conjugate addition)または**1,4-付加反応**(p. 252 のコラム参照)とよばれる．また，この反応を系統的に研究した研究者の人名をとって**Michael付加**(マイケル)(Michael addition)ともいう．カルボニル基への直接付加と Michael 反応による共役付加とでは異なる炭素骨格が生成する(図 12.39 および p. 252 のコラム参照)．どの位置に付加するかという官能基選択性の制御は，有機合成における重要な課題となっている．

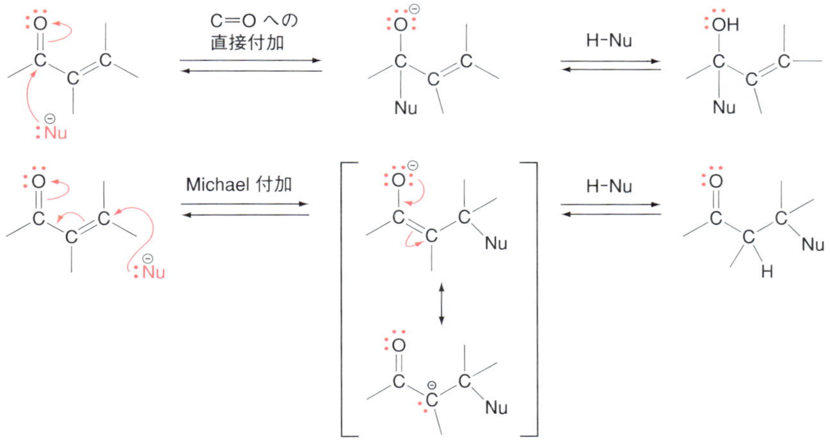

C=O への直接付加

H-Nu

Michael 付加

H-Nu

図 12.39 カルボニル基への直接付加と Michael 付加

12.6 アルデヒドおよびケトンが関与するそのほかの重要反応

12.6.1 アルデヒドおよびケトンの還元反応

(a) 接触水素化によるアルデヒド，ケトンの還元反応

アルデヒドやケトンの還元反応には，一般には水素化アルミニウムリチウム($LiAlH_4$)や水素化ホウ素ナトリウム($NaBH_4$)を用いる(12.4.1 項参照)．しかし，このような金属反応剤を用いると，反応系が塩基性に傾く場合がある．それを避けたいときには，アルケンの π 結合と同様に，中性条件下での接触水素化(接触還元)によって水素を付加し，アルコールを得る．ただし，分極しているカルボニル化合物の反応性はアルケンに比べて低いので，この反応は非常に進みにくい．効率よく反応を進行させるためには，しばしば高圧や高温という反応条件が必要となる(図 12.40)．

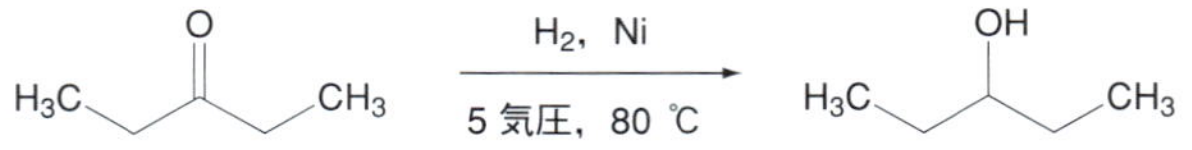

$H_3C-CH_2-CO-CH_3$ —(H_2，Ni／5 気圧，80 ℃)→ $H_3C-CH_2-CH(OH)-CH_3$

図 12.40　高温および高圧下での接触水素化によるアルコールの合成

（b）Wolff–Kishner 還元

アルデヒドおよびケトンを強アルカリ性，高温でヒドラジンと反応させると，カルボニル基がメチレンに還元された生成物が得られる．この反応を **Wolff–Kishner 還元**（ウォルフ キッシュナー）（Wolff–Kishner reduction）という（図 12.41）．この反応では，カルボニル基にヒドラジンが求核付加して生成するヒドラゾンが熱分解し，窒素が脱離することによってメチレンが生成する．

COLUMN　Michael 付加反応はなぜ 1,4- 付加とよばれるのか

カルボニルの二重結合とアルケンの二重結合が共役した化合物に起こる Michael 付加反応は，1,4-付加ともよばれる．このよび方は，カルボニルに求核剤が攻撃する 1,2-付加との違いを明確にするために用いられているが，実際に Michael 付加反応によって 1,4-付加した生成物が得られるわけではない．それでは，なぜ Michael 付加反応を 1,4-付加とよぶのだろう．反応機構を詳細に追ってみよう（図①）．

1,2-付加では，カルボニルの求電子的な炭素に求核剤（Nu）が付加し，求核的な酸素に求電子剤（E）が付加をする．たとえばメチルリチウム（CH_3Li）の付加反応では，後処理によってカルボニルの炭素にメチル基，酸素に水素が付加したアルコールが生成物として得られる．カルボニルの炭素を 1 位としたとき，隣の 2 位にあたる酸素にも付加が起こるので，1,2-付加という名称は非常にわかりやすい．

これに対し，1,4-付加では，カルボニルの β 位の炭素に求核剤（Nu）が付加し，求核的な酸素に求電子剤（E）が付加をする．たとえば，メチルアミン（CH_3NH_2）の付加では，カルボニル炭素の β 位の炭素にメチルアミノ基，カルボニルの酸素に水素が付加する．この場合，β 位の炭素を 1 位と

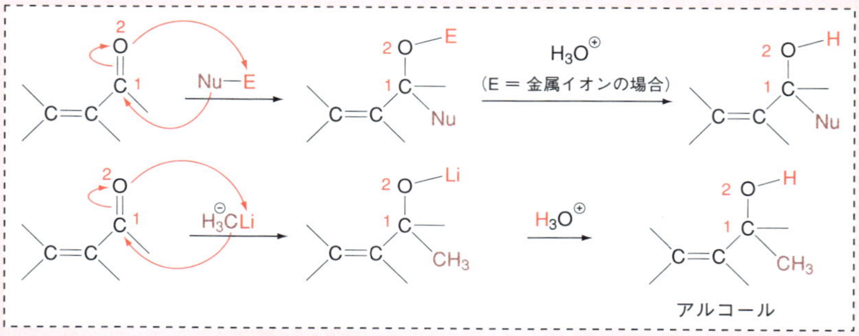

図①　1,2-付加

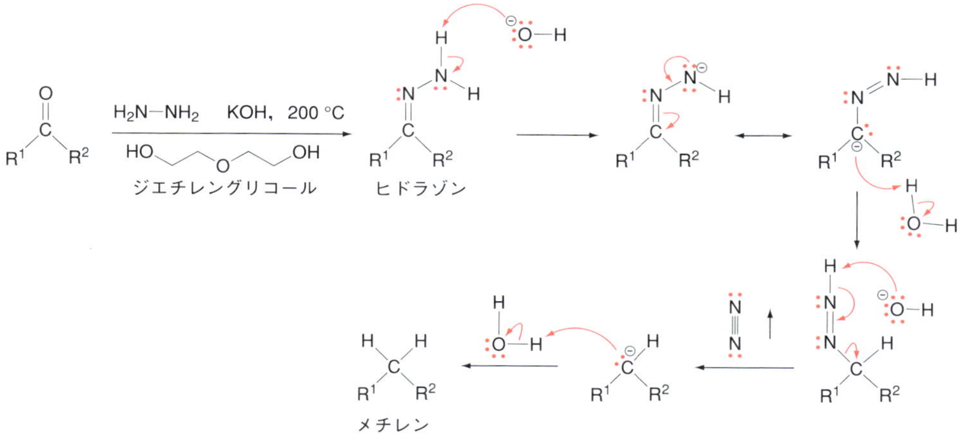

図 12.41　Wolff-Kishner 還元

したとき，4位にあたるカルボニル酸素にも付加が起こるので，1,4-付加という名称のとおりの反応が起こったことになる．このままの生成物が得られたならば1,4-付加という名称は理解しやすい．しかし，この1,4-付加した生成物は実際にはエノールの構造をとっているので，ただちにより安定なケト形の構造に異性化（互変異性）し，結果的にはカルボニル化合物が生成物として得られる．このため，1,4-付加というよりは，アルケンに1,2-付加が起こったように見える．生成物だけを見ると1,4-付加という名称がしっくりこなくなるが，実際の反応機構をきちんと把握していれば，この反応が1,4-付加とよばれる理由も納得できる．反応の結果だけに惑わされず，途中のプロセスも理解しておきたい．

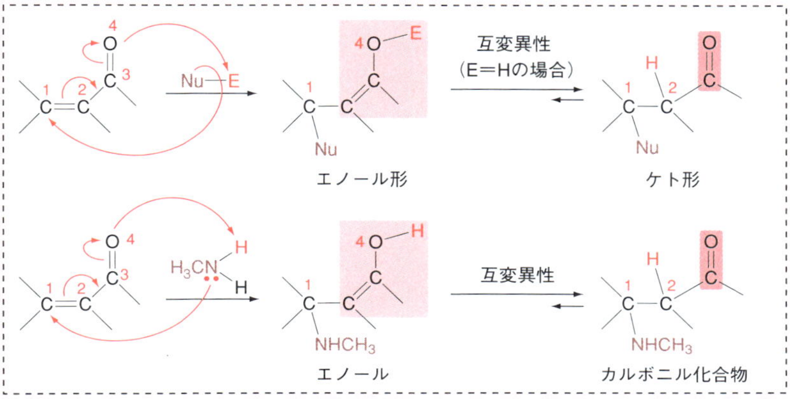

図②　1,4-付加

結果的には1,4-付加した生成物ができるわけではないことに注意．

12.6.2 酸化反応

(a) アルデヒドの酸化

アルデヒドは酸化されてカルボン酸を生成する．アルデヒドは酸化されやすく，室温下，空気中の酸素によっても徐々に酸化されてカルボン酸を与える．空気による酸化を**自動酸化**(autoxidation)という．この反応はラジカル連鎖反応である．一方，ケトンは一般に安定で空気酸化に対して不活性である．

(b) 過酸による酸化反応——Baeyer-Villiger 酸化

アルデヒドは過酸によってふつうはカルボン酸に変換される．一方，一般にケトンは過酸によってエステルに酸化される．生成するエステルは，ケトンのカルボニル基とアルキル基 R^2 とのあいだに酸素原子が挿入した構造をもつ．この反応は，**Baeyer-Villiger 酸化**(バイヤー-ビリガー)(Baeyer-Villiger oxidation)として知られているが，炭素鎖に酸素官能基を導入する方法として，また炭素鎖を切断する手法として有用である(図 12.42)．反応機構など，詳細については 17 章〔17.3.1 項(e)〕で学ぶ．

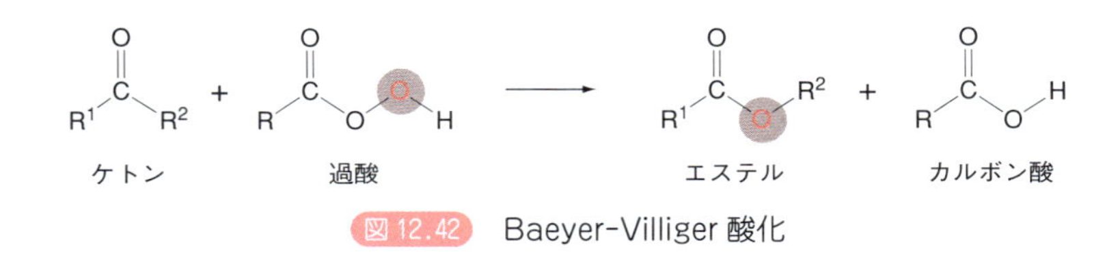

図 12.42 Baeyer-Villiger 酸化

(c) 銀鏡反応，Fehling 反応

SBO 代表的な官能基の定性試験を実施できる．

アルデヒドは水溶液中で，酸化力をもつ金属イオンによってカルボン酸に酸化されるが，同時に金属イオン自体は還元される．いいかえれば，アルデヒドには金属イオンを還元する性質があるということである．**銀鏡反応**(silver mirror reaction)や **Fehling 反応**(Fehling reaction)はこれを利用したもので，アルデヒドの存在を確認する定性反応として用いられてきた．銀鏡反応は，硝酸銀のアンモニア水溶液中にアルデヒドを加えると，アルデヒドが酸化されてカルボキシイオンになると同時に，還元された銀が単体として析出することを指標としている．構造のわからない化合物に対して銀鏡反応を行い，銀の析出が銀鏡(反応容器の壁面に鏡のように析出すること)として確認された場合，アルデヒドが存在するとわかる．

Fehling 反応も同様に，2 価の銅(Cu^{2+})によってアルデヒドが酸化され，Cu^{2+} 自体は還元されて 1 価の銅になり，赤色の Cu_2O を生成することを指標として，アルデヒドの存在を確認するものである(図 12.43)．

(d) Cannizzaro 反応

α 水素をもたないアルデヒドを強塩基性条件下で加熱すると，**Cannizzaro 反応**(カニッツァロ)(Cannizzaro reaction)とよばれるユニークな反応が起こり，

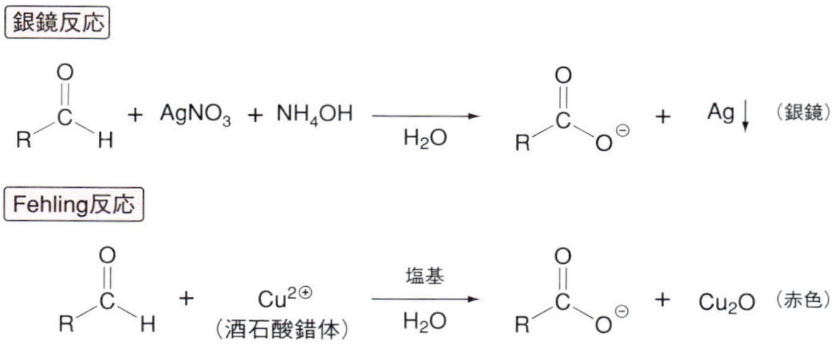

銀鏡反応

$$RCHO + AgNO_3 + NH_4OH \xrightarrow{H_2O} RCOO^{\ominus} + Ag\downarrow \text{（銀鏡）}$$

Fehling反応

$$RCHO + Cu^{2\oplus}\text{（酒石酸錯体）} \xrightarrow[H_2O]{\text{塩基}} RCOO^{\ominus} + Cu_2O \text{（赤色）}$$

図 12.43 銀鏡反応およびフェーリング反応

第一級アルコールとカルボン酸が得られる(図 12.44). この反応は，アルデヒドに水酸化物イオン(HO^-)が求核付加して生じる中間体がヒドリドイオン(H^-)を脱離基として放出し，もう1分子のアルデヒドがこのヒドリドイオンを受け取る．結果として，2分子のアルデヒドのうち1分子は還元されて第一級アルコールとなり，もう1分子は酸化されてカルボン酸となる(このような反応を不均化という). Cannizzaro 反応は，ホルムアルデヒドやベンズアルデヒドのような α 水素をもたないアルデヒドにかぎられた反応である．

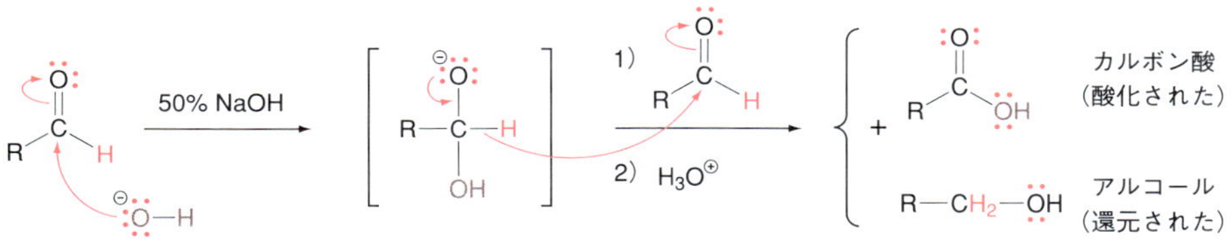

50% NaOH, 1) RCHO, 2) $H_3O^{\oplus}$

カルボン酸（酸化された）$RCOOH$

アルコール（還元された）$R-CH_2-OH$

図 12.44 Cannizzaro 反応

12.7 アルデヒドおよびケトンの代表的な合成法

SBO アルデヒドおよびケトンの代表的な合成法について説明できる．

アルデヒドおよびケトンの合成法については，これまでの章ですでにとりあげているものが多い．次に示す①～④の反応については，該当する章を参照して復習してほしい．

① アルコールの酸化反応(10 章 10.3.1 項参照)
② アルケンのオゾン酸化反応(7 章 7.4.2 項参照)
③ 1,2-ジオールの酸化的開裂(7 章 7.4.1 項参照)
④ アルキンの水和反応(7 章 7.6.2 項参照)

このほか，カルボン酸誘導体からアルデヒドやケトンを合成する反応も多いが，これらについては 13 章で詳しく学ぶ．

章末問題

1． シクロプロパノンは水中では水和物として存在する．一方，ヒドロキシアセトアルデヒドは分子内ヘミアセタールにはなりにくい．これらの理由を説明せよ．

H_2O

2． カルボニル化合物は赤外吸収スペクトルを測定すると 1650～1800 cm^{-1} に C＝O 伸縮振動に由来する強い吸収が観察される．しかし，下記の化合物の赤外吸収スペクトルを測定したところ，1650～1800 cm^{-1} に吸収は見られなかった．なぜか．

3． シクロペンタノンと次の各反応剤との反応で生じる主生成物を予想せよ．

a. C_2H_5OH, p-TsOH(触媒量)，加熱　b. HCN
c. NH_2OH　d. $NaBH_4$　e. $LiAlH_4$
f. （ピロリジン），加熱　g. NaOD, D_2O　h. CH_3MgI
i. Br_2, AcOH　j. $(C_6H_5)_3P＝CH_2$

4． 次の化合物から 2-ブタノンを合成する適当な反応を示せ．

a. $H_3C-CH_2-C≡CH$　b. $H_3C-C≡C-CH_3$
c. $H_2C=C(CH_3)-CH_2CH_3$　d. $H_3C-CH(OH)-CH_2-CH_3$

5． 次の化学変換を行う方法を示せ．1段階で行えるとはかぎらない．

a. シクロペンテン ⟶ シクロペンタノン
b. アセチレン ⟶ エタノール
c. シクロヘキサノン ⟶ 1-メチルシクロヘキサノール
d. 臭化エチル ⟶ アセトアルデヒド
e. ベンゼン ⟶ 安息香酸
f. ベンゼン ⟶ ベンジルアルコール
g. スチレン ⟶ アセトフェノン
h. スチレン ⟶ ベンズアルデヒド
i. ベンズアルデヒド ⟶ スチレン
j. アセトン ⟶ 酢酸

6． シクロヘキセン-2-オンから次の化合物を合成するにはどのようにすればよいか．2段階以上の反応が必要な場合もある．

a.　b.　c.
d.　e.

7． 次の化合物はアルドール反応またはアルドール縮合によって合成されたものである．どのようなアルデヒドまたはケトンが原料として用いられたかを示せ．

a.　b.
c.　d.
e.　f.
g.　h.

8. アルデヒドまたはケトンを塩化アンモニウムとシアン化ナトリウムと反応させると α-アミノニトリルが生成する．Strecker（ストレッカー）合成とよばれるこの反応の機構を示せ．

$$(CH_3)_2CHCH_2CHO + NH_4Cl + NaCN \longrightarrow (CH_3)_2CHCH_2CH(NH_2)CN$$

9. アルデヒドまたはケトンと α-ハロエステルの混合物を強塩基で処理するとDarzens（ダルツェンス）縮合とよばれる反応が進行し，α,β-エポキシエステルが生成する．この反応の機構を示せ．

$$C_6H_{11}CHO + ClCH_2COOCH_2CH_3 \xrightarrow{NaNH_2} C_6H_{11}\text{-}CH(O)CH\text{-}COOCH_2CH_3$$

10. ペンタン-1,4-ジオールを合成しようとして次の反応を試みたが，他の反応が進行してしまい，いずれもうまくいかなかった．どのような反応が進行してしまったかを考えよ．

a. $$HOCH_2CH_2CH_2CHO \xrightarrow{CH_3MgBr} HOCH_2CH_2CH_2CH(OH)CH_3$$

b. $$HOCH_2CH_2CH_2Br \xrightarrow[(CH_3CH_2)_2O]{Mg} [HOCH_2CH_2CH_2MgBr] \xrightarrow{CH_3CHO} HOCH_2CH_2CH_2CH(OH)CH_3$$

13 カルボン酸および カルボン酸誘導体の性質と反応

❖ 本章の目標 ❖

- カルボン酸の代表的な性質と反応について学ぶ.
- カルボン酸誘導体(酸ハロゲン化物, 酸無水物, エステル, アミド, ニトリル)の代表的な性質と反応について学ぶ.
- カルボン酸の代表的な合成法について学ぶ.
- カルボン酸誘導体(酸ハロゲン化物, 酸無水物, エステル, アミド, ニトリル)の代表的な合成法について学ぶ.

13.1 カルボン酸およびその誘導体

カルボン酸[*1](carboxylic acid, RCOOH)は, カルボニル基にヒドロキシ基が結合した**カルボキシ基**(carboxy group, －COOH)をもつ化合物である. カルボン酸はそれ自体がたいへん重要な化合物であるが, カルボン酸から誘導されるカルボン酸誘導体(carboxylic acid derivative)とよばれる化合物群(**酸ハロゲン化物**, **酸無水物**, **エステル**, **アミド**[*2], **ニトリル**[*3])もさまざまな特性をもち有用である(図 13.1). 医薬品にもカルボン酸およびその誘導体は頻繁に見受けられる(図 13.2). これまでに学んだカルボニル化合物に加えて, カルボン酸とその誘導体の化学を学ぶことによって, 有機化合物や有機化学反応のつくるネットワークをさらに幅広く理解してほしい.

*1 カルボン酸という名称はカルボニル-ヒドロキシ基(carbonyl-hydroxyl)の組合せから生まれた.

*2 アミドは, J. J. Berzelius(ベルセリウス)が $NaNH_2$, Na_2O, NaCl のあいだの類似性にちなんで名づけた名称で, *am*monia＋-ide(語尾：oxide, chloride).

*3 ニトリルは, 窒素の誘導体という意味のラテン語 *nitrilis* に由来する.

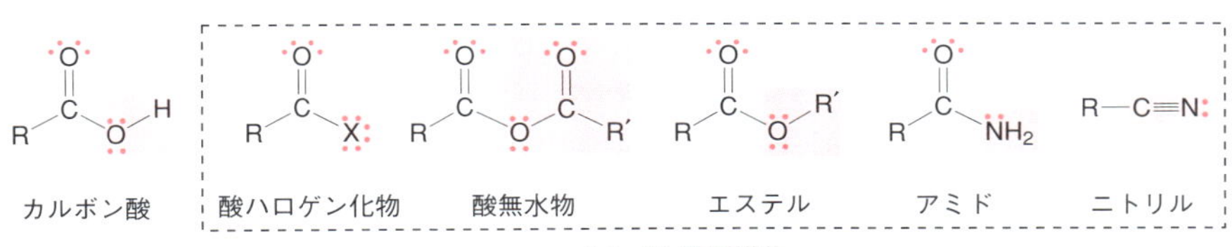

図 13.1 カルボン酸とカルボン酸誘導

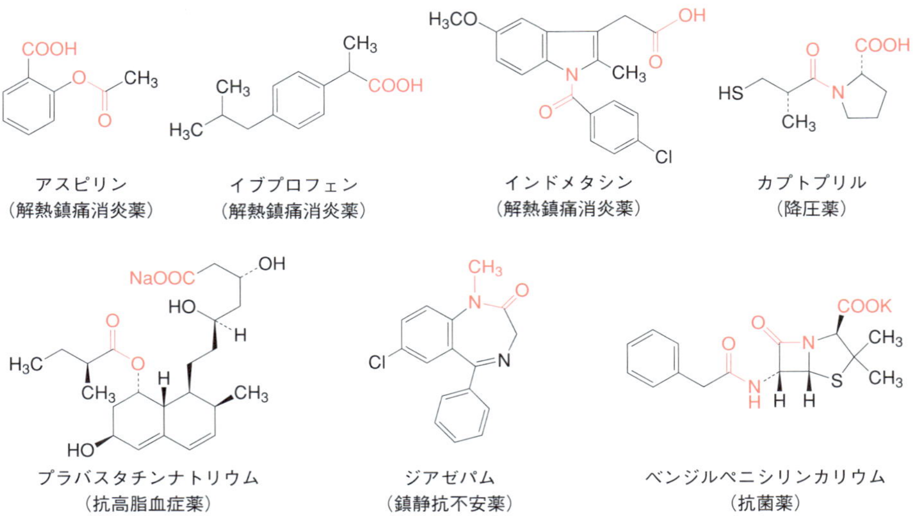

アスピリン
（解熱鎮痛消炎薬）

イブプロフェン
（解熱鎮痛消炎薬）

インドメタシン
（解熱鎮痛消炎薬）

カプトプリル
（降圧薬）

プラバスタチンナトリウム
（抗高脂血症薬）

ジアゼパム
（鎮静抗不安薬）

ベンジルペニシリンカリウム
（抗菌薬）

図 13.2　医薬品に含まれるカルボン酸およびカルボン酸誘導体

13.2　カルボン酸の構造と物理的性質

SBO カルボン酸の基本的性質と反応を列挙し，説明できる．

カルボキシ基はカルボニル基にヒドロキシ基が連結した構造である．カルボキシ基を構成するカルボニル炭素は sp^2 混成をとり，カルボニル炭素に結合する三つの原子は同一平面上に配置している．カルボキシ基はカルボニルの二重結合とヒドロキシ基に由来する高い極性をもち，水やアルコールと同様に，分極した分子と水素結合を形成する．カルボキシ基の酸素はどちらも水素結合を形成しうるため，カルボン酸の分子間力はアルコールのそれよりも大きい．このため，カルボン酸の沸点および融点は同程度の炭素数のアルコールの沸点および融点よりも高い．

単純なカルボン酸はベンゼンのような無極性溶媒に溶解すると二つの水素結合によって結びつき，環状二量体として存在するようになり，高分子量の物質のように振る舞う（図 13.3）．たとえば，炭素数が 2 のアルコール，アルデヒド，カルボン酸を比較してみると，融点は，エタノールが −114.7 ℃，アセトアルデヒドが −121.0 ℃，酢酸が 16.7 ℃，沸点は，エタノールが 78.5 ℃，アセトアルデヒドが 20.5 ℃，酢酸が 118.2 ℃である．融点，沸点とも，アルデヒド < アルコール < カルボン酸の順である．

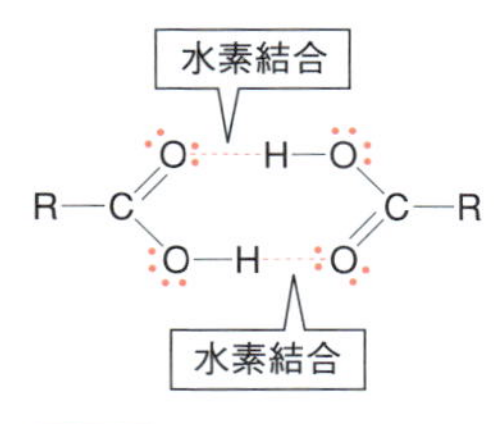

図 13.3　水素結合によるカルボン酸二量体

13.3　カルボン酸の性質——酸性と塩基性

13.3.1　カルボン酸の酸性

カルボン酸はその名のとおり，酸としての性質を示す．これはカルボキシ基の水素がプロトン(H^+)として解離しやすいことに起因している．ともにヒドロキシ基をもつにもかかわらず，カルボン酸(pK_a 4 ～ 5)がアルコール(pK_a 15～16)よりもかなり強い酸性を示すのはなぜだろうか．

両者の酸性度の違いはヒドロキシ基がカルボニル基に結合しているか否かによって生じる．アルデヒドやケトンと同様に，カルボン酸のカルボニル炭素は部分的に正電荷をもち，電子求引性の誘起効果を示す．この効果は直結したヒドロキシ基の酸素に影響を及ぼし，酸素に結合した水素がプロトンとして解離しやすくなる．さらに，プロトンの引き抜き(プロトン解離)によって生成する**カルボキシラートイオン**には共鳴形が存在するため，安定化する．これらの要因によって，カルボン酸は酸性を示す．

カルボン酸のプロトンの解離を図 13.4 に示す．pK_a が 4 ～ 5 のカルボン酸は水中では完全には解離しない程度の酸性である．

SBO カルボン酸の基本的性質と反応を列挙し，説明できる．

SBO アルコール，フェノール，カルボン酸，炭素酸などの酸性度を比較して説明できる．

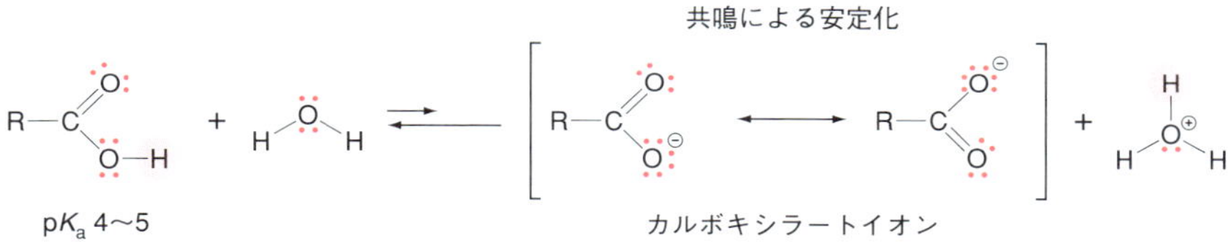

共鳴による安定化

pK_a 4～5

カルボキシラートイオン

図 13.4 カルボン酸の解離
カルボン酸は酸性である．

アルコールの場合と同様に，カルボン酸の置換基はカルボキシラートアニオンの安定性に影響を及ぼす．すなわち，カルボン酸に電子求引性の置換基が存在すると，プロトンの解離によって生じるカルボキシラートイオンが電子求引性の置換基の誘起効果を受けて安定化されるため，より強い酸性を示す(図 13.5)．反対に，電子供与性の置換基はカルボキシラートイオンを不安定化するため，酸性度を低下させる．

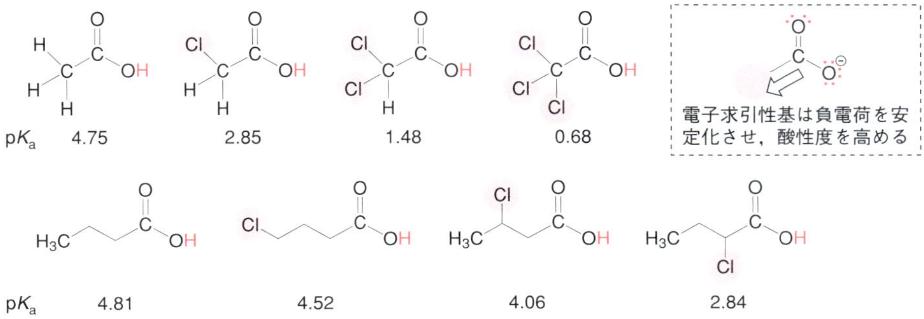

pK_a 4.75 2.85 1.48 0.68

電子求引性基は負電荷を安定化させ，酸性度を高める

pK_a 4.81 4.52 4.06 2.84

図 13.5 電子求引性の置換基が酸性度に及ぼす影響
pK_a の数値が小さいほど酸性度が高い．

Advanced いろいろな酸の酸性度

酸性および塩基性についてはすでに5章で学んだが，カルボン酸の酸性度を例にもう一度復習しておこう．カルボン酸は水溶液中で平衡下に解離して酸性を示す．一般に，カルボン酸の解離の平衡は非解離の酸の側に偏っており，平衡定数 K は 10^{-4}〜10^{-5} である．強い酸ほど解離しやすいので，K_a は大きな値となる．たとえば，酢酸の場合は次式のとおりである．

$$CH_3COOH + H_2O \overset{K}{\rightleftarrows} CH_3COO^{\ominus} + H_3O^{\oplus}$$

$$K = \frac{[CH_3COO^{\ominus}][H_3O^{\oplus}]}{[CH_3COOH][H_2O]}$$

$$K_a = K[H_2O] = \frac{[CH_3COO^{\ominus}][H_3O^{\oplus}]}{[CH_3COOH]} = 1.75 \times 10^{-5}$$

ところで，希薄溶液中では水のモル濃度がほとんど変化しないことから，定数とみなせる．そこで，水のモル濃度$[H_2O]$を平衡定数に組み込み，これを**酸解離定数 K_a** と定義して，酸としての強さを比較する際に用いている．また，整数値で比較できるように，水素イオン濃度(pH)の考え方と同様，常用対数として pK_a で表記されることが多い．

$$pK_a = -\log K_a$$

したがって，pK_a が小さいほど酸性は強くなる(表13.1)．

表13.1 代表的な酸の K_a と pK_a

酸	酸解離定数 K_a	pK_a	酸の強弱
HCl	$\sim 10^7$	~ -7	強
H_2SO_4	$\sim 10^5$	~ -5	
H_3PO_4	7.52×10^{-3}	2.12	
HF	3.53×10^{-4}	3.45	
HCO_2H	1.75×10^{-4}	3.75	
CH_3CO_2H	1.75×10^{-5}	4.75	
HCN	4.93×10^{-10}	9.31	
H_2O	1.80×10^{-16}	15.74	弱

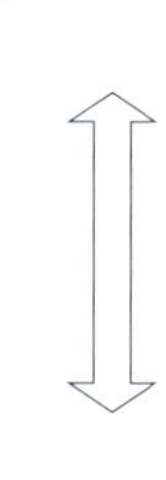

13.3.2 カルボン酸の塩基性

一般に，カルボン酸は酸性と考えてよいが，アルコールが強酸中でプロトン化されてオキソニウムイオンを生成するように，カルボキシ基の二つの酸素原子の非共有電子対も，原理的にはそれぞれがブレンステッド塩基またはルイス塩基として働きうる．これら二つの酸素原子のうち，カルボニル基(C=O)の酸素のほうが塩基性は高い．それは，カルボニル基の酸素がプロトン化されて生成するイオンは共鳴による安定化を受けるが，ヒドロキシ基(−OH)の酸素はプロトン化されてもこのような共鳴式が書けないからであ

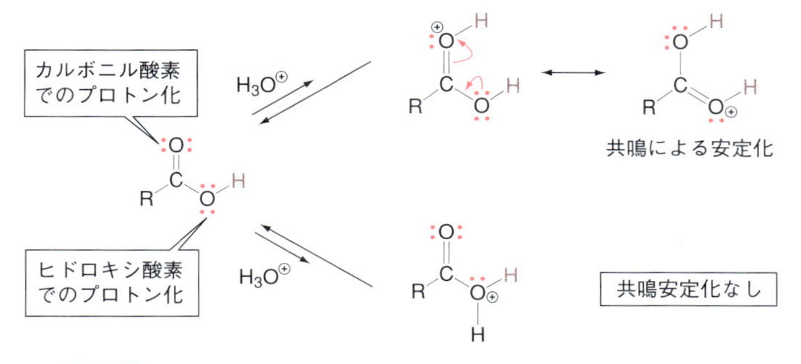

図 13.6 カルボニル基がもつ二つの酸素原子へのプロトン化

る(図 13.6).

しかし実際には，カルボン酸が塩基として働いて起こるカルボキシ基のプロトン化は，それほど起こりやすいものではない．共役酸の pK_a が -6 程度であることからも，現実的にはカルボン酸のプロトン化は難しく，カルボン酸が塩基として働くことはほとんどないことがわかる．ただし，このようなカルボニル酸素へのプロトン化はカルボン酸誘導体の反応においては重要な役割を果たしているので，原理としては理解しておこう．

13.4 カルボン酸の反応

SBO カルボン酸の基本的性質と反応を列挙し，説明できる．

カルボン酸の反応には，大きく分けてカルボキシ基(−COOH)のヒドロキシ基(−OH)で起こる反応と，カルボニル基(C＝O)で起こる反応の二つがある．カルボニル基で起こる反応は，カルボン酸誘導体の反応と共通するので，13.4.2 項でまとめてとりあげることにし，ここではカルボン酸のヒドロキシ基で起こる反応について述べる．

13.4.1 カルボン酸のヒドロキシ基で起こる反応

(a) カルボン酸塩の形成

カルボン酸は水酸化ナトリウム，炭酸水素ナトリウム，アンモニアやアミン(14 章)などの塩基と反応し，**カルボン酸塩**が得られる(図 13.7)．カルボン酸のアルカリ金属塩はイオン性で，アルキル側鎖が短いものは高い水溶性を示す．一方，アルキル側鎖が長く連なった**長鎖脂肪酸**のアルカリ金属塩は

カルボン酸 + $Na^{\oplus}$ $^{\ominus}OH$ ⟶ カルボン酸塩 + H_2O

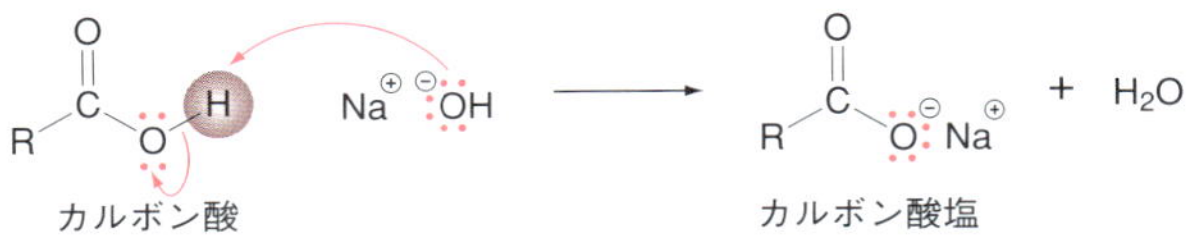

図 13.7 カルボン酸塩の生成

両親媒性
1分子内に親水性基と親油性基（疎水性基）をもつ性質．

アルキル基が脂溶性，カルボキシ基側が水溶性になるため，**両親媒性**（amphiphilicity）を示す（15.3.2項参照）．

（b）カルボキシラート塩とハロゲン化アルキルの S_N2 反応 ——エステルの合成

カルボン酸塩を形成するカルボキシラートイオンは，カルボン酸よりも強い求核性を示すので，ハロゲン化アルキルと反応して，S_N2 反応によりエステルが得られる（図13.8）．

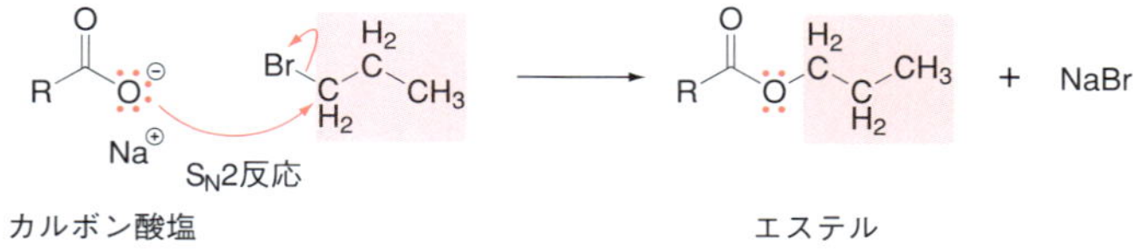

図13.8　エステルの生成

（c）ジアゾメタンとの反応——メチルエステルの生成

カルボン酸は**ジアゾメタン**（diazomethane）とすみやかに反応してメチルエステルを生成する．ジアゾメタンの炭素がプロトン化されてメチルジアゾニウムイオン（14.4.2項参照）となり，これがカルボキシラートイオンと反応して，S_N2 反応によりメチルエステルを生成する（図13.9）．

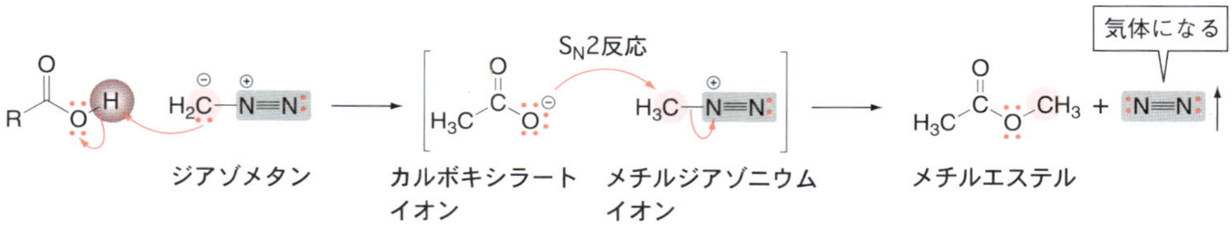

図13.9　カルボン酸メチルエステルの生成

13.4.2　カルボン酸およびカルボン酸誘導体のカルボニル基で起こる反応（付加-脱離による置換反応）

カルボン酸およびカルボン酸誘導体のアシル基（RC=O）の炭素は求核剤の攻撃を受け，付加-脱離機構を経て**求核アシル置換反応**（nucleophilic acyl substitution reaction）とよばれる置換反応を起こす．ここでは，カルボン酸自体もカルボン酸誘導体の一種ととらえ，この置換反応の基本的な反応機構を説明する．図13.10に示したように，カルボン酸誘導体はカルボニルに結合している置換基（L）がそれぞれ異なっている．とくに直接カルボニル炭素に結合している元素に注目すれば，酸素，ハロゲン，および窒素のいずれも炭素より電気陰性度が高いことがわかる．つまり，カルボニル基とそれに結合している置換基（L）との結合には極性があり，置換基（L）は潜在的な脱

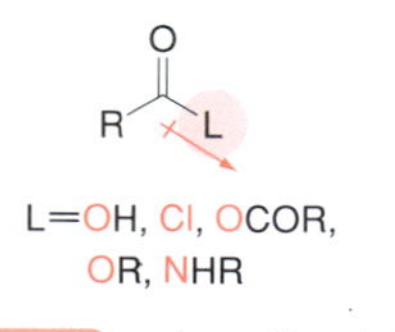

図13.10　カルボン酸誘導体
カルボニル基とそれに結合している置換基（L）との結合は極性をもち，置換基（L）は潜在的な脱離能をもつ．

離能をもっているといえる．なお，ニトリルもカルボン酸誘導体に含まれるが，カルボニル基をもたないので13.10節で改めてとりあげる．

アルデヒドやケトンと同様，カルボン酸誘導体のカルボニル基の酸素はブレンステッド酸およびルイス酸と反応して，カルボニル炭素の求電子性を高める．このとき求核剤（:Nu^-）が共存すると，カルボニル炭素への求核付加が起こり，炭素は sp^2 混成から sp^3 混成へと変化する．この四面体中間体を形成するまでの反応はアルデヒドやケトンへの求核付加と同様であるが，カルボン酸誘導体の反応ではここからが異なり，カルボニル酸素上の負電荷が再び C＝O 二重結合を形成するとともにカルボン酸誘導体の置換基（L）が脱離する．全体としては，カルボン酸誘導体の置換基（L）が求核剤（:Nu^-）と置換した生成物が得られる（図13.11）．このように，求核アシル置換反応は，アシル基（RC＝O）の炭素上で起こる求核付加および脱離によって，結果的に置換が起こる．

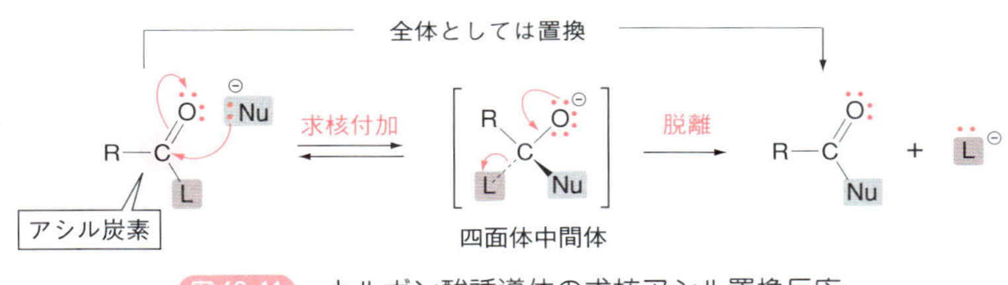

図13.11　カルボン酸誘導体の求核アシル置換反応

このアシル炭素上での付加-脱離は活性化エネルギーの比較的低い反応であり，多様な求核剤を用いて多くの有用な化合物の合成に盛んに利用されている．一方，アルデヒドやケトンでは，カルボニル基に置換する水素やアルキル基の結合の極性が低く脱離能が乏しいため，通常はこのような置換反応は起こらない（図13.12）．

カルボン酸誘導体では，カルボニル基に置換している基の性質（脱離しやすさ）によって，求核アシル置換反応の起こりやすさが異なる．すなわち，

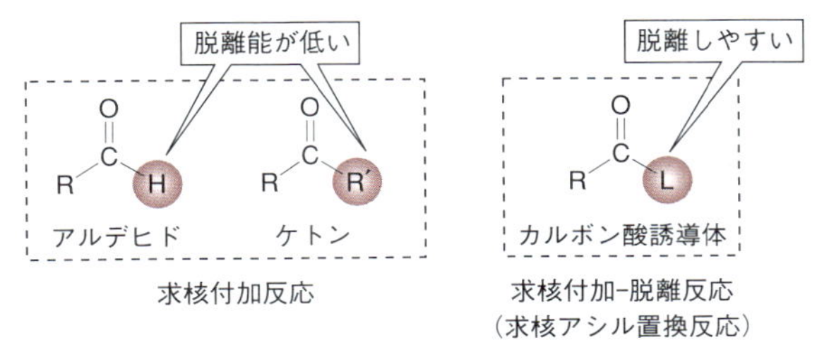

図13.12　アルデヒドおよびケトンとカルボン酸誘導体との反応性の違い

カルボニル基に結合する置換基の電子求引性が高くなるとカルボニル炭素の電子求引性は高くなり，求核攻撃を受けやすくなる(図 13.13).

いろいろな置換基がカルボニル基の分極に影響を及ぼす様式は，それらの置換基がベンゼン環の求電子置換反応の反応性に影響を及ぼすのと似ている．たとえば，塩素は誘起効果によってベンゼン環から電子を求引するが，同様にアシル基からも電子を求引する．また，アミノ基やメトキシ基は共鳴効果によって芳香環に電子を供与するが，同様にアシル基にも電子を供与し，カルボニル酸素の塩基性を高める(図 13.13).

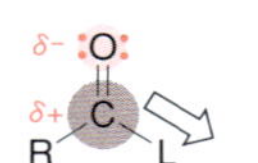

図 13.13　カルボン酸誘導体の反応性〔置換基(L)の影響〕

酸ハロゲン化物，酸無水物，エステル，アミドといったカルボン酸誘導体は，潜在的な脱離基となる電子求引性の原子または原子団がカルボニル基に結合した化合物なので，求核剤がカルボニル基に求核付加を起こし，四面体中間体が生成する．同時に，これらの脱離基が追いだされ，求核剤と脱離基が置き換わった新しいカルボニル化合物が得られる．

このようなカルボン酸誘導体において観測される求核アシル置換反応の反応性は，酸塩化物＞酸無水物＞エステル＞アミドの順に低下する(図 13.14)．反応性の高いカルボン酸誘導体から，反応性の低いカルボン酸誘導体に変換することはできるが，その逆はできない．また，カルボン酸自体はこれらの誘導体のすべてを合成する原料となりうるが，反応の効率は必ずしもよいとはかぎらない．実際には，反応性の高い酸ハロゲン化物(とくに酸塩化物が

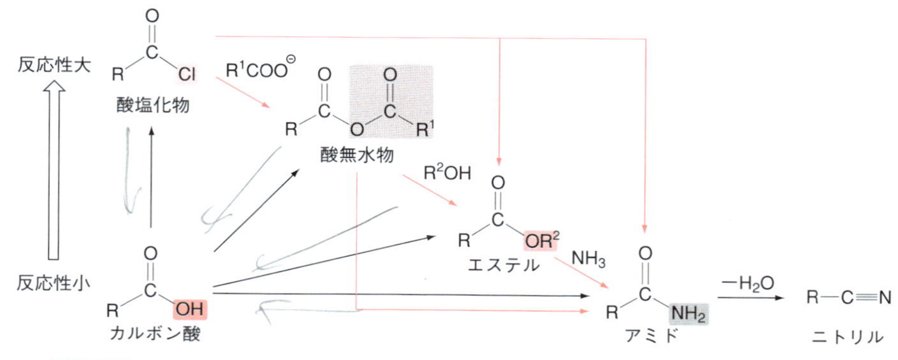

図 13.14　カルボン酸誘導体における付加−脱離反応(求核アシル置換反応)の反応性

多い)の合成の原料としてカルボン酸を用い，その他のカルボン酸誘導体の合成については図 13.14 の橙色の矢印に従った経路で合成されることが多い．カルボン酸誘導体の相対的な反応性の違いはたいへん重要なので，しっかり理解しておいてほしい．

13.5 節以降では，この反応スキームに関して具体例をあげて説明し，その他の反応についても併せて解説する．

Advanced カルボン酸のアシル基が受ける共鳴効果

カルボン酸誘導体(RCO−L)のアシル基(RC=O)が置換基(L)によってどの程度共鳴効果を受けているかは，誘導体の構造から知ることができる．カルボン酸塩化物，エステル，アミドの順に C−L 結合は二重結合性が増大し，短くなる(図 13.15)．

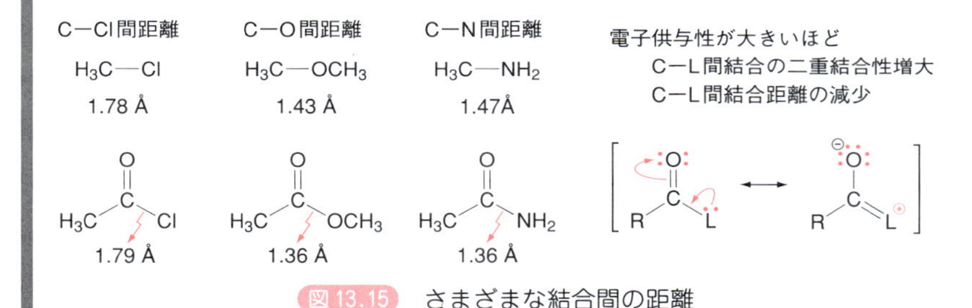

図 13.15 さまざまな結合間の距離

赤外分光法からも，共鳴効果の程度を推し量ることができる．共鳴構造によって炭素-酸素二重結合性が弱まり，それに対応してカルボニルの伸縮振動の波数は小さくなる(図 13.16)．

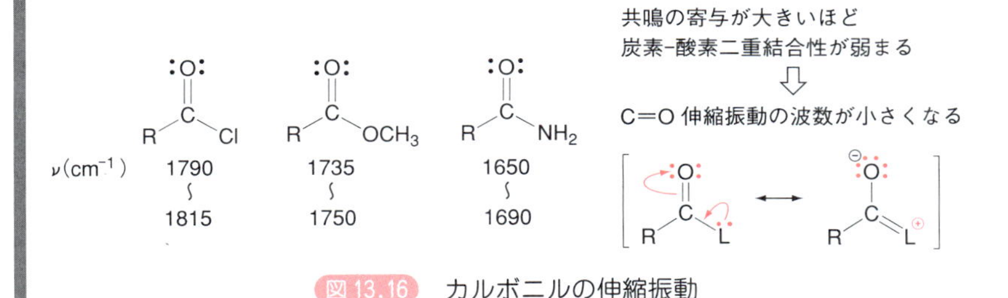

図 13.16 カルボニルの伸縮振動

カルボン酸誘導体がどの程度共鳴しているかは，それらのカルボニル酸素のプロトン化のしやすさ，エノラートの生成のしやすさにも反映される．このようなカルボニル炭素に結合している置換基の電子的な影響は，カルボニル酸素上の非共有電子対にも及び，カルボニル酸素の塩基性は，酸塩化物＜酸無水物＜エステル＜アミドの順に大きくなる．

13.5 カルボン酸を原料とするカルボン酸誘導体の合成

SBO カルボン酸誘導体(酸ハロゲン化物，酸無水物，エステル，アミド)の基本的性質と反応を列挙し，説明できる．

すでに述べたように，カルボン酸から酸ハロゲン化物，酸無水物，エステル，アミドを合成するのは原理的には可能である．しかし，それらすべての反応が必ずしも効率よく進行するとはかぎらず，実際の合成では化合物の種類によって反応が使い分けられている．

13.5.1 酸ハロゲン化物の合成

カルボン酸を塩化チオニルやオキシ塩化リン，三臭化リンなどのハロゲン化剤(9.7.3 項参照)と反応させると，図 13.17 のような付加-脱離機構を経て，ヒドロキシ基がハロゲンで置換された酸ハロゲン化物を生成する．酸ハロゲン化物のうち酸塩化物は取扱いが容易であるため，合成反応に汎用されている．酸ハロゲン化物のカルボニル炭素はカルボン酸誘導体のなかで最も求電子的で高い反応性を示し，多様な求核剤と反応して置換生成物が得られる．酸ハロゲン化物からは図 13.14 のすべてのカルボン酸誘導体に変換することができる．

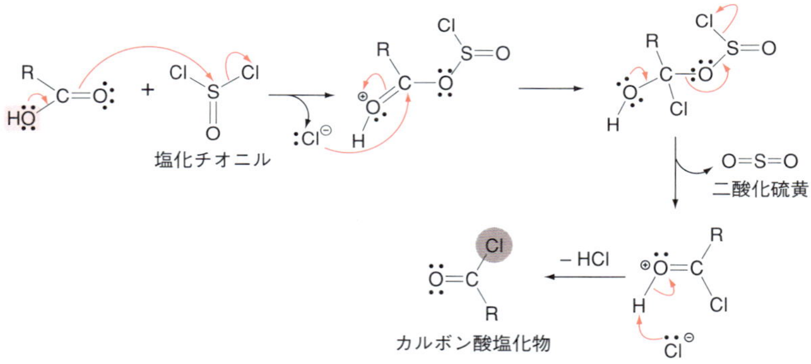

図 13.17　酸塩化物の合成

13.5.2 カルボン酸無水物の合成

カルボン酸無水物はその名称のとおり，2 分子のカルボン酸が水を失って生成した構造をもつため，2 分子のカルボン酸を脱水縮合させれば合成が可能なように思われる．しかし，実際にはいくつかの例外(特定のジカルボン酸)を除き，そのような方法では効率よく合成できない．一般に，酸無水物はカルボン酸とカルボン酸塩化物との反応によって合成される(図 13.18)．

13.5.3 アルコールとの反応── エステルの合成

エステルは，カルボキシ基のヒドロキシ基がアルコキシ基で置換されたカルボン酸誘導体である．カルボン酸のカルボニル炭素の求電子性はそれほど

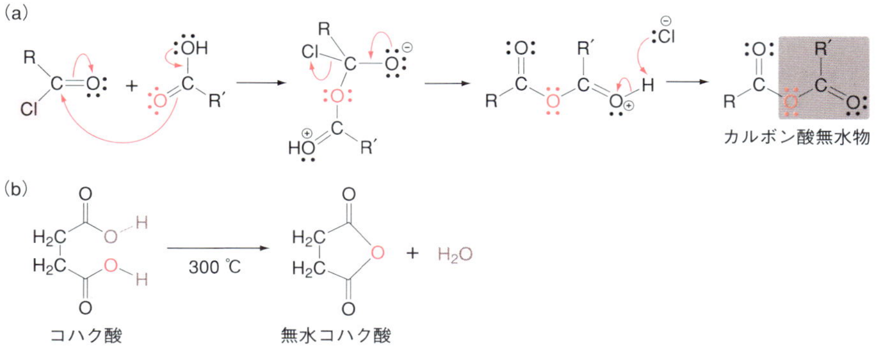

(a)

カルボン酸無水物

(b)

300 ℃

コハク酸　無水コハク酸

図 13.18 酸無水物の合成

(a) 酸無水物の合成は一般的にカルボン酸と酸塩化物との反応による.(b) 環状の酸無水物(五員環もしくは六員環)を生成する場合には, カルボン酸から直接合成が可能.

高くないので, 中性のアルコールが直接求核攻撃してエステルを合成するのは難しい. そこで, H_2SO_4 あるいは HCl のような強い酸を共存させ, カルボン酸のカルボニル酸素の非共有電子対をプロトン化してカルボン酸が正電荷をもつようにし, カルボニル炭素の求電子性, すなわち求核剤に対する反応性を高める. アルコールの求核付加によって生成する四面体中間体からはプロトン移動を経て水が脱離し, エステルが生成する. この方法は, **Fischer(フィッシャー)のエステル化**(Fischer esterification)とよばれるもので, 平衡反応である. したがって, エステルを収率よく得るには原料のカルボン酸かアルコールを大過剰用いるか, 生成するエステルや水を反応系外に除くといった工夫が必要である(図 13.19).

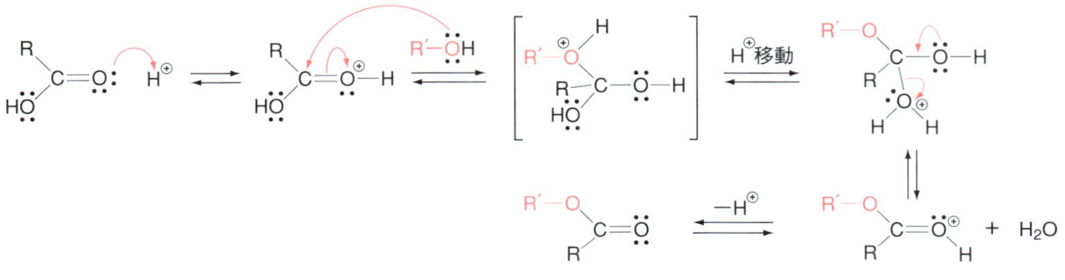

$H^{\oplus}$ 移動　$-H^{\oplus}$

図 13.19 エステルの合成

同一分子内の適当な位置にカルボキシ基とヒドロキシ基をもつヒドロキシカルボン酸では, 容易に分子内エステル化反応が進行して環状エステル(**ラクトン**, lactone)を生じる. とくに, 五員環ラクトン(γ-ラクトン)または六員環ラクトン(δ-ラクトン)が形成されるときは反応が起こりやすい(図 13.20).

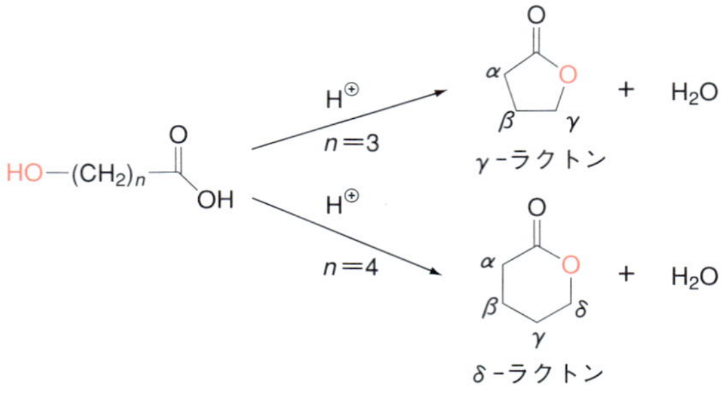

図 13.20 ラクトンの合成

13.5.4 アミンとの反応 ── アミドの合成

13.4.1 項で述べたように，カルボン酸をアミン（14 章）と反応させると酸塩基反応によりカルボン酸アンモニウム塩が得られる．この塩は強熱によって脱水し，アミドを生成する（図 13.21）．ただし，アミド合成の観点からは，この反応はアミドを効率よく合成するには適当ではない．たとえば，熱に不安定なカルボン酸やアミンの場合にはこの方法を用いることができない．アミド合成は，この方法よりも，後に述べる酸塩化物（13.6 節）や酸無水物（13.7 節）を用いる方法が一般的である．

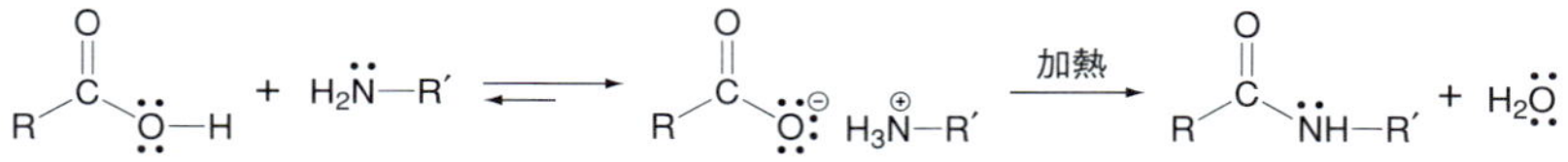

図 13.21 カルボン酸アンモニウム塩からアミドの合成

また，カルボン酸とアミンを縮合する際には，ジシクロヘキシルカルボジイミド（*N*,*N*′-dicyclohexylcarbodiimide；DCC）のような脱水縮合剤を用いる方法がしばしば用いられる（図 13.22，p. 271 のコラム参照）．この反応は最初にカルボン酸と DCC が反応して，反応性の高い［　］内の中間体 **A** が生じ，これにアミンが反応して中間体 **B** を経てアミドが生成する．

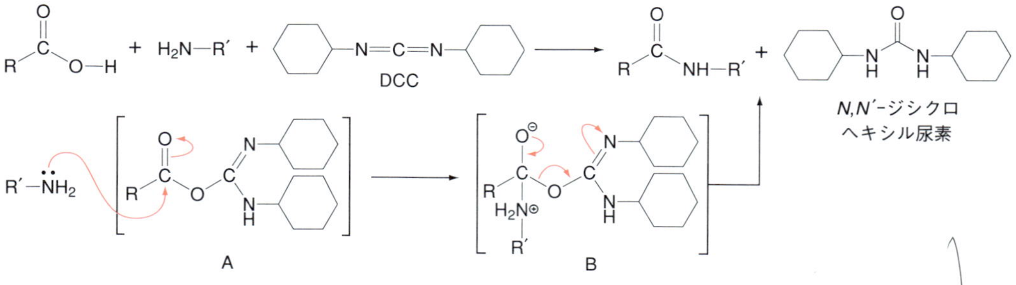

図 13.22 DCC を用いるアミドの合成

COLUMN

ペニシリンとDCC

1章〔1.2.1項(3)〕で述べたように，カビの生産物として見つかったペニシリンは発酵法による大量製造法が見いだされ，1940年代後半から感染症治療に広く用いられるようになった．ペニシリンは特異な構造をもち，不安定な化合物であったために，化学構造の解明は難航した．初期には硫黄を含まない組成式が提出されたこともあった．また，この小さな分子に対して90個以上の構造式が提示された時期もあったという．

最終的には1943年，英国のD. C. Hodgkin（ホジキン）博士（1966年ノーベル化学賞受賞）がX線構造解析により，ペニシリンが天然物としてはそれまでに知られていなかった四員環のアミド構造（β-ラクタム環）をもつことを明らかにした．

このユニークな構造をもつペニシリンは，多くの合成化学者の関心を集め，化学的な全合成が試みられた．しかし，β-ラクタム環は高度にひずみがあり化学的にきわめて不安定，つまり開環しやすいため，それまでの合成手法では限界があった．この難題を解決したのがアメリカMITの化学者J. C. Sheehan（シーハン）博士である．博士は緩和な条件下でβ-ラクタム環を構築させる画期的な合成法を見いだし，1957年にペニシリンの最初の全合成を達成した．このときの方法が，縮合剤ジシクロヘキシルカルボジイミド（*N*,*N*′-dicyclohexylcarbodiimide；DCC）を用いた，カルボキシ基とアミノ基の脱水によるアミド結合の形成反応（図①）である．現在，縮合剤DCCはペプチドあるいはアミド化合物の合成に広く用いられている．

ラクタム
環状のアミドをいう．ラクタム（lactam）の名称はラクトン（lactone）＋アミド（amide）に由来する．環を構成する炭素数によって，下記のようによぶ．

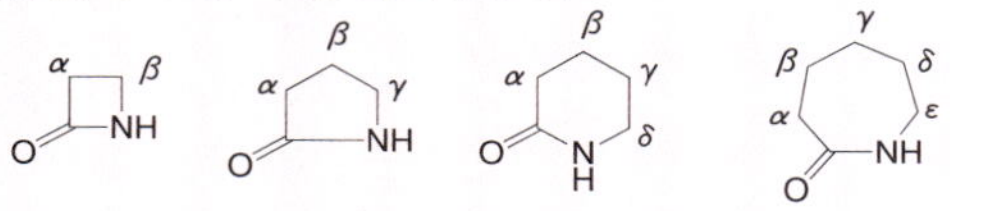

β-ラクタム　γ-ラクタム　δ-ラクタム　ε-カプロラクタム

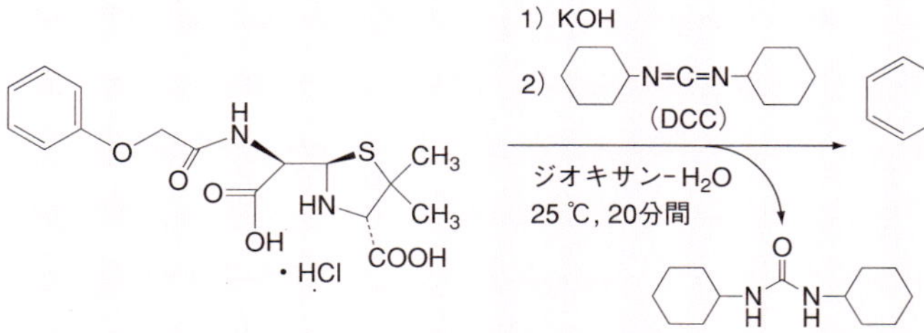

1) KOH
2) DCC
ジオキサン-H_2O
25 ℃, 20分間

ペニシリンV

図① ペニシリンVの合成

13.6 カルボン酸塩化物を原料とするカルボン酸誘導体の合成

カルボン酸塩化物はカルボン酸誘導体のなかで最も高い反応性を示し，さまざまな反応剤と反応しうる．ここでは，カルボン酸塩化物を原料に用いたおもなカルボン酸誘導体の合成をとりあげる．

SBO カルボン酸誘導体（エステル，アミド，ニトリル，酸ハロゲン化物，酸無水物）の代表的な合成法について説明できる．

13.6.1 酸無水物の合成

すでに13.5.2項で学んだように，カルボン酸塩化物はカルボン酸（カルボン酸塩）と反応して酸無水物を生成する．

13.6.2 アルコールとの反応── エステルの合成

カルボン酸塩化物とアルコールのあいだで起こる求核アシル置換反応は，エステルを合成するための効率的な方法である．副成する HCl を中和するため，通常はピリジンやトリエチルアミンなどのアミンを加えて反応させる(図 13.23)．

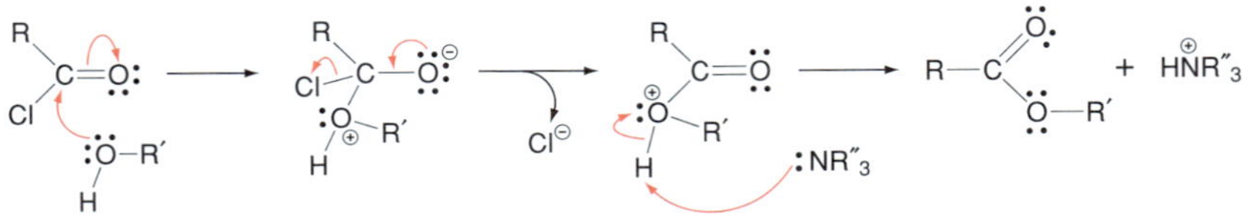

図 13.23 カルボン酸塩化物とアルコールとの反応によるエステルの合成

13.6.3 アミンとの反応── アミドの合成

カルボン酸塩化物はアンモニアやアミンとすみやかに反応し，高収率でアミドが得られる．アミンの窒素にアルキル基が一つ結合した第一級アミンおよび二つ結合した第二級アミンはアミドへ変換される(図 13.24a)が，アミンの窒素にアルキル基が三つ結合した第三級アミンはアミドには変換されない．これは，第三級アミンでは最終段階で脱離すべきプロトンがないためである(図 13.24b)．このようなアミド化反応では反応の進行に伴い HCl が発生するので，収率よくアミドを得るためには 2 倍量のアミンを用いる必要がある．アミンが高価な場合は，第三級アミンを代わりに加えて反応させると，第一級アミンや第二級アミンを無駄にすることなくアミドに変換できる(図 13.24c)．

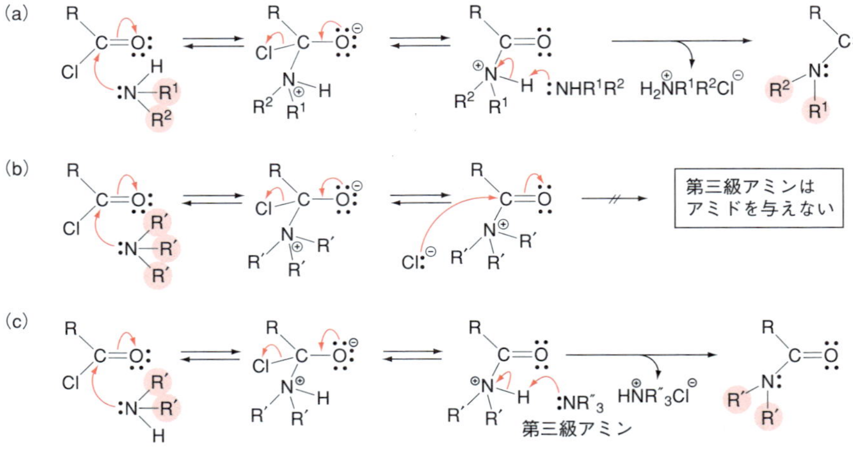

(a)

(b)

第三級アミンはアミドを与えない

(c)

第三級アミン

図 13.24 カルボン酸塩化物とアミンとの反応によるアミドの合成

13.6.4 加水分解反応

カルボン酸塩化物は水と反応して対応するカルボン酸と塩化水素を生成する(図 13.25). これはカルボン酸の合成というよりも，カルボン酸塩化物の反応性が高いため，水によって加水分解されると考えるべきであろう．つまり，カルボン酸塩化物は水中では不安定である．

図 13.25 カルボン酸塩化物の加水分解反応

Advanced **カルボン酸およびカルボン酸塩化物のヒドリド還元剤との反応**

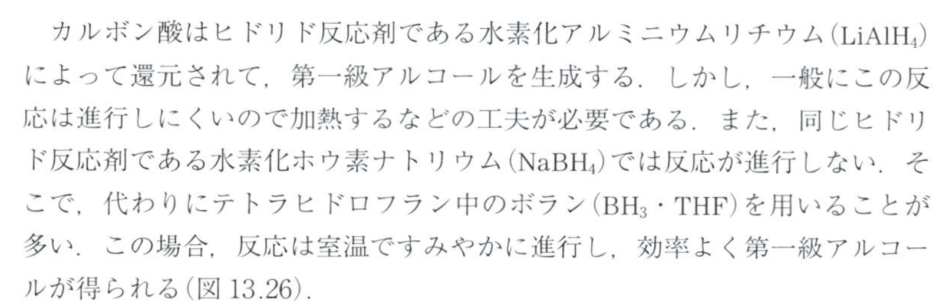

カルボン酸はヒドリド反応剤である水素化アルミニウムリチウム($LiAlH_4$)によって還元されて，第一級アルコールを生成する．しかし，一般にこの反応は進行しにくいので加熱するなどの工夫が必要である．また，同じヒドリド反応剤である水素化ホウ素ナトリウム($NaBH_4$)では反応が進行しない．そこで，代わりにテトラヒドロフラン中のボラン(BH_3・THF)を用いることが多い．この場合，反応は室温ですみやかに進行し，効率よく第一級アルコールが得られる(図 13.26).

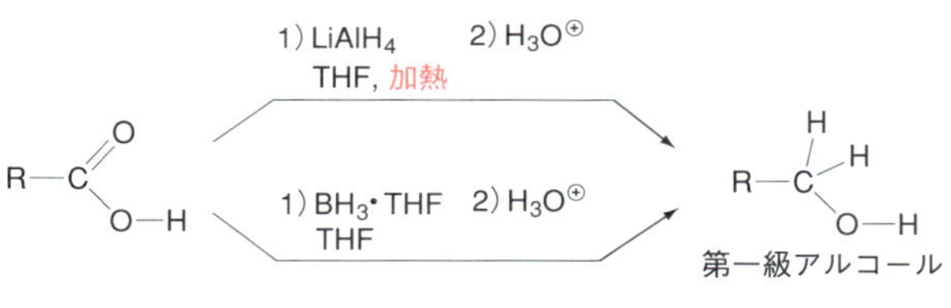

図 13.26 カルボン酸の還元

一方，カルボン酸塩化物の場合は，水素化アルミニウムリチウム($LiAlH_4$)だけでなく，水素化ホウ素ナトリウム($NaBH_4$)によっても還元され，第一級アルコールが得られる．この反応では，まずヒドリドイオンがカルボニル基に付加して四面体中間体を生成したのち，すみやかに Cl^- が脱離する．こうして生じたアルデヒドがただちに $LiAlH_4$(あるいは $NaBH_4$)によって還元され，第一級アルコールが得られる(図 13.27).

図 13.27 カルボン酸塩化物と水素化アルミニウムリチウムとの反応による第一級アルコールの合成

13.7 カルボン酸無水物の反応

SBO カルボン酸の基本的性質と反応を列挙し，説明できる．

カルボン酸無水物の化学的性質はカルボン酸塩化物のそれとよく似ている．カルボン酸無水物の反応性は酸塩化物よりやや低いが，水，アルコール，アミンなどと同様に反応して，それぞれカルボン酸，エステル，アミドなどが生成する．13.5.2項で学んだように，カルボン酸無水物は2分子のカルボン酸から成り立つが，実際に反応に使われるのはこのうちの1分子分だけであるため，効率がやや悪い．

13.7.1 アルコールとの反応 —— エステルの合成

カルボン酸無水物はアルコールやフェノールと反応し，エステルが得られる．消炎および鎮痛薬であるアセチルサリチル酸(アスピリン)はサリチル酸の無水酢酸によるアセチル化によって合成される(図13.28)．

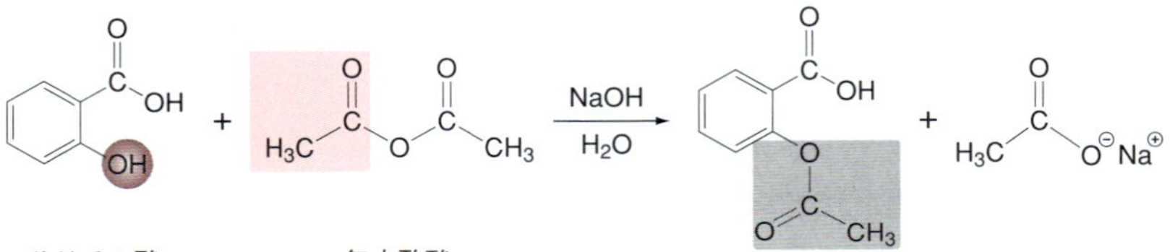

図13.28　サリチル酸のアセチル化によるアスピリンの合成

13.7.2 アミンとの反応 —— アミドの合成

カルボン酸無水物はアミンと反応し，アミドが得られる．解熱および鎮痛薬であるアセトアミノフェンはp-ヒドロキシアニリンと無水酢酸との反応によって合成される[*4](図13.29)．

*4 アミンのほうが水より求核性が高いので，水溶液中で起こる酸無水物の加水分解よりも優先してアミド化反応が進行する．

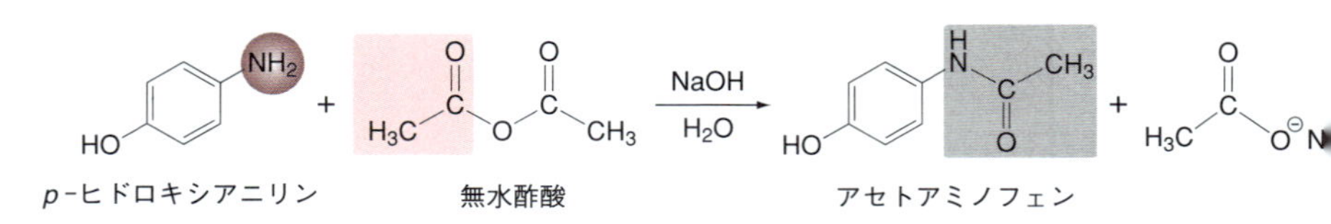

図13.29　p-ヒドロキシアニリンのアセチル化によるアセトアミノフェンの合成

13.8 エステルの反応

13.8.1 アミンとの反応 —— アミドの合成

エステルはアンモニアや第一級アミンおよび第二級アミンの求核攻撃を受けてアミドへと変換される．これを**アミノリシス**[*5](aminolysis)という(図13.30)．反応を効率的に進行させるためには，しばしば加熱が必要となる．

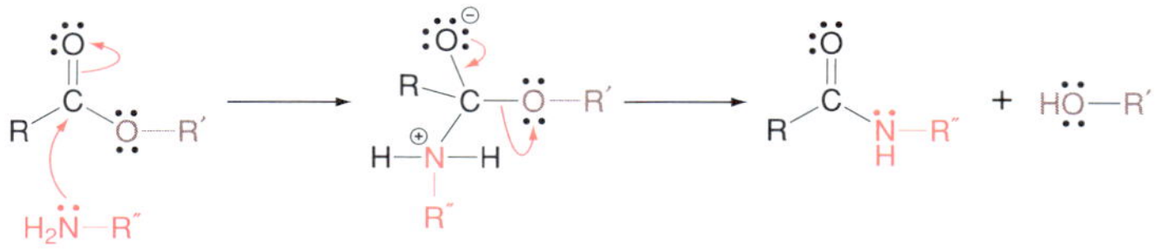

R–C(=O)–O–R′ + H_2N–R″ ⟶ R–C(O⊖)(O–R′)–N⊕H(H)–R″ ⟶ R–C(=O)–NH–R″ + HO–R′

図 13.30 アミノリシス

＊5 求核剤がアンモニアの場合は"アンモノリシス"という．

13.8.2 加水分解

エステルは酸性または塩基性水溶液のいずれによっても加水分解され，カルボン酸とアルコールが得られる．酸性水溶液による加水分解はちょうど Fischer エステル化の逆反応にあたるので，13.5.3 項を確認してほしい．また，塩基性溶液中のエステルの加水分解反応は**けん化**(saponification)とよばれる(図 13.31，15 章も参照)．

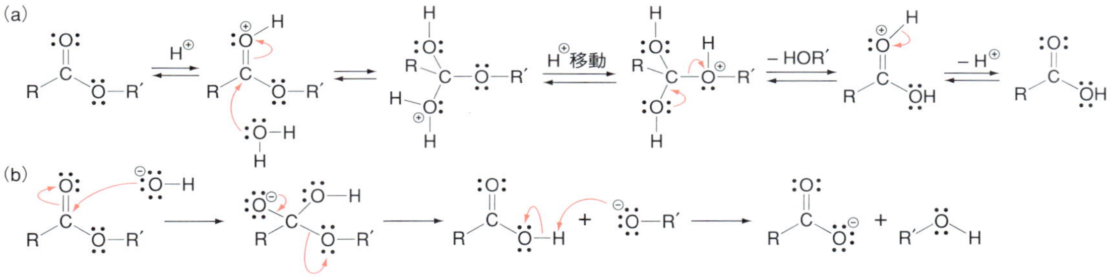

(a) R–C(=O)–O–R′ ⇄($H^⊕$) R–C(=O⊕H)–O–R′ + :O(H)–H ⇄ R–C(OH)(O⊕H₂)–O–R′ ⇄($H^⊕$ 移動) R–C(OH)(OH)–O⊕H–R′ ⇄(– HOR′) R–C(=O⊕H)–OH ⇄(– $H^⊕$) R–C(=O)–OH

(b) R–C(=O)–O–R′ + ⊖:O–H ⟶ R–C(O⊖)(OH)–O–R′ ⟶ R–C(=O)–O–H + ⊖:O–R′ ⟶ R–C(=O)–O⊖ + R′–O–H

図 13.31 エステルの加水分解
(a)酸性条件下，(b)塩基性条件下．

13.8.3 アルコールとの反応── エステル交換反応

エステルを酸あるいは塩基触媒存在下にアルコールと反応させると，エステル交換反応(**アルコリシス**，alcoholysis)が進行する(図 13.32)．反応機構は図 13.31 と同様で，H_2O が ROH に置き換わったものである．

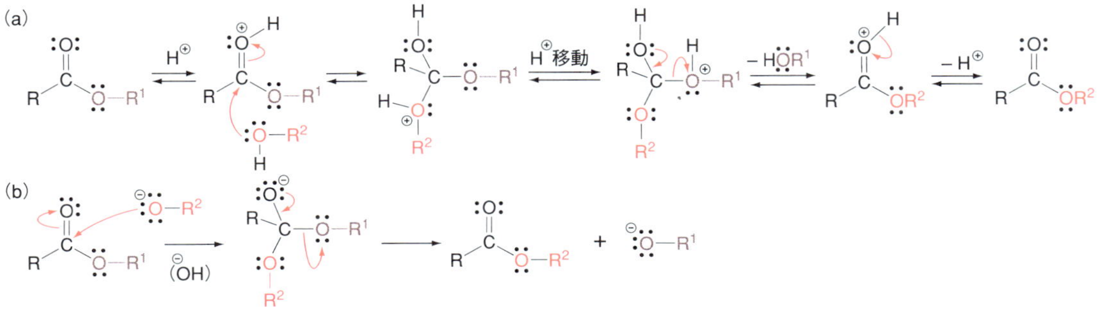

(a) R–C(=O)–O–R^1 ⇄($H^⊕$) R–C(=O⊕H)–O–R^1 + :O(H)–R^2 ⇄ R–C(OH)(O⊕H–R^2)–O–R^1 ⇄($H^⊕$ 移動) R–C(OH)(O–R^2)–O⊕H–R^1 ⇄(– HOR^1) R–C(=O⊕H)–OR^2 ⇄(– $H^⊕$) R–C(=O)–OR^2

(b) R–C(=O)–O–R^1 + ⊖:O–R^2 ⟶(⊖OH) R–C(O⊖)(O–R^2)–O–R^1 ⟶ R–C(=O)–O–R^2 + ⊖:O–R^1

図 13.32 アルコリシス
(a) 酸性条件下，(b) 塩基性条件下．

COLUMN　プロドラッグとしてのエステル

プロドラッグとは，吸収性や体内分布の改善，安定性や水溶性の向上，標的組織での選択的活性化，毒性や副作用の軽減，作用の持続化などの目的で化学修飾を施した医薬品である（18.6.3 項も参照）．体内で酵素や化学反応によって元の活性化合物（親化合物）に戻り，作用する．エステルはカルボン酸誘導体のなかでは比較的，加水分解を受けやすい．このようなエステルの性質（生体内で至適な安定性および反応性をもつこと）は，タイムリーな薬効発現が求められる医薬品の時間特性設計にも巧妙に利用されている．

医薬品に含まれるカルボキシ基は，しばしばイオン結合または水素結合を介して受容体に結合し，薬理活性の発現に重要な役割を果たす．しかし，その一方でイオン化したカルボキシ基は疎水性である細胞膜を通過する妨げとなり，薬物の吸収性が悪くなる場合がある．この問題を解決するため，エステルとしてプロドラッグ化する方法がしばしば採用されている．カルボキシ基に比べて極性が低減されたエステルは細胞膜を通過でき，それが血流中に入ると，すぐに血液中のエステラーゼによって加水分解され，活性型（親化合物）が生成する．

このように吸収性を改善させるためにつくられたエステル型プロドラッグの例には，抗インフルエンザウイルス薬であるオセルタミビル，抗高血圧薬エナラプリル酸のプロドラッグであるエナラプリル，抗菌薬アンピシリンのプロドラッグであるバカンピシリンなどがある（図①）．

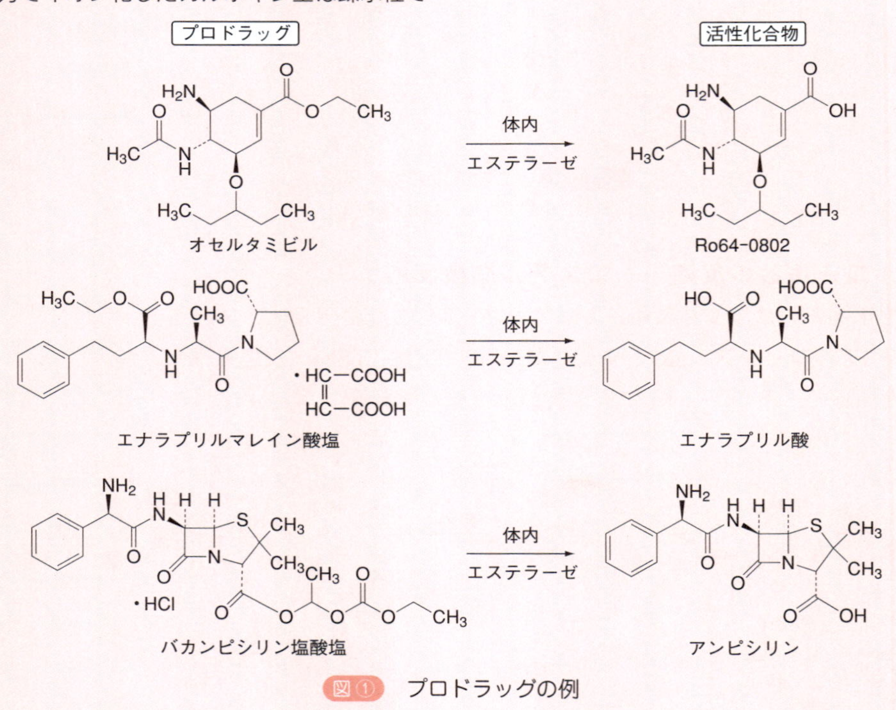

図①　プロドラッグの例

13.8.4 ヒドリド還元剤との反応

エステルを水素化アルミニウムリチウム($LiAlH_4$)と反応させると，アルデヒドを経由してアルコールを生成する．エステルよりもアルデヒドの反応性が高いため，水素化アルミニウムリチウムではアルデヒドで反応を止めることは難しい．一方，水素化ホウ素ナトリウム($NaBH_4$)は反応性が低いため，通常はエステルとの還元反応は進行しない(図 13.33)．

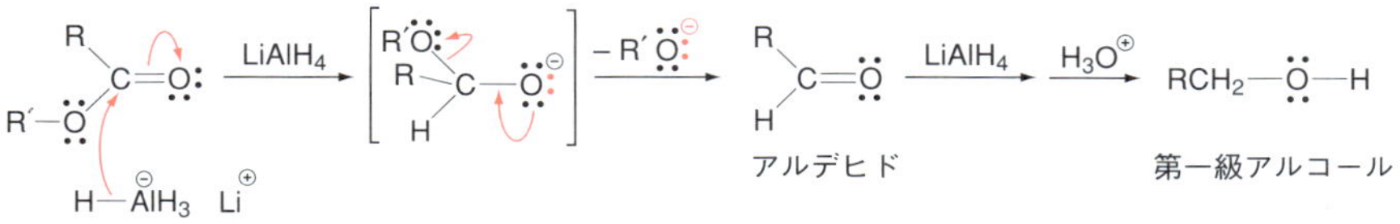

LiAlH₄　−R′O⁻　アルデヒド　LiAlH₄　H_3O^+　RCH_2—O—H　第一級アルコール

図 13.33 エステルの水素化アルミニウムリチウムによる還元反応

13.8.5 Grignard 反応剤との反応 —— 第三級アルコールの合成

エステルを Grignard 反応剤と反応させると，ケトンを経由して，二つの同じ置換基をもつ第三級アルコールが得られる(図 13.34)．

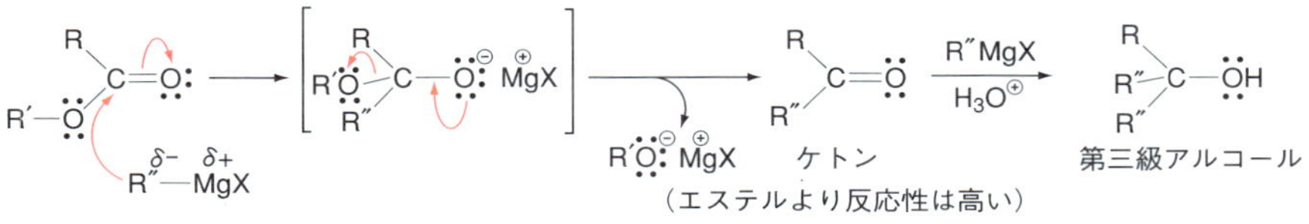

R″MgX　H_3O^+　ケトン　(エステルより反応性は高い)　第三級アルコール

図 13.34 エステルと Grignard 反応剤との反応による第三級アルコールの合成

13.9 アミドの性質と反応

SBO カルボン酸の基本的性質と反応を列挙し，説明できる．

カルボン酸誘導体のなかでアミドは最も反応性が乏しく，安定な化合物である(図 13.14 参照)．アミドのカルボニル炭素は求電子性が乏しく，求核攻撃を受けにくい．この性質は，アミド窒素の非共有電子対が非局在化すること，すなわちアミドが図 13.35 のような共鳴構造をとり，安定化していることに起因している．その結果，窒素上の電子密度は低下しているので，すでに 5.3.2 項で述べたように，アミドは塩基性を示さない．

この共鳴構造によって，アミドの C−N 結合は二重結合性をもつため，回転は束縛されている．また，アミド結合は平面構造をとる．このようなアミ

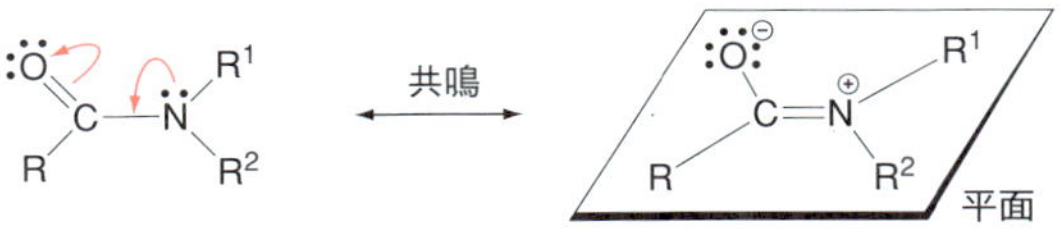

共鳴　平面

図 13.35 アミドの共鳴構造
C−N 結合の回転は束縛されている．

COLUMN アシル炭素上での付加-脱離反応が関与する生体内反応

カルボン酸から付加-脱離機構を経てさまざまな誘導体が生成することを学んだ．このアシル炭素上での付加-脱離は比較的に活性化エネルギーの低い反応であり，生体内でもしばしば起こっている．

アセチルコリンは神経伝達物質としてシナプス間に放出されるが，神経インパルスが細胞間で伝達された後には，受容体細胞が別のインパルスを受けられるように，アセチルコリンエステラーゼによってすみやかに加水分解され，不活性なコリンになる（図①）．コリンは神経細胞に吸収され，再びアセチル化を受けてアセチルコリンとして再利用される．

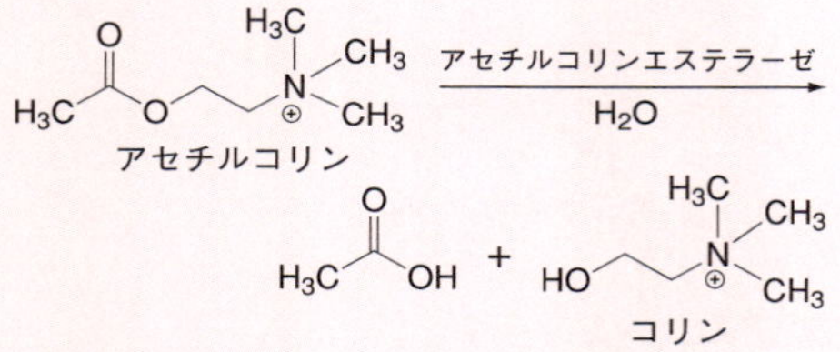

アセチルコリン —(アセチルコリンエステラーゼ, H_2O)→ H_3C–COOH ＋ コリン

図① アセチルコリンの代謝

また，プロスタグランジンやトロンボキサンの前駆物質であるアラキドン酸は，普段はホスファチジルイノシトール（15.3.2項参照）のグリセロールC2位エステル体として細胞膜中に貯蔵されている．しかし，いったん生体にとって必要になると，ただちにホスホリパーゼA_2によって加水分解されて，アラキドン酸を遊離する．アラキドン酸は，多段階の化学修飾を受けてプロスタグランジンを生成する（図②）．

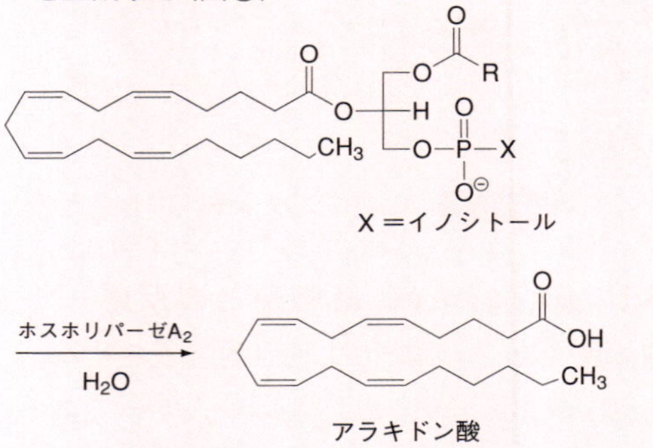

X＝イノシトール —(ホスホリパーゼA_2, H_2O)→ アラキドン酸

図② アラキドン酸の遊離

タンパク質はリボソームで生合成される．リボソームにおいて，アミノ酸のカルボキシ基はATP依存性アミノアシルtRNAによってアシル化アデニル酸誘導体に変換されて活性化される（カルボン酸無水物との類似点に注目してほしい）．ついで，このアミノアシル基が特異的なtRNA分子へ移されエステル結合を形成する．得られたアミノアシルtRNAエステルは，リボソーム上でアミド結合を形成してタンパク質をつくっていく（図③）．

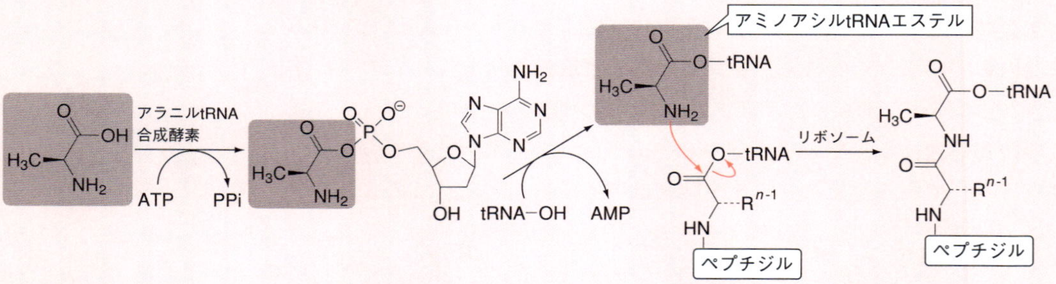

アラニルtRNA合成酵素 (ATP → PPi)　tRNA–OH → AMP　アミノアシルtRNAエステル　リボソーム　ペプチジル

図③ ペプチドの生合成

ド結合の性質はのちの15.1節で述べるタンパク質やペプチドを形成するペプチド結合(アミノ酸単位がつくるアミド結合)においても同じである.

13.9.1 アミドの加水分解

反応性が低いアミドに対する水(および水酸化物イオン, HO^-)の反応には過酷な条件が必要とされる.

(a) 酸性での加水分解

アミドのカルボニル酸素を酸によってプロトン化すると, 水による求核攻撃を受け入れるようになる. 生成する四面体中間体において, 塩基性の高いアミン部分が優先的にプロトン化し, アミンの脱離が促進される. 一般に, 酸性でアミドを加水分解するためには, 70%硫酸とともに100℃で数時間加熱するという過酷な条件が必要とされる(図13.36).

(b) 塩基性での加水分解

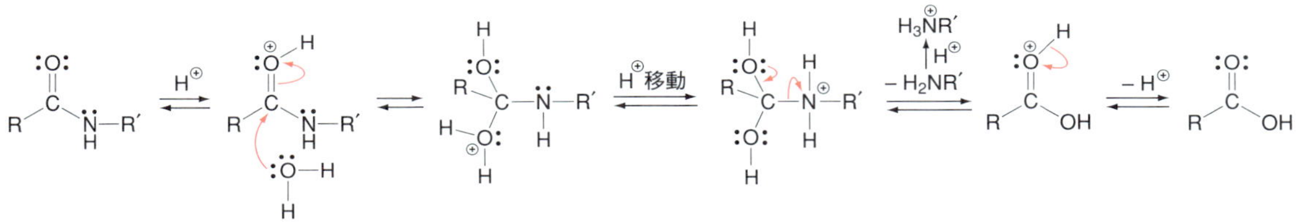

図13.36 アミドの酸性条件での加水分解

アミドの塩基性での加水分解も, 同様に過酷な条件が必要とされる. 塩基性での加水分解では脱離性が乏しいアミドイオン(NH_2^-)を脱離させるため, 高温, 長時間という条件が必要となる(図13.37).

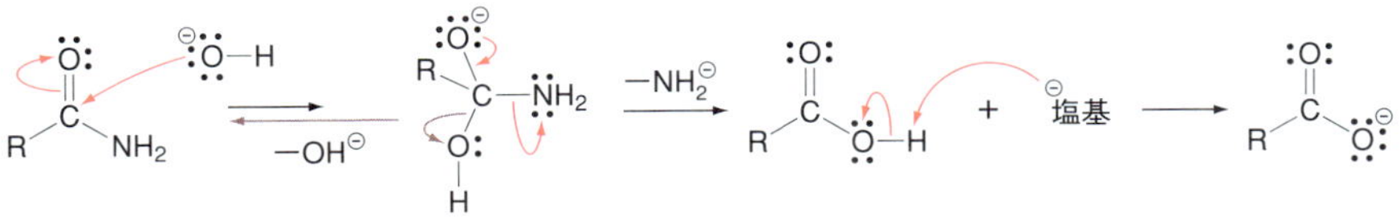

図13.37 アミドの塩基性条件での加水分解

13.9.2 ヒドリド還元剤との反応 —— アミンの合成

アミドを還元力の強い水素化アルミニウムリチウム($LiAlH_4$)と反応させると, アミンが生成する. ほかのカルボン酸誘導体と同様に, 反応はヒドリドイオンがカルボニル基に付加することから始まる. 生成した四面体中間体ではアミノ基の非共有電子対が供与されてイミニウムイオンが生成する. 続いてイミニウムイオンがヒドリドイオンで還元され, アミンが得られる(図13.38).

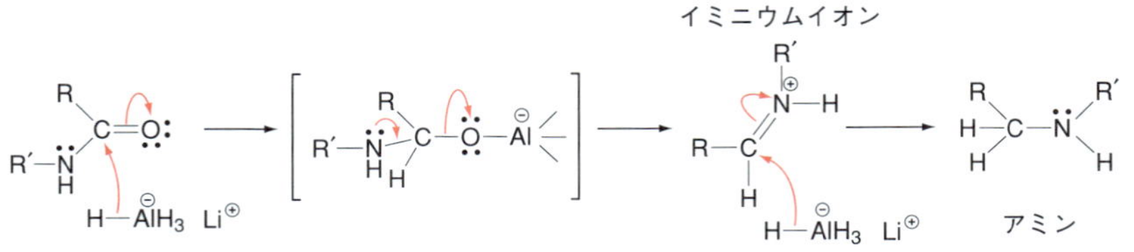

イミニウムイオン

アミン

図 13.38 アミドとヒドリド還元剤との反応によるアミンの合成

13.9.3 アミド N－H 結合が関与する反応

SBO 含窒素化合物の塩基性度を比較して説明できる.

アミドのカルボニル基の α 炭素原子上の水素と，窒素原子上の水素は，ともに酸性である．NH の水素および CH の水素の pK_a はそれぞれ 22 および 30 であり，NH の水素のほうが引き抜かれやすい．NH の水素が引き抜かれると**アミダートイオン**が生成する(図 13.39)．このアミダートイオンが関与する反応について説明する．

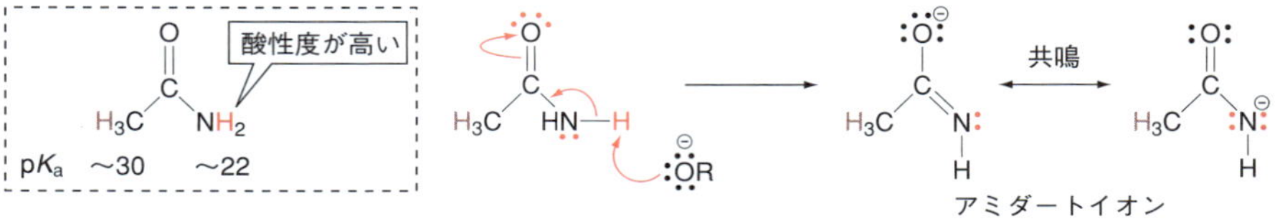

酸性度が高い

pK_a ～30 ～22

共鳴

アミダートイオン

図 13.39 アミダートイオンの生成

(a) Hofmann 転位

SBO 転位反応の特徴を述べることができる.

第一級アミドを塩基性条件下で臭素と反応させると転位反応が起こり，形式的にはカルボニル基がなくなったアミンが生成する(図 13.40)．この反応は **Hofmann 転位**(ホフマン)(Hofmann rearrangement)とよばれ，有機化学的にたいへん興味深い多段階反応によって構成されている(17.3.2 項参照)．

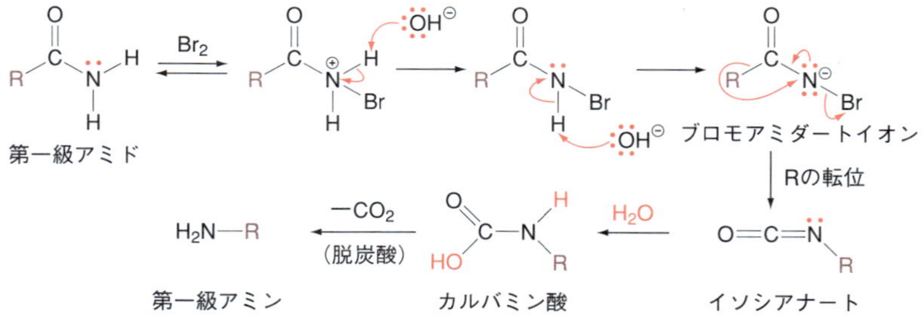

第一級アミド

ブロモアミダートイオン

Rの転位

H_2O

$-CO_2$ (脱炭酸)

第一級アミン

カルバミン酸

イソシアナート

図 13.40 Hofmann 転位

反応はアルカリ性条件下での臭素化から始まる．*N*-ブロモアミドからさらにプロトンが引き抜かれてアミド窒素のブロモアミダートアニオンが生じる．このアニオンから，臭化物イオンが脱離すると同時に，カルボニル炭素上の R が窒素上へ転位して**イソシアナート**(isocyanate)を生成する．イソシアナートに水が付加すると**カルバミン酸**(carbamic acid)となり，ついで自発的に**脱炭酸**(decarboxylation)が起こり，アミンが得られる．

(b) アミドの脱水反応——ニトリルの合成

第一級アミドを $SOCl_2$，P_2O_5，$POCl_3$ などと反応させて脱水すると，ニトリルが生成する．この反応はのちに述べるニトリルの水和によって第一級アミドが生成する反応の逆反応である(図 13.41)．

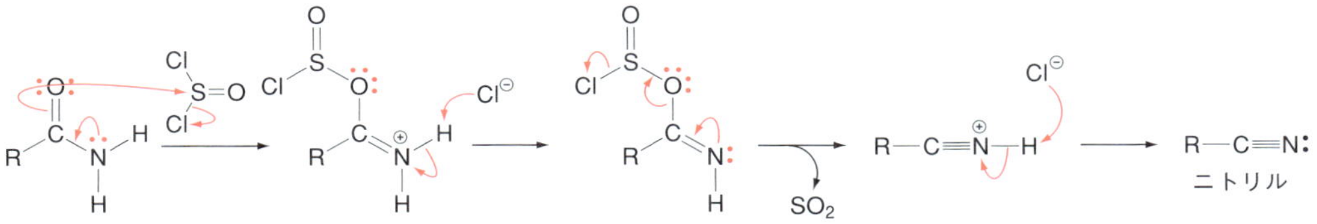

図 13.41　アミドの脱水反応によるニトリルの合成

13.10 カルボン酸およびカルボン酸誘導体のα位での反応

SBO カルボン酸の基本的性質と反応を列挙し，説明できる．
SBO カルボン酸誘導体(酸ハロゲン化物，酸無水物，エステル，アミド)の基本的性質と反応を列挙し，説明できる．

アルデヒドやケトンではカルボニルのα位に反応が起こることを 12.5 節で学んだ．では，カルボン酸やその誘導体ではカルボニル基のα位に同様な反応が起こるのだろうか．結論からいえば，カルボン酸ではカルボニル基のα位が関与する反応は起こりにくい．それは，α水素が示す酸性よりも，カルボキシ基の OH の酸性のほうがはるかに大きいからである．

これに対し，カルボン酸誘導体ではカルボキシ基の OH は存在しないので，α水素の酸性度が影響した反応が起こるようになる．この場合，カルボニル炭素に結合している置換基(L)の電子求引性が高いほどα水素の酸性度は高くなるので，酸性度は酸塩化物＞酸無水物＞エステル＞アミドの順になる．したがって，α位が関与する反応の起こりやすさも酸塩化物＞酸無水物＞エステル＞アミドの順に低下する(図 13.42)．

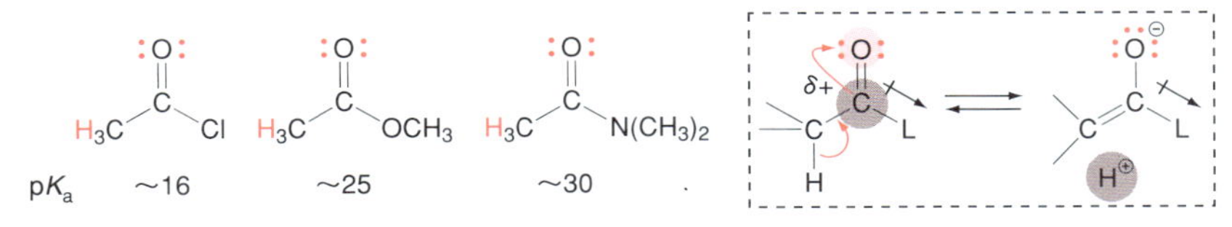

図 13.42　カルボン酸誘導体のα水素の酸性度
置換基(L)の電子求引性が大きいほど，α水素の酸性度は上昇する(17.2.4 項，表 17.1 参照)．

13.10.1 エステルのカルボニル基のα水素が関与する反応

図 13.43 のように，エステルのカルボニル基のα水素の酸性度はアルデヒ

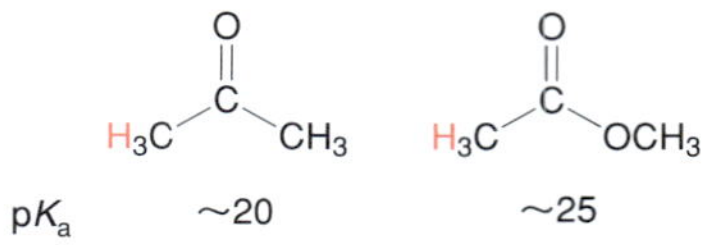
O
O
C
C
H3C
CH3
H3C
OCH3
pKa
~20
~25

図 13.43　アセトンと酢酸メチルの α 水素の酸性度

ドやケトンのそれよりも低い．ただし，適切な塩基を選択することによってプロトンを引き抜き，エノラートイオンを生成することができる．

α 水素をもつエステルを低温（-78 ℃程度）でリチウムジイソプロピルアミド（LDA，14.3.2 項，図 14.11 参照）のようなかさ高く求核性が低い強塩基と反応させると，ほぼ完全にエノラートイオンに変換することができる．このエノラートイオンは S_N2 反応でハロゲン化アルキルと反応し，α 位がアルキル化された生成物が得られる．この反応は炭素-炭素結合をつくる反応として重要である（図 13.44，17.2.4 項参照）．

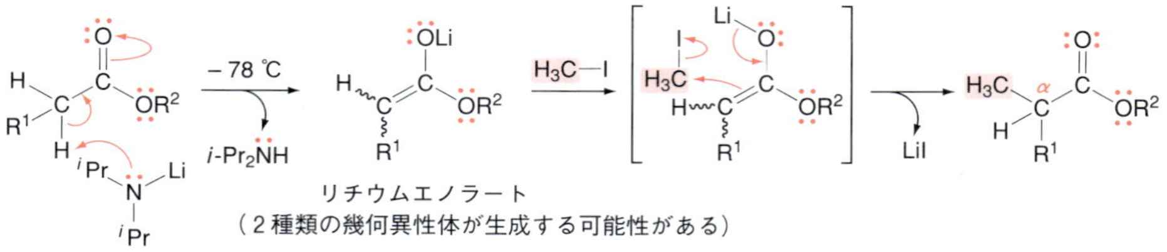
−78 ℃
i-Pr2NH
OLi
OR2
R1
H3C—I
Li
H3C
LiI
α
リチウムエノラート
（2 種類の幾何異性体が生成する可能性がある）

図 13.44　エステルのカルボニル基の α 位のアルキル化

また，α 水素をもつエステル 1 分子をナトリウムエトキシド（C_2H_5ONa）のような塩基 1 分子で処理すると，可逆的な反応が起こって β-ケトエステル生成物が得られる．これを **Claisen 縮合**（クライゼン）（Claisen condensation）という．Claisen 縮合はアルドール反応の機構に似ているが，カルボニル基への求核付加ののちに，四面体中間体からアルコキシ基が脱離するところが異なっている（図 13.45）．

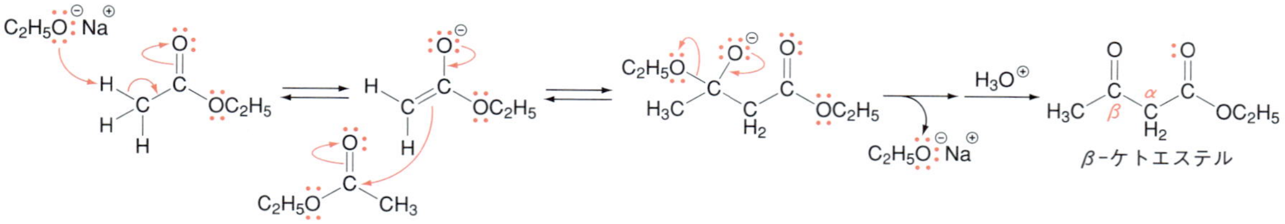
C2H5O Na
OC2H5
H3O+
H3C
CH3
H2
α
β
β-ケトエステル

図 13.45　Claisen 縮合

13.10.2　アミドのカルボニル基の α 水素の酸性

13.9.3 項で述べたように，アミドでは NH の水素の酸性度がより高く，先に引き抜かれるため，アミドのα炭素上の水素を引き抜くことは難しい．現実的には，窒素上に水素が存在しない第三級アミドの場合にのみ，CH の水素が引き抜かれた**アミドエノラートイオン**(amide enolate ion)が生成する(図 13.46)．

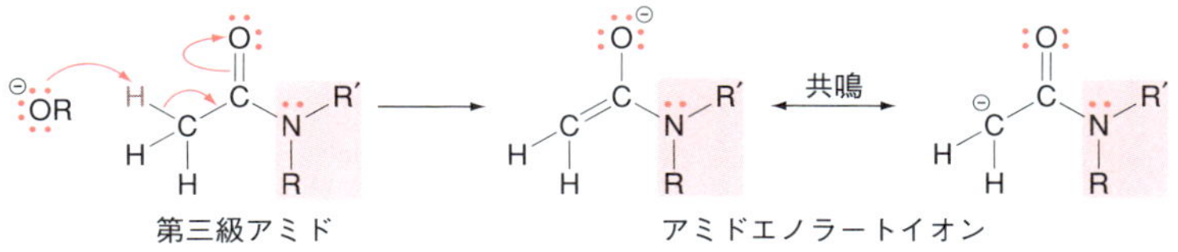

:O: ⊖:OR H C N R′ H C H H R
第三級アミド
:O:⊖ C N R′ H C H H R 共鳴 :O: ⊖C C N R′ H H R
アミドエノラートイオン

図 13.46 アミドエノラートイオンの生成

13.11 ニトリルの反応

ニトリルの炭素はカルボキシ炭素と同じ酸化状態にあり，容易にほかのカルボン酸誘導体に変換されることから，ニトリルはカルボン酸の誘導体と見なせる．

SBO ニトリル類の基本的な性質と反応を列挙し，説明できる．

13.11.1 加水分解

ニトリルを酸性または塩基性条件で加水分解すると，アミドを経てカルボン酸が生成する(図 13.47)．しかし，反応を進行させるためには過酷な条件が必要である．

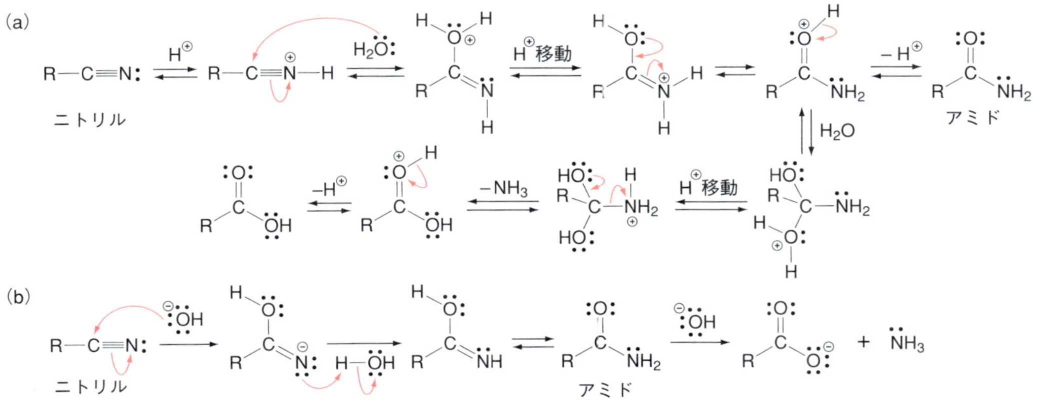

(a)
R—C≡N: $H^{\oplus}$ R—C≡N⊕—H $H_2\ddot{O}$: H—O⊕—H R C=N H $H^{\oplus}$ 移動 H—O: R C=N⊕ H H :O⊕—H R C NH_2 $-H^{\oplus}$:O: R C NH_2
ニトリル アミド
H_2O
:O: R C OH $-H^{\oplus}$:O⊕—H R C OH $-NH_3$ HO: R—C—NH_2⊕ H HO: $H^{\oplus}$ 移動 HO: R—C—NH_2 H—O⊕ H

(b)
R—C≡N: ⊖:OH H—O: R C=N:⊖ H—OH H—O: R C=NH :O: R C NH_2 ⊖:OH :O: R C O:⊖ + NH_3
ニトリル アミド

図 13.47 ニトリルの加水分解反応によるカルボン酸の合成
(a) 酸性条件下，(b) 塩基性条件下．

13.11.2 Grignard 反応剤との反応——ケトンの合成

ニトリルを Grignard 反応剤と反応させるとニトリル炭素への求核攻撃が進行し，イミン塩が生成する．これに酸性水溶液を加えて後処理するとイミンが生成したのち，ただちに加水分解されてケトンが得られる（図 13.48）.

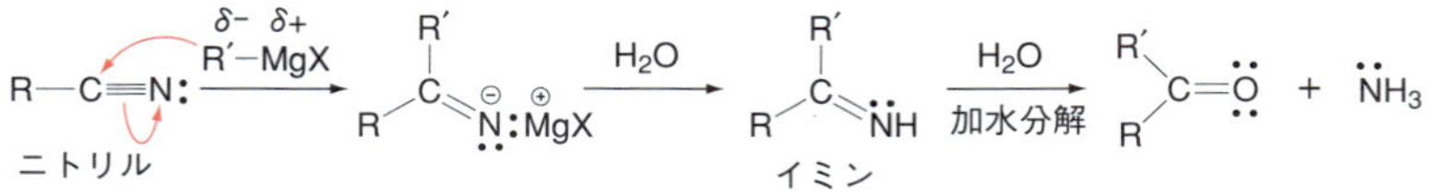

$$\mathrm{R{-}C{\equiv}N:} \xrightarrow{\overset{\delta-\ \delta+}{\mathrm{R'{-}MgX}}} \mathrm{R(R')C{=}\ddot{N}^{\ominus}:MgX^{\oplus}} \xrightarrow{H_2O} \mathrm{R(R')C{=}\ddot{N}H} \xrightarrow[\text{加水分解}]{H_2O} \mathrm{R(R')C{=}\ddot{O}} + \ddot{N}H_3$$

ニトリル　　イミン

図 13.48　ニトリルと Grignard 反応剤との反応によるケトンの合成

13.11.3　ニトリルの還元反応

（a）ニトリルの部分還元――アルデヒドの合成

ニトリルを水素化ジイソブチルアルミニウム［H-Al(*i*-Bu)$_2$］と反応させると，ニトリル炭素をヒドリドイオン（H$^-$）が攻撃してイミン誘導体が得られる．この段階で水を加えると，さらに加水分解反応が進行してアルデヒドが生成する（図 13.49）.

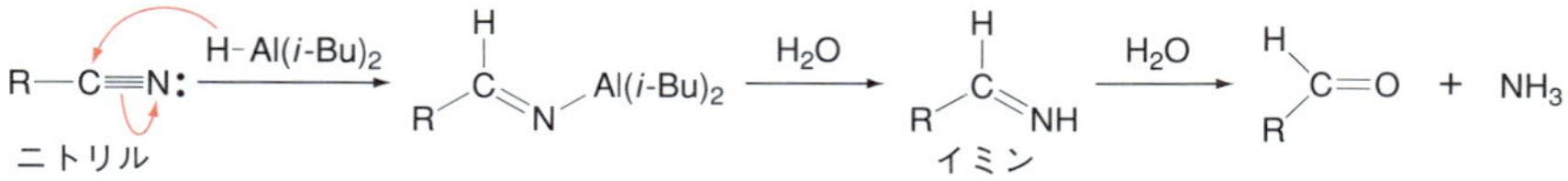

$$\mathrm{R{-}C{\equiv}N:} \xrightarrow{\mathrm{H{-}Al(\mathit{i}\text{-}Bu)_2}} \mathrm{R(H)C{=}N{-}Al(\mathit{i}\text{-}Bu)_2} \xrightarrow{H_2O} \mathrm{R(H)C{=}NH} \xrightarrow{H_2O} \mathrm{R(H)C{=}O} + NH_3$$

ニトリル　　イミン

図 13.49　ニトリルの部分還元によるアルデヒドの合成

（b）アミンの合成

ニトリルをより強力なヒドリド還元剤で処理すると，反応はイミン誘導体の段階では止まらず，２度目のヒドリドイオンの攻撃が進行する．最後に水を加えて後処理すると，第一級アミンが得られる．また，ニトリルの三重結合は，触媒を用いる接触水素化（還元）によっても第一級アミンに変換される（図 13.50）.

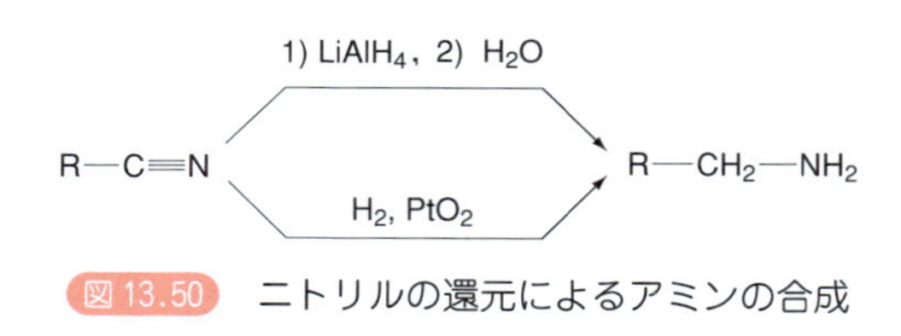

図 13.50　ニトリルの還元によるアミンの合成

13.12　カルボン酸の合成

SBO カルボン酸の代表的な合成法について説明できる.

カルボン酸の合成法について簡単にまとめる.

（a）第一級アルコールの酸化，アルデヒドの酸化

第一級アルコールを酸化すると，アルデヒドが得られる．アルデヒドをさらに酸化することによってカルボン酸が得られる（10.2.1 項参照）.

（b）カルボン酸誘導体の加水分解

本章の各節で述べたように，さまざまなカルボン酸誘導体を加水分解する

とカルボン酸が得られる．

（c）Grignard 反応剤と二酸化炭素の反応

Grignard 反応剤と二酸化炭素を反応させると求核付加反応が進行し，カルボン酸のマグネシウム塩ができる．続いてこれを加水分解すると，カルボン酸が得られる．このカルボキシ化反応は Grignard 反応剤をドライアイス（二酸化炭素の固体）に注ぐことによって行われる（図 13.51）．

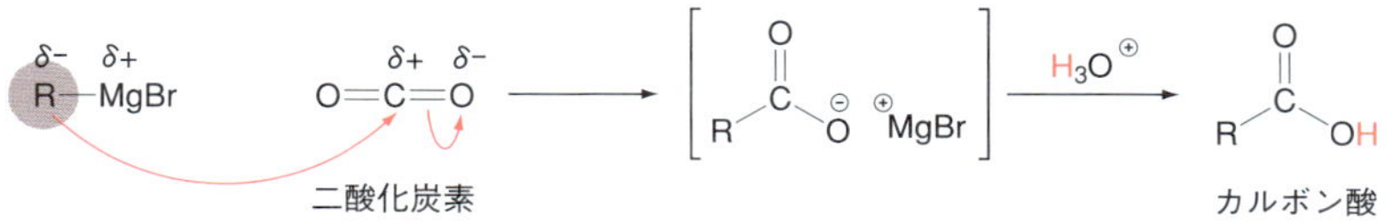

δ− δ+ R—MgBr　δ+ δ− O=C=O（二酸化炭素）→ [RCOO⊖ ⊕MgBr] —H_3O^+→ RCOOH（カルボン酸）

図 13.51　Grignard 反応剤と二酸化炭素の反応によるカルボン酸の合成

章末問題

1． 次の 2 種類の化合物のうち，どちらが強い酸か．

a. $H_3C-COOH$　　$Cl-CH_2-COOH$

b. $F-CH_2-COOH$　　$Br-CH_2-COOH$

c. 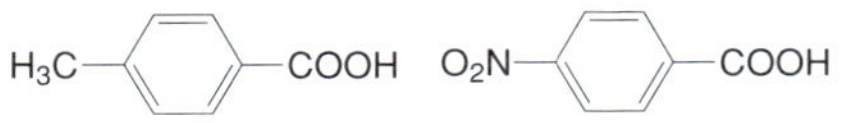 $H_3C-C_6H_4-COOH$　　$O_2N-C_6H_4-COOH$

d. 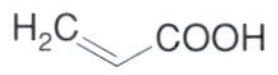 $H_2C{=}CH-COOH$　　$HC\equiv C-COOH$

2． 次の化合物から安息香酸を合成する方法を示せ．

a. ベンジルアルコール
b. トルエン
c. ブロモベンゼン
d. アニリン
e. アセトフェノン

3． ブタン酸を原料として，次の化合物を合成するための方法を示せ．

a. 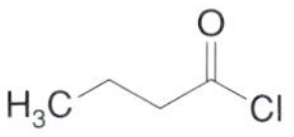 $H_3C-CH_2-CH_2-C(=O)Cl$

b. $H_3C-CH_2-CH_2-C(=O)-O-C(=O)-CH_2-CH_2-CH_3$

c. $H_3C-CH_2-CH_2-C(=O)-O-CH_2-CH_2-CH_2-CH_3$

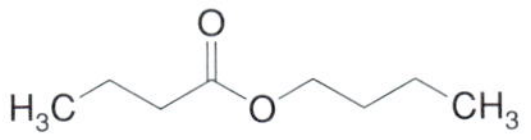

d. 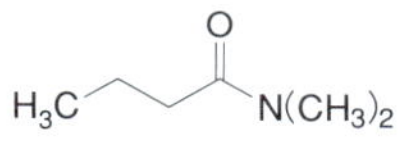 $H_3C-CH_2-CH_2-C(=O)N(CH_3)_2$

e.  $H_3C-CH_2-CH_2-CH_2-N(CH_3)_2$

f. 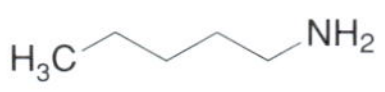 $H_3C-CH_2-CH_2-CH_2-CH_2-NH_2$

g. $H_3C-CH_2-CH_2-C(=O)-CH_2-CH(CH_3)-CH_3$

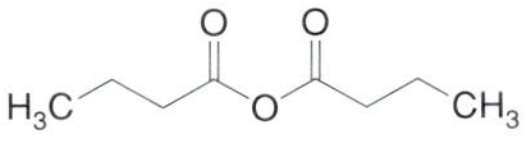

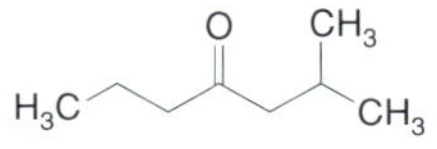

h. $H_3C-CH_2-CH_2-CHO$

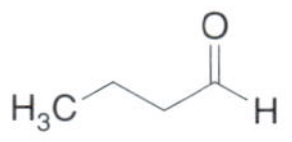

i. 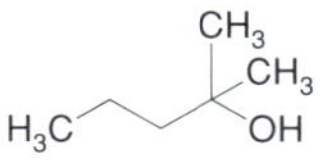 $H_3C-CH_2-CH_2-C(CH_3)_2-OH$

4． 次の変換を行うために必要な一連の反応式を書け．

a. 1-ペンタノールからヘキサン酸
b. 1-ペンタノールからブタン酸
c. トルエンから *p*-ニトロ安息香酸
d. トルエンからフェニル酢酸
e. 1-ブテンからプロピオン酸ナトリウム

5． 次の反応式の生成物を書け．

a. 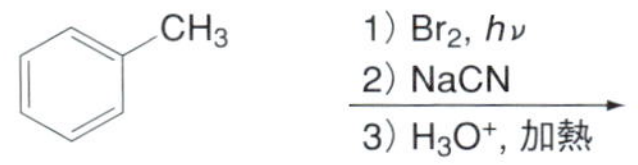 $C_6H_5-CH_3$ —1) Br_2, $h\nu$　2) NaCN　3) H_3O^+, 加熱→

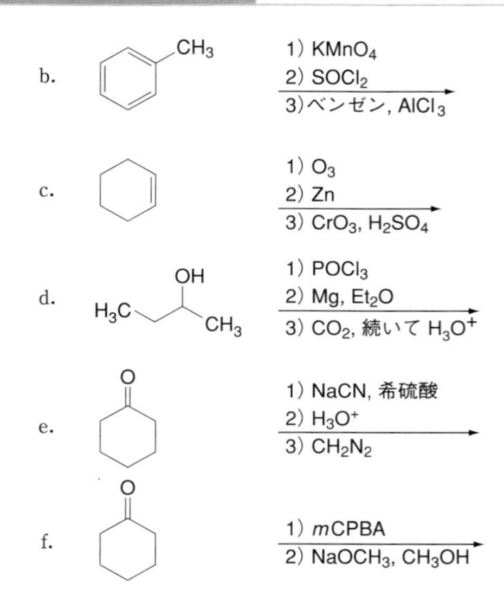

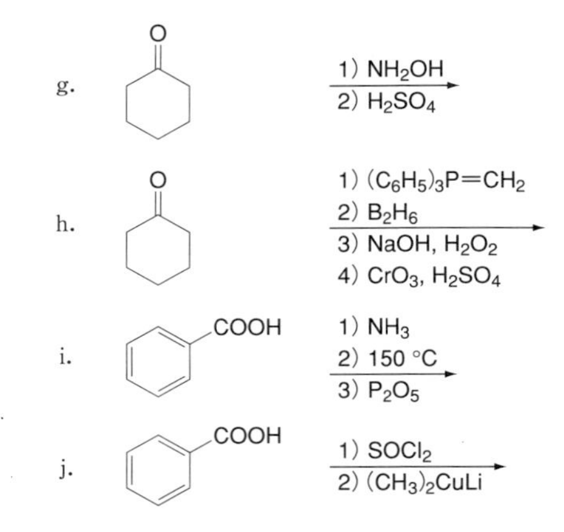

6. アセトニトリルと *tert*-ブタノールの混合物に硫酸と水を加えて加熱すると，*N*-*tert*-ブチルアセタミドが生成した．この反応の機構を書け．

14 アミンの性質と反応

❖ 本章の目標 ❖

- アミンの代表的な性質と反応について学ぶ.
- アミンの代表的な合成法について学ぶ.
- 代表的な生体内アミンについて学ぶ.
- カテコールアミンアナログの医薬品とその化学構造について学ぶ.

14.1 アミンとは

窒素原子に１～３個のアルキル基やアリール基が結合した化合物を広く**アミン***1(amine)と総称する．アミンは一般に塩基性および求核性を示し，生体成分，食品，医薬品中に広く見いだされ，重要な生命機能や薬理活性の発現と制御に深く関与している(図 14.1)．アミンの塩基性は窒素原子の非共有電子対によってもたらされる．

14.2 アミンの構造と性質

14.2.1 sp^3 混成した窒素をもつアミンの構造

アンモニア(ammonia)の水素がアルキル基やアリール基で置換されてできたアミンの窒素原子は，アンモニアの窒素原子と同様に sp^3 混成をしている．このため，アミンは「ピラミッド形」と表現されるようなほぼ正四面体に近い構造をとっている(２章参照)．この四面体の三つの頂点は三つの置換基によって占められ，残る一つの頂点を非共有電子対が占めている．

窒素原子に結合する置換基の数によって，**第一級アミン**(primary amine)，**第二級アミン**(secondary amine)，**第三級アミン**(tertiary amine)に分類される(図 14.2，12.4.4 項も参照)．これは，これまでのアルコールとハロゲン化アルキルにおける級数とは異なることに注意してほしい．アミンの場合

*1　一般にはアンモニアの１～３個の水素がアルキル基やアリール基で置換された化合物，すなわち sp^3 混成した窒素をもつ誘導体をアミンという．本書では，官能基の機能性，とくに生体内での機能性という観点で，塩基性を示す sp^2 混成窒素誘導体(イミンやピリジンなど含窒素ヘテロ環化合物)もアミンに含めて解説する．

イミプラミン塩酸塩
（抗うつ薬）

プロプラノロール塩酸塩
（降圧薬）

エフェドリン塩酸塩
（気管支拡張・鎮咳薬）

モルヒネ塩酸塩
（鎮痛薬）

ジフェンヒドラミン
（アレルギー性疾患治療薬）

シメチジン
（消化性潰瘍治療薬）

レボフロキサシン
（抗菌薬）

図 14.1　アミンを含む医薬品

SBO アミン類の基本的性質と反応を列挙し，説明できる．

アミンは手が3本で
いつも帽子を
かぶっているね

おそろい！

の第一級，第二級，第三級という用語は，アンモニアを基本にして窒素に置換する置換基の数を示している．一方，アルコールとハロゲン化アルキルの級数は，それぞれヒドロキシ基やハロゲンが結合した炭素における置換アルキル基の数を示している（10.1 節と 9.4.2 項をそれぞれ参照）．

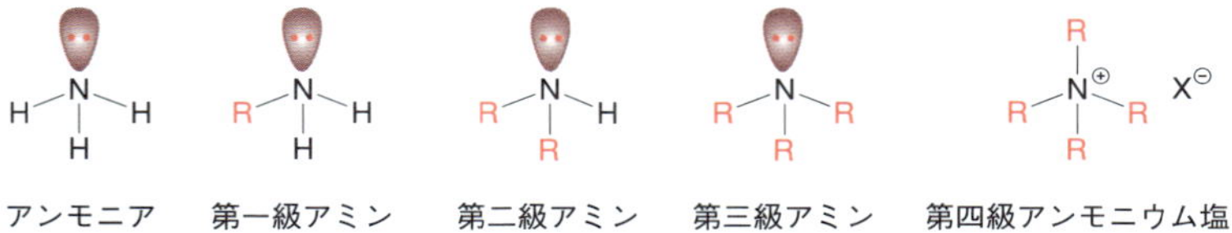

図 14.2　アミンの分類

なお，アミンの窒素に四つの置換基が結合したものも存在するが，この場合は窒素原子上に正電荷をもつことになるので，**第四級アンモニウムイオン**（quaternary ammonium ion）とよばれるイオンになる．

Advanced　アミンはキラルか

4 章で，炭素原子に異なる 4 種類の置換基が結合した分子はキラルであることを学んだ．さらに，炭素原子にかぎらず，窒素，硫黄，リンが不斉中心となるキラルな分子が知られていることも述べた（4.1 節参照）．

窒素原子の場合を考えてみよう．アミン窒素に異なる三つの置換基が結合した分子では，sp^3 窒素原子は四面体構造をとる．非共有電子対を第四の置換基と考えると，その構造は理論的にはキラルとなる．しかし，窒素上の非共有電子対は室温付近ではアミン反転といわれるすばやい異性化を起こすため，実際には光学不活性となることがほとんどである．

アミン反転は Walden 反転(9.4.2 項参照)と同じように，強風でひっくり返ってしまった傘の動きにたとえられる．アミン反転は窒素の原子軌道が sp^3 から sp^2 に変化した遷移状態を経由して進行する(図 14.3)．

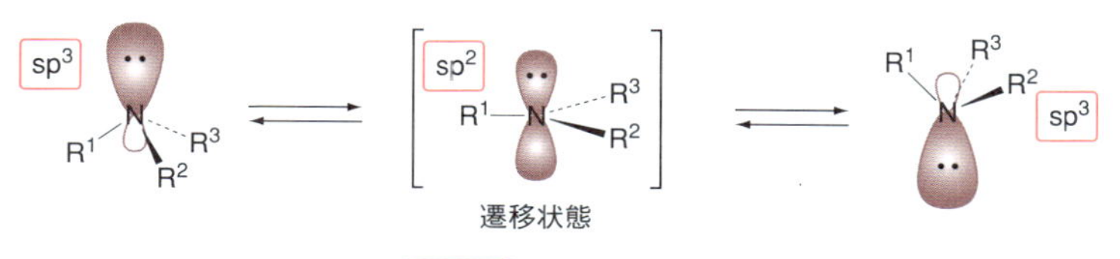

図 14.3　アミン反転

しかし，立体的な規制によって，アミン反転が起こらないなどの条件がととのえば，アミンもキラルな化合物になる．このほか，アンモニウム型の窒素に異なる四つの置換基が結合した第四級アンモニウム塩もキラル化合物である(図 14.4)．

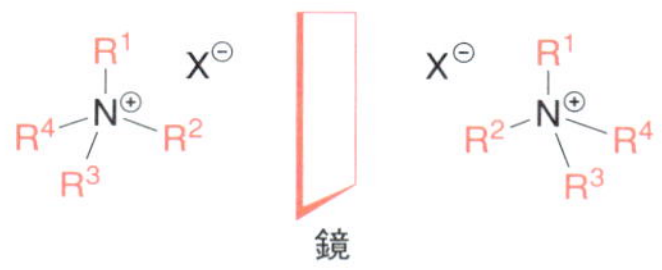

図 14.4　キラルな窒素化合物：第四級アンモニウム塩

14.2.2　sp^2 混成した窒素をもつアミン

アルデヒドやケトンと第一級アミンの反応によって生成するイミン(Schiff 塩基，12.4.4 項参照)の窒素は sp^2 混成しているが，非共有電子対をもつため塩基性を示す．ピリジンやイミダゾール(imidazole)などの複素環も同様の窒素原子をもつため，塩基性を示す(図 14.5，16 章も参照)．一方，ニトリルは 1 個の炭素と 3 本の共有結合をつくる窒素原子を含んでいるが，第三級アミンではなく，カルボン酸誘導体に分類される．ニトリルの窒素は sp 混成しており，比較的 s 性(5 章 p. 97 の Advanced 参照)が大きいので，弱いルイス塩基性しか示さない．

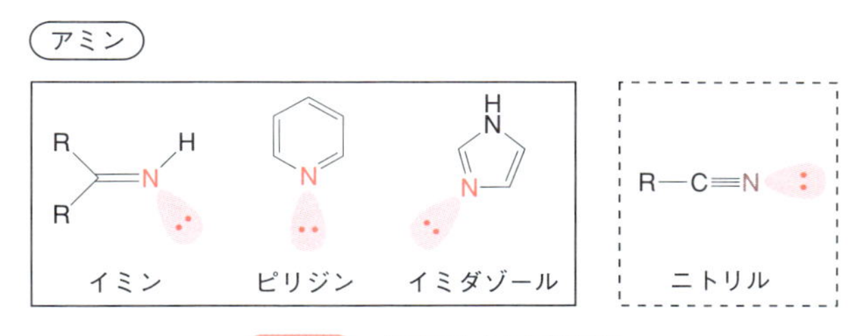

図 14.5　塩基性を示す窒素

ピリジンはベンゼンの炭素の一つが窒素に置き換わった化合物である．ピリジンの窒素は sp^2 混成しており，窒素に結合する 2 個の炭素と非共有電子対は同一平面に配置している．窒素は 2 個の炭素と 3 本の共有結合(2 本の

σ結合と1本のπ結合)をしていることから，形式上は第三級アミンに分類される(図14.6，8章図8.6や16章図16.6も参照).

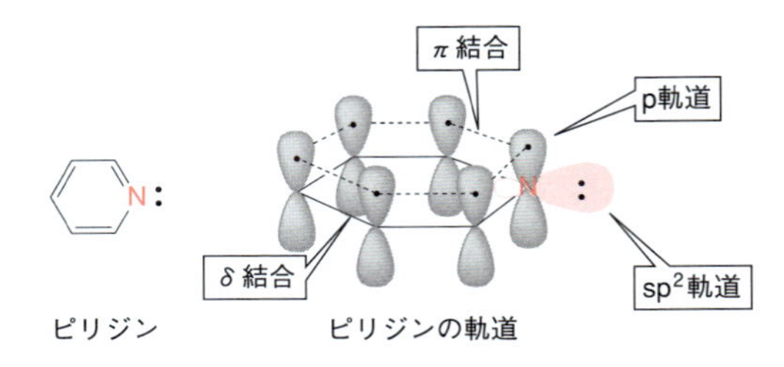

図14.6 sp² 混成軌道に入るピリジン窒素の非共有電子対
塩基性を示す.

14.3 アミンの塩基性と酸性

SBO アミン類の基本的性質と反応を列挙し，説明できる.

アミンは有機化学において非常に重要な化合物である．すでにいくつかの官能基との反応を通じて，アミンに関連した化合物について多くのことを学んできた．本節ではアミンの窒素原子上にある非共有電子対およびアミンのN−H結合の性質を解説し，アミンが示す反応性についての総合的な理解を目指す.

14.3.1 アミンの塩基性 —— プロトンとの親和性

アンモニア水溶液は塩基性を示す．これは，アンモニアの窒素原子上の非共有電子対が水からプロトン(H^+)を受け取り，水酸化物イオン(HO^-)を遊離するためである(図14.7a)．アミンも同様に塩基性を示す(図14.7b)が，その塩基としての強さは窒素上の置換基に依存している.

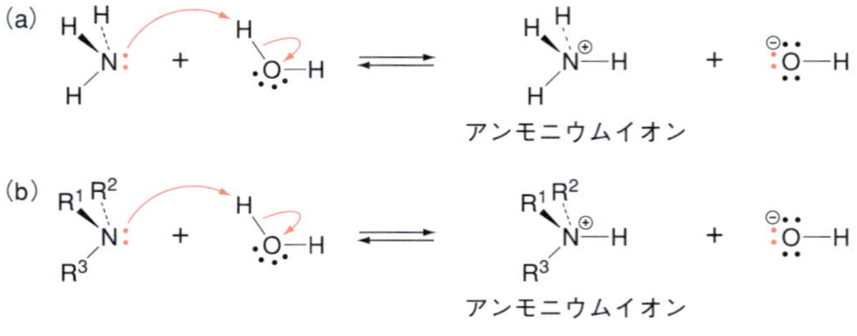

(a) $NH_3 + H_2O \rightleftharpoons NH_4^{\oplus} + {}^{\ominus}OH$
アンモニウムイオン

(b) $R^1R^2R^3N + H_2O \rightleftharpoons R^1R^2R^3NH^{\oplus} + {}^{\ominus}OH$
アンモニウムイオン

図14.7 塩基性を示すアンモニア(a)およびアミン(b)

5章で学んだように，一般的に塩基の強さは共役酸の酸性度によって判断されるが，直接，塩基性を比べるため，式(14.1)および式(14.2)の塩基性度(basicity)の定数 K_b を用いることもある*2.

*2 $pK_a + pK_b = 14$ の関係が成り立つ. p.291のAdvancedを参照.

$$RNH_2 + H_2O \overset{K_b}{\rightleftharpoons} R\overset{\oplus}{N}H_3 + {}^{\ominus}OH \tag{14.1}$$

$$K_b = \frac{[R\overset{\oplus}{N}H_3][H\overset{\ominus}{O}]}{[RNH_2]} \tag{14.2}$$

塩基性が強いほど反応は右側に進むことから，K_b が大きいほど塩基性が強いことを示す．また $pK_b = -\log K_b$ と定義され，pK_b が小さいほど強い塩基である．代表的なアミンの K_b と pK_b，およびその共役酸(アンモニウムイオン)の pK_a 値を表 14.1 に示す．

表 14.1 アミンの塩基性度

pK_a	共役酸	pK_b	K_b	塩基
10.7	$(H_3C)_2\overset{+}{N}H_2$	3.3	5.1×10^{-4}	$(H_3C)_2NH$
10.6	$H_3C-\overset{+}{N}H_3$	3.4	4.4×10^{-4}	H_3C-NH_2
9.3	$\overset{+}{N}H_4$	4.7	1.8×10^{-5}	NH_3
4.6	$C_6H_5-\overset{+}{N}H_3$	9.4	4.2×10^{-10}	$C_6H_5-NH_2$
0.8	$(C_6H_5)_2\overset{+}{N}H_2$	13.2	6.3×10^{-14}	$(C_6H_5)_2NH$

↑ 塩基性が強い

メチルアミンはアンモニアに比べて 10 倍塩基性が強い．アルキル基は電子供与性であり，アルキル基の数が 1 ～ 2 個増えると窒素原子上の電子密度が高くなる．したがって，プロトンを捕捉する能力，すなわち塩基性が増加する．このことは別のいい方をすれば，アルキル基の電子供与性によってアンモニウムイオンの正電荷が安定化され，平衡が右に偏るとも説明できる．これに対してベンゼン環が置換したアニリンではメチルアミンに比べて，塩基性は 100 万倍低下する．これは窒素原子上の非共有電子対が共鳴によってベンゼン環に流れ込み，プロトンを捕捉するのに利用されにくくなっているからである(8.4.2 項参照)．アニリンを例にして共鳴形を図 14.8 に示す．

図 14.8 アニリンの共鳴形

Advanced pK_b と pK_a――酸と共役塩基，塩基と共役酸の関係

5 章で酸と塩基について学んだが，ここでもう一度，おもに塩基の側から考える．

塩化水素(HCl)を水に溶かしたときに起こる酸塩基反応を考えてみよう．塩化水素は水中で解離して塩化物イオンとオキソニウムイオン(H_3O^+)を生成する．このとき，塩化水素は酸として，水は塩基として働いている．一方，

この反応は可逆的であり，塩化物イオンとオキソニウムイオンの一部が反応して塩化水素と水に戻る反応も起こっている．この逆反応では，塩化物イオンが塩基として，オキソニウムイオンが酸として働いている．

$$HCl + H_2O \rightleftharpoons Cl^{\ominus} + H_3O^{\oplus} \quad (14.3)$$

化合物がプロトンを失って生じる化学種はもとの化合物の共役塩基とよばれる．塩化物イオンは塩化水素の共役塩基，水はオキソニウムイオンの共役塩基である．一方，化合物がプロトンを受け取って生じる種は共役酸(conjugate acid)とよばれる．塩化水素は塩化物イオンの共役酸，オキソニウムイオンは水の共役酸である．

一方，アンモニアを水に溶かしたときに起こる反応は，式(14.4)のように表現される．

$$NH_3 + H_2O \rightleftharpoons \overset{\oplus}{N}H_4 + HO^{\ominus} \quad (14.4)$$

共役酸，共役塩基という観点でこの反応を見直すと，アンモニアの塩基としての能力はアンモニウムイオンの酸としての能力と「表裏」の関係となっていることに気がつくだろう．強い塩基の共役酸は弱い酸となる．弱い塩基の共役酸は強い酸であるはずである．プロトンに対する親和力が強ければ「塩基」，弱ければ「酸」としての働きをするということである．このことから，アミンの塩基性をその共役酸であるアンモニウムイオンの pK_a を用いて示すことが多い．

これまで学んだことを用いて便利な式を導いてみよう．酸塩基反応の一般式は次のとおりである．

$$HA + H_2O \overset{K_a}{\rightleftharpoons} A^{\ominus} + H_3O^{\oplus} \quad (14.5)$$

この式(14.5)において，反応の平衡定数 K_a は次のように表せる．

$$K_a = \frac{[A^{\ominus}][H_3O^{\oplus}]}{[HA]} \quad (14.6)$$

一方，HA の共役塩基 A^- の水中での塩基としての反応を見てみると，式(14.7)のようになる．

$$A^{\ominus} + H_2O \overset{K_b}{\rightleftharpoons} HA + HO^{\ominus} \quad (14.7)$$

平衡定数 K_b は式(14.8)で表せる．

$$K_b = \frac{[HA][HO^{\ominus}]}{[A^{\ominus}]} \quad (14.8)$$

ここで K_a と K_b を掛けあわせると，式(14.9)となる．

$$K_a \times K_b = \frac{[A^{\ominus}][H_3O^{\oplus}]}{[HA]} \times \frac{[HA][HO^{\ominus}]}{[A^{\ominus}]} = [H_3O^{\oplus}][HO^{\ominus}] = K_w = 10^{-14} \quad (14.9)$$

これは水のイオン積(自己イオン化定数)を表している．この式の常用対数をとり，両辺にマイナスを掛けると，式(14.10)が導かれる．

$$\mathrm{p}K_\mathrm{a} + \mathrm{p}K_\mathrm{b} = \mathrm{p}K_\mathrm{w} = 14 \qquad (14.10)$$

このように，pK_b は pK_a がわかると一義的に求めることができるのである．

水のイオン積
水は $2H_2O \rightleftarrows H_3O^+ + HO^-$ のように自らプロトンの授受を行い，イオン化している．生成したカチオンの濃度$[H_3O^+]$とアニオンの濃度$[HO^-]$の積を水のイオン積(K_w)という．25 ℃の場合，$K_\mathrm{W} \cong 10^{-14}$ である．

14.3.2 アミンの酸性度

これまでアミンは塩基性を示す化合物であることを学んできた．これはたいへん重要なアミンの性質なので，しっかりと理解しておく必要がある．ここではアミンが酸として働く場合についても考えよう．

一般にアミンは塩基として働くが，より強力な塩基を用いればアミンの N－H 結合からもプロトンを引き抜くことができる．実際，第一級アミンおよび第二級アミンに有機リチウム反応剤のような強塩基を作用させると，N－H 部分からプロトンが引き抜かれて**アミドイオン**(amide ion)が得られる．この反応では，アミンは酸(プロトン供与体)として働いたことになる(図 14.9)．

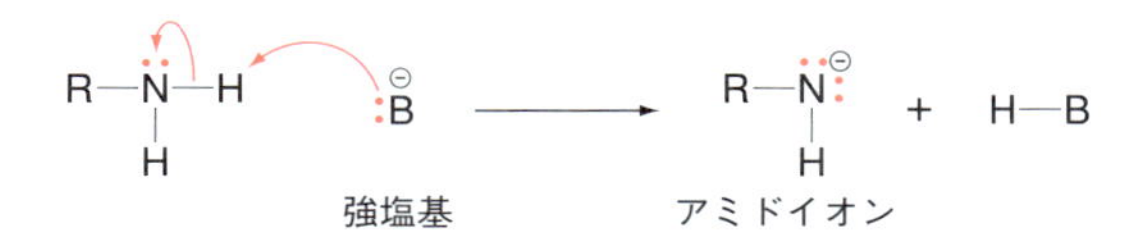

図 14.9 強い塩基によってアミンから生成するアミドイオン

アミンのこのような性質は，アルコールが塩基にも酸にもなりうるのと似ている．窒素は酸素よりも電気陰性度が小さい(N：3.0，O：3.5)ので，アミンの酸性度は対応するアルコールの酸性度(pK_a は 15〜16)よりも小さくなることが予測できるだろう．事実，アミンとアルコールの酸性度には pK_a で約 20 の差があり，非常に強い塩基でなければアミンからプロトンを引き抜くのは難しい(図 14.10)．

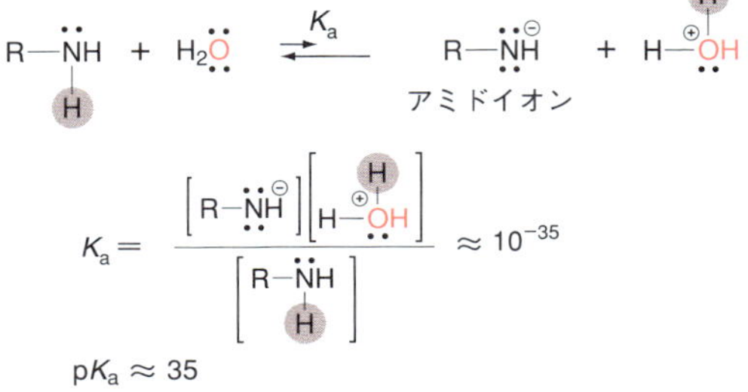

$$\mathrm{R{-}NH_2} + \mathrm{H_2O} \underset{}{\overset{K_\mathrm{a}}{\rightleftarrows}} \mathrm{R{-}NH^{\ominus}} + \mathrm{H{-}\overset{\oplus}{O}H_2}$$

アミドイオン

$$K_\mathrm{a} = \frac{[\mathrm{R{-}NH^{\ominus}}][\mathrm{H{-}\overset{\oplus}{O}H_2}]}{[\mathrm{R{-}NH_2}]} \approx 10^{-35}$$

$\mathrm{p}K_\mathrm{a} \approx 35$

図 14.10 アミンの酸性度

アミンのN−H部分からプロトンが引き抜かれて生成するアミドイオンは，他の化合物からプロトンを引き抜いてアミンに戻ろうとする性質(プロトンに対する親和性)が著しく高まっている．このため，アミドイオンをもつ金属アミドは有機合成化学においては欠くことのできない「強塩基」として利用されている(例として，リチウムジイソプロピルアミド：LDA，図14.11)．確認のために記すが，もちろん，生理的条件下ではアミンのN−H結合が酸として振る舞うようなことはなく，塩基として働いている．

ジイソプロピルアミン　→（$Li^{\oplus}$ $^{\ominus}CH_2CH_2CH_2CH_3$（ブチルリチウム），$H_3CCH_2CH_2CH_3$）→　リチウムジイソプロピルアミド（lithium diisopropylamide；LDA）

図14.11　金属アミド
立体的にかさ高いイソプロピル基が置換しているので，求核性はきわめて低く，優れた塩基となる．

14.4　アミンの求核性と反応

SBO アミン類の基本的性質と反応を列挙し，説明できる．

アミンは窒素上に非共有電子対が存在するため，塩基性を示す．この窒素上の非共有電子対はプロトンに対してだけでなく，電子不足の炭素原子に対しても親和性，すなわち求核性を示す．

14.4.1　求電子的な炭素との親和性

一般に，アミンの求核性の強さは塩基性の強さを指標として予測できる．しかし，求電子的炭素はプロトンよりもかさ高く，立体障害のために求核攻撃が容易には進行しない．代わりにアミンが塩基として働き，脱離反応が起こる場合もあるので注意が必要である．

(a) ハロゲン化アルキルとの S_N2 反応——アミンのアルキル化

アミンは求核剤としてハロゲン化アルキルと反応し，アンモニウムイオンを生成する．ここで，反応していないアミンが塩基としてアンモニウムイオンからプロトン(H^+)を奪うと，非共有電子対が再生して第二のハロゲン化アルキルと反応する機会が生まれる．この繰返しにより，第四級アンモニウム塩まで生成する可能性がある(図14.12)．

(b) アルデヒド，ケトンとの反応——イミン，エナミンの形成

すでに12章で述べたが，第一級アミンはアルデヒドおよびケトンと反応してイミンを生成する(12.4.4項参照)．第二級アミンと α 水素をもつアルデヒドおよびケトンを反応させると，イミニウムイオンを経由してエナミンが生成する(図14.13，12.4.4項も参照)．

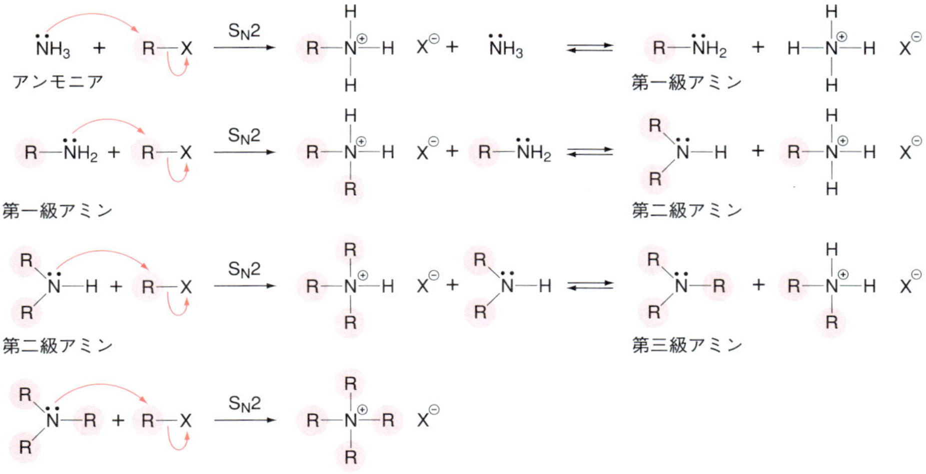

アンモニア　第一級アミン　第二級アミン　第三級アミン　第四級アンモニウム塩

図 14.12 アミンのアルキル化

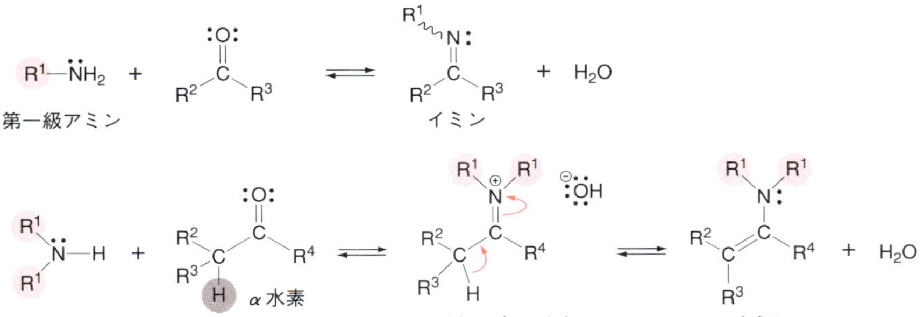

第一級アミン　イミン　第二級アミン　α 水素　イミニウムイオン　エナミン

図 14.13 イミンおよびエナミンの合成
イミンには C=N 二重結合に基づく幾何異性体(E/Z 異性体)が存在する.

第三級アミンはカルボニル基と可逆的なルイス塩基-ルイス酸相互作用を行うことが知られているが, 安定な化合物として取りだせることは少ない(図 14.14).

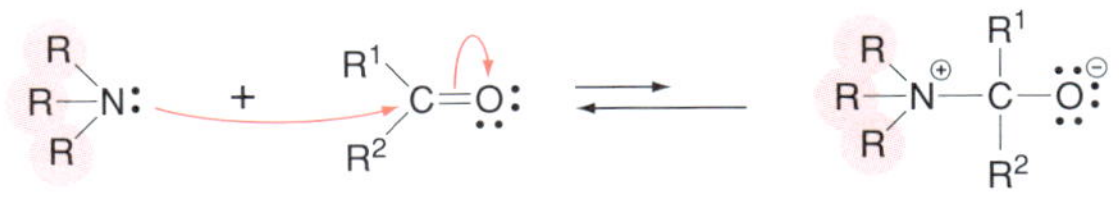

第三級アミン

図 14.14 第三級アミンとカルボニル化合物の反応

(c) アシル化――アミドの合成

すでに 13 章で述べたように, 第一級アミンおよび第二級アミンはカルボン酸およびその誘導体と反応して対応するアミドを生成する(図 14.15,

13.5.4項も参照)．第三級アミンはこのアミド化反応で生成する酸を中和する塩基として用いられる．

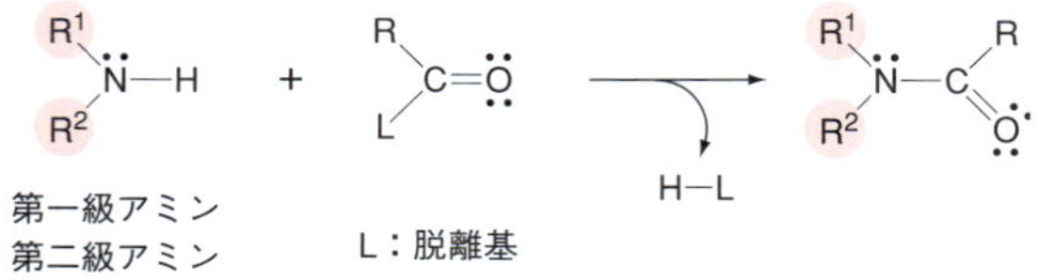

図14.15 アミドの生成

14.4.2 求電子的な窒素との反応――亜硝酸との反応

SBO 代表的な官能基の定性試験を実施できる．

非共有電子対をもち電子の豊富なアミンは，求電子的な窒素反応剤とも反応する．亜硝酸ナトリウムを塩酸で処理して生成する亜硝酸は，脱水を経て求電子的な反応性に富むニトロシルカチオン(nitrosyl cation, NO^+)を生成する．アミンはこの活性種を攻撃して*N*-ニトロソアンモニウム塩を生成する．この中間体の安定性はアミンの種類に応じて著しく異なり，目で見て明確な差として現れる場合がある．そのため，アミンと亜硝酸の反応はアミンの定性反応として用いられてきた(図14.16)．これらについて次で詳しく述べる．

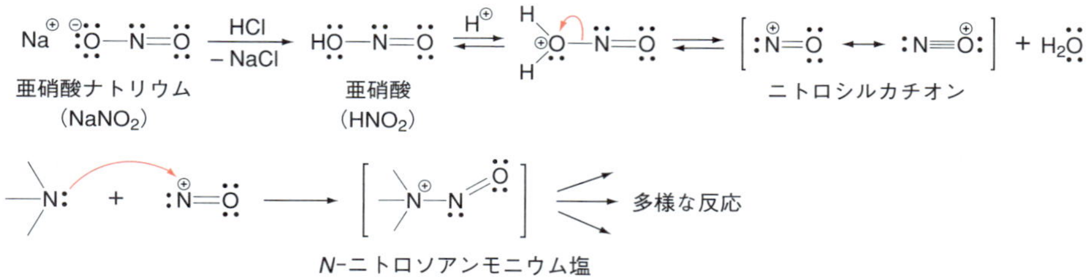

図14.16 アミンとニトロシルカチオンとの反応

(a) 脂肪族第一級アミンとの反応

脂肪族第一級アミンと亜硝酸が反応すると，まず第一級*N*-ニトロソアミンが生成する．この化合物のアミン窒素上にはまだ水素が残っているため，さらに反応が進行し，プロトン移動と脱水を経てアルキルジアゾニウムカチオンとなる．アルキルジアゾニウムカチオンは非常に不安定で，窒素の脱離を伴ってさまざまな分解物が生成する(図14.17)．実際には激しく窒素が発生するようすが確認できる．

(b) 芳香族第一級アミンとの反応――芳香族ジアゾニウムイオンの生成

芳香族第一級アミンと亜硝酸の反応は，ジアゾニウムカチオンの段階までは脂肪族第一級アミンの反応とまったく同じである．しかし，芳香族の場合はジアゾニウムカチオンが窒素を放出することはなく，塩を形成して安定に

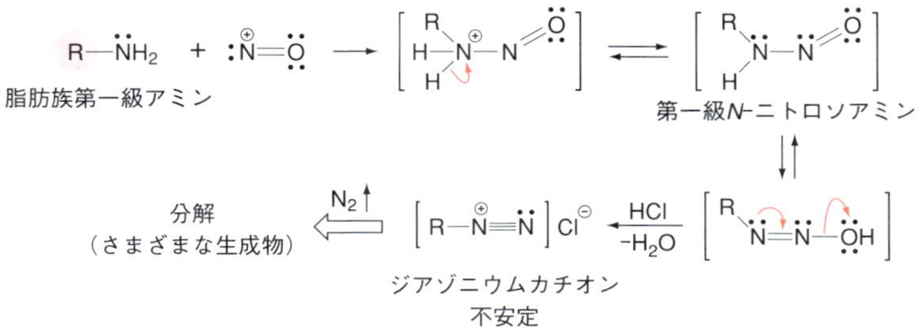

R—$\ddot{N}H_2$ ＋ :$\overset{\oplus}{N}$=$\ddot{O}$ → [R, H—$\overset{\oplus}{N}$—N=O, H] ⇄ [R, $\ddot{N}$—$\ddot{N}$=$\ddot{O}$, H]

脂肪族第一級アミン

第一級*N*-ニトロソアミン

分解
(さまざまな生成物)

N_2↑

[R—$\overset{\oplus}{N}$≡N:] $Cl^{\ominus}$ ← HCl, $-H_2O$ ← [R, $\ddot{N}$=$\ddot{N}$—$\ddot{O}H$]

ジアゾニウムカチオン
不安定

図 14.17 脂肪族第一級アミンと亜硝酸との反応

存在する(8.5.2 項参照).

芳香族ジアゾニウム塩はフェノールやアミンのような活性化基が結合した芳香環とカップリング反応(ジアゾニウムカップリング反応, 8 章 p. 172 の Advanced 参照)を行い, 鮮やかな色のアゾ色素(azoic color)を生成する(図 14.18). この反応は, ジアゾニウムカチオンが求電子剤として作用し, 活性化された芳香環と反応する求電子置換反応であり, 活性化基のパラ位で反応が起こることが多い.

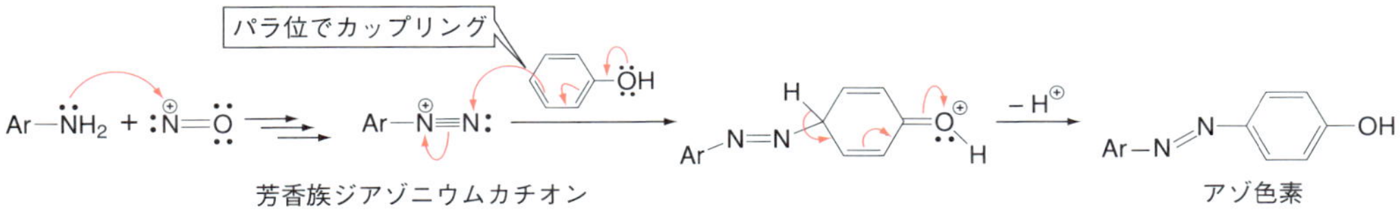

パラ位でカップリング

Ar—$\ddot{N}H_2$ ＋ :$\overset{\oplus}{N}$=$\ddot{O}$ ⇉ Ar—$\overset{\oplus}{N}$≡N: ＋ C$_6$H$_5$—$\ddot{O}$H → Ar—N=N—(H)C$_6$H$_4$=$\overset{\oplus}{O}$—H —($-H^{\oplus}$)→ Ar—N=N—C$_6$H$_4$—OH

芳香族ジアゾニウムカチオン

アゾ色素

図 14.18 芳香族ジアゾニウム塩の生成とジアゾカップリング反応
Ar ＝ アリール(芳香族).

アゾ色素は鮮やかな色が特徴で, 染料や食品中の着色料として用いられていたが, 発がん性が疑われるようになってから使用を中止する傾向にある. たとえば, *N*,*N*-ジメチルアニリンと塩化ベンゼンジアゾニウムとの反応によって得られる 4-(ジメチルアミノ)アゾベンゼンはバターイエローともよばれ, マーガリンの着色剤であったが, 現在では用いられていない(図 14.19).

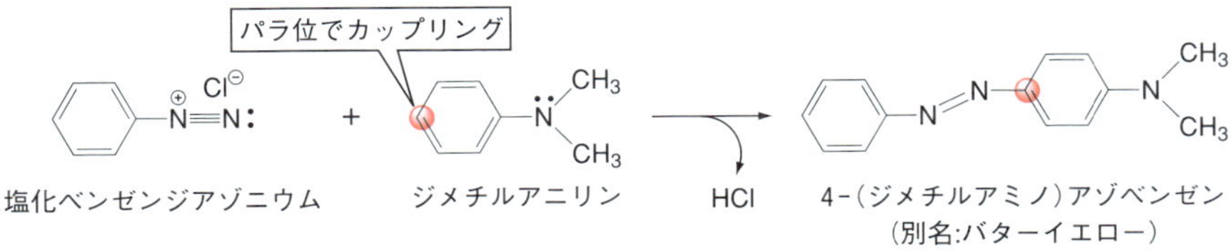

パラ位でカップリング

C$_6$H$_5$—$\overset{\oplus}{N}$≡N: $Cl^{\ominus}$ ＋ C$_6$H$_5$—$\ddot{N}(CH_3)_2$ → C$_6$H$_5$—N=N—C$_6$H$_4$—N(CH$_3$)$_2$ ＋ HCl

塩化ベンゼンジアゾニウム

ジメチルアニリン

HCl

4-(ジメチルアミノ)アゾベンゼン
(別名:バターイエロー)

図 14.19 ジアゾカップリングによるバターイエローの合成

芳香族ジアゾニウム塩は求核剤と反応し, N_2 が求核剤に置換された生成物が得られる. この反応が, すでに 8 章で述べた Sandmeyer 反応である. これによって, 多くの置換ベンゼンを合成することができる(詳しくは 8.5.2

項を参照)．たとえば，芳香族塩化物や芳香族臭化物は，芳香族ジアゾニウム塩と相当するハロゲン化銅との反応によって合成される(図 14.20)．

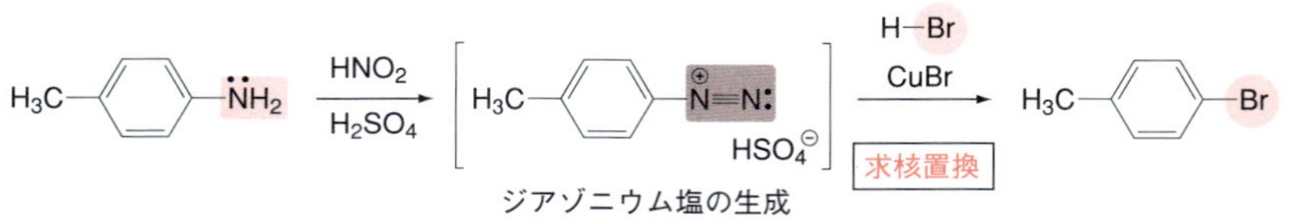

図 14.20　Sandmeyer 反応

(c) 第二級アミンとの反応——*N*-ニトロソアミンの生成

第二級アミンと亜硝酸の反応によって生成する第二級 *N*-ニトロソアミンではアミン窒素上にもはや水素がないので，反応はここで止まる(図 14.21a)．

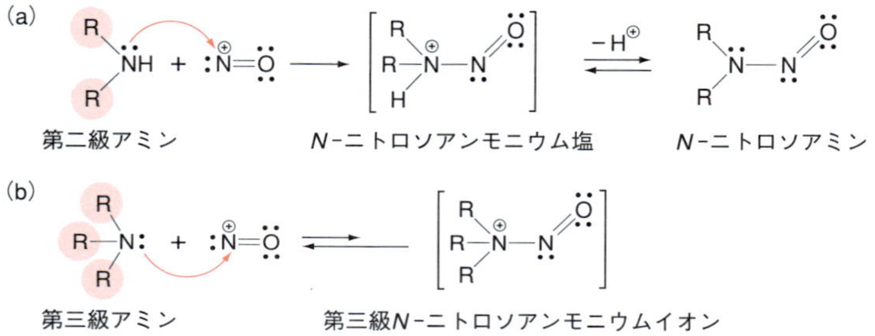

図 14.21　第二級アミン(a)および第三級アミン(b)と亜硝酸の反応

(d) 第三級アミンとの反応

第三級アミンと亜硝酸の反応では，第三級ニトロソアンモニウム塩が生成する．この化合物は低温下でのみ存在する(図 14.21b)．

14.4.3　求電子的酸素との反応——アミンの酸化

アミンの非共有電子対は酸素を容易に攻撃する．いいかえると，電子豊富な化合物であるアミンは酸化を受けやすいといえる．

第一級アミンを酸化すると，**ヒドロキシルアミン**(hydroxylamine)が生成し，それがさらに酸化されると**ニトロソ化合物**(nitroso compound)となる．ニトロソ化合物はさらに**ニトロ化合物**(nitro compound)にまで酸化される(図 14.22a)．

第二級アミンは，ヒドロキシルアミンに酸化される．ヒドロキシルアミンのアルキル置換基が α 水素をもつ場合は，さらに酸化されて**ニトロン**(nitrone)が得られることもある(図 14.22b)

また，第一級および第二級アミンのうち，窒素に直接結合している炭素上に水素が存在する場合は**イミニウムイオン**(iminium ion)へと酸化されるこ

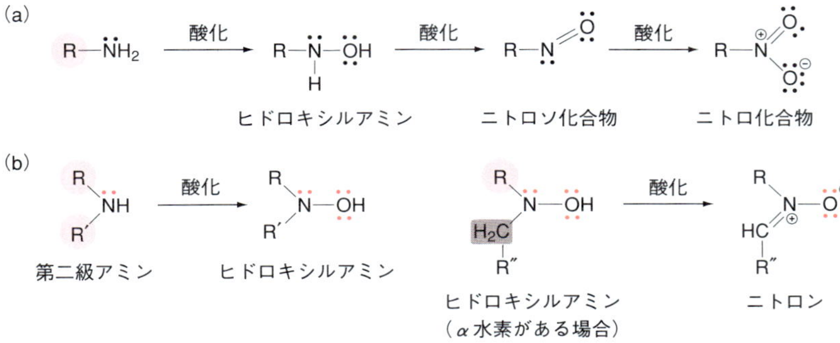

(a) R—NH₂ →酸化→ R—N(H)—OH →酸化→ R—N=O →酸化→ R—N⁺(=O)O⁻

ヒドロキシルアミン　ニトロソ化合物　ニトロ化合物

(b) 第二級アミン →酸化→ ヒドロキシルアミン　ヒドロキシルアミン（α水素がある場合）→酸化→ ニトロン

図 14.22 第一級アミン(a)および第二級アミン(b)の酸化

ともある．イミニウムイオンはすみやかに加水分解されて，カルボニル化合物とアンモニアが生成する．また，イミニウムイオンがさらに酸化されてオキシムが生成することもある(図 14.23)．

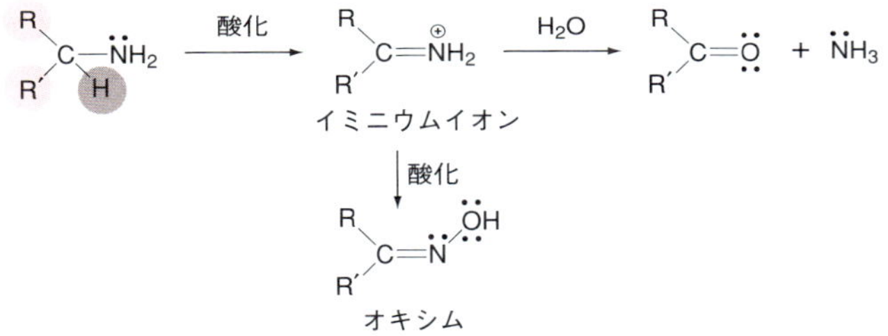

RR′CH—NH₂ →酸化→ イミニウムイオン →H_2O→ RR′C=O + NH_3

イミニウムイオン →酸化→ オキシム

図 14.23 イミニウムイオンの生成

アミンの酸化では，このほかにラジカル機構を含むさまざまな反応経路が存在するため，第一級アミンや第二級アミンを典型的な酸化剤で直接酸化すると，一般には複雑な混合物となってしまう．一方，第三級アミンは過酸化水素や有機過酸によって酸化されて良好な収率で**第三級アミンオキシド**が得られる(図 14.24)．

第三級アミン →酸化→ *N*-オキシド

図 14.24 第三級アミンオキシド

芳香族アミンも酸素や酸化剤で容易に酸化される．アニリンのアミノ基は有機過酸(例として *m*-クロロ過安息香酸：*m*CPBA，11.3.2 項参照)で酸化されてニトロベンゼンが得られる(図 14.25)．この酸化反応はニトロベンゼンの還元反応の逆に当たる．

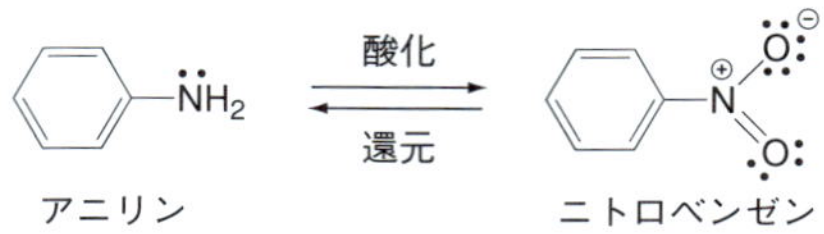

アニリン ニトロベンゼン

図 14.25 アニリンの酸化によるニトロベンゼンの合成

14.5 アミンの脱離反応

14.5.1 Hofmann 脱離

SBO アミン類の基本的性質と反応を列挙し，説明できる．

アルコールから水が脱離してアルケンが生成するように，アミンからもアルケンを生成させることができる．しかし，アルコールと同じ方法ではアミノ基部分を脱離させることは困難である．NH_2^- も NH_3 もよい脱離基とはならず，酸触媒あるいは塩基触媒で処理しても脱離反応は起こらない．そこで，脱離能を上げるために，まずアミンを過剰のヨードメタンと反応させて第四級アンモニウム塩とし，次に酸化銀と加熱して脱離反応を進行させる．酸化銀は第四級アンモニウム塩のヨウ化物イオンを水酸化物イオンと交換し，脱離を起こすために必要な塩基を供給する働きをしている．この方法を **Hofmann 脱離**(Hofmann elimination)という．Hofmann 脱離は水酸化物イオンが塩基として作用する E2 機構で進行する(図 14.26)．

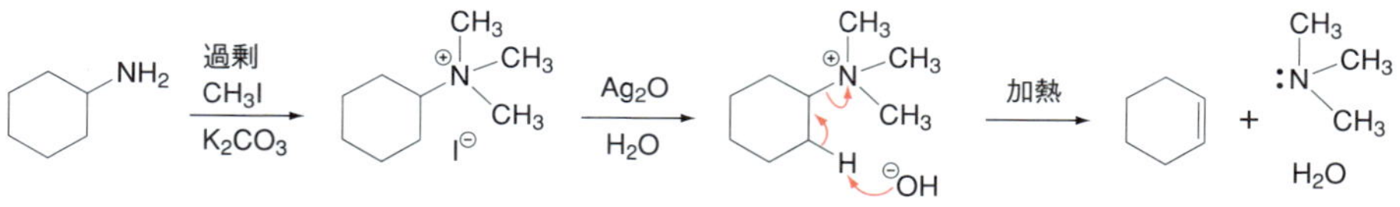

図 14.26 Hofmann 脱離

COLUMN 医薬品とアミンの酸化

アミンは非常に酸化されやすく，なかには空気中の酸素によって酸化されてしまうものもある．医薬品にはアミンを含むものが多く，薬学的観点からは，いかにしてアミンの酸化を防ぐかが重要となる．

アミンに対する酸化反応を起こりにくくするには，アミンの非共有電子対を不活性化すればよい．一般には，酸と反応させて結晶性のよい塩を形成する方法が用いられている．図 14.1 に示したように，モルヒネ塩酸塩など塩としてつくられた医薬品が多いのはこのためである．さらに好都合なことに，塩の形をとると，医薬品の水溶性が向上するという利点もある．

一方，生体は体内に入った異物を代謝および排泄する手段の一つとして，酸化反応を利用している．医薬品も体内では異物として認識されるため，酸化酵素による酸化反応を受ける．このような医薬品の酸化的代謝は肝臓ミクロソーム画分に局在するシトクロム P450 によって行われる．薬物のアミン部分は，14.4.3 項で述べた酸化様式を経て，酸化，分解されている．酸化反応は，還元，加水分解とともに，薬物の主要な代謝反応の一つである．

COLUMN

モノアミンオキシダーゼ

われわれの体内では，カテコールアミン(catecholamine)とよばれるアミン類が重要な情報伝達物質として活躍している〔14.7.1 項(a)を参照〕．代表的なカテコールアミンであるノルアドレナリンやドパミンは，神経終末で生合成され，膜小胞に貯蔵される．神経細胞の活動電位が神経終末に到達すると，カルシウムイオンチャネルの開放を引き起こし，細胞膜と小胞の融合が促進されカテコールアミン類が放出される．標的細胞の受容体にこれらのアミン類が結合することによって伝達情報が伝わると，アミン類は受容体から離れ，トランスポーターを介してもとの神経終末に戻っていく．

カテコールアミン類はモノアミンオキシダーゼ(monoamine oxidases ; MAO)によって分解および代謝され，生合成とのバランスを保っている．したがって MAO を阻害すると，その活性は保持される．このことから，MAO 阻害剤はさまざまな中枢系疾患治療薬開発の標的化合物として研究が進められている．

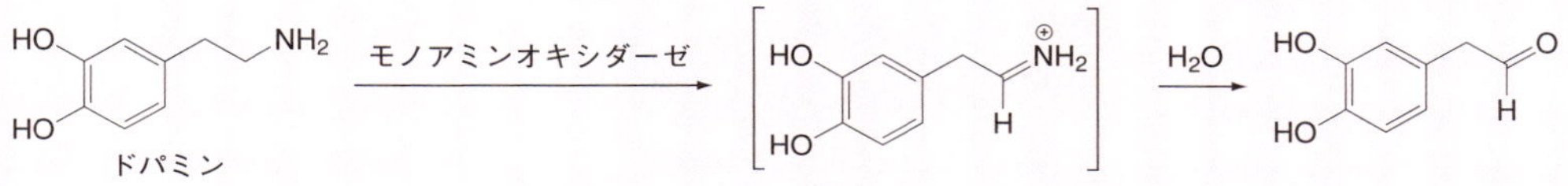

HO, HO, NH_2 ドパミン —モノアミンオキシダーゼ→ [HO, HO, $\overset{\oplus}{N}H_2$, H] —H_2O→ HO, HO, O, H

図① カテコールアミンの分解と代謝

Hofmann 脱離で複数のアルケンが生じうる場合には，置換基の少ないアルケンが優先的に生成することが知られている．Hofmann 脱離では一般的な脱離反応に認められる Zaitsev 則(9.5.2 項参照)とは逆の選択性で反応が進行する*3(図 14.27)．

*3 脱離基[$-N^+(CH_3)_3$]がかさ高いために塩基(HO^-)は立体障害の少ない側のプロトンを引き抜きやすい．

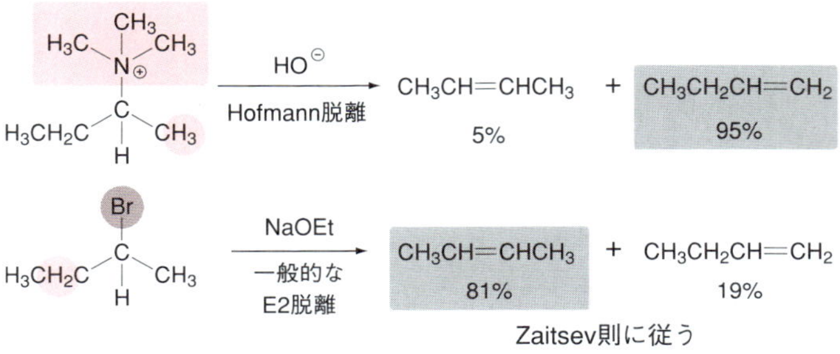

H_3C, CH_3, CH_3, $N^{\oplus}$, H_3CH_2C–C(H)–CH_3 —$HO^{\ominus}$ / Hofmann脱離→ $CH_3CH{=}CHCH_3$ 5% + $CH_3CH_2CH{=}CH_2$ 95%

Br, H_3CH_2C–C(H)–CH_3 —NaOEt / 一般的な E2脱離→ $CH_3CH{=}CHCH_3$ 81% + $CH_3CH_2CH{=}CH_2$ 19%

Zaitsev則に従う

図 14.27 Hofmann 脱離に見られる Zaitsev 則と逆の選択性

14.6 アミンの合成法

医薬品や生理作用を示す化合物には，アミノ基を部分構造として含む化合物が多く，アミンは重要である．したがって，薬学の有機化学では，さまざまな方法によりアミンが合成されている．

SBO アミンの代表的な合成法について説明できる．

Raney ニッケル
発明者 M. Raney にちなんだ名称で，アルミニウムとニッケルの合金からアルカリ処理によりアルミニウムを溶解して残存した多孔性ニッケルである．Raney ニッケルは表面に大量の水素を吸着する．

最も一般的な合成法としては，アジド，ニトロ化合物，アミド，ニトリルのような窒素を含む官能基をもつ化合物を還元してアミンを得ることが多い(図 14.28)．これらの還元反応は用いる原料によって異なるが，パラジウム炭素(Pd/C)や Raney ニッケルなどを触媒とする接触水素化や $LiAlH_4$ などの還元剤，あるいは二塩化スズ($SnCl_2$)，亜鉛(Zn)，鉄(Fe)などの金属を用いて行われる．

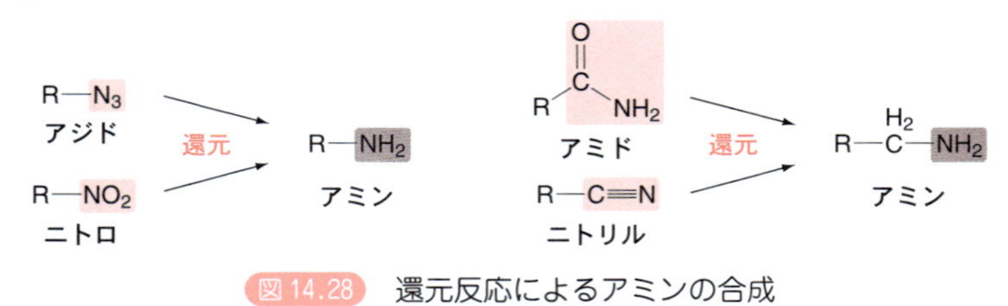

図 14.28　還元反応によるアミンの合成

はじめに，これらの還元反応によるアミン化合物の合成をとりあげ，続いてそのほかの合成法について説明する．

14.6.1　アジドの還元

等 価 体
ある化学的構造単位(分子あるいは官能基)と化学的に同様にふるまう単位のこと．とくに合成化学においては，後の化学反応によって容易に所望の官能基に変換できる単位を合成化学的等価体(synthetic equivalent)という．

アジドアニオンはアミノ基に導く分子種であるアンモニア等価体としても機能する．アジド(azide)を還元すれば，第一級アミンへ導くことができる．たとえば，アジドアニオンをアルキル化してアルキルアジドとし，ついで還元するとアルキルアミンが得られる(図 14.29)．

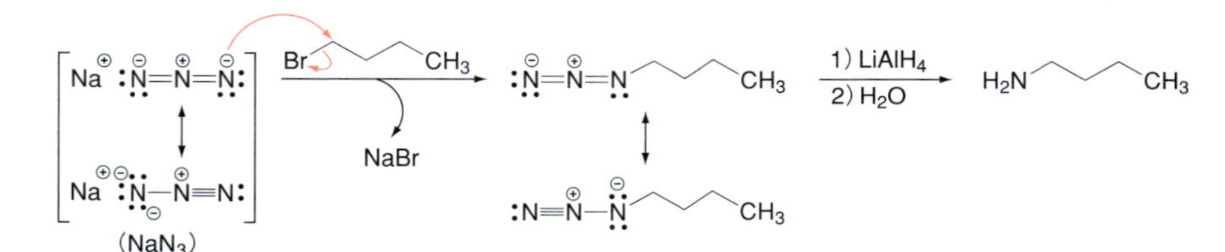

図 14.29　アジドアニオンをアンモニア等価体として用いる第一級アミンの合成

14.6.2　ニトロ基の還元

アミンはニトロ化合物の還元によっても得ることができる(図 14.30)．脂肪族ニトロ化合物は亜硝酸イオンをハロゲン化アルキルでアルキル化して得ることができる．また，芳香族ニトロ化合物は芳香族炭化水素をニトロ化して得ることができる(8.3.4 項参照)．これらを還元すると，対応するアミン

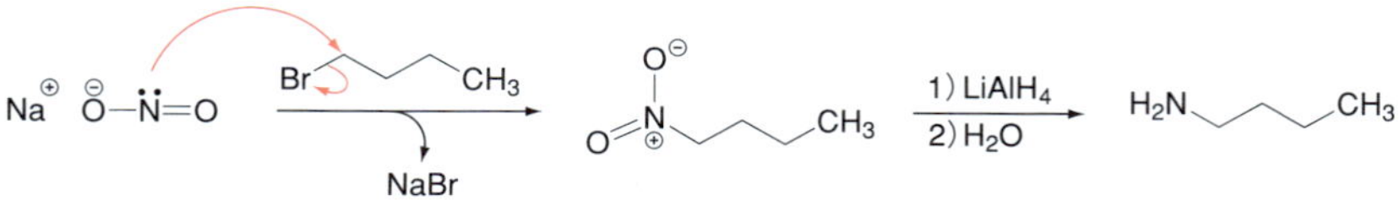

図 14.30　ニトロ化合物の還元によるアミンの合成

が得られる．

14.6.3 アミドの還元

アミドを水素化アルミニウムリチウム($LiAlH_4$)で還元するとアミンが得られる．得られるアミンの級数はアミドの窒素上の置換基数に依存する(図14.31)．

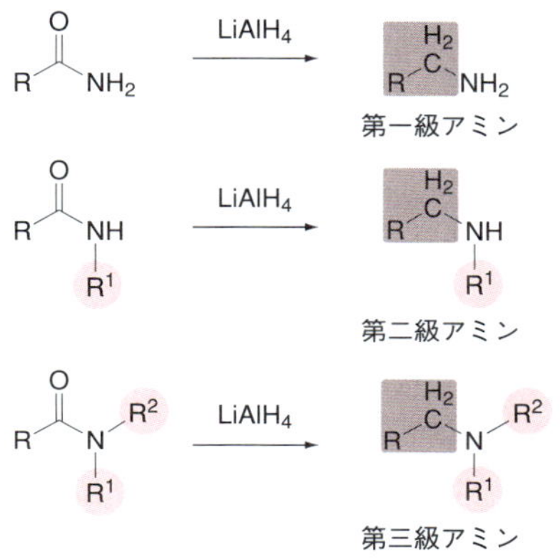

$RCONH_2 \xrightarrow{LiAlH_4} RCH_2NH_2$ 第一級アミン

$RCONHR^1 \xrightarrow{LiAlH_4} RCH_2NHR^1$ 第二級アミン

$RCONR^1R^2 \xrightarrow{LiAlH_4} RCH_2NR^1R^2$ 第三級アミン

図 14.31 水素化アルミニウムリチウムを用いたアミドの還元

14.6.4 ニトリルの還元

ニトリルを還元すると第一級アミンが得られる．たとえば，シアン化物イオンとハロゲン化アルキルを反応させてアルキルニトリルを合成し，これを還元するとアルキルアミンが得られる(図14.32)．芳香族ニトリル化合物はSandmeyer反応などにより得ることができ(8.5.2項参照)，これを還元すると，対応するアミンが得られる．

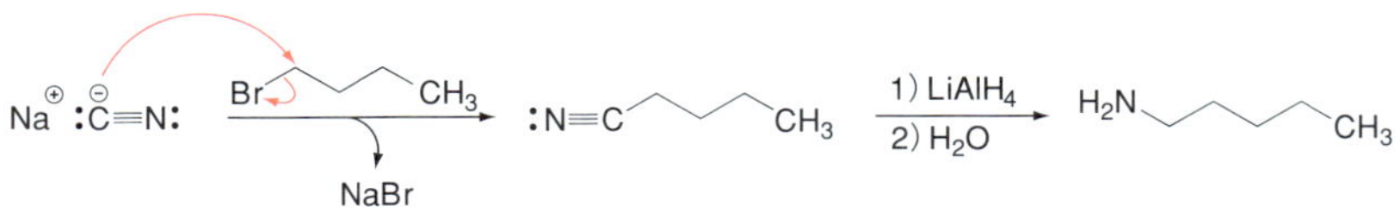

$Na^{\oplus}\ {:}\overset{\ominus}{C}{\equiv}N{:} + Br\text{-}CH_2CH_2CH_2CH_3 \longrightarrow {:}N{\equiv}C\text{-}CH_2CH_2CH_2CH_3 + NaBr \xrightarrow{1)\ LiAlH_4,\ 2)\ H_2O} H_2N\text{-}CH_2CH_2CH_2CH_2CH_3$

図 14.32 ニトリルの還元による第一級アミンの合成

14.6.5 直接的アルキル化によるアミンの合成

アミンはアンモニアの水素がアルキル基に置き換わったものなので，アンモニアを直接アルキル化する合成法も可能である．アンモニアおよびアミンのハロゲン化アルキルを用いるアルキル化については，すでに14.4.1項(a)で述べた．この反応は一般に，過アルキル化体の生成を抑えることが難しく，合成への応用はかぎられる．直接的アルキル化は原料として用いるアミンが安価で低沸点であり，未反応の原料を容易に留去できる場合に行われる．

14.6.6 Gabriel 合成

フタルイミドをアルキル基にしたのちに加水分解して第一級アミンを得る方法を開発者にちなんで **Gabriel 合成**(ガブリエル)(Gabriel synthesis)という．フタルイミドの NH の水素を塩基で引き抜き，アルキル化して *N*-アルキルフタルイミドとする．その後，フタルイミド部分を加水分解すると第一級アミンが得られる(図 14.33)．このイミドの加水分解反応は，13 章のアミドの加水分解反応〔13.4.5 項(a)〕と同様，塩基性条件下で行う．フタルイミドはアミンの保護基としても用いられる〔17.4.1 項(1)参照〕.

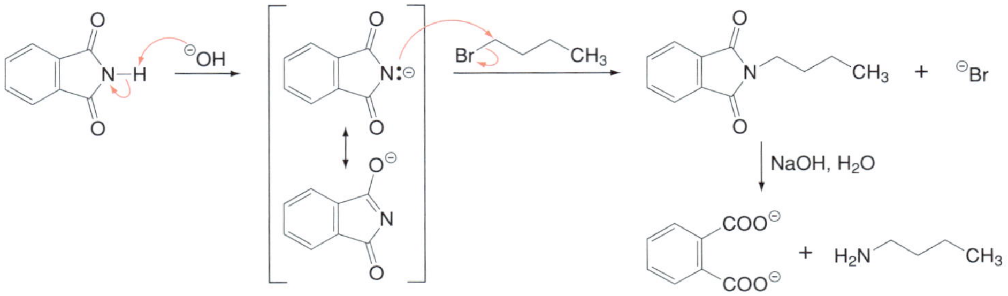

図 14.33 Gabriel 合成

14.6.7 還元的アミノ化によるアミンの合成

水素と Raney(ラネー) ニッケル(Ni)の存在下，アルデヒドまたはケトンと過剰量のアンモニアを反応させると，イミンの生成とその炭素-窒素二重結合の還元によって第一級アミンを得ることができる．この反応を**還元的アミノ化**(reductive amination)という(図 14.34，図 14.35)．

同様に，第一級アミンとアルデヒドまたはケトンから生成するイミンを還元して第二級アミンを合成できる．第二級アミンとアルデヒドまたはケトン

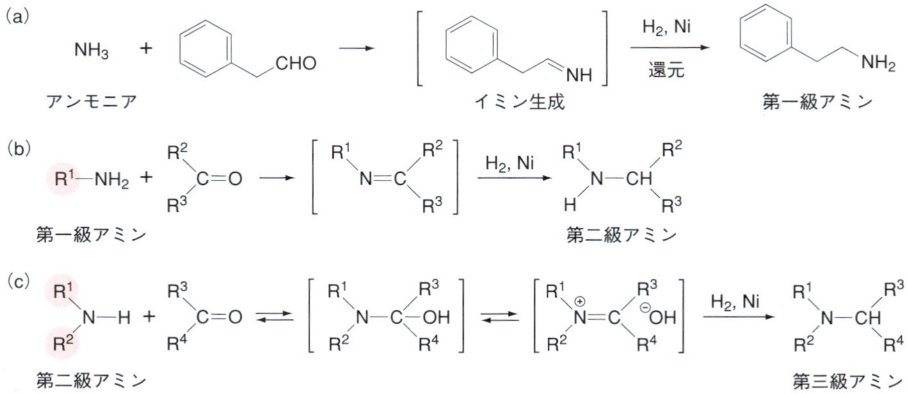

図 14.34 還元的アミノ化による第一級アミン(a)，第二級アミン(b)，第三級アミン(c)の合成

の反応で生成するイミニウム塩を還元すると，第三級アミンが得られる(図14.34c)．

還元剤としてRaneyニッケルの代わりにヒドリド還元剤を用いることもある．シアノ水素化ホウ素ナトリウム($NaBH_3CN$)は，カルボニル化合物とアミンから生成するイミンを還元する優れたヒドリド還元剤として，還元的アミノ化反応によく用いられる．この還元剤は水素化ホウ素ナトリウムに比べて還元力が低下しており，アルデヒドやケトンを還元することはない(図14.35)．

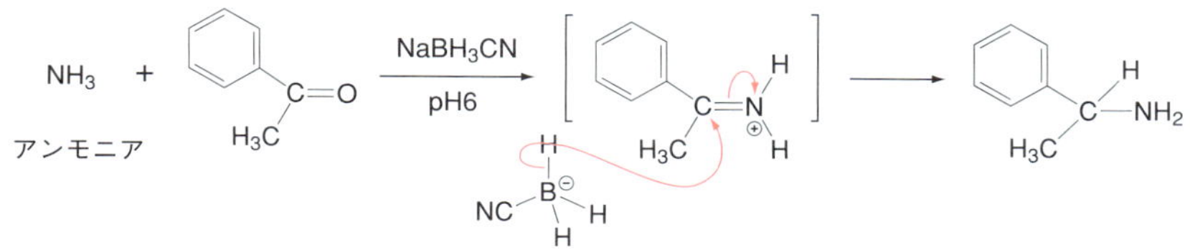

NH_3 + [acetophenone] $\xrightarrow[\text{pH6}]{NaBH_3CN}$ [iminium] ⟶ [amine]

アンモニア

図14.35 シアノ水素化ホウ素ナトリウムを用いた還元的アミノ化

14.6.8 Hofmann転位

すでに13章で述べた**Hofmann転位**(Hofmann rearrangement)もアミン合成の有用な合成法である(図14.36)．第一級アミドから，1炭素少ない第一級アミンが得られる〔反応機構については13.9.3項(a)および17.3.2項(e)を参照〕．

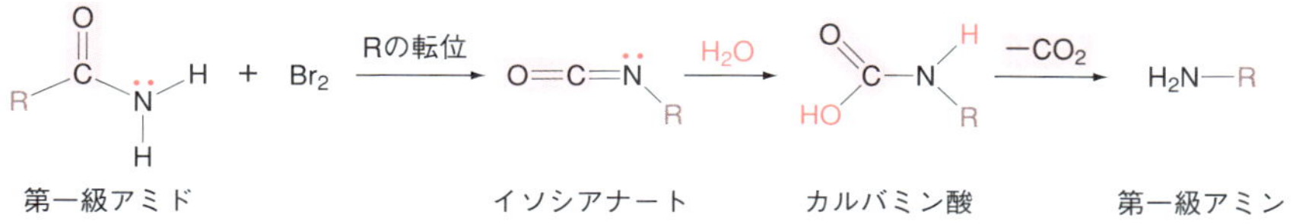

R–C(=O)–NH–H + Br_2 $\xrightarrow{\text{Rの転位}}$ O=C=N–R $\xrightarrow{H_2O}$ HO–C(=O)–NH–R $\xrightarrow{-CO_2}$ H_2N–R

第一級アミド　イソシアナート　カルバミン酸　第一級アミン

図14.36 Hofmann転位

オータコイド
ギリシャ語の"autos"(self)と"acos"(drug)から造られた術語で，局所ホルモンともいう．分必された周辺で拡散，作用発現する低分子物質で，作用範囲，作用時間などに関して神経伝達物質とホルモンの中間に位置する．プロスタグランジン類，ロイコトリエン類，アンギオテンシン，ブラジキニン，ヒスタミン，セロトニン，一酸化窒素(NO)などがオータコイドに分類される．

14.7 生体内アミン

生体内に存在して塩基性を示す含窒素化合物を広く**生体内アミン**(biologic amine)という．とくにごく微量でホルモン，神経伝達物質，**オータコイド**(autacoid)などの生理機能を調節するものを指す場合が多い．生体内アミンは生理活性発現機構の解明，特異的阻害薬の探索などにおいて重要な役割を果たしている．

SBO 代表的な生体内アミンを列挙し，化学的性質を説明できる．

14.7.1 アミノ酸が脱炭酸して生成するアミン

アミノ酸はアミノ基とカルボキシ基をもつが，生体内ではこれを原料としてカルボキシ基を脱離させ(脱炭酸反応)，アミンを生合成している．生合成される主要なアミン類を次に記す．

(a) カテコールアミン類

SBO カテコールアミン骨格を有する代表的医薬品を列挙し，化学構造に基づく性質について説明できる．

アミノ酸の **L-チロシン**(L-tyrosine)を原料として哺乳動物の副腎髄質や神経組織で生合成され，神経伝達物質として機能する**ドパミン**(dopamine)，**ノルアドレナリン**〔noradrenaline，**ノルエピネフリン**(norepinephrine)〕，**アドレナリン**〔adrenaline，**エピネフリン**(epinephrine)〕を総称してカテコールアミン類という(図 14.37)．

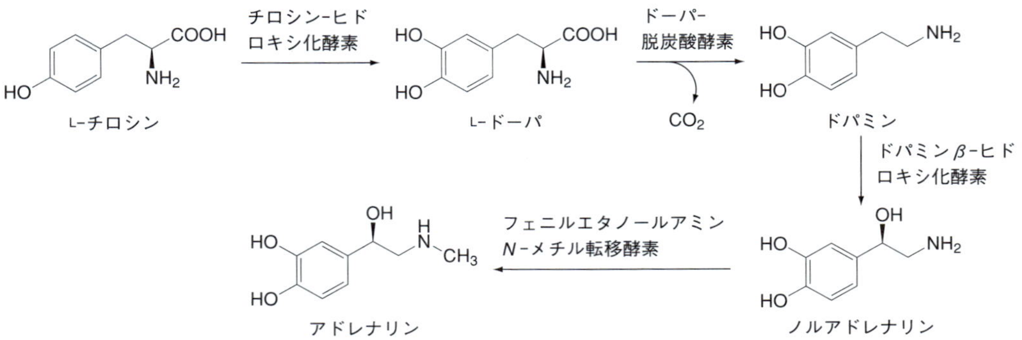

図 14.37 カテコールアミン類

カテコール
ベンゼン環上に隣りあった二つのヒドロキシ基をもつ化合物のこと．カテコールとアミンをもつ化合物をカテコールアミンという．

カテコールアミン類はアドレナリン作動性受容体に作用するが，この受容体にはサブタイプ(α_1，α_2，β_1，β_2)があり，それぞれのカテコールアミンの受容体選択性も多様である．そこで，カテコールアミンの構造を模した医薬品(カテコールアミンアナログという)には，化学的安定性だけでなく，受容体選択性も高めるために構造の工夫がなされている．代表的なカテコールアミンアナログの医薬品を図 14.38 に示した．

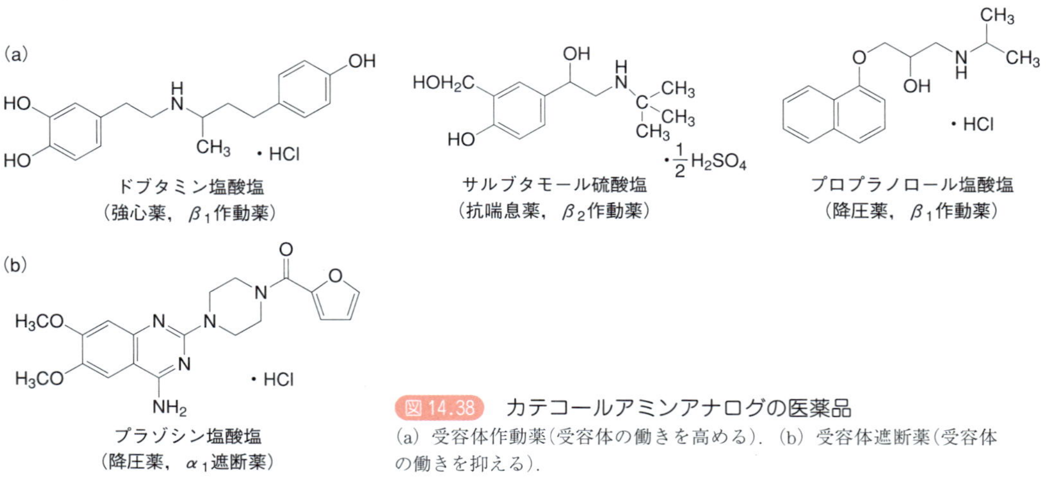

図 14.38 カテコールアミンアナログの医薬品
(a) 受容体作動薬(受容体の働きを高める)．(b) 受容体遮断薬(受容体の働きを抑える)．

(b) ヒスタミン

ヒスタミン(histamine)はアミノ酸の **L-ヒスチジン**(L-histidine)から脱炭酸酵素によって生合成される(図 14.39a). おもに肥満細胞と好塩基性白血球に貯蔵され, ヒスタミン受容体を介して血管拡張作用, 毛細血管透過性亢進, 腸管や気管支, 子宮平滑筋の収縮, 胃酸分泌促進などの生理作用を示す. 抗原-抗体反応によっても遊離され, I 型アレルギー反応でのケミカルメディエーターとして作用する.

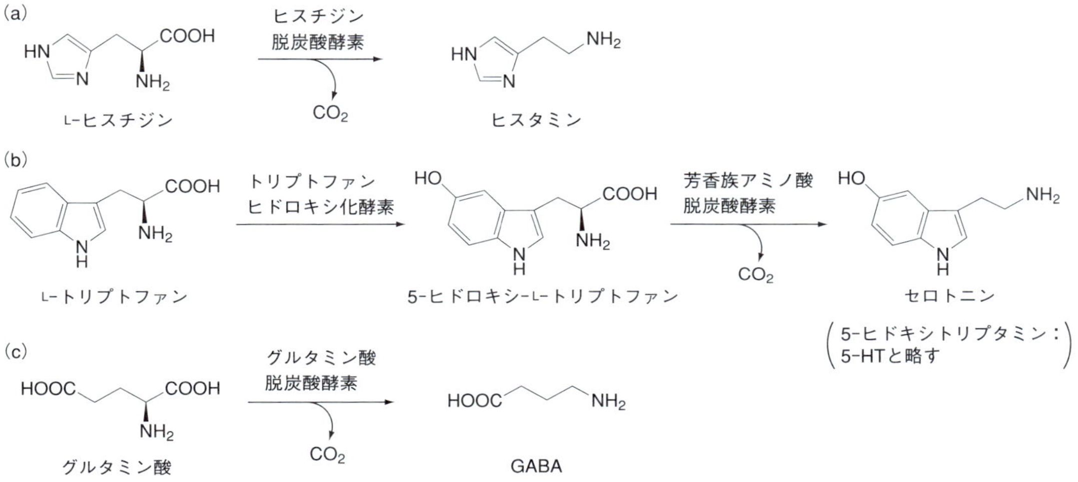

(a)
L-ヒスチジン　ヒスチジン脱炭酸酵素 → ヒスタミン　(CO_2)

(b)
L-トリプトファン　トリプトファンヒドロキシ化酵素 → 5-ヒドロキシ-L-トリプトファン　芳香族アミノ酸脱炭酸酵素 → セロトニン　(CO_2)
(5-ヒドキシトリプタミン：5-HTと略す)

(c)
グルタミン酸　グルタミン酸脱炭酸酵素 → GABA　(CO_2)

図 14.39　生体内物質の生合成
(a) ヒスタミン, (b) セロトニン, (c) GABA.

ヒスタミンの胃酸分泌促進作用に着目して, 消化性潰瘍治療薬の探索研究が行われた. ヒスタミンの化学構造の変換によって誕生した消化性潰瘍治療薬が, ヒスタミン H_2 受容体拮抗作用に基づくシメチジン(cimetidine)である.

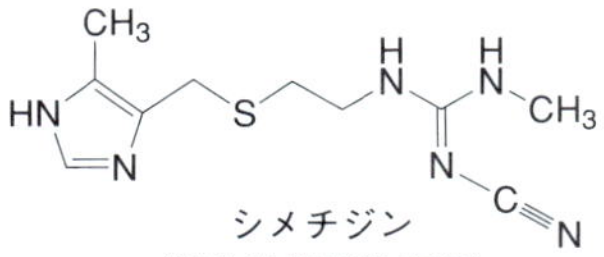

シメチジン
(消化性潰瘍治療薬)

(c) セロトニン

セロトニン(serotonin, 5-hydroxytryptamine；5-HT)は L-トリプトファンのヒドロキシ化と脱炭酸によって生合成される(図 14.39b). 腸管神経叢に高濃度で分布するほか, 脳や血小板にも存在する. 5-HT 受容体を介して, 平滑筋収縮作用, 止血作用, 胃腸運動促進作用などを示す. 脳内では情緒や不安, 精神疾患の病態と深く関与している.

セロトニンから生合成される生理活性物質として, **メラトニン**(melatonin, *N*-acetyl-5-methoxytryptamine)に注目が集まっている. メラトニンは脳の松果体から分泌されるホルモンで, 概日リズムや睡眠に関与している. 構造的にはアミンではなく, アミン誘導体に分類される

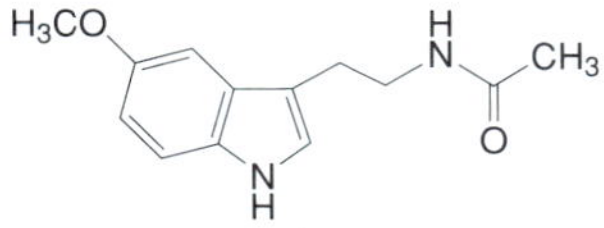

メラトニン

(d) GABA

GABA(γ-aminobutyric acid, γ-アミノ酪酸, 4-アミノ酪酸)は **L-グルタ**

ミン酸(L-glutamic acid, glutamate)からグルタミン酸脱炭酸酵素により産生される(図 14.39c)が，コハク酸セミアルデヒドから生合成される経路も知られている．GABA は中枢神経系における代表的な抑制性神経伝達物質として機能している．

(e) ポリアミン

同一分子内に二つ以上のアミノ基をもつ化合物を総称して**ポリアミン**[*4](polyamine)という．スペルミジン，スペルミンは尿素サイクルの産物であるオルニチンの脱炭酸によって生成するプトレッシンから生合成される．ポリアミン類は細胞増殖作用に密接に関連している(図 14.40)．

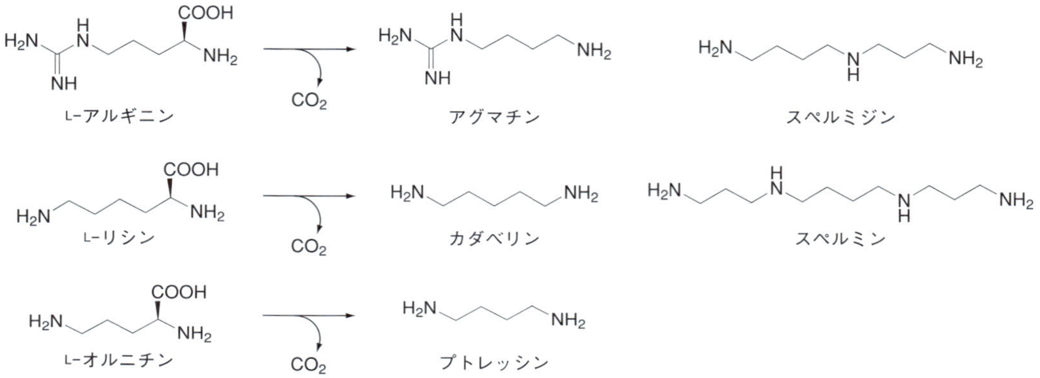

*4 多価アミンともいう．

図 14.40　ポリアミン類

14.7.2　核酸塩基

核酸(DNA および RNA)を構成する塩基部分を**核酸塩基**(nucleobase)という．**プリン塩基**(purine base)と**ピリミジン塩基**(pyrimidine base)とが存在する(図 14.41)．核酸塩基については 16 章で詳細に取りあげる．

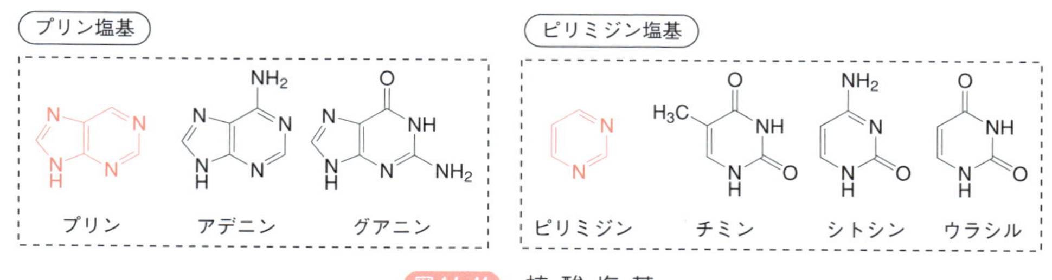

図 14.41　核酸塩基

14.7.3　ビタミン類

ビタミン(vitamin)は健康を維持するために不可欠な低分子有機化合物を意味する．ビタミンはすべてアミン誘導体である〔vita(life) + amine〕という誤った認識のもとに命名されたが，ビタミン C やビタミン E のようにアミン構造でないものも多数存在する．代表的なビタミンを図 14.42 に示す．ただし，ビタミン C とビタミン E はアミン構造ではない．

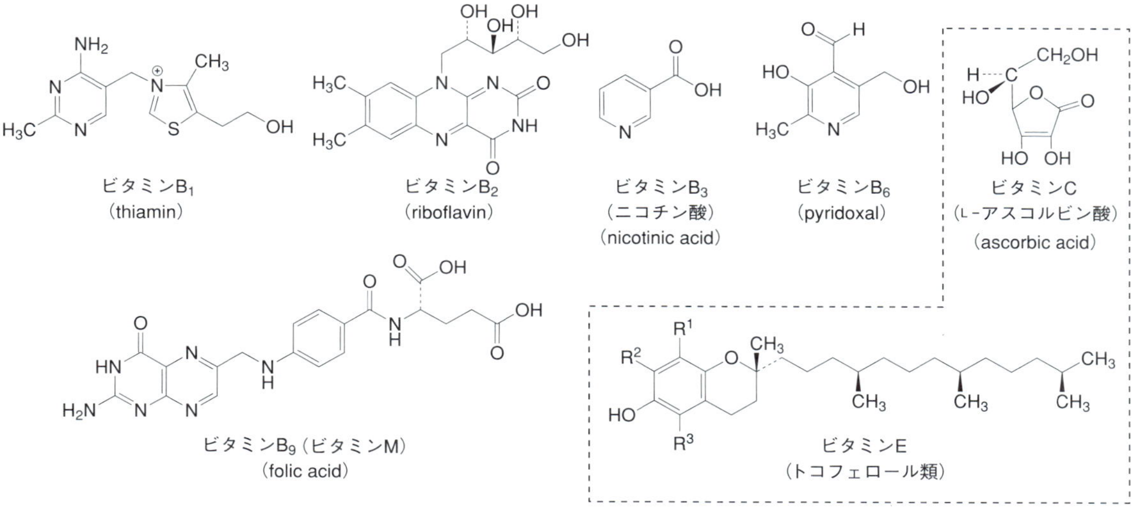

ビタミンB_1 (thiamin)

ビタミンB_2 (riboflavin)

ビタミンB_3 (ニコチン酸) (nicotinic acid)

ビタミンB_6 (pyridoxal)

ビタミンC (L-アスコルビン酸) (ascorbic acid)

ビタミンB_9 (ビタミンM) (folic acid)

ビタミンE (トコフェロール類)

図 14.42 ビタミン類

COLUMN ビタミン B_6 とアミノ酸の合成および代謝

ビタミン B_6 は，ピリドキサール(pyridoxal)やピリドキサミン(pyrydoxamine)と，これらのリン酸エステル型であるピリドキサル-5-リン酸，ピリドキサミン-5-リン酸などの総称である．ピリジン環をもつ水溶性のビタミンであり，生体内で 2-オキソカルボン酸と2-アミノカルボン酸(アミノ酸)の相互変換を促進している(図①)．この相互変換は，カルボニル基と第一級アミノ基との間で，イミン形成，転位および加水分解を通して，巧妙に進んでいる．右(下)方向へ反応が進むと天然のアミノ酸類が合成され，逆向き(左上方向)に進むとアミノ酸が代謝される．

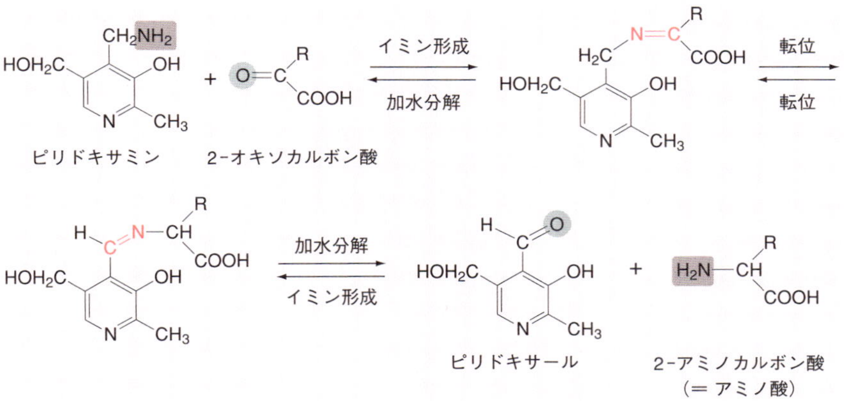

ピリドキサミン + 2-オキソカルボン酸 ⇄ (イミン形成 / 加水分解) ⇄ (転位 / 転位) ⇄ (加水分解 / イミン形成) ピリドキサール + 2-アミノカルボン酸 (= アミノ酸)

図① アミノ酸の合成と代謝

章末問題

1． 次の各群の化合物を塩基性の増大する順に並べよ．

a. エチルアミン，アニリン，アンモニア

b. ジフェニルアミン，イソプロピルアミン，アニリン

c. 水酸化ナトリウム，アンモニア，ヒドロキシルアミン

d. ジメチルアミン，アンモニア，メチルアミン

e. 水，アンモニア，ベンジルアミン

f. アニリン，*p*–ニトロアニリン，*m*–ニトロアニリン

2． 次の２種類の化合物を水に溶解したとき，どちらがより強い塩基性を示すか．

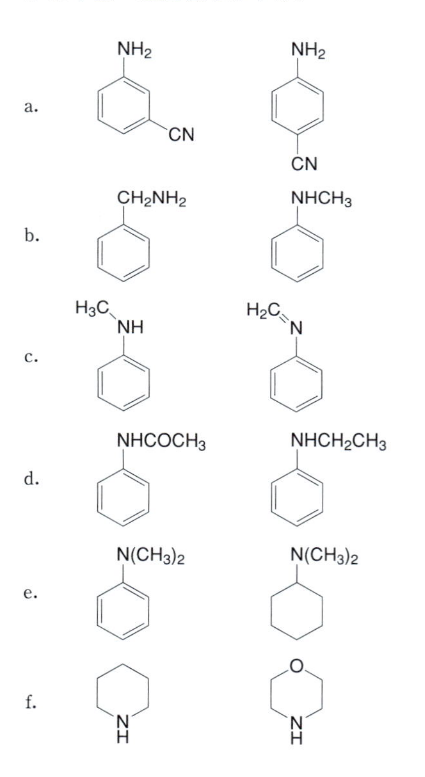

3． 次の各化合物から *n*–ブチルアミンを合成する反応式を書け．

a. 臭化 *n*–ブチル

b. 1–ニトロブタン

c. ブチロニトリル

d. ブタン酸

e. アセトニトリル

f. ペンタン酸

4． 次に示した原料からそれぞれの化合物を合成する方法を示せ．

a. ベンゼンからアニリン

b. 臭化 *n*–プロピルから *n*–ブチルアミン

c. ニトロベンゼンから *N*–メチルアニリン

d. 酢酸からジメチルエチルアミン

e. シクロペンタノンからピペリジン

f. エチルアミンから臭化テトラエチルアンモニウム

5． 次の反応の生成物を書け．

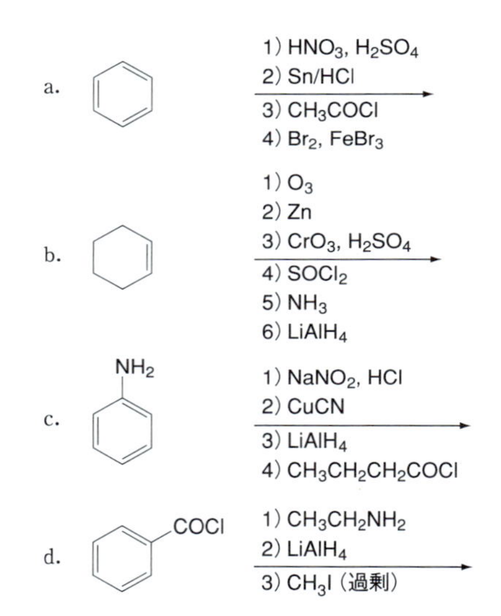

6． 次の化合物を亜硝酸水溶液で処理したとき，どのような変化が観察されるか．

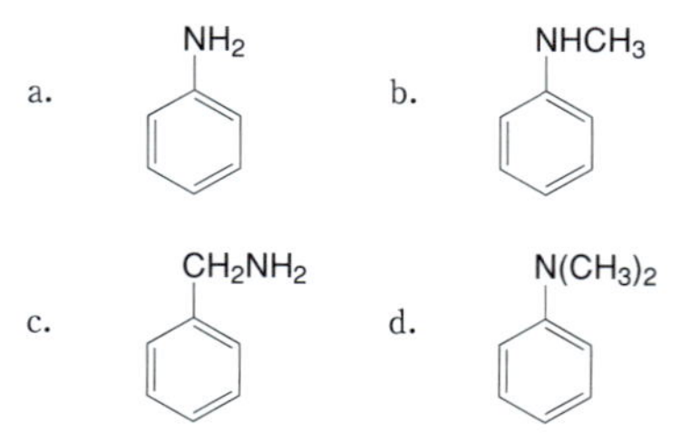

Part III 応用編

医薬品への展開

15 生体内分子 ——タンパク質・糖質・脂質

❖ 本章の目標 ❖

- アミノ酸およびその構造に基づいた性質について学ぶ.
- タンパク質の高次構造を規定する結合(アミド基間の水素結合，ジスルフィド結合など)および相互作用について学ぶ.
- 糖類および多糖類の基本構造について学ぶ.
- 糖とタンパク質の代表的な結合様式について学ぶ.
- 生体膜を構成する脂質の化学構造の特徴について学ぶ.
- ペプチドアナログの医薬品，およびそれらの化学構造について学ぶ.
- ステロイドアナログの医薬品，およびそれらの化学構造について学ぶ.

生体を構成する成分は大きく分けて**タンパク質**(protein)，**糖質**(sugar)，**脂質**(lipid)，および**核酸**(nucleic acid)に分類される．タンパク質は生体を構成する主体であり，生体内で起こる反応にかかわる酵素や受容体，ホルモン，抗体なども，タンパク質でできている．糖質はセルロースやデンプンなどのかたちで天然に最も多量に存在し，生体はこれをエネルギーの貯蔵に用いたり，細胞間の認識に利用している．脂質は水に溶けにくい成分で，生体にとってはエネルギー源や細胞膜の構成成分として重要である．核酸は主として遺伝情報に関与している．本章では前者の三つの生体成分について，おもに構造と性質を学ぶ．核酸については16章で説明する．

15.1 アミノ酸，ペプチド，タンパク質

タンパク質は分子量が6000から4000万にもおよぶ巨大な生体成分で，その構成単位は**アミノ酸**である.「アミノ酸 ＝ アミノ(－NH_2)＋ 酸(－COOH)」という名称からもわかるように，アミノ酸にはアミノ基とカルボキシ基がある．1分子のアミノ酸のアミノ基ともう1分子のアミノ酸のカルボキシ基の

あいだで脱水縮合すると，**アミド結合**[*1]（**ペプチド結合**，peptide bond, peptide linkage）が形成される．このようにしてアミノ酸がつながった構造が**ペプチド**[*2]（peptide）で，二つつながったものを**ジペプチド**，三つつながったものを**トリペプチド**とよぶ（図 15.1）．

一般に，アミノ酸が 10 個以下のペプチドを**オリゴペプチド**（oligopeptide），それ以上を**ポリペプチド**（polypeptide）と分けているが，さらに数が増えて約 50 個以上のアミノ酸がつながったものは**タンパク質**とよばれる．タンパク質を構成するアミノ酸は約 20 種類あり，それぞれの構造がタンパク質全体の性質に大きくかかわっている．

*1 アミド結合の性質については 13.9 節を参照．

*2 ペプチドは，ギリシャ語で料理，消化を意味する *peptein* に由来する．ペプチドはタンパク質の消化によって生成する．

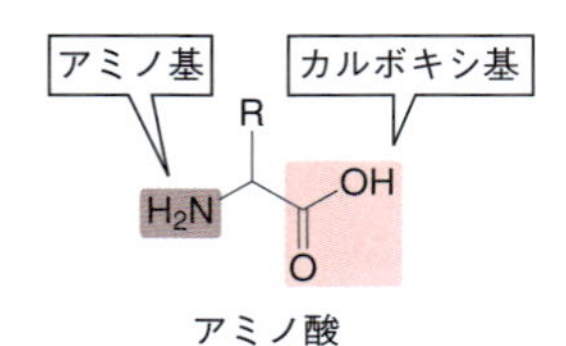

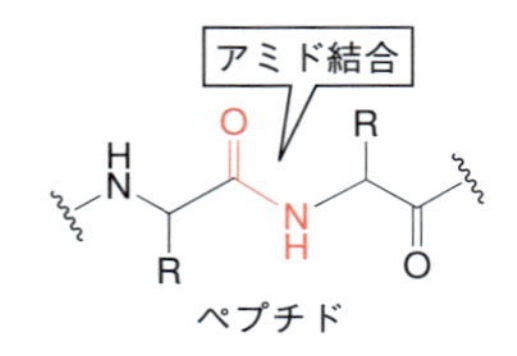

図 15.1 アミノ酸およびペプチドの構造

15.1.1 アミノ酸

天然に存在するアミノ酸のほとんどは α-アミノ酸（カルボニル基の隣 $= \alpha$ 位の炭素にアミノ基が結合している）であるが，生体内には β-アミノ酸や γ-アミノ酸も存在している．たとえば，γ-アミノ酸である γ-アミノ酪酸（GABA）は神経伝達物質として働いている（図 15.2）．

α-アミノ酸　β-アミノ酸　γ-アミノ酸　γ-アミノ酪酸（GABA）

図 15.2 α-アミノ酸，β-アミノ酸および γ-アミノ酸

アミノ酸はその構造中に塩基性を示すアミノ基と酸性を示すカルボキシ基をもっているため，分子内にカチオンとアニオンをもつ**双性イオン**（zwitter-ion）になりうる．α-アミノ酸のグリシン（R が水素）を例にして図 15.3 に示す．

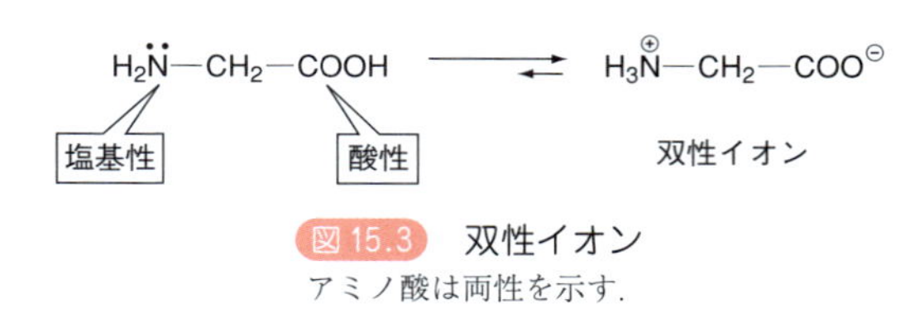

図 15.3 双性イオン
アミノ酸は両性を示す．

アミノ酸は水溶液の液性（酸性もしくは塩基性）により，その構造が変化する．アミノ酸のカルボキシ基の pK_a 値は約 2 であり，アミノ基がプロトン化されたときの pK_a 値は約 9 ～10 である．したがって図 15.4 にあるように，非常に強い酸性溶液（pH が約 0）中ではプロトン化され，カチオン **A** のかたちで存在する．ほぼ中性溶液（pH が約 7）中では，双性イオンになった **B** のかたちになる．このとき，カチオンとアニオンが互いの電荷を相殺するので，電気的には中性になる．非常に強い塩基性溶液（pH が約 11）中では脱プロトン化された **C** のかたちで存在する．

このように，アミノ酸には二つの $\mathrm{p}K_\mathrm{a}$ があり，溶液の pH にかかわらず，つねに電荷をもった状態にある．一般に，カルボキシ基の $\mathrm{p}K_\mathrm{a}$ 値を $\mathrm{p}K_\mathrm{a1}$ で表し，プロトン化されたアミノ基の $\mathrm{p}K_\mathrm{a}$ 値を $\mathrm{p}K_\mathrm{a2}$ で表す．

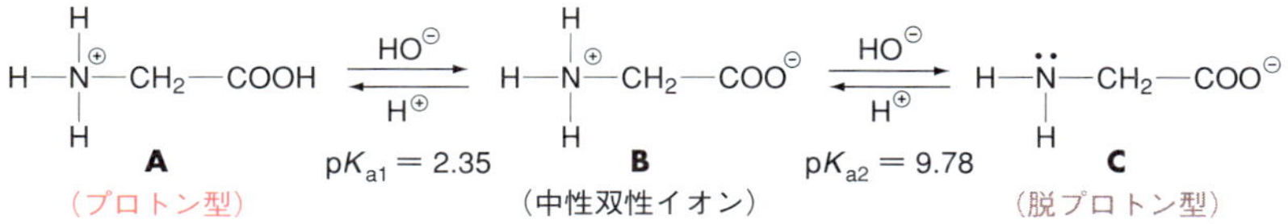

$$\underset{\substack{\mathbf{A}\\(\text{プロトン型})}}{\mathrm{H_3\overset{\oplus}{N}{-}CH_2{-}COOH}} \underset{\mathrm{H^\oplus}}{\overset{\mathrm{HO^\ominus}}{\rightleftharpoons}} \underset{\substack{\mathbf{B}\\(\text{中性双性イオン})}}{\mathrm{H_3\overset{\oplus}{N}{-}CH_2{-}COO^\ominus}} \underset{\mathrm{H^\oplus}}{\overset{\mathrm{HO^\ominus}}{\rightleftharpoons}} \underset{\substack{\mathbf{C}\\(\text{脱プロトン型})}}{\mathrm{H_2\ddot{N}{-}CH_2{-}COO^\ominus}}$$

$\mathrm{p}K_\mathrm{a1} = 2.35$　　$\mathrm{p}K_\mathrm{a2} = 9.78$

図 15.4　水溶液中のアミノ酸(グリシン)の構造

図 15.5 に，プロトン化されたカチオン **A** のかたちをもつグリシン塩酸塩に対し，水酸化物イオン($\mathrm{HO^-}$)を加えていったときの pH の曲線を示した．0.5 当量の $\mathrm{HO^-}$ を加えると **A** と **B** の割合が 1：1 となり，1 当量加えると分子内の電荷が釣りあった **B** となる．このときの pH を**等電点**(isoelectric point；pI)とよぶ．さらに $\mathrm{HO^-}$ を加えていくと **B** と **C** の混合物となり，$\mathrm{HO^-}$ を 2 当量加えると，ほぼ **C** のみになる．一般に，等電点は $\mathrm{p}I = (\mathrm{p}K_\mathrm{a1} + \mathrm{p}K_\mathrm{a2})/2$ で求めることができる．アミノ酸の水への溶解度は等電点において最小となる．

タンパク質を構成する約 20 種類のアミノ酸では，α 炭素に結合した置換基(**側鎖**という)が異なっている．ここまで見てきたグリシンでは α 炭素に置換基はないが，その他のアミノ酸は側鎖にさまざまな官能基をもっている．アミノ酸はこれら側鎖の性質の違いによって水溶液中での構造や物性(酸性度および塩基性度)が異なり，**中性アミノ酸**，**酸性アミノ酸**，**塩基性アミノ酸**に大きく分類される(表 15.1)．

グリシン以外のすべての α-アミノ酸は，α 炭素が**不斉炭素原子**になるため，二つの鏡像異性体が存在する．天然のタンパク質を構成する α-アミノ酸は

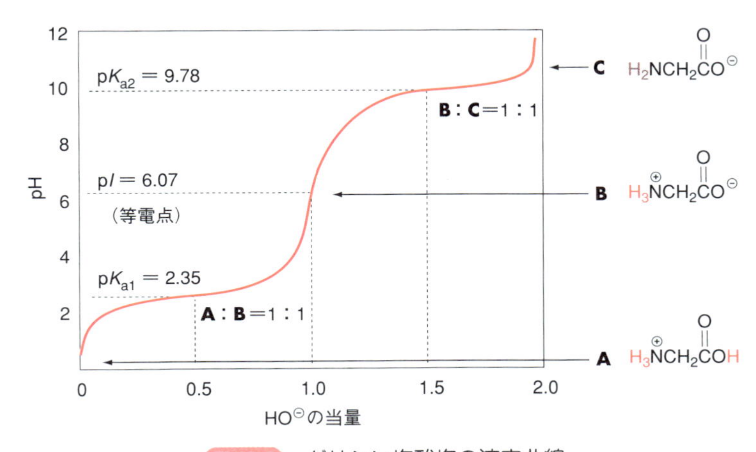

図 15.5　グリシン塩酸塩の滴定曲線

L-グリセルアルデヒドと同じ立体配置で，**L-アミノ酸**とよばれる．有機化学における不斉炭素の立体化学は *R*/*S* 表記法によって表されるべきだが，アミノ酸や糖などの生体成分は古くから使われている D/L 表記法に従って表すのが慣例になっている．また，立体化学の表し方も Fischer 投影式(4.5 節)を用い，酸化数の高い －COOH を上に置き，炭素鎖を縦に書くと L-アミノ酸では $-NH_2$ が左となる(図 15.6)．ちなみに，*R*/*S* 表記法では，優先順位の関係からシステインのみが(*R*)-配置で，ほかはすべて(*S*)-配置である．

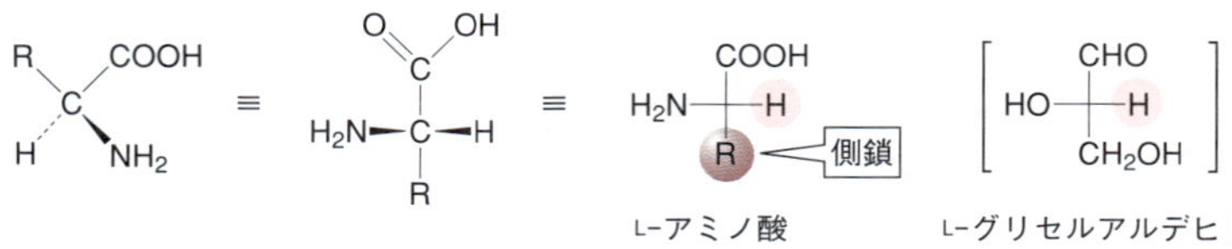

L-アミノ酸　L-グリセルアルデヒド

図 15.6　L-アミノ酸の立体表記

天然のアミノ酸の名称，構造式，物性を表 15.1 にまとめた．アミノ酸は，三文字の略号や一文字の略号でも表されるが，それらはポリペプチドやタンパク質など，多くのアミノ酸を含む構造を表すときに便利である．天然には 20 種類のアミノ酸がある．ヒトはこれらのうち 11 種を身体のなかでつくることができるが，＊印のついた残りの 9 種類は食べ物から取り入れなくてはならない．そこで，これらの 9 種類をとくに**必須アミノ酸**(essential amino acids)とよんでいる．

15.1.2　ペプチド

すでに述べたように，アミノ酸が 50 個程度までペプチド結合(アミド結合)で連結されたものをペプチドという．ペプチドはそれ自体で生理活性をもつものもある．また，より分子量が大きいタンパク質の一部としても存在する．基本単位であるアミノ酸の両末端にはアミノ基とカルボキシ基があるので，アミノ酸の数が増えてペプチドがどんなに長くなっても両末端にはアミノ基とカルボキシ基が存在する．このアミノ基側の末端を **N 末端**とよび，カルボキシ基側の末端を **C 末端**とよぶ．ペプチドおよびタンパク質を表記するときには N 末端を左に，C 末端を右に書くことが通例である(図 15.7)．

たくさんのアミノ酸がつながったペプチドの場合は，結合している一つひとつのアミノ酸(**アミノ酸残基**という)を構造式で表すのは煩雑である．そこで，表 15.1 の三文字表記や一文字表記を用いて構造を表すことがほとんど

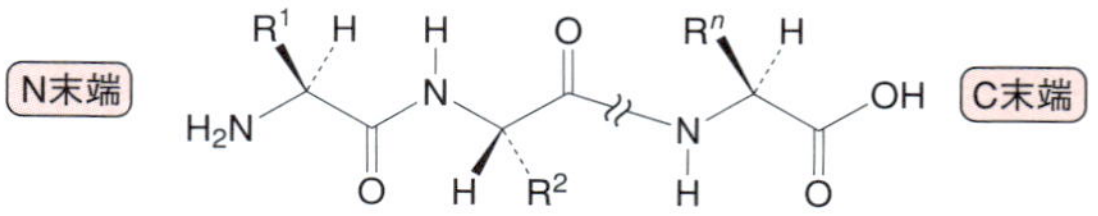

N末端　C末端

図 15.7　ペプチドの構造

表15.1 タンパク質を構成するアミノ酸

	名　前 （英語名）	三文字表記 （一文字表記）	構　造　式 （非電荷形の表示）	pK_{a1} α-COOH	pK_{a2} α-NH_2	pK_{a3} 側鎖	等電点 pI
中性アミノ酸	グリシン (glycine)	Gly (G)	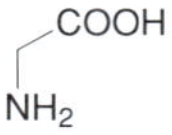	2.35	9.78		6.07
	アラニン (alanine)	Ala (A)	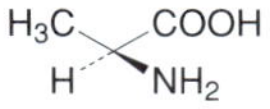	2.35	9.78		6.07
	バリン* (valine)	Val (V)	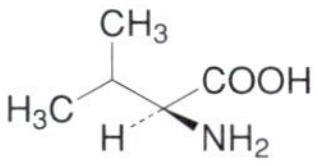	2.29	9.72		6.00
	ロイシン* (leucine)	Leu (L)	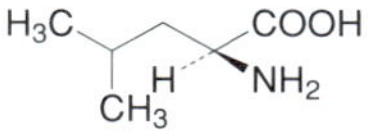	2.33	9.74		6.04
	イソロイシン* (isoleucine)	Ile (I)	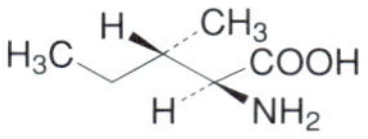	2.32	9.76		6.04
	メチオニン* (methionine)	Met (M)	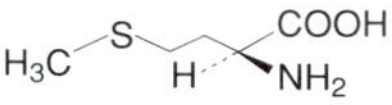	2.28	9.21		5.74
	プロリン (proline)	Pro (P)	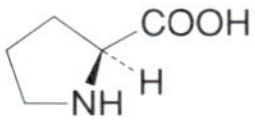	2.00	10.60		6.30
	フェニルアラニン* (phenylalanine)	Phe (F)	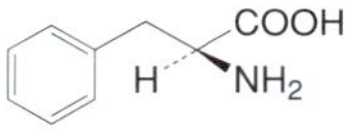	2.58	9.24		5.91
	トリプトファン* (tryptophan)	Trp (W)	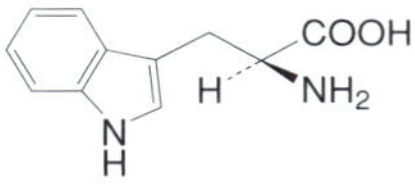	2.38	9.39		5.88
	セリン (serine)	Ser (S)	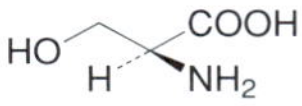	2.21	9.15		5.68
	トレオニン* (threonine)	Thr (T)	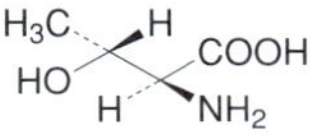	2.09	9.10		5.60
	アスパラギン (asparagine)	Asn (N)	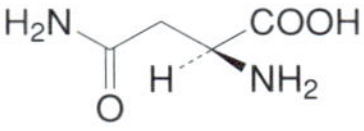	2.02	8.80		5.41
	グルタミン (glutamine)	Gln (Q)	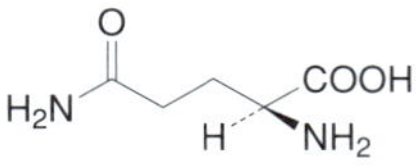	2.17	9.13		5.70
	チロシン (tyrosine)	Tyr (Y)	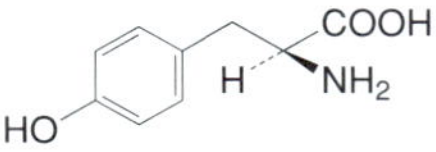	2.20	9.11	10.07	5.66
	システイン (cysteine)	Cys (C)	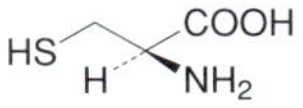	1.86	10.34	8.35	5.11
塩基性アミノ酸	リシン* (lysine)	Lys (K)	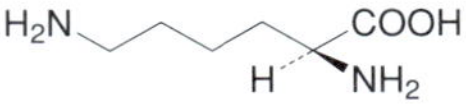	2.18	8.95	10.53	9.74
	アルギニン (arginine)	Arg (R)	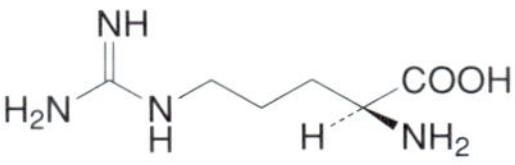	2.01	9.04	12.48	10.76
	ヒスチジン* (histidine)	His (H)	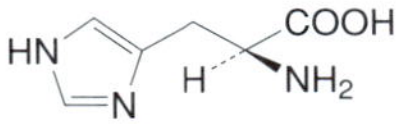	1.77	9.18	6.10	7.64
酸性アミノ酸	アスパラギン酸 (aspartic acid)	Asp (D)	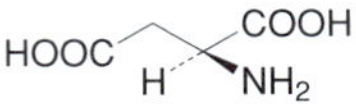	2.10	9.82	3.86	2.98
	グルタミン酸 (glutamic acid)	Glu (E)	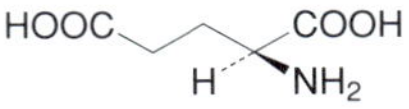	2.10	9.47	4.07	3.08

である．例として，図 15.8(a)に六つのアミノ酸が結合したヘキサペプチドの構造式とその三文字表記および一文字表記による表現を示す．また，図 15.8(b)に子宮収縮作用をもつ生理活性ペプチドのオキシトシンの構造式と，その三文字表記を示す．この例のように，C 末端のアミノ酸のカルボキシ基がアミド化されている場合もあるが，そのような場合には，C 末端に $-NH_2$ をつける．たとえば，オキシトシンの場合は $-Gly-NH_2$ と表記される．

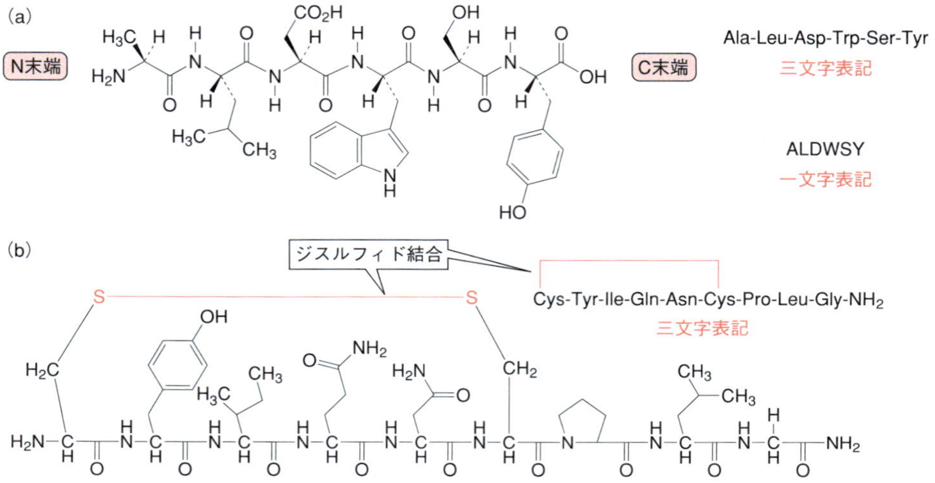

(a)

N末端　C末端

Ala-Leu-Asp-Trp-Ser-Tyr
三文字表記

ALDWSY
一文字表記

(b)

ジスルフィド結合

Cys-Tyr-Ile-Gln-Asn-Cys-Pro-Leu-Gly-NH_2
三文字表記

図 15.8　ペプチドの表し方

オキシトシンの構造中に見られる S－S 結合は，二つのシステイン残基側鎖のスルファニル基の酸化によって生じる**ジスルフィド結合**(disulfide bond, disulfide linkage)である．このジスルフィド結合は強固な共有結合であり，ペプチドの三次元的な構造を構築するのに役立っている．

15.1.3　ペプチドアナログの医薬品

生体内には多数の生理活性ペプチドが存在する．これらをもとにして多くの医薬品がつくられているが，ペプチドそのものは生体内でペプチダーゼによって加水分解されるために体内動態(ADME，1 章参照)に問題があるので，薬の開発にあたっては多くの工夫がなされている．たとえば，剤形の工夫(p. 321 のコラム参照)によってペプチドを効率よく体内に取り込ませている．また，ペプチドの構造を上手にまねた非ペプチド，すなわち**ペプチドアナログ**(peptide analogues)を開発している．ペプチドアナログの医薬品の例を次に記す．

(a) アンギオテンシン変換酵素阻害薬

昇圧作用をもつアンギオテンシンの生体内での生成を抑え，降圧作用を示す医薬品として，アンギオテンシン変換酵素阻害薬が開発された．この場合は，ヘビ毒の成分である9個のアミノ酸からなるペプチド(テプロタイド)が酵素阻害作用をもつことをヒントにして，ペプチドアナログがつくられた．カプトプリル，エナラプリルなどがある．

5-oxo-Pro-Trp-Pro-Arg-Pro-Gln-Ile-Pro-Pro-OH
ヘビ毒(テプロタイド：SQ20881)

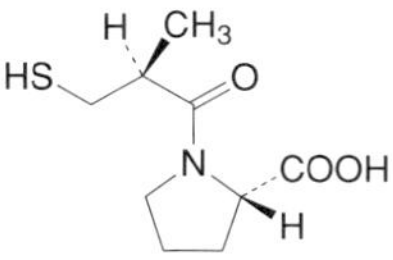

カプトプリル

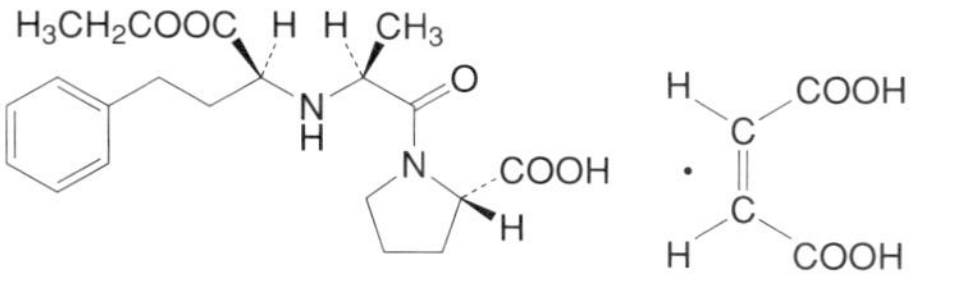

エナラプリルマレイン酸塩

(b) HIV プロテアーゼ阻害薬

HIV(human immunodeficiency virus)による後天性免疫不全症候群を治療する目的で，HIV プロテアーゼ阻害ペプチドが多くつくられた．しかし，いずれも体内動態に問題があったため，ペプチドアナログ医薬品が開発された．インジナビル，リトナビルなどがある．インジナビルはペプチドの加水分解機構をもとにしてデザインされた．

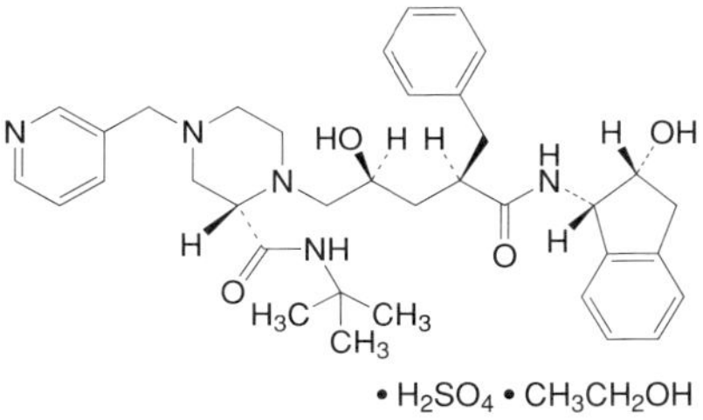

$\cdot H_2SO_4 \cdot CH_3CH_2OH$
インジナビル硫酸塩エタノール付加物

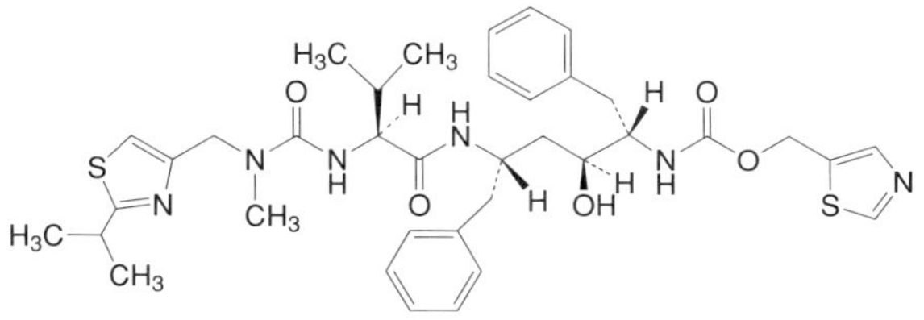

リトナビル

(c) 免疫抑制薬

そのほか，ペプチド誘導体として，免疫抑制薬のシクロスポリン A がある．シクロスポリン A は環状のポリペプチドである．

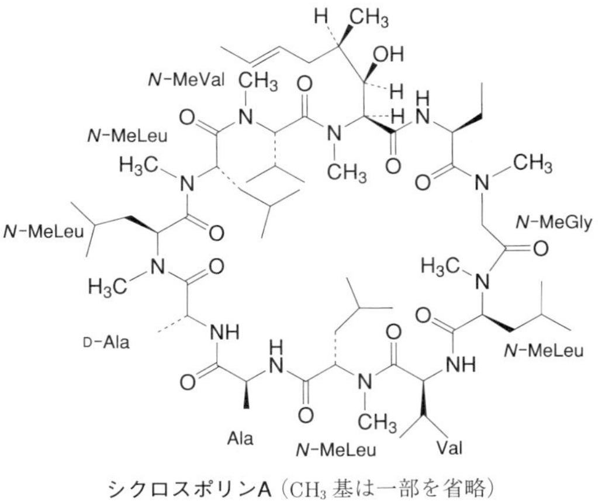

シクロスポリンA (CH_3 基は一部を省略)
(免疫抑制薬)

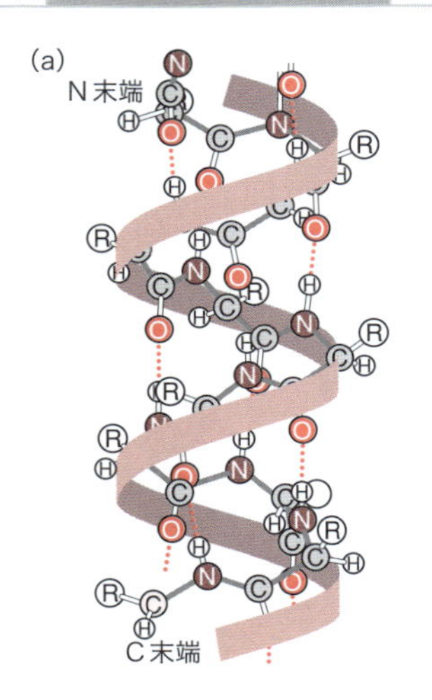

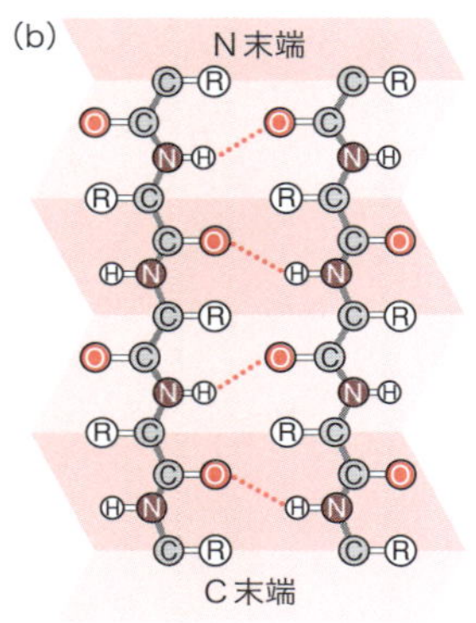

図15.9　タンパク質の構造
(a) αヘリックスの例, (b) β構造の例.

15.1.4　タンパク質

およそ50以上のアミノ酸からなるペプチドをタンパク質とよぶ．タンパク質はそれぞれが特定のアミノ酸配列をもち，分子内のアミノ酸残基の性質に基づいて決まった立体構造を形成する．タンパク質の構造は，**一次構造**(primary structure)，**二次構造**(secondary structure)，**三次構造**(tertiary structure)，**四次構造**(quaternary structure)に分類される．一次構造はアミノ酸配列やジスルフィド結合(15.1.2項参照)などの共有結合に基づく構造である(図15.8)．二次構造はポリペプチド鎖の立体的な配列をいう．その典型的なものに**αヘリックス**(α-helix)や**β構造**(β-structure)がある(図15.9)．αヘリックスは高度に右回りのらせんを巻いている(ぞうきんを絞るときに思いっきり捻った感じ)．一方，β構造はペプチドを直線上に引き延ばした状態である．この部分はタンパク質中で水素結合を介して並び，2本のペプチド鎖が**シート構造**を形成する(図15.9)．三次構造は，二次構造をもったタンパク質が次項(15.1.5項)に記す分子間相互作用やジスルフィド結合などによって複雑に結合したタンパク質全体の構造である．そして，四次構造は，複数個のタンパク質どうしが会合し，さらに巨大な構造になっている．

15.1.5　分子間相互作用

15.1.3項で述べたタンパク質の高次構造の形成にあたって，分子間にさまざまな相互作用が働いている．すでに2.4.1項および3.1.3項で取りあげた作用もあるが，ここで一度まとめておく．

(a) 静電的相互作用

図15.10に示したように，正電荷(+)を帯びたものと負電荷(−)を帯びたものとのあいだで引きあう力を**静電的相互作用**という．これはどんな方向からでも働き，その引力は距離の2乗に反比例する．静電的相互作用によってもたらされるエネルギーは1〜10 kcal/mol(4〜42 kJ/mol)になる．

図15.10　静電的相互作用

(b) 水素結合

アルコールや水，アミンが水素結合によって高い安定性を得ていたのと同じように，タンパク質の構造においても高い電気陰性度をもつ原子と水素とが相互作用して**水素結合**(hydrogen bond)を形成する(図15.11，2.4.1項参照)．具体的にはO−HやN−Hの水素と非共有電子対をもつNやOとのあいだでできる，静電的相互作用の一種である．水素結合によってもたらされ

COLUMN ペプチド医薬品とDDS

日本が世界に誇れる医薬品の一つにリュープロレリン酢酸塩(以下リュープロレリン)がある．リュープロレリンは，性ホルモンの分泌を促進させるLH－RH(黄体形成ホルモン放出ホルモン)の受容体に高い親和性をもつ，ペプチドを主成分とする注射薬であり，前立腺がんや乳がん，子宮内膜症，子宮筋腫などの治療に用いられている．

LH－RHは10個のアミノ酸からなるペプチドで，2個のグリシン残基を含んでいる(図①)．これらグリシン部分について，末端側を－NHEt基に，中央部分を非天然型のアミノ酸(D-ロイシン)に変換することで，LH－RH受容体に対してLH－RHより50倍以上も高い親和性をもつリュープロレリンが創製された．

さらに，この医薬品の開発では，ペプチドをいかに効率よく体内に取り込ませるか，すなわちDDS(薬物送達システム，drug delivery system)に多大な努力が払われた．ペプチドは経口投与されると消化管でペプチダーゼによって分解されてしまうので，一般にペプチド医薬品は注射で投与される．リュープロレリンも，効果を発揮させるには"連日注射"しなくてはならない，という問題点があった．その点を改善する方法が検討された結果，体のなかで徐々に分解するポリマー〔DL-乳酸とグリコール酸のポリマー〕をマイクロカプセル化し，そのなかにペプチドを封じ込める方法が開発された．

この方法を用いれば，投与されたペプチドはマイクロカプセルが徐々に分解されるにつれて少しずつ体内に放出されるため，連日注射投与する必要がない．リュープロレリンは，このように優れたDDS製剤(この場合は，長期間にわたって徐々に薬物を放出するので徐放製剤という)を併せて開発することによって，現在では3か月に1回の注射で効果を発揮する医薬品として世界中で用いられている．

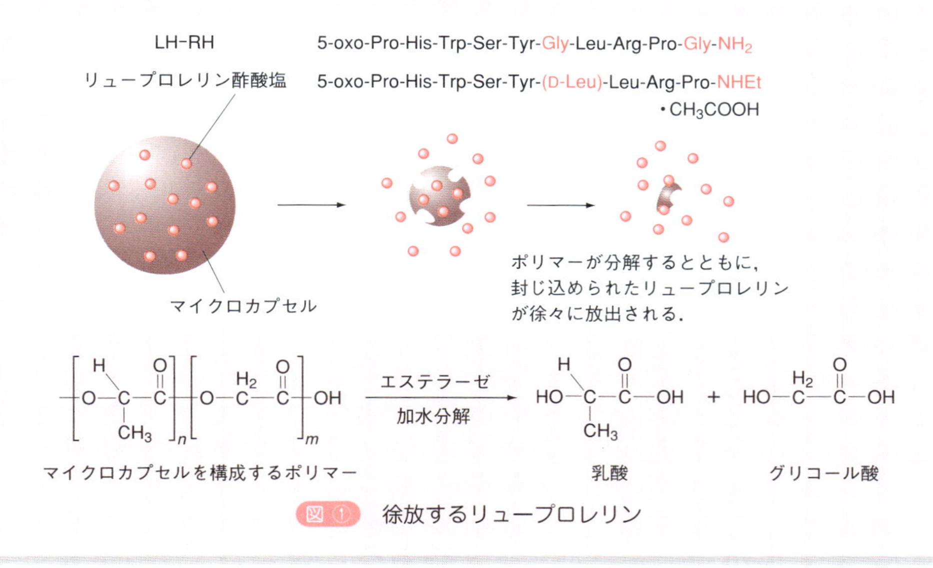

図① 徐放するリュープロレリン

るエネルギーも1～10 kcal/mol(4～42 kJ/mol)になる．

(c) ファンデルワールス力(分散力)

無極性の分子どうしが近づくと，分子内で電子の偏りが起こって分極する．

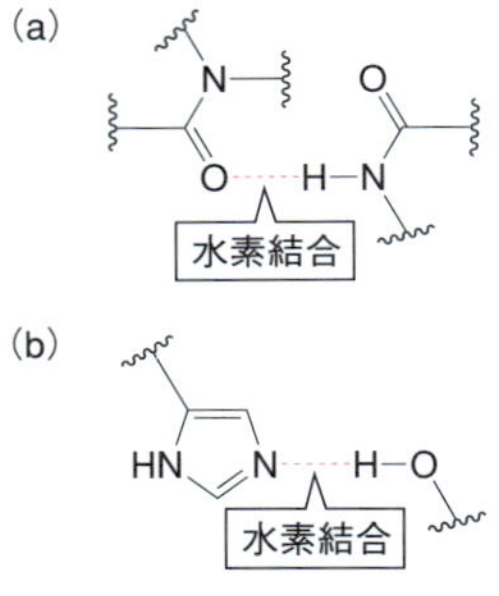

このときに生じる反対の電荷が互いに向きあって分子どうしを引きつけあう力が生じる．これを**ファンデルワールス力**という（図 15.11 および 3.1.3 項，図 3.6 も参照）．分子どうしが近づくことで生じる誘起双極子の相互作用なので，分子間の距離（r）が大きくなるとその引力は弱まる＊4．

また，ファンデルワールス力による引力は接触面積に大きく依存する．ネオペンタンの沸点は 9.5 ℃であるのに対し，直鎖構造によって分子どうしの接触面積がより大きなペンタンでは，ファンデルワールス力による安定化効果が大きいので，より高い沸点（36.1 ℃）になる（図 15.12）．このように接触面積が大きくなると引力も強くなることから，タンパク質などの巨大分子どうしの相互作用では，ファンデルワールス力はたいへん重要である．

(a)　水素結合

(b)　水素結合

図 15.11　水素結合
(a) αヘリックスやβシートに見られる水素結合様式．(b) ヒスチジン側鎖のイミダゾールとセリンやトレオニン側鎖のヒドロキシ基との水素結合．

＊4 ファンデルワールス力による引力は r^7 に反比例する．

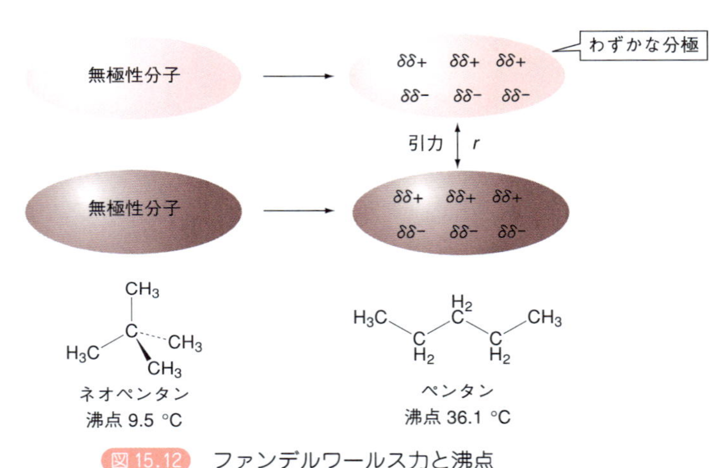

図 15.12　ファンデルワールス力と沸点
δδ+，δδ− はそれぞれ部分的にごくわずかな分極を示す．

（d）疎水性相互作用

水に油を浮かべて，ゆっくりと撹拌すると，油はたくさんの小さな油滴となって浮く．撹拌をやめると油はだんだんと集まり，やがては大きな一つの固まりとなる．このように，水は疎水性の化合物を排除しようとする性質がある．疎水性の化合物や官能基が複数あるとき，これらは油のように水から排除され，互いに近づこうとする．この性質を**疎水性相互作用**（hydrophobic interaction）とよぶ．

水は互いに三次元的に自由に水素結合をしている．しかし，疎水性化合物に接している水は，その水素結合が制限されるために自由度を失う．したがって，複数の疎水性化合物（または官能基）が水中に存在すると，水との接触面積をなるべく減らすように系が動く．その結果，疎水性化合物（または基）があたかも引きあうかのように集まるのである．

15.2 糖　質

糖質(saccharide)は**炭水化物**(carbohydrate)ともいう．それは糖質が炭素の水和物であり，$C_m(H_2O)_n$ の分子式をもつものと考えられたことに由来している．現在では，より広い定義が用いられ，一般式 $C_nH_{2n}O_n$(n は3以上の整数)で表される多くの脂肪族ポリヒドロキシ化合物とそれらの誘導体を総称して糖質とよんでいる．

生体内での糖質は多くの糖が連結した高分子(**多糖類**)として存在し，かつては栄養源，エネルギー源としてとらえられていた．しかし，最近では細胞間の認識機構が明らかになるにつれ，糖類は細胞間の情報をやりとりするシグナル分子としても注目を集めている．糖類を構造中に含む医薬品も多く，医薬化学における糖類の重要性が高まっている．本節では糖類の基本的な構造[*3]や性質について学ぶ．

*3 糖類の構造を記すためにFischer 投影式や Haworth 投影式，シクロヘキサンと同様のいす形配座での表現などがある．本章では必要に応じて最も適切な方法で糖類の構造を記す(p. 328 のコラム参照)．

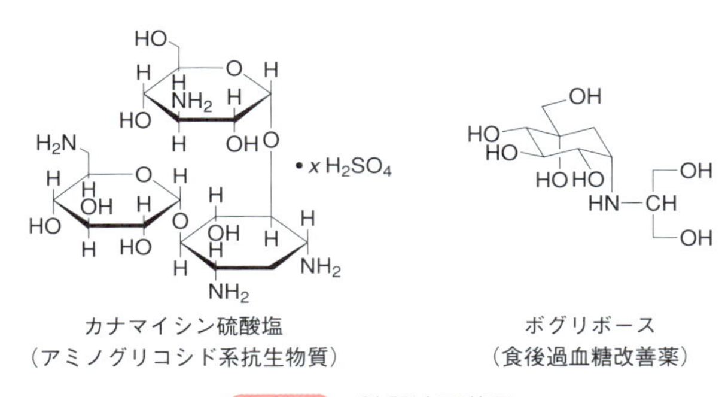

図 15.13　糖関連医薬品
ボグリボースの基本骨格は D-グルコースのかたちによく似たシクロヘキサン環であることに注意.

15.2.1 単 糖 類

糖類の基本単位は**単糖類**(monosaccharide)で，3～9個の炭素原子をもつ**ポリヒドロキシアルデヒド**または**ポリヒドロキシケトン**である．複数の単糖がつながると**オリゴ糖類**(oligosaccharide，2～10個の単糖からなる)や**多糖類**(polysaccharide)となる．

単糖類は，構成する炭素原子の数に従って**トリオース**(三炭糖，triose)，**テトロース**(四炭糖，tetrose)，**ペントース**(五炭糖，pentose)，**ヘキソース**(六炭糖，hexose)とよばれる(図 15.14)．

また，分子内にアルデヒド構造(ホルミル基)がある場合は**アルドース**(aldose)，ケトン構造(ケト基)がある場合は**ケトース**(ketose)とよばれる(図15.15)．たとえば，図 15.14 のリボースは5個の炭素をもち，炭素鎖の末端にアルデヒド構造があるので，アルドペントースとよばれる．

アルドースは **Tollens 試薬**(トレンス)(Tollens reagent，アンモニア水中の Ag^+)や

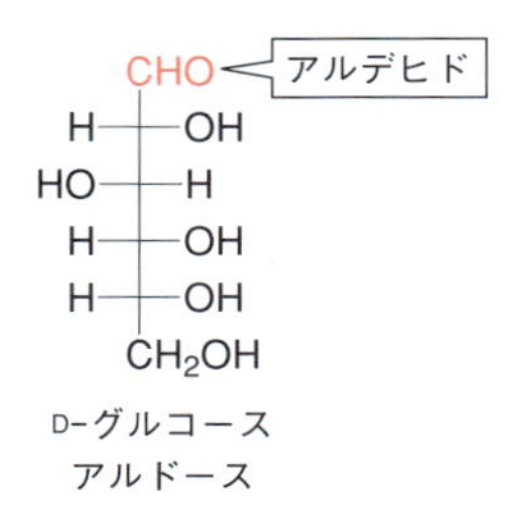

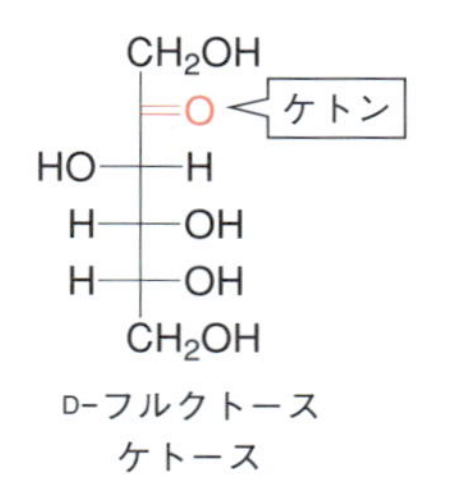

図 15.15 アルドースおよびケトース

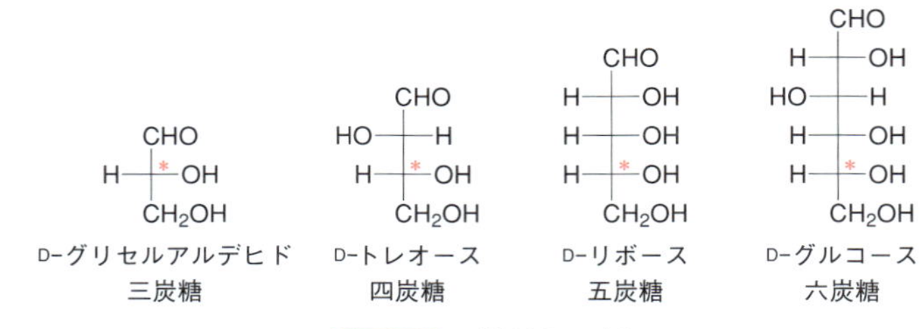

図 15.14 単糖類の例

Fehling 試薬(フェーリング)(Fehling reagent，酒石酸ナトリウム水溶液中の Cu^{2+})，および **Benedict 試薬**(ベネディクト)(Benedict reagent，クエン酸ナトリウム水溶液中の Cu^{2+})によってアルデヒドが酸化され，カルボン酸であるアルドン酸になる．このようにアルドースは酸化剤と反応し，これを還元する(自らは酸化される)ので**還元糖**(reducing sugar)とよばれる．ケトースはアルデヒド構造をもたないので一般には還元糖ではないが，フルクトースのように互変異性によってアルドースに変換されて還元性を示すものがあり，これらは還元糖に含まれる．

糖類は不斉炭素を複数もつキラルな化合物である．その立体化学を表すには Fischer 投影式(4.5 節参照)が便利である．糖類を Fischer 投影式で表すときには，慣例として酸化数の高い炭素(カルボニル炭素)を上にして書く．このカルボニル基から最も遠い不斉炭素に結合したヒドロキシ基が右側であれば，その糖を **D-糖**とよぶ．反対に，カルボニル基から最も遠い不斉炭素に結合したヒドロキシ基が左側にあれば **L-糖**である．これはアミノ酸の場合と同じように，D-および L-グリセルアルデヒドの立体化学を基にした D/L 表記法である．ちなみに，天然に存在するアミノ酸のほとんどは L-配置であるが，天然にある糖のほとんどは D-配置である．

グルコースやガラクトースといった糖の名称は特定の相対配置のものに対してつけられている．すなわち，D-グルコースの鏡像異性体(エナンチオマー)は L-グルコースであるが，D-グルコースの一部の炭素の立体配置のみを変えたジアステレオマーに対しては別の名称が与えられる．たとえば，4 位のみ立体化学を逆にした糖は D-ガラクトースである(図 15.16)．

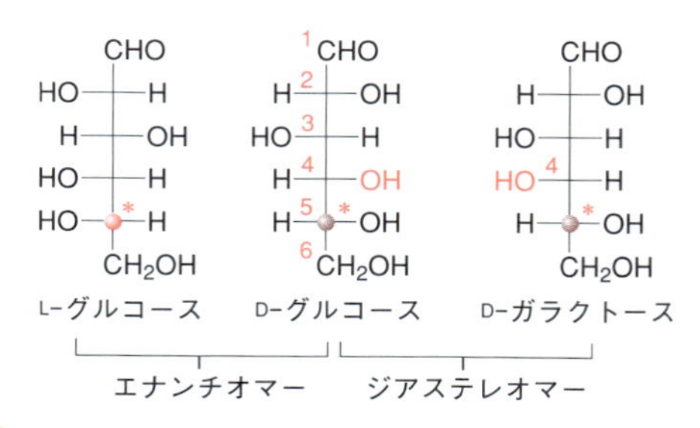

図 15.16 D-糖，L-糖およびエナンチオマーとジアステレオマー

図 15.17 に D-糖のアルドースの Fischer 投影式を示す．＊印をつけた炭素のヒドロキシ基が右側にあるため D-糖であることを確認してほしい．

次に単糖類の立体構造を考えよう．上の Fischer 投影式では直鎖状に示されているが，はたして糖類は実際に直鎖状で存在しているのだろうか．

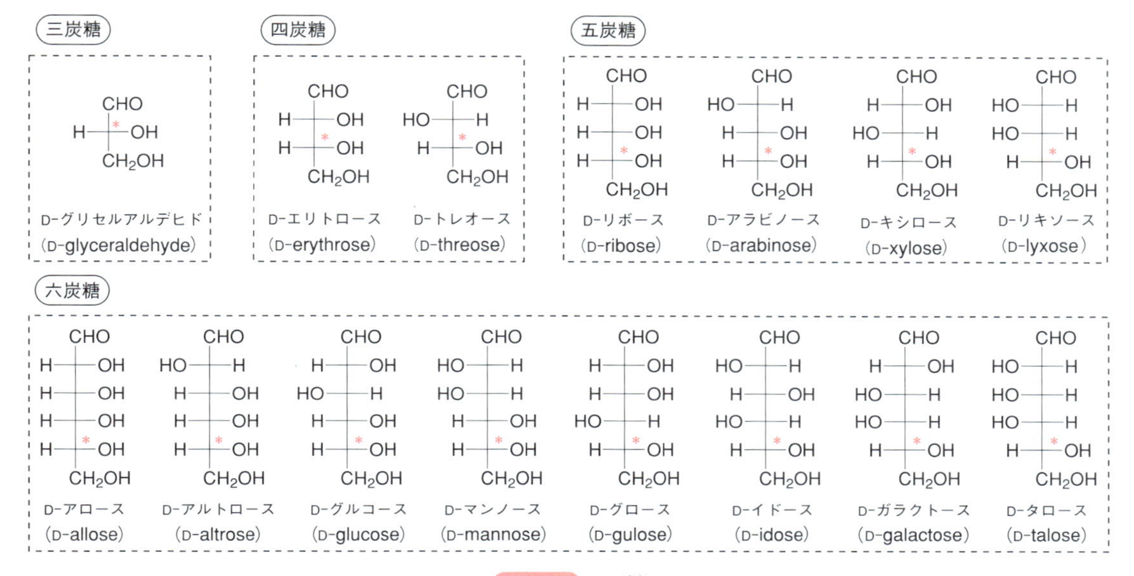

図 15.17　D-糖

すでにアルデヒドへのアルコールの求核付加反応によってヘミアセタールが得られることを学んだ(12.4.3 項)．もし，一つの分子の構造のなかにヒドロキシ基(−OH)とホルミル基(−CHO)があれば，この反応が分子内で起こる可能性がある．実際に，ペントースやヘキソースではこのような分子内求核付加反応が進行し，比較的安定な五員環や六員環の環状ヘミアセタールを形成する(図 15.18)．

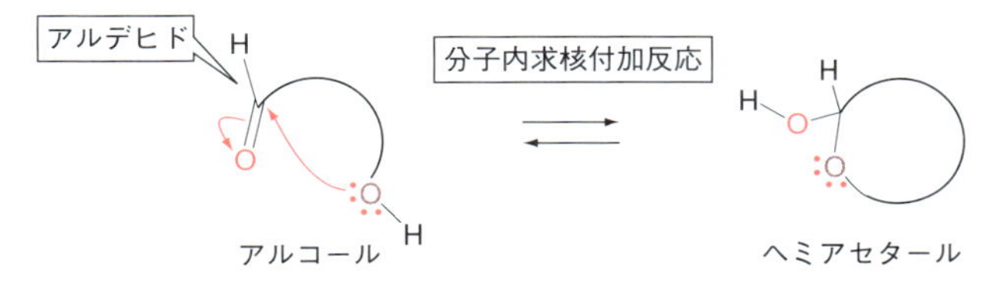

図 15.18　分子内求核付加反応による閉環

これを D-グルコースを例にしてさらに詳しく見てみよう．図 15.19 に示したように Fischer 投影式で表された D-グルコースをくさび形表記すると **A** となる．構造式 **A** の C4−C5 結合を回転させると，構造式 **B** に書き直せる．構造式 **B** はコンホメーション **B1** と **B2** になったときに C5 位のヒドロキシ基がアルデヒドを攻撃して閉環し，六員環のヘミアセタールを形成する．

このような六員環の糖のことを，酸素を含む六員環の名称(ピラン)にちなんで**ピラノース**(pyranose)とよぶ．たとえば，D-グルコースが六員環のヘミアセタールを形成したものは，D-グルコピラノースとよばれる．また，この閉環によって新しく不斉炭素が1位に生じるが，この1位を**アノマー位**とよぶ．D-グルコースの場合，1位のヒドロキシ基が図15.19の表記で〝下向き〟のものを**α-アノマー**(*α*-anomer)，〝上向き〟のものを**β-アノマー**(*β*-anomer)と区別してよぶ(図15.19)．

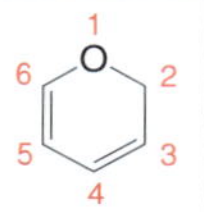

2*H*-ピラン

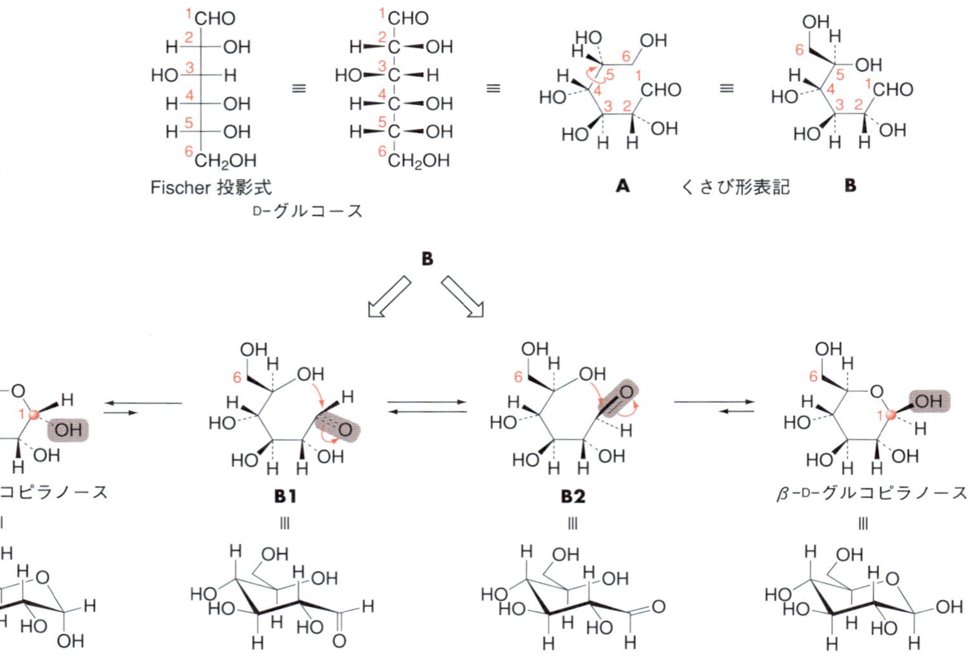

Fischer 投影式　D-グルコース　A　くさび形表記　B

B1　B2

α-D-グルコピラノース　*β*-D-グルコピラノース

図15.19　ピラノースとそのアノマー位の立体化学

結晶中のD-グルコースはほとんどが*α*-アノマーとして存在している．一方，水溶液中ではヘミアセタールの環が開いた鎖状構造を経て*α*-アノマーと*β*-アノマーのあいだで相互変換し，*α*-アノマーと*β*-アノマーの比が36：64の平衡状態にある．このような開環と閉環の繰返しによって平衡に達するまでの過程は，旋光度の変化として観察される．

純粋な*α*-D-グルコピラノースの比旋光度は$[\alpha]^{20}_{D} = +112.2$で，純粋な*β*-D-グルコピラノースの比旋光度は$[\alpha]^{20}_{D} = +18.7$である．純粋な*α*-D-グルコピラノースの結晶を水に溶かすと，比旋光度は徐々に変化し，$[\alpha]^{20}_{D} = +52.7$で一定になる．同様に，純粋な*β*-D-グルコピラノースの結晶を水に溶かすと，比旋光度は徐々に変化し，やはり$[\alpha]^{20}_{D} = +52.7$で一定になる．このように，純粋なアノマーが水溶液中で二つのアノマーの平衡混合物にな

COLUMN　Amadori 転位と糖尿病

糖尿病は日本人に多い生活習慣病の一つで，血液中のグルコース濃度が慢性的に適正な範囲を超えた状態が続き，その結果さまざまな組織や臓器で合併症が起こる一連の症候群と定義づけられている．ところで，グルコースの血中濃度が高いと，なぜ不都合が生じるのだろうか．

15.2.1 項で学んだように，グルコースは末端にホルミル基（アルデヒド）をもち，これが生体内のタンパク質を構成するリシン側鎖のアミノ基と反応してイミンを形成する．このイミンがエナミノールへ転位して互変異性によって安定化すると，ケトアミンを生じる．この反応を Amadori（アマドリ）転位といい，生成物であるケトアミンは Amadori 化合物とよばれている．

Amadori 化合物は酸化的開裂を受けながらスーパーオキシドラジカルを発生するほか，生体内の短鎖アルデヒドやケトン，または別のタンパク質のリシン残基やアルギニン残基と結合し，糖化反応最終産物（advanced glycation end product；AGE）を形成する．

血管内皮細胞の細胞外には AGE 受容体が発現しており，これに AGE が結合すると細胞内でスーパーオキシドを生じて酸化ストレスを増大させる．また，細小血管では内皮細胞の増殖や周皮細胞の減少，動脈では動脈硬化を引き起こす遺伝子の発現を誘導する．このほか AGE が蓄積すると，網膜症や脳血管障害，虚血性心疾患などの合併症を併発するリスクが高くなることが知られている．

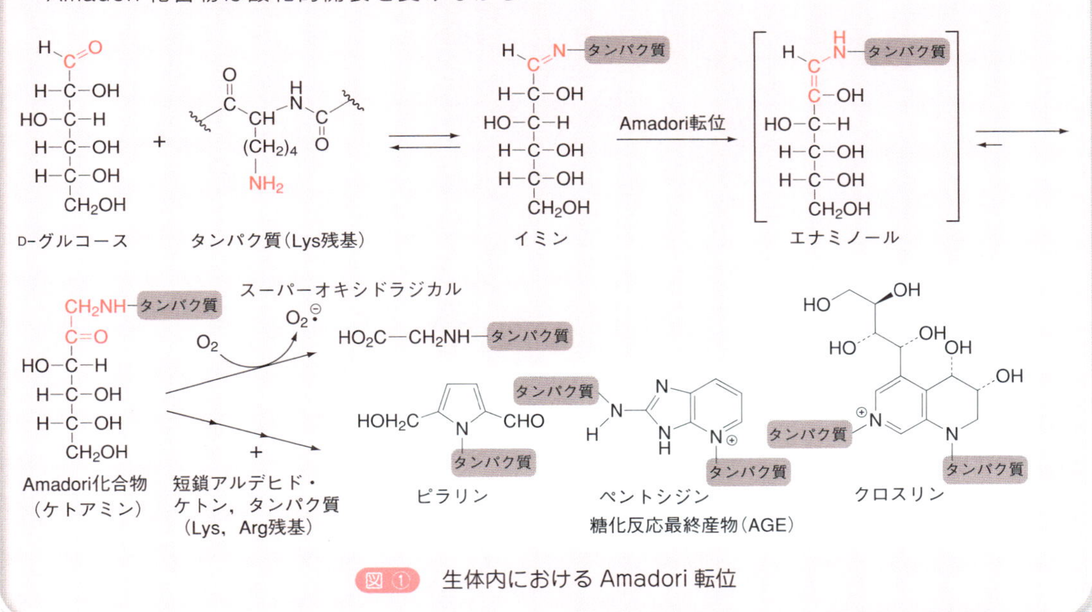

図① 生体内における Amadori 転位

るために観察される旋光度の変化を**変旋光**（mutarotation）という．

これまでは六員環ヘミアセタールだけを考えてきたが，糖には多くのヒドロキシ基があるため，五員環ヘミアセタールも形成しうる．D-グルコース **A** が C3－C4 結合で回転し，**C** の形をとったときに C4 位のヒドロキシ基がアルデヒドを攻撃すると，五員環ヘミアセタールが生成する．このような五

COLUMN　糖の構造の表し方

いろいろな糖の構造を表すために，目的に応じていくつかの表記法が使い分けられている．Fischer 投影式では，とくに直鎖状の糖類の立体配置がわかりやすい．しかし，環状ヘミアセタールの構造を表現するには適当ではないため，これに対しては **Haworth 投影式**が用いられる．この場合，糖類の五員環や六員環の構造は平面状に記され，ヒドロキシ基の立体化学はこの平面に対して上向き，または下向きとして描かれる．

Haworth 投影式は多種類の糖類の立体化学を簡単に見分けるのには便利であるが，実際の分子の構造とは大きく異なることに注意しよう．溶液中の糖類の環構造は非常に柔軟性に富んでおり，エネルギー的に安定な立体配座は平面構造をとらない．たとえば，ピラノースの安定な構造はシクロヘキサン環と同様ないす形配座で，ヒドロキシ基はアキシアルかエクアトリアルの配置をとる．このような実際の構造をできるだけ正確に表すために，有機化学では一般に，糖類をいす形配座で表すことが多い．

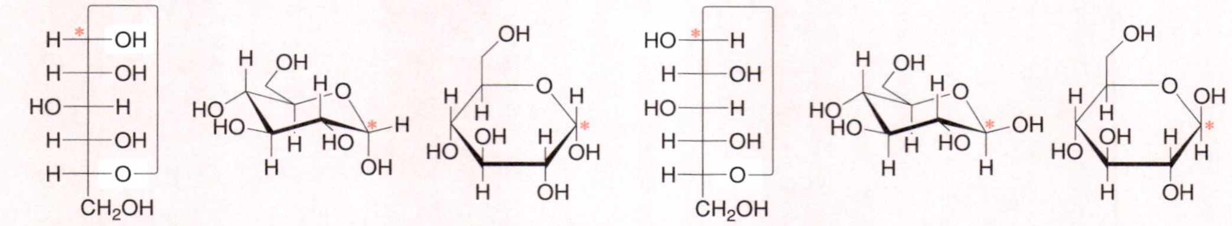

Fischer 投影式　いす形構造式　Haworth 投影式

α-D-グルコース

Fischer 投影式　いす形構造式　Haworth 投影式

β-D-グルコース

図①　糖の表記法

＊印はアノマー炭素を示している．

員環の糖をフラン(酸素を含む五員環)にちなんで**フラノース**(furanose)とよぶ(図 15.20)．ピラノースと同様にフラノースでも閉環によって新しく不斉炭素が1位(アノマー位)に生じ，α-アノマーおよびβ-アノマーが存在する．

同じ D-グルコースであっても六員環ヘミアセタール構造と五員環ヘミアセタール構造では異なる．さらに，アノマー位の立体化学も異なるので，それぞれ α-D-グルコピラノース，β-D-グルコピラノース，α-D-グルコフラノース，β-D-グルコフラノースのように名称を区別して表す．また，ケトースも分子内ヘミアセタール構造をとる．図 15.21 にフルクトースの例を示す．

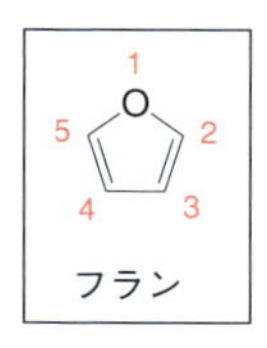

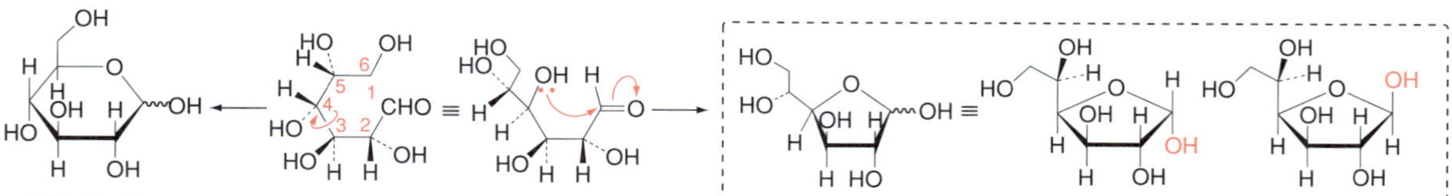

ピラノース　A　C　フラノース　α-アノマー　β-アノマー

図 15.20　フラノースとそのアノマー位の立体化学

D-フルクトース　α-アノマー　β-アノマー

図 15.21　ケトフラノース

15.2.2　二　糖　類

単糖ヘミアセタールがもう一つの単糖のヒドロキシ基と脱水縮合して**アセタール**(acetal)を形成したものを二糖類とよぶ．糖類のアノマー位とほかの分子とのあいだで形成されている結合のことをとくに**グリコシド結合**(glycoside bond)という．グリコシド結合も環状の単糖類と同様に，アノマー炭素(anomeric carbon)の立体化学によって α 結合および β 結合とに分けられる．二糖類の代表例を図 15.22 に示す．

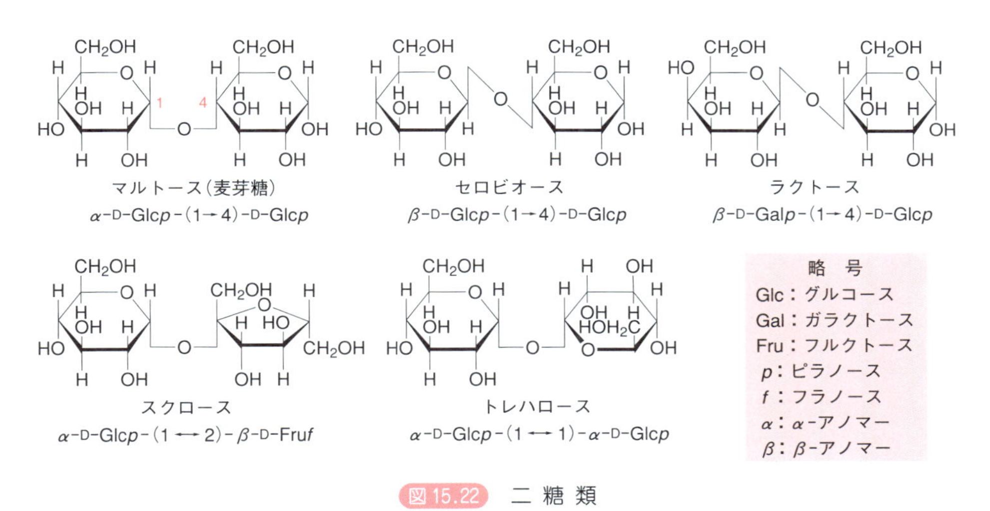

図 15.22　二　糖　類

① **マルトース**：マルトース〔maltose，麦芽糖(malt sugar)〕はデンプンをアミラーゼで加水分解することで得られる二糖である．2 分子のグルコースからなる還元糖である．

② **セロビオース**：セルロースから得られる．2 分子のグルコースからなる還元糖である．マルトースは α 結合をもつのに対し，セロビオースは β 結合をもつ．

③ **ラクトース**：ラクトース〔lactose，乳糖(milk sugar)〕はほ乳動物の乳汁に含まれている還元性二糖で，ガラクトースとグルコースからなる．β-D-ガラクトシダーゼ(ラクトースを分解する酵素)が腸に少ない人はラクトースを分解できず，消化管異常を起こす．

④ **スクロース**：スクロース〔sucrose，ショ糖(cane sugar)〕はグルコースとフルクトースからなる非還元性の二糖で，いわゆる砂糖である．スクロースはグルコースの1位とフルクトースの2位，すなわち二つの糖のアノマー炭素どうしでグリコシド結合しているため，還元性を示さない．

⑤ **トレハロース**：昆虫の体液中や菌類に含まれる2分子のグルコースからなる非還元糖．おもに昆虫のエネルギー源となっている．また，近年では保湿成分として食品や化粧品などにも用いられている．

15.2.3 多 糖 類

糖類の基本構造は単糖であるが，天然には単糖が多数グリコシド結合を介して連結した多糖類が多く存在する．植物の細胞壁を形成している構造多糖のセルロースや，植物の貯蔵多糖であるデンプン，動物の貯蔵多糖であるグリコーゲンは代表的な多糖類である．これらを図15.23に示す．

① **セルロース**：セルロース(cellulose)はβ-1,4結合したグルコピラノシドである．約3000個のグルコースを含み，おもに直線構造をとっている．セルロース鎖は互いに横に並び，多くの水素結合で結ばれている．その結果，硬い構造が形成され，植物の繊維をかたちづくっている．

COLUMN　スクロースからスクラロース

砂糖の成分であるスクロース(sucrose：ショ糖)は，グルコース(glucose：ブドウ糖)とフルクトース(fructose：果糖)が脱水縮合した分子であり，われわれはこれを口にすると「甘い」と感じる．このスクロース分子中の三つのヒドロキシ基を塩素に置き換えると，600倍甘い化合物になる．

この化合物は1976年にイギリスのTate & Lyle PLC社によって開発されたスクラロース(sucralose)である．分子内に塩素が入ることで甘くなるばかりか，消化酵素スクラーゼ(sucrase：別名インベルターゼ，invertase)によって分解されにくくなるので，身体のなかで栄養分として働かない．

アメリカではSplenda®とよばれ，低カロリー甘味料として清涼飲料水などに入っている．日本でも1999年に食品添加物として認められた．

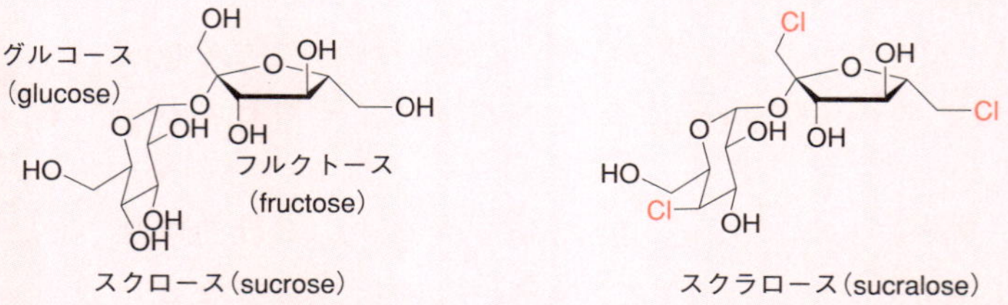

グルコース (glucose)　フルクトース (fructose)

スクロース (sucrose)　スクラロース (sucralose)

図① スクロースとスクラロース

② **デンプン**：デンプン(starch)はα-D-グルコースのα-1,4 結合からなるアミロース(amilose)と，α-1,6-結合の枝分れをもつアミロペクチン(amilopectin)の重合体で[*5]，植物の貯蔵用の多糖である．

③ **グリコーゲン**：グリコーゲン(glycogen)はアミロペクチンによく似ているが，分岐の割合が高く(グルコース 10 単位に 1 回くらい)，分子の大きさがかなり大きい．グリコーゲンは動物の貯蔵用の多糖である．枝分れが多いため，酵素による加水分解が分子の末端から始まるとき，酵素が作用できる点が多く，短時間に多くのグルコースを供給できる．

*5 アミロース部分は水素結合によってらせん状の構造をとっている．デンプンの確認反応であるヨウ素デンプン反応は，この内部にヨウ素分子が入り込むことで溶液が紫色を呈する．

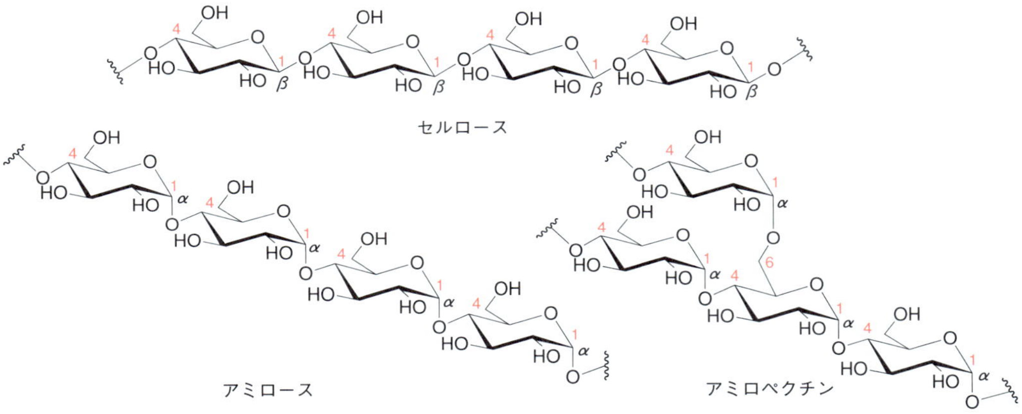

セルロース

アミロース　　アミロペクチン

図 15.23　多糖類

15.2.4　配 糖 体

グリコシドとは「糖化されたもの」という意味で，糖のアノマー位が別の分子とグリコシド結合を介して連結した化合物である．医薬品のなかには「糖化された」化合物も多く，これらを**配糖体**(glycoside)とよぶ．天然由来の配糖体には重要な生理活性を示すものが多く，医薬品としても開発されている．代表例を図 15.24 に示す．

15.2.5　生体内の糖質

従来，生体内における糖質の役割はグリコーゲン(15.2.3 項参照)のような栄養の保持が中心と考えられてきた．しかし，最近ではとくに糖鎖の立体構造の複雑さに注目が集まり，シグナル分子としての機能が備わっていることが明らかになった．生物の細胞表面に存在する糖鎖は細胞間の認識機構におけるシグナル分子としておもな役割を果たしていると考えられている．すなわち，細胞膜内の脂質もしくはタンパク質に結合した糖鎖は，膜外へ向けて親水性の糖鎖部位を伸ばしている．

タンパク質に結合したものを**糖タンパク質**(glycoprotein)，脂質に結合し

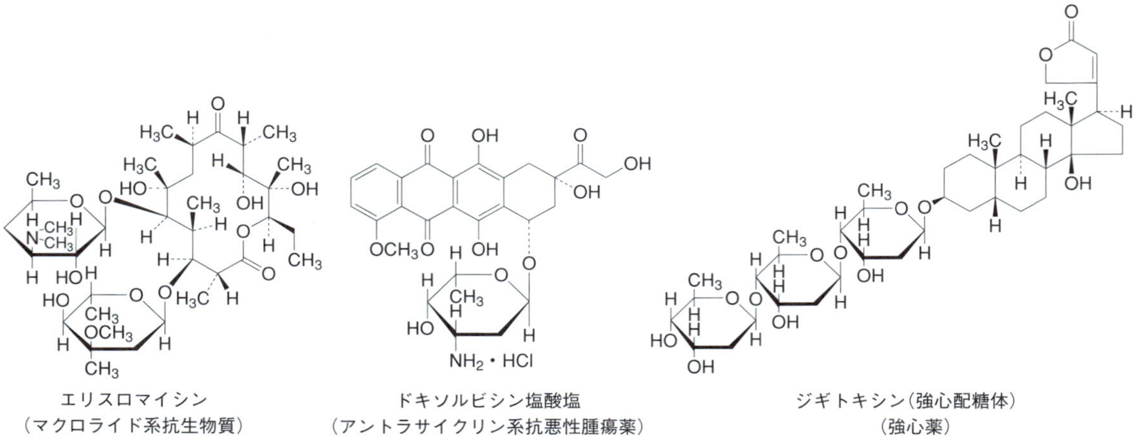

エリスロマイシン
（マクロライド系抗生物質）
ドキソルビシン塩酸塩
（アントラサイクリン系抗悪性腫瘍薬）
ジギトキシン（強心配糖体）
（強心薬）

図 15.24 配 糖 体

たものを**糖脂質**(glycolipid)とよぶが，それらの糖鎖部位はきわめて変化に富んでいる．このため，細胞表面はさまざまな種類の複雑な構造をもつ糖鎖にまんべんなくおおわれた状態になっており，糖鎖は細胞表層にはりめぐらされたアンテナのように認識分子としてほかの細胞や分子との相互作用を仲介する役割を果たしている．認識分子としての糖タンパク質の構造とその働きについて，簡単にまとめる．

（a）糖タンパク質の構造

糖タンパク質は，文字どおり糖と結合したタンパク質であり，糖のアノマー位がタンパク質の側鎖とグリコシド結合して成り立っている．糖とタンパク質とのグリコシド結合には，窒素原子を介した*N*-グリコシド結合と酸素原子を介した*O*-グリコシド結合の２種類がある．糖タンパク質はこの結合様式の違いに基づいて***N*-結合型**と***O*-結合型**の二つに分類されている．

（1）*N*-結合型

N-結合型糖タンパク質では，*N*-アセチルグルコサミンのアノマー位がペプチド中のアスパラギン残基側鎖の窒素原子と*N*-グリコシド結合を形成している．糖鎖部位は*N*-アセチルグルコサミンのヒドロキシ基にさらに糖がつらなって形成されている(図 15.25)．

β-N-グリコシド結合
アスパラギン残基

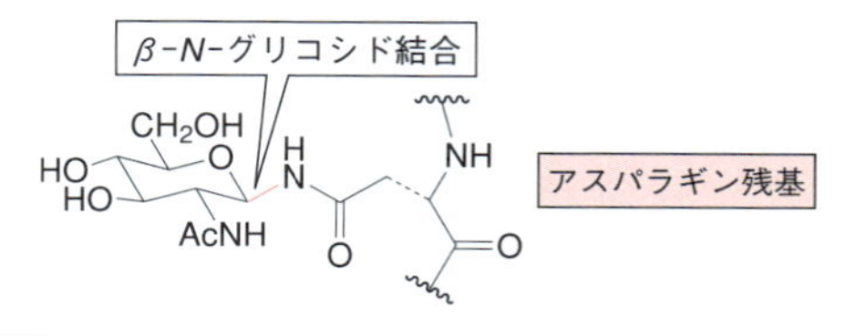

図 15.25 *N*-グリコシド結合(*N*-アセチル-D-グルコサミン)

N-結合型糖タンパク質には糖鎖構造の違いによってきわめて多くの種類があるが，それらの糖鎖部位は基幹となる五糖のコア構造を共通してもっており，その先に多様な糖鎖が結合している可変部分が存在する(図 15.26).

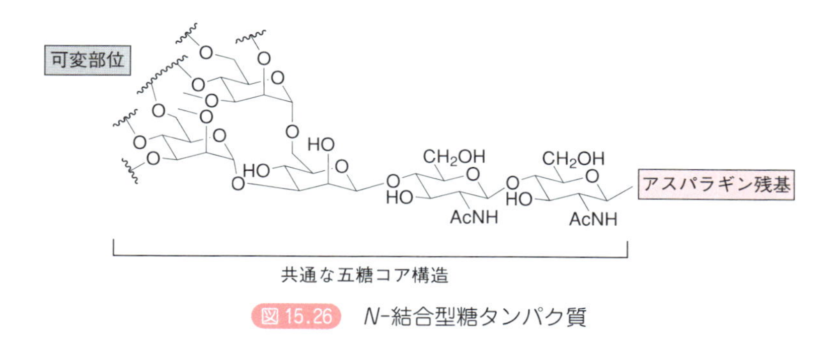

図 15.26　*N*-結合型糖タンパク質

(2) *O*-結合型

O-結合型糖タンパク質では，*N*-アセチルガラクトサミンのアノマー位がペプチド中のセリンまたはトレオニン残基のヒドロキシ基と *O*-グリコシド結合を形成しているものが多い(図 15.27). 糖鎖は *N*-アセチルガラクトサミンからさらに先に伸びてさまざまな複雑な構造をとる.

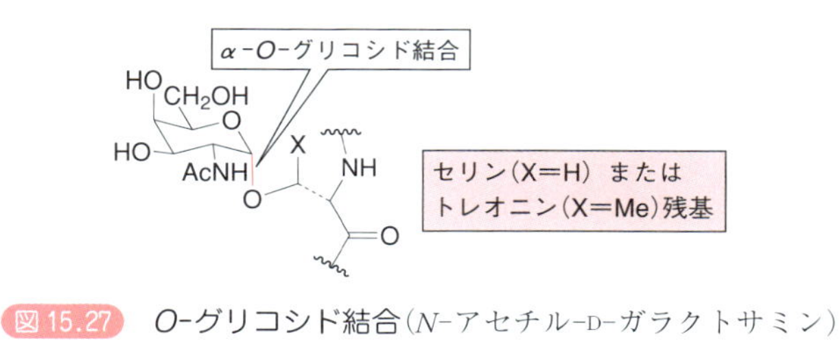

図 15.27　*O*-グリコシド結合(*N*-アセチル-D-ガラクトサミン)

O-結合型糖タンパク質にも非常に多くの種類があるが，基幹となるいくつかの母核構造が見いだされており，その先に多様な構造をもつ可変部分の糖鎖が連なっている.

(b) 糖タンパク質の働き

すでに述べたように，一般に糖タンパク質は細胞表面のシグナル分子として働いている. たとえば，ヒトの血液型は細胞表面の糖鎖構造の違いによって分類されている. 最近では，細胞の分化やがん細胞の悪性化に伴って，その表面の糖鎖構造が変化することが明らかとなり，さまざまながん細胞の表面にある糖鎖の構造変化を解明すれば，がんの診断法が開発できる可能性が高まっている.

15.3 脂　質

脂質は字が示すように「脂 ＝ あぶら」であり，水に溶けない．細胞や組織からベンゼンなどの無極性有機溶媒で抽出することによって得られる天然有機化合物を総称して脂質という．脂質は物理的な性質(水に対する溶解度の低さ)のみを指標にして定義されるため，いろいろな化学構造をもつ分子が含まれ，大きく二つのグループに分けられる．すなわち，「エステル結合やアミド結合をもち，加水分解が可能なもの」と，「加水分解されないもの」である．加水分解が可能な脂質はさらに**単純脂質**と**複合脂質**の二つに分類される(図 15.28)．ここでは，エステル結合をもつ単純脂質と複合脂質について解説し，加水分解できない脂質についてはステロイドを補足的に取りあげる．

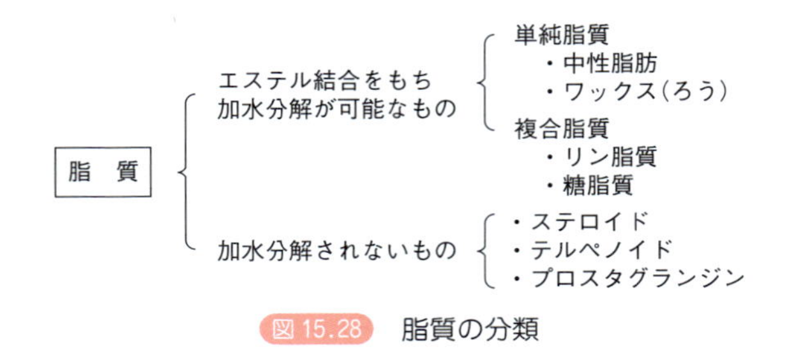

図 15.28　脂質の分類

15.3.1　単純脂質

(a)　中性脂肪と脂肪酸

日常生活で使われる油脂(バターやラード，植物油)のように，われわれの体のなかでいわゆる脂肪としてエネルギー源になるものが**中性脂肪**である．後に述べる複合脂質とは異なり，電荷をもたないので，「中性」とよばれる．中性脂肪は**グリセロール**(グリセリン)と三つの**脂肪酸**とのトリエステルで，**トリグリセロール**(triglycerol)または**トリグリセリド**(triglyceride)ともよばれる．中性脂肪 1 分子を加水分解するとグリセリン 1 分子と脂肪酸 3 分子が得られる．

天然に存在する脂肪酸の種類はとても多く，トリエステル構造もさまざまな脂肪酸によって形成されるため，中性脂肪の種類は多い．油脂 1 分子を構成している三つの脂肪酸は同じである必要はなく，R^1，R^2 および R^3 が異なることも多い．三つの異なる脂肪酸が置換した場合は，グリセロールの 2 位は不斉炭素になるので，立体化学の表記が必要になる．一般には，Fischer 投影式を用いて表すことが多い(図 15.29)．

中性脂肪に含まれる脂肪酸の置換基 R^1，R^2 および R^3 は枝分れのない炭化水素で，C_{11} ～ C_{19} の炭素を含む長鎖構造をとる．また，長鎖脂肪酸はアセチル CoA から生合成されるため，全体として偶数個の炭素から成り立って

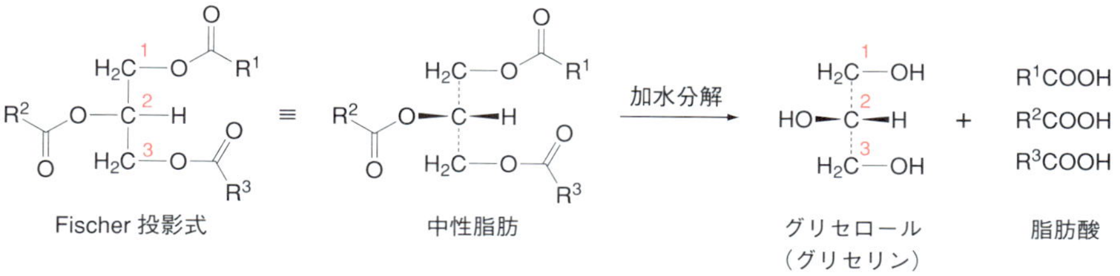

Fischer 投影式　中性脂肪　加水分解　グリセロール（グリセリン）　脂肪酸

R^1COOH R^2COOH R^3COOH

図 15.29　中性脂肪の加水分解

いる．二重結合あるいは三重結合をもつ脂肪酸を**不飽和脂肪酸**(unsaturated fatty acid)とよび，二重結合および三重結合をもたない脂肪酸を**飽和脂肪酸**(saturated fatty acid)とよぶ．一般に，不飽和脂肪酸の二重結合はシス(Z)配置をとり，複数の二重結合が含まれてもそれらは共役していない．代表的な脂肪酸を表 15.2 に示す．

表 15.2 で比較すると同じ炭素数の脂肪酸であれば，飽和脂肪酸よりも不飽和脂肪酸のほうがはるかに融点は低いことがわかる．たとえば，18 炭素をもつ飽和の脂肪酸であるステアリン酸の融点は 70 ℃であるのに対し，二重結合を一つもつオレイン酸の融点は 13 ℃，二重結合を二つもつリノール酸の融点は −5 ℃，二重結合を三つもつリノレン酸の融点は −11 ℃にまで低下する．これら融点の違いは，その構造に由来する．

不飽和結合をもたない脂肪酸はジグザグの直鎖が最も安定な配座となり，分子どうしが規則正しく密にパッキングすることが可能となる．一方，二重結合が存在すると，その近傍で炭素鎖が折れ曲がり，分子どうしは密にパッキングすることができず，自由度が大きくなるため，融点は低くなる(図 15.30)．この性質は脂肪酸を構成要素にもつ中性脂肪だけでなく，後に述べる複合脂質についてもいえる．植物油は動物脂肪に比べて不飽和脂肪酸の割合が高いので融点は低いが，この植物油中に含まれる二重結合を水素添加により還元して，固体の飽和脂肪酸に変換することができる．マーガリンなどの食用固形脂肪は大豆油や落花生油といった不飽和脂肪酸の割合が高い植物油を還元して合成される．

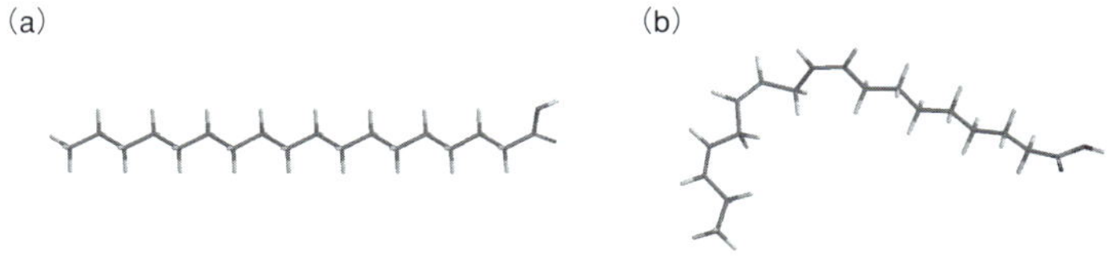

(a)　(b)

図 15.30　飽和脂肪酸と不飽和脂肪酸の立体構造

(a) ステアリン酸(飽和脂肪酸)の安定な配座，(b) リノレン酸(不飽和脂肪酸)の安定な配座の一つ．

表 15.2 飽和脂肪酸と不飽和脂肪酸

炭素数	名称	構造式	融点(℃)
飽和脂肪酸			
C_{12}	ラウリン酸 (lauric acid)	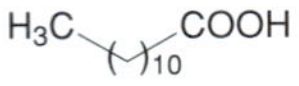 $H_3C(\ )_{10}COOH$	44
C_{14}	ミリスチン酸 (myristic acid)	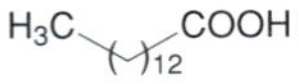 $H_3C(\ )_{12}COOH$	58
C_{16}	パルミチン酸 (palmitic acid)	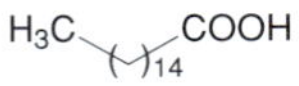 $H_3C(\ )_{14}COOH$	63
C_{18}	ステアリン酸 (stearic acid)	 $H_3C(\ )_{16}COOH$	70
C_{20}	アラキジン酸 (arachidic acid)	 $H_3C(\ )_{18}COOH$	75
不飽和脂肪酸			
C_{16}	パルミトレイン酸 (palmitoleic acid)	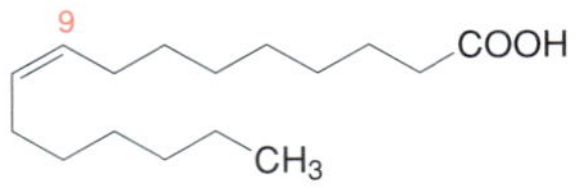 9, COOH, CH_3	−0.5~0.5
C_{18}	オレイン酸 (oleic acid)	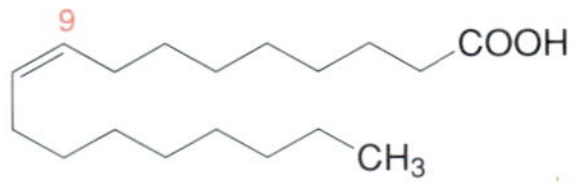 9, COOH, CH_3	13.4
C_{18}	リノール酸 (linoleic acid)	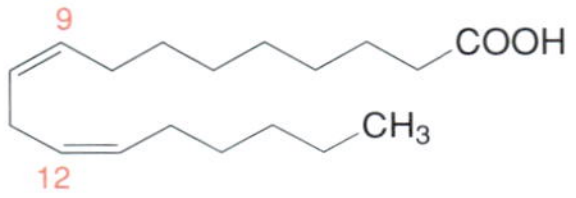 9, 12, COOH, CH_3	−5
C_{18}	リノレン酸 (linolenic acid)	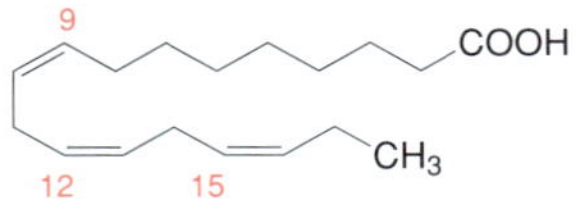 9, 12, 15, COOH, CH_3	−11
C_{20}	アラキドン酸 (arachidonic acid)	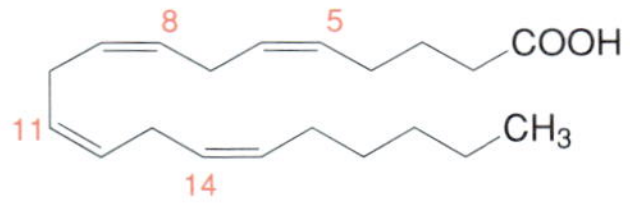 5, 8, 11, 14, COOH, CH_3	−50

(b) けん化

中性脂肪を水酸化ナトリウム水溶液と加熱すると加水分解(**けん化**, saponification)され，グリセリンと長鎖脂肪酸のナトリウム塩となる．この長鎖脂肪酸ナトリウム塩はセッケンとして用いられる．セッケンは，分子の両末端の性質が著しく異なる．カルボン酸塩側(頭部)はイオン性であるために親水性が非常に高く，その反対側の長鎖炭化水素部分(尾部)は高度に疎水性である．

セッケンを水中に分散させると長鎖炭化水素の尾の部分が互いに集まり，イオン性の頭の部分が表面にでて水に接する部分となり，球状の**ミセル**(micelle)を形成する．セッケンによって，いわゆる油汚れはミセルの中心部の長鎖炭化水素部分に囲まれ，水に可溶となる．こうして，衣類や食器から油汚れが洗いだされる(図 15.31)．

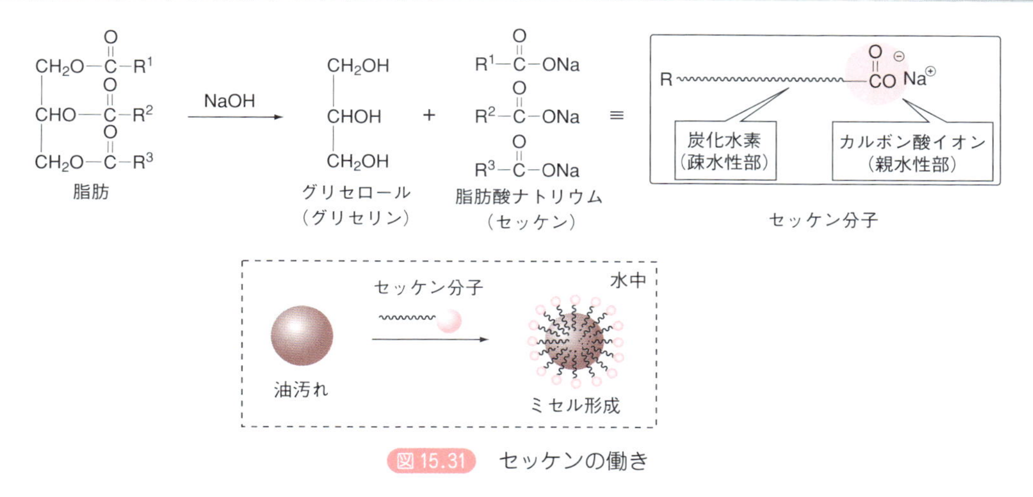

図 15.31 セッケンの働き

(c) ろ う

ろう(wax)は，長鎖脂肪酸と長鎖アルコールとのエステルである．ろうの生理的な役割は体外からの水の進入や体外への水の喪失を防ぐことである．ろうは，古くからわれわれの暮らしに利用されてきた．たとえば，蜜ろうはミツバチの巣の主成分で，蜜ろうでつくられたろうそくが，中世の教会で使用された．また，鯨ろうはマッコウクジラの頭部にある脳油から鯨油を分離した残りの主成分であり，捕鯨が禁止されるまではろうそくや化粧品の原料として用いられた(図 15.32)．

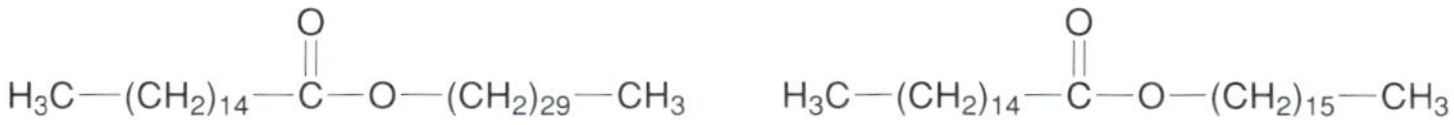

$H_3C—(CH_2)_{14}—C(=O)—O—(CH_2)_{29}—CH_3$

パルミチン酸ミリシル
（蜜ろうの成分の一つ）

$H_3C—(CH_2)_{14}—C(=O)—O—(CH_2)_{15}—CH_3$

パルミチン酸セチル
（鯨ろうの成分の一つ）

図 15.32 ろ う

15.3.2 複合脂質

複合脂質(complex lipid, compound lipid)は脂肪酸だけでなく，極性の高いリン酸や糖などが結合したもので，**リン脂質**(phospholipid)と**糖脂質**(glycolipid)とに分けられる．複合脂質は水素結合できるリン酸や糖，タンパク質などの親水性部分と脂肪族の炭素鎖からなる無極性の疎水性部分を併せもつ**両親媒性分子**(amphiphilic molecule)である．その性質を活かして複合脂質はわれわれの体のなかで生体膜を構成する重要な成分として働き，物質の細胞内への選択的な取込みや排出などの機能も果たしている．

複合脂質に含まれる長鎖脂肪酸にはいくつかあるが，飽和脂肪酸ではパルミチン酸(C_{16})およびステアリン酸(C_{18})が含まれ，不飽和脂肪酸としてはオレイン酸(C_{18}，二重結合が一つ)とリノール酸(C_{18}，二重結合が二つ)が含まれる．二重結合を三つもつリノレン酸(C_{18})は植物に，二重結合を四つもつアラキドン酸(C_{20})は動物の複合脂質に含まれる．

(a) リン脂質

リン脂質には極性の高いリン酸が含まれるが，中性脂肪と同様にグリセロール骨格をもつものを**グリセロリン脂質**(glycerophospholipid, phosphoglyceride)，スフィンゴシンを基本骨格とするものを**スフィンゴ脂質**(sphingolipid)とよぶ．

(1) グリセロリン脂質

グリセロリン脂質は生体膜のおもな成分であり，構造的にはグリセロール-3-リン酸の誘導体である．グリセロール-3-リン酸の二つのヒドロキシ基に脂肪酸がエステル結合したものを**ホスファチジン酸**(phosphatidic acid, 1,2-ジアシルグリセロール-3-リン酸)とよび，そのホスファチジン酸のリン酸部がさらにエステル誘導体化されたものを総称してグリセロリン脂質とよぶ(図 15.33，図 15.34)．

一般に，グリセロリン脂質のグリセロール 1 位には C16 または C18 の飽和脂肪酸が結合し，2 位には C16〜C20 の不飽和脂肪酸が結合する．そして，3 位にはリン酸が結合するので，グリセロールの 2 位の炭素はキラル(L 配置，*R*)になる．いろいろなグリセロリン脂質を図 15.34 に示す．これらグリセロリン脂質の構造には電荷がある．とくに強い酸性を示すリン酸は水溶液中ではアニオンになるので，この部分は親水性が高くなる．これに対し，グリセロール骨格の 1 位および 2 位の脂肪酸エステル部分は，長い炭素鎖があるために疎水性が高くなる．

このように，リン脂質は親水性と疎水性の両方の性質をもつ両親媒性分子として，生体膜を構成している(p. 339 の Advanced および図 15.35 参照)．リン脂質の代謝異常が生じて十分な量のリン脂質がなくなった場合，たとえ

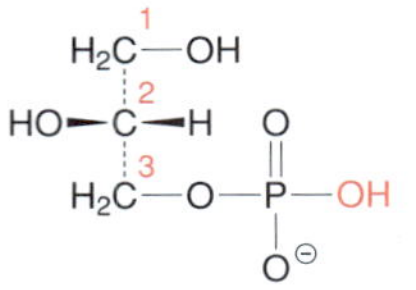

グリセロール-3-リン酸

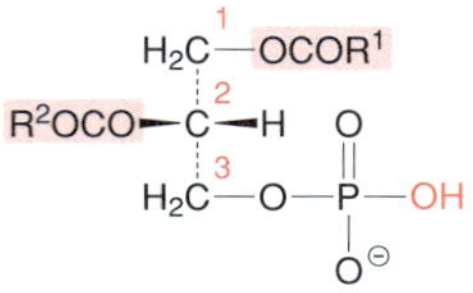

ホスファチジン酸

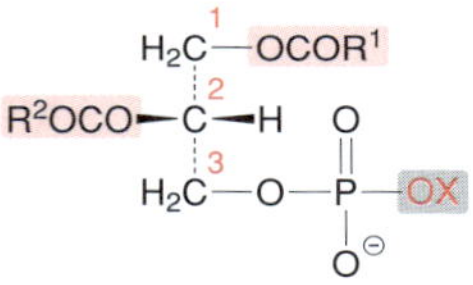

グリセロリン脂質

図 15.33 グリセロリン脂質の構造
グリセロリン脂質の －OX については図 15.34 を参照.

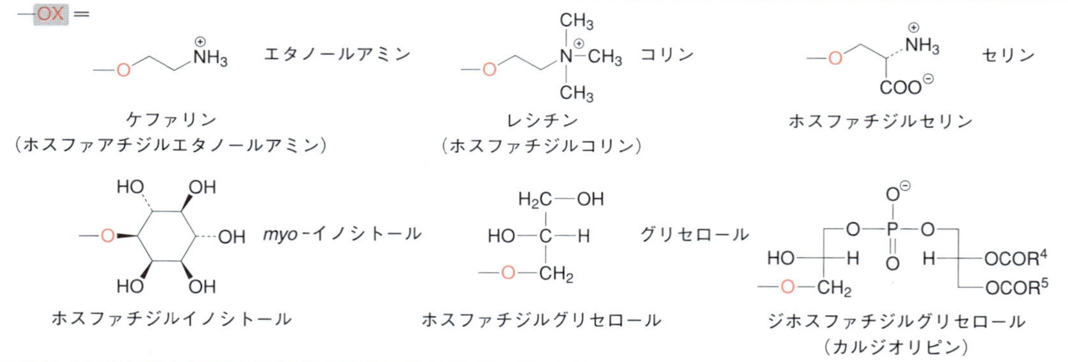

—OX =

エタノールアミン　ケファリン(ホスファアチジルエタノールアミン)

コリン　レシチン(ホスファチジルコリン)

セリン　ホスファチジルセリン

myo-イノシトール　ホスファチジルイノシトール

グリセロール　ホスファチジルグリセロール

ジホスファチジルグリセロール(カルジオリピン)

図 15.34 さまざまなグリセロリン脂質
グリセロリン脂質の基本構造は図 15.33 に示した.

ば肺胞の気圧が安定化しなくなるため，呼吸ができずに死に至ることもある．

Advanced　グリセロリン脂質の命名

グリセロリン脂質はさまざまであるが，すべて基本となるホスファチジン酸部分をホスファチジル基として表して名称をつける．たとえば，グリセロリン脂質のリン酸にグリセロール1個がエステル結合したものをホスファチジルグリセロールといい，イノシトールがエステル結合したものをホスファチジルイノシトールという．図15.35のグリセロリン脂質はコリンがエステル結合しているのでホスファチジルコリンになるが，不飽和脂肪酸エステル部分の名称も含めて表すべきである．この場合，1位にステアリン酸，2位にオレイン酸が結合しているので，正確には2-*O*-オレオイル-1-*O*-ステアロイル-3-*O*-ホスファチジルコリングリセロールになる．

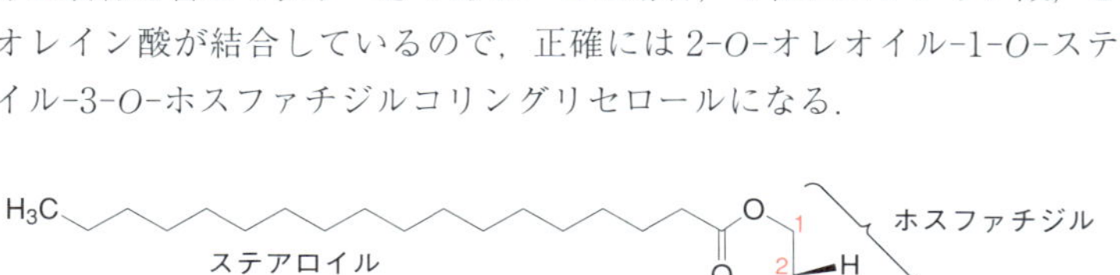

図15.35　2-*O*-オレオイル-1-*O*-ステアロイル-3-*O*-ホスホファチジルコリングリセロール

(2) スフィンゴ脂質

スフィンゴ脂質はグリセロールの代わりに**スフィンゴシン**(sphingosine)を基本骨格としたもので，生体膜の主要な成分の一つである．スフィンゴシンのアミノ基が長鎖脂肪酸でアシル化されたものは**セラミド**(ceramide)とよばれ，脳や神経の膜の構成成分として重要である．このセラミドの1位ヒドロキシ基に極性基Xが結合したものをスフィンゴ脂質とよぶ．1位のヒドロキシ基に極性基であるリン酸をエステル結合させ，さらにそのリン酸にコリンをエステル結合させた分子が**スフィンゴミエリン**(sphigomyerin)であり，神経軸索のミエリン鞘に多く存在する．スフィンゴミエリンはホスファチジルコリン(レシチン)と化学構造が異なるものの，その電荷分布やコンホメーションはたいへんよく似ている(図15.36)．

(b) 糖脂質

糖脂質はグリセロールまたはセラミドを基本骨格とし，脂肪酸と糖が結合しているが，リン酸を含まない．グリセロール骨格をもつものを**グリセロ糖脂質**(glyceroglycolipid)，セラミドを基本骨格とするものを**スフィンゴ糖脂

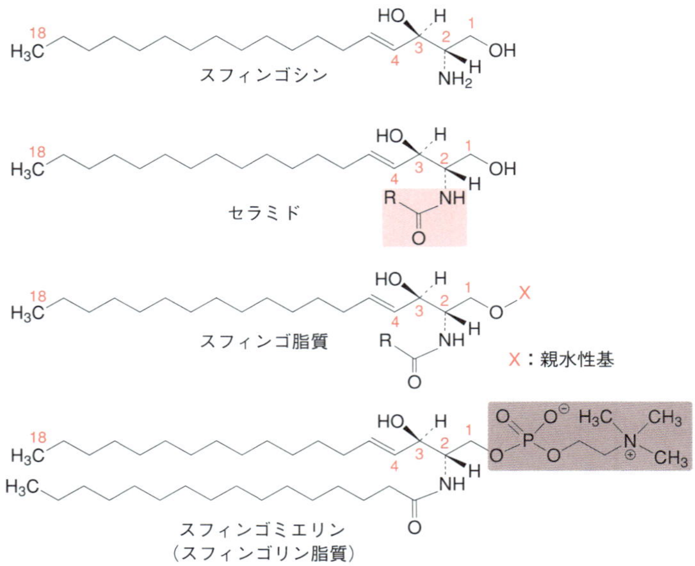

スフィンゴシン

セラミド

スフィンゴ脂質

X：親水性基

スフィンゴミエリン
（スフィンゴリン脂質）

図 15.36　スフィンゴ脂質の構造

質(sphingoglycolipid)とよぶ．とくに，スフィンゴ糖脂質は動物組織の重要な脂質として多くの物質が知られている(図 15.37)．

スフィンゴ糖脂質で最も簡単なものは，セラミドの 1 位ヒドロキシ基に糖が一つ結合したものである．その糖が β-D-ガラクトースの場合は**ガラクトシルセラミド**(galactosylceramide)といい，β-D-グルコースの場合は**グルコシルセラミド**という．ガラクトシルセラミドは脳のニューロンの細胞膜に多く存在し，グルコシルセラミドはその他の組織の膜に多い．セラミドにさらに多く糖が結合したもの(オリゴ糖)を**ガングリオシド**(ganglioside)といい，最も複雑なスフィンゴ糖脂質である．図 15.38 にガングリオシド G_{M1} を示す．ガングリオシドも細胞膜の主成分であり，また脳脂質の 6％を占めている．ガングリオシドの糖鎖部分は細胞表面の膜から突きだし，受容体や細胞どうしの認識機構に関与している．

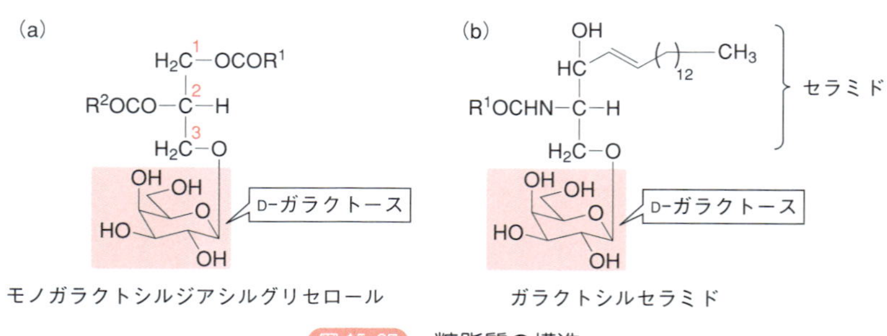

図 15.37　糖脂質の構造
(a) グリセロ糖脂質，(b) スフィンゴ糖脂質．

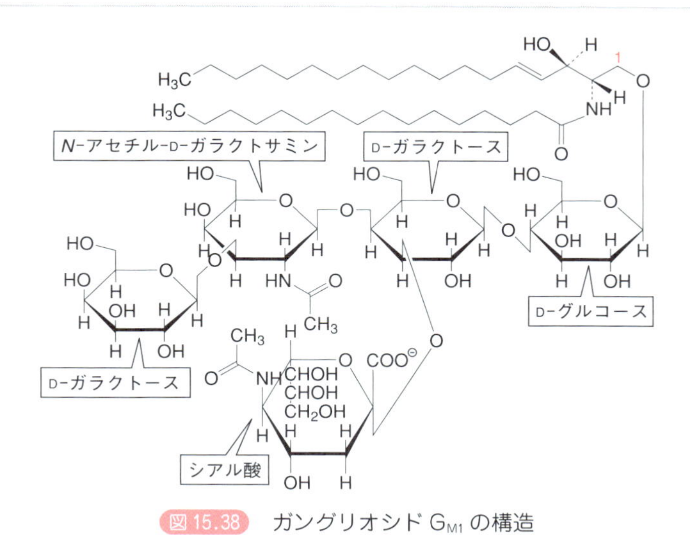

図 15.38　ガングリオシド G_{M1} の構造

Advanced 生体膜の基本構造―― 脂質二重層

セッケンのように尾の部分が 1 本の両親媒性化合物は，水中でボール状のミセルを形成するが，炭化水素の尾が 2 本のグリセロリン脂質やスフィンゴリン脂質は円筒形に近い構造をしているため，このような分子は平らに広がり，脂質二重層をつくりやすい(図 15.39).

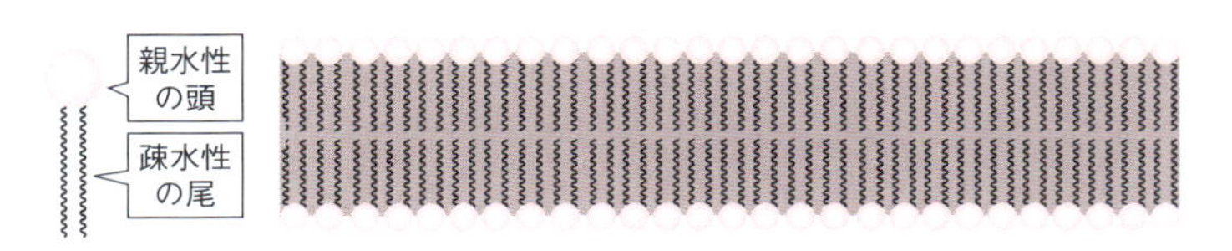

図 15.39　脂質二重層

生体膜の基本構造はこのような脂質二重層で，この膜にさまざまなタンパク質や糖脂質，コレステロールなどが埋め込まれている．タンパク質には酵素，受容体，輸送タンパク質などがあり，これらを介して細胞膜の内と外との物質のだし入れや情報のやり取りをしている．このようなタンパク質の機能が発揮できるのも，細胞膜の内側にあるリン脂質の疎水性部分に流動性があるため，これらのタンパク質が自由に動けるからである．これには，脂質を構成する脂肪酸が一般に不飽和脂肪酸であるため，密にパッキングされず自由度が高いことが影響している．

細胞膜といわれると，ゆで卵の白身のような硬いイメージで，酵素や受容体は膜上に固定されているようなようすが浮かぶかもしれない．しかし実際には，生体膜自体に流動性があり，白身は生のままである．タンパク質は生体膜のなかを自由に動き回れるというイメージはたいへん重要なので，覚えておいてほしい．

15.3.3 加水分解されない脂質── ステロイド

SBO ステロイドアナログの代表的医薬品を列挙し，化学構造に基づく性質について説明できる．

ステロイド(steroid)は動植物の体内に広く存在し，重要な生理作用をもつ．ステロイド骨格は図 15.40(a)に示すように，三つの六員環(A ～ C 環)と一つの五員環(D 環)からなる．ステロイドの A，B，C 環はシクロヘキサン環が融合したもので，図 15.40(b)のような立体配座をとり，B 環と C 環のあいだはトランス形で結合している．代表的なステロイドである**コレステロール**(cholesterol)を図 15.40(c)に示す．ステロイド骨格の位置番号のつけ方と立体配座を確認してほしい．

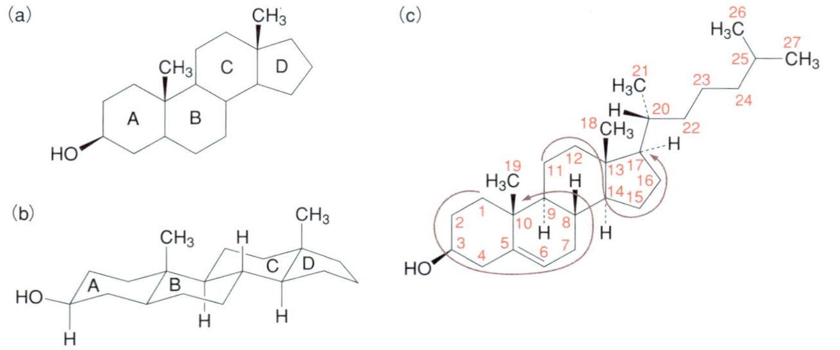

図 15.40 ステロイド骨格(a, b)とコレステロール(c)の構造

コレステロールは性差や代謝を調節する**ステロイドホルモン**(steroid hormone)の前駆体として働く．コレステロールはおもに動物細胞の細胞膜に存在し，ヒドロキシ基があるため，わずかに両親媒性がある．ほかの膜構成成分が直鎖の「柔らかい」構造であるのに対し，コレステロールは環どうしがトランスに縮合しているため，たいへん硬い構造をしている．

ステロイドホルモンのなかには性ホルモンとして作用するものがある．たとえば，女性ホルモンにはエストロンやエストラジオールがある．これらは代表的な卵胞ホルモン(エストロゲン)である．また，プロゲステロンは黄体ホルモンである(図 15.41 a)．また，男性ホルモンにはテストステロンやアンドロステロンがある．これらは男性らしい骨格や筋肉をつくることに関与するホルモンである(図 15.41 b)．

このほか，副腎皮質ホルモンもステロイドホルモンである．副腎皮質ホルモンは糖質コルチコイドと鉱質コルチコイドに分類され，糖質コルチコイドであるヒドロコルチゾンは糖質代謝や抗炎症に関与する．鉱質コルチコイドであるアルドステロンは細胞内の Na^+ と K^+ のバランス調節に関与する(図 15.41 c)．

胆汁酸はコレステロールから生合成される(図 15.41 d)．多数のヒドロキシ基と側鎖にカルボン酸，アミド，スルホン酸などの親水性基をもつため，高度に両親媒性の化合物である．食物由来の脂質を乳化してミセルを形成し，その消化を助ける．

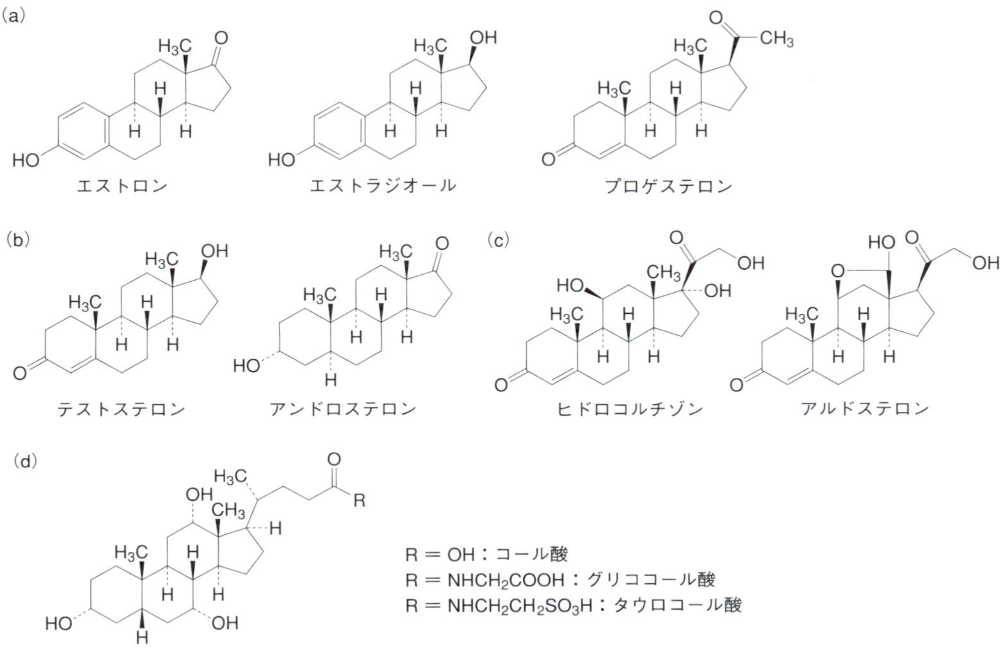

(a) エストロン　エストラジオール　プロゲステロン

(b) テストステロン　アンドロステロン

(c) ヒドロコルチゾン　アルドステロン

(d)

R ＝ OH：コール酸
R ＝ $NHCH_2COOH$：グリココール酸
R ＝ $NHCH_2CH_2SO_3H$：タウロコール酸

図 15.41　ステロイド
(a) 女性ホルモン，(b) 男性ホルモン，(c) 副腎皮質ホルモン，(d) 胆汁酸．

章末問題

1．化合物 **A** および **B** を Fischer 投影式および Haworth 投影式で示せ．**A** や **B** を加水分解して生じる糖 **C** の名称は何か．

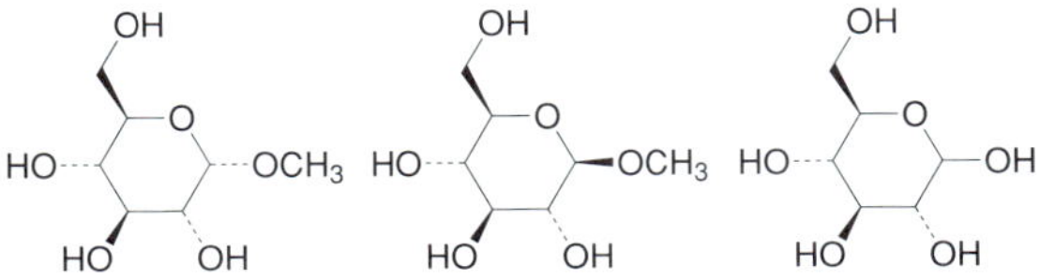

A　**B**　**C**

2．問題 1 の化合物 **A** および **B** のそれぞれをいす形構造式で書け．環内酸素の混成軌道が sp^3 であるとして，非共有電子対のローブが広がっている方向を示せ．

3．問題 1 の化合物 **A** および **B** の酸加水分解による **C** の生成は **D** および **E** を経て進行する．**A** からの反応と **B** からの反応のどちらが速いか考察せよ．**A** や **B** から **D** への過程は速い平衡である．したがって，**D** から **E** への過程の進行しやすさを考えよ．そのためには，E2 脱離反応に重要なアンチペリプラナーの関係を意識せよ．

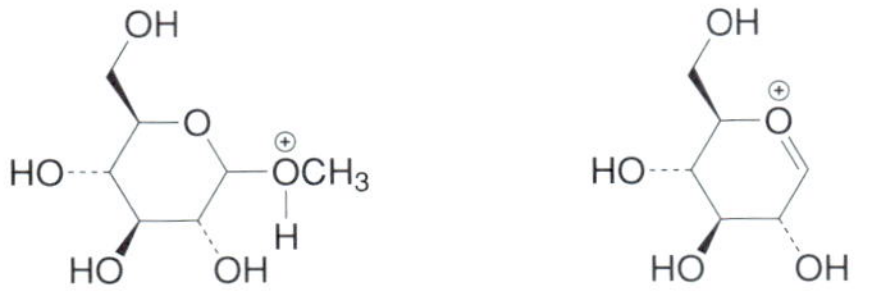

D　**E**

4．タンパク質の形状や機能は，タンパク質を構成するアミノ酸の側鎖の性質が合わさって決まる．したがって，どの残基がどういう性質をもつかを把握することは重要である．以下のアミノ酸の名称，構造的な特徴，アミノ酸の性質を結びつけよ．性質は重複するものがある．

〔アミノ酸の名称（五十音順）〕

① アスパラギン，② アスパラギン酸，③ アラニン，④ アルギニン，⑤ イソロイシン，⑥ グリシン，⑦ グルタミン，⑧ グルタミン酸，⑨ システイン，⑩ セリン，⑪ チロシン，⑫ トリプトファン，⑬ トレオニン，⑭ バリン，⑮ ヒスチジン，⑯ フェニルアラニン，⑰ プロリン，⑱ メチオニン，⑲ リシン，⑳ ロイシン

〔側鎖の構造的な特徴〕

a．かさ高いアルキル基，b．芳香環をもつ，c．ヒドロキシ基をもつ，d．フェノール性ヒドロキシ基をもつ，e．カルボキシ基をもつ，f．第一級アミドをもつ，g．アミノ基をもつ，h．グアニジノ基をもつ，i．環状構造をもつ，j．置換基をもたない，k．スルファニル基をもつ，l．メチルスルフィド構造をもつ．

〔側鎖の性質〕

（1）タンパク質構造に柔軟性をもたせる．
（2）タンパク質のなかに非常に多く見られる．
（3）固く，かさ高い．
（4）非常に疎水的．
（5）非常に弱い酸性．ヒドロキシ基は水素結合を形成する．リン酸化される．
（6）タンパク質に含まれる量が最も少ない．大きさが最も大きい．NH は水素結合の供与体としてのみ働く．
（7）ジスルフィド結合をつくる．細胞外タンパク質に多く含まれる．触媒活性が高い．
（8）水素結合に関与する．触媒活性が高い．リン酸化などを受けやすい．
（9）触媒活性が高い．pH ＝ 7 で負の電荷を帯びている．
（10）電荷を帯びていない．水素結合に関与する．糖が結合するアミノ酸である．
（11）電荷を帯びていない．水素結合に関与する．
（12）pH ＝ 7 で正の電荷を帯びている．側鎖が長いので柔軟である．タンパク質を水溶性にする．長い側鎖部分は疎水的になる．
（13）pH ＝ 7 で正の電荷を帯びている．しばしばリン酸と結合する．非常に大きい．分子内部にあるときはアスパラギン酸またはグルタミン酸と静電相互作用している．
（14）pH ＝ 7 で部分的に正に帯電している．活性部位にあることが多い．
（15）タンパク質の構造を折り曲げる働きをする．柔軟性がない．
（16）非常に大きい．弱い双極子の性質をもつ．

5． 生体膜を構成する脂質の側鎖がすべて飽和しているとしたら，どのような不都合が生じるだろうか．ファンデルワールス力の特徴と併わせて考察せよ．

16 ヘテロ環化合物

❖ 本章の目標 ❖

- 医薬品としてヘテロ環が汎用される根拠について学ぶ.
- 医薬品に含まれる代表的なヘテロ環化合物の分類について学ぶ.
- 代表的な芳香族ヘテロ環化合物の性質を芳香族性と関連づけて学ぶ.
- 代表的な芳香族ヘテロ環の求電子剤に対する反応性および配向性について学ぶ.
- 代表的な芳香族ヘテロ環の求核剤に対する反応性および配向性について学ぶ.
- 核酸の立体構造を規定する化学結合，相互作用について学ぶ.
- 核酸塩基の構造および水素結合を形成する位置について学ぶ.
- 核酸アナログの医薬品およびそれらの化学構造について学ぶ.

16.1 ヘテロ環化合物とは

医薬品の構造には環状構造が頻繁に登場する．しかも，その環状構造には炭素だけでなく，炭素以外の元素も含まれていることが多い．このように，炭素以外の原子，つまり**ヘテロ原子**(heteroatom)が環を構成する原子として含まれているものを，**ヘテロ環**(heterocyclic，**複素環**)とよび，ヘテロ環を含む化合物を**ヘテロ環化合物**(heterocycle compound，複素環化合物)とよぶ．ヘテロ環の定義はたいへん幅広く，すでに15章までに学んだ多くの有機化合物にはヘテロ環が含まれている．たとえば，図16.1に示すようなオキシラン(エポキシド)，ラクトン，テトラヒドロフラン，ピリジン，β-ラクタムおよび環状構造の糖などもヘテロ環である．

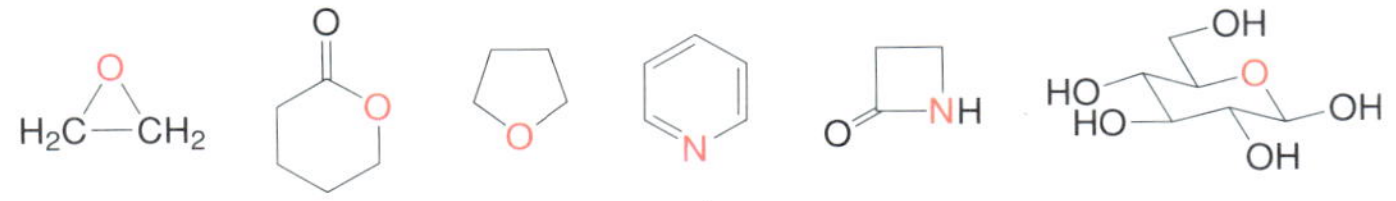

図16.1 さまざまなヘテロ環

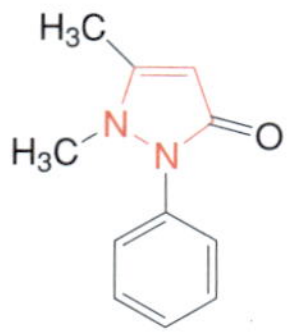

アンチピリン
(解熱鎮痛薬)

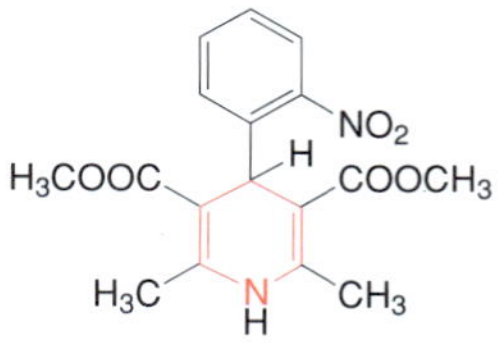

ニフェジピン
(カルシウム拮抗薬:降圧薬)

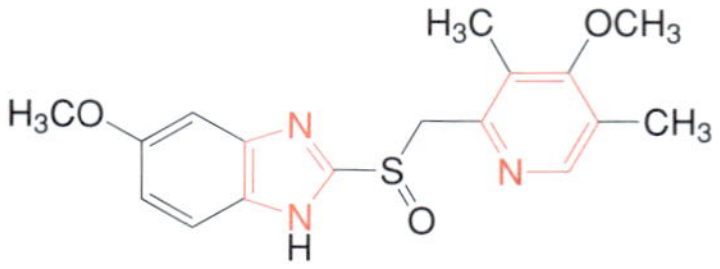

オメプラゾール
(消化性潰瘍治療薬)

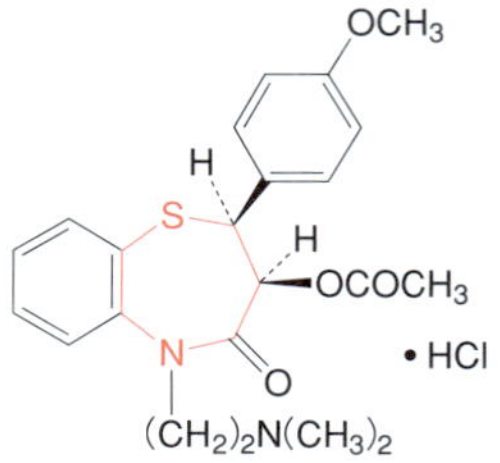

ジルチアゼム塩酸塩
(カルシウム拮抗薬:降圧薬,狭心症治療薬)

図16.2 ヘテロ環を含む医薬品

一般に,ヘテロ環は**芳香族性**(aromaticity)を示す**芳香族ヘテロ環**と,芳香族性を示さない**脂肪族ヘテロ環**に分類される.実際に,医薬品は構造中に窒素,酸素,硫黄などを1個以上もつヘテロ環を含むことが多い(図16.2).これらのヘテロ原子は炭素に比べて電気陰性度が高く,非共有電子対をもつため,これらが環内に存在すると酵素や受容体のタンパク質とイオン結合や水素結合による相互作用を起こしやすくなる.

本章では,はじめにヘテロ環の構造と性質を学び,さらにヘテロ環の反応および合成についても簡単に学ぶ.

16.2 脂肪族ヘテロ環

芳香族性をもたないヘテロ環を脂肪族ヘテロ環という.とくに,飽和結合でできている五員環や六員環の脂肪族ヘテロ環は,基本的には環状アミン,環状エーテル,環状スルフィドと見なしてよい.したがって,これらの性質は鎖状のアミン,エーテル,スルフィドの性質とほぼ同じと考えることができる.たとえば,テトラヒドロフランは典型的なエーテルであり,ピロリジンは第二級アミンである.

これに対し,三員環や四員環の脂肪族ヘテロ環化合物では開環反応が進行する.一般に,sp^3原子の結合角は約109.5°が理想であるが,三員環や四員環の結合角はずっと小さい.このため,ひずみが大きく,開環しやすい性質をもつ(弓を引き絞っている感じ,11.3.2項も参照).これを利用してオキシラン(エポキシド)や**オキセタン**(oxetane,図16.3)を求核剤と反応させて開環生成物を得る反応が汎用されている.オキシランの開環を利用した医薬品の合成例を図16.4に示す.

1章〔1.2.1項(3)〕および13章(p. 271のコラム)でとりあげたペニシリンのβ-ラクタム環も,同様にひずみが大きいために反応性に富む.この性質が抗菌作用の発現機序において,重要な役割を果たしている(図1.4も参照).

三員環および四員環

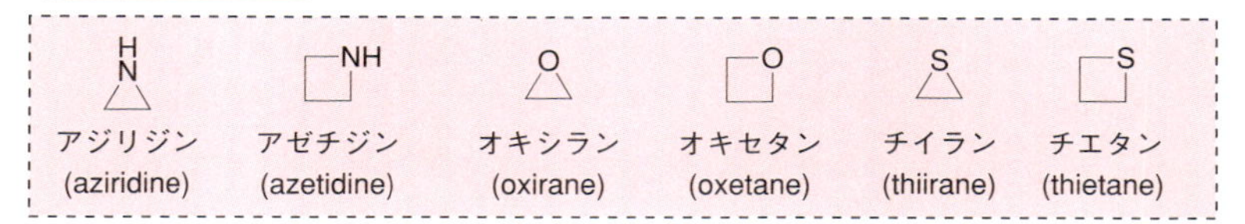

五員環および六員環

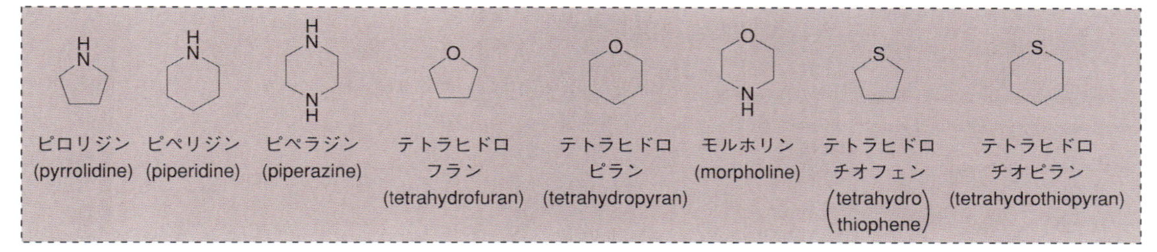

図 16.3 脂肪族ヘテロ環化合物

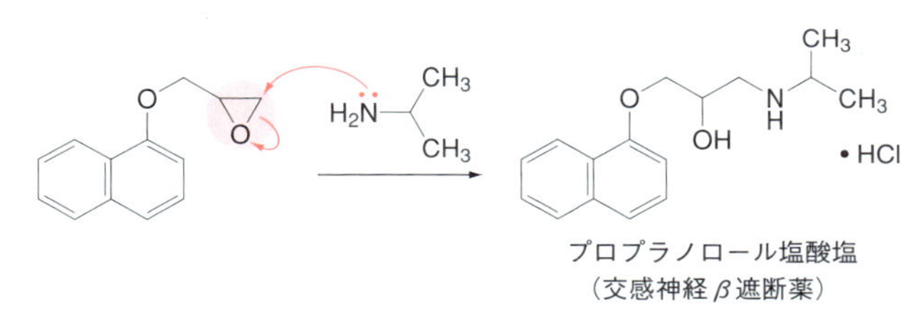

図 16.4 オキシランの開環を利用したプロプラノロールの合成

16.3 五員環芳香族ヘテロ環化合物——ピロール，フラン，チオフェン

SBO 代表的な芳香族複素環化合物の性質を芳香族性と関連づけて説明できる．

脂肪族ヘテロ環化合物とは異なり，芳香族性をもつヘテロ環化合物は環特有の性質をもつようになる．**ピロール**(pyrrole)，**フラン**(furan)，**チオフェン**(thiophene)などの五員環芳香族ヘテロ環は，共役ブタジエンがヘテロ原子で橋かけされて環を形成したように見えるが，共役ジエンとは大きく異なった性質をもち，芳香族性を示す(図 16.5)．

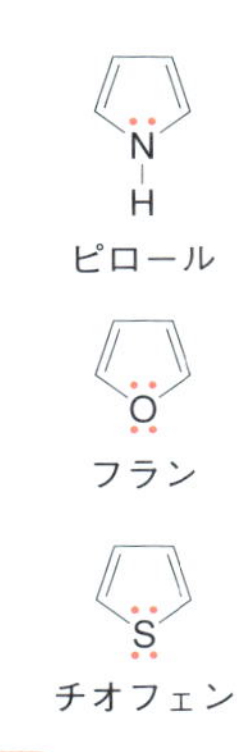

図 16.5 五員環芳香族ヘテロ環化合物

16.3.1 五員環芳香族ヘテロ環化合物の性質

(a) 芳香族性

すでにピロールについては芳香族性を示すことを詳しく述べた(8.2 節，図 8.6 参照)．フランおよびチオフェンも同様な環内の電子状態(6π 電子系)をとり，Hückel 則(8.2 節参照)を満たして芳香族性を示す．これら五員環化合物の場合，5 個の p 軌道のなかに 6 個の π 電子が収容されているため，ベンゼンあるいはピリジンのような六員環化合物(6 個の p 軌道のなかに 6

個の π 電子が収容されている）と比べて π 電子密度は高い[*1]．

これらの化合物の燃焼熱から算出された共鳴エネルギー（8章 p. 151 のコラム参照）を図16.6に示す．フラン，ピロール，チオフェンの順に共鳴エネルギーは大きくなり，チオフェンはベンゼンに近い値を示す．フランは最も共鳴エネルギーが小さく，共鳴によってあまり安定化していないので，反応によっては共役ジエン（$H_2C=CH-CH=CH_2$）と類似した反応性を示す．

*1 このことからピロール，フランをはじめとする五員環芳香族ヘテロ環化合物を**π過剰芳香族ヘテロ環化合物**という．

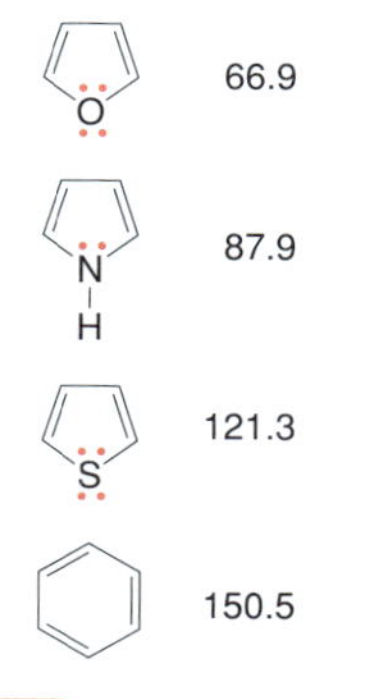

図16.6 五員環芳香族ヘテロ環化合物とベンゼンの共鳴エネルギー（kJ/mol）の比較

（b）酸性および塩基性

SBO 含窒素化合物の塩基性度を比較して説明できる．

ピロールは窒素上に非共有電子対をもっているため，アミンと同じように塩基性を示すと思うかもしれない．しかし，すでに8.2節および図8.6で述べたように，窒素の非共有電子対は環状 π 電子系に用いられている（図16.7）．このため，ピロールは塩基性を示さず，プロトン（H^+）を付加しない．実際，ピロールの pK_a は約15なのでメタノールと同程度，すなわち弱い酸性を示す．また，ピロールの窒素原子は水の水素と水素結合を形成しないので，水への溶解度はきわめて低い．フラン[*2]やチオフェンも同様に水に溶けにくい．

*2 フランの酸素は 6π 電子系に用いられない非共有電子対を1組もつが，塩基性を示さない．酸素は電気陰性度が高いため，環外の非共有電子対を環内に引き込む力が強いからである．

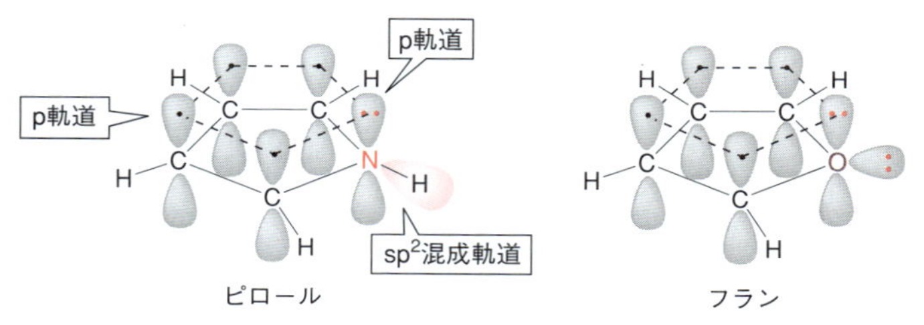

図16.7 五員環芳香族化合物の π 電子系
ヘテロ原子の非共有電子対は6 π 電子系を形成するのに使用される．すなわち，環は芳香族性を示す．

16.3.2 五員環芳香族ヘテロ環化合物の芳香族求電子置換反応

SBO 代表的な芳香族複素環の求電子置換反応の反応性，配向性，置換基の効果について説明できる．
SBO 代表的な位置選択的反応を列挙し，その機構と応用例について説明できる．

五員環芳香族ヘテロ環は，16.3.1項（a）で述べたように，π 電子密度が高いので，求電子剤（E^+）に対する反応性が高いといえる．実際，ニトロ化，ハロゲン化，スルホン化などの芳香族求電子置換反応（8.3節参照）は，ベンゼンに比べて容易に起こる．

ピロールやフラン，チオフェンに起こる求電子置換反応は，2位で優先的に進行する．その理由は，2位で反応した中間体は3位で反応した中間体よりも共鳴構造式が一つ多く存在するからである（図16.8）．いいかえると，電子不足の正電荷がより広い範囲に分散され相対的に安定化するので，2位での反応が優先する．

五員環上に6個のπ電子があり，環の電子密度が高いので求電子剤と反応しやすい

2位への付加が優先

3位への付加

X = NH,O,S

図 16.8　ピロール，フラン，チオフェンの芳香族求電子置換反応
中間体の共鳴形がより多く安定であるため，2位での反応が優先する．

Advanced　ピロールおよびフランに起こる反応

ピロールやフランに起こる代表的な芳香族求電子置換反応を図 16.9 に示す．これらの化合物の環の π 電子密度はベンゼンと比べて高く，反応性が著しく大きい．したがって，ベンゼンでは必要であったルイス酸による求電子剤の活性化は必要ない．また，これらの化合物は酸性条件では不安定化するので，求電子性が比較的弱い求電子剤を用い，酸性条件を避けて反応を行うのが一般的である．

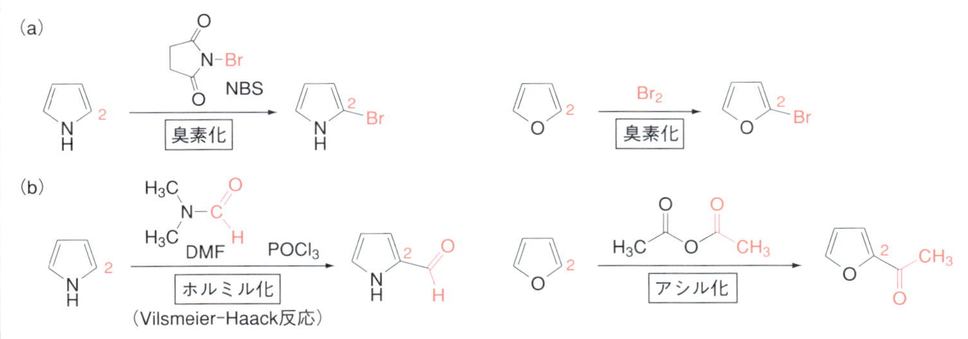

図 16.9　ピロールやフランに起こる代表的な芳香族求電子置換反応
(a) ハロゲン化，(b) ホルミル化およびアシル化．

① ハロゲン化

ピロールを臭素や塩素などと反応させると，反応は爆発的に進行し，ハロゲンが多置換した混合物が得られる．そこで，ラジカル反応で用いたように NBS(*N*-ブロモスクシンイミド，9.6.2 項を参照)を臭素源として用い，臭素化する．一方，フランをジオキサン中で臭素化すれば2位のみが臭素化された生成物が高収率で得られる．

② ホルミル化およびアシル化

ホルミル化反応としては Vilsmeier-Haack（ビルスマイヤー－ハーク）反応が汎用されている．DMF (ジメチルホルムアミド)と $POCl_3$ によって生成する求電子性の弱いホルミル化剤を用いるのが特徴である．アシル化反応もルイス酸を用いず，無水酢酸のみを用いてアセチル化する．

16.3.3 五員環芳香族ヘテロ環化合物のリチオ化

SBO 代表的な芳香族複素環の求電子置換反応の反応性，配向性，置換基の効果について説明できる．

五員環芳香族ヘテロ環化合物は，環内のヘテロ原子の誘起効果によって隣接する2位（α位）の水素の酸性度が高くなっているので，塩基性を示す金属反応剤と酸塩基反応を起こす．たとえば，アルキルリチウムは*N*-メチルピロールに対して，塩基として働いて2位の水素を引き抜き，リチウムと交換した形の化合物を生成する．これを**リチオ化**（lithiation）という．その結果，生じる2-リチオ化合物の2位は電子密度が高まり求核性が増すので，さまざまな求電子剤との反応を起こす（図16.10）．

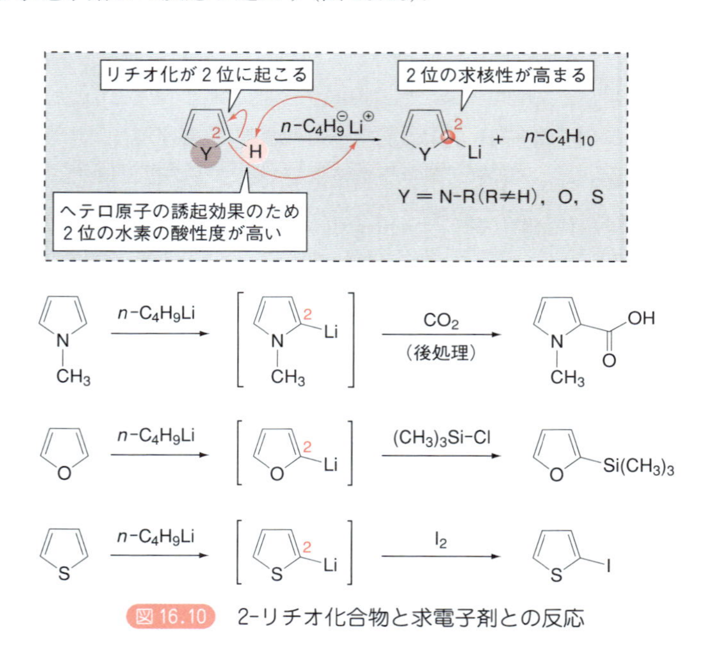

図16.10 2-リチオ化合物と求電子剤との反応

16.4 インドール，ベンゾフラン，ベンゾチオフェン

SBO 代表的な芳香族複素環の求電子置換反応の反応性，配向性，置換基の効果について説明できる．

ベンゼンがピロール，フランおよびチオフェンに図16.11のように結合した（縮環した）化合物をそれぞれ，**インドール**（indole），**ベンゾフラン**（benzofuran），**ベンゾチオフェン**（benzothiophene）とよぶ．これらも芳香族化

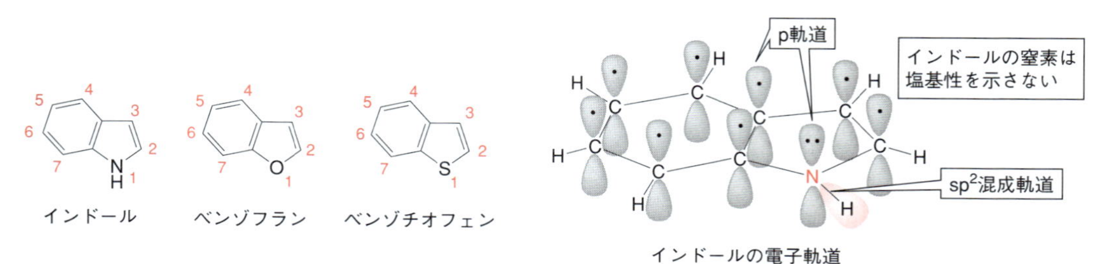

図16.11 ベンゼンが五員環芳香族ヘテロ環化合物に縮環した構造

合物である．また，インドールの窒素もピロールの窒素と同様に(8.2節の図8.6参照)，その非共有電子対がπ電子系を形成するのに使用されているため，塩基性を示さない．

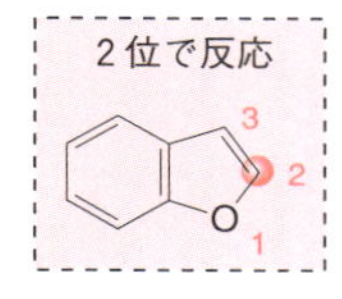

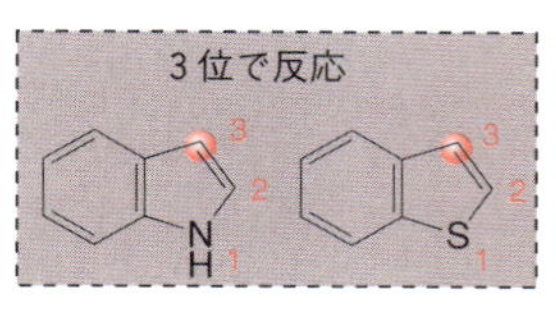

図16.12　求電子置換反応の起こる位置

16.4.1　インドール，ベンゾフラン，ベンゾチオフェンの求電子置換反応

インドール，ベンゾフランおよびベンゾチオフェンでも，16.3節の五員環の場合と同様に求電子置換反応が起こりやすい．これらもベンゼンに比べてはるかに高い反応性を示す．インドールとベンゾチオフェンは3位で求電子剤(E^+)と反応し，ベンゾフランは2位で反応する傾向がある(図16.12)．反応例を図16.13に示す．

図16.13　インドール，ベンゾチオフェンおよびベンゾフランの求電子置換反応

16.5　アゾール類

五員環芳香族ヘテロ環で，環内に二重結合の窒素(－N＝)と単結合のヘテロ原子(－Y－)の両方が存在するものを**アゾール**(azole)と総称する．1個のヘテロ原子(－Y－)と二重結合の窒素(－N＝)が1位と2位の関係にあるものを**1,2-アゾール類**，1位と3位の関係にあるものを**1,3-アゾール類**という．さらに，環内に2個以上のヘテロ原子と窒素をもつ五員環芳香族ヘテロ環もいろいろ存在する．アゾール類の例を図16.14に示した．

16.5.1　アゾール類の塩基性

アゾール類の代表例として，イミダゾールの電子軌道を図16.15に示した．前項までの五員環芳香族ヘテロ環化合物と同様に，環内には6個のπ電子が存在し，芳香族性を示す．C＝N結合側の窒素の非共有電子対は環内のπ電子系に含まれておらず，sp^2混成軌道に収容されるのでアゾール類は塩基性を示す．

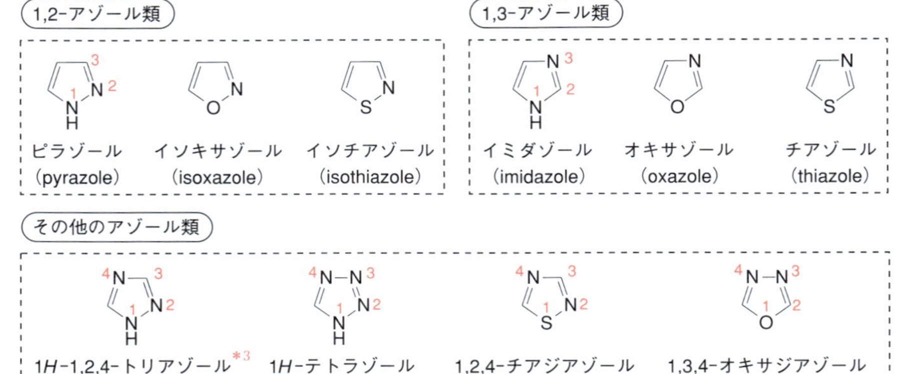

図 16.14　1,2-アゾール類，1,3-アゾール類およびその他のアゾール類

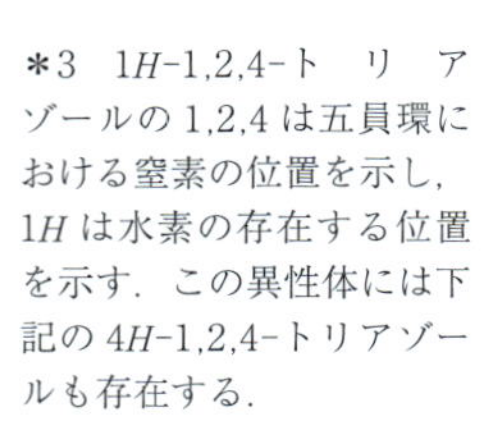
*3　1*H*-1,2,4-トリアゾールの 1,2,4 は五員環における窒素の位置を示し，1*H* は水素の存在する位置を示す．この異性体には下記の 4*H*-1,2,4-トリアゾールも存在する．

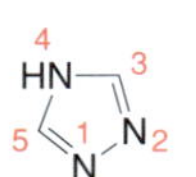

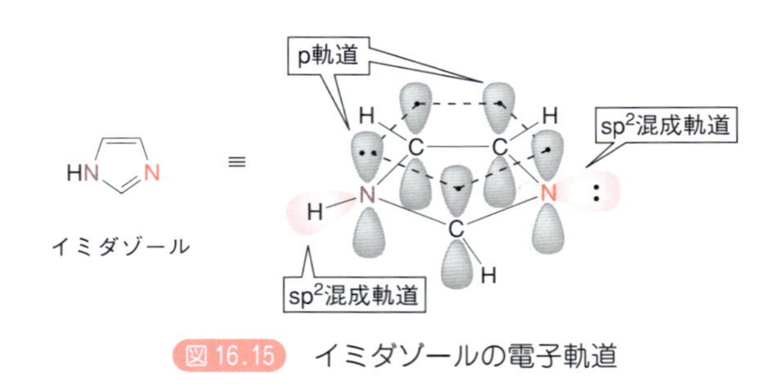

図 16.15　イミダゾールの電子軌道

ただし，アゾールの塩基性度には大きな差がある．すでに 5.3.1 項で述べたように，塩基性の強さを比較するためにはその共役酸の酸性度を比較すればよい．アゾール類の共役酸の pK_a を図 16.16 に示す．酸性度のより低い共役酸を与えるものはより塩基性が強い．したがって，共役酸が大きい pK_a 値を示すイミダゾールは，アゾール類のなかでは塩基性が強いことがわかる．

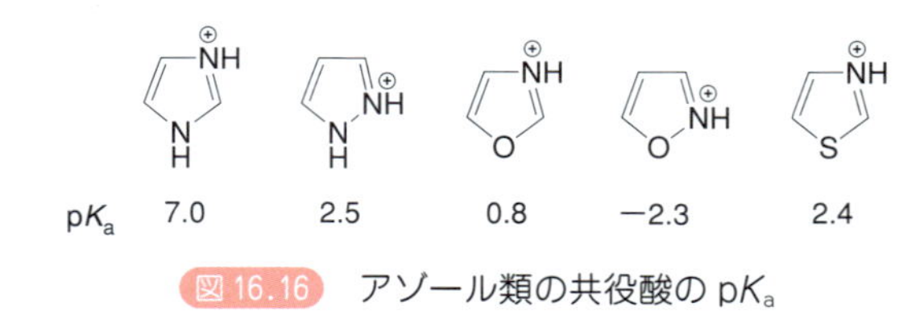

図 16.16　アゾール類の共役酸の pK_a

16.6　ピリジン

ピリジンはベンゼンの一つの炭素を sp^2 混成した窒素に置き換えたものである．すでに 8.2 節(図 8.6 も参照)で詳しく述べたように，ピリジンは芳香族性および塩基性を示す(図 16.17)．

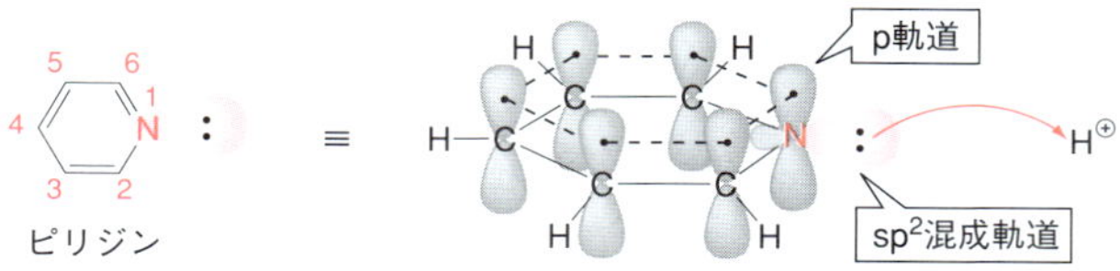

図 16.17　ピリジンの電子軌道

窒素の非共有電子対は sp^2 軌道に収容されるため，塩基性を示す．

ピリジンのもう一つの特徴は，炭素よりも電気陰性度の高い窒素が環の構成原子となっているため窒素が環上の π 電子を引きつけてしまい，結果として環の電子密度が低くなっている点である[*4]．図 16.18 のピリジンの共鳴構造式で表されるように，窒素原子は相対的に電子豊富であり，反対に炭素原子は電子不足になる．これら二つの特徴は，16.3〜16.5 節までに述べたピロールなど五員環芳香族ヘテロ環化合物と大きく異なる点である．

*4 このことからピリジンをはじめとする含窒素六員環芳香族ヘテロ環化合物を **π 不足芳香族ヘテロ環化合物**という．

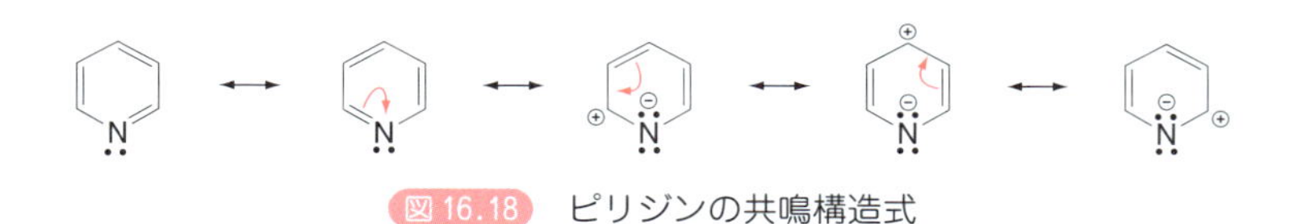

図 16.18　ピリジンの共鳴構造式

16.6.1　ピリジンの塩基性

すでに述べたように，ピリジンの窒素の非共有電子対は環の外側に突きでているため，プロトン(H^+)と反応しても π 電子系には影響がない．ピリジンは塩基性を示すが，ピリジンの塩基性は脂肪族アミンよりずっと弱い．それはピリジンの共役酸(pK_a は約 5.2)と脂肪族アミンの共役酸(pK_a は約 10〜11)の酸性度からも明らかである(図 16.19，5.3.1 項も参照)．脂肪族アミンの非共有電子対が sp^3 混成軌道に収容されているのに対し，ピリジンの非共有電子対はより s 性の高い(したがって，エネルギー順位が低く安定な) sp^2 混成軌道に収容されているため，ピリジンは弱塩基になる(5 章 p. 97 の Advanced 参照)．

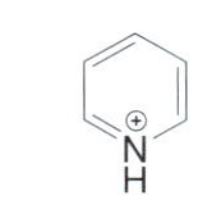

ピリジンの共役酸
pK_a 5.2

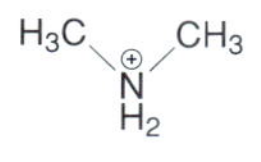

ジメチルアミンの共役酸
pK_a 10.7

図 16.19　ピリジンの塩基性

ピリジンは弱塩基である．

16.6.2　ピリジンの芳香族求電子置換反応

ピリジンは，本節の最初に述べたように，環内の電子密度が低いために求電子置換反応に対する反応性は著しく低い．ピロールなどの五員環芳香族ヘテロ環化合物やベンゼンと比べて反応性は非常に劣っている．ピリジンの反応性がこのように低いもう一つの理由として，窒素の塩基性がある．すなわち，ピリジンは塩基性を示すのでいろいろな酸(プロトン酸あるいはルイス酸)と反応し，**ピリジニウム塩**(pyridinium salt)を形成する．求電子剤(ハロゲン化アシルやハロゲン化アルキルなど)とも最初に窒素上で反応する(図

16.20)．その結果，N^+ となった窒素は強力に電子を引きつけ，環の電子密度はよりいっそう低くなるため，求電子剤(E^+)と反応しにくくなる．

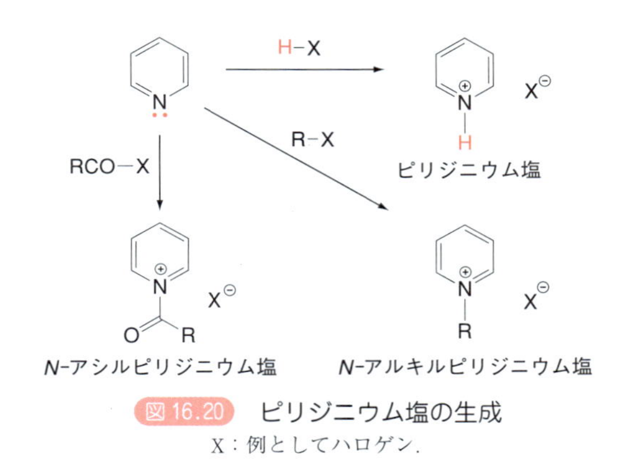

図 16.20　ピリジニウム塩の生成
X：例としてハロゲン．

ピリジン環上で起こる求電子置換反応の例を図 16.21 に示す．スルホン化，塩素化，ニトロ化反応はいずれも過激な反応条件で行われる．

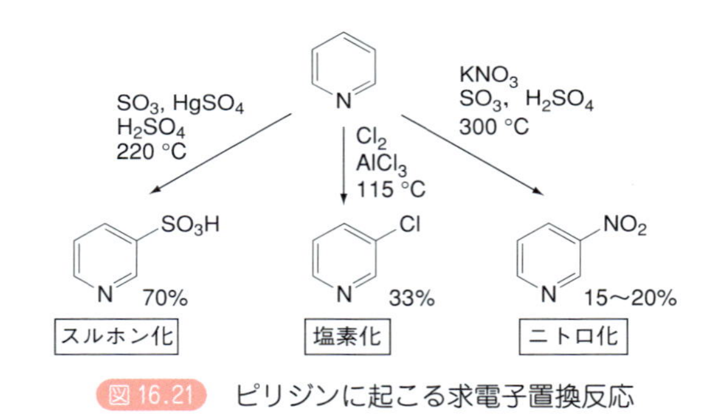

図 16.21　ピリジンに起こる求電子置換反応

ピリジン環上での求電子置換反応を起こしやすくするために，ピリジンの窒素を過酸化物(RCO_3H，H_2O_2 など)で酸化して ***N*-オキシド**とする方法が見いだされている．ピリジンの *N*-オキシド体では，酸素の寄与(共鳴効果)によって図 16.22 のような共鳴形が書ける．この共鳴形では 2 位(または 6 位)および 4 位に負電荷が存在するので，この位置での求電子置換反応が進行しやすくなる．たとえば，ピリジン *N*-オキシドをニトロ化すると，4-ニトロ化体が得られる(p. 355 の Advanced 参照)．

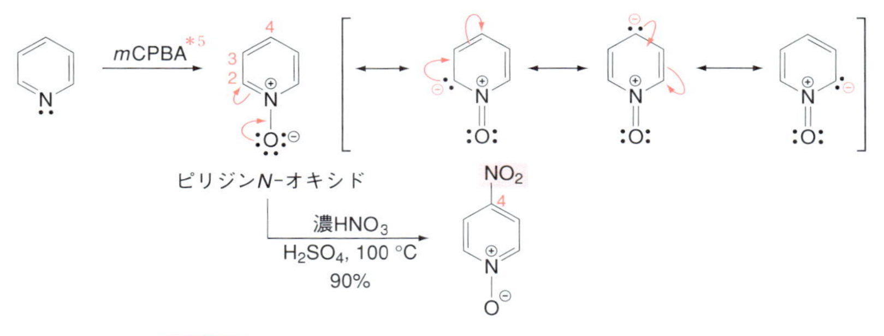

図 16.22　N-オキシドで起こる芳香族求電子置換反応

*5 mCPBA(11.3.2 項)を参照.

Advanced　ピリジン N-オキシドの化学とオメプラゾール

近年，胃酸の分泌にかかわる酵素であるプロトンポンプの阻害薬(proton pump inhibitor ; PPI)が非常に効果のある消化性潰瘍治療薬として用いられるようになっている．PPI として最初に開発された医薬品がオメプラゾールである．

ピリジン N-オキシドは，16.6.2 項(図 16.22)で述べたように，酸素の共鳴効果によりニトロ化などの求電子剤との反応が起こりやすくなっている．一方，N-オキシドは窒素原子上に存在する形式的な正電荷のために，C2 位(または C6 位)および C4 位での求核的反応も受けやすくなっている．このように，ピリジン N-オキシドは求電子剤だけでなく，求核剤とも反応するという両面の性質をもっている．オメプラゾール合成の鍵中間体 **A** の合成には，このピリジン N-オキシドの化学が巧みに用いられている(図 16.23)．

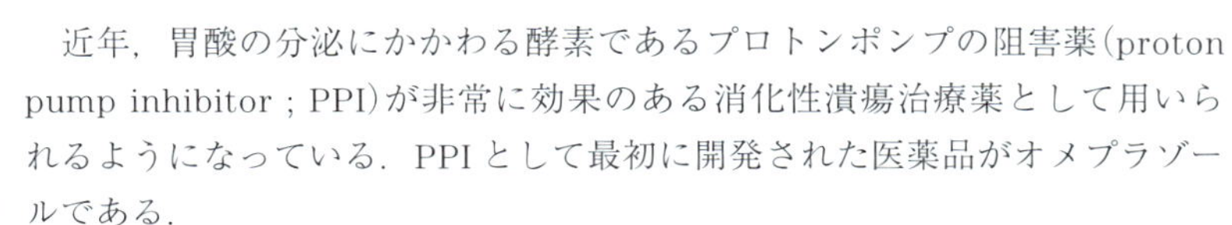

図 16.23　オメプラゾールの合成

合成は **1** を酸化して *N*-オキシド体 **2** を得ることから始まる．**2** を経由する方法は一見迂回しているように見えるが，ピリジン *N*-オキシド体ではニトロ化反応が起こることをうまく利用している．生成したニトロ化体 **3** の C4 位は，*N*-オキシドの電子求引性効果により芳香族求核置換反応が可能となり，ニトロ基をメトキシ基に置換できる．メトキシ体 **4** を無水酢酸と加熱下で反応させると，ピリジン *N*-オキシドに特有な転位反応（Polonovski 転位という一種の[3, 3]シグマトロピー転位反応：17.2.2 項参照）が起こり，*N*-置換基が C2-メチル基側に転位して **5** が生成する．**5** を加水分解，塩素化すると鍵中間体 **A** が得られる．**A** を **B** と S_N2 反応によりカップリングさせて **C** とし，ついで硫黄を酸化すると，オメプラゾールが合成できる．

16.6.3　ピリジンの芳香族求核置換反応

SBO 代表的芳香族複素環の求核置換反応の反応性，配向性，置換基の効果について説明できる．

π 不足芳香族ヘテロ環化合物であるピリジンでは，求電子置換反応は起こりにくいが，求核置換反応はピロールなど五員環芳香族ヘテロ環化合物やベンゼンよりも容易に起こる．

ピリジンの芳香族求核置換反応の例として，**Chichibabin 反応**（Chichibabin reaction）がある．この反応はピリジンを *N,N*-ジメチルアニリン中でナトリウムアミドと加熱し，2-アミノピリジンを得るものである（図 16.24）．反応の第 1 段階ではピリジンの 2 位へ $^-NH_2$ が求核付加し，芳香族性を失った付加体が生成する．第 2 段階では，付加体からヒドリドイオン（H^-）が脱離し，芳香族化する．この型の反応では，ヒドリドイオンの脱離は遅い．したがって，空気中の酸素や酸化剤を添加すると，水素（H_2）として脱離しやすくなるため，反応が促進される．

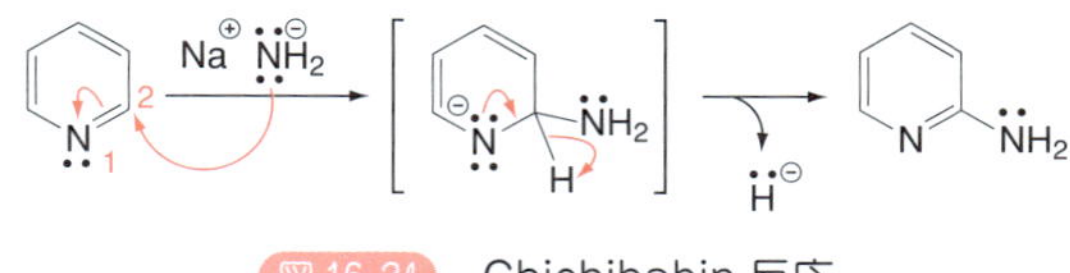

図 16.24　Chichibabin 反応

このほか，ピリジンを有機リチウム反応剤と処理しても Chichibabin 反応と類似した反応が起こり，2 位置換ピリジンが得られる（図 16.25）．

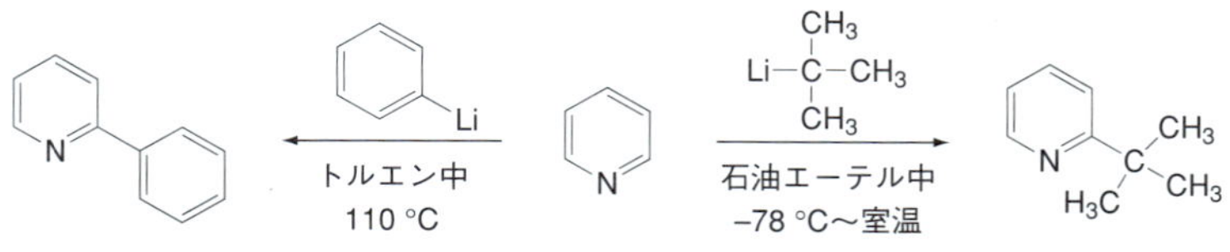

図 16.25　2 位置換ピリジンの合成

また，2 位および 4 位にハロゲンが置換したハロピリジンは，いろいろな求核剤（アルコキシド，アミドイオン，アミン，チオラートなど）と反応して芳香族求核置換反応を容易に起こす．代表的な反応例を図 16.26 に示す．これらの反応は，すでに 8.5.1 項(図 8.29)で述べたニトロ基のような電子求引性基が置換したハロベンゼンへの求核剤の付加-脱離の 2 段階の反応に類似している．反応は求核剤が C2 位(または C6 位)あるいは C4 位に付加し，ついでアニオン中間体からハロゲン化物イオンが脱離する．

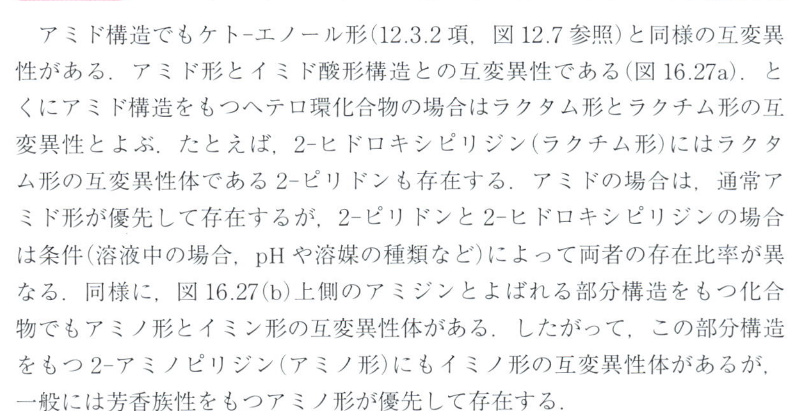

図 16.26 ハロピリジンの芳香族求核置換反応

Advanced 2-ヒドロキシピリジンと 2-アミノピリジンの互変異性

アミド構造でもケト-エノール形(12.3.2 項，図 12.7 参照)と同様の互変異性がある．アミド形とイミド酸形構造との互変異性である(図 16.27a)．とくにアミド構造をもつヘテロ環化合物の場合はラクタム形とラクチム形の互変異性とよぶ．たとえば，2-ヒドロキシピリジン(ラクチム形)にはラクタム形の互変異性体である 2-ピリドンも存在する．アミドの場合は，通常アミド形が優先して存在するが，2-ピリドンと 2-ヒドロキシピリジンの場合は条件(溶液中の場合，pH や溶媒の種類など)によって両者の存在比率が異なる．同様に，図 16.27(b)上側のアミジンとよばれる部分構造をもつ化合物でもアミノ形とイミン形の互変異性体がある．したがって，この部分構造をもつ 2-アミノピリジン(アミノ形)にもイミノ形の互変異性体があるが，一般には芳香族性をもつアミノ形が優先して存在する．

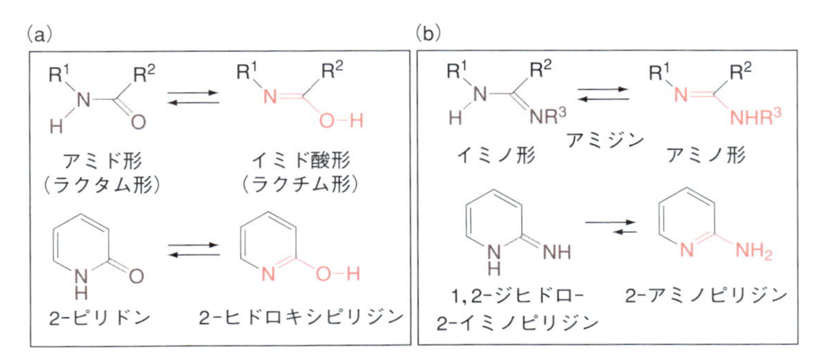

図 16.27 ラクタム-ラクチム互変異性(a)およびアミジンの互変異性(b)

これらの互変異性はピリジンにかぎらず，同様の部分構造をもついろいろな含窒素ヘテロ環で起こりうる．たとえば，核酸塩基であるウラシル，チミン（16.9.3 項）でも互変異性がある（図 16.28）．

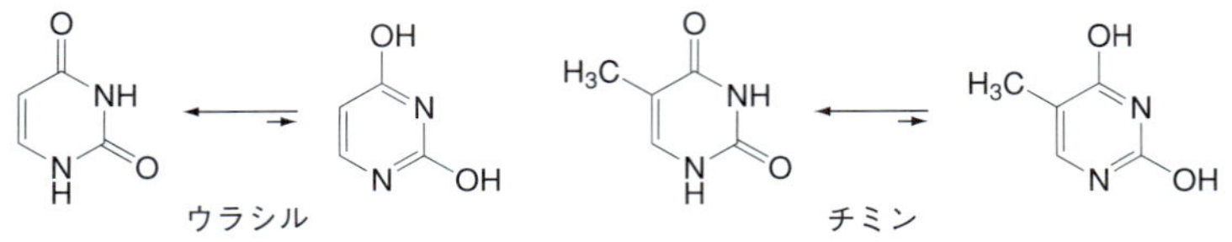

図 16.28 ウラシルとチミンの互変異性

16.7 キノリンとイソキノリン

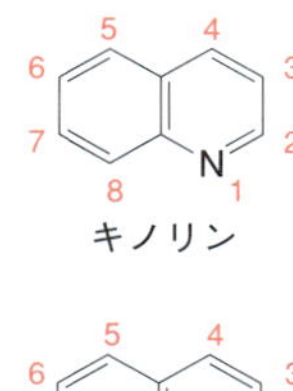

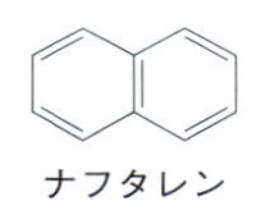

図 16.29 キノリンおよびイソキノリン

ベンゼンがピリジンと図 16.29 のように結合した（縮環した）化合物を，それぞれ**キノリン**（quionoline），**イソキノリン**（isoquinoline）とよぶ．これらも芳香族化合物であり，ナフタレン（naphthalene）の炭素を一つ窒素に置き換えたものと見なせる．

キノリンおよびイソキノリンはピリジンと同程度の塩基性を示す．芳香族求電子置換反応は，より電子密度が高いベンゼン環側で進行し，いずれも 5 位または 8 位に置換基が導入される（図 16.30a）．

一方，芳香族求核置換反応は，電子密度の低いピリジン環側で起こる．これはピリジンで起こる芳香族求核置換反応と同様である．また，ハロゲン置

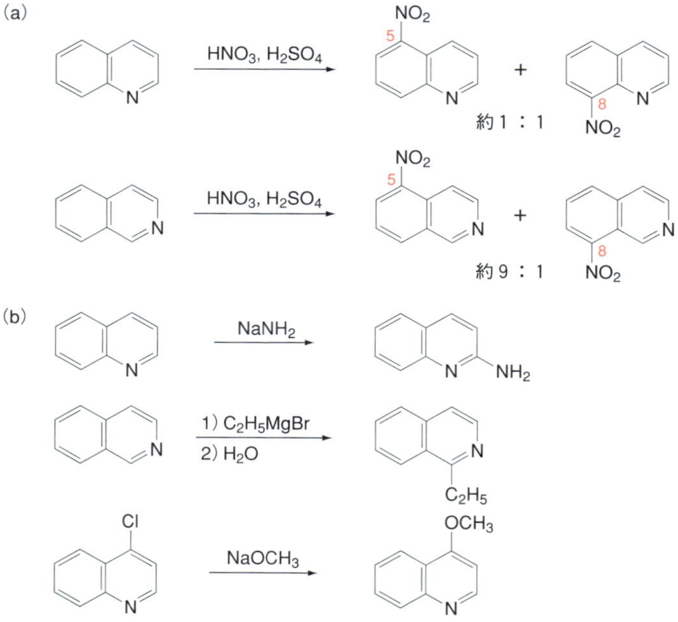

図 16.30 キノリンおよびイソキノリンに起こる芳香族求電子置換反応（a）と芳香族求核置換反応（b）

換体でもピリジンの場合と同様の反応が起こる．代表例を図 16.30(b)に示した．

16.8 二つの窒素をもつ六員環芳香族ヘテロ環化合物

ベンゼンの炭素を 2 個 sp^2 混成した窒素に置き換えたヘテロ環化合物は**ジアジン類**(diazine)とよばれ，**ピリダジン**(pyridazine)，**ピリミジン**(pyrimidine)および**ピラジン**(pyrazine)の三つの異性体がある(図 16.31)．いずれも芳香族性をもっている．

これらのなかでピリミジンは**核酸**(nucleic acid)を構成する**シトシン**(cytosine)，**チミン**(thymine)および**ウラシル**(uracil)の母核になっている(図 16.33 も参照)．また，芳香族化合物ではないがフェノバルビタール(phenobarbital)に代表されるバルビツール酸(barbituric acid)系抗てんかん薬にも含まれる骨格である(図 16.32a)．

一方，ピリミジンとイミダゾールが縮環したものを**プリン**(purine)とよぶ．プリン骨格は核酸に含まれる**アデニン**(adenine)や**グアニン**(guanine，図 16.34 も参照)のような核酸塩基や，**カフェイン**(caffeine)，**テオフィリン**(theophylline)などの医薬品の母核である(図 16.32b)．

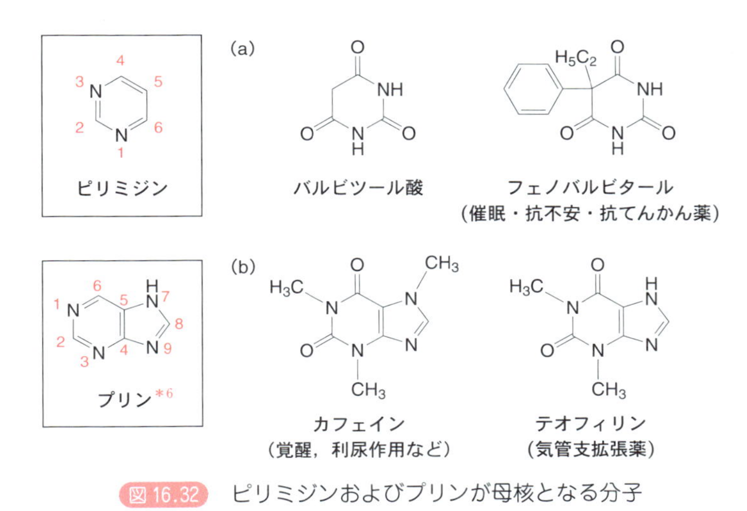

図 16.32　ピリミジンおよびプリンが母核となる分子

SBO ベンゾジアゼピン骨格およびバルビタール骨格を有する代表的医薬品を列挙し，化学構造に基づく性質について説明できる．

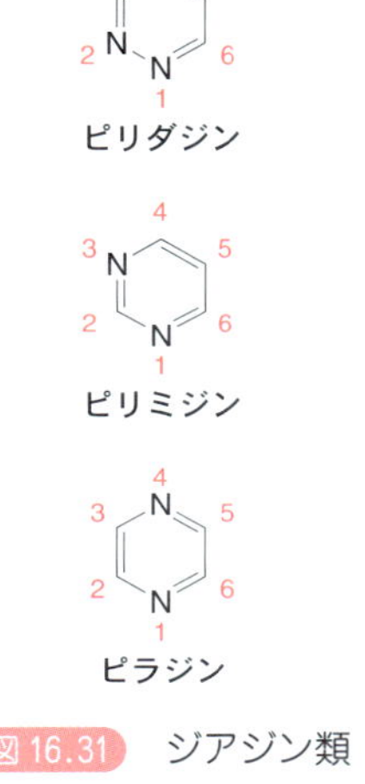

図 16.31　ジアジン類

*6 プリンは図 16.32 に示した構造のほかに，下式のような互変異性体としても表される．位置番号の表示は変わらない．

16.9 核　酸

生命の遺伝情報は核酸に保存されている．核酸は高分子であり，細胞の核に多く含まれる**デオキシリボ核酸**(deoxyribonucleic acid；DNA)と細胞質に多い**リボ核酸**(ribonucleic acid；RNA)に大別される．これらは，塩基性ヘテロ環(**核酸塩基**)，五炭糖およびリン酸からなる．ここでは核酸の構造を

SBO 生体内に存在する代表的な複素環化合物を列挙し，構造式を書くことができる．

学ぶ．

16.9.1 核酸塩基

核酸を構成する塩基にはピリミジン塩基とプリン塩基がある．ピリミジン塩基には3種類がある．シトシン(Cと略す)はDNAとRNAに共通であり，チミン(Tと略す)はDNAにのみ，ウラシル(Uと略す)はRNAにのみ含まれる．プリン塩基はDNAとRNAに共通であり，アデニン(Aと略す)とグアニン(Gと略す)とがある*7(図16.33)．

*7 チミンの構造式は通常図16.33のように表記するので，一見すると芳香族性をもたないように見えるが，下記の共鳴構造式からもわかるように，チミンも芳香族性をもっている．ウラシル，シトシン，グアニンについても同様である(p.357のAdvancedを参照)．

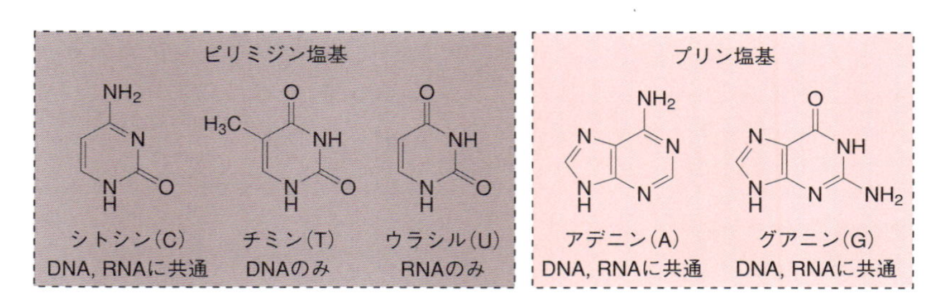

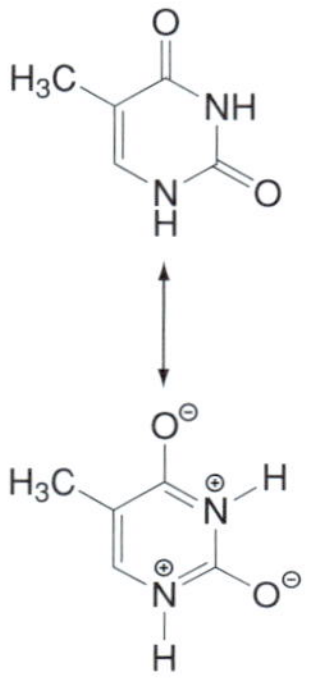

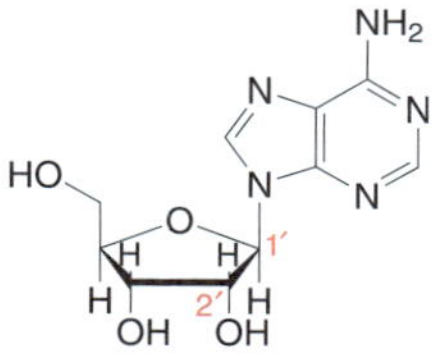

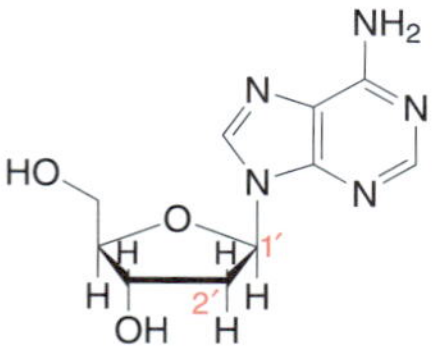

図16.33 核酸塩基

16.9.2 ヌクレオシド

核酸塩基と糖がグリコシド結合を形成したものを**ヌクレオシド**(nucleoside)とよぶ．核酸に含まれている糖は五炭糖であり，**リボース**(ribose)と**デオキシリボース**(deoxyribose)の2種類がある．リボースはRNAに，デオキシリボースはDNAに含まれる(図16.34)．

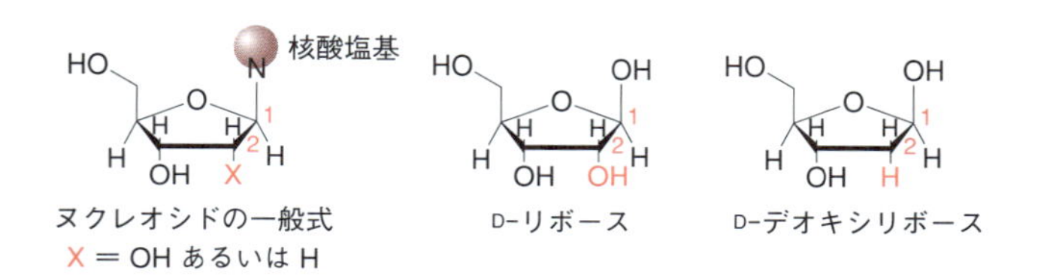

図16.34 ヌクレオシドと核酸に含まれる五炭糖

ヌクレオシドには，プリン塩基またはピリミジン塩基とリボースとからなるリボヌクレオシドと，塩基と2-デオキシリボースとからなるデオキシリボヌクレオシドがある．アデノシン(adenosine)と2′-デオキシアデノシン(2′-deoxyadenosine)を図16.35に示す．また，核酸塩基に糖を結合させたヌクレオシドを分類し，表16.1に示す．

アデノシン

2′-デオキシアデノシン

図16.35 ヌクレオシド

16.9.3 ヌクレオチド

ヌクレオシドの糖のヒドロキシ基にリン酸が一つ結合したものを**ヌクレオ**

表 16.1　ヌクレオシドの分類

核酸塩基		RNA に含まれる糖 リボース (ribose)	DNA に含まれる糖 2-デオキシリボース (2-deoxyribose)
プリン塩基	アデニン (adenine)	アデノシン (adenosine)	2′-デオキシアデノシン (2′-deoxyadenosine)
	グアニン (guanine)	グアノシン (guanosine)	2′-デオキシグアノシン (2′-deoxyguanosine)
ピリミジン塩基	シトシン (cytosine)	シチジン (cytidine)	2′-デオキシシチジン (2′-deoxycytidine)
	ウラシル (uracil)	ウリジン (uridine)	—
	チミン (thymine)	—	2′-デオキシチミジン (2′-deoxythymidine)

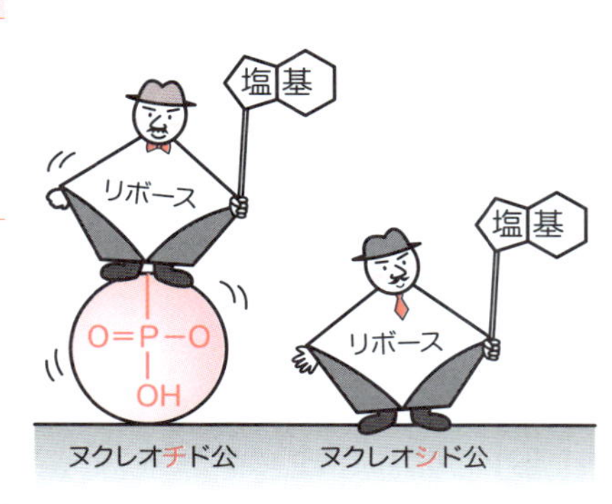

チド[*8](nucleotide)とよぶ．ヌクレオチドは核酸の最小単位であり，重合すると核酸となる．図 16.36 にアデノシン一リン酸類を示す．また，表 16.2 に 5′-ヌクレオチドの名称を示す．

*8 ヌクレオシドとヌクレオチドを混同しないように注意．

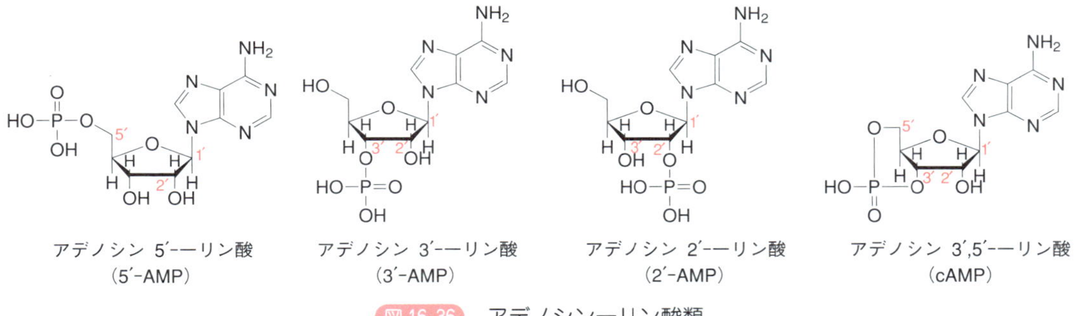

図 16.36　アデノシン一リン酸類
cAMP の c は cyclic の意味である．

16.9.4 核　酸

核酸はヌクレオチド単位の高分子重合体であり，核酸構成成分の糖とリン酸とが交互にリン酸ジエステル結合で結ばれた連鎖を骨格としている．RNA および DNA ともに，糖の 5′ 位のヒドロキシ基と 3′ 位のヒドロキシ基がリン酸と結合している（図 16.37）．

核酸もタンパク質と同様に高次の立体構造をもつ．通常，DNA は 2 本の鎖が互いに逆の方向を向きながら右巻きのらせん状に絡み合った二重らせん構造をとっている（図 16.38）．J. D. Watson（ワトソン）と F. H. C. Crick（クリック）により提案されたこのらせん構造は，ピリミジン塩基とプリン塩基が A−T および G−C どうしで対になって水素結合を形成し，二本のポリヌクレオチド鎖間を一定の

表16.2　5′-ヌクレオチドの名称

	核酸塩基	リボヌクレオチド (ribonucleotide)	デオキシリボヌクレオチド (deoxyribonucleotide)
プリン塩基	アデニン (adenine)	アデノシン 5′-一リン酸 (adenosine 5′-monophosphate) 5′-AMP	デオキシアデノシン 5′-一リン酸 (deoxyadenosine 5′-monophosphate) 5′-dAMP
	グアニン (guanine)	グアノシン 5′-一リン酸 (guanosine 5′-monophosphate) 5′-GMP	2′-デオキシグアノシン 5′-一リン酸 (2′-deoxyguanosine 5′-monophosphate) 5′-dGMP
ピリミジン塩基	シトシン (cytosine)	シチジン 5′-一リン酸 (cytidine 5′-monophosphate) 5′-CMP	2′-デオキシシチジン 5′-一リン酸 (2′-deoxycytidine 5′-monophosphate) 5′-dCMP
	ウラシル (uracil)	ウリジン 5′-一リン酸 (uridine 5′-monophosphate) 5′-UMP	—
	チミン (thymine)	—	2′-デオキシチミジン 5′-一リン酸 (2′-deoxythymidine 5′-monophosphate) 5′-dTMP

距離に保つことで形成される．図16.38に示したように，A－T間には2本の水素結合が，G－C間には3本の水素結合が形成されるので，水素結合を多く形成できるG－Cの塩基対が多いほどDNAの熱的な安定性が増す．

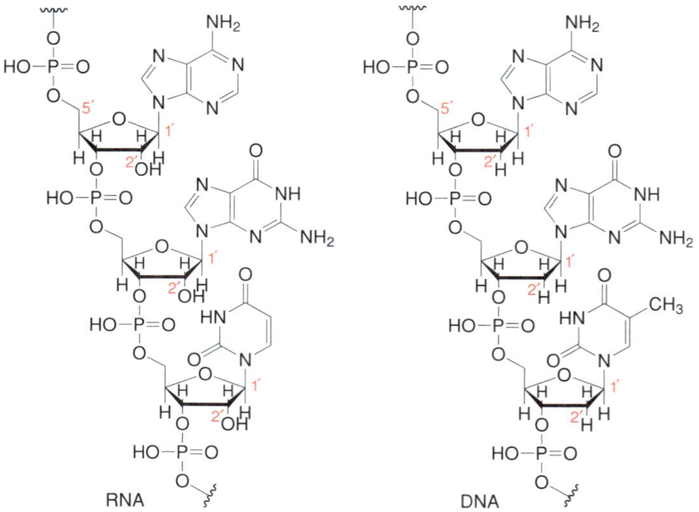

図16.37　核　酸

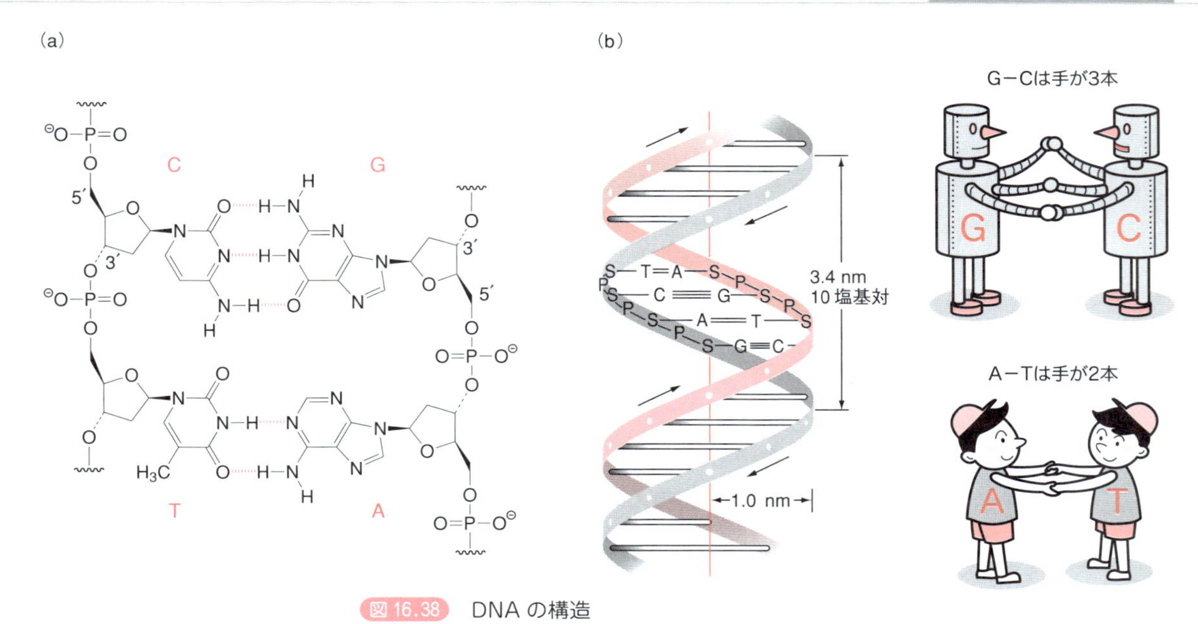

図 16.38　DNA の構造
(a) DNA の二本鎖を形成する塩基対．橙色の点線が水素結合．
(b) 二本鎖 DNA の二重らせん．

16.9.5　核酸アナログの医薬品

核酸の構成成分である核酸塩基やヌクレオシドを模した医薬品は多数開発されている．代表的な医薬品を図 16.39 に示す．抗腫瘍薬や抗ウイルス薬は，

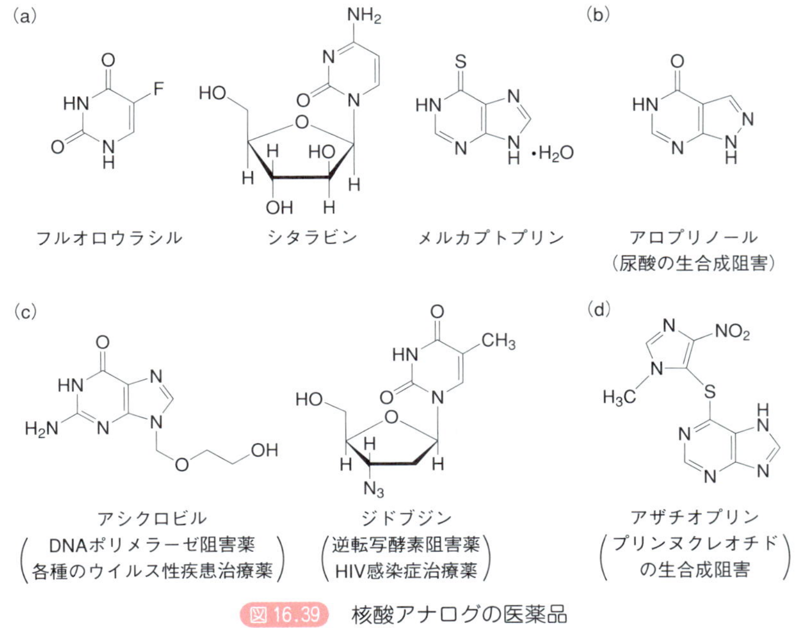

図 16.39　核酸アナログの医薬品
(a) 抗悪性腫瘍薬，(b) 痛風治療薬，(c) 抗ウイルス薬，(d) 免疫抑制薬．

がん細胞やウイルスの遺伝子情報を担う核酸を標的として，それらの増殖を抑える．そのほかに，痛風治療薬，免疫抑制薬などがある．

16.10 ヘテロ環化合物の合成

医薬品の構造にはヘテロ環が頻繁に見受けられ，いろいろな合成法が開発され用いられている．ここでは基本的な骨格の代表的な合成法を記す．

16.10.1 フラン，ピロール，チオフェンの合成

1,4-ジカルボニル化合物を前駆体とするフラン，ピロール，チオフェンを合成する方法は **Paal-Knorr（パール　クノール）法**(Paal-Knorr synthesis)とよばれる(図16.40)．また，図16.41にフラン合成の反応機構を示す．

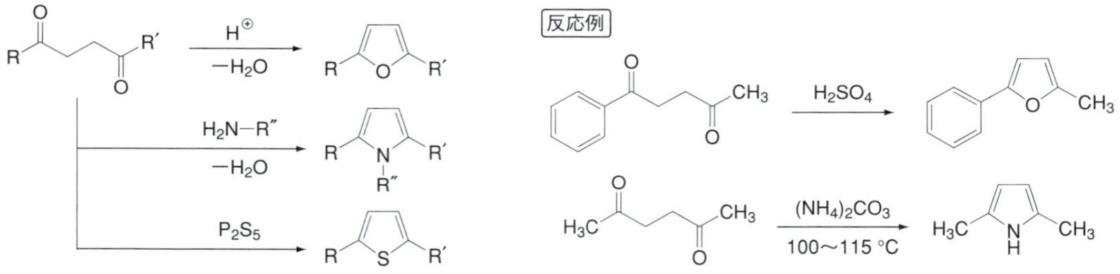

図16.40　Paal-Knorr法とその反応例

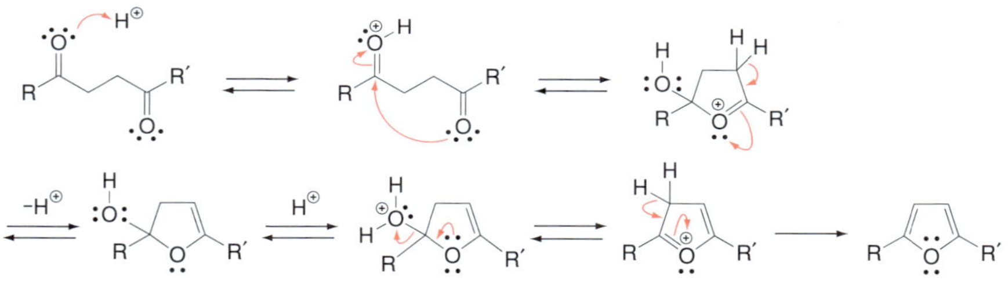

図16.41　フラン合成の反応機構

16.10.2 Fischerのインドール合成法

フェニルヒドラジンとエノール化できるケトンとを酸存在下で加熱してインドールを得る反応を**Fischerのインドール合成法**(Fischer indole synthesis)という．反応機構を図16.42に示す．ヒドラゾンの生成とヒドラゾンのエナミン型への異性化，ついで，Claisen型の転位反応([3,3]シグマトロピー転位反応，17.2.2項参照)によりC−C結合が形成され，その後イミニウムイオンを経由してインドール環が形成される(図16.43)．

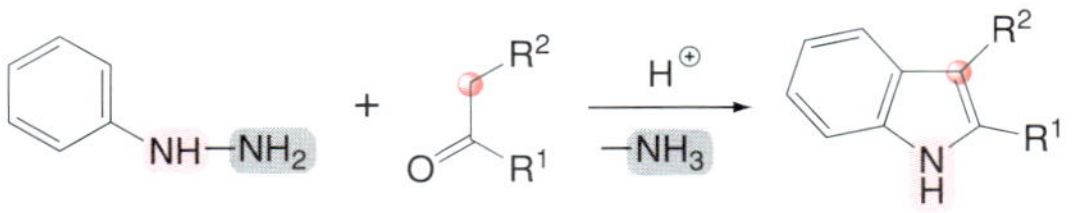

図 16.42　Fischer のインドール合成法

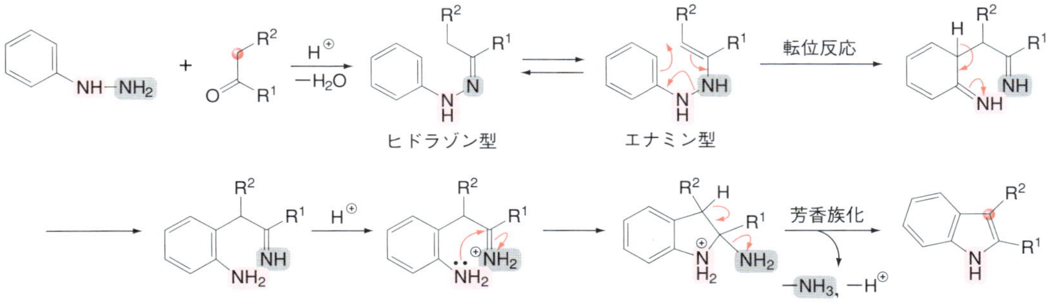

図 16.43　Fischer のインドール合成法の反応機構

Fischer のインドール合成は，いろいろな置換基をもつフェニルヒドラジンおよびケトン類を用いて広く応用されている．たとえば，鎮痛消炎薬のインドメタシンはこの方法により合成される(図 16.44)．

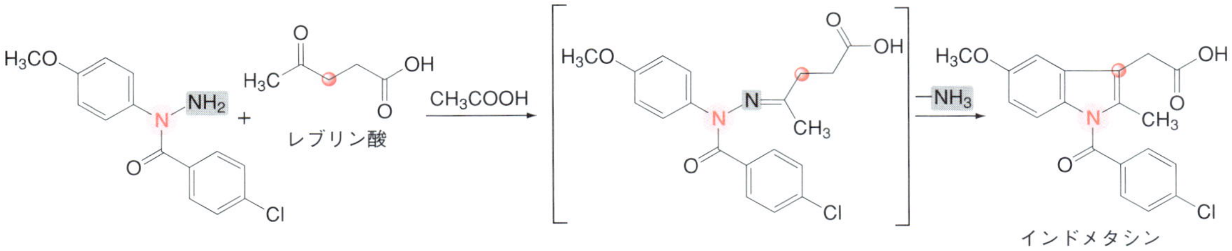

図 16.44　インドメタシンの合成

16.10.3　Hantzsch ピリジン合成法

β-ケトエステル(2 分子)，アルデヒドとアンモニアの 3 成分から 1,4-ジヒドロピリジンが合成される．これを **Hantzsch ピリジン合成法**(Hantzsch pyridine synthesis)という．その後，必要に応じて脱水素(酸化)による芳香環化や，脱炭酸反応などでピリジン誘導体が得られる(図 16.45)．ここで得られる中間体の 1,4-ジヒドロピリジン環はニフェジピンに代表される降圧薬の基本骨格である(ニフェジピン合成については 18.4 節参照)．反応機構を図 16.46 に示す．

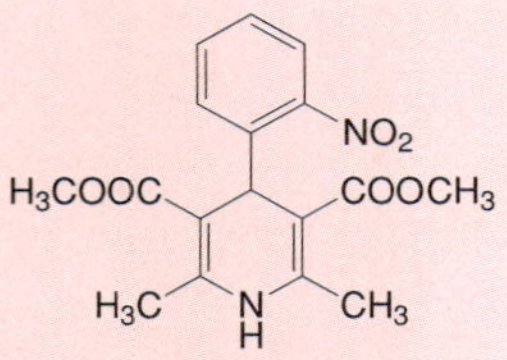

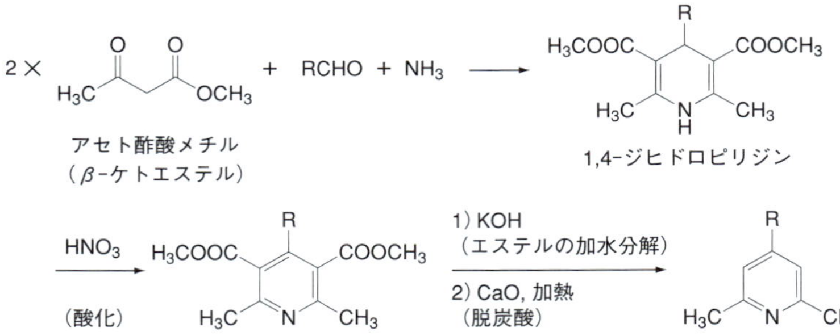

図 16.45 Hantzsch ピリジン合成法

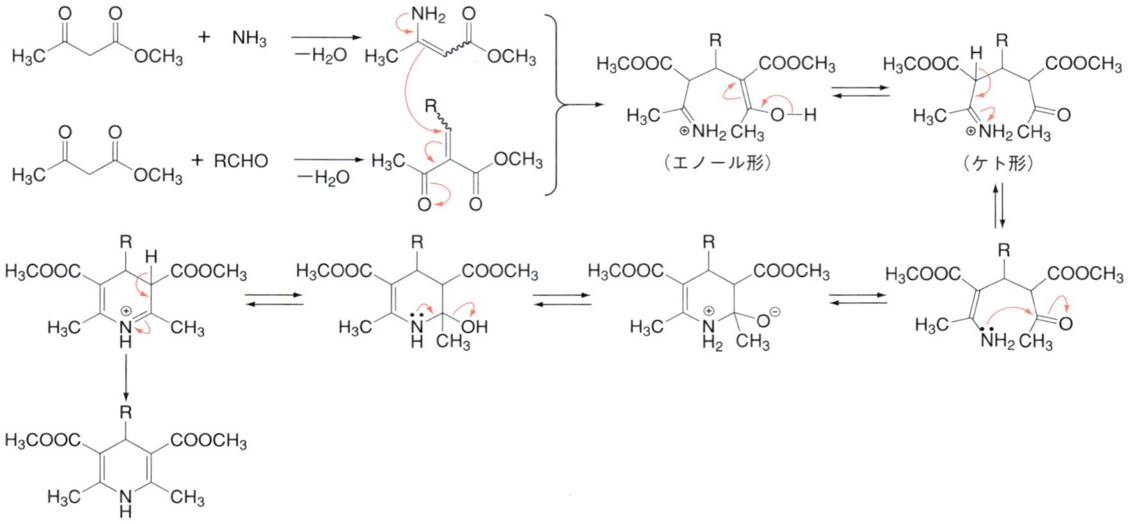

図 16.46 Hantzsch ピリジン合成法の反応機構

Advanced ヘテロ環化合物の合成法

ヘテロ環化合物の合成にはいろいろな方法が用いられているが，キノリン，イソキノリンおよびテトラヒドロイソキノリンの合成法として古くから利用されている方法を記す．

① Skraup（スクラウプ）のキノリン合成法

アニリン誘導体とグリセロールとを濃硫酸と酸化剤存在下で加熱すると，キノリン誘導体が得られる(図 16.47)．

② Bischler-Napieralski（ビシュラー・ナピエラルスキー）反応による 3,4-ジヒドロイソキノリンの合成

N-アシル化した 2-フェニルエチルアミン誘導体を脱水条件で環化させる方法である(図 16.48)．これは芳香族求電子置換反応にあたるので，閉環位置のパラ位に電子供与基をもつベンゼン環の場合，収率は高い．必要に応じて脱水素(酸化)すると，イソキノリンが得られる．

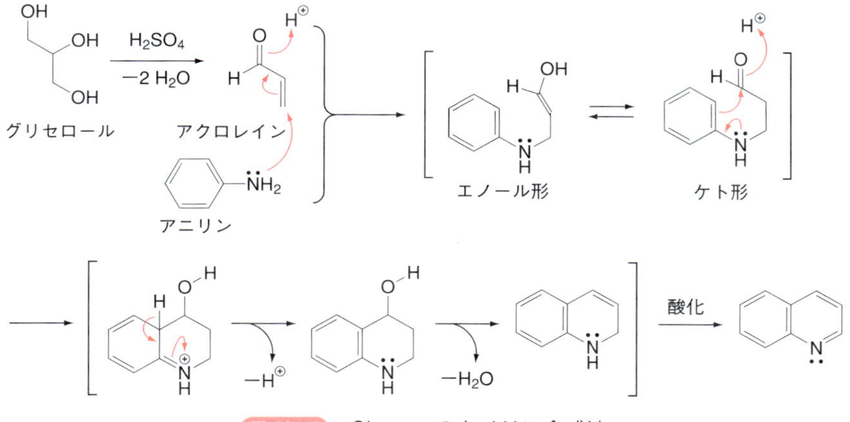
H2SO4
−2 H2O
グリセロール
アクロレイン
アニリン
エノール形
ケト形
酸化
−H⊕
−H2O

図 16.47　Skraup のキノリン合成法

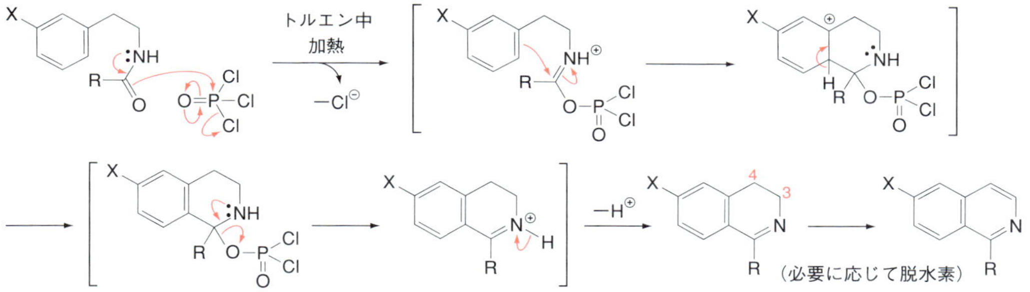
トルエン中
加熱
−Cl⊖
−H⊕
（必要に応じて脱水素）

図 16.48　Bischler-Napieralski 反応による 3,4-ジヒドロイソキノリンの合成
X が電子供与基（例として OCH_3）の場合は，とくに収率が高くなる．

③ Pictet-Spengler（ピクテ シュペングラー）反応によるテトラヒドロイソキノリンの合成

β-フェネチルアミンをアルデヒドと酸触媒の存在下に反応させるとテトラヒドロイソキノリンが得られる（図 16.49）．反応機構は②項で述べた Bischler-Napieralski 反応と類似している．この反応も求電子置換反応であるため，強力な電子供与基がベンゼン環に存在すると緩和な条件で反応が進行する．自然界においては，多くのテトラヒドロイソキノリンアルカロイドの重要な生合成経路でこの反応が起こっている．

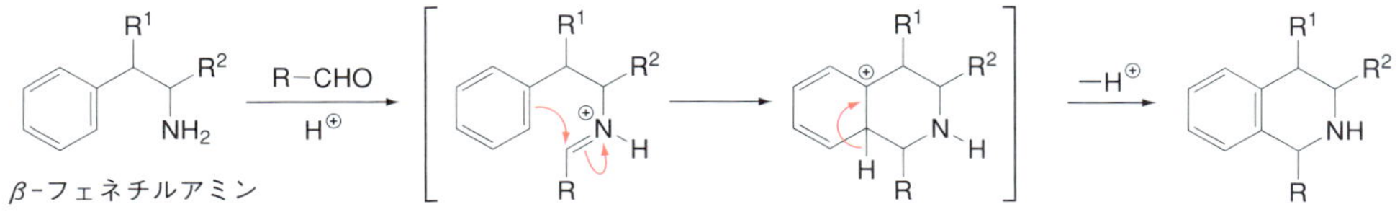
R−CHO
H⊕
β-フェネチルアミン
−H⊕

図 16.49　Pictet-Spengler 反応によるテトラヒドロイソキノリンの合成

章末問題

1． 次の反応の主生成物（ヘテロ環化合物）を書け．

a. 4-クロロフェニルヒドラジン（Cl, $NHNH_2$）＋ プロピオフェノン（CH_3, O） $\xrightarrow[\text{加熱}]{\text{ポリリン酸}}$

b. 2-(2-オキソプロピル)シクロヘキサノン（O, CH_3） $\xrightarrow[\text{加熱}]{P_2O_5}$

c. N-メチルピロール（N, CH_3） $\xrightarrow[POCl_3]{HCON(CH_3)_2}$

d. キノキサリン（N, N） $\xrightarrow[H_2SO_4,\ \text{加熱}]{HNO_3}$

2． 次の反応の機構を考えよ：ピリジンの環内 C＝N 結合を C＝O 結合に見立てて，アルドール縮合のように考えよ．

2-メチルピリジン（N, CH_3）＋ フルフラール（OHC, O） $\xrightarrow{C_2H_5O^{\ominus}}$ 2-[2-(2-フリル)ビニル]ピリジン（N, O）

3． テトラヒドロフランの双極子モーメントに比べてフランの双極子モーメントは小さい．共鳴構造式を用いてこの事実を説明せよ．

テトラヒドロフラン 1.73 D　　フラン 0.70 D

4． ピペリジンの双極子モーメントに比べてピリジンの双極子モーメントは大きい．共鳴構造式を用いてこの事実を説明せよ．

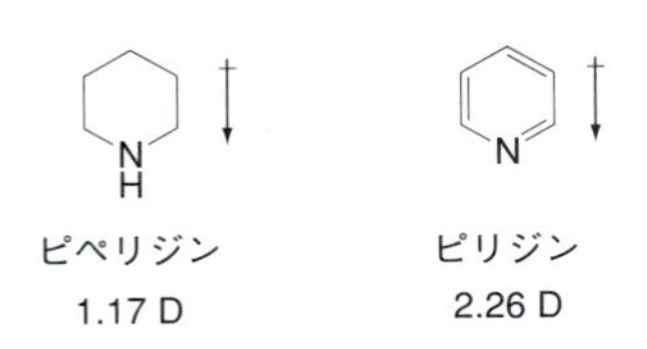

5． フランの共鳴エネルギーは五員環芳香族化合物のなかではそれほど大きくないため，ジエンとしての性質も残っている．次の反応の生成物を予測せよ．

フラン（O）＋ $CH_3C{\equiv}CCOOC_2H_5$ $\xrightarrow{\text{加熱}}$

6． ピリジンの窒素原子はアシル基と反応しやすい．アルコールを無水酢酸でアセチル化するときに，ピリジンのほかに触媒量の 4-ジメチルアミノピリジンを加えると反応が加速する．この理由を考えよ．

R^1R^2CHOH $\xrightarrow[\text{ピリジン},\ 4\text{-}N(CH_3)_2\text{ピリジン}]{(CH_3CO)_2O}$ $R^1R^2CHOCOCH_3$

17 炭素骨格を構築する合成反応と官能基変換

❖ 本章の目標 ❖

- Diels-Alder 反応について学ぶ.
- 転位反応を用いた炭素骨格の構築法について学ぶ.
- 代表的な炭素酸の pK_a と反応性の関係を学ぶ.
- 代表的な炭素-炭素結合形成反応と位置選択性および立体選択性について学ぶ.
- 代表的な官能基変換法について学ぶ.
- 官能基ごとの代表的な保護基とそれらの特徴について学ぶ.

17.1 有機合成化学──標的化合物の合成法

これまでは, 医薬品を含むさまざまな有機化合物にみられるおもな官能基について, その構造的な特徴と反応性を中心に学んできた. 17 章と 18 章では, これまでに学んだ知識を総動員して, 複雑な構造の有機化合物が単純な構造の出発原料から効率よくつくられる方法論, すなわち有機合成化学の基本について学ぶ.

有機化合物とは, 炭素の骨組み(炭素骨格)に水素やヘテロ原子などが結合してできた分子である. 官能基を何ももたない二つの有機分子のあいだで炭素-炭素結合を形成するのは, 手掛かりがないためとても難しい. そこで, ある程度複雑な構造の有機化合物を合成したい場合には, カルボニル基やハロゲン, 不飽和結合など, 炭素-炭素結合をつくりやすくするための〝仕掛け〟(官能基)をもつ〝部品〟を組み合わせながら, 標的化合物の炭素骨格を構築していく. そしてタイミングを見計らって, これらの官能基のうち不必要なものを消し, あるいは別の官能基に変換し, ほかに必要な官能基があれば新たに導入しながら最終的に標的化合物(合成しようとする化合物)にまでたどり着く.

原料や"部品"の選び方，官能基の導入および変換のタイミング次第で，エレガントで効率のよい合成法が完成することもあれば，途中の工程がどうしてもうまくいかず，数か月，あるいは数年の苦労が水の泡になることもある．したがって，標的化合物の合成法を考えるときには，まず，基本となる炭素骨格をどのように構築するか，次いで炭素骨格上に存在するさまざまな官能基をどのようにととのえていくか，の2点が重要なポイントである．

本章では，17.2節で炭素骨格を構築するための有力な手法となる代表的な合成反応について理解を深めたうえで，17.3節で官能基の導入法および変換法について学ぶ．また，実際に炭素骨格の構築や官能基を導入および変換を行う場合，反応点以外の官能基をそのままの状態にしておくとしばしば不都合な反応を引き起こしてしまうことがある．17.4節では官能基を一時的に修飾して，反応しないように保護する方法について概説する．

17.2　炭素骨格を構築する合成反応

SBO Diels-Alder反応について説明できる.
SBO 代表的な炭素-炭素結合生成反応(アルドール反応，マロン酸エステル合成，アセト酢酸エステル合成，Michael付加，Mannich反応，Grignard反応，Wittig反応など)について説明できる.

有機化合物の骨組みは炭素によってつくられている．有機化合物の合成法を修得するうえでの第一歩は，代表的な炭素-炭素結合を形成する反応の特徴を理解することである．本節では，Diels-Alder反応，シグマトロピー転位や骨格転位，マロン酸エステル合成，アルドール反応，Mannich（マンニッヒ）反応やWittig反応といった主要な合成反応について学ぶ．

17.2.1　Diels-Alder反応

6章で学んだように，有機化学反応を反応機構に基づいて分類すると，その多くは**極性反応**か**ラジカル反応**のどちらかに属している(6.1.4項参照)．しかし，このほかにも**ペリ環状反応**とよばれるもう一つの重要な反応様式がある(図17.1)．ペリ環状反応は反応中間体を経由せず，熱や光のエネルギー

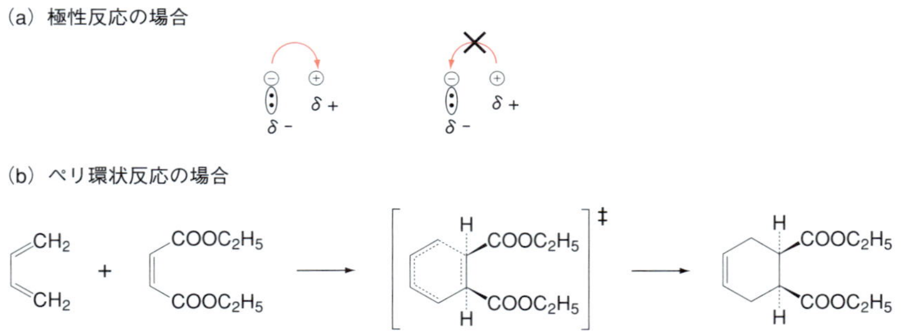

(a) 極性反応の場合

$\delta-$　$\delta+$　$\delta-$　$\delta+$

(b) ペリ環状反応の場合

CH_2 / CH_2 + $COOC_2H_5$ / $COOC_2H_5$ → [H $COOC_2H_5$ / H $COOC_2H_5$]‡ → H $COOC_2H_5$ / H $COOC_2H_5$

図17.1　極性反応(a)とペリ環状反応(b)の反応機構の表記上の相違点
(a)では曲がった矢印を用いて電子の移動を表したが，(b)では三つの結合が一挙に形成されるため，電子の流れる方向が特定できない．したがって反応機構を考える場合，ふつうは曲がった矢印を用いず，移動する電子の軌跡を[　]内のように点線で示すことが多い*1.

*1 結合の開裂や形成の位置をわかりやすく表示するために便宜上曲がった矢印を用いる．しかし，ペリ環状反応では下図のように矢印の方向を全部逆向きに書き換えても不合理でない点が，極性反応の場合と決定的に異なるので注意してほしい.

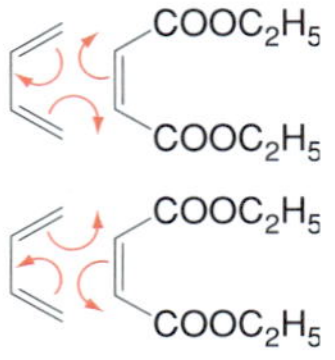

$COOC_2H_5$ / $COOC_2H_5$

$COOC_2H_5$ / $COOC_2H_5$

によって1段階で進行する**協奏反応**であり，環状の遷移状態を経て結合の開裂と形成が同時に〔**協奏的に**(concerted)，p. 193の欄外の注を参照〕進行する．6.3.5項および図6.38で紹介したDiels-Alder反応はその代表例である．

Diels-Alder反応は4π電子系の共役ジエンと2π電子系のアルケン〔ジエンを求めて反応するという意味で**ジエノフィル**(dienophile)*2とよぶ〕が熱によって付加環化してシクロヘキセン誘導体が得られる反応である(図17.2)．通常は共役ジエンはメトキシ基などの電子供与性の置換基をもつ(電子が豊富な)ものほど反応性が高く，ジエノフィルはアクロレインや無水マレイン酸のように電子求引性の置換基をもつ(電子密度の低い)ものほど反応性が高い．

*2 求電子剤(electrophile)，求核剤(nucleophile)と同様に，フィル(phile)は「〜を好む」の意味．6章p. 107参照．

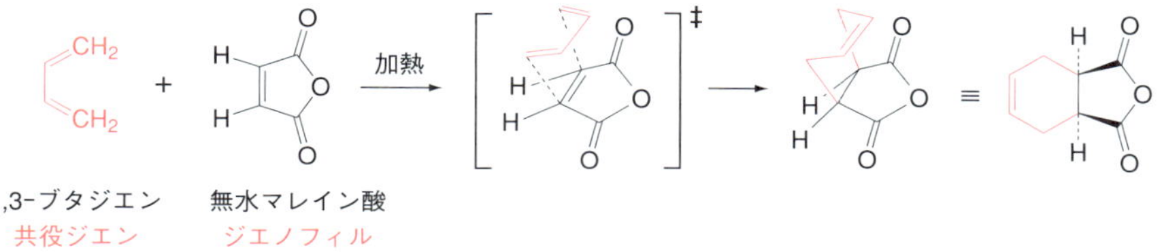

CH_2 / CH_2 + H / H 無水マレイン酸 加熱 → [ ]‡ → ≡

1,3-ブタジエン 共役ジエン　無水マレイン酸 ジエノフィル

図17.2 Diels-Alder反応
Diels-Alder反応は左図の[ ]内に示すようにジエンとジエノフィルが「コ」の字をとるように重なって進行しやすい(詳細は後述のエンド則を参照)．

Diels-Alder反応では六員環遷移状態を経て協奏的に反応が進行する．ジエンとジエノフィルとは**シン付加**する(不飽和結合のつくる平面の同じ側で二つの新たなσ結合が形成される)ので，ジエノフィルの幾何異性が生成物の立体化学に正確に反映される．図17.3に示すように，ブタジエンに対してZ体のマレイン酸ジメチルとE体のフマル酸ジメチルをジエノフィルとして用いた場合，反応生成物としてそれぞれシス体，およびトランス体のシクロヘキセンジカルボン酸エステルが**立体特異的**に得られる．

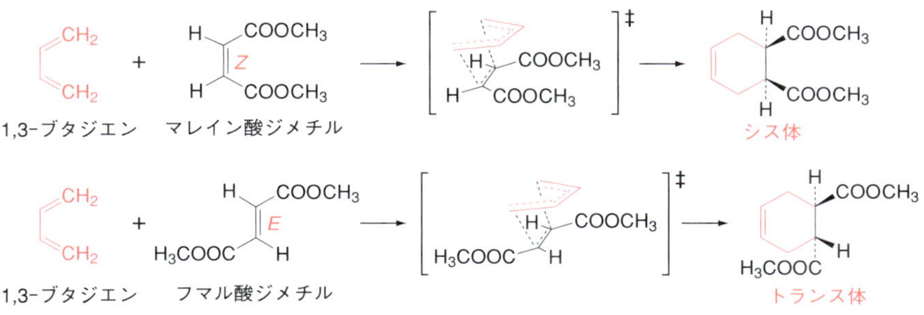

CH_2 / CH_2 + H, $COOCH_3$ / H, $COOCH_3$ (Z) → [H, $COOCH_3$ / H, $COOCH_3$]‡ → H, $COOCH_3$ / H, $COOCH_3$
1,3-ブタジエン　マレイン酸ジメチル　シス体

CH_2 / CH_2 + H, $COOCH_3$ / H_3COOC, H (E) → [H, $COOCH_3$ / H_3COOC, H]‡ → H, $COOCH_3$ / H_3COOC, H
1,3-ブタジエン　フマル酸ジメチル　トランス体

図17.3 ジエノフィルの幾何配置と反応生成物の立体化学

また，ジエン上の置換基の配置もDiels-Alder反応に立体的な影響を及ぼす．たとえば，1,3-ペンタジエンのE体とZ体とでは無水マレイン酸に対

する反応性がまったく異なることが知られている．Diels-Alder 反応は六員環遷移状態を経て進行するので，ジエンの二重結合はほぼ同一平面上に存在し，かつ，そのあいだの単結合に関して同じ側に位置する配座，すなわち **s-*cis* 配座**[*3] をとって，ジエノフィルと反応する必要がある．*E* 体のジエンは容易に *s-cis* 配座をとることができるので反応は円滑に進行するが，*Z* 体のジエンではメチル基と水素との立体反発が大きいために *s-cis* 配座をとりにくく，反応の進行は非常に遅い．

*3 *s* は単結合(single bond)の略で，*s-cis* は単結合に関してシスの立体配座を意味している．

図 17.4 の例において，ジエンとジエノフィルはシン付加するので二つの環に挟まれた二つの水素がシスの配置をとる(同じ側を向く)ことは容易に理解できる．

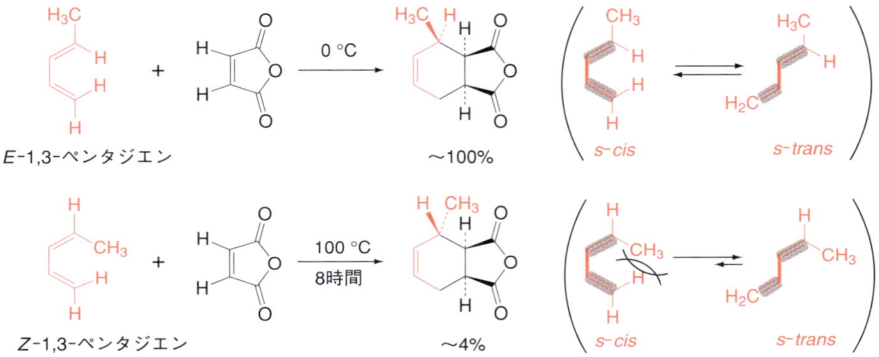

図 17.4 ジエン上の置換基の配置が立体的に及ぼす影響
右側に橙色の太線で示した単結合に関して，灰色のアミで強調した二つの二重結合が同じ側にある配座を *s-cis*，異なる側にある配座を *s-trans* という．
Diels-Alder 反応が進行するためには，共役ジエンは *s-cis* 配座をとらなければならない．

一方，シクロヘキセン環上のメチル基の立体化学はどのような要因によって決まるのだろうか．*E*-1,3-ペンタジエンの反応を例に考えてみると，**エンド**(endo)**形**[*4] と**エキソ**(exo)**形**[*4] の 2 種類の遷移状態が考えられる(図 17.5)．このうち，エンド型の遷移状態のほうがより安定化されるので，**エンド付加体が主生成物として得られる**．この傾向は，**エンド則**(endo rule)とよばれる．

*4 エンド(endo)は内側を，エキソ(exo)は外側を表す接頭辞であり，新たに形成される二つの σ 結合を含む平面に関して，ジエンとジエノフィルが同じ側に内向きに折り畳まれて横から見ると「コ」の字型になっているのがエンド形，外側に折れ曲がっていて横から見ると階段状になっているのがエキソ形の遷移状態である．

図 17.4 の例のように，1 回の反応で 2 か所同時に新たな炭素-炭素結合が形成されるだけでなく，一挙に複数(この例の場合は 3 か所)の不斉炭素の立体配置が決定されることからも，Diels-Alder 反応がたいへん有用な合成反応であることがわかるだろう．また，Diels-Alder 反応は可逆的な反応であり，環化付加体を十分に加熱すれば逆反応によってジエンとジエノフィルに戻すこと(熱分解)も可能である(図 17.6)．このような逆反応をレトロ Diels-Alder 反応という．

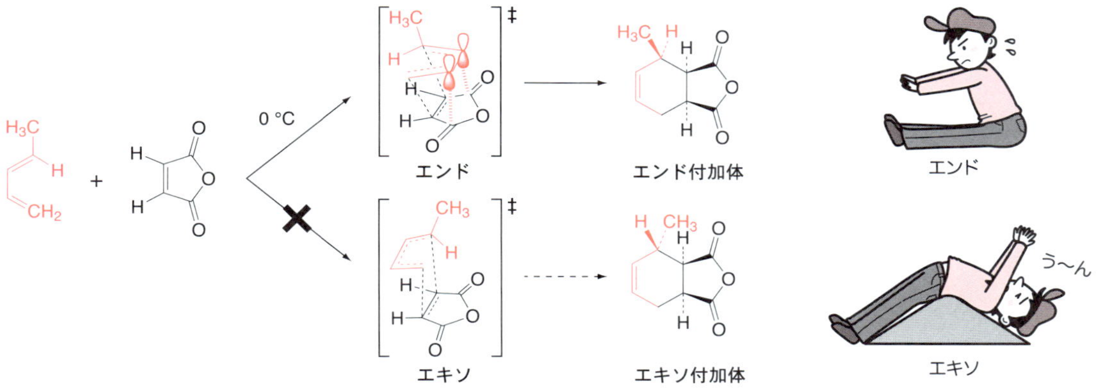

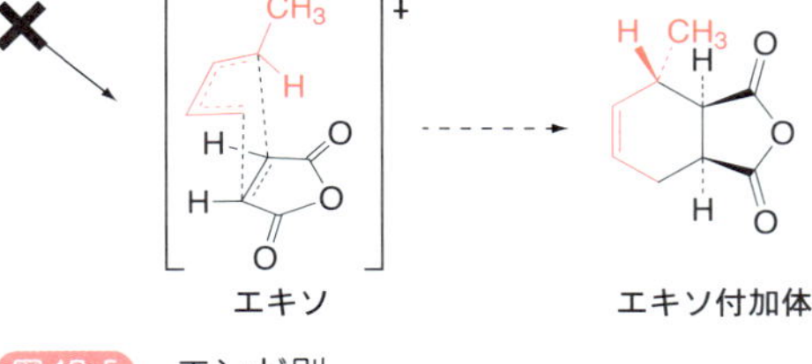

図 17.5 エンド則

無水マレイン酸のカルボニル炭素とペンタジエンの 2 位と 3 位の炭素の p 軌道とのあいだに，橙色の破線で示した電子的な相互作用が働くためにエンド形の遷移状態のほうがより安定化される．

17.2.2 Claisen 転位と Cope 転位

1912 年，L. Claisen(クライゼン) はアリルビニルエーテルを蒸留すると 4-ペンテナールが得られるという奇妙な実験事実に遭遇した(図 17.7)．当時，反応機構がまったくわからなかったこの反応は現在，発見者にちなんで Claisen 転位とよばれ，ペリ環状反応の一種であるシグマトロピー転位というカテゴリー

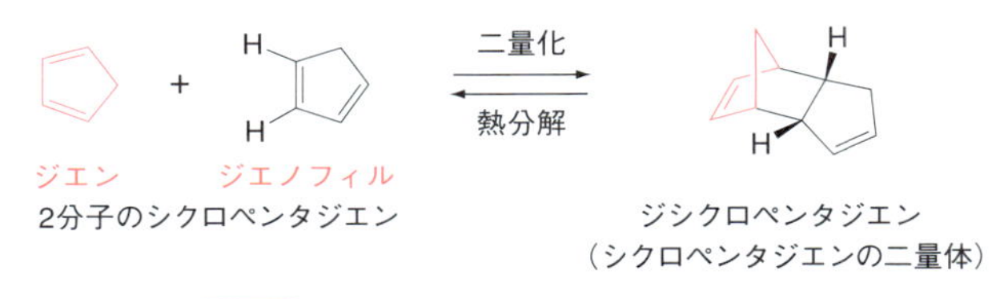

図 17.6 ジシクロペンタジエンの熱分解

シクロペンタジエンは Diels-Alder 反応におけるジエンとして頻繁に用いられるが，室温で放置しておくだけでも 1 分子がジエン，もう 1 分子がジエノフィルとして働き，Diels-Alder 反応によって二量化してしまう*5(右向きの反応)．

に位置づけられている．

シグマトロピー転位反応とは，σ 結合が開裂するのと同時に環状の遷移状態を経て(共役)π 電子系の末端で新たな σ 結合が形成されるタイプの転位反応である．開裂する σ 結合(たとえば，図 17.8 では酸素 1 と炭素 1′ のあいだの結合)の両端から分子骨格を形成する原子を数えていった場合に，それぞれ i 番目と j 番目($i \leq j$)の原子のあいだで新しい σ 結合が形成されるとき，

アリルビニルエーテル —加熱→ 4-ペンテナール

図 17.7 Claisen 転位

SBO 転位反応の特徴を述べることができる．
SBO 転位反応を用いた代表的な炭素骨格の構築法を列挙し，説明できる．
SBO 代表的な立体選択的反応を列挙し，その機構と応用例について説明できる．

*5 シクロペンタジエンのように反応性が高く不安定なジエノフィルを長期間保存するのは困難であり，シクロペンタジエンそのものは市販されていない．しかし，その二量体であるジシクロペンタジエンは安定で市販されている．これを沸点(170 ℃)よりやや低い温度に加熱して蒸留し，再び二量化してしまわないよう低温で捕捉すると容易にシクロペンタジエンが得られる．そこで，シクロペンタジエンは使用する直前にジシクロペンタジエンを熱分解して調製し(図 17.6，左向きの反応)，すみやかに目的の反応に用いる．

COLUMN 見逃された大発見——von Eulerのニアミス

1928年，ドイツの化学者O. Diels（ディールズ）と当時学生だったK. Alder（アルダー）はシクロペンタジエンと*p*-キノンを熱によって付加環化すると図①のような付加体が得られることを発見した．

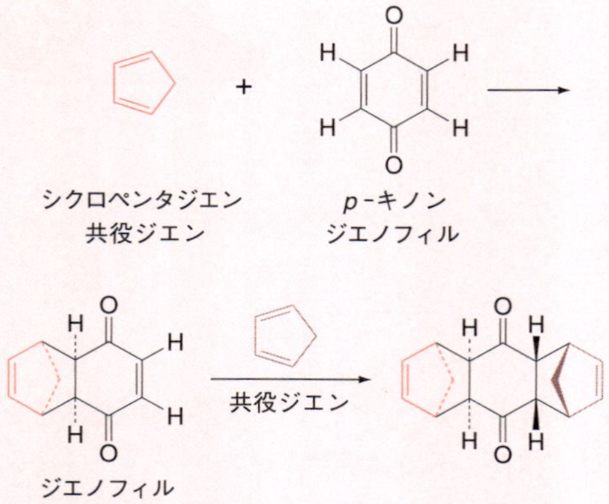

シクロペンタジエン 共役ジエン ＋ *p*-キノン ジエノフィル →

ジエノフィル —共役ジエン→

図① Diels と Alder の報告した反応

この有用な反応の生成物を正しく構造決定し，最初に報告した二人の功績に対して1950年にノーベル化学賞が贈られた．ところが実は，1900年前後から共役ジエンとアルケンとの反応についてはH. Wieland（ビーラント）やH. Staudinger（シュタウディンガー）といった大物を含む多くの化学者が研究，報告していた．なかでも，H. von Euler（フォン オイラー）らはイソプレンが重合してゴムができる過程を研究する途上で，イソプレンと*p*-キノンが2：1の比率で付加体を生成することをすでに1920年には発見していた．彼らはこの生成物がテトラブロモ体やジオキシム体を形成することから，その構造を推測して1920年の論文で図②のように報告している．

よく見れば，この反応はDiels-Alder反応にほかならないことがわかるだろう．幸か不幸か，この研究は付加体の構造を推測しただけにとどまり，確実に構造決定するには至らないままに捨て置かれた．その理由は，当時すでに酵素化学の分野で世界的に有名になっていたvon Eulerにとって，この研究は決して主要なテーマではなく，いわば片手間で行われたものだったからだと思われる．

今日，われわれの目から見れば，彼は惜しいところで栄冠をつかみ損ねたかのように見える．さらにもう一歩踏み込んで，生成物の構造を確実に決定していたならば，現在Diels-Alder反応とよばれているこの反応は〝von Euler反応〟の名で知られるようになっていたかもしれない．もっとも，彼は本業として追求した糖類の発酵に関する業績で，1929年にノーベル化学賞を受賞している．

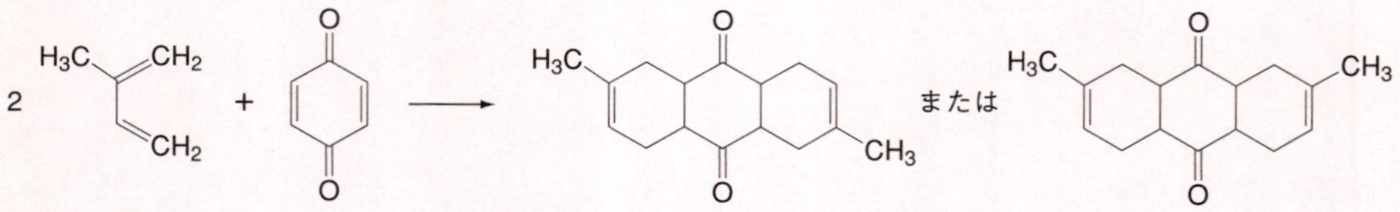

2 H_3C CH_2 CH_2 ＋ → H_3C CH_3 または H_3C CH_3

図② von Euler の推測した反応

その反応は$[i,j]$シグマトロピー転位とよばれる．Claisen転位では図17.8に示すように，それぞれ3番目の炭素どうしのあいだで新しいσ結合が生成するので，[3,3]シグマトロピー転位とよばれる．

また，アリルビニルエーテルの代わりにフェノールのアリルエーテルを加熱した場合も同様に[3,3]シグマトロピー転位が進行し，ケト-エノール互変異性によって*o*-アリルフェノールが得られる（図17.9）．

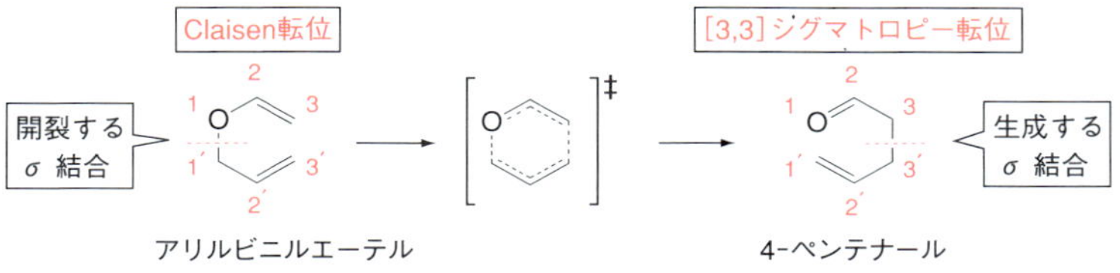

図 17.8 [3,3]シグマトロピー転位の定義

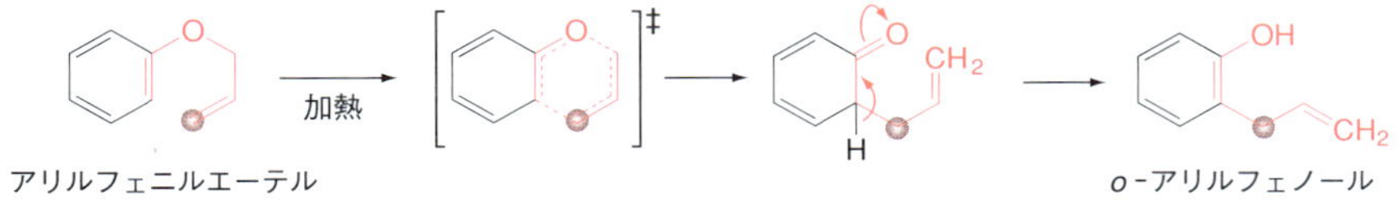

図 17.9 アリルフェニルエーテルの Claisen 転位

フェノールのオルト位に置換基が存在する場合には，パラ位がアリル化された生成物が得られる．これは，Claisen 転位に引き続いて Cope（コープ）転位とよばれる[3,3]シグマトロピー転位反応が進行することによる(図 17.10)．Cope 転位とは 1,5-ヘキサジエンを 150〜200 ℃に加熱したときに起こる[3,3]シグマトロピー転位で，Claisen 転位のエーテル酸素が炭素に置き換わったと考えればよい(図 17.11)．

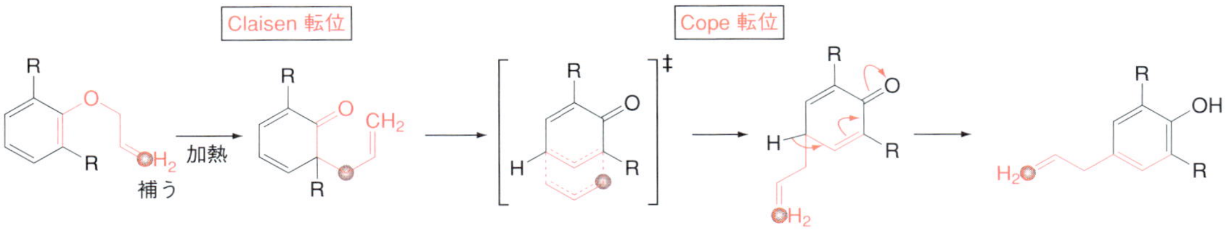

図 17.10 フェノールのオルト位に置換基が存在する場合

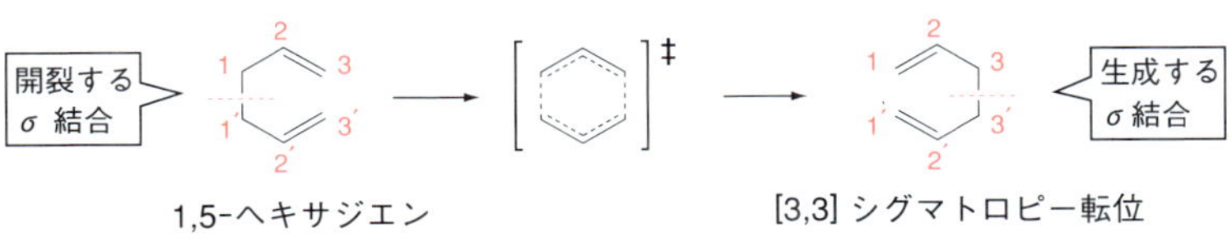

図 17.11 [3,3]シグマトロピー転位の一種である Cope 転位

A. C. Cope によって 1940 年に報告されたこの転位反応は平衡反応であり，通常は熱力学的により安定な 1,5-ヘキサジエンに収束する．この反応でもいす型の六員環遷移状態を優先的に経由するので，図 17.12 に示す 3,4-ジメチル-1,5-ヘキサジエンの Cope 転位では，ラセミ体の基質からは(E,E)配置の転位生成物が，メソ体の基質からは(E,Z)配置の転位生成物が，それぞれ高い選択性で得られる．

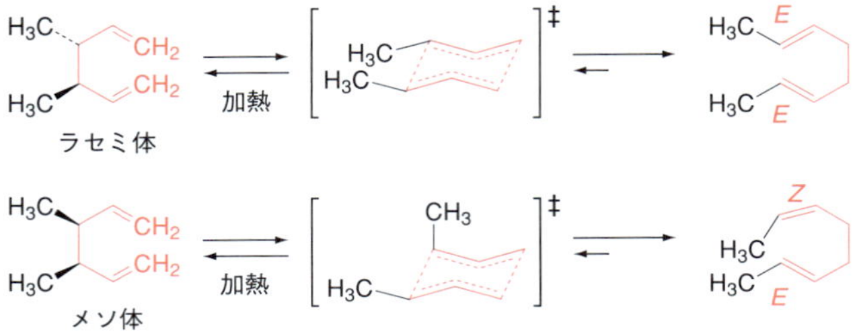

H_3C　CH_2　H_3C　CH_2　加熱　H_3C　H_3C　‡　H_3C　E　H_3C　E

ラセミ体

H_3C　CH_2　H_3C　CH_2　加熱　CH_3　H_3C　‡　Z　H_3C　H_3C　E

メソ体

図 17.12　3,4-ジメチル-1,5-ヘキサジエンの Cope 転位

Advanced　Claisen 転位の改良法

標的化合物を合成するための手段として Claisen 転位を利用する場合には，ビニルエーテル部分をどうやって構築するかが重要なポイントになる．古典的には，水銀塩触媒下でアリル型アルコールをエチルビニルエーテルとともに加熱する方法が用いられてきた（図 17.13）．

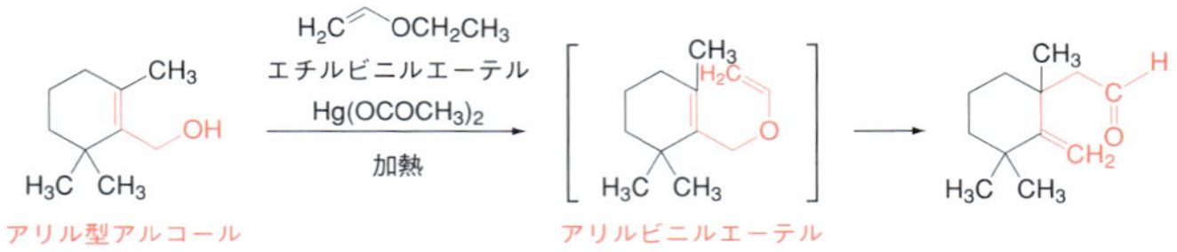

CH_3　OH　H_3C　CH_3　アリル型アルコール　H_2C=OCH_2CH_3　エチルビニルエーテル　$Hg(OCOCH_3)_2$　加熱　CH_3　H_2C　O　H_3C　CH_3　アリルビニルエーテル　CH_3　H　O　CH_2　H_3C　CH_3

図 17.13　アリル型アルコールからアリルビニルエーテルへの変換と Claisen 転位

しかし，この方法には有害な水銀塩を使用するだけでなく，大過剰のエチルビニルエーテルが必要であるといった欠点がある．この点をふまえて，W. S. Johnson（ジョンソン）は 1970 年に，酸触媒（通常はプロピオン酸）存在下でアリル型アルコールをオルト酢酸エチルとともに加熱する Claisen 転位の改良法を開発した（図 17.14）．Johnson-Claisen 転位とよばれるこの反応では，オルト

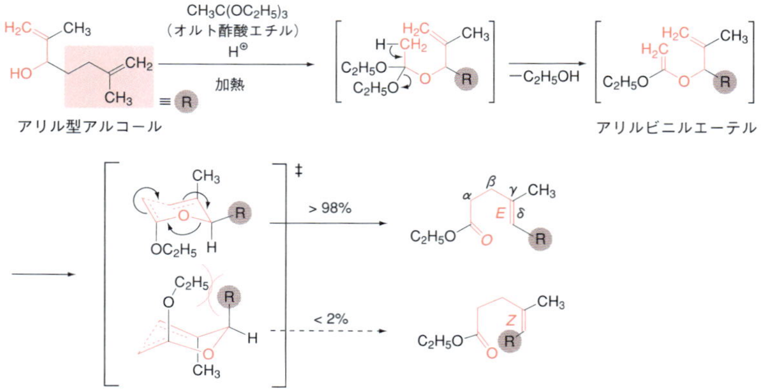

H_2C　CH_3　HO　CH_2　CH_3　≡ R　アリル型アルコール　$CH_3C(OC_2H_5)_3$（オルト酢酸エチル）　$H^{\oplus}$　加熱　H　H_2C　CH_2　CH_3　C_2H_5O　C_2H_5O　O　R　$-C_2H_5OH$　H_2C　H_2C　CH_3　C_2H_5O　O　R　アリルビニルエーテル

‡　CH_3　O　R　OC_2H_5　H　> 98%　α　β　γ　CH_3　E　δ　C_2H_5O　O　R

C_2H_5　O　R　H　O　CH_3　< 2%　CH_3　Z　C_2H_5O　O　R

図 17.14　Johnson-Claisen 転位
遷移状態の上下の二つの図のうち，下図は立体障害などのためにとりにくいので，上図の形を経て E 体が選択的に生成する．

エステルの交換反応[*6]と引き続くエタノールの脱離によってアリルビニルエーテル(ケテンアセタール[*7])が生成し，この反応中間体から[3,3]シグマトロピー転位によって γ,δ-不飽和エステルが得られる．

*6 $RC(OR')_3$ のように sp^3 炭素に三つのアルコキシ基(同種でも異種でもよい)と一つのアルキル基(または水素)が結合した化合物を総称してオルトエステル(orthoester)とよぶ．

*7 ケテンアセタールとはケテン($H_2C{=}C{=}O$)のアセタール誘導体[$H_2C{=}C(OR)_2$]である．

COLUMN 生体内でのペリ環状反応——ビタミン D_3 の生合成

緯度が高く日照時間の少ない北ヨーロッパの国の人びとは，短い夏のあいだに暇を見つけては盛んに日光浴をする．その理由の一つとして，ビタミン D_3 の欠乏に伴うカルシウムの吸収が低下するのを防ぐことがあげられる．ほかの多くのビタミンとは異なり，ビタミン D_3 はそれ自体が食品中に含まれているわけではなく，われわれ人類は食品中から前駆体である7-デヒドロコレステロールなどを摂取している．そして日光に当たることにより，皮膚の下でこうした前駆体から電子環状反応と[1,7]シグマトロピー転位を利用してビタミン D_3 を生合成している．このときに利用される反応を図①に示す．これら一連の反応はいずれもペリ環状反応である．

こうしてつくられたコレカルシフェロールは，肝臓や腎臓でさらに酸化的に代謝を受けてカルシトリオール(1α,25-ジヒドロキシビタミン D_3，いわゆる活性型ビタミン D_3)となり，生体内でのカルシウム代謝などの重要な役割の担い手として活躍することになる．

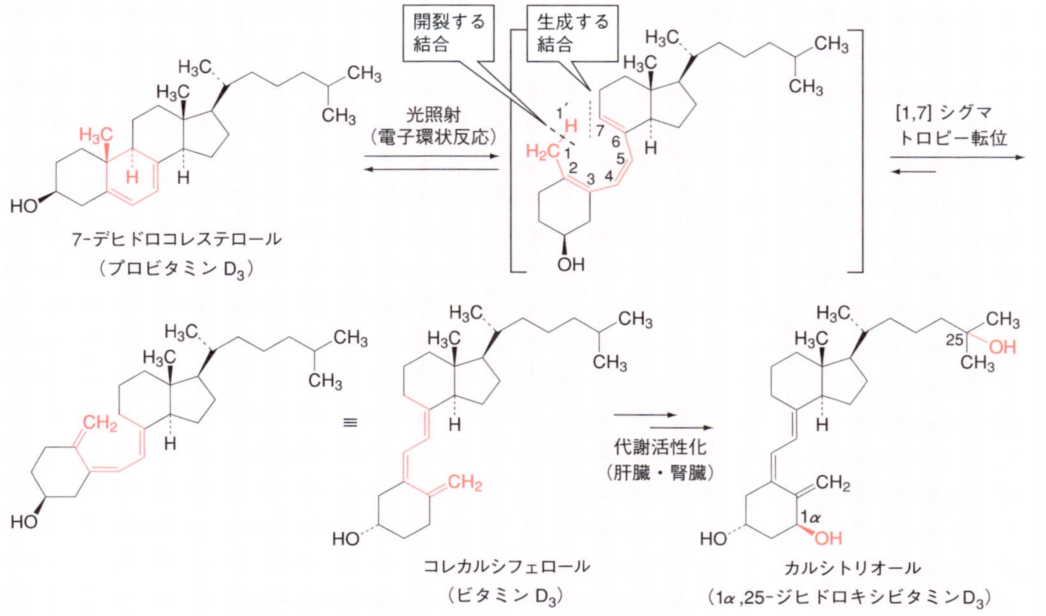

開裂する結合　生成する結合

7-デヒドロコレステロール(プロビタミン D_3)　光照射(電子環状反応)　[1,7]シグマトロピー転位

コレカルシフェロール(ビタミン D_3)　代謝活性化(肝臓・腎臓)　カルシトリオール(1α,25-ジヒドロキシビタミン D_3)

図① ビタミン D_3 の生合性

17.2.3　ピナコール-ピナコロン転位と Wagner-Meerwein 転位

SBO 転位反応の特徴を述べることができる.

酸触媒存在下でカルボカチオン中間体が生成し，これに対して隣接位の炭素に結合する原子団が転位していく骨格転位反応の代表的な例としては，ピナコール-ピナコロン転位や Wagner-Meerwein（ワグナー-ミアバイン）転位がある*8.

*8　6.3.4 項で述べたネオペンチル転位も骨格転位反応である.

ピナコール-ピナコロン転位は，1,2-ジオールの一方のヒドロキシ基が酸触媒存在下で脱水してカルボカチオンを生じ，これに隣接する（すなわち，ヒドロキシ基の結合している）炭素上の置換基が転位する反応である（図 17.15）．転位後に新たに生じたカルボカチオンからはプロトンの放出を伴ってケトンが得られる.

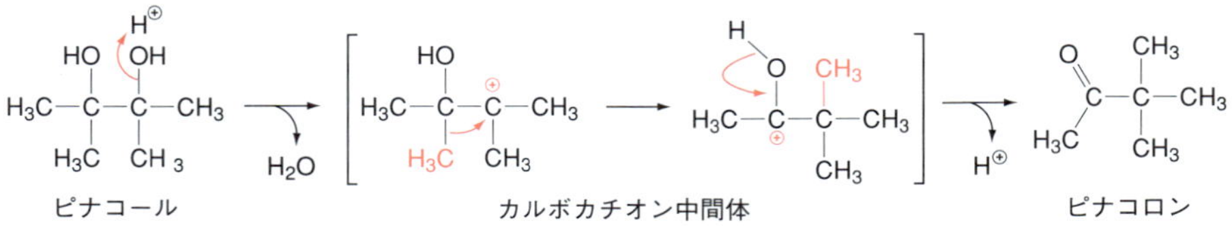

ピナコール　　カルボカチオン中間体　　ピナコロン

図 17.15　ピナコール - ピナコロン転位

また，Wagner-Meerwein 転位はより一般的な転位反応の総称であり，カルボカチオンに隣接する炭素からアリール基やアルキル基，場合によっては水素がカルボカチオンに転位してさらに安定なカルボカチオンを生成し，最終的には求核反応剤の付加か脱プロトン化によって反応生成物が得られる（図 17.16）.

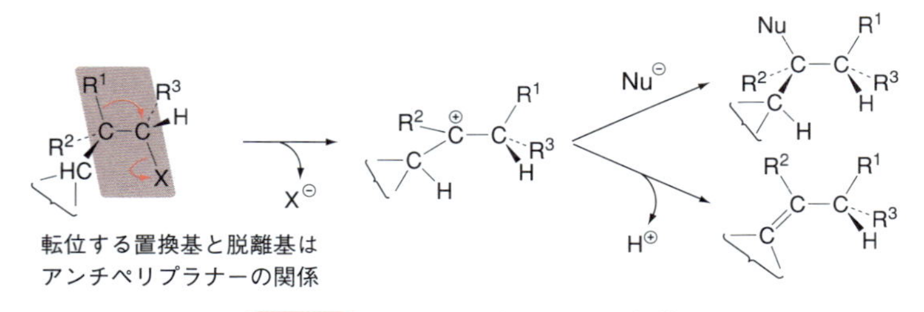

図 17.16　Wagner-Meerwein 転位

*9 置換基の転位のしやすさは通常，アリール基＞アルケニル基≫アルキル基，アルキニル基，水素の順で，また，電子供与性の置換基をもつものほど転位しやすい.

これらの転位反応では，脱離基に対してアンチペリプラナー（9.5.1 項参照）の位置関係にある置換基が転位する．転位反応が鎖状の化合物で起こる場合には，転位反応にかかわる二つの炭素を結ぶ単結合に関して自由回転が可能である．したがって，最も転位しやすい置換基が脱離基に対してアンチペリプラナーの位置にくるような立体配座で転位反応が進行する*9.

SBO アルコール，フェノール，カルボン酸，炭素酸などの酸性度を比較して説明できる.

SBO 代表的な炭素-炭素結合生成反応（アルドール反応，マロン酸エステル合成，アセト酢酸エステル合成，Michael 付加，Mannich 反応，Grignard 反応，Wittig 反応など）について説明できる.

17.2.4　炭素酸の pK_a とマロン酸エステル合成およびアセト酢酸エステル合成

5 章で学んだとおり，カルボン酸やフェノールなど，ヘテロ原子と結合する水素をプロトンとして放出するような有機化合物が酸性を示すのは理解しやすい．本項では炭素原子に直接結合している水素についても同じように酸性度を考えてみよう．

すでに，12.3.2 項でカルボニル基に隣接する炭素（α 炭素）に結合する α 水素が酸性を示すことを学んだ．このように炭素-水素結合の解離によってプロトンを放出しうる化合物を総称して**炭素酸**（carbon acid）という．表 17.1 に代表的な炭素酸とその pK_a 値を示す．比較のために，おもな酸と塩基，およびその pK_a 値も橙色の字で示しておく．

表 17.1 を見ればわかるように，炭素酸の多くは共鳴効果によって共役塩基の陰イオンを安定化できるような構造をとっている[*10]．また，シクロペンタジエン（pK_a は 15）のように，共役塩基が芳香族性をもつことによって非常に安定化されるもの（8.2 節を参照）やアセチレン（pK_a は 25）などは，アルカン（pK_a は 45 以上）に比べて格段に高い酸性度を示す点にも注意が必要である．

＊10 カルボアニオンをより安定化させる置換基はおおむね，ニトロ基＞カルボニル基＞アルコキシカルボニル基≒シアノ基＞フェニル基の順である．

さて，表 17.1 の破線の枠で囲まれた部分に注目してもらいたい．マロン

表 17.1　代表的な炭素酸とその pK_a 値〔上段の化合物（pK_a 値が小さい）ほど酸性度が高い〕

炭素酸	共役塩基	pK_a	炭素酸	共役塩基	pK_a
$(O_2N)_2CH_2$	$(O_2N)_2CH^{\ominus}$	3.6	H_2O	$HO^{\ominus}$	15.7
			C_2H_5OH	$C_2H_5O^{\ominus}$	16
$O_2N{-}CH_2{-}COOCH_3$	$O_2N{-}CH^{\ominus}{-}COOCH_3$	5.8	$(CH_3)_3COH$	$(CH_3)_3CO^{\ominus}$	19
$H_3C{-}CO{-}CH_2{-}CO{-}CH_3$	$H_3C{-}CO{-}CH^{\ominus}{-}CO{-}CH_3$	9	$H_3C{-}CO{-}CH_3$	$H_3C{-}CO{-}CH_2^{\ominus}$	20
$H_3C{-}NO_2$	$H_2C^{\ominus}{-}NO_2$	10	$H_3C{-}CO{-}OC_2H_5$	$H_2C^{\ominus}{-}CO{-}OC_2H_5$	25
$(C_2H_5)_3NH^{\oplus}$	$(C_2H_5)_3N$	10.7	$H_3C{-}C{\equiv}N$	$H_2C^{\ominus}{-}C{\equiv}N$	25
$H_3C{-}CO{-}CH_2{-}CO{-}OC_2H_5$	$H_3C{-}CO{-}CH^{\ominus}{-}CO{-}OC_2H_5$	11	$H{-}C{\equiv}C{-}H$	$H{-}C{\equiv}C^{\ominus}$	25
			$H_3C{-}S(\rightarrow O){-}CH_3$	$H_3C{-}S(\rightarrow O){-}CH_2^{\ominus}$	35
$C_2H_5O{-}CO{-}CH_2{-}CO{-}OC_2H_5$	$C_2H_5O{-}CO{-}CH^{\ominus}{-}CO{-}OC_2H_5$	13	$(C_2H_5)_2NH$	$(C_2H_5)_2N^{\ominus}$	36
シクロペンタジエン（C_5H_6）	シクロペンタジエニドイオン（$C_5H_5^{\ominus}$）	15	n-C_4H_{10}	n-$C_4H_9^{\ominus}$	＞45

酸エステルやアセト酢酸エステルのように，メチレン($-CH_2-$)に対してカルボニル基やアルコキシカルボニル基などの電子求引基，すなわちα-アニオンを安定化する置換基が二つ結合している場合には，メチレンプロトンの pK_a は10〜13程度とかなり高い酸性度を示す[*11].

＊11 無置換の酢酸エステルの場合，α水素の pK_a は24〜25.

このような化合物を**活性メチレン化合物**(active methylene compounds)という．活性メチレン化合物は，金属アルコキシドなどの比較的弱い塩基[*12]によっても容易に脱プロトン化され，エノラートイオンを生じる．マロン酸エステルのエノラートをアルキル化し，エステルを加水分解してジカルボン酸としたのちに酸性条件下で加熱して脱炭酸させ，最終的にα位がアルキル化されたカルボン酸を得る方法は**マロン酸エステル合成**(malonic ester synthesis)として古くから知られている(図17.17).

＊12 ナトリウムエトキシドの場合，共役酸であるエタノールの pK_a は16なので，比較的弱い塩基である．

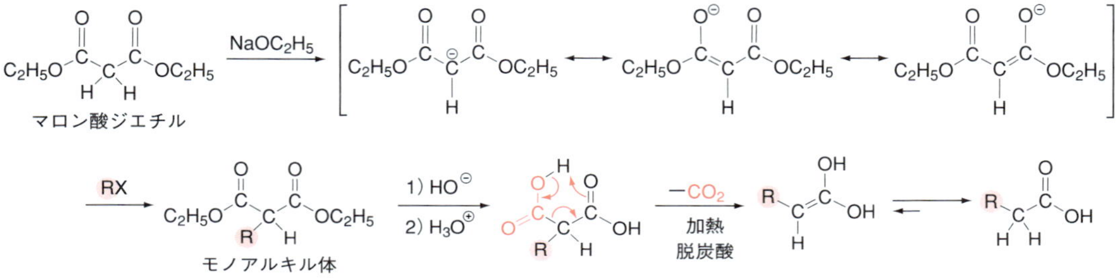

図17.17 マロン酸エステル合成

同様に，アセト酢酸エステルのエノラートも容易にアルキル化することができる．このアルキル体もエステルの加水分解から脱炭酸を経て，最終的にはα位にアルキル基が導入されたメチルケトンに変換できる．この合成戦略を**アセト酢酸エステル合成**(acetoacetic ester synthesis)という(図17.18).

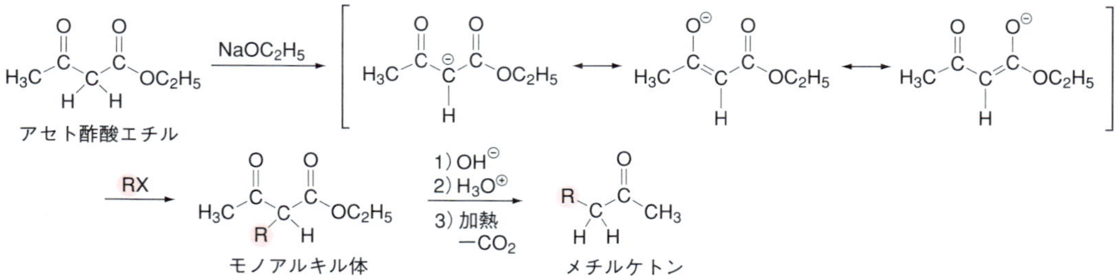

図17.18 アセト酢酸エステル合成

なお，マロン酸やアセト酢酸のモノアルキル体は，いずれもα水素をもつことから，もう一度アルキル化することも可能である(図17.19).

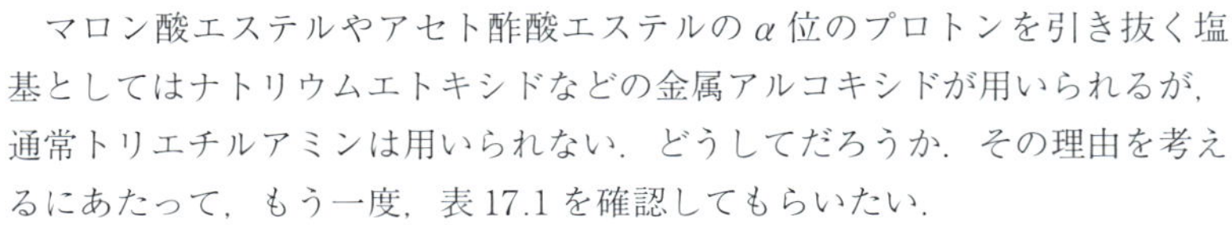

図 17.19 ジアルキル体の合成

Advanced 炭素酸の pK_a 値と脱プロトン化に用いる塩基の選択

マロン酸エステルやアセト酢酸エステルの α 位のプロトンを引き抜く塩基としてはナトリウムエトキシドなどの金属アルコキシドが用いられるが，通常トリエチルアミンは用いられない．どうしてだろうか．その理由を考えるにあたって，もう一度，表 17.1 を確認してもらいたい．

マロン酸ジエチルの pK_a は 13，ナトリウムエトキシドの共役酸であるエタノールの pK_a は 16 である．そもそも pK_a 値は酸解離定数 K_a の常用対数に負の符号をつけたものだから，マロン酸ジエチルの pK_a がエタノールより 3 だけ小さいということはモル濃度が 10^3 倍違うということである(図 17.20)．具体的にいえば，マロン酸ジエチルとナトリウムエトキシドを同じモル数ずつ加えた反応系が平衡状態に達したときには，脱プロトン化されたアニオンがマロン酸ジエチルの 1000 倍の濃度で存在している，ということを意味する．つまり，ナトリウムエトキシドを塩基として用いた場合は，マロン酸ジエチルからほぼ完全にプロトンが引き抜かれる．

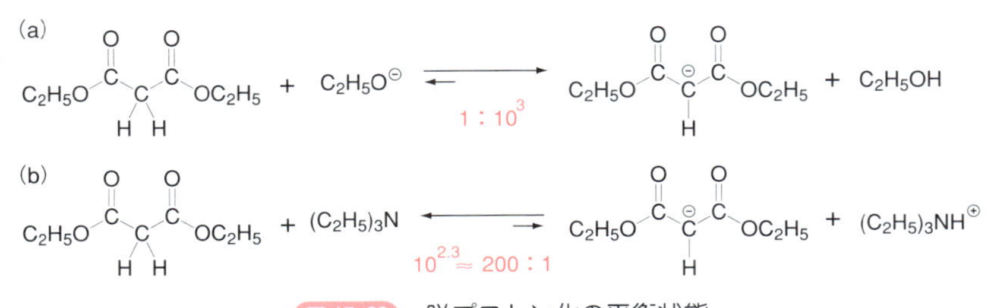

図 17.20 脱プロトン化の平衡状態

一方，トリエチルアミンの共役酸であるトリエチルアンモニウムイオンの pK_a は 10.7 であり，マロン酸ジエチルの値よりも 2.3 だけ小さい．したがって，マロン酸ジエチルとトリエチルアミンを同じモル数ずつ加えた反応系が平衡状態に達したときには，マロン酸ジエチルから生じたアニオンに比べてマロン酸ジエチルのほうがモル数にして $10^{2.3}$ 倍，すなわち約 200 倍も多く存在している．つまり，トリエチルアミンの塩基性はマロン酸ジエチルからプロトンを引き抜くには弱すぎることがわかる．

このように，共役酸の pK_a が引き抜こうとするプロトンの pK_a よりも

2～3以上大きな塩基を選べば，ほとんど完全に脱プロトン化することが可能なので，一応の目安になる．

17.2.5　アルドール反応

SBO 代表的な炭素-炭素結合生成反応(アルドール反応，マロン酸エステル合成，アセト酢酸エステル合成，Michael 付加，Mannich 反応，Grignard 反応，Wittig 反応など)について説明できる．

アルドール反応の概略は12.5.6項で学んだが，本項では炭素骨格を構築する合成反応としての側面からもう一度この反応について考えてみよう．一般に，アルドール反応では反応に関与する二つのカルボニル化合物のうちの一方が求核剤，他方が求電子剤として働くことにより，アルドール付加体が生成する(図17.21)．

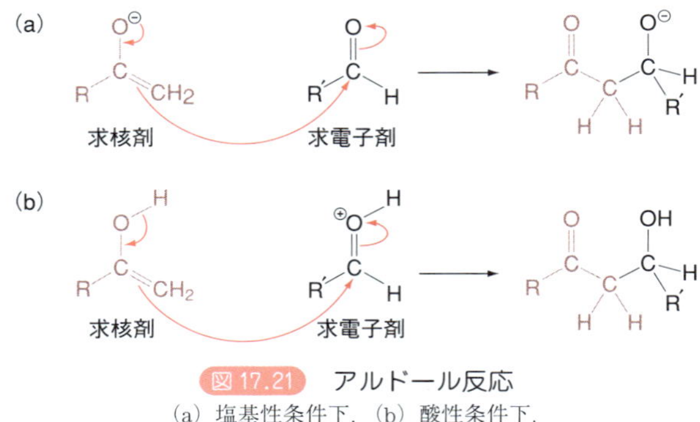

図17.21　アルドール反応
(a) 塩基性条件下，(b) 酸性条件下．

さて，アルドール反応を標的化合物の合成の一工程として用いる際には，2種類の異なるカルボニル化合物(仮に化合物**A**，**B**とする)のあいだでアルドール反応を行う場合がある．これを**交差アルドール**反応(crossed aldol reaction)という．このとき，**A**－**A**，**A**－**B**，**B**－**A**，**B**－**B**(ここでは求核剤を前に，求電子剤を後ろに書いて表記した)の4種類の生成物が得られる可能性がある．しかし実際には，特定の生成物(たとえば**A**－**B**)のみを得るような反応が必要とされることが多い．この場合，うまく反応条件を設定しないと，同種のカルボニル化合物どうしで反応した化合物(**A**－**A**，**B**－**B**)や2種類のカルボニル化合物が〝逆向き〟に反応した化合物(**B**－**A**)も生成してしまう可能性がある．どうすれば，目的とする化合物**A**－**B**のみを得ることができるだろうか．

一つの解決法として，求核剤として働くべきカルボニル化合物**A**をあらかじめ確実にエノラートイオンに変換しておき，これに対して求電子剤となるカルボニル化合物**B**を加えてすみやかに反応させる，という方法がある．ここで，14.3.2項で学んだ金属アミドであるLDA(p. 294参照)のことを思いだしてほしい[*13]．ケトンやエステルなどのカルボニル化合物に対してLDAを作用させると，ほぼ完全にリチウムエノラートに変換することができる(図17.22)．これにアルデヒドを加えれば，すみやかにアルドール反応

*13 共役酸であるジイソプロピルアミンの $\mathrm{p}K_\mathrm{a}$ は36程度(表17.1のジエチルアミンとほぼ同等)と考えられるので，LDAは非常に強い塩基である．アルキル部分がかさ高いことからTHF(テトラヒドロフラン)などの非プロトン性有機溶媒への溶解性も高く，なおかつ立体障害が大きいために，LDA自体は求核剤としては働きにくい．

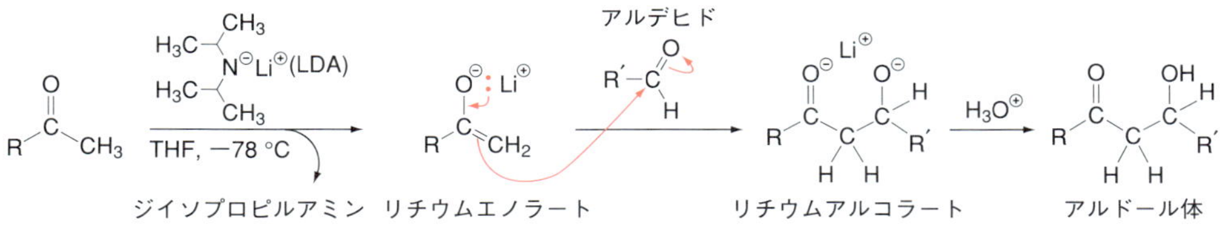

図 17.22 LDA を用いる交差アルドール反応

が進行する．生成するリチウムアルコラートに弱酸を加えて反応を停止すると，目的とするアルドール体が得られる．

SBO 代表的な炭素-炭素結合生成反応(アルドール反応，マロン酸エステル合成，アセト酢酸エステル合成，Michael 付加，Mannich 反応，Grignard 反応，Wittig 反応など)について説明できる．

17.2.6 Mannich 反応

カルボニル化合物の炭素-酸素二重結合に比べると，イミン〔Schiff 塩基，12.4.1 項の(b)および 14.4.4 項参照)の炭素-窒素二重結合は分極の程度が小さく，相対的に求核剤に対する反応性は低い．これに対して，イミニウムイオンでは窒素上に正電荷をもつために反応性が高くなり，求核付加反応が容易に進行する．ただし，イミニウム塩*14 の多くはあまり安定でないため，反応系中で発生させた後に単離せずそのまま求核剤と反応させることも多い．本項で取りあげる Mannich 反応もイミニウムイオンに対する求核的付加反応の一つに位置づけられる．

Mannich 反応とは，ホルムアルデヒドなどのエノール化しない(または，しにくい)カルボニル化合物と第一級または第二級アミンから生じたイミニウムイオンに対して，別のカルボニル化合物のエノール体が求核的に付加して Mannich 塩基を形成する反応である(図 17.23，図 17.24)．

*14 イミニウムイオンは対になるアニオンとともに塩をつくっている．

Mannich 塩基
カルボニルの β 位にアミノ基(またはアルキル置換アミノ基)をもつ反応生成物のこと．

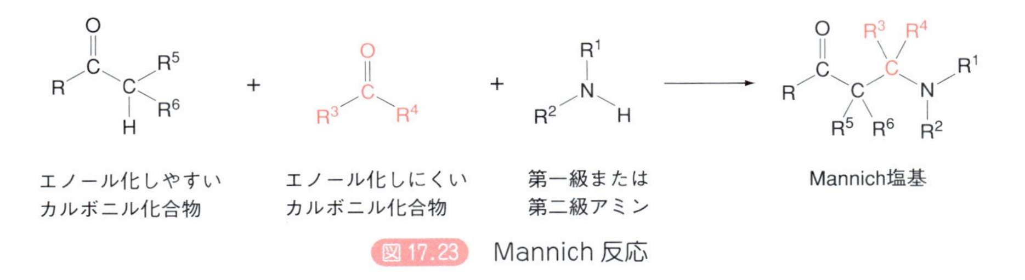

図 17.23 Mannich 反応

反応にかかわる三成分を最初から同じ反応系に共存させておく場合が多いが，イミニウム塩が比較的に安定な場合には，これを単離したうえでエノール化しやすいカルボニル化合物と反応させることもできる(図 17.24)．医薬品合成にも多用される有用な反応の一つである．

17.2.7 Wittig 反応

Wittig 反応の概略は 12 章 p. 240 の Advanced で学んだが，ここでは炭素

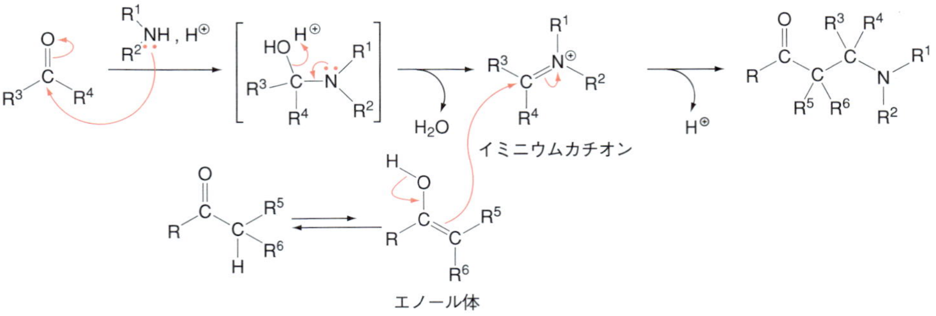

図 17.24　Mannich 反応の反応機構

骨格を構築する合成反応という観点から考えてみよう．イリド炭素上に置換基が存在する場合には，図 17.25 に示すように，付加体である *cis* および *trans* のオキサホスフェタンを経由して，それぞれ *Z*-アルケンと *E*-アルケンを生成する可能性がある．生成するアルケンの *E*/*Z* 選択性をどのように制御するかが重要な課題である(図 17.25)．

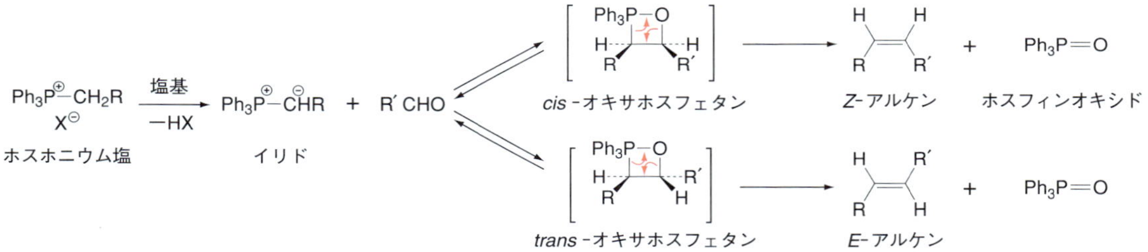

図 17.25　Wittig 反応の反応機構と生成するアルケンの *E*/*Z* 選択性

SBO 代表的な位置選択的反応を列挙し，その機構と応用例について説明できる．

図 17.27 で炭素上の置換基 R がアルキル基のイリドは反応性に富んでいるため，**不安定イリド**(unstabilized ylide)とよばれる．一般に不安定イリドを用いる Wittig 反応では，中間体として生成しやすい *cis*-オキサホスフェタンを経由する反応が進み，*Z*-アルケンが選択性高く得られる(速度論的支配*15 で反応が進行する)．

一方，炭素上の置換基 R としてアルコキシカルボニル基(−COOR)やシアノ基(−CN)などの電子求引性基をもつイリドはアニオンが非局在化して安定化するので**安定イリド**(stabilized ylide)とよばれる．安定イリドを用いる場合には，熱力学的支配*15 の *E*-アルケンが高い選択性で得られる*16．

*15 速度論的支配と熱力学的支配については 8 章 p. 160 の Advanced を参照．

*16 安定イリドの場合も，最初に *cis*-オキサホスフェタンが生成するが元に戻る反応(逆反応)も起こりうるので，最終的には熱力学的に安定な中間体である *trans*-オキサホスフェタンを経て *E*-アルケンが生成する．

17.2.8　そのほかの炭素−炭素結合形成反応

これまで説明した以外に，炭素−炭素結合形成反応としてよく用いられる反応に Grignard 反応〔12.4.2 項(a)〕や Michael 付加反応(12.5.7 項および 12

章 p. 252 のコラム)などがある．これらの詳細はすでに 12 章で解説したので，該当する項を参照されたい．

17.3 官能基の導入および変換法

SBO 化学反応によって官能基変換を実施できる．

標的化合物の合成において，炭素骨格の構築と並んで重要なのが官能基の導入および変換である．本節では医薬品の活性発現に際して重要な役割を果たす酸素官能基と窒素官能基に注目し，これらを特定の位置に選択的に導入するための基本的な反応について学ぶ．

17.3.1 酸素官能基の導入および変換法

炭素骨格中に新しく酸素官能基を導入する方法をおおまかに列記すると，(a) 飽和炭化水素の酸化，(b) アルケンへの付加反応を経由する方法，(c) アルケンの酸化的開裂，(d) ハロゲン化アルキルの置換反応，(e) カルボニル化合物の酸化による転位反応(Baeyer-Villiger 酸化)*17，があり，順次概説していく．なお，すでに解説した反応については当該個所を示しておくので，改めて参照されたい．

*17 Baeyer-Villiger 酸化は酸化反応の結果，生成物は転位した化合物になるので Baeyer-Villiger 転位ともよばれる．

(a) 飽和炭化水素の酸化

一般に，メチルおよびメチレン炭素は酸化されにくいが，アリル位やベンジル位は二酸化セレン(アリル位の場合)や酸素によって容易に酸化され，アリル型アルコールやベンジル型アルコールが得られる(図 17.26)．また，第三級の炭素原子(メチン)も反応性が高く，オゾンによる酸化を受けて第三級アルコールが得られる．

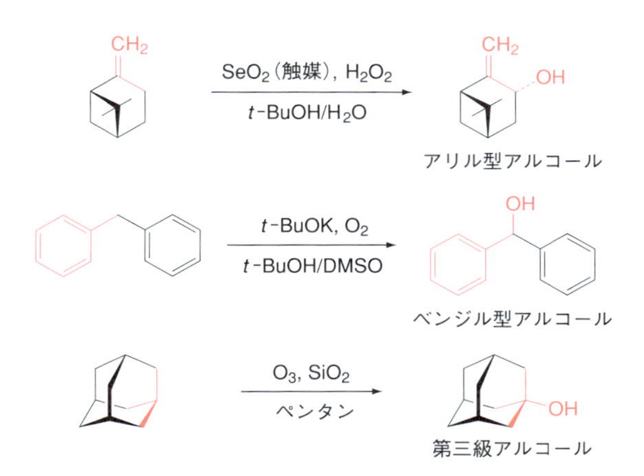

図 17.26 アリル位炭素，ベンジル位炭素，メチン炭素の酸化

(b) アルケンへの付加反応を経由する方法

アルケンの炭素-炭素二重結合に対して付加反応を経由し，酸素官能基を

導入する方法には，i）ヒドロホウ素化-酸化(7.3.7項参照)，ii）オキシ水銀化(7章p.133のAdvancedを参照)，iii）ハロヒドリン合成(10.5節参照)，iv）オスミウム酸化によるジオール化(7.4.1項参照)，v）過酸によるエポキシ化(11.3.2項参照)などがある．

(c）アルケンの開裂(オゾン酸化)

アルケンをオゾン分解すると，炭素-炭素二重結合が酸化的に開裂してカルボニル化合物が得られる(7.4.2項参照)．

(d）ハロゲン化アルキルの置換反応

ハロゲン化アルキルを金属アルコキシドで処理すると，エーテルが得られる(Williamsonのエーテル合成，11.3.1項参照)．

(e）カルボニル化合物の酸化による転位反応

SBO 転位反応の特徴を述べることができる．

ケトンに過酸を作用させるとエステルが得られることは，12.6.2項(b)ですでに学んだ．この反応機構を考えてみよう．まず，ケトンに対して*m*CPBAのような過酸の酸素が求核的に攻撃して付加体を生成し，次にプロトンの移動，酸素-酸素結合の切断とアルキル基の酸素上への転位が協奏的に進行し，見かけ上はケトンのカルボニル基とアルキル基とのあいだに酸素原子が挿入したかたちのエステルが生成する．この反応はBaeyer-Villiger酸化とよばれ，酸素官能基を導入する以外にも，炭素鎖を位置選択的に切断する手法として利用されている(図17.27)．

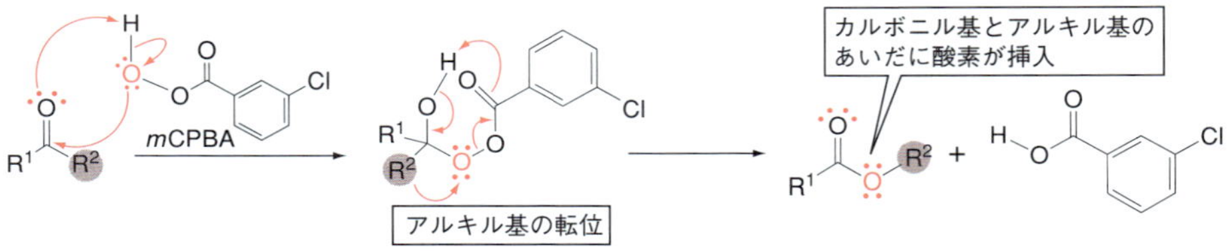

図17.27　Baeyer-Villiger酸化と反応機構

図17.27のような非対称ケトンのBaeyer-Villiger酸化では，R^1とR^2のどちらが転位するかによって2種類のエステル(R^1COOR^2もしくはR^2COOR^1)が生成する可能性がある．その生成比はR^1とR^2の相対的な転位のしやすさを反映する．一般に，カチオンを安定化させる置換基ほど転位しやすい*18．キラルな第三級アルキル基や第二級アルキル基が転位する場合には立体化学が完全に保持されるため，合成反応におけるBaeyer-Villiger酸化の利用価値は高い．

*18 通常，転位能は第三級アルキル基＞第二級アルキル基＞フェニル基＞第一級アルキル基＞メチル基の順になる．

17.3.2　窒素官能基の導入および変換法

炭素骨格中へ新たに窒素官能基を導入する方法としては，(a）ハロゲン化アルキルへの求核置換反応，(b）芳香環への求電子置換反応，(c）カルボニル化合物の還元的アミノ化，(d) カルボニル化合物をオキシムに誘導しBeckmann転位を利用する方法，(e) カルボン酸誘導体からの転位反応(Hofmann転位，Curtius転位)などがあり，順に概略を示す．このほか，含窒素複素環の構築法については16章を参照されたい．

(a) ハロゲン化アルキルへの求核置換反応

ハロゲン化アルキルへの求核置換反応によって窒素官能基を導入する方法には，アルキルアジドに変換して還元する方法〔アジド合成(azide synthesis)ともいう，14.6.1項参照〕やGabrielのアミン合成(14.6.6項参照)がある．

(b) 芳香環への求電子置換反応

芳香族化合物への求電子置換反応を利用する窒素官能基の導入法としてはニトロ化(8.3.4項参照)がある．

(c) カルボニル化合物の還元的アミノ化

アルデヒドやケトンとアミンから生成したイミニウムイオンを還元して，新たなアミンを合成する方法である．詳細は14.6.7項を参照されたい．

(d) オキシムの合成とBeckmann転位

12.4.4項(b)で学んだように，カルボニル化合物はヒドロキシルアミンと反応してイミン(Schiff塩基)誘導体であるオキシムが得られる．このオキシムのヒドロキシ基を酸性条件下でプロトン化すると，イミン炭素上でヒドロキシ基とアンチの位置関係にある置換基が脱水に伴って窒素上に転位する．転位により生じたニトリリウムカチオンに水が付加することにより，最終的にはアミドが得られる．この転位反応はBeckmann転位とよばれる(図17.28)．

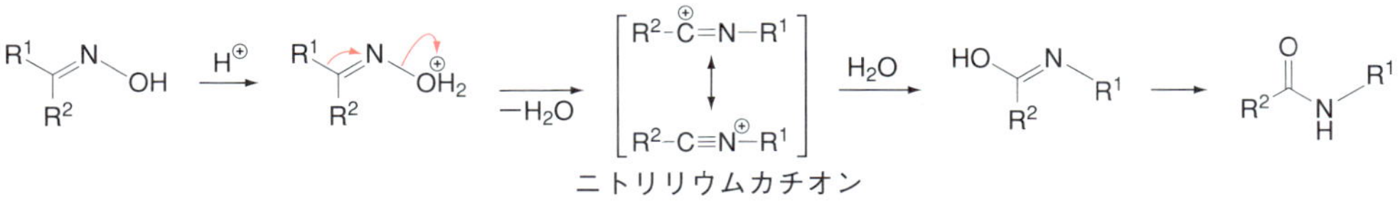

ニトリリウムカチオン

図17.28 Beckmann転位

(e) Hofmann転位とCurtius転位

カルボン酸誘導体からの窒素官能基の導入法としては，すでに13.9.3項(a)でアミドのHofmann転位を学んだ．図13.36に示したように，Hofmann転位では*N*-ブロモアミダートイオンからの転位によって生成するイソシアナートを経由して，元のアミドより炭素数の一つ少ないアミンが得られる(図17.29)．これとよく似た反応機構で進行する反応として，Curtius転位が知られている．カルボン酸塩化物とアジ化ナトリウムから得られるアシルアジドを加熱すると，転位反応によってイソシアナートが生成する．

これらの反応においても，転位する置換基Rがキラルな第三級アルキル基や第二級アルキル基の場合には転位の前後で立体配置が保持される．

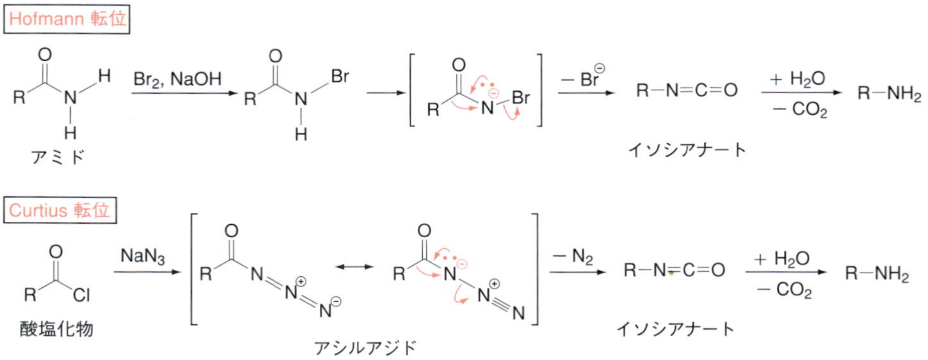

Hofmann 転位

アミド　$R-C(=O)-NH_2$ $\xrightarrow{Br_2,\ NaOH}$ $R-C(=O)-NHBr$ → [$R-C(=O)-N^{\ominus}-Br$] $\xrightarrow{-Br^{\ominus}}$ $R-N=C=O$（イソシアナート） $\xrightarrow[-CO_2]{+H_2O}$ $R-NH_2$

Curtius 転位

酸塩化物　$R-C(=O)-Cl$ $\xrightarrow{NaN_3}$ [$R-C(=O)-N=N^{\oplus}=N^{\ominus}$ ↔ $R-C(=O)-N^{\ominus}-N^{\oplus}\equiv N$]（アシルアジド） $\xrightarrow{-N_2}$ $R-N=C=O$（イソシアナート） $\xrightarrow[-CO_2]{+H_2O}$ $R-NH_2$

図 17.29　Hoffmann 転位と Curtius 転位

17.4　保護基

SBO 官能基毎に代表的な保護基を列挙し，その応用例を説明できる．
SBO 代表的な官能基を列挙し，性質を説明できる．

実際に標的化合物を合成するときには，目的とする反応点以外の個所で意図しない副反応が起こらないように工夫する必要がある．反応剤や反応条件に配慮するのは当然であるが，複数の官能基をもつ標的化合物を合成する際には，特定の反応点だけで選択的に反応させることができない場合が多い．そのため，途中の工程で使用する反応剤と反応しうる官能基を，その反応剤と反応できないように一時的に修飾しておく必要が生じる．この操作を官能基の**保護**(protection)といい，修飾に用いる原子団を**保護基**(protecting group, protective group)とよぶ．

保護基に求められる要件としては，i）目的とする官能基に選択的に，かつ高収率で導入できること，ii）保護基が必要とされる工程で使用されるすべての反応剤に対して不活性であること，iii）保護基としての役割を終えたのちは選択的に，かつ高収率で除去(**脱保護**)できること，の 3 点があげられる．導入と除去(保護と脱保護)は簡便な反応操作で行えることが望ましい*19．

＊19 分子内に同種の官能基が複数存在し，これらを区別して保護する必要がある場合には，保護基の導入や脱保護のタイミングと反応条件を入念に考慮し，使用する保護基の組み合わせを選択する．また，保護基を一つ使用するごとに(導入と除去のために)必然的に工程数が二つ増えることになるので，保護基をなるべく使用しないですむように合成ルートは綿密に設計される．

本節では，多くの医薬品に見られる主要な官能基として，ヒドロキシ基，アミノ基，カルボニル基，カルボキシ基を取りあげ，それぞれについて代表的な保護基を概説する．

17.4.1　ヒドロキシ基の保護基

ヒドロキシ基は一時的にエステルやエーテル，アセタールなどに変換することにより，さまざまな反応条件に対して不活性にすることができる．分子内に複数のヒドロキシ基が存在する場合には，異なるタイプの保護基を使い分けてヒドロキシ基を相互に区別することもできるので，おもな保護基の特性を把握しておくことが望ましい．

(a) アシル基(アセチル基，ベンゾイル基)

ヒドロキシ基をアシル化すると，酸化反応や接触還元に対して安定なエステルとなる．アルコールにピリジン中(またはジクロロメタン中，トリエチルアミン存在下)で無水酢酸を作用させることによりアセチル基(acetyl：Ac)を，塩化ベンゾイルを作用させることによりベンゾイル基(benzoyl：Bz)を導入できる(図 17.30)．これらのアシル系保護基はプロトン性溶媒中でのアルカリ加溶媒分解[*20]や $LiAlH_4$ などの金属ヒドリド反応剤を用いた還元によって，容易に脱保護できる．

*20 炭酸カリウム/メタノール，アンモニア/メタノール，水酸化ナトリウム/水/テトラヒドロフランなどを用いる．

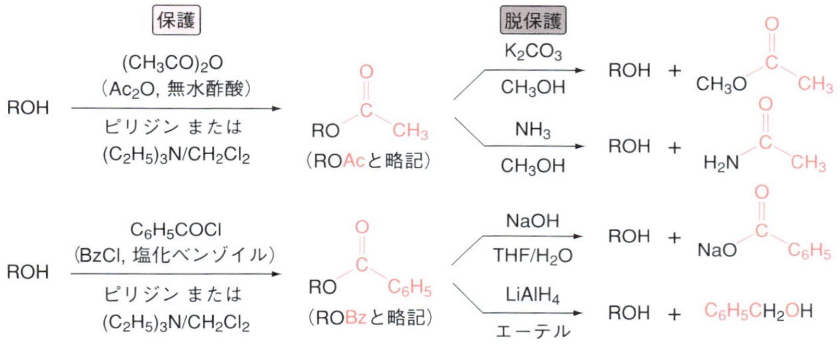

保護　脱保護

ROH —[$(CH_3CO)_2O$ (Ac_2O, 無水酢酸) / ピリジン または $(C_2H_5)_3N/CH_2Cl_2$]→ $RO-C(=O)-CH_3$ (ROAcと略記)
→[K_2CO_3 / CH_3OH] ROH + $CH_3O-C(=O)-CH_3$
→[NH_3 / CH_3OH] ROH + $H_2N-C(=O)-CH_3$

ROH —[C_6H_5COCl (BzCl, 塩化ベンゾイル) / ピリジン または $(C_2H_5)_3N/CH_2Cl_2$]→ $RO-C(=O)-C_6H_5$ (ROBzと略記)
→[NaOH / THF/H_2O] ROH + $NaO-C(=O)-C_6H_5$
→[$LiAlH_4$ / エーテル] ROH + $C_6H_5CH_2OH$

図 17.30 アシル基によるヒドロキシ基の保護・脱保護

(b) エーテル系保護基

(1) ベンジル基

アルコールやフェノールのベンジルエーテルは，通常，弱酸性から塩基性の反応条件や酸化反応，金属ヒドリド反応剤による還元などに対して安定なため，ベンジル基(benzyl：Bn)はヒドロキシ基の保護基として汎用されている．一般には，ベンジル基は水素化ナトリウムなどの塩基と臭化ベンジルを用いた Williamson のエーテル合成(11.3.1 項参照)で導入できるが，強塩基性の反応条件に対して不安定な基質には塩基として酸化銀(I)を使用する場合もある(図 17.31)．通常は接触還元(加水素分解)により脱保護される[*21]．

*21 除去されたベンジル基は揮発性のトルエンになるので，容易に取り除ける．接触還元については，7.3.5 項を参照．この脱保護の反応のように，接触還元によって結合の切断が起こる反応をとくに加水素分解(hydrogenolysis)とよぶ．

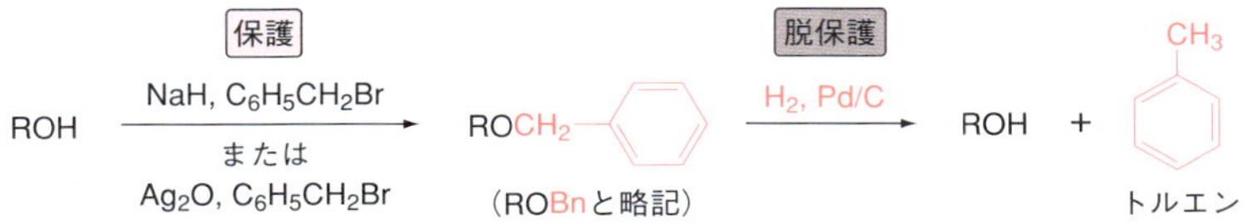

保護　脱保護

ROH —[NaH, $C_6H_5CH_2Br$ または Ag_2O, $C_6H_5CH_2Br$]→ $ROCH_2-C_6H_5$ (ROBnと略記) —[H_2, Pd/C]→ ROH + トルエン($CH_3-C_6H_5$)

図 17.31 ベンジル基によるヒドロキシ基の保護・脱保護

(2) トリアルキルシリル基

ヒドロキシ基はトリアルキルシリル基によってシリルエーテルのかたちで保護されることも多い．通常は，アルコールをイミダゾールと塩化トリアル

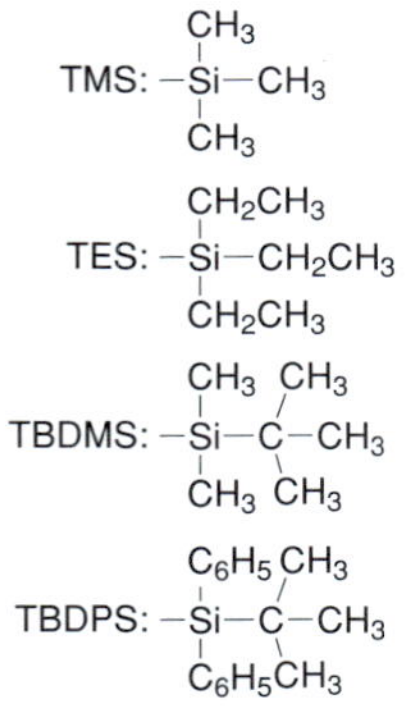

TMS: $-Si(CH_3)_3$
TES: $-Si(CH_2CH_3)_3$
TBDMS: $-Si(CH_3)_2-C(CH_3)_3$
TBDPS: $-Si(C_6H_5)_2-C(CH_3)_3$

キルシリルで処理すれば，容易に導入できる．また，立体障害の大きい個所のヒドロキシ基の保護には，より活性の高いトリフルオロメタンスルホン酸トリアルキルシリルと酸を捕捉する力の強い第三級アミンが用いられる（図17.32）．シリルエーテルはケイ素上のアルキル基の組合せにより安定性に差がある．塩基性条件下では，トリメチルシリル（trimethylsilyl：TMS）基は容易に脱保護されるが，トリエチルシリル（triethylsilyl：TES）基，*t*-ブチルジメチルシリル（*t*-butyldimethylsilyl：TBDMS）基は比較的安定である．また，かさ高い *t*-ブチルジフェニルシリル（*t*-butyldiphenylsilyl：TBDPS）基は第一級ヒドロキシ基に選択的に導入できる．脱保護には酸性条件やケイ素に親和性の高いフッ化物イオンが用いられるが，これらの条件では，TMS＜TBDMS＜TBDPS の順に安定性が増すので，反応条件の設定を工夫すれば異種のシリル系保護基を区別して脱保護できる．

（c）アセタール系保護基

（1）1-エトキシエチル基およびテトラヒドロピラニル基

アルコールを酸触媒存在下でエチルビニルエーテルやジヒドロピランなど

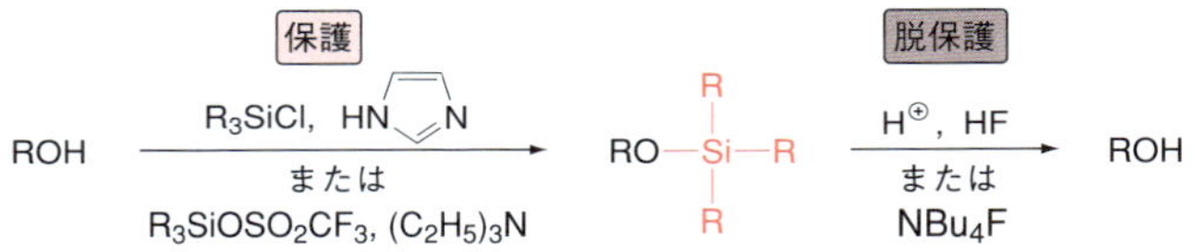

保護 ROH —[R_3SiCl, イミダゾール (HN N) または $R_3SiOSO_2CF_3$, $(C_2H_5)_3N$]→ $RO-SiR_3$ 脱保護 —[$H^{\oplus}$，HF または NBu_4F]→ ROH

図 17.32 トリアルキルシリル基によるヒドロキシ基の保護・脱保護

のビニルエーテルに付加させることにより，1-エトキシエチル（1-ethoxyethyl：EE）エーテルやテトラヒドロピラニル（tetrahydropyranyl：THP）エーテルなどのアセタールに容易に変換できる（図17.33）．これらのアセタールは塩基性の反応条件下では安定だが，酸性条件では容易に加溶媒分解され，脱保護できる．

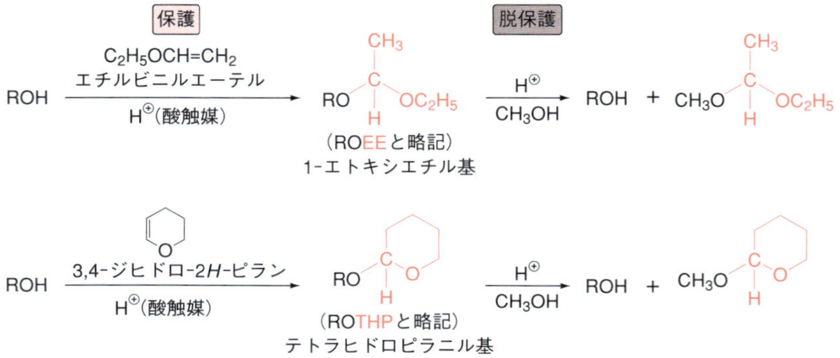

保護 ROH —[$C_2H_5OCH{=}CH_2$ エチルビニルエーテル, $H^{\oplus}$（酸触媒）]→ $RO-CH(CH_3)-OC_2H_5$ （ROEEと略記） 1-エトキシエチル基 脱保護 —[$H^{\oplus}$, CH_3OH]→ ROH ＋ $CH_3O-CH(CH_3)-OC_2H_5$

ROH —[3,4-ジヒドロ-2*H*-ピラン, $H^{\oplus}$（酸触媒）]→ RO-THP （ROTHPと略記） テトラヒドロピラニル基 —[$H^{\oplus}$, CH_3OH]→ ROH ＋ CH_3O-THP

図 17.33 エトキシエチル基およびテトラヒドロピラニル基によるヒドロキシ基の保護・脱保護

(2) イソプロピリデン基およびベンジリデン基

1,2-ジオールや1,3-ジオールは酸性条件下でアセトンやベンズアルデヒドのジメチルアセタールとアセタール交換反応を行うことにより，二つのヒドロキシ基を一挙に保護することができる(図17.34)．これらの環状アセタールも塩基性の反応条件下では安定だが，酸性条件での加水分解またはアセタール交換によって脱保護される．また，ベンジリデンアセタールは接触還元(加水素分解)によって除去できる．

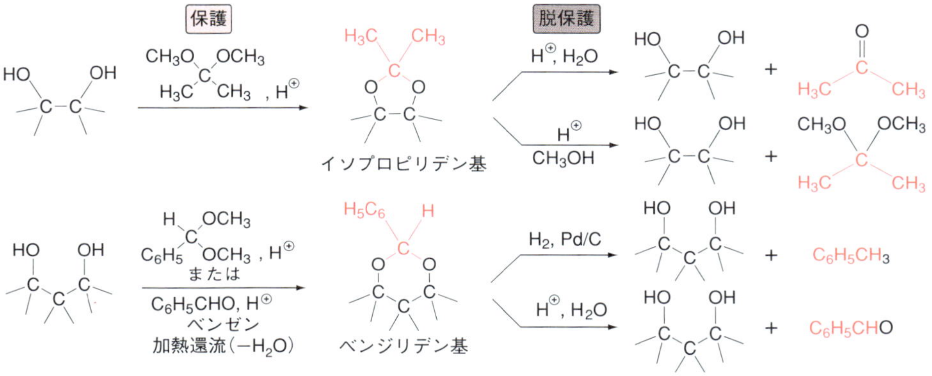

図17.34 イソプロピリデン基およびベンジリデン基によるジオールの保護・脱保護

17.4.2 アミノ基の保護基

アミンも酸性条件で塩を形成したり，酸素によって容易に酸化されたりするので，取扱いには注意が必要である．アミノ基はアミドやイミド，ウレタン(カルバメート)などに変換することでいろいろな反応条件に対して不活性にすることができる．アミドは脱保護に過酷な反応条件が必要とされる場合が多いことから省略し，本項ではフタロイル基と2種類のアルコキシカルボニル基による保護について紹介する．

(a) フタロイル基

14.6.6項で学んだGabrielのアミン合成によって，はじめからフタロイル(phthaloyl：Phth)基をフタルイミドのかたちで分子内に導入する場合が多いが，イミドの交換反応によって第一級アミンを保護することも可能である(図17.35)．フタルイミドは酸性の反応条件下で非常に安定であり，アルカリ加水分解やヒドラジン分解によって脱保護される．

(b) ベンジルオキシカルボニル基

一般に，アミンは水よりも求核性が高いので，水溶液中での反応も可能である．そこで水酸化ナトリウムや炭酸ナトリウムなどの塩基性の水溶液とアミンを含む有機溶媒の混合溶媒中(二相系でも可)でクロロギ酸ベンジル(CbzCl：ZCl)と反応させることにより，ベンジルオキシカルボニル(benzy-

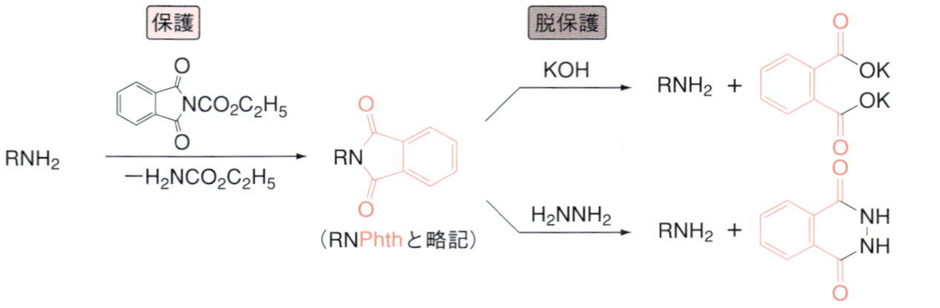

保護 脱保護

RNH_2 →($NCO_2C_2H_5$ フタルイミド誘導体, $-H_2NCO_2C_2H_5$) RN-Phth (RNPhthと略記) →(KOH) RNH_2 + フタル酸二カリウム (COOK)₂ ; →(H_2NNH_2) RNH_2 + フタラジンジオン

図 17.35 フタロイル基によるアミノ基の保護・脱保護

*22 このように，アルカリ性の水溶液との混合溶媒中でアミンをアシル化する反応をSchotten-Baumann（ショッテン－バウマン）反応という．

loxycarbonyl：Cbz あるいは Z)基を導入することができる[*22](図 17.36)．この保護基は酸性から弱塩基性の反応条件に対して安定だが，接触還元(加水素分解)によって除去できる．

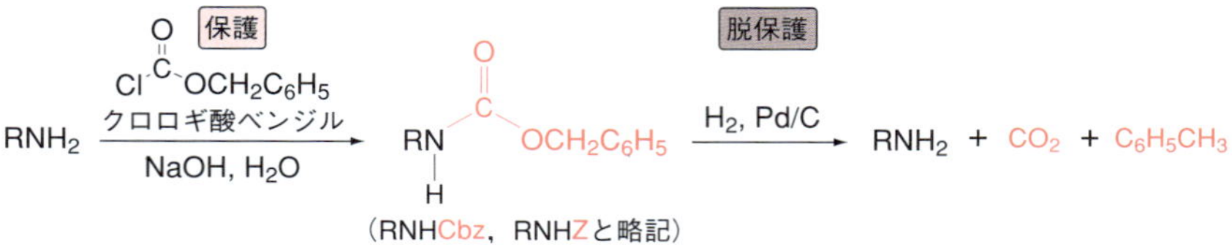

保護 脱保護

RNH_2 →($ClC(=O)OCH_2C_6H_5$ クロロギ酸ベンジル, NaOH, H_2O) $RNH-C(=O)OCH_2C_6H_5$ (RNHCbz，RNHZと略記) →(H_2, Pd/C) RNH_2 + CO_2 + $C_6H_5CH_3$

図 17.36 ベンジルオキシカルボニル基によるアミノ基の保護・脱保護

(c) *t*-ブトキシカルボニル基

アミンを二炭酸ジ *t*-ブチル(Boc_2O)で処理することにより，*t*-ブトキシカルボニル(*t*-butoxycarbonyl：Boc)基が導入できる(図 17.37)．弱酸性から塩基性までの反応条件や金属ヒドリド反応剤による還元や加水素分解に対して安定であり，トリフルオロ酢酸や濃塩酸などの酸性条件下で脱保護できる．

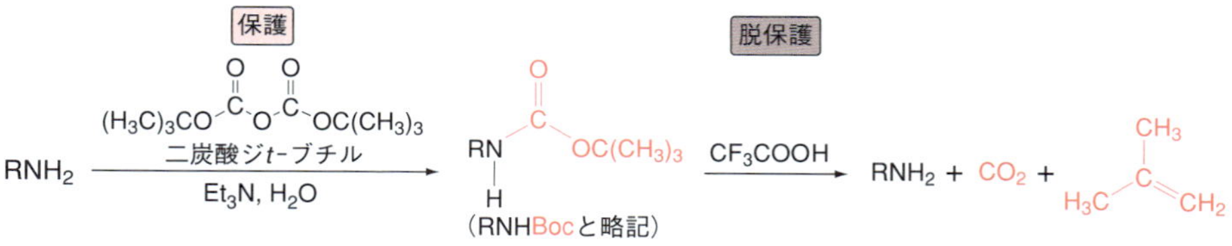

保護 脱保護

RNH_2 →($(H_3C)_3COC(=O)OC(=O)OC(CH_3)_3$ 二炭酸ジ*t*-ブチル, Et_3N, H_2O) $RNH-C(=O)OC(CH_3)_3$ (RNHBocと略記) →(CF_3COOH) RNH_2 + CO_2 + $H_3C-C(CH_3)=CH_2$

図 17.37 *t*-ブトキシカルボニル基によるアミノ基の保護・脱保護

17.4.3 カルボニル基の保護基

アルデヒドやケトンは反応性に富んでいるので，多段階合成の過程では何らかのかたちで不活性にしておく必要がある．酸化状態の異なるアルコールやその誘導体，ニトリル，またはアルケン(オゾン分解やジオール化／酸化的開裂によりカルボニル基に変換できる)などの状態で合成を進め，最終工程に近い段階でカルボニル基に変換するか，酸化状態はそのままでアセター

ルやチオアセタール(後者は本項では省略)などのかたちで保護するのが一般的である.

カルボニル基をアセタールとして保護する場合には，アルコールと酸触媒を用いる(図 17.38). このとき，ベンゼンやトルエンなどの溶媒を用いて共沸するか，オルトギ酸メチルなどを脱水剤として加えることにより，反応系中から積極的に水を取り除き(オルトギ酸メチルは水と反応してメタノール2分子とギ酸メチルになる)，平衡をアセタール側に寄せるのが一般的である. 脱保護の条件としては酸加水分解のほか，より緩和な条件として酸触媒存在下でアセトン(平衡を右に偏らせるために大過剰に用いる)とアセタール交換させる方法も頻繁に用いられる.

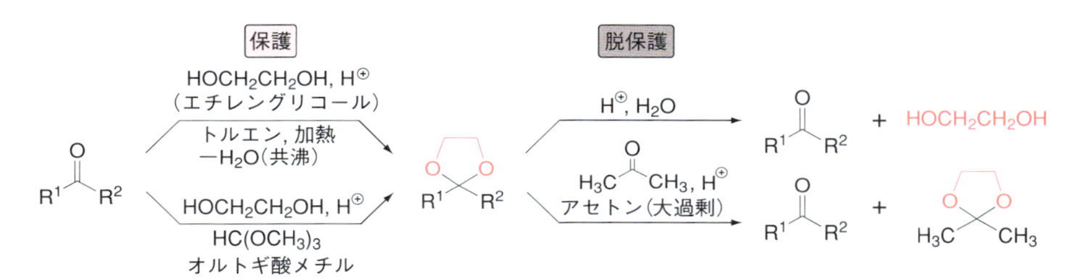

図 17.38　エチレンアセタールによるカルボニル基の保護・脱保護
オルトギ酸メチルを加える場合は，HCO_2CH_3，CH_3OH などの低沸点留分を取り除くことも多い.

17.4.4　カルボキシ基の保護基

カルボン酸についても，酸化状態を下げてアルコールやカルボニル化合物の誘導体として保護する方法があるが，酸化状態を保ったままで保護する場合にはエステルに変換するのが一般的である. 塩基性の条件下で安定なエステルとしては *t*-ブチルエステルがある. *t*-ブチルエステルはカルボン酸を硫酸触媒存在下で 2-メチルプロペン(通称イソブテン)と反応させることにより得られる(図 17.39). 脱保護にはトリフルオロ酢酸などの強酸を用いる. 反対に，酸性条件で安定なエステルとしてはメチルエステルやエチルエステ

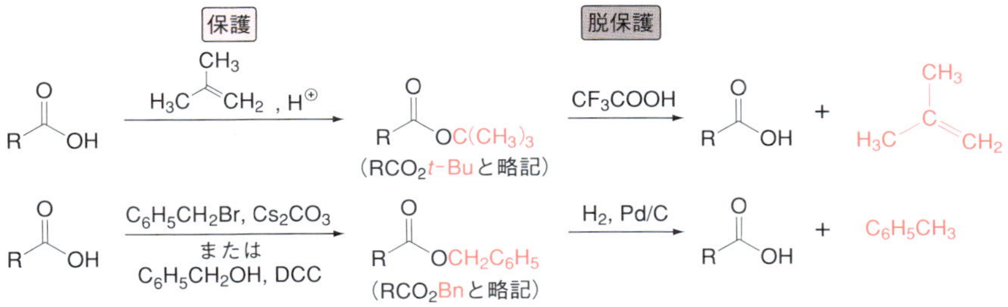

図 17.39　*t*-ブチル基およびベンジル基によるカルボキシ基の保護

ル(アルカリ加水分解により脱保護をする)のほか，接触還元(加水素分解)で除去できるベンジルエステルが汎用されている．ベンジルエステルは臭化ベンジルをカルボン酸のアニオンで求核置換することによって得られる．また，カルボン酸とベンジルアルコールをジシクロヘキシルカルボジイミド(DCC，13章p. 271のコラム参照)などの縮合剤を用いてエステル化する方法もある．

17.5 〝何を〟，〝なぜ〟，〝どのように〟つくるかが問われる有機合成化学

1828年のWöhlerによる尿素の化学合成(1.1節参照)に端を発する有機合成化学は，この200年たらずのあいだに飛躍的な発展を遂げた．現在では，さまざまな合成反応を駆使することにより，驚くほど複雑な構造の化合物でも耳かき一杯くらいの量であれば，何とか合成できるようになった．その結果，有機合成化学はもはや単に〝化合物をつくる〟だけでは済まされず，どんな化合物を合成するか(標的化合物の選び方)や，何のために合成するのか(合成の意義)が厳しく問われる時代に突入した．現代社会では，化合物の用途に応じて〝必要な量〟を〝安く〟，〝安全に〟，しかも〝なるべく廃棄物をださずに〟合成することが求められている．

医薬品に関しては何のためにつくるのかは自明であるが，それではどんな構造の化合物を設計すれば優れた〝医薬品〟になるのかは依然として未解決の難問である．これに対する一般的な解答はなく，先人たちのたゆまぬ研究と試行錯誤の積み重ねのなかから優れた医薬品が生みだされてきたのである．

章末問題

1． 次の反応の主生成物の構造式を示せ．

a. (フラン) + (マレイミド) → 30 °C

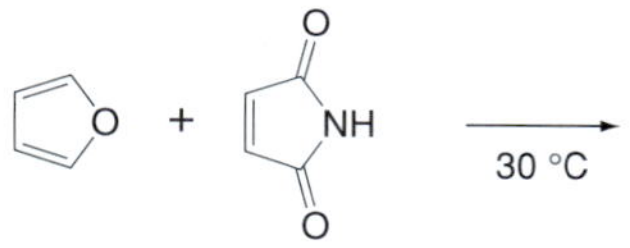

b. (H_3CO, CH_3 置換ベンゾキノン) + $H_2C{=}CH{-}CH{=}CH_2$ (1：1) → 100 °C

c. (CH_2, H, O, CH_3, OH, H_3C, CH_2) → 185 °C

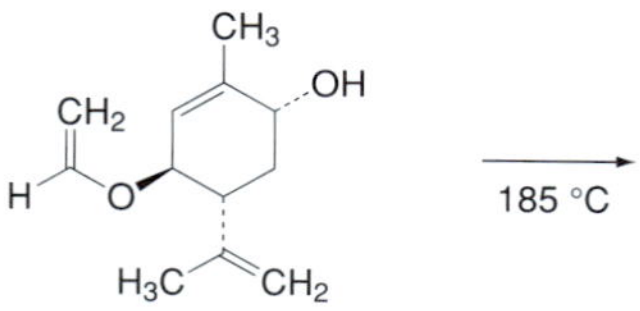

d. (CH_3, O, CH_2, CH_3) → 加熱

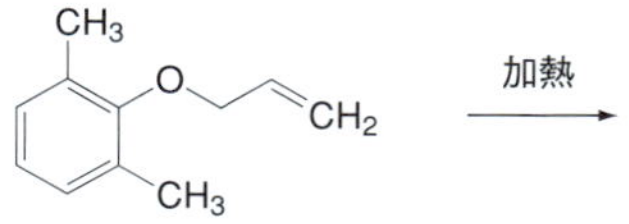

e. (HO, OH) → H_2SO_4

f. (O, O, CHO, $OCOCH_3$) → H_3CO, $H_3CO{-}P$, $\ominus Na^{\oplus}$, O, O, CH_3

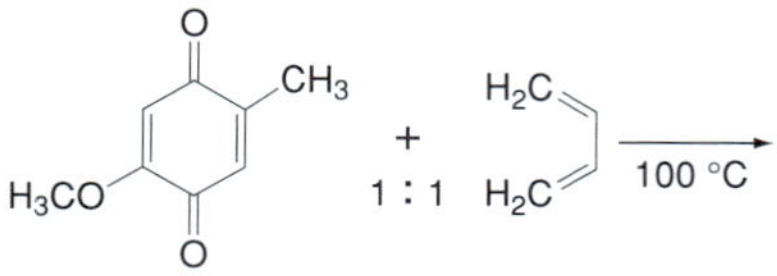

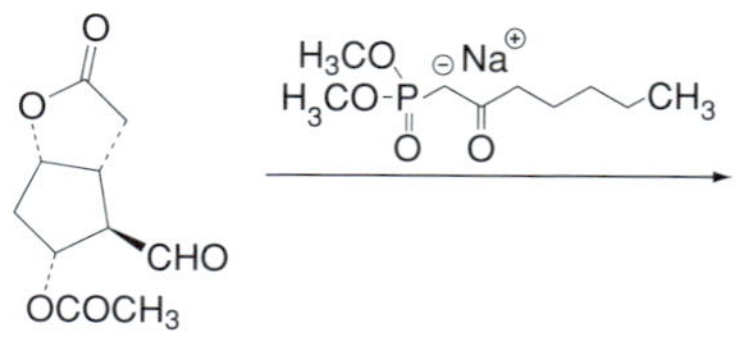

g. (H, CH_2, O, CH_3) + (H_3C, O) 1) KOH/CH_3OH 2) (N, H), 脱水

h. (H_3CO, H, O) m-$ClC_6H_4CO_3H$ (1当量)

2. 次の化学変換を行う方法を示せ.

a. (O) 1工程 (O, $COOCH_3$, $COOCH_3$) 2工程 (O, $COOCH_3$, $COOCH_3$)

b. (O) 2工程 (O, NH)

c. (OH) 3工程 (O, CHO)

d. (O) 3工程 (NH_2, OH)

e. (O, O, H_3C, OCH_2CH_3) 2工程 (O, O, H_3C, OCH_2CH_3, H_3C) 2工程 (O, H_3C, H_3C)

3. アセトフェノンを出発原料として，次の化合物を合成する方法を示せ．ただし，2工程以上の反応が必要な場合もある．

a. エチルベンゼン　b. アセトアニリド

c. 酢酸フェニル　d. 安息香酸メチル

4. 次の化学変換を行う方法を示せ.

a. (OH, HO, OH) 3工程 (CH_3, H_3C, O, O, N)

b. (O, $COOCH_2CH_3$) 3工程 (O, OH)

c. (H, COOH, H, $COOCH_3$) 3工程 (H, $NHCOOCH_3$, H, $COOCH_3$)

d. (H, COOH, H, $COOCH_3$) 2工程 (H, O, H, O)

e. (NH_2, H_3CO, $NHCOOt$-Bu) 4工程 (NH_2, H_3CO, O, N, H, CH_3)

f. (CHO) 3工程 (OH, $COOCH_3$)

g. (OCH_3, O, $OCH_2C_6H_5$, CH_2) 2工程 (OH, H_2C, CH_3, $OCH_2C_6H_5$, O) 2工程 (H_3C, O, O, H, H, CH_3)

5. 次の合成反応の機構を説明せよ.

($C_6H_5CH_2O$, OCH_3, OCH_3, NH, CH_2, H_3C, OCH_3) $H^{\oplus}$ 加熱

[($C_6H_5CH_2O$, H, H, $N^{\oplus}$, CH_2, H_3C, OCH_3)] → ($C_6H_5CH_2O$, H, H, N, H, H, O, H_3C)

18 医薬品の合成

❖ 本章の目標 ❖

- 代表的な官能基選択的反応およびその機構と応用例について学ぶ.
- 代表的な位置選択的反応およびその機構と応用例について学ぶ.
- 代表的な立体選択的反応およびその機構と応用例について学ぶ.
- 光学活性化合物を得るための代表的な手法(光学分割，不斉合成など)について学ぶ.

18.1 医薬品合成のための有機合成化学

17 章では有機合成化学の基本的な考え方や代表的な炭素骨格の構築法，官能基の導入および変換法について学んだ．現在の有機合成化学は，ライフサイエンスだけでなく化学工業系のものづくりなどにも貢献しており，非常に幅広く展開されている．ここではとくに医薬品を化学合成することに焦点をしぼって，有機合成化学がどのように応用されているかを学ぶ．実際に医薬品がどのようにつくられているのか，最も興味深いところではあるが，企業から明らかにされないことも多く，実際の製造方法(合成ルート)を確認することは難しい．しかし，われわれがこれまでに学んだ有機化学のエッセンスを組み合わせれば，医薬品の成分となる化合物を実験室で合成できそうなルートが見えてくる．

本章では，図 18.1 に示した現在世界中で使用されている医薬品を例として取りあげ，合成法の考え方(目的物を得るための化学反応の組立て方)および光学活性化合物の取得法について学ぶ．これまでに学んできた有機化学の反応の一つひとつが，何段階にもわたる反応を積み重ねていく医薬品の合成に実際に活かされていること，複雑な構造の医薬品もシンプルな化学反応から生まれてくることを理解してほしい．

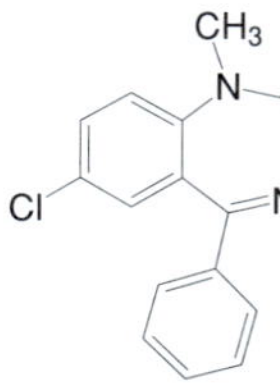

ジアゼパム
（抗不安薬）

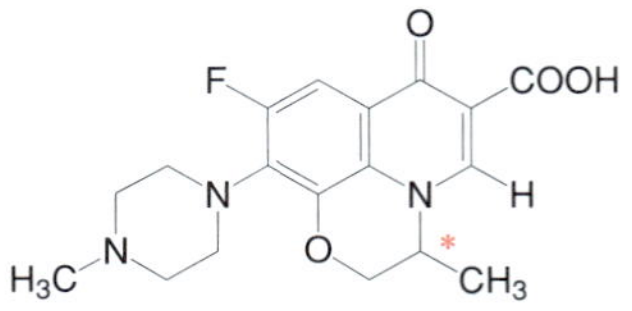

オフロキサシン（ラセミ体）
（抗菌薬）

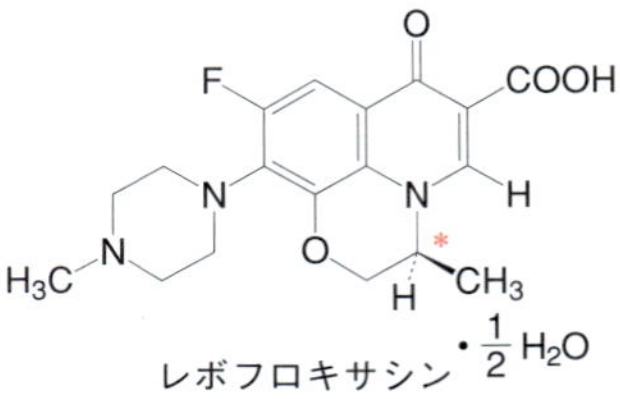

レボフロキサシン・$\frac{1}{2}H_2O$
〔オフロキサシンの(*S*)-(−)-体〕

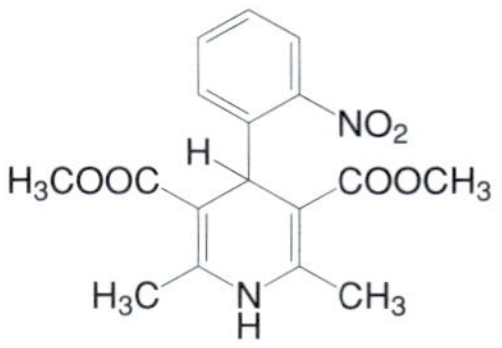

ニフェジピン
（カルシウム拮抗薬，降圧薬，狭心症治療薬）

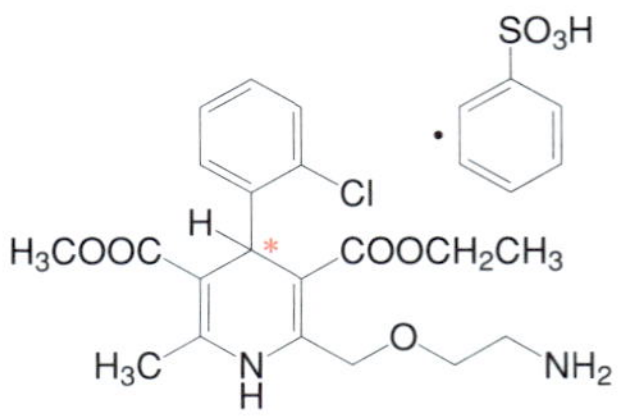

アムロジピンベシル酸塩（ラセミ体）
（降圧薬，狭心症治療薬）

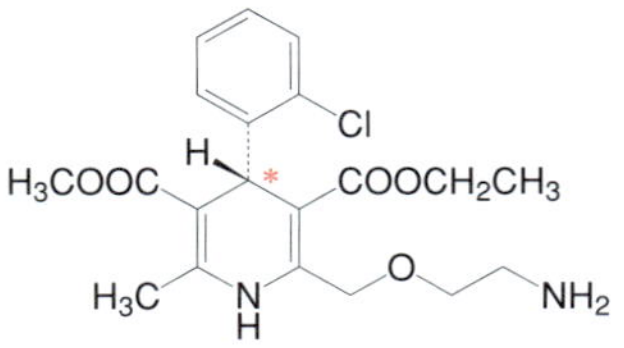

アムロジピン光学活性体
〔(*S*)-(−)-体〕

図 18.1 本章で合成法を学ぶ医薬品
*は不斉（キラル）炭素を示す．ベシル酸はベンゼンスルホン酸を指す．

18.2 ジアゼパムをつくる

SBO ベンゾジアゼピン骨格およびバルビタール骨格を有する代表的医薬品を列挙し，化学構造に基づく性質について説明できる．

ベンゾジアゼピン類はGABA（γ-アミノ酪酸）受容体に作用して中枢神経系を抑制し，抗不安作用や催眠作用など，さまざまな薬理作用を示すことが知られている〔1.2.1 項(2)参照〕．ジアゼパムは，現在汎用されているベンゾジアゼピン類の基本となった薬物である．一見，複雑な構造をしており，合成も難しいように思われるかもしれない．しかし，ジアゼパムはこれまでに学んだ基本的な化学反応を組み合わせることにより合成できる．

出発物質として，一方のベンゼン環にアミノ基とクロロ基をもつ2-アミノ-5-クロロベンゾフェノン誘導体 **1** を用いて，1,4-ベンゾジアゼピン骨格を合成する．まず，**1** のアミノ基をモノクロロ酢酸の酸塩化物 **2** と反応させ，アミド体 **3** を得る．これは，アミンと酸塩化物を用いたアミド化（13.4.2 項参照）である．続いて **3** を液体アンモニアで処理すると，**3** のクロロ基をアンモニアが求核剤として攻撃して置換反応（求核置換反応：S_N2 反応，9.4.1 項参照）が起こり，アミノアセトアミド体 **4** が得られる．**4** を加熱すると分子内のケトンとアミンが脱水縮合してイミンが形成〔12.4.4 項(a)参照〕され，閉環体 **5** になる．最後にアミド（ラクタム）のNH基をNCH_3基に変換すると，ジアゼパムが完成する（図 18.2）．この段階は2工程からなり，まずアミド（ラクタム）のNH基の水素を塩基（$NaOCH_3$）で引き抜いてアミダートイオン **6**〔13.9.3 項参照〕を生成させ，ついでこのアニオンをヨードメタン（CH_3I）と反応させる．このメチル化反応は **3** から **4** への変換と同じ S_N2 反応である．このように，ジアゼパムはアミド化，S_N2 反応（アミノ化），イミン形成，お

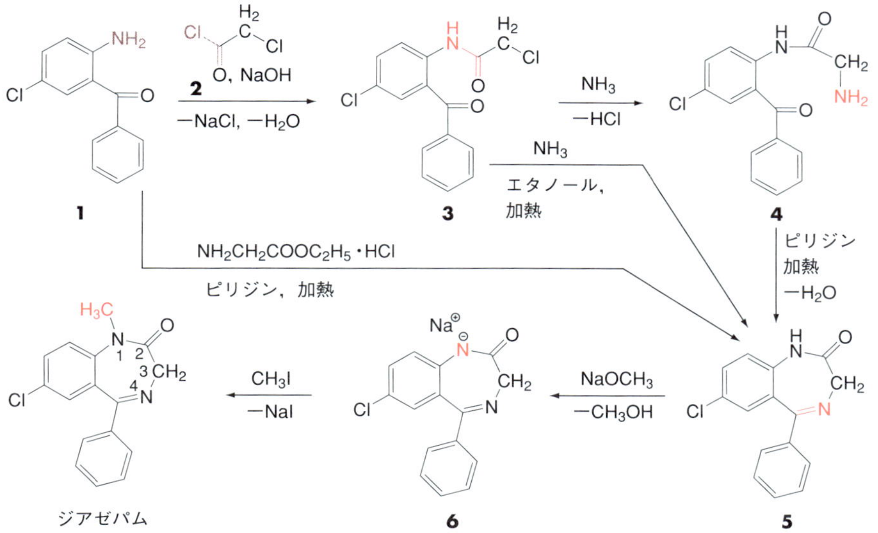

図 18.2 ジアゼパムの合成

よび S_N2 反応(メチル化)，という基本的な反応の組合せによって合成されていることがわかる．

このほかにも，ジアゼパムはさまざまな方法によって合成できる．たとえば，重要な中間体 **5** は，**3** をアンモニアとエタノール中で加熱することで直接得られる．また，**5** は **1** をグリシンエチルエステル塩酸塩とピリジン中で加熱することによってもアミドとイミンの形成が起こるため，1工程で得られる．実際の医薬品原体を製造する際には，合成ルートだけでなく，収率や生産コスト，操作法の簡便さ，あるいは合成途中で生じる廃棄物の種類や量(環境に対する影響)などがいろいろ検討され，最善の方法が選ばれる．

18.3 オフロキサシンおよびレボフロキサシンをつくる

すでに1章の1.2.1項(4)で述べたように，オフロキサシンやレボフロキサシンはキノロン系抗菌薬[*1]である．キノロン系抗菌薬は，バクテリアのもつ酵素であるDNAジャイレース(DNAキラーゼともいう)を阻害することによってDNAの複製やRNAへの転写を妨げ，バクテリアの増殖を止める．オフロキサシンはほかのキノロン系抗菌薬と異なり，キノロン環にオキサジン環が結合するという構造的な特徴をもっている(図18.3)．オキサジン部分には1か所の不斉中心が存在するが，オフロキサシンはそれぞれのエナンチオマーを分離せずラセミ体として開発された．しかし，のちの研究によって，(*S*)-(−)-体の活性が(*R*)-(+)-体よりも高いことが明らかになり，現在では(*S*)-(−)-体がレボフロキサシンとして市場にでている．

*1 同様の骨格をもつ一群の抗菌薬の総称名としては，キノロン系抗菌薬というよび方以外に，キノロンカルボン酸系抗菌薬やピリドンカルボン酸系抗菌薬などがある．

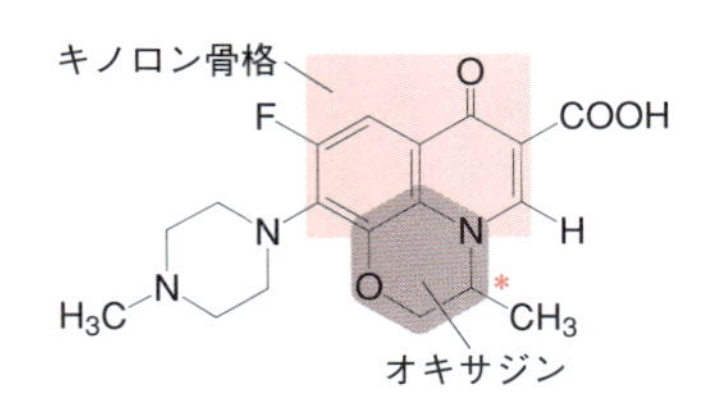

図 18.3 **オフロキサシンとレボフロキサシン**
オフロキサシン(ラセミ体)
レボフロキサシン〔(*S*)-(−)-体〕

18.3.1 オフロキサシンの合成

まず，ラセミ体であるオフロキサシンの化学合成を見てみよう．近年，キノロン系抗菌薬は感染症治療に欠かせない医薬品として汎用されている〔1.2.1 項(d)参照〕．それに伴い，キノロン骨格にもさまざまな合成法が開発されてきた．代表的な合成法としては，ベンゼン環に縮合するピリドン環部分の構築の最終ステップについて，4,4a-結合を形成させる方法と 1,2-結合を形成させる方法がある(図 18.4)．オフロキサシンはどちらの方法でも合成できるが，本項では 4,4a-結合を最後に形成させる方法，すなわち，最初に 1,4-ベンゾオキサジンを得て，この第二級アミン部分からピリドン環を構築し，オフロキサシンを合成するルート(**7** → **8** → **9** →オフロキサシン)を学ぶ．

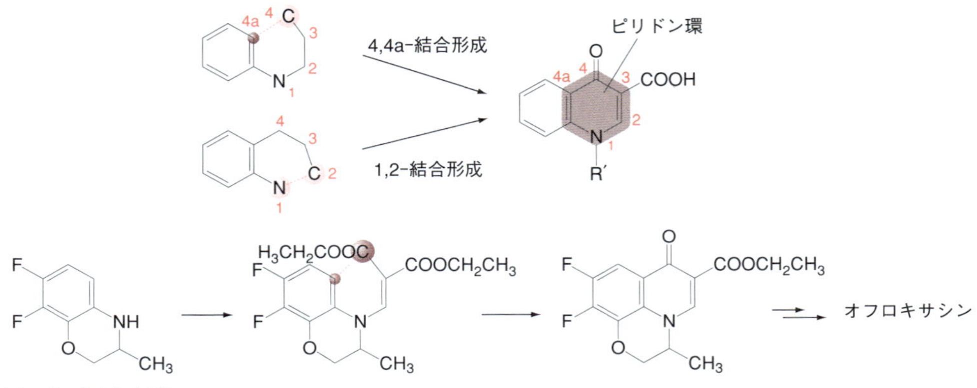

図 18.4 キノロン骨格のピリドン環部分の構築法

1,4-ベンゾオキサジン **7** の合成には，出発物質として 2,3,4-トリフルオロニトロベンゼン **10** を用いる．次に記すように，3 個のフルオロ基のうち 2 個はのちの反応により，ほかの置換基に巧みに変換される．

まず，2,3,4-トリフルオロニトロベンゼン **10** を KOH 水溶液と反応させると，2 種類のフェノール(**11** および **12**)が得られる(図 18.5)．**11** は **12** より多く得られるので **11** が主生成物，**12** が副生成物になる．ここから再結晶法などにより望む **11** のみを得ることができる．この反応は芳香族求核置換反応(8.5 節)であり，求核剤である HO^- が C2 位を攻撃して付加体が生じ，ついで F^- が脱離してフェノールを与える．**10** には F が三つあるので，求核置換反応は F のある 3 か所(2 位，3 位および 4 位)で起こりうるようにみえる．しかし，実際には 2-OH 体(**11**)がおもに得られ，4-OH 体(**12**)は少量得られる．

再結晶法
溶解度の違いを利用して行う精製法．混合物の溶液中から，より溶解度の低い化合物のみを結晶化させて純粋な結晶として単離する．

このように，反応が起こりうるいくつかの位置のなかで，ある位置に選択

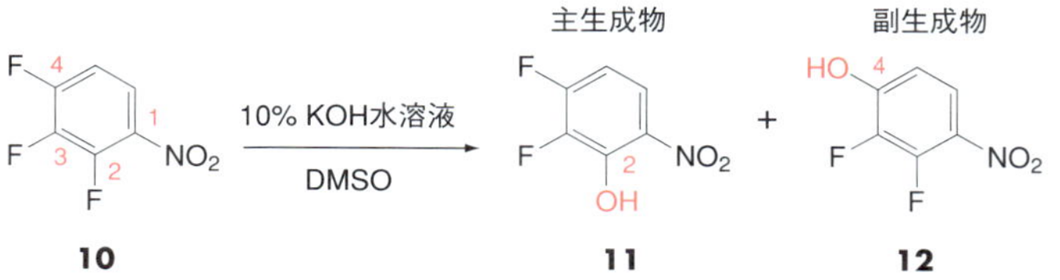

主生成物　副生成物

10% KOH水溶液 / DMSO　10 → 11 + 12

図 18.5 位置選択的な芳香族求核置換反応

う〜ん．どの位置がいいかなぁ？

EXIT

的に起こる性質を**位置選択性**(regioselectivity)とよび，このような反応を位置選択的な反応(regioselective reaction)という．この場合は，「2 位に位置選択的に芳香族求核置換反応が起こった」と表現される．有機合成化学では最終的につくりたい化合物(この場合はオフロキサシン)をいかに効率よくつくるかが重要であり，それぞれの反応における選択性の向上はつねに挑戦すべき課題である．

SBO 代表的な位置選択的反応を列挙し，その機構と応用例について説明できる．

SBO 代表的な官能基を列挙し，性質を説明できる．

図 18.6 の反応では，まず **11** を *O*-アルキル化する．これはフェノール **11** とクロロアセトン **13** による Williamson のエーテル合成(11.3.1 項)である．フェノール **11** は炭酸カリウムによってフェノキシドイオンとなり，**13** のクロロ基と置換して *O*-アルキル化された **14** になる．次に Raney ニッケルを触媒として **14** と水素を反応させると 1,4-ベンゾオキサジン体 **7** が得られる．この反応では図 18.6 の[　]内に示すように，中間に **A**，**B** を経る複数の過程が一挙に進行して **7** が生成する．まず，**14** のニトロ基が Raney ニッケルを触媒として水素と反応し，アミノ基に還元され中間体 **A** になる(14.6.7 項参照)．このとき，**14** に存在するケトンは還元されない．一般に，ニトロ基は還元反応に対する反応性が非常に高く，ほかの官能基よりも還元されやすい．このように，ある官能基には反応が起こるが，同時に存在している別の官能基には反応が起こらないとき，その反応には**官能基選**

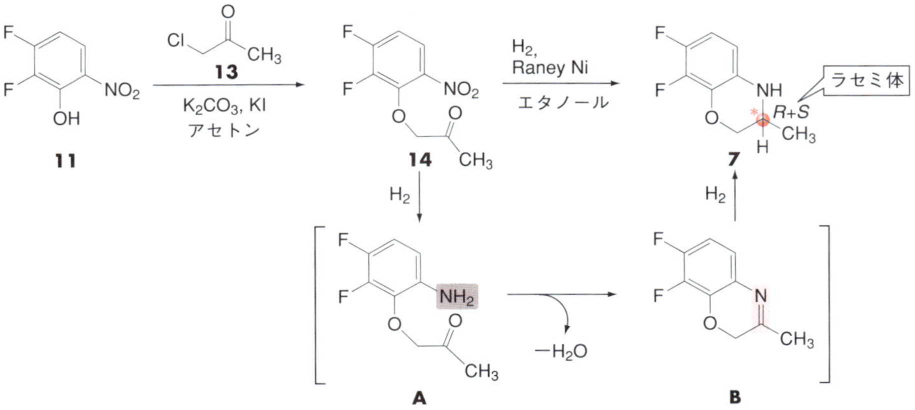

11 → (K_2CO_3, KI, アセトン; 13) → 14 → (H_2, Raney Ni, エタノール) → 7 (ラセミ体, *R*+*S*)

14 → H_2 → A → $-H_2O$ → B → H_2 → 7

図 18.6 オキサジン **7** の合成

SBO 代表的な官能基選択的反応を列挙し，その機構と応用例について説明できる．

択性(chemoselectivity，化学選択性ともいう)があるという．

中間体 **A** のアミノ基は分子内に存在するケトンと反応して自発的に脱水が起こり，環状のイミン **B** となる(12.4.4 項参照)．イミン **B** は Raney ニッケルを触媒として水素と反応し，第二級アミン **7** になる．このように，アミノ基をもつ **A** からイミン **B** を経て第二級アミン **7** が得られる過程は，すでに学んだ還元的アミノ化反応(14.6.7 項参照)である．**B** の還元反応では，水素がイミンのつくる平面の上と下の両側から均等に付加するので，この方法によって得られる **7** はラセミ体である．

続いて，ピリドン環部分の構築(図 18.7)を見てみよう．まず，第二級アミン **7** をエトキシメチレンマロン酸ジエチル **15** と反応させ，エナミン **8** を得る．この工程は，α,β-不飽和カルボニル化合物であるエトキシメチレンマロン酸ジエチル **15** に対して求核剤であるアミン **7** が Michael 型の付加(12.5.7 項参照)を起こし，続いて付加体からエタノールが脱離している．エナミン **8** をポリリン酸エステルと反応させると，Friedel-Crafts アシル化反応(8.3.3 項)によく似た機構によってベンゼン環がアシル化されてピリドン環部分が構築され，**9** が得られる．これによってオフロキサシンの基本となるキノロン骨格が完成する．

最後に，キノロン骨格の 7 位に置換基(ピペラジノ基)を入れる段階では，前もって **9** の 3 位のエチルエステルを酸性条件下で加水分解し，カルボン酸 **16** に変換する必要がある(図 18.7)．このエチルエステルは，エトキシメチレンマロン酸ジエチル **15** に由来する．これまでのステップではカルボン酸がエチルエステルの形で保護されていたが，ここでその保護を外した(脱保護した)ことになる．このように，複数の官能基をもつ化合物において，特定の官能基だけを反応させる目的で，ほかの官能基を保護することがある．

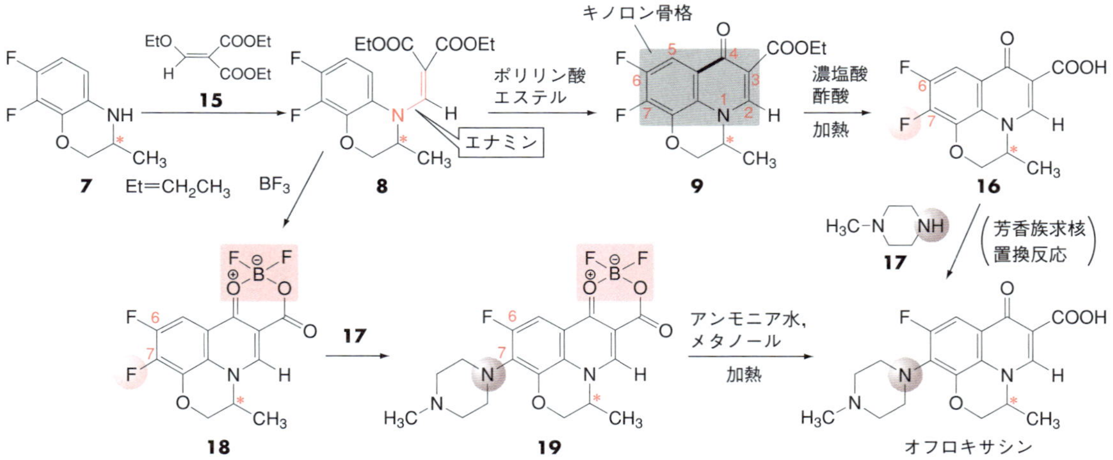

図 18.7　オフロキサシンの合成

カルボン酸は酸性のプロトンをもち各種の反応条件下で反応しやすいため，あらかじめカルボン酸に〝保護基をかけて〟おき，最後に〝脱保護〟してカルボン酸の形に戻すことが多い(17.4節参照)．最後のステップは，**16**の7位のフッ素を*N*-メチルピペラジン**17**によって置換する位置選択的な芳香族求核置換反応である．この場合，7位だけでなく6位にもフルオロ置換基があるが，実際にはこの反応の位置選択性は高く，7位での置換反応が優先して起こる．こうしてラセミ体であるオフロキサシンが合成された．

その後，**8**からオフロキサシンへの工業的な合成法として**18**および**19**を経由する方法が開発された(図18.17下段)．すなわち，**8**を原料とするキノロン骨格の合成を，ポリリン酸エステルに代わり三フッ化ホウ素(BF_3)を用いて行うと，ホウ素を含んだ結晶性のよいキノロン**18**が得られる．この**18**と*N*-メチルピペラジン**17**との反応では，7位での反応性がさらに高まり，高純度の**19**が高い収率で，かつきわめて簡便な操作で得られることがわかった．**19**をアンモニア水と反応させると，ホウ素部分が除去されてオフロキサシンが得られる．この合成法は後に述べるレボフロキサシンの合成にも適用されている．

18.3.2 レボフロキサシンの合成——光学活性化合物の取得法

それでは，オフロキサシンの光学活性体(レボフロキサシンおよびそのエナンチオマー)はどのようにして得られるのであろうか．

SBO 光学活性化合物を得るための代表的な手法(光学分割，不斉合成など)を説明できる．

生体はキラルな存在であるため，キラルな構造をもつ生物活性化合物についても，それぞれのエナンチオマーを異なる物質として認識しているはずである．その結果，それぞれのエナンチオマーは異なる生物作用を示すのが一般的である．近年では，キラルな構造をもつ医薬品を開発する際には，ラセミ体およびそれぞれのエナンチオマーについて，生物作用〔有効性，安全性，体内動態(ADME，1.2.1項参照)など〕が比較検討され，製造方法やコストなども考えたうえで最終的に開発する化合物が決まる．最初にラセミ体として開発されたオフロキサシンも，のちにそれぞれのエナンチオマーの生物作用などが調べられ，光学活性なレボフロキサシンが開発されるに至った*2．

*2 最初にラセミ体として開発され，使用されてきた医薬品を，一方のエナンチオマーに切り替えて開発する例は多い．このようなケースを**キラルスイッチ**(chiral switch)あるいは**ラセミックスイッチ**(racemic switch)という．

最近では光学活性な医薬品が増えており，光学活性な化合物を効率よく得る方法の開発は，有機合成化学における重要な課題の一つとなっている．エナンチオマーを得る方法としては，(a) ラセミ体を分離する方法(光学分割法)と(b) 一方を選択的に化学合成する方法(不斉合成)の二つがある．次に，レボフロキサシンの場合にこれらの方法がどのように用いられたのかを見てみよう．

光学分割法
二つの鏡像異性体の等量混合物(ラセミ体)からそれぞれの鏡像異性体を分離する方法．

(a) ラセミ体の光学分割法

通常，それぞれのエナンチオマーの物性は等しいので，ラセミ体は容易に

COLUMN サリドマイドと医薬品のキラリティー

サリドマイド(thalidomide，図①)は1950年代に睡眠薬，精神安定薬として，アメリカを除く多くの国で発売された．さらに，つわり(悪阻)をやわらげる薬として妊婦にも服用された．ところが，その結果，不幸にもアザラシ肢症という手足に奇形をもつ新生児が多数生まれ，大きな薬害事件となった．

サリドマイドは不斉炭素を一つもつ化合物であるが，ラセミ体〔(*R*)-体と(*S*)-体の1：1混合物〕として開発された．その後の動物実験によって，この催奇形性は(*S*)-体に基づくという報告がだされ，(*R*)-体のみを医薬品として開発すれば副作用の発現は避けられたかもしれないといわれた．しかし，さらに詳しい研究が進み，サリドマイドのそれぞれのエナンチオマーは生体内で容易に相互変換することが明らかになった．このため現在では，たとえ催奇形性がないといわれる(*R*)-体だけを投与したとしても副作用の発現は避けられなかったであろうと考えられている．サリドマイドは1960年代初期に販売が中止されたが，最近ではハンセン氏病や多発性骨髄腫の治療にも有効であることが示され，厳しいガイドライン付きではあるが，医薬品として再び承認されるようになった．

従来は，製造コスト面で有利なこと，あるいは光学活性体を取得する科学および技術が成熟していなかったために，キラリティーをもつ化合物はラセミ体のかたちで販売されることが多かった．しかし，このサリドマイドの薬害事件が契機となって，薬物をラセミ体で開発する危険性が考慮されるようになった．現在では，キラリティーをもつ化合物を医薬品として開発する場合には，ラセミ体およびそれぞれのエナンチオマーについて，生物作用〔有効性，安全性，体内動態(ADME)など〕が比較検討され，どの形態で開発するかが決定されるようになっている．

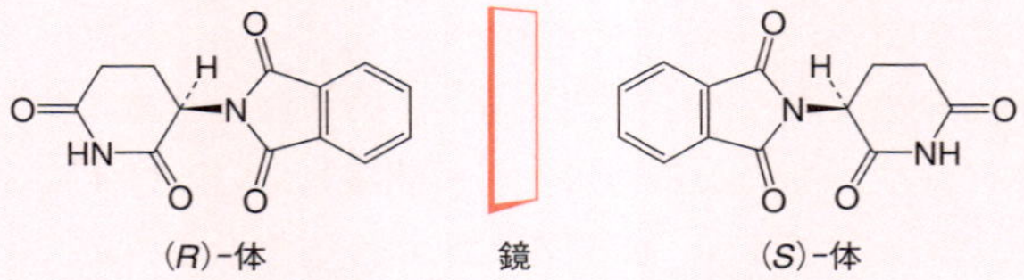

(*R*)-体　　鏡　　(*S*)-体

図① サリドマイドの光学異性体

は分離できない．そこで，次の①～③のような方法が用いられている．

① カラムクロマトグラフィーによる分離

キラルな担体を保持したカラムを用いて高速液体クロマトグラフィー(high performance liquid chromatography；HPLC)によりラセミ体を分離し取得する．この方法は，少量の化合物を分離および取得するには効率がよいので，研究の初期に利用されることが多い．

オフロキサシンの場合も，最初はこの方法を用いて合成中間体の光学分割が行われた．分割したそれぞれの光学活性中間体を用いて，ミリグラム単位のレボフロキサシンおよびそのエナンチオマーを合成し，生物作用などを調べた．その結果，レボフロキサシンのほうがそのエナンチオマーやラセミ体に比べて抗菌作用が高いことが明らかになった．すでに述べたように，

HPLC 法は大量の化合物を得る方法として適当ではなく，この方法ではその後のいろいろな検討に必要な量の化合物を供給できない．このため，次の方法が検討された．

② 酵素を用いる方法

酵素は触媒作用をもち，生体内のさまざまな化学反応を穏和な条件下で進めることを可能にするタンパク質である．それぞれの酵素は特定の物質(基質)のみに働き，特定の反応だけを触媒する性質をもつ．酵素は基質中のキラリティーも認識して化学反応を触媒することから，有機合成化学では立体選択的な反応を進めるために活用されている．

レボフロキサシンの場合には，リパーゼ(エステル加水分解酵素)を用いると光学活性な中間体を得ることができる．

まず，オフロキサシンの化学合成で用いたフェノール **11** を出発原料にする(図 18.8)．Williamson のエーテル合成法によって **11** をクロロメチルアセトキシメチルケトン **20** と反応させ，*O*-アルキル化された **21** を得る．次に Raney ニッケルを触媒として **21** に水素を反応させ，オキサジン **22** を得る．ここまでの過程はオフロキサシンの合成とほぼ同じ(図 18.6)である．ここで得られた **22** は 1 か所の不斉点をもち，エナンチオマー(**22A** および **22B**)の等量混合物(ラセミ体)として存在している．この **22A** および **22B** の混合物に対して酵素リパーゼを作用させると，これらエナンチオマーの一方の反応だけが進行する．この場合，**22A** のみアセチル基が加水分解され，第一級アルコール **23** に変換される．もう一方のエナンチオマーである **22B** は，加水分解されずそのまま回収される．**23** と **22B** は異なる化合物であるのでカラムクロマトグラフィーにより容易に分離される．この場合，

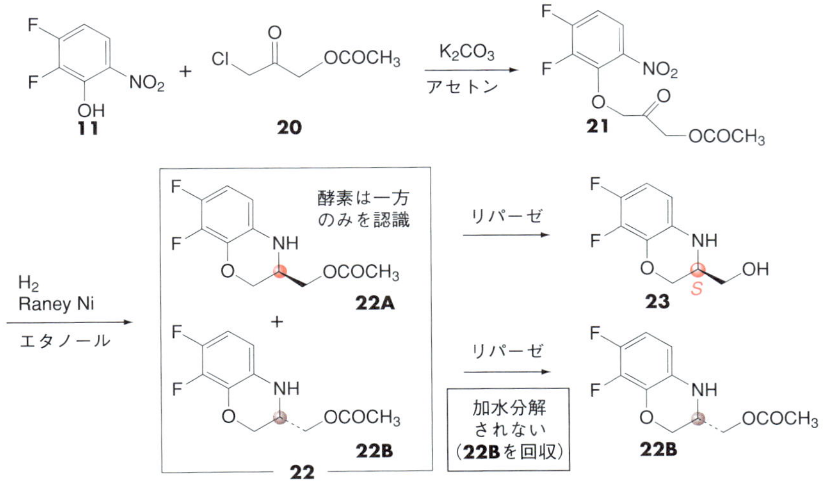

図 18.8　酵素法による光学分割

リパーゼの基質特異性は完全であり，ラセミ体から純粋なエナンチオマーを得ることができる．以下に示すのは，光学活性な **23** のみを用いたステップである．

23 のヒドロキシメチル基は塩化チオニルと水素化ホウ素ナトリウムで連続して処理すると，還元反応が進みメチル基に変換され，図 18.6 で得た ***7*** の(*S*)-配置をもつ光学活性体 ***7S*** が得られる(図 18.9)．ここから先はラセミ体 ***7*** で行った方法(図 18.7)と同じ化学反応を用いて，***7S*** からレボフロキサシンが合成される．

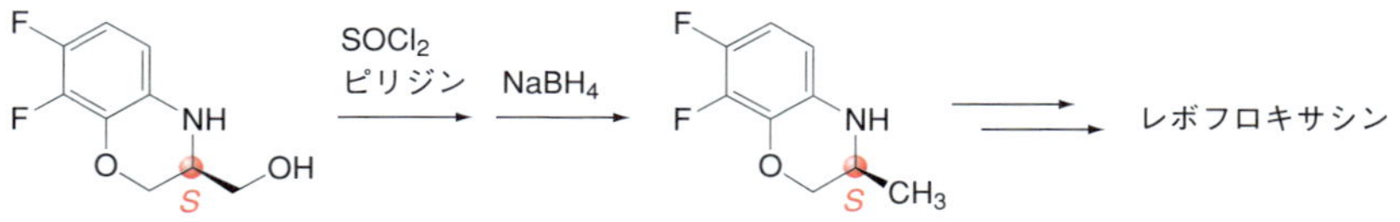

F, F, NH, O, *S*, OH
23
$SOCl_2$ ピリジン → $NaBH_4$ →
F, F, NH, O, *S*, CH_3
7S
→ → レボフロキサシン

図 18.9　光学活性中間体からレボフロキサシンへの合成

③ジアステレオマー法

ラセミ体をジアステレオマーに誘導して分離する方法がジアステレオマー法である．ジアステレオマーどうしは物性が異なるため，何らかの方法を用いれば分離できることを利用している．図 18.10 にその概略を示した．たとえば，ラセミ体と，天然に得られる光学的に純粋な化合物を分割剤として反応させ，イオン結合(塩の形成)もしくは共有結合を形成させることによってジアステレオマーの混合物にする．それぞれのジアステレオマーを分離したのちに分割剤を切り離せば，元のエナンチオマーがそれぞれ純粋なかたちで単離できる．

イオン結合(塩の形成)による分割法は，ラセミ体が構造中に酸や塩基の成分をもつ場合は適用範囲も広く，工業的にも用いられている．たとえば，ラ

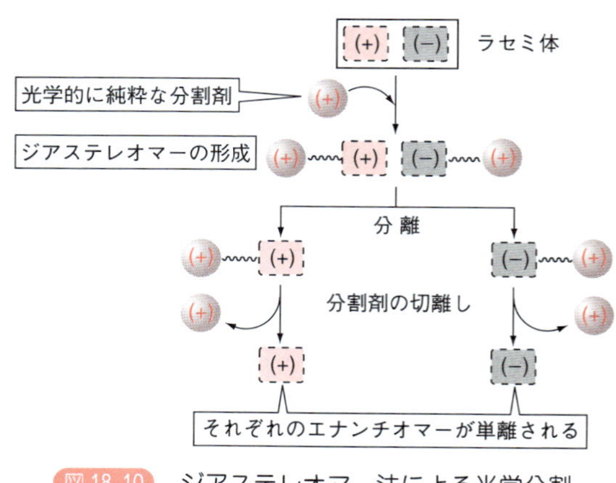

図 18.10　ジアステレオマー法による光学分割

セミ体の酸を分割するときには，光学的に純粋なアミン(塩基性光学分割剤)を作用させ，結晶性のジアステレオマー塩に誘導して結晶化させる．結晶化操作を繰り返すことにより，より難溶性のジアステレオマー塩の純度を高めていき，得られた単一のジアステレオマー塩を，水酸化ナトリウムなどの塩基と反応させて分割剤を除去すれば，一方のエナンチオマーが得られる．ラセミ体の塩基を分割する場合には，光学活性な酸(酸性光学分割剤)を用いる．

一方，共有結合によるジアステレオマーの形成を利用する分割法もよく用いられている．オフロキサシンおよび後述(18.5.2 項)するアムロジピンの光学活性体の合成にもこの方法が利用されている(図 18.11 および図 18.17)．オフロキサシンの場合には，図 18.6 で合成したラセミ体の中間体 **7** を光学分割する(図 18.11)．分割剤には L-プロリンから誘導された *N*-トシルプロリン **24** を用いる．まず，**7** を **24** の酸塩化物と反応させると，アミド誘導体(**25A** および **25B**)がジアステレオマーの混合物として得られる．両者はカラムクロマトグラフィーで分離できる．**25A** と **25B** のそれぞれを加水分解して分割剤 **24** を除去すると，目的とする **7** の光学活性体 ***7S*** と ***7R*** がそれぞれ純粋なかたちで得られる．ここから先は図 18.7 と同じ化学反応により，それぞれのレボフロキサシンとその鏡像異性体に変換できる．

このように，酵素法およびジアステレオマー法によりラセミ体から光学活性体を得ることができる．しかし，これらには大きな欠点がある．それは，これらの方法では一方のエナンチオマーのみが用いられ，もう一方のエナンチオマー，すなわち出発物質の残り半分の量は，他方に変換できなければ不要になってしまうことである．そこで，実用的にレボフロキサシンを得る方法として，ほしい立体化学の化合物だけをつくる**不斉合成法**(asymmetric synthesis)が検討された．

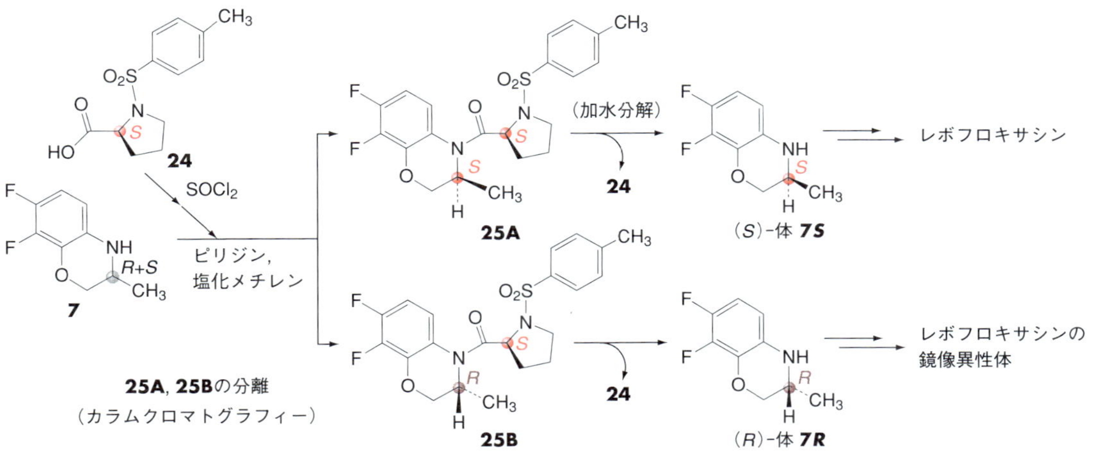

図 18.11　ジアステレオマー法によるオキサジン **7** の光学分割

SBO 代表的な立体選択的反応を列挙し，その機構と応用例について説明できる．

(b) 不斉合成法

容易に入手できるキラル化合物中の不斉中心を活かして化学変換し，目的とするキラル化合物を合成する不斉合成法は，光学活性な医薬品の合成において実際に広く用いられている．

レボフロキサシの化学合成には，出発物質として(*R*)-乳酸メチルエステル **26** が用いられる．**26** の不斉炭素がレボフロキサシンの不斉炭素となる(**26** の合成については p. 410 のコラム参照)．ただし，後で示すオキサジン環の形成反応(図 18.12：**31** → **8*S***)で立体化学が反転することに注意してほしい．

まず，**26** のヒドロキシ基がテトラヒドロピラニル基で保護され(17.4.1 項参照)，**26A** に変換される．**26A** のエステル部分はヒドロキシメチル基に還元され，アルコール体 **26B** となる．**26** のテトラヒドロピラニル基による保護は，**26B** で新たに生成するヒドロキシ基と区別するためである．アルコール **26B** は水素化ナトリウムを用いてアルコキシドとし，これを，すでに図 18.5 で用いた **10** と反応させると，芳香族求核置換反応が起こり，**27** が得られる．

ついで，保護基であるテトラヒドロピラニル基を酸によって除去し，**28** にする．この **28** を，パラジウム-炭素(Pd/C)を触媒として水素と反応(接触還元法，7.3.5 項参照)させると，ニトロ基がアミノ基に還元され，**29** が生成する．続いて，この化合物 **29** を図 18.7 で用いたエトキシメチレンマロン酸ジエチル **15** と反応させると，**30** が得られる．このとき出発原料 **26** から **30** に至るまで，不斉炭素の絶対配置は(*R*)のまま保存されている．

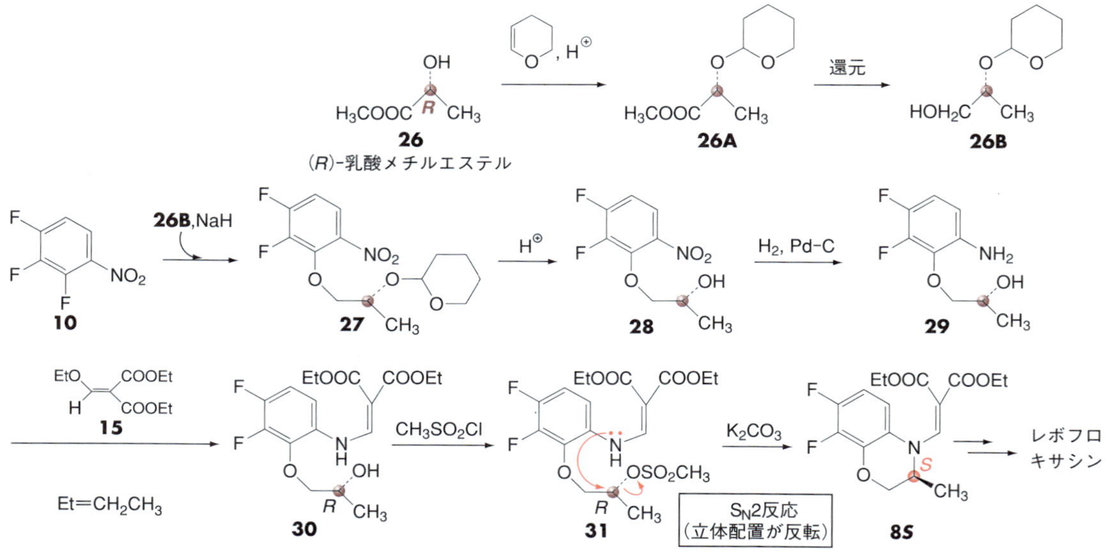

H_3COOC, OH, *R*, CH_3 **26** (*R*)-乳酸メチルエステル →(ジヒドロピラン, $H^{\oplus}$)→ **26A** →(還元)→ **26B** (HOH_2C, CH_3)

10 (F, F, F, NO_2) →(**26B**, NaH)→ **27** →($H^{\oplus}$)→ **28** →(H_2, Pd-C)→ **29** (NH_2, OH, CH_3)

→(**15**: EtO, H, COOEt, COOEt；Et=CH_2CH_3)→ **30** (EtOOC, COOEt, N–H, OH, *R*, CH_3) →(CH_3SO_2Cl)→ **31** (OSO_2CH_3, *R*, CH_3) →(K_2CO_3)→ **8*S*** (EtOOC, COOEt, N, O, *S*, CH_3) → → レボフロキサシン

S_N2反応(立体配置が反転)

図 18.12 レボフロキサシンの不斉合成

次に **30** を用いてオキサジン環を構築する．まず，**30** のヒドロキシ基をメタンスルホニル(CH_3SO_2-)化して脱離しやすい基とする(**31** を生成)[*3]．ついで，塩基である K_2CO_3 と反応させると，アミノ基が求核剤として作用して分子内で求核置換反応が進み，**31** のメタンスルホニルオキシ基が脱離した閉環体(***8S***)が得られる．この反応は S_N2 反応なので不斉炭素の立体配置が反転し，(*R*)から(*S*)に変わる(Walden 反転，9.4.1 項参照)．ここで得られた ***8S*** は図 18.7 で用いた **8** の光学活性体である．したがって，ここから先は図 18.7 の方法を用いて，レボフロキサシンが合成できる[*4]．レボフロキサシンの工業的な合成はこの方法にもとづいて行われている．

＊3 メタンスルホニル化は一般的には求核性の高いアミノ基のほうが，ヒドロキシ基より起こりやすい．しかし，**30** のアミノ基はエナミン構造の一部となっており，求核性が劣るのでヒドロキシ基がメタンスルホニル化されて **31** を生成する．

＊4 興味深いことに，レボフロキサシンは化合物 1 分子に対して 1/2 分子の水を含む結晶として得られる．製品は 1/2 水和物である．

18.4 ニフェジピンをつくる

ニフェジピンは 1,4-ジヒドロピリジン骨格をもち，カルシウムチャネルに作用する薬物である．ニフェジピンが見いだされて以来，多数の 1,4-ジヒドロピリジン系のカルシウム拮抗薬が開発された．これらは，心臓の収縮力に影響力を与えることなく心拍数を減少させ，さらに冠動脈に対して血管拡張作用をもち心臓の心室への後負荷を軽減させるので，狭心症の治療に用いられる．また，末梢血管も拡張することから高血圧症治療にも使用されている．

ニフェジピンの 1,4-ジヒドロピリジン構造の C4 位を不斉中心と思う人がいるかもしれない(図 18.13)．しかし，全体を眺めれば左右対称であるので，C4 位は不斉炭素ではないことがわかる．したがって，ニフェジピンはアキラルな分子である．ニフェジピンは入手の容易な出発物質から 1 段階で合成できる．これは，すでに 16.10.3 項で学んだ Hantzsch のピリジン合成である．とくにニフェジピンの場合，左右対称なジヒドロピリジンであるので左右の成分としてアセト酢酸メチル **32**(2 倍量)を用い，*o*-ニトロベンズアルデヒド **33** およびアンモニア **34** とメタノール中で加熱することで一挙に反応が進行する．

さて，このニフェジピンのもつジヒドロピリジンの左右対称性を壊したらどのような分子になるだろうか．その好例がアムロジピンである．

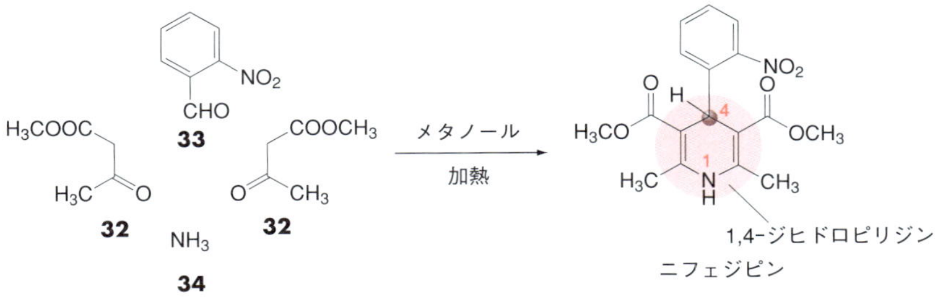

図 18.13 ニフェジピンの合成

COLUMN 天然にないものをつくる

天然には光学的に純粋な化合物が多く存在する．たとえば，アミノ酸や糖は安価で入手の容易な光学活性化合物である．そこで，これらを出発物質として用い，最初から光学活性体として合成すれば，効率がよいように思われる．しかし，通常，アミノ酸はL-体が主でD-体が少なく，同様に糖もD-糖が主でL-糖は希少であるように，キラルな天然物はほとんどの場合どちらか一方のエナンチオマーである（15.2.1 項参照）．これでは，合成できる化合物の立体化学はある程度かぎられてしまう．そこで，天然からの供給に頼らずに，天然に存在しない光学活性化合物を人工的につくる研究が進展した．

現在では，アキラルな基質からキラルな化合物を得る方法の研究が進み，とくに反応の触媒としてキラル化合物を使い，少ない不斉源で多くのキラル化合物の合成が可能になってきた（触媒的不斉合成という）．最近では，天然にないさまざまな光学活性体も比較的容易に入手できるようになっている．

レボフロキサシンの合成で用いた出発原料，(*R*)-乳酸メチルエステル **26** も天然にはない．この化合物は，アキラルなピルビン酸メチルエステルを用いて触媒的な不斉還元反応により合成できる（図①）．ここで用いられる触媒は BINAP という，2001 年度のノーベル化学賞受賞者である野依良治博士が開発した触媒である（p. 70 のコラム参照）．金属であるルテニウムに光学活性な配位子（不斉配位子）である (*R*)-BINAP を配位させた錯体を触媒に用い，ケトンに対して不斉水素化反応を行う．このとき不斉な環境下の水素はケトン（sp^2 混成の炭素であるため平面構造になる）の平面の片側だけを攻撃し，光学活性なアルコールが得られる．このようにして，非天然型の (*R*)-乳酸エステルをつくることができる．

BINAP：2,2′-bis(diphenylphosphino)-1,1′-binaphthyl

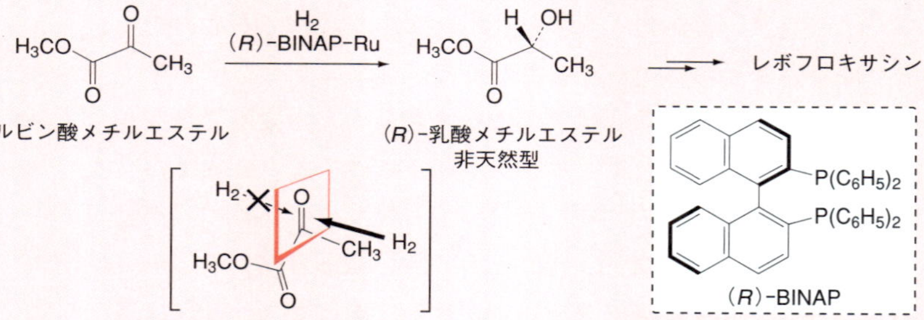

ピルビン酸メチルエステル → H_2 / (*R*)-BINAP-Ru → (*R*)-乳酸メチルエステル 非天然型 → レボフロキサシン

(*R*)-BINAP

図① (*R*)-BINAP を用いる非天然型の乳酸の不斉合成

18.5 アムロジピンをつくる

18.5.1 アムロジピン（ラセミ体）の合成

アムロジピンベシル酸塩（以下アムロジピン）はニフェジピンよりも作用持続時間が長いという特徴をもち，効果的に血圧を制御できる降圧薬である（図 18.14）．したがって，現在，1,4-ジヒドロピリジン系の降圧薬のうち最も広く用いられている．アムロジピンは，ジヒドロピリジン部分が左右対称ではないので C4 位は不斉中心であり，光学異性体が存在する．アムロジピンはラセミ体として開発され，現在もそのまま用いられているが，後の検討によって，両エナンチオマーの活性は異なることが明らかにされている．まずは，ラセミ体であるアムロジピンのつくり方を学ぼう．

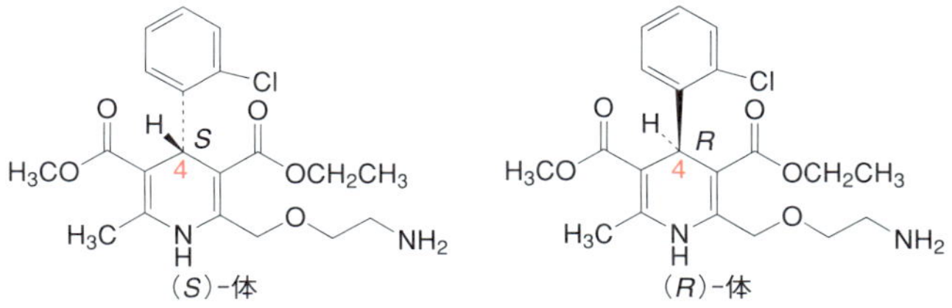

図 18.14 アムロジピン

アムロジピンも Hantzsch のピリジン合成によって合成される．1,4-ジヒドロピリジン環の左右の置換基が異なるので，2 種類の β-ケトエステル誘導体(**32** と **38**)を用いて骨格が合成される(図 18.15)．まず，左側部分はアセト酢酸メチル **32** を用いて，*o*-クロロベンズアルデヒド **35** を反応させ，脱水縮合体 **36** を得る．この反応では，**32** の活性なメチレン基(12.3.2 項および 17.2.4 項参照)と **35** のアルデヒド基とのアルドール型の付加反応(12.5.6 項および 17.2.5 項参照)につづいて脱水が起こっている*5.

一方，右側部分は 4-クロロアセト酢酸エチル **40** と 2-アジドエトキシド **39** から S_N2 反応によって得られるケトエステル体 **38** を用いる．**38** の末端のアジド基は，最終的にはアミノ基($-NH_2$)へ変換されるが，合成の途中でカルボニル基などと反応しないように，保護された窒素官能基として用いられている．化合物 **36** と **38**，および酢酸アンモニウム **37** の 3 成分を用

*5 Knoevenagel（クネベナーゲル）反応とよばれる．

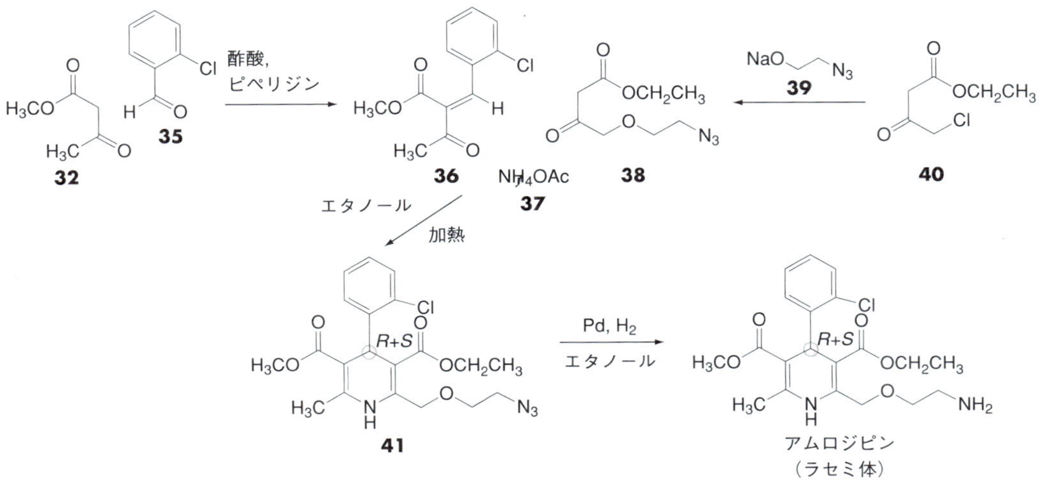

図 18.15 アムロジピンの合成

いてHantzschのピリジン合成を行うと，アムロジピンの基本骨格をもつ **41** が得られる．最後に，アジド基を接触還元してアミノ基に変換(14.6.1項参照)すると，ラセミ体であるアムロジピンが完成する．

18.5.2 アムロジピンのエナンチオマーを得る――ジアステレオマー法

すでに述べたように，アムロジピンはラセミ体として開発されている．この両方のエナンチオマーがどのような生物作用をもつかに関心がもたれ，18.3.2項で述べたジアステレオマー法により，ラセミ体である合成中間体の光学分割が検討された．ここでは，光学的に純粋なかたちで存在し，入手が容易な(*S*)-(+)-2-メトキシ-2-フェニルエタノール **46** が分割剤として用いられた．その際，**46** と共有結合を形成しジアステレオマー誘導体に変換するために，アムロジピンの合成ルートを少し変更する必要が生じた．

ジヒドロピリジン骨格を形成するためのHantzschピリジン合成反応には，3-アミノクロトン酸メチル **42** とシアノ化合物 **43** を用いる．得られたジヒドロピリジン **44** は二つのエステル部分がメチルエステルとシアノエチルエステルになって異なっている．シアノエチルエステルはメチルエステルに比べて加水分解されやすいので，官能基選択的な加水分解によってモノカルボン酸 **45** が得られる(図18.16)．ついで，カルボン酸 **45** を(*S*)-(+)-2-メトキシ-2-フェニルエタノール **46** と反応させ，エステル体 **47** を合成する．このときエステル化を容易に行うために，カルボン酸を活性化する *N*,*N'*-カルボニルジイミダゾール(*N*,*N'*-carbonyldiimidazole)を用いる[*6]．得られたエステル体はジアステレオマー **47A** および **47B** の混合物なので，それぞれをクロマトグラフィーで分離する．

次に，ジアステレオマー **47A** および **47B** をそれぞれエタノール中でナトリウムエトキシドと反応させ，分割剤(*S*)-(+)-2-メトキシ-2-フェニルエタノール **46** とのエステル結合をエタノールとの結合に交換(エステル交換)することで **46** を切り離し，ジアステレオマーからそれぞれのエナンチオマーに変換する(図18.17)．ついで，還元反応によりそれぞれのアジド基をアミノ基に変換すると，アムロジピンのエナンチオマーをそれぞれ純粋なかたちで得ることができる．

*6 カルボン酸の活性化体としてアシルイミダゾリドが生じる．すなわち，**45** がこのアシルイミダゾリドになり，活性化されて **46** と反応し，エステル **47A** および **47B** が生成する．

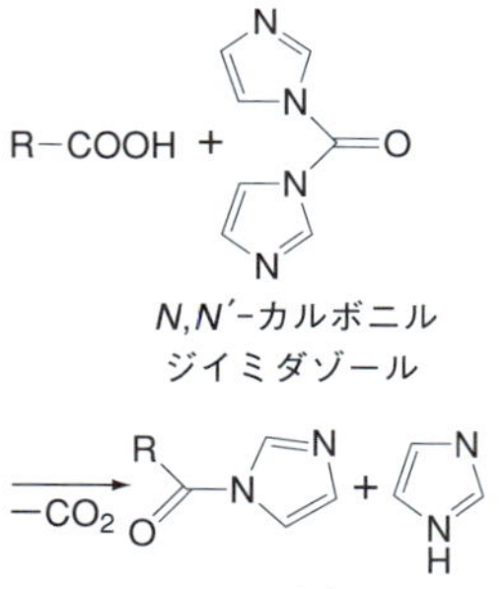

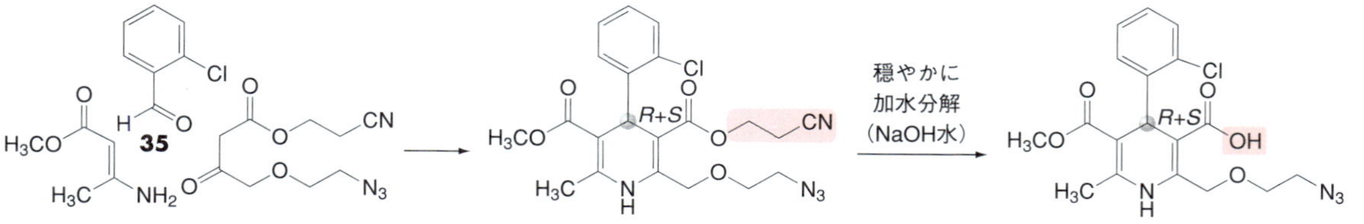

R−COOH + *N*,*N'*-カルボニルジイミダゾール → ($-CO_2$) アシルイミダゾリド + イミダゾール

42 + 35 + 43 → 44 →(穏やかに加水分解 (NaOH水)) 45 カルボン酸(ラセミ体)

図18.16 中間体カルボン酸(ラセミ体)**45** の合成

このような方法によって実際に分離されたエナンチオマーの活性をそれぞれ調べた結果，カルシウムチャネル阻害作用は，(*S*)-(−)-アムロジピン(levamlodipine)が(*R*)-(+)-アムロジピンよりも約1000倍高いことが明らかになった*7.

*7 (*S*)-(−)-アムロジピンはインドで製品化されているが，世界的には発売されていない．現在はラセミ体であるアムロジピンが広く用いられている．

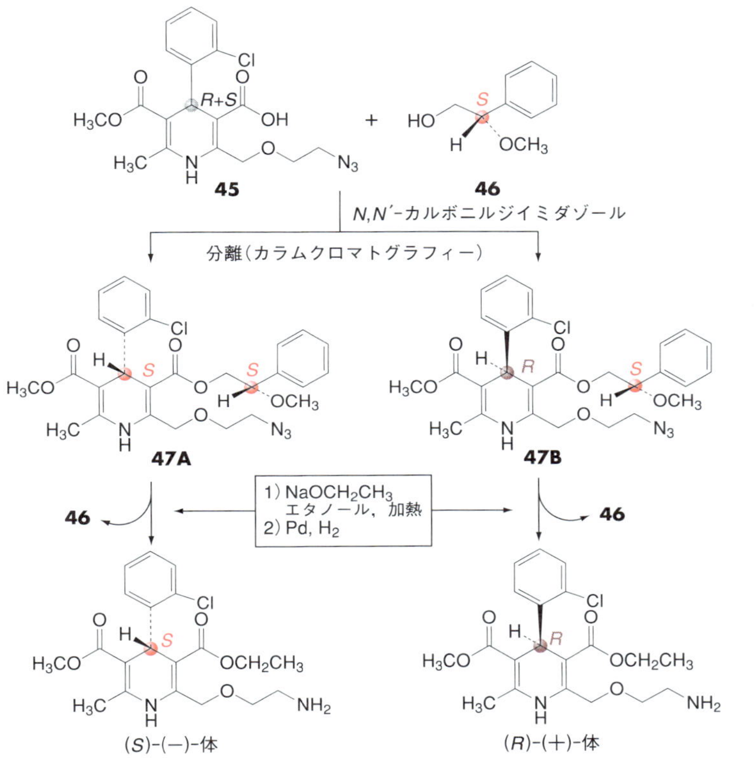

図 18.17 ジアステレオマー法を用いるアムロジピンのエナンチオマーの合成

18.6 有機化学(有機合成化学)を医療現場に活かすには

医薬品として市場にでているいくつかの化合物の合成法を学んできた．実際に医薬品をつくるには有機化学(有機合成化学)の基礎が大事であることをわかっていただけたと思う．最後に，有機化学(有機合成化学)を医療現場で活かすことを考えてみたい．現実の医療現場では医薬品を合成することはないが，医薬品を扱うときに十分に活用できる事柄はたくさんある．

18.6.1 医薬品の構造の重要性を理解する

医薬品の構造は細部にわたって厳密に設計されたものであり，どのような意図に基づいてその構造が創出されたのか，その重要性を理解したうえで取り扱うべきである．アセチルコリンアナログの医薬品を例にあげて考えよう．

SBO アセチルコリンアナログの代表的医薬品を列挙し，化学構造に基づく性質について説明できる．

アセチルコリンは，前シナプス神経の神経終末において働く神経伝達物質であり，体内にあるニコチン性とムスカリン性の二つの受容体に作用する．アセチルコリンの不足はさまざまな疾病の原因となるため，これを局所の受容体に適切に供給する必要がある．しかし，アセチルコリン自体はエステル構造をもち，胃や血液中で容易に加水分解されるうえに，受容体の選択性がなく，医薬品としての使用は難しい．そこで，アセチルコリンの構造を模した安定な化合物の分子設計が行われ，メタコリンやカルバコールを経てムスカリン性受容体選択性の高い医薬品としてベタネコールが創出された(図18.18)．ベタネコールは，アセチルコリンのエステル部位のメチル基をアミノ基に変えることによって加水分解に対する安定性を増し，1位にメチル基を導入することでムスカリン性受容体選択性を得ている．

このように，医薬品の構造は一つひとつに重要な意味がある．医薬品の構造の重要性を十分に理解すれば，構造のよく似た医薬品の作用機序や安定性，予想される問題点などを薬剤師が考えて扱えるようになる．

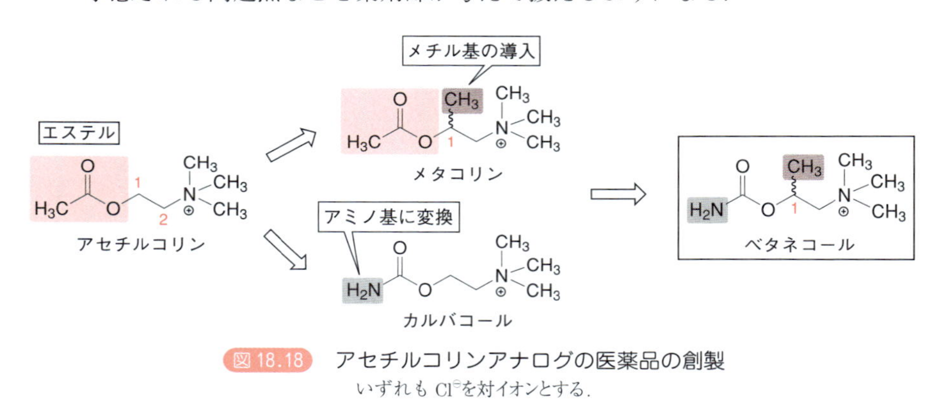

図18.18 アセチルコリンアナログの医薬品の創製
いずれも $Cl^{\ominus}$を対イオンとする．

18.6.2 官能基の性質を理解する

医薬品は複数の官能基をもっているが，それらは薬理作用を発揮させるためだけでなく，医薬品の構造を安定化させたり，吸収性を高めたり，さまざまな目的のために存在している．それぞれの官能基のもつ物性や他の官能基との作用などを理解しておくことは重要である．とくに医薬品では，より多彩な性質を引きだすためにそれぞれの官能基の性質を変える働きもある「保護基」を組み込んでいることが多い．

すでに，Part II の基礎編でさまざまな官能基について学んだが，ここでもう一度，その特性をそれぞれの保護基と関連づけて簡単にまとめる．官能基の保護基については，すでに17.4節で標的化合物を合成するという観点から述べたが，医薬品の構造中にも保護基はさまざまな形で存在する．薬理活性の本体となる化合物の特定の官能基を修飾する(保護する)ことにより，安定性や溶解性のほか生体内への吸収性や標的臓器(標的細胞)への移行性，生体内の酵素による代謝への感受性などさまざまな性質を改変することが可能になる．医薬品の作用を発現するにあたっても，保護基の役割は合成反応におけるものと同じであると考えてよい．

① アルコール(ヒドロキシ基)

アルコールは酸としても塩基としても働くことができ，相手の分子の酸性度や塩基性度によって弱酸にも弱塩基にもなる．また，アルコールには水素結合を形成する性質もあり，酵素や受容体との作用点になりやすい．さらにアルコールは水との親和性が高く，医薬品を水に溶けやすくする．一方で，アルコールには保護基も多く，適当な保護基を用いることでアルコールの特質を上手に隠すことができる．

② アミン(アミノ基)

アミンは塩基性を示す．したがって，酸性水溶液に溶けやすく，酸性化合物と塩をつくる．また，アミノ基は空気中の酸素によっても酸化されやすい．そのため，アミンを構造中にもつ医薬品の多くは，結晶性のよい酸性化合物との塩(塩酸塩や硫酸塩)にして，酸化を防ぎ，安定化をはかっている．また，このように塩を形成することは，医薬品の水溶性を高める効果もある．

③ ケトンおよびアルデヒド(ケト基およびホルミル基)

ケトンやアルデヒドは極性のある C＝O 二重結合をもっており，この部分に還元反応，酸化反応，縮合反応などが起こりやすい．また，カルボニルの酸素は酵素や受容体と相互作用しやすい．とくにアルデヒドは反応性が高く，水分子と水和しやすい．一般に，アルデヒドはケトンより不安定で，たとえばアルデヒドは空気中の酸素によっても容易に酸化され，カルボン酸になりうる．

④ カルボン酸(カルボキシ基)

カルボン酸は極性が高く，酸性を示す．したがって，塩基性水溶液に溶けやすく，塩基性化合物とカルボン酸塩をつくる．また，水素結合を形成する性質もある．このようなカルボン酸の性質が医薬品の体内への吸収や作用部位への適切な送達の妨げになることがある．そのような場合，カルボン酸をあらかじめ吸収されやすいエステルに変換して投与し，生体内の加水分解酵素(エステラーゼ)によって，作用部位でカルボン酸を生じさせる工夫がなされる．このような方法(プロドラッグ化という)については次項で詳しく述べる．

18.6.3 医薬品の吸収・作用・代謝は有機化学の反応

有機合成化学を文字どおりにとらえれば，有機化合物を合成する化学である．すでに述べたように，有機合成化学をとおして医薬品の合成法を学ぶことは非常に重要である．しかし，医療現場での有機化学には医薬品の適正使用への貢献というさらに重要な役割がある．生体内で医薬品が吸収されて作用し，代謝される過程はすべて有機合成化学の反応で説明される．もっと広くとらえれば，生体は有機体であり，生命現象そのものがつねに有機合成反応の積み重ねといっても過言ではない．医療にかかわる人びとが医師も含めて，より有機化学に親しむことによって，生命現象に対峙する医療の質が向上するだろう．医薬品を扱う立場の人びとに活用してほしい有機化学(有機合成化学)をまとめる．

(a) 医薬品の安定性

医薬品を開発するにあたっては，化合物そのものおよび製剤での安定性が十分に検討されるので，市販医薬品は一定の保存条件下では品質が保証されている．しかし，医薬品は周囲の湿気，酸性度および塩基性度などによって徐々に有機化学反応を起こし，構造が変わる恐れがあることにつねに注意を払わなければならない．そのためには化合物のもつ構造上の特性を理解する必要がある．

たとえば，アスピリンは空気中の湿気によって徐々に加水分解され，サリチル酸と酢酸に変化する(図 18.19)．その結果，もとの薬物とは異なる作用を示す場合もありうる．医薬品の構造を確認し，どのような有機化学反応が起こる可能性があるか，反応後に生じる構造はどのようなものか，それによる危険性はあるか，など起こりうる有機化学反応を想定して医薬品を扱う必要がある．

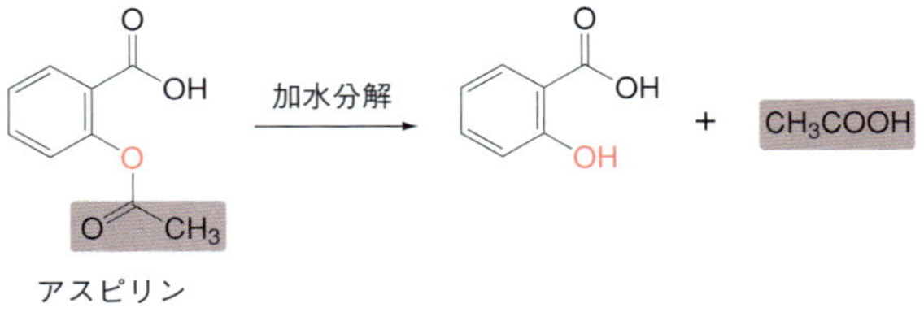

図 18.19　アスピリンの加水分解

(b) プロドラッグ

医薬品の分子構造を修飾することによって，体内投与後にもう 1 段階の変換を経てはじめて薬効を発揮するように設計された医薬品がプロドラッグである(13 章 p. 276 のコラム参照)．薬物の吸収性をよくしたり，標的臓器への到達を容易にしたり，薬効を発揮する時間や代謝される時間を調節する目的でプロドラッグ化が行われている．プロドラッグは生体内で酵素反応または化学反応を経て活性本体に変換されるものであり，そのままでは薬効を示さない．

プロドラッグの考え方は有機合成における保護基(17.4 節参照)と同様である．すなわち，活性の本体となる化合物をあらかじめ〝保護〟して標的臓器

（標的細胞）への集中や血中濃度の維持などに都合のよいように物性を改善し，なおかつ所期の目的が達成された段階で酵素などにより生体内で〝脱保護〟されて薬効を発現するように巧妙に設計されている．最近では，多くの医薬品がプロドラッグ体として開発されている．たとえば，アンピシリン（前述の13章 p. 276 のコラムを参照），カンデサルタンはカルボン酸部分をエステル化することにより，またフルオロウラシル（fluorouracil）はアミド部分（NH基）をテトラヒドロフラニル化することにより，それぞれ経口吸収性を高めたプロドラッグとして使用されている（図 18.20）．

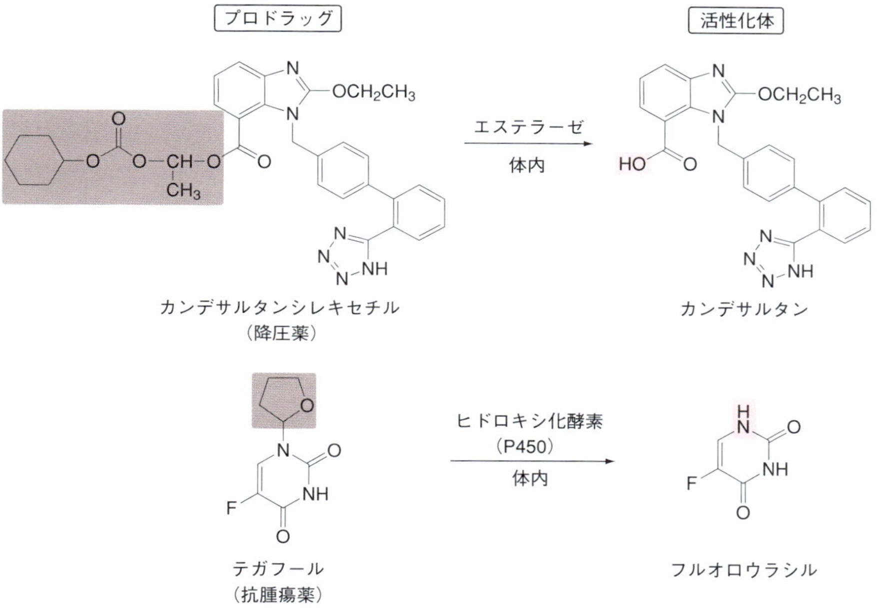

図 18.20　プロドラッグの例
経口吸収性を高めるかたちとしている．

プロドラッグを使用する際に，どのような有機化学（有機合成化学）の反応によって親化合物である活性本体になるのかも理解しておく必要がある．

（c）医薬品の代謝機構

創薬化学（医薬品を創製する化学）の観点からは，医薬品の作用機序や代謝機序については多くの知見が得られている．医薬品を使用する現場では，医薬品の体内動態（ADME，1.2.1 項参照）についてさらに深く理解しておく必要がある．薬効に個人差が生じる理由の一つはそれぞれの代謝機構に差があるためである．尿中排泄物などを分析し，最終代謝物について知ることはできるが，その途中の過程を予測することはきわめて難しく，実際に投与してみないと薬理作用の個人差も見えてこないのが現状である．しかし，医薬品の構造の特徴をとらえれば，ある程度代謝機構を推定することが可能であり，その結果として薬効の個人差も予測できるであろう．

たとえば，医薬品の代謝および排泄にかかわる生体内反応に抱合反応がある．抱合反応とは医薬品あるいはその代謝物のもつヒドロキシ基，カルボキシ基，アミノ基，スルファニル基(sulfanyl group，－SH)などに，硫酸やアミノ酸，あるいはグルクロン酸など水溶性の高い物質が結合する反応である．一般に，抱合体はもとの物質に比べてその極性(水溶性)が高まるため生体から排泄されやすくなり，その物質のもつ作用が減弱する．その結果，毒性の低下につながる場合が多いが，ときには医薬品の作用自体を弱めることもある．

抗菌薬であるクロラムフェニコールにグルクロン酸が抱合する場合を考えてみよう(図18.21)．この反応は酵素(グルクロン酸転位酵素)が関与する反応であるが，有機合成化学の反応として考えると，グルクロン酸(糖)の1位へのグリコシル化(アセタール化)反応である(15.2.4項参照)．

クロラムフェニコール　＋　UDP-グルクロン酸　—グルクロン酸転位酵素→　（UDP[*8]）

図18.21　クロラムフェニコールのグルクロン酸抱合

クロラムフェニコールのヒドロキシ基が求核剤として働き，糖の1位で結合する．

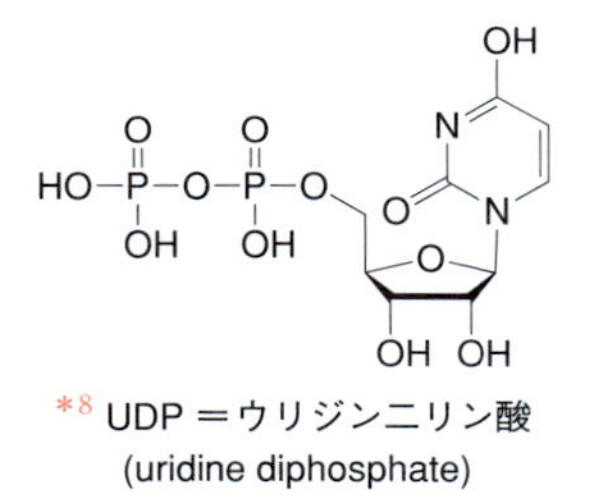

[*8] UDP＝ウリジン二リン酸 (uridine diphosphate)

アセタール化とはアルデヒドやケトンへの求核剤の求核付加であるから，求核性をもつ化合物はすべてグルクロン酸抱合を受けやすいことが予想される．実際に，ヒドロキシ基，カルボキシ基，アミノ基，スルファニル基などを含む医薬品はグルクロン酸抱合を受けて尿中への排泄が早まる傾向にあるといわれている．また，酵素がかかわる反応は基質特異性が高いので，それぞれの酵素の基質特異性(どんな構造の医薬品が反応を受けるか)を理解しておくことは重要である．

もし，ある個人に特定の医薬品が効きにくい場合があるとしよう．この場合，グルクロン酸抱合にかかわる酵素群によって非常にすみやかに代謝されている可能性がある．したがって，酵素の基質特異性から推測して，その構造に似た医薬品も同様に代謝されやすいことが予想できる．あまりにも速く代謝される薬物は作用時間が短く，期待された薬効の発現につながらない．こういった情報が事前にわかっていれば，医薬品の薬効の個人差の予測につながるであろう．

このように，医薬品の代謝機構を医薬品の構造と関連づけることができるようになることも，薬学において有機化学を学ぶ目標の一つである．

章末問題

1. 日本薬局方医薬品ニコチン酸アミドの合成法に関する記述a～eのうち，正しいものを選べ．

ニコチン酸アミド

a. ニコチン酸を塩化チオニルと反応させ，ニコチン酸クロリドに変換し，ついで封管中アンモニアと加熱する．

b. ニコチン酸をエタノールと酸でエステル化し，ついでエタノール性アンモニアと加熱する．

c. 2-シアノピリジンを濃アンモニア水と封管中加熱する．

d. 3-アミノピリジンを酢酸と加熱する．

e. 3-アミノピリジンのアミノ基を亜硝酸と反応させてジアゾ化し，ついで水と加熱する．

2. 日本薬局方医薬品エテンザミドの合成法および性質に関する記述を示した．各問いに答えよ．

サリチル酸（COOH, OH）—反応1→ **A**（$COOCH_3$, OH）—反応2→ **B**（$CONH_2$, OH）—反応3→ エテンザミド（$CONH_2$, OCH_2CH_3）

(1) 反応1～3の反応名として最も適切なものをa～fより選べ．

a. アミド化反応　b. 酸化反応　c. 還元反応
d. エーテル化反応　e. 加水分解反応
f. エステル化反応

(2) 次の記述a～dのうち正しいものを選べ．

a. 反応1はサリチル酸に無水メタノールおよび酸触媒を加えると容易に進行する．

b. 反応1および反応2を経ずにサリチル酸に直接アンモニアを加えても化合物 **B** が容易に生成する．

c. 反応3では，化合物 **B** をフェノキシドイオンに変換し，求核性を高めてからヨウ化エチルと反応させる．

d. エテンザミドは塩基性を示す．

3. 次の反応式は日本薬局方医薬品ピンドロール(β遮断薬)およびその鏡像異性体の二つの合成法を示したものである．この合成法に関する記述のうちで正しいものを選べ．ただし，図中の不斉炭素をもつ化合物はすべてラセミ体である．

a. 反応Aは，カルボニル炭素に対するアミンの求核置換反応である．

b. 反応Cは，インドール環上のヒドロキシアニオンのエポキシドに対する求核的な反応である．

c. エポキシドは，結合角によるひずみのため，通常のエーテルとは異なる反応性を示す．

d. 反応Dでは，窒素原子とベンジル基の間の結合が還元的に開裂する．

反応A（CH_3COCH_3）；反応B（H_2, Pd）；反応C（NaOH）；反応D（H_2, Pd）

ピンドロールおよび鏡像異性体

付録

化合物の命名法

❖ 本章の目標 ❖

- 化学構造の基本骨格について，IUPAC の規則に従った命名を学ぶ．
- 化学構造の基本骨格について，慣用名を用いた命名を学ぶ．
- 代表的な官能基をもつ化合物について，IUPAC の規則に従った命名を学ぶ．
- 複数の官能基をもつ化合物について，IUPAC の規則に従った命名を学ぶ．

A.1 IUPAC 命名法のなりたち

かつて有機化合物の名称は体系的ではなく，それぞれの化合物について昔からの通称や，発見者や研究者が名づけた名称が用いられていた．そのため，合成された有機化合物の数が増えるにつれて，こういった**慣用名**だけでは対応できなくなり，名称を見れば誰でもその化合物の構造を思い浮かべることができるような**体系的な命名法**が必要となった．そこで，International Union of Pure and Applied Chemistry（**IUPAC**（アイユーパック））によって，合理的で体系的な命名法である **IUPAC 命名法**がつくられた*1．ただし，IUPAC 命名法にはいくつかの異なった命名の仕方があり*2，一つの化合物に対して複数の名称をつけることが可能である．命名法の目的は名称と化合物が正しく対応することであり，また，すでに十分通用している慣用名のほうが理解されやすい場合は慣用名を用いることが認められている．IUPAC 命名法はきわめて詳細に規定されているが，医薬品の構造を理解するためには，必ずしもすべてに精通している必要はない．まずは簡単な化合物の名称を決める基本原則を理解しよう．

SBO 代表的な化合物の名称と構造を列挙できる．

IUPAC
国際純正・応用化学連合．1919 年に設立された，化学者の国際学術機関．各国の化学の学会がそのメンバーとなっている．国際学術会議を構成する組織の一つである．

*1 IUPAC 命名法とは別に，*Chemical Abstracts*（CA）方式の命名法がある．CA は世界最大の化学論文の抄録誌であり，化合物の構造と化学名とが 1 対 1 に対応するように命名法のルールを定めている．その基本ルールは IUPAC の置換命名法と類似している．

A.2 IUPAC置換命名法

本付録ではIUPAC命名法のなかで最も基本的な命名法である**置換命名法**を説明する[*2]．置換命名法は，分子の骨格となる炭化水素あるいは芳香環やヘテロ環などを母体構造として，母体の水素原子を置換基に置き換えて命名する．複数の官能基がある有機化合物の名称は図Aのように，接頭語，母体，接尾語の三つの構成で命名する．

*2 IUPAC命名法には，置換命名法，基官能命名法(p.431最終行を参照)，減去命名法，接合命名法，代替命名法，同一要素集合型命名法など，やり方の異なるいくつかの命名法があり，一つの化合物に対して複数の名称をつけることが可能である．IUPACの規則では，それらのうち置換命名法をほかの命名法よりも優先して用いるように勧告している．

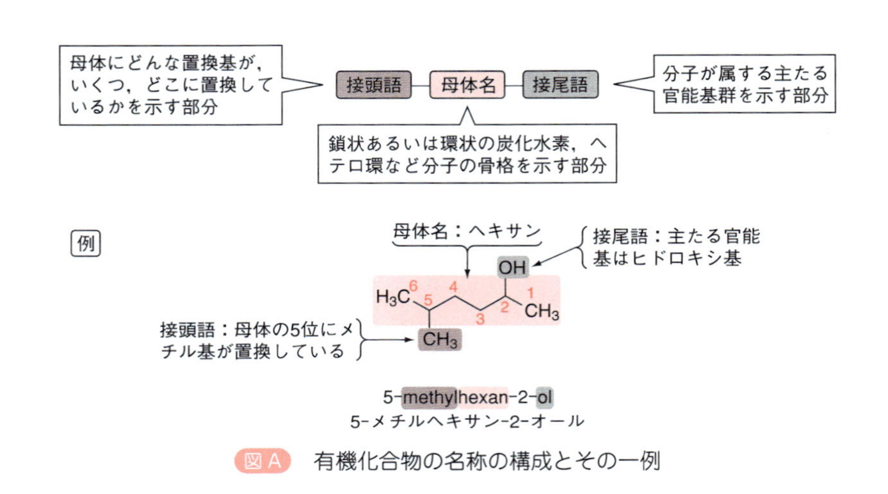

図A 有機化合物の名称の構成とその一例

母体名は有機化合物の基本骨格となる部分を示す．たとえば，メタン(methane)，エタン(ethane)，シクロヘキサン(cyclohexane)，ベンゼン(benzene)，ピリジン(pyridine)などのような炭化水素名あるいは芳香環名やヘテロ環名が母体名になる．母体に置換する基の名称は，母体名の前に接頭語，後ろに接尾語として置く．接頭語はその母体にどのような置換基が，いくつ，どこに置換しているかを示す．接尾語はその化合物がどのような官能基群に属するかを示す．化合物名には，一つの接尾語しかつけることはできないので，複数の官能基をもつ化合物の場合には「主たる官能基」を接尾語とする．そのほかの官能基はすべて置換基とみなして接頭語を用いて母体名の前につける．母体構造に関して，どこの位置に置換基が存在するかを示すために，位置番号がつけられる．位置番号は置換基名の直前につける[*3]．

たとえば，図Aに例として示した化合物は置換命名法によると，化学名は5-methylhexan-2-olとなる．この名称は，炭素6個からなる母体を意味するhexane，母体の2位に置換したヒドロキシ基が化合物の主たる官能基となっているので接尾語を意味する-2-ol，母体の5位にmethyl基が置換していることを示す接頭語の5-methyl，の三つの部分から成り立っている[*4]．

*3 置換基の位置番号は，置換基の直前につける方法と，母体構造の前につける方法とがある．1993年のIUPACの勧告により，置換基の位置番号はすべて置換基の直前に置くことになった．しかし，現在はまだ徹底されておらず，両者が用いられている．本付録では置換基の直前に置いた．

*4 従来法(1993年勧告以前)の命名では位置番号の位置が異なり，5-methyl-2-hexanolになる．

A.3 官能基の命名法，優先順位

有機化合物を形づくる多くの官能基には固有の名称がつけられている．しかし，化合物の名称に用いる場合には同じ官能基でもその化合物の構造によって，接頭語としてあるいは接尾語として用いられる場合があり，そのいずれを用いるかによって名称が異なる．さまざまな官能基について，接頭語および接尾語としての名称を表A(p. 424)に掲げた．

たとえば，官能基のカルボン酸(−COOH)は，接頭語(母体の置換基)として用いる場合には〝カルボキシ-(carboxy-)〟，接尾語(化合物の主たる官能基)として用いる場合には〝-酸または -カルボン酸〟(-oic acid または -carboxylic acid)という名称が用いられる．また，官能基のアルコールについては，接頭語として用いる場合は〝ヒドロキシ-(hydroxy-)〟，接尾語として用いる場合には〝-オール(-ol)〟の名称が用いられる(表A)．

複数の官能基をもつ化合物を命名する場合には，それぞれの官能基を秩序立てて並べる必要があるが，適切に命名するために官能基の**優先順位**の規則がある．この規則では，優先順位の最も高い官能基を接尾語で表し，それ以外の優先順位の低い官能基はすべて接頭語として表される．表Aの官能基は優先順位の高いものが上になるように順番に並べてある．

なお，母体の位置番号は，母体の炭化水素やヘテロ環化合物の位置番号のつけ方に従うが，複数のつけ方がありうる場合には，接尾語が置換する炭素番号が最小となるようにつけられる[*5]．

以上が置換命名法の概略である．図Aに示した化合物はこれらの規則に従って命名されている．以下，簡単な化合物を取りあげて，具体的な命名の手順を学ぶ．

SBO 代表的な化合物をIUPAC規則に基づいて命名することができる．

*5 図Aの化合物の名称は5-メチルヘキサン-2-オールであり，2-メチルヘキサン-5-オールではない．これは主たる官能基である −OH の置換位置番号を小さくするためである．なお，IUPAC規則には立体化学(*R*/*S* 表示など)の命名法もあるが，それについては4.3節を参照．

B.1 アルカンの命名

アルカンが母体となる場合は数詞の語尾に -ane をつけて命名する(p. 427のコラム参照)．

命名例1 アルカンである化合物Aの命名

```
    CH2CH3     CH3 CH2CH3
    |          |   |
H3C—CHCH2CH2C——CHCH2CH3
               |
               CH3
```
化合物A

Step1 母体を見つける

分子の構造のなかで連続した最も長い炭素鎖(最多数の炭素原子をもつ鎖)

表 A　おもな官能基の名称と優先順位表[a]

官能基群	構造	接頭語としての名称	接尾語としての名称
カルボン酸	—COOH	カルボキシ- (carboxy-)	-酸 (-oic acid) -カルボン酸 (-carboxylic acid)
酸無水物	—CO＞O —CO	———	-酸無水物 (-oic anhydride) (-ic anhydride)
エステル	—COOR	R-オキシカルボニル- (R-oxycarbonyl-)	-酸-R (R～oate) カルボン酸-R (R～carboxylate)
酸ハロゲン化物	—COX	ハロカルボニル- (halocarbonyl-)	ハロゲン化-オイル (-oyl halide) ハロゲン化-カルボニル (carbonyl halide)
アミド	$—CONH_2$	カルバモイル- (carbamoyl-)	-カルボキサミド (-carboxamide) -アミド (-amide)
イミド	$(CO)_2NH$	———	-カルボキシミド (-carboximide) -イミド (-imide)
ニトリル	—CN	シアノ- (cyano-)	-ニトリル (-nitrile) -カルボニトリル (-carbonitrile)
アルデヒド	—CHO	ホルミル- (formyl-)	-アール(-al) -カルバルデヒド (-carbaldehyde)
ケトン	—C═O	オキソ- (oxo-)	-オン (-one)
アルコール	—OH	ヒドロキシ- (hydroxy-)	-オール (-ol)
フェノール	—OH	ヒドロキシ- (hydroxy-)	-オール (-ol)
チオール	—SH	スルファニル- (sulfanyl-)	-チオール (-thiol)
アミン	$—NH_2$	アミノ- (amino-)	-アミン (-amine)
イミン	═NH	イミノ- (imino-)	-イミン (-imine)
エーテル	—OR	R-オキシ- (R-oxy)	———
ハロゲン化物	—X	ハロ- (halo-)	———
ニトロ	$—NO_2$	ニトロ- (nitro-)	———

a）表中で上にある官能基ほど優先順位が高い.

を見つけて，母体とする．同じ長さの炭素鎖がいくつか存在する場合は，なるべく多くの分岐点があるものを選ぶ．構造のなかで母体にならなかった部分をそれぞれ置換基とみなす．これらの置換基が接頭語として母体の前に置かれて名称が構成される．

化合物 **A** の場合，最も長い 9 個の炭素鎖からなるアルカンが母体なので，9 を表す数詞(nona，p. 427 のコラム参照)に -ane をつけて nonane が母体名となる*6．これを母体としてそれに結合しているメチル基，エチル基を置換基として扱い，接頭語で表す．化合物 **A** は主たる官能基をもたないので接尾語はない．

*6 nona の末尾が a であるため -ane の a と母音が続くので，a を一つ略す．

$$H_3C-\underset{\displaystyle CH_2CH_3}{CH}CH_2CH_2\underset{CH_3}{\overset{CH_3}{C}}-\underset{\displaystyle CH_2CH_3}{CH}CH_2CH_3 \equiv H_3C-CH_2-\underset{CH_3}{CH}CH_2CH_2\underset{CH_3}{\overset{CH_3}{C}}-\underset{CH_2CH_3}{CH}CH_2CH_3$$

母体は9個の炭素がつながっているnonane
(直線状部分の8個の炭素のつながった octaneではない)

(母体を直線状に書いた式)

Step 2 母体に位置番号をつける

置換基の結合した位置を示すために，母体の端から端まで位置番号をつける．このとき，置換基の結合した位置の番号が最小になるようにする．

$$H_3C-CH_2-\underset{CH_3}{CH}CH_2CH_2\underset{CH_3}{\overset{CH_3}{C}}-\underset{CH_2CH_3}{CH}CH_2CH_3$$

9 8 7 6 5 4 3 2 1 → 右から番号をつけると，3，4，7番目に置換基がある ○
1 2 3 4 5 6 7 8 9 → 左から番号をつけると，3，6，7番目に置換基がある ×

⇒ 4と6を比べて，数字の小さい右端からの番号づけ(上段)を選ぶ

Step 3 置換基に位置番号をつける

それぞれの置換基に母体の位置番号に従って位置番号をつける．番号は置換基のすぐ前にハイフン(-)でつないで置く．同じ置換基が複数個あった場合には，ジ-(di，2 個)トリ-(tri，3 個)テトラ-(tetra，4 個)など，数を表すギリシャ語の数詞をつける*7(p. 427 のコラム参照)．二つの置換基が同一の炭素についている場合は，同じ位置番号をつけ，番号のあいだはカンマで区切る．化合物 **A** の母体につく置換基は，メチル基三つとエチル基一つである．それぞれに位置番号をつけると，3-エチル，4-メチル，4-メチル，7-メチルとなるため，メチルはまとめて整理し，3-エチルと 4,4,7-トリメチルとする．

*7 これ以外に，数の表示法にビス-(bis-，2 個)，トリス-(tris-，3 個)，テトラキス-(tetrakis-，4 個)がある．これらは，同じ複合基(置換基をもつ基)の個数を表すときに用いる．たとえば，tris(2-chloroethyl)amine〔トリス(2-クロロエチル)アミン〕，クロロエチル基が三つ置換したアミン．単純なエチル基が三つ置換したアミンは triethylamine(トリエチルアミン)である．

Step 4 接頭語を順番に母体の前に並べよう

接頭語の 3-エチルと 4,4,7-トリメチルの数字と数表示(トリ)部分を除いた ethyl と methyl の頭文字の e と m を比べ，アルファベット順に並べる．接頭語は 3-ethyl-4,4,7-trimethyl となり，母体名 nonane と組み合わせて命名が完了する．化合物 **A** は 3-エチル-4,4,7-トリメチルノナン(3-ethyl-4,4,7-trimethylnonane)と命名される．

【間違った命名】
× 3,7-diethyl-4,4-dimethyl-octane
（誤り部分：母体名）
× 7-ethyl-3,6,6-trimethyl-nonane
（誤り部分：母体の位置番号）
× 4,4,7-trimethyl-3-ethyl-nonane
（誤り部分：接頭語の並べ順）

$$\mathrm{H_3C-CH(CH_2-CH_3)-CH_2-CH_2-C(CH_3)_2-CH(CH_2-CH_3)-CH_2-CH_3}$$

3-ethyl-4,4,7-trimethylnonane
接頭語　母体名

以下の化合物においても，この化合物 A の命名手順が基本となる．すなわち，下記の Step1 から Step4 が共通の命名手順である．

> **Step 1** 母体を見つけ，置換基（接尾語，接頭語）と区別してそれぞれの名称をつける
> **Step 2** 母体に位置番号をつける
> **Step 3** 置換基にその位置番号を割り当てる
> **Step 4** 「位置番号をつけた接頭語（アルファベット順）＋ 母体名 ＋ 位置番号をつけた接尾語」の順に並べる

以下に，それぞれの官能基をもつ化合物および複数の官能基をもつ化合物を取りあげて，命名法を簡単に解説する．

B.2 アルケンおよびアルキンの命名

炭素-炭素二重結合あるいは炭素-炭素三重結合を含む炭素鎖が母体となる場合は，該当するアルカンを基本名としてアルカン（alkane）の語尾アン（-ane）を，それぞれエン（-ene）あるいはイン（-yne）に換えて命名する．

命名例 2 アルケンである化合物 B の命名

$$\mathrm{(H_3C)_3C-CH_2-CH=CH-CH_3}$$

化合物 B

Step 1 母体を見つけよう

炭素-炭素二重結合を含む最も長い炭素鎖を母体とする．化合物 B は 6 個の炭素がつながったアルカンの「hexane」が基本となり，語尾の -ane を -ene に換えた hexene が母体名となる．この母体に置換している二つのメチル基（methyl）が接頭語となる．この化合物には主たる官能基はないので接尾語をつけない．

Step 2 母体に位置番号をつける

二重結合の位置番号が最小になるように位置番号をつける．化合物 B で

COLUMN アルカンの名称は数詞で

IUPAC 命名法はアルカンの名称が基本となっている．つまり，「あいうえお」がわからないと言葉が話せないのと同じで，アルカンがわからないと命名できないことになる．まず，アルカンの名称をしっかりとおぼえよう．アルカンの一般式は C_nH_{2n+2} で表されるが，$n = 4$ まではとにかく，呪文のようにおぼえておこう（表①）．$n = 5$ 以降は数詞（ギリシャ語数詞†）に-ne をつければアルカンの名称になるので，数詞さえ知っていれば，対応させて系統的に名称を書くことが簡単にできる．つまり，数詞を覚えておけばよい！ということである．

† $n = 9$ と 12 はラテン語数詞である．

表① アルカンの名称と数詞

n	C_nH_{2n+2}	名　称	数　詞
1	CH_3	メタン（methane）	mono-
2	C_2H_6	エタン（ethane）	di-
3	C_3H_8	プロパン（propane）	tri-
4	C_4H_{10}	ブタン（butane）	tetra-
5	C_5H_{12}	ペンタン（pentane）	penta-
6	C_6H_{14}	ヘキサン（hexane）	hexa-
7	C_7H_{16}	ヘプタン（heptane）	hepta-
8	C_8H_{18}	オクタン（octane）	octa-
9	C_9H_{20}	ノナン（nonane）	nona-
10	$C_{10}H_{22}$	デカン（decane）	deca-
11	$C_{11}H_{24}$	ウンデカン（undecane）	undeca-
12	$C_{12}H_{26}$	ドデカン（dodecane）	dodeca-
13	$C_{13}H_{28}$	トリデカン（tridecane）	trideca-
⋮			
20	$C_{20}H_{42}$	イコサン（icosane）	icosa-
21	$C_{21}H_{44}$	ヘンイコサン（henicosane）	henicosa-
⋮			
22	$C_{22}H_{46}$	ドコサン（docosane）	docosa-
⋮			
30	$C_{30}H_{62}$	トリアコンタン（triacontane）	triaconta-

は右端から番号をつける．

Step 3 置換基に位置番号をつける

二重結合の位置は最初のアルケン炭素の番号で示す．化合物 **B** ではアルケンの位置番号は 2 で 2-ene，二つのメチル基は 5 位に置換しているので 5,5-dimethyl.

Step 4 接頭語，母体を順番に並べる

これで命名は完了し，化合物 **B** は 5,5-ジメチル ヘキサ-2-エン（5,5-dimethylhex-2-ene）と命名される*8.

*8 アルケンの二重結合に関して異なる置換基が存在するときは，幾何異性体（E/Z 体）が存在する場合がある．この命名については 7.2.3 項を参照．なお，従来方式（1993 年以前）の位置番号の命名では，5,5-dimethyl-2-hexene となる．

【間違った命名】
× 2,2-dimethylhex-4-ene
(誤り部分：位置番号が反対向き)

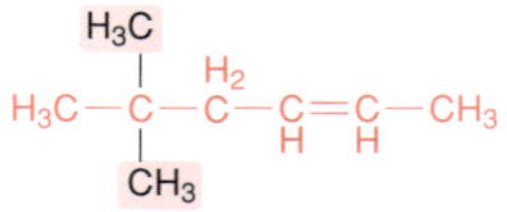

```
    H3C
     |   H2
H3C—C—C—C=C—CH3
     |       H  H
    CH3
```

○ 6 5 4 3 2 1
× 1 2 3 4 5 6

5,5-dimethylhex-2-ene

母体名：hexene
母体位置番号：二重結合の位置が最小となるようにつける
(右端からでは2-3，左端からでは4-5なので，右から番号をつける)
置換基位置：二重結合の位置は2番目の炭素番号をつけて，2-ene
メチル基は5位に2個ついているので，5,5-dimethyl

命名例3 二重結合と三重結合を両方もつ化合物Cの命名

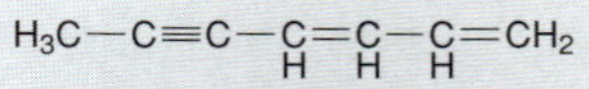

```
H3C—C≡C—C=C—C=CH2
         H  H  H
```

化合物C

Step1 母体を見つける

二重結合，三重結合を最も多く含む炭素鎖が母体となる．化合物Cは7個の炭素がつながったアルカンである「heptane」が基本となり，語尾の-aneを-eneおよび-yneに置き換えたhept-ene-yneが母体名となる[*9]．eneはyneの前に置く．

*9 ただし三重結合が一つの場合，eneの末尾とyneの発音が母音で重なるので，eを略してen-yneとする．三重結合が二つの場合はene-diyneとしてeを残すことに注意．

Step2 母体に位置番号をつける

二重結合や三重結合の位置番号が最小となるように位置番号をつける．どちらの端から番号をつけても二重結合と三重結合に同じ番号がつく場合は，二重結合に小さい番号をつける[*10]．

*10 例：

```
          H2
H—C=C—C—C≡CH
      H
```

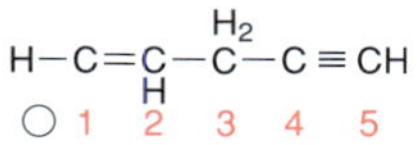

○ 1 2 3 4 5
× 5 4 3 2 1

○ pent-1-en-4-yne
× pent-4-en-1-yne
× pent-1-yn-4-ene

化合物Cの場合，不飽和結合の番号は，右端からでは1, 3, 5，左端からでは2, 4, 6となる．最初の番号1と2を比べて数字の小さい右端から番号をつける(もし，最初の番号が同じ化合物の場合は次の番号を比較して，小さいほうを選ぶ)．

Step3 二重結合，三重結合に位置番号をつける

二重結合，三重結合の位置はそれぞれ最初のアルケン炭素，アルキン炭素の番号で示す．

Step4 位置番号を挿入する

置換基をもたないので，母体名と位置番号だけで化学構造名となる．化合物Cはヘプタ-1,3-ジエン-5-イン(hepta-1,3-dien-5-yne)と命名される．

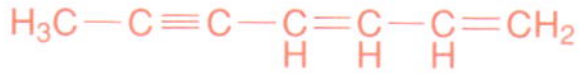

【間違った命名】
× hepta-2-yne-4,6-diene
(誤り部分：yneはeneの後に並べる)
× hepta-4,6-dien-2-yne
(誤り部分：位置番号が反対向き)

```
H3C—C≡C—C=C—C=CH2
         H  H  H
```

○ 7 6 5 4 3 2 1
× 1 2 3 4 5 6 7

hepta-1,3-dien-5-yne

命名例4　環状の炭化水素Dの命名

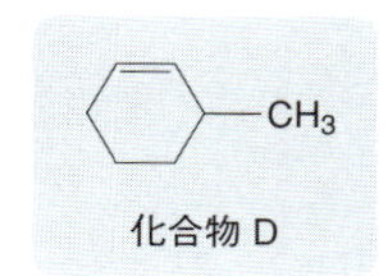

Step 1　母体を見つける

環を母体とし，環を形成する炭素原子の数からアルカンとしての名前を決める．環状化合物では，環状であることを示すシクロ-(cyclo-)が母体名の一部として語頭につけられてシクロアルカン(cycloalkane)となる．環内に二重結合がある場合は，-ane を -ene に換えてシクロアルケン(cycloalkene)を母体名とする．化合物Dの場合はシクロヘキサン(cyclohexane)が基本となり，二重結合があるので cyclohexene が母体名となる．

Step 2　母体に位置番号をつける

環状で端がないため，環上のどこかの炭素原子を起点として，左回りあるいは右回りで順に位置番号をつける．環内に不飽和結合や置換基がある場合は，まず不飽和結合を優先し，ついで置換基の位置番号ができるだけ小さくなる回り方でつけていく．

Step 3　置換基に位置番号をつける

置換基メチル(methyl)が接頭語となり，環の3位に置換するので 3-methyl となる．

【間違った命名】
× 6-methylcyclohexene
(誤り部分：左回りに番号をつけて，置換基の位置番号が大きくなっている)

2 1 6 CH3
3 4 5

Step 4　接頭語，母体を順番に並べる

化合物Dは3-メチルシクロヘキセン(3-methylcyclohex-1-ene)と命名される．

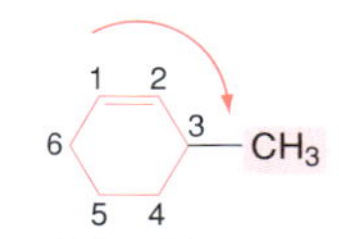

3-methylcyclohex-1-ene

二重結合を起点とし，右回りに位置番号をつけると，全体の位置番号が小さくなる

アルケンには慣用名が用いられるものがある．それらをIUPACによる系統的な名称を併記して表Bに示す．

表B　アルケンの慣用名

	慣用名	IUPAC名[a]
$H_2C=CH_2$	エチレン(ethylene)	エテン(ethene)
$H_3C-CH=CH_2$	プロピレン(propylene)	プロペン(propene)
$H_3C-C(CH_3)=CH_2$	イソブチレン(isobutylene)	2-メチルプロパ-1-エン(2-methylprop-1-ene)
$H_2C=C(CH_3)-CH=CH_2$	イソプレン(isoprene)	2-メチルブタ-1,3-ジエン(2-methylbuta-1,3-diene)

a) 置換命名法

B.3 芳香族化合物の命名

芳香族化合物は下図のように，多くの慣用名が認められている．

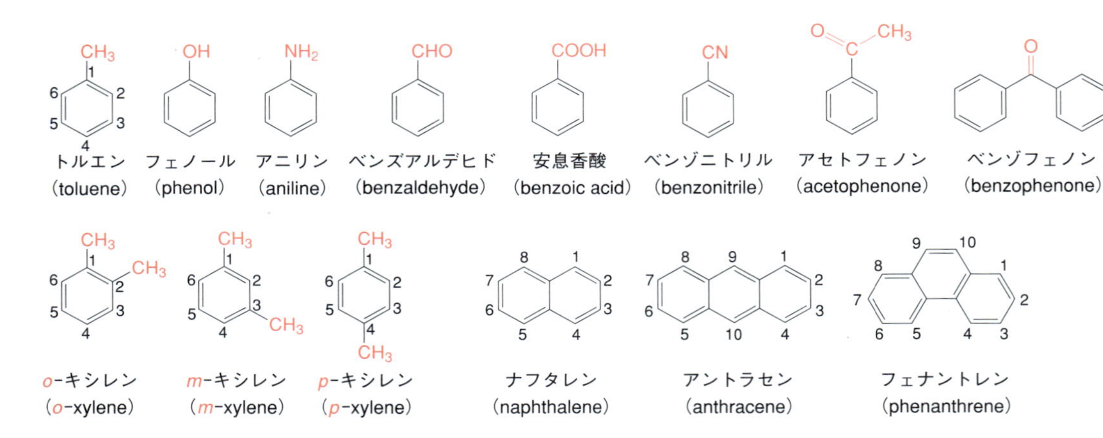

多くの芳香属化合物はこれらの慣用名を母体とし，その置換体として命名される．その他の一置換ベンゼンは一般に母体名に-ベンゼン(-benzene)をつけて命名しているが，置換基が大きくて複雑になると，逆にベンゼン環を置換基(フェニル基)とみなして命名する．

二置換ベンゼンについては接頭語オルト-(ortho-, *o*-)を用いて 1,2 位の置換を表し，メタ-(meta-, *m*-)を用いて 1,3 位の置換を表す．1,4 位の置換はパラ-(para-, *p*-)で表される．置換基が三つ以上ある場合は，オルト，メタ，パラの表記は用いない．

命名例 5 化合物 E の命名

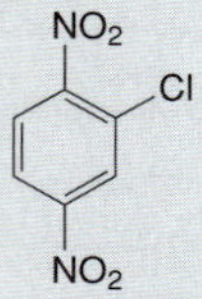

NO_2 Cl NO_2

化合物 E

Step 1 母体を見つける

ベンゼン環が母体となり，三置換ベンゼンとして命名する．

Step 2 母体に位置番号をつける

置換基を三つ以上もつベンゼンには，環状の各置換基の位置番号の合計が最も小さい数になるように番号をつける．

Step 3 置換基に位置番号をつける

置換基は 1-ニトロ，2-クロロ，4-ニトロであり，整理すると 2-クロロ，1,4-ジニトロとなる．

Step 4　接頭語，母体を順番に並べる

接頭語をアルファベット順に並べて母体の前に置く．これで命名が完了し，化合物 **E** は 2-クロロ-1,4-ジニトロベンゼン(2-chloro-1,4-dinitrobenzene)と命名される．

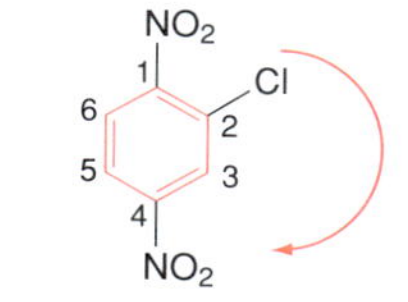

2-chloro-1,4-dinitrobenzene

ニトロ基を起点にして，右回りに番号をつけると，位置番号の合計が最も小さくなる（右回り1＋2＋4＝7：左回り1＋4＋6＝11）

【間違った命名】

× 1-chloro-2,5-dinitrobenzene

（誤り部分：クロロ基を起点にして左回りに番号をつけると 1,2,5 となり，合計番号〔＝8〕が大きくなる）

B.4　ハロゲン化アルキルの命名

命名例 6　化合物 F の命名

化合物 F

Step 1　母体を見つける

ハロゲン原子を最も多く含む最長の炭素鎖を母体にする．置換基としてのフッ素はフルオロ-(fluoro-)，塩素はクロロ-(chloro-)，臭素はブロモ-(bromo-)，ヨウ素はヨード-(iodo-)になり，これらを接頭語として用いる．化合物 **F** は炭素 6 個のヘキサン(hexane)が母体となる．

Step 2　母体に位置番号をつける

置換基(アルキル置換基も含めて)の位置番号が最小になるように位置番号をつける．両端から同じ位置に置換基がある場合は，名称をアルファベット順にしたときに前にくる置換基が小さい番号になるようにする．化合物 **F** では，置換基は炭素鎖の左端から番号をつけると 2, 3, 4，右からつけると 3, 4, 5 なので，最初の番号の小さい左端からの番号づけをする(もし，最初の番号が同じ化合物であれば，次の番号で比較する)．

Step 3　置換基とその位置番号を決める

ヘキサンの 2 位と 3 位にクロロ基，4 位にメチル基が置換しているので，2,3-dichloro と 4-methyl が接頭語になる．

Step 4　接頭語を順番に母体の前に並べる

接頭語をアルファベット順に並べると命名が完了し，化合物 **F** は 2,3-ジクロロ-4-メチルヘキサン(2,3-dichloro-4-methylhexane)と命名される．

簡単なハロゲン化アルキル類は，IUPAC の**基官能命名法**で表示される場

【間違った命名】

× 4,5-dichloro-3-methylhexane

（誤り部分：位置番号，右端からつけている）

× 2,3-dichloro-4-ethylpentane

（誤り部分：母体はペンタンでなく，ヘキサン）

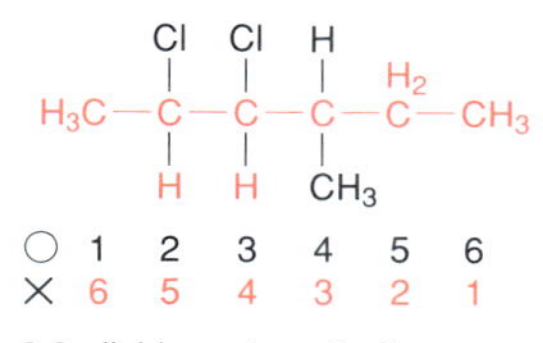

合も多い．これは基の名称と官能基の種類の名称を用いて，組み立てる命名法である．たとえば，ハロゲン化アルキルでは，「基名 + ハロゲン化物の名称」により命名される．下記の化合物では上段がこれまで学んできた置換命名法，下段が基官能命名法による命名である．

CH_3I	CH_2Cl_2	CH_3CH_2OH	$CH_3CH_2C(=O)CH_3$	C_6H_5–CH_2Cl
iodomethane	dichlrometane	ethanol	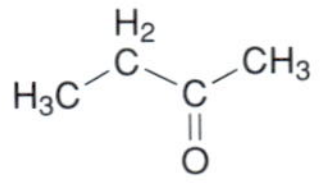 butan-2-one	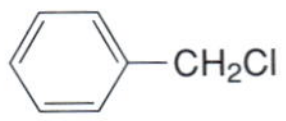 1-(chloromethyl)benzene
methyl iodide	methylene dichloride	ethyl alcohl	ethyl methyl ketone	benzyl chloride

B.5 アルコールおよびエーテルの命名

簡単なアルコールはもとになるアルカンの誘導体として命名する．

命名例 7 化合物 G の命名

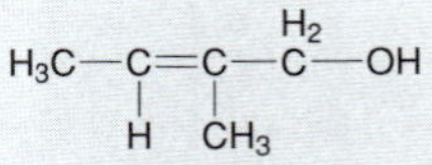

H_3C—CH=C(CH_3)—CH_2—OH

化合物 G

Step 1 母体，接尾語を決める

ヒドロキシ基(－OH)を含む最も長い炭素鎖を母体とする．この場合，二重結合が含まれるので，まずアルカン(alkane)を基本として，語尾を二重結合(ene)に変えた名前(alkene)を母体名とする．次に，主たる官能基を－OHとして，アルカン(alkane)の末尾のeを－OHを示す接尾語"-オール(-ol)"に置き換える．化合物 G では，炭素が 4 個のアルケンであるブテン(butene)が母体名となる．－OH が主たる官能基なので接尾語 -ol をつけて，buten-ol が母体 + 接尾語となる*11.

*11 母体名末尾に e がある場合，-ol の o と母音が続くので，末尾の e を略す．

Step 2 母体に位置番号をつける

－OH が結合する炭素原子の位置番号が最小になるように番号をつける．化合物 G では－OH が置換する右側の炭素から左側へ番号をつける．

Step 3 置換基に位置番号をつける

化合物 G の置換基のメチル基は接頭語となり，置換位置は 2 位で，2-methyl となる．

Step 4 接頭語，母体，接尾語を順番に並べる

アルケンおよび－OH の位置番号(それぞれ 2- および 1-)を入れて並べると，化合物 G は 2-メチルブタ-2-エン-1-オール(2-methylbut-2-en-1-ol)と命名される．

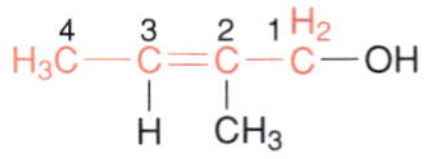

$\overset{4}{H_3C}$—$\overset{3}{C}$H=$\overset{2}{C}$(CH_3)—$\overset{1}{C}H_2$—OH

2-methylbut-2-en-1-ol

接頭語 母体名 接尾語

【間違った命名】

× 1-hydroxy-2-methylbut-2-ene

(誤り部分：－OH は接頭語でなく接尾語として扱う)

表Cにアルコールの慣用名とIUPACによる系統的な名称を併記して示す．

表C アルコールの慣用名とIUPACによる名称

構造	慣用名	IUPAC[a]
$C_6H_5-CH_2-OH$	ベンジルアルコール[b] (benzyl alcohol)	フェニルメタノール (phenylmethanol)
$(CH_3)_2C(OH)-CH_3$	*tert*-ブチルアルコール (*tert*-butyl alcohol)	2-メチルプロパン-2-オール (2-methylpropan-2-ol)
$H_2C(OH)-CH_2(OH)$	エチレングリコール (ethylene glycol)	エタン-1,2-ジオール (ethane-1,2-diol)
$H_2C(OH)-CH(OH)-CH_2(OH)$	グリセロール (glycerol)	プロパン-1,2,3-トリオール (propane-1,2,3-triol)
$H_2C{=}CH-CH_2-OH$	アリルアルコール (allyl alcohol)	プロパ-2-エン-1-オール (prop-2-en-1-ol)

a) 置換命名法
b) 日本語名ではベンジルアルコールと続けて書くが，英語名ではbenzylとalcoholのあいだに1文字分スペースを入れることに注意.

命名例8 単純なエーテル(R−O−R′)である化合物Hの命名

$H_3C-CH_2-O-C_6H_5$

化合物H

Step1 母体を決める

酸素に置換する二つの置換基の優位なほうを母体とする．化合物Hでは，phenylとethylの置換基のうち，phenylが母体となるので母体名としてはbenzeneになる．

Step2 接頭語をつける

接頭語としてアルコキシ(alkoxy-，RO−)を用いる．アルコキシ基の接頭語はアルキル(R−)基の基名のylをとった後に-oxy(-オキシ)をつける(表D)．化合物Hではエトキシ(ethoxy)が接頭語．接頭語と母体を並べて，化合物Hはethoxybenzene(エトキシベンゼン)と命名される．

【間違った命名】
× phenoxyethane
(誤り部分：母体はエタンでなくベンゼンになる)

$H_3C-CH_2-O-C_6H_5$

ethoxybenzene
(ethyl phenyl ether 基官能命名法)

エーテルは，しばしば基官能命名法でも命名される．その場合，酸素に置換する2個の置換基をアルファベット順に並べて，エーテルを後ろにつけて命名される．化合物Hは，エチル(ethyl)基とフェニル(phenyl)基*12 を並

*12 ベンゼン環を基として命名するときはphenylを用いる．

＊13 基官能命名法では基の名称のあいだは英語名では1文字分，スペースを空ける．日本語名では続けて表記する．

べてエチルフェニルエーテル(ethyl phenyl ether)[＊13]と命名される．

表D アルキル基とアルコキシ基

—R	アルキル基名	—OR	アルコキシ基名
$—CH_3$	メチル (methyl)	$—OCH_3$	メトキシ (methoxy)
$—CH_2CH_3$	エチル (ethyl)	$—OCH_2CH_3$	エトキシ (ethoxy)
$—CH_2CH_2CH_3$	プロピル (propyl)	$—OCH_2CH_2CH_3$	プロポキシ (propoxy)
$—CH_2CH_2CH_2CH_3$	ブチル (butyl)	$—OCH_2CH_2CH_2CH_3$	ブトキシ (butoxy)
$—CH_2CH_2CH_2CH_2CH_3$	ペンチル (pentyl)	$—OCH_2CH_2CH_2CH_2CH_3$	ペンチルオキシ (pentyloxy)
$—CH_2Ph$	ベンジル (benzyl)	$—OCH_2Ph$	ベンジルオキシ (benzyloxy)

一般には alkyl-oxy を用いるが，C1～C4 の飽和鎖状基と C_6H_5O－基については短縮名(alkyl の yl を省略)を用いる．

命名例9 複雑なエーテルである化合物Ⅰの命名

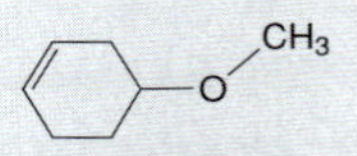

CH_3 O

化合物Ⅰ

Step 1 母体を見つける

エーテル R－O－R′ の酸素に置換する基の一方はシクロヘキセン環，他方はメチルなので，炭素数の多いシクロヘキセンが母体となり，メトキシが置換基(接頭語)となる．

Step 2 母体と置換基に位置番号をつける

シクロヘキセン環は二重結合の炭素から番号をつけ，cyclohex-1-ene が母体となる．環は右回り，左回りに番号をつけることができるが，置換基が結合する炭素原子の位置番号が最小になるように番号をつける．化合物Ⅰでは4位にメトキシ基が置換するので，置換基(接頭語)は 4-methoxy になる．

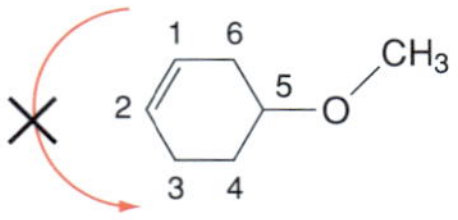

Step 3 接頭語，母体を並べる

化合物Ⅰは 4-メトキシシクロヘキサ-1-エン(4-methoxycyclohex-1-ene)と命名される[＊14]．

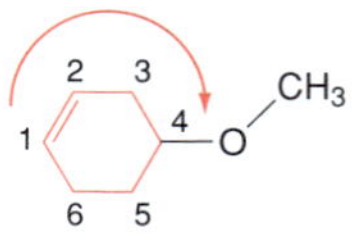

2 3 4 CH_3 1 O 6 5

4-methoxycyclohex-1-ene
接頭語 母体名

【間違った命名】

× 5-methoxycyclohex-1-ene

1 6 CH_3 2 5 O 3 4

＊14 この化合物は，二重結合を1位として 4-methoxy と命名されており，-1- は自明なので 4-methoxycyclohexene のように -1- を省略してもよい．

アルコール，エーテルの酸素を硫黄に置き換えた化合物はそれぞれチオール(R－SH)，スルフィド(R^1－S－R^2)と総称される．チオールは母体名に接尾語-thiol(－OH の -ol に対応して)をつけて alkanethiol として命名する．スルフィドもエーテルと同様に命名し，alkyloxy，aryloxy などの -oxy を -sulfanyl に換えて命名する．たとえば，CH_3S－ は methylsulfanyl，C_6H_5S－ は phenylsulfanyl である*15．

*15 基官能命名法では -sulfide(たとえば，dimethyl sulfide，ethyl methyl sulfide)となる．

B.6 アルデヒドおよびケトンの命名

アルデヒドやケトンの命名には，いくつかの方法がある．また，慣用名も多いので複雑に思われがちであるが，基本的な手順はこれまでと同様である．

命名例 10 アルデヒドである化合物 J の命名

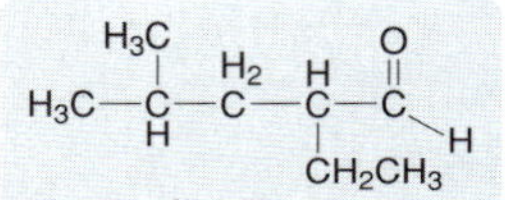

化合物 J

Step 1 母体を見つける

アルデヒド(-CHO)を含む最も長い炭素鎖を母体とし，まずアルカンとして母体名を決める．アルデヒドを含まない炭素鎖が長くてもそれは母体に選ばない．化合物 **J** は炭素 5 個のペンタン(pentane)が基本となる．

Step 2 母体，接尾語を並べる

次にアルデヒドを示す-アール(-al)を接尾語として，アルカン(alkane)の末尾の e を al に置き換える．化合物 **J** の場合，母体名ペンタン(pentane)の語尾 e をアルデヒドを示す al に置き換え，ペンタナール(pentanal)が母体 ＋ 接尾語になる．

Step 3 置換基とその位置番号を決める

母体の末端にある(－CHO)の炭素を位置番号の起点として番号をつける．化合物 **J** の接頭語となる置換基は 2 位にエチル基， 4 位にメチル基があり，2-ethyl, 4-methyl となる．

Step 4 接頭語，母体，接尾語を順番に並べる

接頭語をアルファベット順に並べて組み立てると，化合物 **J** は 2-エチル-4-メチルペンタナール(2-ethyl-4-methylpentanal)と命名される．

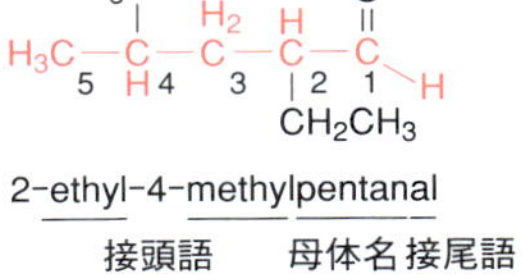

2-ethyl-4-methylpentanal

接頭語 母体名 接尾語

命名例 11 環状のアルデヒドである化合物 K の命名

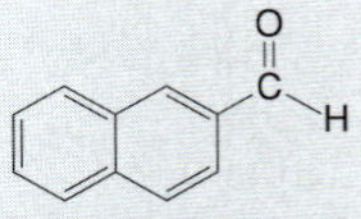

化合物 K

Step 1 母体と接尾語を決める

環に直接アルデヒドが結合している場合は，環を母体とし，アルデヒドは接尾語カルバルデヒド(carbaldehyde)で表される．化合物 **K** ではナフタレンが母体となる．

Step 2 母体に位置番号をつける

母体のナフタレンは右上の炭素を 1 位とし，右回りに位置番号がつけられる．アルデヒドの置換位置は 2 位である．アルデヒドが置換する位置が 1 位ではないことに注意．

Step 3 母体，接尾語を並べる

以上を並べて，化合物 **K** はナフタレン-2-カルバルデヒド(naphthalene-2-carbaldehyde)と命名される．

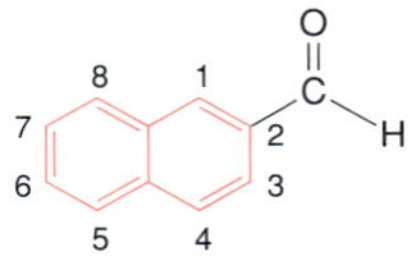

【間違った命名】
× naphtalene-1-carbaldehyde
(誤り部分：ナフタレンは図の位置番号を用いる．アルデヒドの置換位置が 1 ではない)

naphtalene-2-carbaldehyde

アルデヒド(−CHO)の接尾語として，-al を用いるとき(例，命名例 10)は母体名に −CHO の炭素も含む．一方，-carbaldehyde を用いる場合(例，命名例 11)には母体名には −CHO の炭素は含まないことに注意．

命名例 12 ケトン L の命名

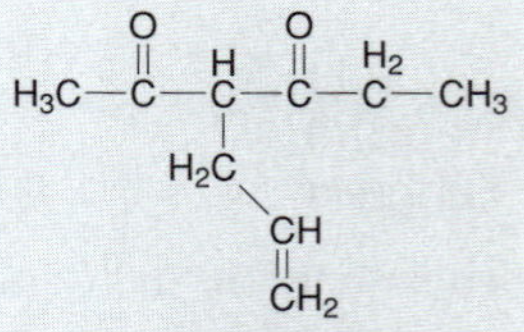

化合物 L

Step 1 母体，接尾語を見つける

ケトンを含む最も長い炭素鎖を母体とし，まずアルカンとして名前をつける．次に，(−C=O)を示す-オン(-one)を接尾語として，alkane の語尾 e

を one に置き換えてアルカノン(alkanone)とする．化合物 **L** は炭素 6 個のアルカンであるヘキサン(hexane)が基本となるのでヘキサノン(hexanone*16)となるが，ケトンは二つ存在するのでヘキサンジオン(hexanedione)とする．

*16 ケトンを一つ含む hexanone では，母体名 hexane の末尾 e は接尾語の one の o と母音が続くので略す．hexanedione の場合は接尾語が dione となるので略さない．

Step 2 母体に位置番号をつける

ケトンの位置番号が小さくなるように炭素鎖に番号をつける．左端から番号をつけるとケトンは 2 位と 4 位，右端からつけると 3 位と 5 位なので，小さい番号となる左からの番号づけを選ぶ．置換基のアリル(-allyl)基($-CH_2CH=CH_2$)の置換位置は 3 位となる．

Step 3 置換基に位置番号をつける

ケトンは 2 位と 4 位なので，2,4-ジオン(2,4-dione)，アリル基は 3 位なので，3-アリル(3-allyl)となる．

Step 4 接頭語，母体，接尾語を順番に母体の前に並べる

以上を並べると，化合物 **L** は 3-アリルヘキサン-2,4-ジオン(3-allylhexane-2,4-dione)と命名される．

$$H_3C-\overset{O}{\overset{\|}{C}}-\overset{H}{\overset{|}{C}}(CH_2CH=CH_2)-\overset{O}{\overset{\|}{C}}-\overset{H_2}{C}-CH_3$$

(炭素番号 1 2 3 4 5 6)

3-allylhexane-2,4-dione

表 E にアルデヒドおよびケトンの慣用名を，IUPAC による系統的な名称を併記して示す．

表 E アルデヒドおよびケトンの慣用名

	慣用名	IUPAC[a]
HCHO	ホルムアルデヒド (formaldehyde)	メタナール (methanal)
CH_3CHO	アセトアルデヒド (acetaldehyde)	エタナール (ethanal)
CH_3CH_2CHO	プロピオンアルデヒド (propionaldehyde)	プロパナール (propanal)
$CH_2=CH-CHO$	アクロレイン (acrolein)	プロパ-2-エナール (prop-2-enal)
C_6H_5-CHO	ベンズアルデヒド (benzaldehyde)	ベンゼンカルバルデヒド (benzenecarbaldehyde)
$H_3C-CO-CH_3$	アセトン (acetone)	プロパン-2-オン (propan-2-one)

a) 置換命名法

B.7 カルボン酸およびカルボン酸誘導体の命名

簡単な鎖状のカルボン酸はもとになるアルカンの誘導体として命名する．

命名例 13 カルボン酸 M の命名

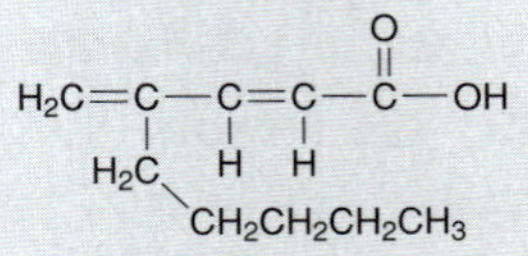

```
                      O
                      ‖
H2C=C—C=C—C—OH
      |     |    |
    H2C   H   H
        \
         CH2CH2CH2CH3
```

化合物 M

Step 1 母体を見つける

カルボン酸を含む最も長い炭素鎖を母体とし，まずアルカンとして名前をつける．次に(−COOH)を示す-酸(-oic acid, acid の前はスペースを空ける)を接尾語としてつける[*17]．化合物 **M** はカルボン酸だけでなく二重結合もあるので，両方を含む最も長い炭素鎖が母体となる．これをとりあえずアルカンとして考えると，炭素が 5 個なのでペンタン(pentane)が基本となる．二重結合が二つあるので語尾にジエン(diene)をつけ，pentane の ne をとってつけたペンタジエン(pentadiene)が母体となる．主たる官能基はカルボン酸なので，接尾語は -oic acid(酸)となり，pentadienoic acid となる．母体には置換基として炭素数 5 個のアルキル基がついているので，接頭語はペンチル(pentyl)である．

*17 カルボン酸(−COOH)を接尾語として，-oic acid と表すときは母体名に −COOH の炭素も含む．一方，-carboxylic acid を用いる場合には母体名には −COOH の炭素は含まないことに注意．これはアルデヒド(−CHO)を接尾語とする場合と同様である．

Step 2 母体に位置番号をつける

母体の末端にある(−COOH)の炭素を位置番号の起点として母体に番号をつける．

Step 3 置換基に位置番号をつける

置換基のペンチルは 4 位にあるので 4-pentyl，ジエンは C2−C3 と C4−C5 の炭素間にあるので 2,4-diene．

Step 4 接頭語，母体，接尾語を順番に並べる

以上を並べると，化合物 **M** は 4-ペンチルペンタ-2,4-ジエン酸(4-pentylpenta-2,4-dienoic acid)と命名される．

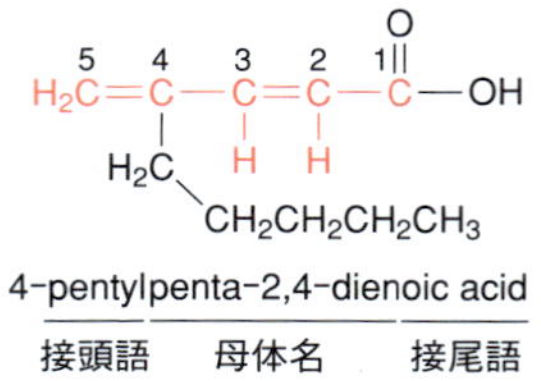

```
 5    4     3    2   1O
                      ‖
H2C=C—C=C—C—OH
      |     |    |
    H2C   H   H
        \
         CH2CH2CH2CH3
```

4-pentylpenta-2,4-dienoic acid

接頭語 母体名 接尾語

命名例 14 環状のカルボン酸である化合物 N の命名

Step 1 母体を見つける

環に直接カルボン酸が結合している場合は，環を母体とし，カルボン酸は接尾語(carboxylic acid，acid の前はスペースを空ける)で表す*16．化合物 N はシクロヘキサンが母体．二つの官能基のカルボン酸とブロモ基は，優先順位の高いカルボン酸が接尾語(-carboxylic acid)となり，bromo- は接頭語となる．

Step 2 母体に位置番号をつける

この場合，環を母体と考えているので，−COOH の炭素には番号がつかない．カルボン酸の結合している炭素を起点とし，置換基のブロモ基のつく位置番号を小さくするように，右回りで番号をつける．

Step 3 置換基に位置番号をつける

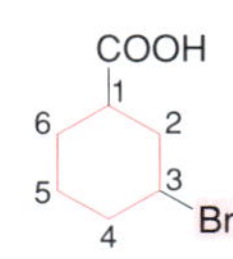

カルボン酸の結合している炭素が起点となり，置換基の位置番号を小さくする右回りで番号をつける

置換基のブロモ基は 3 位につくので，3-bromo となる．

Step 4 接頭語，母体，接尾語を順番に並べる

以上を並べると，化合物 N は 3-ブロモシクロヘキサンカルボン酸(3-bromocyclohexanecarboxylic acid)と命名される．

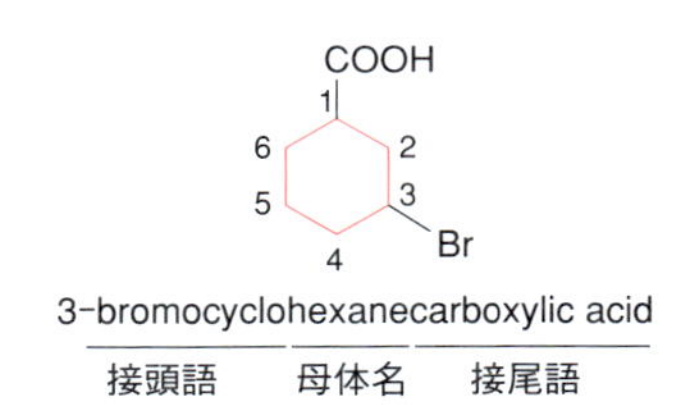

【間違った命名】
× 5-bromocyclohexanecarboxylic acid
(誤り部分：環の番号づけが反対回り)

COOH
1
2
3
4
5
6
Br
×

カルボン酸は慣用名で用いられるものが多い．代表的なものを表 F に示す．

カルボン酸，たとえば CH_3COOH(酢酸，acetic acid)の誘導体(酸無水物，酸ハロゲン化物，エステル，アミド，ニトリル)は下記のように命名される．acetic acid は慣用名*18 であるが，その語尾 ic acid を置き換えて命名されている．

酸無水物はもとのカルボン酸 2 分子が脱水縮合したと考える．たとえば，$(CH_3CO)_2O$ は，もとのカルボン酸である CH_3COOH(acetic acid，酢酸)の

*18 CH_3COOH は IUPAC 置換命名法では ethanoic acid であるが，一般には慣用名が用いられる．

表F カルボン酸の慣用名

	慣用名
$HCOOH$	ギ酸(formic acid)
CH_3COOH	酢酸(acetic acid)
CH_3CH_2COOH	プロピオン酸(propionic acid)
$CH_3CH_2CH_2COOH$	酪酸(butylic acid)
$HOOC-COOH$	シュウ酸(oxalic acid)
$HOOC-CH_2-COOH$	マロン酸(malonic acid)
$HOOC-CH_2-CH_2-COOH$	コハク酸(succinic acid)
$H_2C=CH-COOH$	アクリル酸(acrylic acid)
C_6H_5-COOH	安息香酸(benzoic acid)

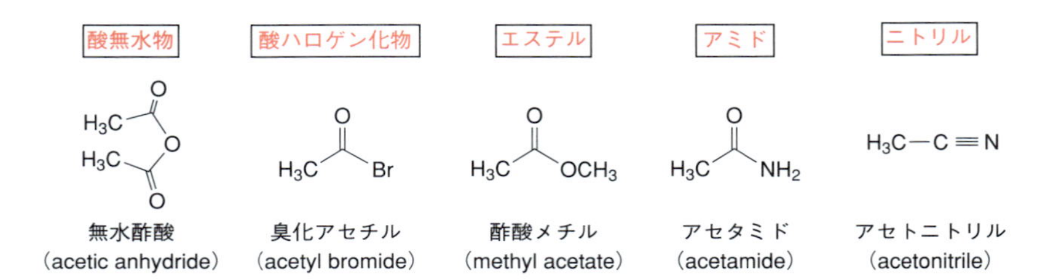

acid を anhydride に置き換え，acetic anhydride(無水酢酸)と命名する．

酸ハロゲン化物(RCOX)は RCO をアシル基〔カルボン酸のカルボキシ基(RCOOH)から OH を除いてできる基(RCO)をアシル基(acyl)という〕として示し，その後にハロゲン化物の名称をつける．たとえば，CH_3COBr は，CH_3CO をアセチル-(acetyl)とし，その後にブロマイド(bromide)をつけて，acetyl bromide(臭化アセチル)として命名する．アシル基の慣用名を表 G に示す．

表G アシル基の慣用名

RCOOH	RCO—	アシル基名
HCOOH	HCO—	ホルミル(formyl)
CH_3COOH	CH_3CO—	アセチル(acetyl)
PhCOOH	PhCO—	ベンゾイル(benzoyl)

エステルは，カルボン酸の誘導体として命名する．たとえば，CH_3COOCH_3 は，CH_3COOH(acetic acid の ic acid を ate に置き換え，先頭にメチル(methyl)を置いて methyl acetate(酢酸メチル)と命名する．

アミドもエステルと同じくカルボン酸の誘導体として命名する．たとえば，CH_3CONH_2 は，CH_3COOH(acetic acid)のアミド化($-NH_2$)されたものと考えて，acetic acid の ic acid を amide に置き換え，acetamide（アセトアミド）と命名する．

命名例 15　環に結合したエステルである化合物 O の命名

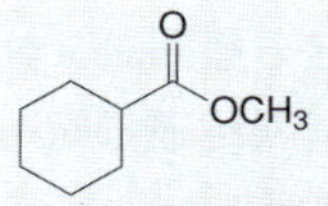

化合物 O

環構造（cyclohexane）が母体名となる．主たる官能基であるエステルはカルボン酸の誘導体と考え，まずカルボン酸として考える．すなわち，シクロヘキサンカルボン酸のメチルエステル体とみなす．エステルは，接尾語の carboxylic acid の ic acid を ate に置き換え，この化学名の前にエステルの炭化水素基の基名（methyl）を書いて命名する（1 文字スペースを置く）．化合物 **O** はシクロヘキサンカルボン酸メチル（methyl cyclohexanecarboxylate）と命名される．

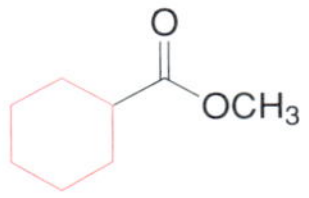

methyl cyclohexanecarboxylate

命名例 16　環に結合したアミドである化合物 P の命名

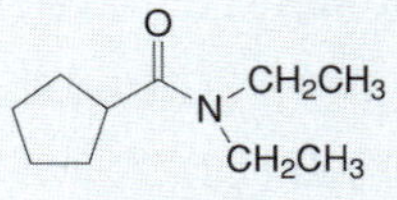

化合物 P

環構造（cyclopentane）が母体となる．主たる官能基はアミドであり，接尾語はカルボキサミド（carboxamide）である．置換基はアミドの窒素上に二つのエチル基があるので，接頭語は diethyl となり，さらに置換基が窒素上に二つあることを示すために *N*,*N*- を置くと，*N*,*N*-diethyl となる．これらを並べると，化合物 **P** は *N*,*N*-ジエチルシクロペンタンカルボキサミド（*N*,*N*-diethylcyclopentanecarboxamide）と命名される．

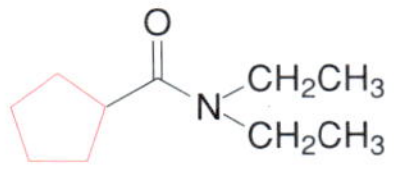

N,*N*-diethylcyclopentanecarboxamide

B.8 アミンの命名

単純なアミンは，アミンのアルキル置換体として命名するのが一般的である．次に例をあげる．

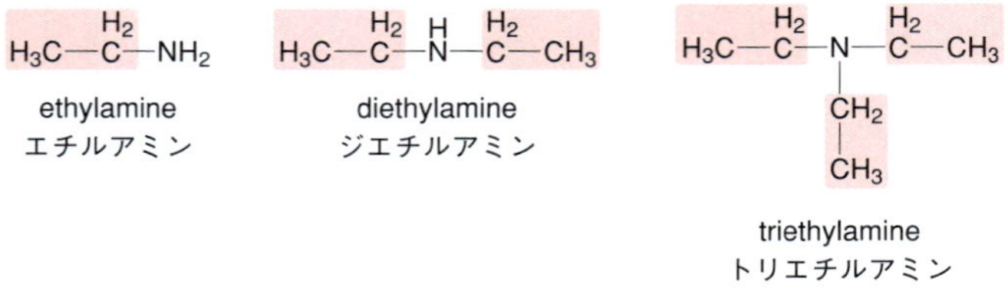

ethylamine
エチルアミン

diethylamine
ジエチルアミン

triethylamine
トリエチルアミン

命名例 17 第三級アミンである化合物 Q の命名

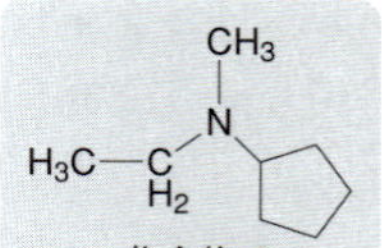

化合物 Q

窒素上に異なった置換基をもつ第二級アミンや第三級アミンでは，最も大きな基のついている部分を母体として考え，その他を第一級アミンの置換基とみなす．化合物 **Q** で最も大きな基はシクロペンチル基(cyclopentyl)なので，シクロペンチルアミン(cyclopentylamine)が母体となる．窒素上にあるほかの置換基，エチル基(ethyl)およびメチル基(methyl)は接頭語としてアルファベット順に並べる．これら置換基が窒素上にあることを置換基名の前に *N*- を置いて示す．化合物 **Q** は *N*-エチル-*N*-メチルシクロペンチルアミン(*N*-ethyl-*N*-methylcyclopentylamine)と命名される．

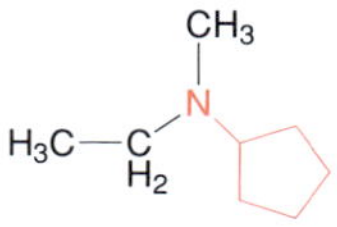

N-ethyl-*N*-methylcyclopentylamine

B.9 ヘテロ環の命名

環を構成する原子のなかに炭素原子以外の原子(ヘテロ原子)が 1 個以上含まれる環状化合物をヘテロ環(heterocycle)という(16 章参照)．芳香環と同様に，ヘテロ環にも慣用名が多く用いられているが，基本的な命名法を理解しておくとわかりやすい．

命名例 18 **化合物 R の命名**

Step 1 **環の構成から基本名をつける**

ヘテロ原子の数や不飽和結合の位置などから基本的なヘテロ環の名称を，つける．基本となるヘテロ環の名称には系統だった命名法もあるが，慣用名の使用も認められている．基本的なヘテロ環の構造の異性体と考えられるときは，水素原子の位置を示すことによって区別する．このような水素原子については，その位置番号をイタリック大文字 *H* を用いて表し，各異性体の名称をつくる．この *H* を**指示水素**という．化合物 **R** の基本的なヘテロ環の名称は 2*H*-ピラン(2*H*-pyran)である．2*H* は 2 位に指示水素があることを示す．

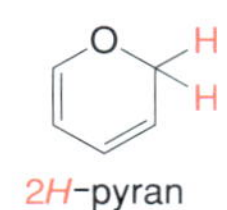

Step 2 **位置番号をつける**

原則としてヘテロ原子から番号をつける．同じヘテロ原子が複数あるときは，番号の合計ができるだけ小さくなるような回り方で番号をつけていく．異なるヘテロ原子があるときは，酸素＞硫黄＞窒素の順に優先して起点とする．化合物 **R** は 2*H*-ピランの構造異性体であり，水素原子が 4 位に置換しているので，4*H*-ピラン(4*H*-pyran)と命名される．

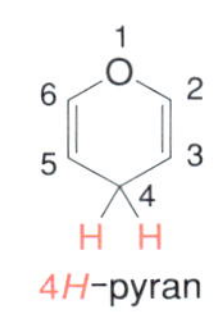

医薬品にはさまざまなヘテロ環が含まれる．それらの名称については 16 章および見返しの一覧を参照してほしい．

B.10 官能基を複数もつ化合物の命名

これまで官能基別に命名法を学んできたが，実際の医薬品はさまざまな官能基をもつ複雑な構造をしていることが多い．すでに化合物を適切に命名するための優先順位の規則を学んだ(A.3 節)．それをもとに官能基を複数もつ化合物を命名してみよう．

COLUMN　薬の顔を見ればその心がわかる？

医薬品の構造はかなりたくさんあるように思うかもしれない．しかし，いろいろな医薬品の構造式を薬効別に並べてよくよく眺めてみると，特定の活性を示す医薬品には共通する基本骨格があることがわかるだろう．たとえば，有名なβ-ラクタム系抗生物質は，その名のとおり基本骨格としてβ-ラクタムをもっている〔1.2.1 項(3)および p. 271 のコラム参照〕．一例として，アンピシリン(ampicillin)を見てみよう．

最初に抗生物質として発見されたペニシリンはβ-ラクタム構造をもっていた．このことから，それを元にしてつくられたたくさんの薬が同じ骨格をもつというのはある程度納得できるだろう．これは医薬品が最初に見つかった化合物(リード)を基本として，本当に重要な活性部位(ファーマコフォア)を残しつつ，さらに改良に改良を重ねてつくられていることの表れでもある．

次に高血圧症に用いられるカンデサルタンシレキセチル(candesartan cilexetil)の構造を示した(18.6.3 項参照)．この薬はアンギオテンシンⅡ受容体を遮断することによって活性を示すが，同様の作用を示すたくさんの薬に共通する骨格はテトラゾールを含む三環性の部分である．この系統の「-サルタン(-sartan)」とよばれる薬の構造は，この部分が大事と理解しておけばよいことになる(例：オルメサルタン，テルミサルタン，バルサルタン)．さて，このようにしていくと，薬の名称と構造をある程度関連づけておぼえることができるだろう．逆に，基本構造を見ただけでその薬効を推理することも可能である．「薬の顔を見てその心がわかる」ようになればしめたものだ．

β-ラクタム

アンピシリン

ベンズイミダゾール　テトラゾール

-sartan とよばれる医薬品に共通する骨格

カンデサルタンシレキセチル

命名例 19　アスピリン(aspirin)の命名

アスピリン

Step 1　優先順位の最も高い官能基を見つける

構造に含まれるすべての官能基において，最も優先順位の高い基を見つける．カルボン酸はエステルよりも優先順位が上なので，カルボン酸を選ぶ．

Step 2　母体，接尾語，接頭語を決める

最も優先順位の高い基が環に直接結合していなければ，この基を含む最も長い炭素鎖を選び母体とする．もし，最も優先順位の高い基が環に直接結合していれば，その環系を母体に選ぶ．また，優先順位の高い基を接尾語として表し，他の置換基は接頭語とする．アスピリンはカルボン酸(接尾語)がベンゼン(母体)に結合している．このカルボン酸には慣用名があり benzoic acid(安息香酸)である．置換基のエステル基($-OCOCH_3$)についても慣用名 acetoxy が接頭語になる．

Step 3　置換基に位置番号をつける

母体の炭素鎖または環上のすべての置換基に位置番号をつける．位置番号は優先順位の最も高い官能基(接尾語で表されている)が最も小さい位置番号で示されるようにつける．アスピリンは，カルボン酸が結合している炭素を起点として，置換基エステルが小さい番号となるように右回りで番号をふると，2-アセトキシ(2-acetoxy)となる．

Step 4　接頭語，母体，接尾語を順番に並べる

以上を整理すると，アスピリンは 2-アセトキシ安息香酸(2-acetoxybenzoic acid)と命名される．

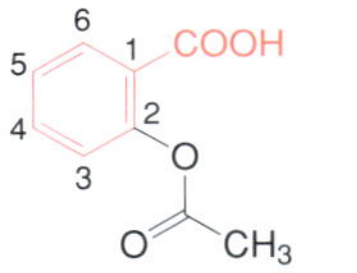

6 5 4 3 1 2 COOH O O CH_3

2-acetoxybenzoic acid

命名例 20　リドカイン(lidocaine)の命名

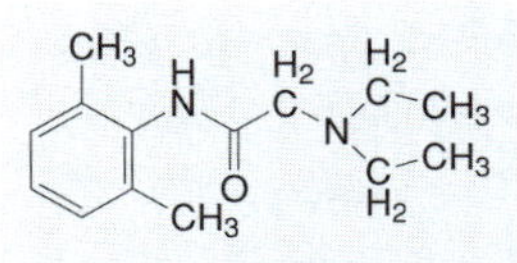

CH_3 H N H_2 C N H_2 C CH_3 CH_3 C H_2 O CH_3

リドカイン

Step 1　優先順位の最も高い官能基を見つける

リドカインには，アミド，アミンがある．アミドはアミンより優先順位が上なので，アミドを選び，-amide が接尾語となる．

Step 2　母体と接尾語を決める

このアミドは炭素 2 個の酢酸(acetic acid)のアミドであるので，語尾の ic acid を amide に変えて acetamide になる．

Step 3　置換基に位置番号をつける

複雑な置換基があるときは，これを示すために(　　)を使う．リドカインはアセトアミドの2位にdiethylamino基がある(2-diethylamino-)．一方，アミドの*N*-置換基としてベンゼン誘導体が結合している．この部分を複雑な置換基として，フェニル基上の置換基について位置番号をつけて命名する〔*N*-(2,6-dimethylphenyl)〕．これらが接頭語になる．

Step 4　接頭語を順番に母体の前に並べよう

リドカインは2-ジエチルアミノ-*N*-(2,6-ジメチルフェニル)アセトアミド〔2-diethylamino-*N*-(2,6-dimethylphenyl)acetamide〕と命名される．

2-diethylamino-*N*-(2,6-dimethylphenyl)acetamide

COLUMN　医薬品の三つの名称

医薬品は(i)化学名，(ii)一般名，(iii)商品名，の三つの名称をもっている．一例として，消炎・鎮痛薬インドメタシンの名称を図①に示す．

(i)**化学名**(chemical name)：医薬品の成分の化学構造式をもとに体系化された系統的な名称である．IUPACの命名法に従って名づけられる．

(ii)**一般名**(generic name)：公的な機関に登録され，公式名として使用される名称である．薬剤師国家試験などでも医薬品の名称は一般名で出題される．後発医薬品を意味するジェネリック医薬品のgenericはこの「一般名」に由来する．

(iii)**商品名**(brand name)：医薬品の製品としての名称である．販売会社により個別の名称がつけられる．商品名は商標として特許庁に登録されており，登録した会社だけがその名称を使用できる．商品名には名称の右肩に商標であることを示す®(registeredの頭文字)あるいはTM(trade markの頭文字)がつけられる．商品名は医薬品の効能などを連想しやすく，覚えてもらうために個性的な名称がつけられる．

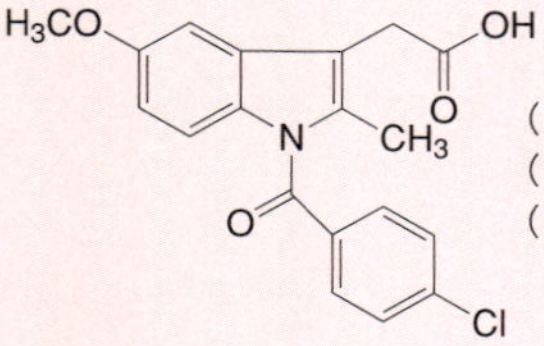

H_3CO　OH　O　N　CH_3　O　Cl

(i)化学名：[1-(4-chlorobenzoyl)-5-methoxy-2-methyl-1*H*-indol-3-yl]acetic acid
(ii)一般名：インドメタシン(indometacin)
(iii)商品名：インダシン®，インデパン®，カトレップ®など

図①　インドメタシンの名称

章末問題

1． 一般式 C_3H_6 で表される化合物の構造式をすべて記し，それぞれ IUPAC 命名法に従って命名せよ．

2． 次の a ～ h の構造式を正確に記せ．

a. ethylene glycol　　b. dimethyl ether

c. acetone　　d. benzaldehyde

e. benzamide　　f. aniline　　g. *o*-xylene

h. benzoyl chloride

3． 次の化合物を IUPAC 命名法に従って命名せよ．

a. 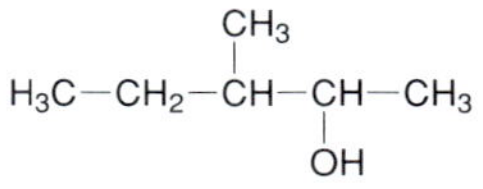 $H_3C-CH_2-CH(CH_3)-CH(OH)-CH_3$

b. 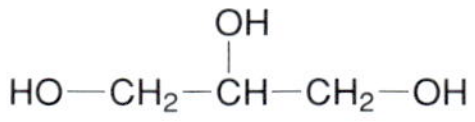 $HO-CH_2-CH(OH)-CH_2-OH$

c.

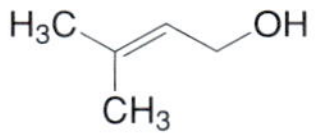

d.

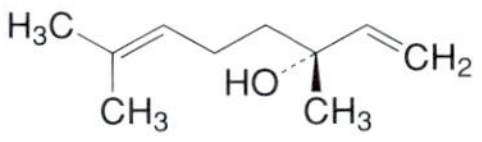

e.

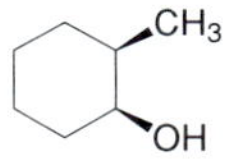

f.

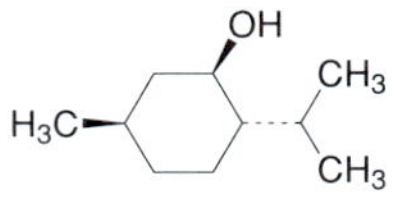

4． a ～ d のアミノ酸をそれぞれ IUPAC 命名法に従って命名せよ．ただし *R*/*S* 表記は無視してよい．

a. グリシン　　b. ロイシン　　c. システイン

d. チロシン

5． 六員環ヘテロ環の構造式を三つ書き，その名称を記せ．

6． インドールを基本骨格として構造中に含む医薬品の名称とその構造式を一つ記せ．

7． ピリジンを基本骨格として構造中に含む医薬品の一般名，IUPAC 名とその構造式を記せ．

8． 日本薬局方収載医薬品，レチノール酢酸エステル（ビタミン A 酢酸エステル）を IUPAC 命名法に従って命名せよ．

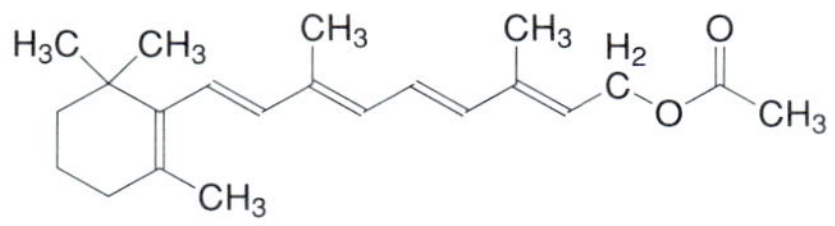

9． 日本薬局方収載医薬品 a ～ e を IUPAC 命名法に従って命名せよ．

a. 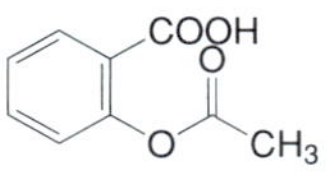 アスピリン

b. 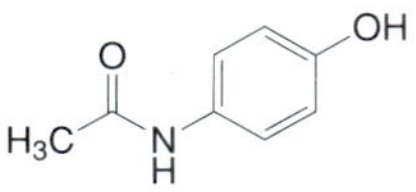 アセトアミノフェン

c. 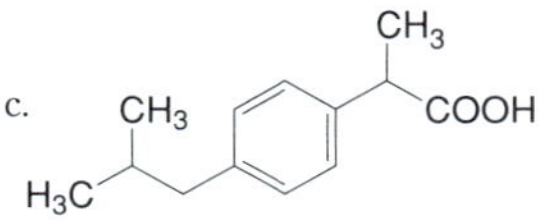 イブプロフェン

d.  エテンザミド

e. 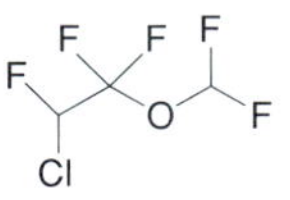 エンフルレン

SBO 対応頁

薬学準備教育ガイドライン，薬学教育モデル・コアカリキュラム，薬学アドバンスト教育ガイドラインのSBO(到達目標)に対応する本書の頁を示す．

❖薬学準備教育ガイドライン

（5） 薬学の基礎としての化学

【物質の基本概念】

【化学結合と分子】

❖薬学教育モデル・コアカリキュラム

C 薬学基礎

C3 化学物質の性質と反応

（1） 化学物質の基本的性質

【基本事項】

【有機化合物の立体構造】

（2） 有機化合物の基本骨格の構造と反応

【アルカン】

【アルケン・アルキン】

❖薬学アドバンスト教育ガイドライン

C3 化学物質の性質と反応

【基本事項】

- 反応中間体(カルベン)の構造と性質を説明できる. 141
- 転位反応の特徴を述べることができる. 113, 157, 280, 373, 378, 386

【アルケン・アルキン】

- 共役化合物の物性と反応性を説明できる. 42, 142

【芳香族化合物】

- 芳香族化合物の求核置換反応の反応性, 配向性, 置換基の効果について説明できる. 161
- 代表的芳香族複素環の求核置換反応の反応性, 配向性, 置換基の効果について説明できる. 168, 356

【概説】

- 代表的な官能基の定性試験を実施できる. 254, 296

【アルデヒド・ケトン・カルボン酸・カルボン酸誘導体】

- ニトリル類の基本的な性質と反応を列挙し, 説明できる. 98, 283

[有機化合物の合成]

【官能基の導入・変換】

- アルケンの代表的な合成法について説明できる. 145
- アルキンの代表的な合成法について説明できる. 146
- 有機ハロゲン化合物の代表的な合成法について説明できる. 194
- アルコールの代表的な合成法について説明できる. 213
- フェノールの代表的な合成法について説明できる. 215
- エーテルの代表的な合成法について説明できる. 221
- アルデヒドおよびケトンの代表的な合成法について説明できる. 255
- カルボン酸の代表的な合成法について説明できる. 284
- カルボン酸誘導体(エステル, アミド, ニトリル, 酸ハロゲン化物, 酸無水物)の代表的な合成法について説明できる. 271
- アミンの代表的な合成法について説明できる. 301
- 代表的な官能基選択的反応を列挙し, その機構と応用例について説明できる. 402
- 化学反応によって官能基変換を実施できる. 385

【炭素骨格構築反応】

- Diels-Alder 反応について説明できる. 370
- 転位反応を用いた代表的な炭素骨格の構築法を列挙し, 説明できる. 373
- 代表的な炭素−炭素結合生成反応(アルドール反応, マロン酸エステル合成, アセト酢酸エステル合成, Michael 付加, Mannich 反応, Grignard 反応, Wittig 反応など)について説明できる. 238, 240, 249, 250, 370, 378, 382, 383

【精密有機合成】

- 代表的な位置選択的反応を列挙し, その機構と応用例について説明できる. 132, 160, 161, 191, 225, 348, 384, 401
- 代表的な立体選択的反応を列挙し, その機構と応用例について説明できる. 134, 135, 139, 140, 190, 225, 228, 373, 408
- 官能基毎に代表的な保護基を列挙し, その応用例を説明できる. 388
- 光学活性化合物を得るための代表的な手法(光学分割, 不斉合成など)を説明できる. 403

C4 生体分子・医薬品の化学による理解

【生体内で機能する小分子】

- 生体内に存在する代表的な複素環化合物を列挙し, 構造式を書くことができる. 360
- 代表的な生体内アミンを列挙し, 化学的性質を説明できる. 305

索　引

欧文

あ

か

さ

た

な

は

編者略歴

夏苅　英昭（なつがり　ひであき）

1944年　神奈川県生まれ
1969年　東京大学薬学系大学院修士課程修了
現　在　帝京大学医療共通教育研究センター特任教授
　　　　新潟薬科大学薬学部客員教授
専　門　有機合成化学, 医薬品化学
薬学博士

高橋　秀依（たかはし　ひでよ）

1965年　静岡県生まれ
1994年　東京大学大学院薬学系研究科博士課程修了
現　在　帝京大学薬学部教授
専　門　有機合成化学
博士（薬学）

ベーシック薬学教科書シリーズ 5　**有機化学**（第２版）

第１版　第１刷　2008年12月10日
第２版　第１刷　2016年４月１日

編　　者　夏苅　英昭
　　　　　高橋　秀依
発 行 者　曽根　良介
発 行 所　㈱化学同人

〒600-8074　京都市下京区仏光寺通柳馬場西入ル
編集部　TEL 075-352-3711　FAX 075-352-0371
営業部　TEL 075-352-3373　FAX 075-351-8301
振　替　01010-7-5702
E-mail　webmaster@kagakudojin.co.jp
URL　http://www.kagakudojin.co.jp

検印廃止

印刷　㈱創栄図書印刷
製本　清 水 製 本 所

ISBN978-4-7598-1622-8

元素の周期表

族番号 → 1 (ⅠA) ← 旧族番号

原子量 → 1.008

原子番号 → $_{1}$H ← 元素記号

水素 ← 元素名

1 (ⅠA)	2 (ⅡA)	3 (ⅢA)	4 (ⅣA)	5 (ⅤA)	6 (ⅥA)	7 (ⅦA)	8 (Ⅷ)	9 (Ⅷ)	10 (Ⅷ)	11 (ⅠB)	12 (ⅡB)	13 (ⅢB)	14 (ⅣB)	15 (ⅤB)	16 (ⅥB)	17 (ⅦB)	18 (0)
1.008 $_{1}$H 水素																	4.003 $_{2}$He ヘリウム
6.941 $_{3}$Li リチウム	9.012 $_{4}$Be ベリリウム											10.81 $_{5}$B ホウ素	12.01 $_{6}$C 炭素	14.01 $_{7}$N 窒素	16.00 $_{8}$O 酸素	19.00 $_{9}$F フッ素	20.18 $_{10}$Ne ネオン
22.99 $_{11}$Na ナトリウム	24.31 $_{12}$Mg マグネシウム											26.98 $_{13}$Al アルミニウム	28.09 $_{14}$Si ケイ素	30.97 $_{15}$P リン	32.07 $_{16}$S 硫黄	35.45 $_{17}$Cl 塩素	39.95 $_{18}$Ar アルゴン
39.10 $_{19}$K カリウム	40.08 $_{20}$Ca カルシウム	44.96 $_{21}$Sc スカンジウム	47.87 $_{22}$Ti チタン	50.94 $_{23}$V バナジウム	52.00 $_{24}$Cr クロム	54.94 $_{25}$Mn マンガン	55.85 $_{26}$Fe 鉄	58.93 $_{27}$Co コバルト	58.69 $_{28}$Ni ニッケル	63.55 $_{29}$Cu 銅	65.38 $_{30}$Zn 亜鉛	69.72 $_{31}$Ga ガリウム	72.63 $_{32}$Ge ゲルマニウム	74.92 $_{33}$As ヒ素	78.96 $_{34}$Se セレン	79.90 $_{35}$Br 臭素	83.80 $_{36}$Kr クリプトン
85.47 $_{37}$Rb ルビジウム	87.62 $_{38}$Sr ストロンチウム	88.91 $_{39}$Y イットリウム	91.22 $_{40}$Zr ジルコニウム	92.91 $_{41}$Nb ニオブ	95.96 $_{42}$Mo モリブデン	(99) $_{43}$Tc テクネチウム	101.1 $_{44}$Ru ルテニウム	102.9 $_{45}$Rh ロジウム	106.4 $_{46}$Pd パラジウム	107.9 $_{47}$Ag 銀	112.4 $_{48}$Cd カドミウム	114.8 $_{49}$In インジウム	118.7 $_{50}$Sn スズ	121.8 $_{51}$Sb アンチモン	127.6 $_{52}$Te テルル	126.9 $_{53}$I ヨウ素	131.3 $_{54}$Xe キセノン
132.9 $_{55}$Cs セシウム	137.3 $_{56}$Ba バリウム	57〜71 ランタノイド	178.5 $_{72}$Hf ハフニウム	180.9 $_{73}$Ta タンタル	183.8 $_{74}$W タングステン	186.2 $_{75}$Re レニウム	190.2 $_{76}$Os オスミウム	192.2 $_{77}$Ir イリジウム	195.1 $_{78}$Pt 白金	197.0 $_{79}$Au 金	200.6 $_{80}$Hg 水銀	204.4 $_{81}$Tl タリウム	207.2 $_{82}$Pb 鉛	209.0 $_{83}$Bi ビスマス	(210) $_{84}$Po ポロニウム	(210) $_{85}$At アスタチン	(222) $_{86}$Rn ラドン
(223) $_{87}$Fr フランシウム	(226) $_{88}$Ra ラジウム	89〜103 アクチノイド	(267) $_{104}$Rf ラザホージウム	(268) $_{105}$Db ドブニウム	(271) $_{106}$Sg シーボーギウム	(272) $_{107}$Bh ボーリウム	(277) $_{108}$Hs ハッシウム	(276) $_{109}$Mt マイトネリウム	(281) $_{110}$Ds ダームスタチウム	(280) $_{111}$Rg レントゲニウム	(285) $_{112}$Cn コペルニシウム	113	(289) $_{114}$Fl フレロビウム	115	(293) $_{116}$Lv リバモリウム	117	118

ランタノイド	138.9 $_{57}$La ランタン	140.1 $_{58}$Ce セリウム	140.9 $_{59}$Pr プラセオジム	144.2 $_{60}$Nd ネオジム	(145) $_{61}$Pm プロメチウム	150.4 $_{62}$Sm サマリウム	152.0 $_{63}$Eu ユウロピウム	157.3 $_{64}$Gd ガドリニウム	158.9 $_{65}$Tb テルビウム	162.5 $_{66}$Dy ジスプロシウム	164.9 $_{67}$Ho ホルミウム	167.3 $_{68}$Er エルビウム	168.9 $_{69}$Tm ツリウム	173.1 $_{70}$Yb イッテルビウム	175.0 $_{71}$Lu ルテチウム
アクチノイド	(227) $_{89}$Ac アクチニウム	232.0 $_{90}$Th トリウム	231.0 $_{91}$Pa プロトアクチニウム	238.0 $_{92}$U ウラン	(237) $_{93}$Np ネプツニウム	(239) $_{94}$Pu プルトニウム	(243) $_{95}$Am アメリシウム	(247) $_{96}$Cm キュリウム	(247) $_{97}$Bk バークリウム	(252) $_{98}$Cf カリホルニウム	(252) $_{99}$Es アインスタイニウム	(257) $_{100}$Fm フェルミウム	(258) $_{101}$Md メンデレビウム	(259) $_{102}$No ノーベリウム	(262) $_{103}$Lr ローレンシウム

(原子量は4桁の有効数字で示した)